新编《信息、控制与系统》系列教材

微弱信号检测（第3版）

Detection of Weak Signals (Third Edition)

高晋占 编著
Gao Jinzhan

清华大学出版社
北京

内容简介

微弱信号检测是发展高新技术、探索及发现新的自然规律的重要手段，对推动很多领域的发展具有重要的应用价值。对于淹没在强背景噪声中的微弱信号，运用电子学和近代信号处理手段抑制噪声，进而从噪声中提取和恢复有用的微弱信号，是本书讨论的主要内容。本书涉及利用随机噪声理论分析和解释电子系统内部噪声和外部干扰噪声的产生和传播问题，并详细介绍各种不同噪声的抑制方法，以及锁相放大、取样积分、相关检测、自适应降噪、混沌检测等应用技术。

本书可作为自动化、电子工程、物理、化学、生物医学工程、核技术、测试技术与仪器等专业的研究生和高年级本科生的教材，也可供涉及电子噪声、低噪声设计、电磁兼容性、微弱信号检测的工程技术人员参考。

图书在版编目(CIP)数据

微弱信号检测/高晋占编著. —3版. —北京：清华大学出版社，2019（2024.6重印）
（新编《信息、控制与系统》系列教材）
ISBN 978-7-302-53067-1

Ⅰ. ①微… Ⅱ. ①高… Ⅲ. ①信号检测－高等学校－教材 Ⅳ. ①TN911.23

中国版本图书馆 CIP 数据核字(2019)第 098432 号

责任编辑： 王一玲　李　晔
封面设计： 常雪影
责任校对： 梁　毅
责任印制： 刘　菲

出版发行： 清华大学出版社
网　　址： https://www.tup.com.cn, https://www.wqxuetang.com
地　　址： 北京清华大学学研大厦 A 座　　**邮　　编：** 100084
社 总 机： 010-83470000　　**邮　　购：** 010-62786544
投稿与读者服务： 010-62776969，c-service@tup.tsinghua.edu.cn
质量反馈： 010-62772015，zhiliang@tup.tsinghua.edu.cn
课件下载： https://www.tup.com.cn，010-83470236
印 装 者： 三河市君旺印务有限公司
经　　销： 全国新华书店
开　　本： 185mm×260mm　　**印　　张：** 25.75　　**字　　数：** 623 千字
版　　次： 2004 年 11 月第 1 版　2019 年 10 月第 3 版　　**印　　次：** 2024 年 6 月第 6 次印刷
印　　数： 5001～5500
定　　价： 79.00 元

产品编号：083258-01

新编《信息、控制与系统》系列教材编委会

新编《信息、控制与系统》系列教材
出 版 说 明

信息、控制与系统学科是在20世纪上半叶形成和发展起来的一门新兴技术科学。在人类探索自然和实现现代化的进程中，信息、控制与系统学科的理论、方法和技术始终起着重要的和基础的作用。基于信息、控制与系统科学的自动化的发展和应用水平在一定意义上是一个国家和社会的现代化程度的重要标志之一。本系列教材是关于信息、控制与系统学科所属各个领域的基本理论和前沿技术的一套高等学校系列教材。

本系列教材所涉及的范围包括信号和信息处理、模式识别、知识工程、控制理论、智能控制、过程和运动控制、传感技术、系统工程、机器人控制、工业自动化、计算机控制和仿真、网络化系统、电子技术等方面。主要读者对象为自动控制、工业自动化、计算机科学和技术、电气工程、机械工程、化工工程和热能工程等专业有关的高年级大学生和研究生，以及工作于相应领域和部门的科学工作者和工程技术人员。

十多年前，清华大学出版社会同清华大学自动化系，曾经组编出版过一套《信息、控制与系统》系列教材，产生了较大的社会影响，其中多数著作获得过包括国家级教学成果奖和部委优秀教材奖在内的各种奖励，至今仍为国内众多院校所采用，并被广大相关领域科技人员作为进修和自学读物。我们现在组编的这套新编《信息、控制与系统》系列教材，从一定意义上说，就是先前那套教材的延伸和发展，以反映近年来学科的发展和在科学研究与教学实践上的新成果和新进展，以适应当前科技发展和教学改革的新形势和新需要。列入这套新编系列教材中的著作，大多是清华大学自动化系开设的课程中经过较长教学实践而形成的，既有多年教学经验和教学改革基础上的新编著的教材，也有部分原系列教材的更新和修订版本。这套新编系列教材总体上仍将保持原系列教材求新与求实的风格，力求反映所属领域的基本理论和新近进展，力求做到学科先进性和教学适用性统一。需要说明的是，此前我们曾以《信息技术丛书》为名组编这套教材，并已出版了若干种著作。现为使“书”和“名”更为相符，这些已出版的著作将在重印或再版时列入这套新编系列教材。

我们希望，这套新编系列教材，既能为在校大学生和研究生的学习提供内容先进、论述系统和教学适用的教材或参考书，也能为广大科学工作者与工程技术人员的知识更新与继续学习提供适合的和有价值的进修或自学读物。我们同时要感谢使用本系列教材的广大教师、学生和科技工作者的热情支持，并热忱欢迎提出批评和意见。

新编《信息、控制与系统》系列教材编委会

2002年6月

第3版前言

《微弱信号检测》第2版于2011年4月出版以来，已历时8年，重印7次，被多所高等院校用作研究生或高年级本科生教材，若干院校还将此书列入博士生招生或入学考试参考书目，作者特此感谢广大读者的认可。为了适应不断发展和提高的教学需求，应该不断对教材进行精细加工，力求进一步做到表述准确、繁简适当、概念和定义严格；同时，随着这些年科学技术的迅速发展，新的微弱信号检测方法和技术手段层出不穷，作为工程应用型教材应该及时反映这些新技术的进展。基于以上考虑，应出版社要求，作者对此书第2版做了修订、增删和充实。

第3版中为各章编写了课后习题。对学生来说，做习题是巩固和深化课堂所学概念、原理和应用的重要环节，也是检查知识点掌握情况的重要手段，还可以训练分析问题和解决问题的能力，有助于提高计算能力。对教师来说，习题可以用作考核学生的参考资料，也可以用来丰富课堂讨论内容。在编写习题过程中，结合作者本人的教学经验，考虑到了学生做题的思路和解题过程，还注意到能在书中寻找到解题依据(不排除个别题目需要查阅参考资料)。题目涉及基本概念、技术要点、数学基础、解题技巧等诸多方面，有些应用题还涉及工程实际。

第3版中的改动主要包括以下几个方面：

1. 对各章内容进行了校订，对一些内容的表述做了修改，去粗取精，删除了一些无关紧要的部分，新增加了一些必要的内容，以求把一些知识点表述得更为清晰准确，尤其是对第2章和第3章改动较多。

2. 增加了第8章混沌检测介绍。虽然微弱信号的混沌检测尚处于初级发展阶段，还存在一些不足，工程应用中还有一些需要解决的问题，但反映了一种新的发展动向，有必要介绍给读者开拓思路。

3. 编写的习题附在各章末尾，在附录中列出了习题答案，以便学生自我检查做题结果。少数题目没有给出答案，以期引发讨论。

4. 对新发现的个别不统一的符号，进行了统一处理。

科学理论和工程实际的发展推动着专业学科的不断提高，虽然作者在第3版的写作中努力将知识概念尽量准确清晰地表达给读者，但限于作者的知识水平和专业经验，书中肯定还存在许多不足之处，欢迎读者提出批评和意见。

高晋占

2019年3月于清华园

第2版前言

《微弱信号检测》于 2004 年 11 月由清华大学出版社出版，已重印 5 次，其中的若干不足之处在第 2 次印刷中作了更正。尽管如此，随着科学技术的发展，经过全国多所高等院校 6 年的教学应用，发现书中仍然存在不少需要修订、补充和提高之处，促使作者对本书进行修改和增补。第 2 版中的改动主要包括以下几个方面：

(1) 部分章节和段落补充了新的素材，增加了有关的 IC 芯片的介绍，以反映新技术、新器件在微弱信号检测方面的应用。

(2) 部分章节进行了重新编写，在第 2 章中增加了“噪声特性测量”一节，并改写了“$1/f$ 噪声”小节的内容，重写了第 3 章中的“屏蔽”一节，在第 7 章中增加了“卡尔曼滤波”一节。

(3) 对全书文字进行了校订，各章内容均有增删和修改，删除了第 1 版中一些可有可无和阐述不严格的内容。

(4) 对本书部分内容的条理和层次进行了调整，以增强本书的可读性。

(5) 对原版中某些不统一的符号，进行了统一处理，例如 I_{DC} 和 I_{dc}，β_0 和 β_{DC} 等。某些符号使用不当，则予以改正。

内容更新和语言推敲是一个无止境的工作，没有最好，只有更好。尽管我已在订正方面做了很大的努力，修正补充了许多内容，我相信肯定还会有一些不尽如人意的地方，书中疏漏和错误在所难免，恳请读者批评指正。

高晋占

2011 年 1 月于清华大学

第1版前言

信息时代需要获取信息，许多科学研究和工程技术的信息需要用检测的方法来获取。在现代科学的发展中，认识未知世界的必要手段是把未知量转换为人们可以感知的某种示值。人类对自然界的探索越深入，所需检测的信息就越微弱。当被测信号非常微弱时，因为被噪声淹没，它们的检测往往变得十分困难。微弱信号检测就是利用近代电子学和信号处理方法从噪声中提取有用信号的一门新兴的技术学科。

微弱信号检测技术在许多领域具有广泛的应用，例如物理学、化学、电化学、生物医学、天文学、地学、磁学等。微弱信号检测所针对的检测对象，是用常规和传统方法不能检测到的微弱量，例如弱光、弱磁、弱声、小位移、微流量、微振动、微温差、微压差以及微电导、微电流等。随着科学技术的发展，越来越需要把深埋在噪声中的微弱信号检测出来。可以说，微弱信号检测是发展高新技术、探索及发现新的自然规律的重要手段，对推动相关领域的发展具有重要意义。

“微弱信号”不只意味着信号的幅度很小，它主要是指被噪声淹没的信号，“微弱”是相对于噪声而言的。只有在有效地抑制噪声的条件下放大微弱信号的幅度，才能提取出有用信号。因此，微弱信号检测是一门专门与噪声作斗争的技术，其主要任务是提高信噪比。为了从噪声中提取出有用的信号，就需要研究噪声的来源和性质，分析噪声产生的原因和规律，以及它们的传播途径，有针对性地采取有效措施抑制噪声，研究被测信号和噪声的统计特性及其差别，以寻找出从背景噪声中检测出有用信号的理论和方法。

本书内容分为 7 章。第 1 章介绍随机噪声的统计特性，这是后续各章和读者继续阅读和学习的理论基础。第 2 章介绍电路内部固有噪声源及其特性，对各种电子器件的噪声性能进行分析，并阐述低噪声放大器设计中需要考虑的几个问题。第 3 章介绍干扰噪声的来源、特点及各种耦合途径，并详细介绍屏蔽和接地对于各种干扰噪声的抑制作用，以及其他一些常用的抗干扰措施和微弱信号检测电路设计原则。

经过多年的研究和实践，科技工作者提出和发展了一些从噪声中提取微弱信号的有效方法和技术，包括锁定放大、取样积分、相关检测、自适应噪声抵消等。本书的第 4～7 章分别介绍这些方法的理论基础、设计实现以及一些应用实例。

微弱信号检测技术仍在继续发展，不断出现新的研究成果。例如，基于人工神经网络、小波变换、混沌理论的微弱信号检测理论和方法都已经取得可喜的进展，限于篇幅本书不予介绍。

本书可用作自动化、电子工程、物理、生物医学工程、核技术、测试技术与仪器等专业的研究生和高年级本科生教材，也可供涉及电子噪声、低噪声设计、电磁兼容性、微弱信号检测的工程技术人员参考。

由于作者水平有限，书中难免存在缺点和错误，殷切希望广大读者批评指正。

高晋占

2004年6月于清华大学

符号说明

1. 基本符号

f　频率通用符号,单位为 Hz
f_0　中心频率,单位为 Hz
f_c　截止频率,单位为 Hz
i　电流通用符号,单位为 A
l　距离或长度,单位为 m
u、v　电压通用符号,单位为 V
r　器件内部的等效电阻,单位为 Ω
B　系统频带宽度,单位为 Hz
C　电容的通用符号,单位为 F
E　数学期望运算子
G　电导的通用符号,单位为 S
I　电流的有效值,单位为 A
I_{DC}　平均直流电流,单位为 A
L　电感的通用符号,单位为 H
M　互感的通用符号,单位为 H
P　功率的通用符号,单位为 W
R　电阻或等效电阻,单位为 Ω
R_i　电路的输入电阻,单位为 Ω
R_o　电路的输出电阻,单位为 Ω
R_L　负载电阻,单位为 Ω
R_s　信号源内阻,单位为 Ω
U、V　电压的有效值,单位为 V
T　热力学温度,单位为 K
X　电抗的通用符号,单位为 Ω
Z　阻抗的通用符号,单位为 Ω
ω　角频率通用符号,单位为 rad/s

2. 线性系统符号

$A(t)$　幅度函数
$\varphi(t)$　相位函数
$G(\omega)$　幅频特性函数
$\varphi(\omega)$　相频特性函数
$h(t)$　冲激响应函数
$H(j\omega)$　频率响应函数
$H(s)$　传递函数
$H(z^{-1})$　离散传递函数

3. 随机噪声符号

e_n　噪声电压
i_n　噪声电流
$\overline{e_n^2}$　噪声电压的均方值
$\overline{i_n^2}$　噪声电流的均方值
E_n　噪声电压的有效值,$E_n=\sqrt{\overline{e_n^2}}$
I_n　噪声电流的有效值,$I_n=\sqrt{\overline{i_n^2}}$
e_N　噪声电压的平方根谱密度,单位为 $V/\sqrt{Hz}$
i_N　噪声电流的平方根谱密度,单位为 $A/\sqrt{Hz}$
e_t　热噪声电压
i_t　热噪声电流

e_{sh} 散弹噪声电压
i_{sh} 散弹噪声电流
e_f $1/f$ 噪声电压
i_f $1/f$ 噪声电流
F 噪声系数(noise factor)
NF 噪声因数(noise figure),单位为 dB
SNR 信噪比
$SNIR$ 信噪改善比
B_e 等效噪声带宽
Δf 窄带宽度
$p(x)$ x 的概率密度函数
μ_x x 的均值
σ_x^2 x 的方差
σ_x x 的标准差
$\overline{x^2}$ x 的均方值
$C_x(\tau)$ x 的自协方差函数
$c_x(\tau)$ x 的归一化自协方差函数
$C_{xy}(\tau)$ x 和 y 的互协方差函数
$c_{xy}(\tau)$ x 和 y 的归一化互协方差函数
$R_x(\tau)$ x 的自相关函数
$R_{xy}(\tau)$ x 和 y 的互相关函数
$S(f)$ 噪声的功率谱密度函数
$S_e(f)$ 噪声电压的功率谱密度函数
$S_i(f)$ 噪声电流的功率谱密度函数
$S_x(f)$ x 的功率谱密度函数
$S_{xy}(f)$ x 和 y 的互功率谱密度函数
$\rho_x(\tau)$ x 的归一化自相关函数
$\rho_{xy}(\tau)$ x 和 y 的归一化互相关函数
$|J|$ 雅可比(Jacobi)行列式

4. 半导体器件参数符号

b 基极
c 集电极
e 发射极
f_T 晶体管的特征频率,即共射接法下电流放大倍数为 1 的频率,单位为 Hz
g_m 跨导
$r_{bb'}$ 基区体电阻
$r_{b'e}$ 发射结的微变等效电阻
r_{ce} 共射接法下集射极之间的微变电阻
r_{ds} 场效应管漏源之间的等效电阻
r_{on} 导通电阻
D 二极管,场效应管的漏极
G 场效应管的栅极
S 场效应管的源极
I_D 二极管电流,漏极电流
I_B 共射接法下的基极电流
I_C 共射接法下的集电极电流
I_E 共射接法下的发射极电流
α 共基接法下的电流放大倍数,$\alpha=\Delta I_C/\Delta I_E$
β 共射接法下的电流放大倍数,$\beta=\Delta I_C/\Delta I_B$
β_0 共射接法下的直流电流放大倍数,$\beta_0=I_C/I_B$

5. 其他符号

c 电磁辐射速度,$c=2.998\times10^8$ m/s
h 普朗克(Planck)常数,$h=6.62\times10^{-34}$ J·s
k 玻耳兹曼(Boltzmann)常数,$k=1.38\times10^{-23}$ J/K
q 电子电荷,$q=1.602\times10^{-19}$ C
λ 波长,单位为 m
ε 介质的介电常数
ε_0 自由空间的介电常数,$\varepsilon_0=8.85\times10^{-3}$ pF/mm
ε_r 对自由空间的相对介电常数,$\varepsilon_r=\varepsilon/\varepsilon_0$
μ 介质的磁导率
μ_0 自由空间的磁导率,$\mu_0=4\pi\times10^{-7}$ H/m $=4\pi\times10^{-4}$ μH/mm
μ_r 对自由空间的相对磁导率,$\mu_r=\mu/\mu_0$
σ 介质的电导
σ_c 铜的电导,$\sigma_c=5.82\times10^7$ S/m
σ_r 对铜的相对电导,$\sigma_r=\sigma/\sigma_c$
CMRR 共模抑制比

目录

第1章 微弱信号检测与随机噪声

1.1 微弱信号检测概述

“微弱信号”不仅意味着信号的幅度很小，而且主要指的是被噪声淹没的信号，“微弱”是相对于噪声而言的。为了检测被背景噪声覆盖着的微弱信号，人们进行了长期的研究工作，分析噪声产生的原因和规律，研究被测信号的特点、相关性以及噪声的统计特性，以寻找出从背景噪声中检测出有用信号的方法。

微弱信号检测技术的首要任务是提高信噪比，这就需要采用电子学、信息论、计算机和物理学的方法，以便从强噪声中检测出有用的微弱信号，从而满足现代科学研究和技术开发的需要。微弱信号检测技术不同于一般的检测技术，它注重的不是传感器的物理模型和传感原理，也不是相应的信号转换电路和仪表实现方法，而是如何抑制噪声和提高信噪比，因此可以说，微弱信号检测是一门专门抑制噪声的技术。

对于各种微弱的被测量，例如弱光、弱磁、弱声、小位移、小电容、微流量、微压力、微振动、微温差等，一般都是通过相应的传感器将其转换为微电流或低电压，再经放大器放大其幅度，以期指示被测量的大小。但是，由于被测量的信号微弱，传感器的本底噪声、放大电路及测量仪器的固有噪声以及外界的干扰噪声往往要比有用信号的幅度大得多，放大被测信号的过程同时也放大了噪声，而且必然会附加一些额外的噪声，例如放大器的内部固有噪声和各种外部干扰噪声，因此只靠放大是不能把微弱信号检测出来的。只有在有效地抑制噪声的条件下增大微弱信号的幅度，才能提取出有用信号。为了达到这样的目的，必须研究微弱信号检测的理论、方法和设备。

为了表征噪声对信号的覆盖程度，人们引入了信噪比(signal-noise ratio，简记为 SNR)的概念，信噪比指的是信号 S 与噪声 N 之比，即

$$SNR = S/N \tag{1-1}$$

信噪比可以是电压或电流的有效值比值，一般表示为 SNR_V 或 SNR_I；也可以是功率

比值，一般表示为 SNR_P。微弱信号检测的关键是提高信噪比。评价一种微弱信号检测方法的优劣，经常采用两种指标：一种是信噪改善比 *SNIR*(signal noise improvement ratio)，另一种是有效的检测分辨率。*SNIR* 定义为

$$SNIR = \frac{SNR_o}{SNR_i} \tag{1-2}$$

式中，SNR_o 是系统输出端的信噪比，SNR_i 是系统输入端的信噪比。*SNIR* 越大，表明系统抑制噪声的能力越强。因为 SNR_V 和 SNR_p 之间为平方关系，相应的 *SNIR* 之间也是平方关系。所以，在述及信噪比或信噪改善比时，必须说明是哪一种。如果表示为分贝，则两者数值相同。

微弱信号检测的另一种指标是检测分辨率，它的定义是检测仪器示值可以响应与分辨的输入量的最小变化值。检测分辨率不同于检测灵敏度，后者定义为输出变化量 Δy 与引起 Δy 的输入变化量 Δx 之比，即灵敏度等于 $\Delta y/\Delta x$。也就是说，灵敏度表示的是检测系统标定曲线的斜率。一般情况下，灵敏度越高，分辨率越好。但是，提高系统的放大倍数可以提高灵敏度，但却不一定能提高分辨率，因为分辨率要受噪声和检测误差的制约。

表 1-1 对比了常规检测方法与微弱信号检测方法所能达到的最高分辨率和 *SNIR*(有效值)，表中最后一行是专门从事微弱信号检测仪器生产的吉时利(Keithley)公司的产品近年能够达到的指标。从这些指标中可以看出微弱信号检测技术发展的大致水平。

表 1-1 检测的最高分辨率

检测量	电压/nV	电流/nA	温度/K	电容/pF	微量分析/克分子	$SNIR_V$
常规检测方法	10^3	0.1	10^{-4}	0.1	10^{-5}	10
微弱信号检测方法	0.1	10^{-5}	5×10^{-7}	10^{-5}	10^{-8}	10^5
吉时利公司	10^{-3}	10^{-8}	10^{-6}			

抑制噪声以提高信噪比的研究工作由来已久，可以说从电子器件和电子学诞生的年代开始，人们一直在探索抑制噪声的技术。自从 1962 年第一台锁相放大器问世的四十多年来，经过很多科学工作者的不懈努力，微弱信号检测技术得到了长足的发展，信噪改善比 *SNIR* 得到不断提高。到 20 世纪 80 年代末，微弱信号检测的 $SNIR_V$ 可达 10^5，近年在一些专门检测领域(例如微弱电流)$SNIR_V$ 已能达到 10^7，从而推动了物理、化学、电化学、天文、生物、医学等学科的发展。目前，微弱信号检测的原理、方法和设备已经成为很多领域中进行现代科学研究不可缺少的理论和手段，而未来科技的发展也必将对微弱信号检测技术提出更高的要求。

1.2 常规小信号检测方法

与微弱信号相比，小信号的信噪比要高得多，其检测技术也要成熟得多。但是，就提高信噪比，从而检测出被噪声污染的有用信号这一点来看，小信号检测与微弱信号检测具有一定的共同之处。经过多年的研究和实践，人们已经掌握了一些行之有效的小信号检测方法，其中的一些方法还被成功地应用到检测仪器仪表产品之中。了解这些小信号检测的成熟手

段和方法，对于微弱信号检测具有一定的参考价值。

1.2.1 滤波

在大部分检测仪器中都要对模拟信号进行滤波处理，有的滤波是为了隔离直流分量，有的滤波是为了改善信号波形，有的滤波是为了防止离散化时的频率混叠，更多的滤波是为了抑制噪声，提高信号的信噪比。通常，有用信号的频率范围有限，而噪声则散布在很宽的频带上。为了消除或部分消除噪声，经常对信号进行滤波处理。

1. 滤波器的功能

滤波器的功能就是允许某一部分频率的信号顺利通过，而另外一部分频率的信号则受到较大的抑制，它实质上是一个选频电路。

滤波器中，信号能够通过的频率范围称之为通频带或通带，而信号受到很大衰减或完全被抑制的频率范围称之为阻带，通带和阻带之间的分界频率称为截止频率。理想滤波器在通带内的增益为常数，在阻带内的增益为零；实际滤波器的通带和阻带之间存在一定频率范围的过渡带。

滤波器是抑制噪声、提高信噪比的有效手段。此外，在使用 A/D 转换器对模拟信号进行量化处理时，为了防止混叠效应(aliasing effect)导致量化误差，需要用低通滤波器滤除信号中高于采样频率 1/2 以上的频率成分。

2. 滤波器的分类

(1) 模拟滤波器和数字滤波器(按所处理的信号划分)

模拟滤波器用硬件电路实现，数字滤波器需要用到 A/D、D/A 转换器，滤波算法大都用计算机或单片机的软件实现，也可以用 FPGA(现场可编程门阵列)实现。A/D 转换器要求输入信号必须达到一定的幅度，所以，要实现提高微弱信号信噪比的目的，模拟滤波器更为适用。

(2) 低通、高通、带通和带阻滤波器(按所通过信号的频段划分)

低通滤波器允许信号中的低频和直流分量通过，抑制信号的高频分量和高频噪声；高通滤波器允许信号中的高频分量通过，抑制低频和直流分量以及低频噪声；带通滤波器允许一定频段的信号通过，抑制低于或高于该频段的信号和噪声；带阻滤波器抑制一定频段内的信号或噪声，允许该频段以外的信号通过。

(3) 无源滤波器、有源滤波器和开关电容滤波器(按所采用的元器件划分)

无源滤波器是仅由无源元件(R、L 和 C)组成的滤波器，它是利用电容和电感元件的电抗随频率的变化而变化的原理构成的。这类滤波器的优点是：电路比较简单，不需要直流电源供电，可靠性高；缺点是通带内的信号有能量损耗，负载效应比较明显。使用电感元件的滤波器容易引起电磁感应，当电感 L 较大时滤波器的体积和重量都比较大，在低频领域不适用。

有源滤波器由无源元件(一般用 R 和 C)和有源器件(如集成运算放大器)组成。这类滤波器的优点是：通带内的信号不仅没有能量损耗，而且还可以放大，负载效应不明显，多级相联时相互影响很小，利用级联的方法很容易构成高阶滤波器，并且滤波器的体积小、重量轻、可以不使用磁屏蔽(由于不使用电感元件);缺点是:通带范围受有源器件(如集成运算放大器)的带宽限制,需要直流电源供电,可靠性不如无源滤波器高,在高压、高频、大功率的场合不适用。

开关电容滤波器:20世纪70年代,开关电容滤波器(switched capacitor filter)问世并逐渐形成了成熟的集成电路产品系列,这是一种由MOS模拟开关、电容器和运算放大器组成的离散时间模拟滤波器,易于用MOS工艺实现,而且便于实现高阶滤波器。开关电容滤波器可直接处理模拟信号,而不必像数字滤波器那样需要A/D、D/A转换,简化了电路设计,提高了系统的可靠性。此外,MOS器件在速度、集成度、相对精度控制和微功耗等方面都有独特的优势,促进了开关电容滤波器的发展和应用。

3. 滤波器的主要参数

(1) 通带增益 A_0:滤波器通带内的电压放大倍数。

(2) 特征角频率 ω_0 和特征频率 f_0:它们只与滤波器的元件参数有关,对于一阶 RC 滤波器,特征角频率为 $\omega_0=1/(RC)$,特征频率为 $f_0=1/(2\pi RC)$。

带通(带阻)滤波器的特征频率为其中心角频率 ω_0 或中心频率 f_0,是通带(阻带)内电压增益最大(最小)点的频率。

(3) 截止角频率 ω_c 和截止频率 f_c:它们是电压增益下降到 $|A_0/\sqrt{2}|$ (即 -3dB)时所对应的角频率和频率。注意 ω_c 不一定等于 ω_0。带通和带阻滤波器有两个 ω_c,即 ω_L 和 ω_H。

(4) 通带(阻带)宽度 B:它是带通(带阻)滤波器的两个 ω_c 值之差,即

$$B=\omega_H-\omega_L$$

(5) 等效品质因数 Q:对带通(带阻)滤波器而言,Q 值等于中心角频率与通带(阻带)宽度 B 之比,即

$$Q=\omega_0/B$$

4. 滤波器的阶数

滤波器传递函数分母中拉普拉斯算子"s"的最高方次称为滤波器的"阶数"。阶数越高,滤波器幅频特性的过渡带越陡,越接近理想特性。一般情况下,一阶滤波器过渡带按 -20dB/十倍频的速率衰减,二阶滤波器按 -40dB/十倍频的速率衰减。高阶滤波器可由低阶滤波器串接组成。

5. 低通和高通滤波器之间的对偶关系

(1) 幅频特性的对偶关系

当低通滤波器和高通滤波器的通带增益 A_0、截止频率 f_c 分别相等时,两者的幅频特性曲线相对于垂直线 $f=f_c$ 对称。

(2) 传递函数的对偶关系

将低通滤波器传递函数中的 s 换成 $1/s$,则变成对应的高通滤波器的传递函数。

(3) 电路结构上的对偶关系

将低通滤波器中起滤波作用的电容 C 换成电阻 R,并将起滤波作用的电阻 R 换成电容 C,则低通滤波器转化为对应的高通滤波器。

6. 滤波器在噪声抑制中的应用

利用滤波器的频率选择特性,可把滤波器的通带设置得能够覆盖有用信号的频谱,所以滤波器不会使有用信号衰减或使其衰减很少。而噪声的频带一般较宽,当通过滤波器时,通带之外的噪声功率受到大幅度衰减,从而使信噪比得以提高。

根据信号和噪声的不同特性,常用的抑制噪声滤波器为低通滤波器(LPF)和带通滤波器(BPF)。低通滤波器能有效地抑制高频噪声,常用于有用信号缓慢变化的场合,但是对于低频段的噪声(例如 $1/f$ 噪声和缓慢漂移,包括时间漂移和温度漂移),低通滤波器却是无能为力的。如果信号为固定频率 f_0 的正弦信号,则利用带通滤波器能有效地抑制通带之外各种频率的噪声。带通滤波器的带宽 Δf 越小,Q 值越高,滤波效果越好。但是,Q 值太高的带通滤波器往往不稳定,所以 Δf 很难做得很小,这使滤波效果受到限制。而且,带通滤波器对于与 f_0 同频率的干扰噪声是无能为力的。此外,为了抑制某一特定频率的干扰噪声(例如 50Hz 工频干扰),有时还使用带阻滤波器(即陷波器)。

用于抑制噪声的滤波器可以置于放大器之前,也可以置于放大器之后,功能各有特点。对于信噪比较低的输入信号,噪声的幅度(尤其是尖峰脉冲噪声的幅度)往往要比有用信号的幅度高得多,如果不进行滤波就直接放大,噪声幅度很可能超出放大器的线性输入范围,导致放大器进入非线性区而不能正常工作。置于放大器之前的滤波器可以有效抑制噪声幅度,防止发生这种情况。放大器在放大输入信号的同时,也放大了输入噪声,此外放大器本身的电子元器件还会产生附加噪声,置于放大器之后的滤波器不但能够滤除放大器输入噪声,还能滤除放大器自身产生的附加噪声。两种滤波器各有其特殊功能,需要根据噪声情况选择使用。对于信噪比较低或噪声情况不明的场合,最好在放大器之前和之后都设置滤波器。

1.2.2　调制放大与解调

对于变化缓慢的信号或直流信号,如果不经过变换处理而直接利用直流放大器进行放大,则传感器和前级放大器的低频噪声及缓慢漂移(包括温度漂移和时间漂移)经放大后会以很大的幅度出现在后级放大器的输出端,当有用信号幅度很小时,有可能根本检测不出来。简单的电容隔直方法能有效地抑制漂移和低频噪声,但是对有用信号的低频分量也具有衰减作用。在这种情况下,利用调制放大器能有效地解决上述问题。这样的调制放大器多数采用幅度调制的方法,其构成框图见图 1-1。幅度调制在无线广播和接收中应用得很广泛。

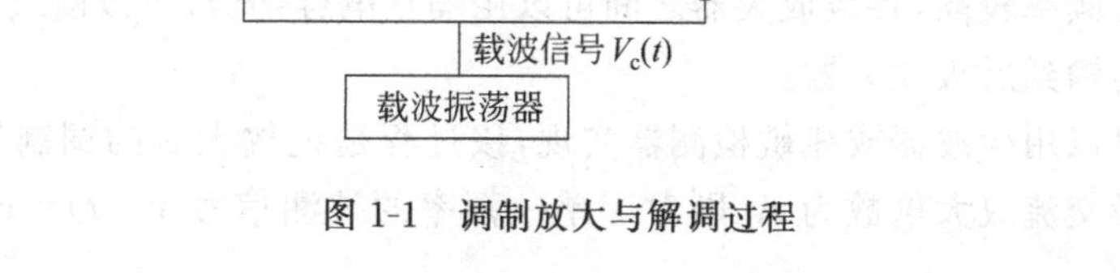

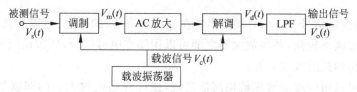

图 1-1　调制放大与解调过程

在图 1-1 中，振荡器是调制载波源，其输出通常是一个高频载波信号

$$V_c(t) = \cos\omega_c t$$

为简单起见，设被测低频信号为单一频率的余弦信号

$$V_s(t) = \cos\omega_s t$$

在实际应用中，(ω_c/ω_s)至少要在 20 以上，以使被测信号的一个周期包含许多载波信号周期。调制过程一般用变增益放大器或非线性放大器实现两个信号的相乘过程，其输出为频率与调制载波相同，但幅度随被测低频信号 $V_s(t)$瞬时值变化的调制信号 $V_m(t)$如下

$$V_m(t) = V_s(t) \cdot V_c(t) = \cos\omega_s t \cdot \cos\omega_c t \tag{1-3}$$

利用三角函数公式，式(1-3)可变为

$$V_m(t) = 0.5\cos(\omega_c + \omega_s)t + 0.5\cos(\omega_c - \omega_s)t \tag{1-4}$$

式(1-4)说明，调制过程得到的是两个信号的和频分量和差频分量。实际上，被测信号 $V_s(t)$可能包括很多频率成分，如图 1-2(a)中的频谱所示。调制过程中，被测信号 $V_s(t)$的每一频率成分都形成其和频分量和差频分量，它们组合而成为调制输出信号的频谱，形成载波频率 ω_c 两边的两个边带，如图 1-2(c)所示。

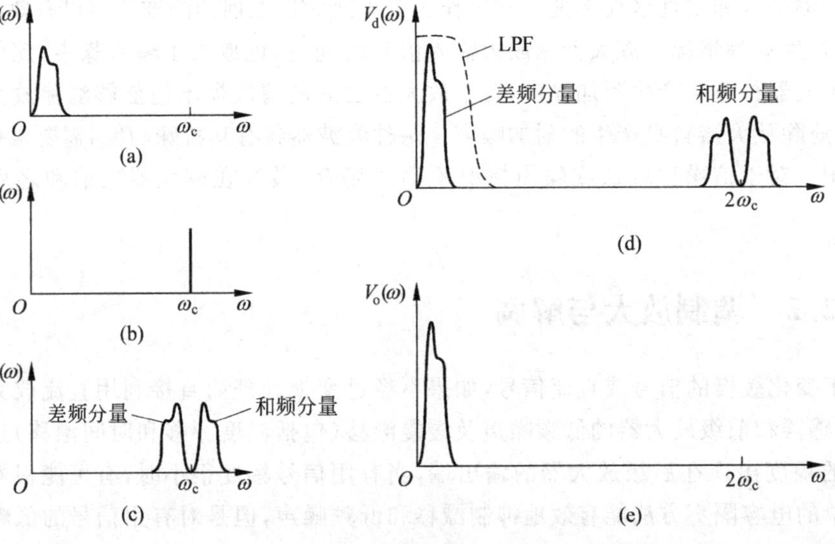

图 1-2 调制解调器各信号频谱

(a) 被测信号 $V_s(\omega)$；(b) 载波信号 $V_c(\omega)$；(c) 调制信号 $V_m(\omega)$；(d) 解调信号 $V_d(\omega)$；(e) 滤波输出 $V_o(\omega)$

可见，调制输出信号 $V_m(t)$的频谱集中在载波频率 ω_c 的两边，可以对其进行交流(AC)放大。因为载波频率较高，各级放大器之间可以用隔直电容耦合，所以前级放大器的漂移和低频噪声不会传输到后级放大器。

解调过程可以用检波器或相敏检测器实现，该过程是把放大后的调制信号再和载波信号相乘一次。设交流放大倍数为 A，则对于单一频率的被测信号 $V_s(t)=\cos\omega_s t$，解调器的输出 $V_d(t)$为

$$
\begin{aligned}
V_d(t) &= AV_m(t)\cdot\cos\omega_c t \\
&= A[0.5\cos(\omega_c+\omega_s)t+0.5\cos(\omega_c-\omega_s)t]\cos\omega_c t \\
&= 0.25A[\cos(2\omega_c+\omega_s)t+\cos(2\omega_c-\omega_s)t+2\cos\omega_s t]
\end{aligned}
\tag{1-5}
$$

式(1-5)说明，解调过程实现了第二次频谱迁移，解调器的输出 $V_d(t)$ 的频谱分量中的一部分包含了原被测信号的频率 ω_s，另一部分频谱集中于 $2\omega_c\pm\omega_s$。利用低通滤波器(LPF)滤除 $V_d(t)$ 中的高频分量和附加噪声，可得到放大的被测信号 $V_o(t)$

$$V_o(t)=0.5A\cos\omega_s t=0.5AV_s(t) \tag{1-6}$$

对于由多种频率成分组成的被测信号，解调器输出信号 $V_d(t)$ 和滤波器输出信号 $V_o(t)$ 的频谱分别见图 1-2(d)和图 1-2(e)。

调制放大与解调广泛应用于通信领域，例如无线广播和接收机，在这种情况下调制和解调分别由不同的设备完成，因此要求接收设备自己产生解调用的载波信号，例如收音机中是由本机振荡器产生载波信号。为了解调方便，多数广播系统在发送包含有用信号边带的同时，还发送频率为 ω_c 的载波信号。

对于小信号检测，还可以利用斩波器代替图 1-1 中的调制器，利用电子开关实现斩波和斩波信号的解调过程。有的传感器的输出信号本身就是调制信号或斩波信号，目的也是为了减小漂移的不利影响。

1.2.3 零位法

直接指示测量仪表的一般方法，是将被测信号放大到一定幅度，以驱动表头指针的偏转角度指示被测量的大小；或者将放大后的信号经模数转换和数据处理后由数码管显示被测量的数值。而零位法(null method)是调整对比量的大小使其尽量接近被测量，由对比量指示被测量的大小，如图 1-3 所示。图中的零位表指针只用来指示被测量和对比量的差异值，当零位表指示近似为零时，对比量的大小就表征了被测量的大小。对比量的调整可以手动实现，也可闭环自动调整，如图 1-3 中虚线所示。用这种方法测量的分辨率取决于对比量调整和指示的分辨率。可以想象，弹簧秤是一种直接指示仪表，而天平则是一种零位法仪表。

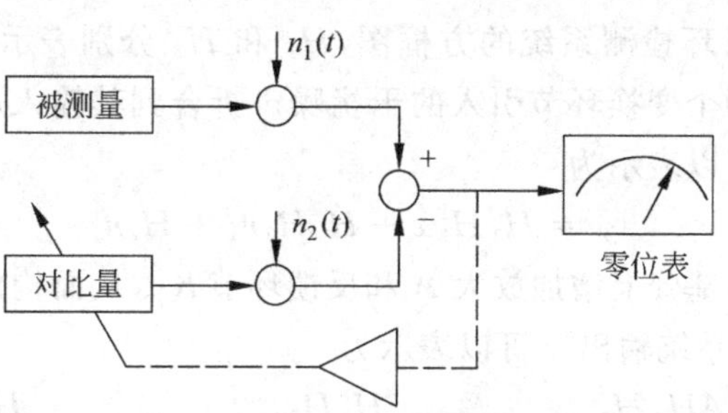

图 1-3 零位法测量原理

由图 1-3 可以看出，虽然被测量和对比量在传输过程中分别附加了干扰噪声 $n_1(t)$ 和 $n_2(t)$，但是在对比相减的过程中，$n_1(t)$ 和 $n_2(t)$ 会相互抵消。两路信号传输过程越相似，$n_1(t)$ 和 $n_2(t)$ 也会越近似，抵消作用越好。因此，与直接指示测量方法相比，零位法测量结果的信噪比要高，测量精度也更高。

零位法测量的典型应用例子是平衡电桥和电位差计。图1-4所示为平衡电桥用于测量未知电阻，图中R_x为被测电阻，R_m为对比电阻，指示表头用作电桥平衡状态指示。当调节R_m使表头指示为零时，电桥处于平衡状态，$R_m=R_x$，由R_m的值可指示出R_x的大小。图中的放大器、调整机构和虚线所示的反馈过程用于根据表头两端的差值自动调节R_m，以使电桥达到平衡状态，从而构成自动平衡电桥。

图1-5所示为电位差计用于测量未知电压E_x，图中的指示表头和放大器的作用与平衡电桥相类似。调节P_m的调整端位置，可以从电位器获得不同电压。当表头指示为零时，说明电位器输出电压等于被测电压E_x，电位差计达到了平衡状态，由电位器P_m调整端的位置可指示出被测量E_x的数值。放大器、调整机构和虚线表示的反馈过程用于自动调整P_m，以使电位差计达到平衡状态，从而构成自动电位差计。

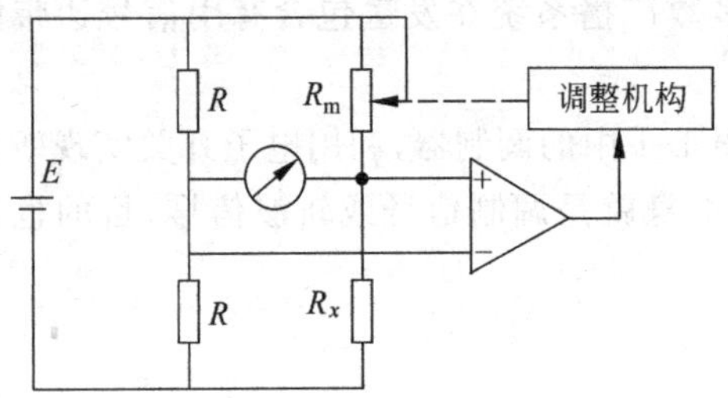

图1-4　平衡电桥原理示意图

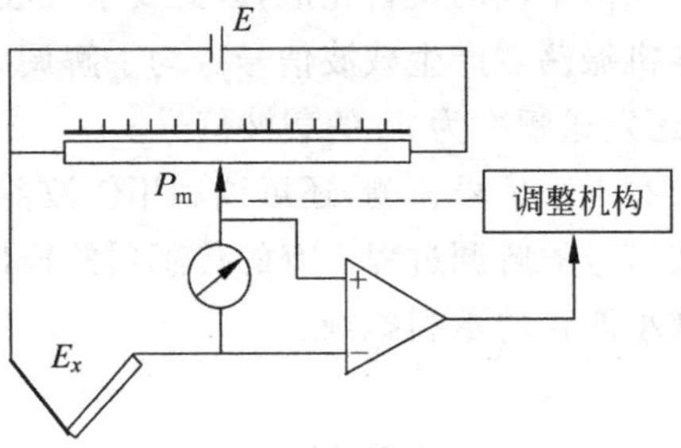

图1-5　电位差计原理示意图

1.2.4　反馈补偿法

为了把某种幅度较小的被测量(例如物理量或化学量)检测出来，一般都要对其进行变换和放大，使其以人们能够感知的方式呈现出来。而变换和放大的过程不可避免地会引入一些干扰噪声，影响输出指示的信噪比和精确度。反馈补偿法能有效地减小这些干扰噪声的不利影响。

图1-6(a)所示为开环检测系统的方框图，H_1和H_2分别表示两个变换环节的传递函数，n_1和n_2分别表示两个变换环节引入的干扰噪声折合到其输入端的噪声值，x为被测有用信号。系统输出y可以表示为

$$y=H_1H_2x+H_1H_2n_1+H_2n_2 \tag{1-7}$$

在开环检测系统的基础上增加放大A和反馈环节K_F，从而构成闭环检测系统，其方框图示于图1-6(b)，这时系统输出y可以表示为

$$y=\frac{AH_1H_2}{1+AH_1H_2K_F}x+\frac{H_1H_2}{1+AH_1H_2K_F}n_1+\frac{H_2}{1+AH_1H_2K_F}n_2 \tag{1-8}$$

当A足够大时，有$AH_1H_2K_F\gg1$，式(1-8)可简化为

$$y=\frac{1}{K_F}x+\frac{1}{AK_F}n_1+\frac{1}{AH_1K_F}n_2 \tag{1-9}$$

式(1-9)右边的第二项和第三项表示输出信号中的噪声，可见，只要闭环检测系统中放大器的放大倍数A足够大，从而使$AK_F\gg1$且$AH_1K_F\gg1$，则式(1-9)右边的第二项和第三

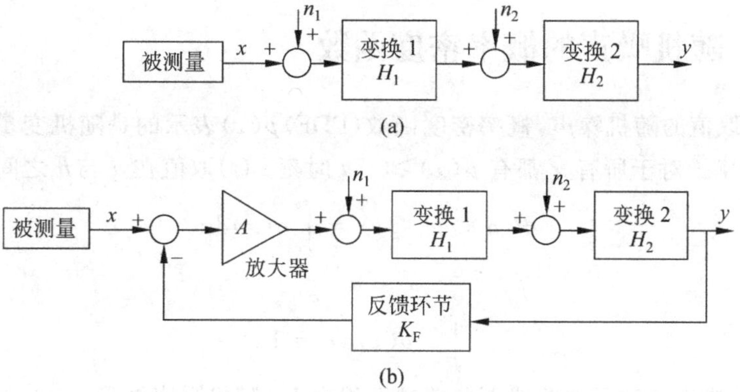

图 1-6 开环检测系统与闭环检测系统

(a) 开环检测系统；(b) 闭环检测系统

项趋于零，干扰噪声 n_1 和 n_2 的不利影响就可以得到有效抑制，式(1-9)则可简化为

$$y = \frac{1}{K_F}x$$

由上式可知，闭环检测系统中的输出 y 和输入 x 之间的关系主要取决于反馈环节的传递函数 K_F，只要 K_F 稳定可靠，则变换环节的漂移和非线性对检测系统的性能就不会产生太大的影响。一般情况下，设计制作稳定可靠的反馈环节要比设计制作稳定可靠的变换环节容易得多。

在检测仪表领域，力平衡式压力变送器和很多其他检测设备都是基于这种反馈补偿原理，以消除或减弱干扰噪声的不利影响并提高检测设备的性能。

1.3 随机噪声及其统计特征

由于电路中电子及其他载流子的随机扰动，电路内部的噪声无处不在。电路外部的各种干扰也会在电路中感应出不同频率分布的噪声。无论是内部噪声或外部干扰，在这里统称为噪声。很多种噪声是随机变量随时间变化的过程，其瞬时值是不确定的，无论对它的过去值观测多长时间，仍然不能确切预测其未来的瞬时值。

对于随机噪声，因为其取值不可预测，更不能用一个解析函数来定义，只能用概率和统计的方法来描述。统计方法侧重的是样本总体的定量性质，而不是个体元素的性质。就随机噪声而言，样本可由其波形的大量的连续取值组成。常用的概率和统计描述方法有概率密度函数以及数学期望值、方差、均方值、相关函数等特征值。

概率密度函数及统计特征不随时间变化的随机过程称为平稳随机过程，电路中的噪声一般都是平稳随机过程。电路中的噪声还具有各态遍历性质，其统计平均可以用时间平均来计算。各态遍历的随机过程一定是平稳随机过程。

本章对随机过程的描述比较简略，只涉及那些在噪声分析中需要的内容。本章所援引的某些公式只对实函数有效。

1.3.1 随机噪声的概率密度函数

对于连续取值的随机噪声，概率密度函数(PDF)$p(x)$表示的是随机变量$x(t)$在t时刻取值为x的概率。对于所有x都有$p(x)\geqslant 0$。t时刻$x(t)$取值在a与b之间的概率为

$$P(a < x \leqslant b) = \int_a^b p(x)\mathrm{d}x \tag{1-10}$$

而且

$$\int_{-\infty}^{\infty} p(x)\mathrm{d}x = 1 \tag{1-11}$$

式(1-11)说明，概率密度函数曲线下覆盖的面积为1。随机噪声波形$x(t)$与概率密度函数$p(x)$之间的关系示于图1-7，图中的右边部分表示$x(t)$随时间t变化的波形，左边部分是概率密度函数$p(x)$随x变化的曲线。

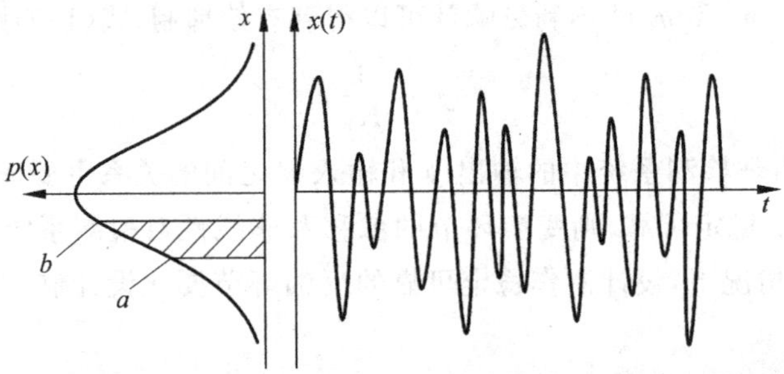

图 1-7 随机噪声波形$x(t)$与概率密度函数$p(x)$之间的关系

一种重要的概率密度函数是**正态分布**概率密度函数，又称为**高斯分布**，自然发生的许多随机量属于高斯分布。如果噪声是由很多相互独立的噪声源产生的综合结果，则根据中心极限定理，该噪声服从高斯分布。一种典型的信号处理问题是消除信号中的噪声，或者把噪声从信号中分离开来，这时经常假设干扰噪声为高斯分布，这种假设具有一定的合理性。高斯分布的概率密度函数可以表示为

$$p(x) = \frac{1}{\sigma_x\sqrt{2\pi}}\exp\left[-\frac{(x-\mu_x)^2}{2\sigma_x^2}\right] \tag{1-12}$$

式中，μ_x为x的均值；σ_x^2为x的方差，在检测数据处理中常把σ_x称为标准差。

当$x=\mu_x$时，$p(x)$取得最大值

$$p(\mu_x) = \frac{1}{\sigma_x\sqrt{2\pi}} \tag{1-13}$$

需要注意的是，高斯分布的噪声不一定是白噪声，白噪声的幅度分布也不一定是高斯分布。概率密度函数和功率谱密度函数是相互独立的不同概念。此外还要注意，不要把高斯分布的概率密度函数与高斯滤波器的输出混为一谈，后者的冲激响应函数形状为$\exp(-t^2)$，而且频率响应函数形状为$\exp(-\omega^2)$。高斯滤波器的输出可能具有高斯分布的概率密度函数，但是对于具有高斯分布的概率密度函数的多种噪声，其功率谱密度函数可能与高斯形状相去甚远。

式(1-12)说明,高斯分布的噪声电压 x 瞬时值的幅度可以取任何值(实际上要受到放大器的限幅),但幅度越大则概率越低。当 x 偏离 μ_x 较大时,$p(x)$迅速减少。满足 $|x-\mu_x|>x_0$ 的概率为

$$P(|x-\mu_x|>x_0)=1-\frac{1}{\sigma_x\sqrt{2\pi}}\int_{\mu_x-x_0}^{\mu_x+x_0}\exp\left[-\frac{(x-\mu_x)^2}{\sigma_x^2}\right]\mathrm{d}x \tag{1-14}$$

考虑零均值噪声,在不同 x_0/σ_x 情况下,$|x|$的取值超过 x_0 的概率列于表 1-2。

表 1-2 零均值高斯噪声幅值超过 x_0 的概率

x_0/σ_x	1.645	2.576	3.291	3.890	4.417
$P(\|x\|>x_0)$	0.1	0.01	0.001	0.0001	0.00001

由表 1-2 可以看出,高斯分布的噪声瞬时值超过 $\mu_x\pm3.3\sigma_x$ 的概率小于0.1%,因此在处理一些实际问题时,可以假设 $p(x)$的取值限制在 $\mu_x\pm3.3\sigma_x$ 之内。对于高斯分布的随机噪声,在普通示波器上观测到的将是杂乱无章的一个亮带,可以用这个亮带的峰-峰值 $V_{\mathrm{P-P}}$ 除以 6.6 来粗略估算 σ_x,对于零均值噪声,σ_x 可以看作其有效值。表 1-2 也说明,测量随机噪声的放大器的动态范围应该大于被测噪声有效值的 6.6 倍,否则噪声峰值可能被限幅,加大测量误差。

另一种重要的概率密度函数是**均匀分布**概率密度函数,均匀分布的噪声电压 $x(t)$在其取值范围内各点的概率相同。在数字信号处理中,A/D 转换过程中的信号量化误差可以认为是均匀分布噪声,计算机内部运算过程中,由运算精度有限导致的舍入误差也可以看作均匀分布噪声。

1.3.2 随机噪声的均值、方差和均方值

1. 均值 μ_x

对于连续的随机噪声 $x(t)$,其均值 μ_x 可以用数学期望值来表示

$$\mu_x=E[x(t)]=\int_{-\infty}^{\infty}x(t)p(x)\mathrm{d}x \tag{1-15}$$

式中的"E"为数学期望运算子。电路中的噪声普遍具有各态遍历性质,其统计平均可以用时间平均来计算,即

$$\mu_x=\lim_{T\to\infty}\frac{1}{2T}\int_{-T}^{T}x(t)\mathrm{d}t \tag{1-16}$$

如果用模数(A/D) 转换器获得随机噪声 $x(t)$的大量采样值 $x(i)(i=1,2,\cdots,n)$,则可运用下式来估算其均值

$$\hat{\mu}_x=\frac{1}{n}\sum_{i=1}^{n}x(i) \tag{1-16a}$$

式中的 $\hat{\mu}_x$ 表示均值 μ_x 的估计值。

对于电压或电流型的随机噪声,均值 μ_x 表示的是其直流分量。

2. 方差 σ_x^2

方差 σ_x^2 表示的是随机噪声瞬时取值与其均值之差的平方的数学期望值，即

$$\sigma_x^2 = E[x(t)-\mu_x]^2 = \int_{-\infty}^{\infty}[x(t)-\mu_x]^2 p(x)\mathrm{d}x \tag{1-17}$$

在有些文献中，随机噪声 $x(t)$ 的方差还常表示为 $\mathrm{Var}[x(t)]$。

同样，对于各态遍历的平稳随机噪声，其统计平均可以用时间平均来计算，即

$$\sigma_x^2 = \lim_{T\to\infty}\frac{1}{2T}\int_{-T}^{T}[x(t)-\mu_x]^2\mathrm{d}t \tag{1-18}$$

如果用 A/D 转换器获得随机噪声 $x(t)$ 的大量采样值 $x(i)$，$i=1, 2, \cdots, n$，则可运用下式来估算其方差

$$\hat{\sigma}_x^2 = \frac{1}{n}\sum_{i=1}^{n}[x(i)-\mu_x]^2 \tag{1-18a}$$

式中的 $\hat{\sigma}_x^2$ 表示方差 σ_x^2 的估计值。

方差反映的是随机噪声的起伏程度。

3. 均方值 $\overline{x^2}$ 与有效值

均方值 $\overline{x^2}$ 表示的是随机噪声瞬时取值的平方的数学期望值，即

$$\overline{x^2} = E[x^2(t)] = \int_{-\infty}^{\infty}x^2(t)p(x)\mathrm{d}x \tag{1-19}$$

$\overline{x^2}$ 同样可以用时间平均来计算，即

$$\overline{x^2} = \lim_{T\to\infty}\frac{1}{2T}\int_{-T}^{T}x^2(t)\mathrm{d}t \tag{1-20}$$

均方值反映的是随机噪声的归一化功率，它表示的是随机电压或电流在 1Ω 电阻上消耗的功率，其单位为 V^2 或 A^2。将噪声电压的归一化功率除以负载电阻值，或将噪声电流的归一化功率乘以负载电阻值，就能得到实际的消耗功率。归一化功率常简称为功率。

$\overline{x^2}$ 的平方根是随机噪声的有效值(root mean squre,RMS)。如果用 A/D 转换器获得随机噪声 $x(t)$ 的大量采样值 $x(i)(i=1,2,\cdots,n)$，则可运用下式来估算其有效值

$$\mathrm{RMS} = \sqrt{\frac{1}{n}\sum_{i=1}^{n}x^2(i)}$$

对式(1-17)进行变换运算，可以得到均值、方差和均方值之间的关系

$$\sigma_x^2 = E[x(t)-\mu_x]^2 = E[x^2(t)] - 2\mu_x E[x(t)] + \mu_x^2 = \overline{x^2} - \mu_x^2$$

$$\overline{x^2} = \mu_x^2 + \sigma_x^2 \tag{1-21}$$

式中的 μ_x^2 为直流分量的功率，σ_x^2 为交流分量的功率，σ_x 为交流分量的有效值。对零均值噪声，因为 $\mu_x=0$，可得 $\overline{x^2}=\sigma_x^2$。

1.3.3 随机噪声的相关函数与协方差函数

1. 自相关函数与自协方差函数

随机噪声 $x(t)$ 的自相关函数 $R_x(t_1, t_2)$ 是其时域特性的平均度量，它反映同一个随机噪

声 $x(t)$在不同时刻 t_1 和 t_2 取值的相关程度，其定义为

$$R_x(t_1,t_2) = E[x(t_1)x(t_2)] \tag{1-22}$$

对于各态遍历的平稳随机噪声，其统计特征量与时间起点无关。令 $t_1=t-\tau, t_2=t$，则 $R_x(t_1,t_2)=R_x(t-\tau,t)$，简记为 $R_x(\tau)$，即

$$R_x(\tau) = E[x(t-\tau)x(t)] \tag{1-23}$$

用时间平均来计算式(1-23)的统计平均，自相关函数可以表示为

$$R_x(\tau) = \lim_{T\to\infty}\frac{1}{2T}\int_{-T}^{T}[x(t-\tau)x(t)]\mathrm{d}t \tag{1-24}$$

自相关函数具有以下重要特点：

(1) 对实信号，自相关函数是 τ 的偶函数，即

$$R_x(\tau) = R_x(-\tau) \tag{1-25}$$

证明：对于平稳的随机噪声，其统计量不随时间起点而变化，故有

$$R_x(\tau) = E[x(t-\tau)x(t)] = E[x(t)x(t+\tau)] = R_x(-\tau)$$

因此，自相关函数又可以表示为

$$\begin{aligned} R_x(\tau) &= E[x(t)x(t+\tau)] \\ &= \lim_{T\to\infty}\frac{1}{2T}\int_{-T}^{T}[x(t)x(t+\tau)]\mathrm{d}t \end{aligned}$$

(2) 当 $\tau=0$ 时，$R_x(\tau)$具有最大值，即

$$R_x(0) \geqslant R_x(\tau) \tag{1-26}$$

证明：

$$[x(t)-x(t-\tau)]^2 \geqslant 0$$

所以

$$x^2(t)+x^2(t-\tau) \geqslant 2x(t)x(t-\tau)$$

取两边的数学期望值，得

$$R_x(0) \geqslant R_x(\tau)$$

因此，$R_x(\tau)$的一般形状如图 1-8 所示。可见，从 $\tau=0$ 具有最大值开始，随着$|\tau|$的增大，$|R_x(\tau)|$呈衰减趋势，衰减的快慢取决于随机噪声 $x(t)$不同时刻取值的相关程度。后面的分析将说明，$x(t)$的频带越宽，$|R_x(\tau)|$衰减得越快。

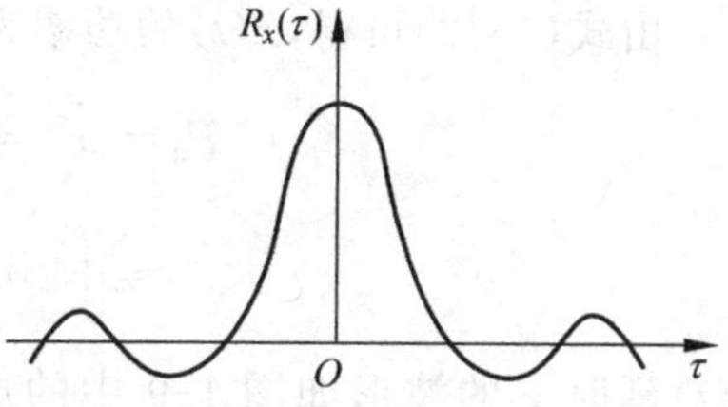

图 1-8 自相关函数的一般形状

(3) $R_x(0)$反映随机噪声的平均功率，即

$$R_x(0) = E[x^2(t)] = \overline{x^2} \tag{1-27}$$

(4) 如果 $x(t)$包含某种周期性分量，则 $R_x(\tau)$包含同样周期的周期性分量。若 $x(t)$是周期为 T 的随机信号，即 $x(t)=x(t+T)$，则 $R_x(\tau)=R_x(\tau+T)$ 也是周期为 T 的函数。

对于平稳的随机噪声，如果它所包含的周期性分量是正弦信号，那么 $R_x(\tau)$将不再包含此正弦分量的相位信息。不管其初相位如何，谐波分量在自相关函数中总是以余弦函数的形式出现。

(5) 互不相关的两个随机噪声之和的自相关函数等于两个随机噪声自相关函数之和，即如果 $z(t)=x(t)+y(t)$，则 $R_z(\tau)=R_x(\tau)+R_y(\tau)$。

(6) 对于平稳的随机噪声，$R_x(\tau)$仅与时间差τ有关，而与计算时间的起点无关。

(7) 当$\tau\to\infty$时，自相关函数反映随机噪声直流分量的功率，即$R_x(\infty)=\mu_x^2$。由式(1-21)和式(1-27)可得

$$R_x(0)-R_x(\infty)=\sigma_x^2$$

自相关函数可以应用于随机噪声，也可以应用于确定性信号。

自协方差函数反映同一个随机噪声$x(t)$的交流分量在不同时刻t_1和t_2取值的相关程度，其定义为

$$C_x(t_1,t_2)=E\{[x(t_1)-\mu_x][x(t_2)-\mu_x]\}=R_x(t_1,t_2)-\mu_x^2$$

对于各态遍历的平稳随机噪声，其统计特征量与时间起点无关，上式可简化为

$$C_x(\tau)=R_x(\tau)-\mu_x^2$$

式中，$\tau=t_2-t_1$。对于零均值的平稳随机噪声$x(t)$，有$\mu_x=0$，则$C_x(\tau)=R_x(\tau)$。

例 1-1　利用采样保持器对零均值连续随机电压波形进行不断的采样保持，保持的时间间隔为1s。设各采样之间互不相关，采样值在$-1\sim+1$之间均匀分布。$t=0$之后第一次采样时刻t_1在$0\sim1$s之间均匀分布。采样保持器的输出波形$x(t)$示于图1-9，试求$x(t)$的功率P_x和自相关函数$R_x(\tau)$的图形。

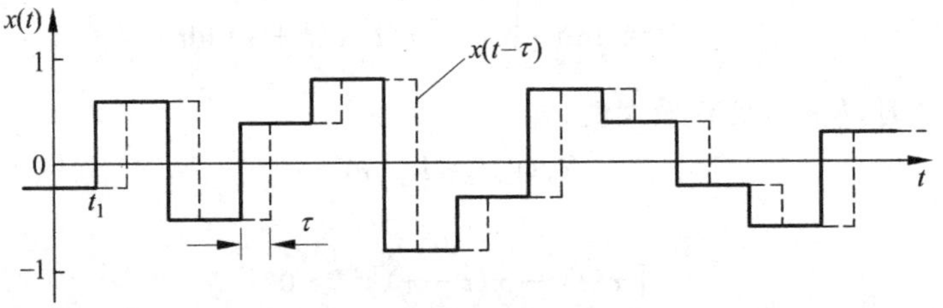

图 1-9　采样保持器的输出波形

解：因为采样值$x(t)$在$-1\sim+1$之间均匀分布，其概率密度函数$p(x)$的形状如图1-10所示。

由式(1-19)可得，$x(t)$的功率为

$$P_x=\overline{x^2}=E[x^2(t)]=\int_{-\infty}^{\infty}x^2(t)p(x)\mathrm{d}x$$
$$=\int_{-1}^{1}0.5x^2(t)\mathrm{d}x=\frac{1}{3}$$

$x(t)$延时τ的波形如图1-9中的虚线所示。当$\tau=0$时，由式(1-27)可知，$R_x(0)$就等于$x(t)$的功率1/3。当$|\tau|\geqslant1$s时，$x(t)$和$x(t-\tau)$互不相关，$R_x(\tau)=0$。当$|\tau|$从0增加到1s时，$x(t)$和$x(t-\tau)$的重叠部分线性减少，因此由式(1-24)计算出的它们乘积的均值也线性减少。根据以上分析，可得$R_x(\tau)$的图形如图1-11所示。

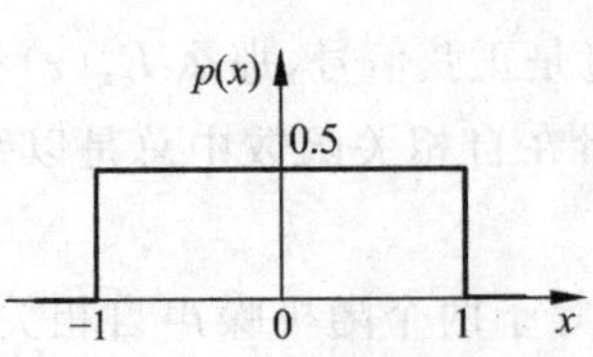

图 1-10　采样保持器输出波形的概率密度函数形状

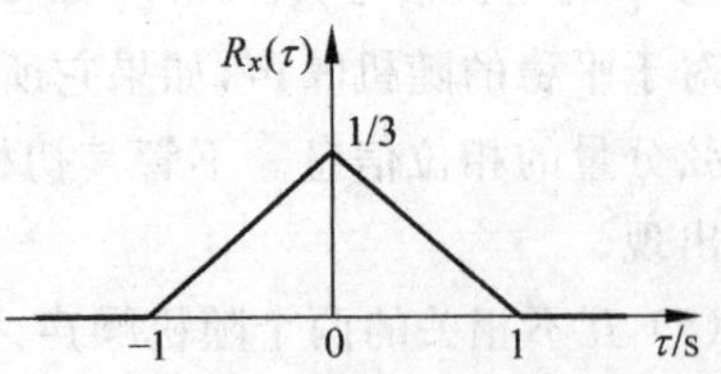

图 1-11　采样保持器输出波形的自相关函数

2. 互相关函数与互协方差函数

互相关函数反映两个不同的随机噪声 $x(t)$ 和 $y(t)$ 在不同时刻 t_1 和 t_2 取值的相关程度,其定义为

$$R_{xy}(t_1,t_2) = E[x(t_1)y(t_2)]$$

对于平稳的随机噪声,其统计特征量与时间起点无关。令 $t_1=t-\tau, t_2=t$,则 $R_{xy}(t_1,t_2)=R_{xy}(t-\tau, t)$,简记为 $R_{xy}(\tau)$,即

$$R_{xy}(\tau) = E[x(t-\tau)y(t)] \tag{1-28}$$

用时间平均来计算式(1-28)的统计平均,互相关函数可以表示为

$$R_{xy}(\tau) = \lim_{T\to\infty}\frac{1}{2T}\int_{-T}^{T}[y(t)x(t-\tau)]\mathrm{d}t \tag{1-29}$$

互相关函数具有以下重要特点:

(1) 互相关函数不再是偶函数,即

$$R_{xy}(\tau) \neq R_{xy}(-\tau)$$

但

$$R_{xy}(\tau) = R_{yx}(-\tau)$$

(2) 互相关函数的上界由下式确定

$$R_{xy}(\tau) \leqslant \sqrt{R_x(0)R_y(0)} \tag{1-30}$$

(3) τ 值很大时的互相关函数反映 $x(t)$ 和 $y(t)$ 均值的乘积,即

$$R_{xy}(\infty) = \mu_x\mu_y$$

(4) 对于平稳的随机噪声,$R_{xy}(\tau)$ 仅与时间差 τ 有关,而与计算时间的起点无关。

与互相关函数紧密相关的另一个统计量是**互协方差函数** $C_{xy}(t_1,t_2)$,其定义为

$$\begin{aligned} C_{xy}(t_1,t_2) &= E\{[x(t_1)-\mu_x][y(t_2)-\mu_y]\} \\ &= R_{xy}(t_1, t_2) - \mu_x\mu_y \end{aligned} \tag{1-31}$$

如果对于任意 t_1 和 t_2 都能满足 $C_{xy}(t_1,t_2)=0$,则称 $x(t)$ 与 $y(t)$ **互不相关**。

对于各态遍历的平稳随机噪声,其统计特征量与时间起点无关,式(1-31)可简化为

$$C_{xy}(\tau) = R_{xy}(\tau) - \mu_x\mu_y \tag{1-32}$$

式中,$\tau=t_2-t_1$。对于零均值的平稳随机噪声 $x(t)$ 与 $y(t)$,有

$$\mu_x = \mu_y = 0$$

$$C_{xy}(\tau) = R_{xy}(\tau)$$

在这种情况下,如果对于所有的 τ 都满足 $R_{xy}(\tau)=R_{yx}(\tau)=0$,则称 $x(t)$ 与 $y(t)$ **互不相关**。

相关函数的上述特性对于从噪声中检测微弱信号非常有用。一般情况下,被检测的有用信号与淹没信号的噪声之间不存在相关性,因此采用相关方法有可能把有用信号从噪声中提取出来。这些方法将在“相关检测”一章中详细论述。

描述两路随机噪声相互关系的另一个术语是相互独立。当随机噪声 x 与 y 相互独立时,其联合概率密度 $p(x,y)$ 可以分解为

$$p(x,y) = p(x)\cdot p(y) \tag{1-33}$$

而当式(1-33)成立时,x 与 y 必定相互独立,而且 $E[xy]=E[x]\cdot E[y]$。

相互独立的两路随机噪声一定互不相关,但互不相关的两路随机噪声不一定相互独立。

例 1-2 随机相位正弦波 $x(t)=A\sin(\omega_0 t+\varphi)$，$\varphi$ 在 $0\sim2\pi$ 之间均匀分布，幅度 A 为常数；随机幅度正弦波 $y(t)=B\sin(\omega_0 t)$，B 是与 φ 相互独立的随机量，B 的概率密度函数为

$$p(B)=\frac{1}{\sqrt{2\pi}}\exp[-B^2/2] \tag{1-33a}$$

试求 $x(t)$ 和 $y(t)$ 的统计特征量 μ_x、σ_x^2、$R_x(\tau)$、μ_y、$R_{xy}(\tau)$ 和 $C_{xy}(\tau)$。

解：(1) $x(t)$ 的均值 μ_x

$$\mu_x=E[x(t)]=\int x(t)p(x)\mathrm{d}x=\int_0^{2\pi}A\sin(\omega_0 t+\varphi)p(\varphi)\mathrm{d}\varphi$$
$$=\frac{A}{2\pi}\int_0^{2\pi}\sin(\omega_0 t+\varphi)\mathrm{d}\varphi=0$$

(2) $x(t)$ 的方差 σ_x^2

$$\sigma_x^2=E[x(t)-\mu_x]^2=E[A^2\sin^2(\omega_0 t+\varphi)]$$
$$=\frac{A^2}{2}E[1-\cos(2\omega_0 t+2\varphi)]$$
$$=\frac{A^2}{2}-\frac{A^2}{2}\frac{1}{2\pi}\int_0^{2\pi}\cos(2\omega_0 t+2\varphi)\mathrm{d}\varphi=\frac{A^2}{2}$$

(3) $x(t)$ 的自相关函数 $R_x(\tau)$

$$R_x(\tau)=E[x(t)\ x(t-\tau)]$$
$$=E[A\sin(\omega_0 t+\varphi)\ A\sin(\omega_0(t-\tau)+\varphi)]$$
$$=A^2E[\sin(\omega_0 t+\varphi)\sin(\omega_0(t-\tau)+\varphi)]$$
$$=\frac{A^2}{2}E[\cos(\omega_0\tau)-\cos(\omega_0(2t-\tau)+2\varphi)]$$
$$=\frac{A^2}{2}\cos(\omega_0\tau)-\frac{A^2}{2}\frac{1}{2\pi}\int_0^{2\pi}\cos(\omega_0(2t-\tau)+2\varphi)\mathrm{d}\varphi$$

上式右边的第二项积分结果为零，所以

$$R_x(\tau)=\frac{A^2}{2}\cos(\omega_0\tau)$$

这也就证明了自相关函数的特点(4)：对于正弦信号，不管其初相位如何，其自相关函数总是以余弦函数的形式出现。

(4) $y(t)$ 的均值 μ_y

对比式(1-12)与式(1-33a)可知，$y(t)$ 的幅值 B 是高斯分布，其均值为零，方差为1，得

$$\mu_y=E[y(t)]=E[B\cos(\omega_0 t)]=E[B]E[\cos(\omega_0 t)]=0$$

(5) 互相关函数 $R_{xy}(\tau)$ 和互协方差函数 $C_{xy}(\tau)$

因为 B 和 φ 相互独立，所以可得

$$R_{xy}(\tau)=E[x(t-\tau)y(t)]$$
$$=E[A\sin(\omega_0(t-\tau)+\varphi)\ B\sin(\omega_0 t)]$$
$$=E[A\sin(\omega_0(t-\tau)+\varphi)]\ E[B\sin(\omega_0 t)]$$
$$=\mu_x\mu_y=0$$
$$C_{xy}(\tau)=R_{xy}(\tau)-\mu_x\mu_y=0$$

3. 归一化相关函数与归一化协方差函数

自相关函数 $R_x(\tau)$和互相关函数 $R_{xy}(\tau)$不但反映随机噪声在不同时刻取值的相关程度,而且反映随机噪声的幅度和功率,而幅度和功率要受系统增益的影响。为了准确表现随机噪声在不同时刻取值的相关程度,人们引入了归一化(normalized)相关函数的概念。

(1) 归一化自相关函数

归一化自相关函数 $\rho_x(\tau)$定义为

$$\rho_x(\tau) = \frac{R_x(\tau)}{R_x(0)} \tag{1-34}$$

根据式(1-26),$R_x(0) \geqslant R_x(\tau)$,可知 $\rho_x(\tau)$的取值范围是$-1 \leqslant \rho_x(\tau) \leqslant +1$。

(2) 归一化互相关函数

归一化互相关函数 $\rho_{xy}(\tau)$ 定义为

$$\rho_{xy}(\tau) = \frac{R_{xy}(\tau)}{\sqrt{R_x(0)R_y(0)}} \tag{1-35}$$

由式(1-30),$R_{xy}(\tau) \leqslant \sqrt{R_x(0)R_y(0)}$,可知 $\rho_{xy}(\tau)$的取值范围是

$$-1 \leqslant \rho_{xy}(\tau) \leqslant +1$$

归一化互相关函数反映两路随机噪声的相关程度,不受系统增益的影响。

图 1-12 示出 4 种不同归一化互相关函数 ρ_{xy} 情况下 x 和 y 的采样值情况。

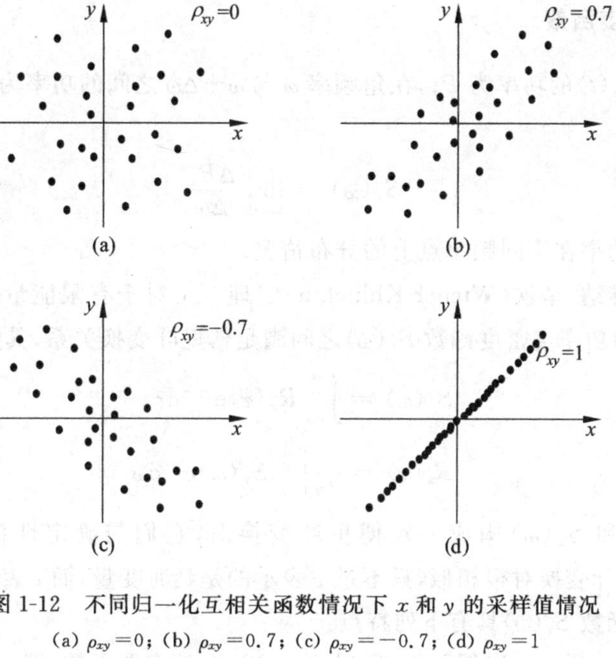

图 1-12 不同归一化互相关函数情况下 x 和 y 的采样值情况

(a) $\rho_{xy}=0$; (b) $\rho_{xy}=0.7$; (c) $\rho_{xy}=-0.7$; (d) $\rho_{xy}=1$

归一化相关函数消除了随机噪声的幅度和功率的影响,能够更准确地反映随机噪声的相关程度。但是在微弱信号检测中,不但要利用相关函数的性质从随机噪声中提取出有用信号,而且信号的幅度是至关重要的,所以相比之下一般的相关函数比归一化相关函数使用得更为普遍一些。

(3) 归一化协方差函数

归一化自协方差函数定义为

$$c_x(\tau)=\frac{E\{[x(t)-\mu_x][x(t-\tau)-\mu_x]\}}{\sigma_x^2}=\frac{C_x(\tau)}{\sigma_x^2}$$

归一化互协方差函数定义为

$$c_{xy}(\tau)=\frac{E\{[y(t)-\mu_y][x(t-\tau)-\mu_x]\}}{\sigma_x\sigma_y}=\frac{C_{xy}(\tau)}{\sigma_x\sigma_y}$$

归一化协方差函数又称为相关系数。

考虑两路平稳随机噪声之和 $z(t)=x(t)+y(t)$，则有 $\mu_z=\mu_x+\mu_y$，$z(t)$的方差为

$$\begin{aligned}\sigma_z^2&=E[z(t)-\mu_z]^2=E[x(t)-\mu_x]^2+E[y(t)-\mu_y]^2+2E[(x(t)-\mu_x)(y(t)-\mu_y)]\\&=\sigma_x^2+\sigma_y^2+2c_{xy}(0)\sigma_x\sigma_y\end{aligned}$$

如果 $x(t)$与 $y(t)$互不相关，则 $c_{xy}(0)=0$，得

$$\sigma_z^2=\sigma_x^2+\sigma_y^2$$

上式说明，对于叠加在一起的两个互不相关的零均值噪声，如果其中一个的有效值小于另一个的 1/3，则可将前者忽略。

1.3.4 随机噪声的功率谱密度函数

1. 功率谱密度函数

设噪声电压 $x(t)$的功率为 P_x，在角频率 ω 与 $\omega+\Delta\omega$ 之间的功率为 ΔP_x，噪声的功率谱密度函数定义为

$$S_x(\omega)=\lim_{\Delta\omega\to 0}\frac{\Delta P_x}{\Delta\omega}$$

它反映的是噪声功率在不同频率点上的分布情况。

根据著名的维纳-辛钦(Wiener-Khinchin)定理[2,3]，对于有限能量的平稳随机过程，自相关函数 $R_x(\tau)$和功率谱密度函数 $S_x(\omega)$之间满足傅里叶变换关系，其复数表示法为

$$S_x(\omega)=\int_{-\infty}^{\infty}R_x(\tau)e^{-j\omega\tau}d\tau \tag{1-36}$$

$$R_x(\tau)=\frac{1}{2\pi}\int_{-\infty}^{\infty}S_x(\omega)e^{j\omega\tau}d\omega \tag{1-37}$$

也就是说，$R_x(\tau)$和 $S_x(\omega)$构成一对傅里叶变换对，它们与确定性信号 $f(t)$及其频谱 $G(j\omega)$之间的傅里叶变换对很相似，只不过 τ 表示的是延时变量，而 t 表示的是时间变量。

功率谱密度函数 $S_x(\omega)$具有下列特点：

(1) 因为 $R_x(\tau)$是 τ 的实偶函数，所以 $S_x(\omega)$为 ω 的实偶函数，即

$$S_x(\omega)=S_x(-\omega)$$

而且

$$S_x(\omega)\geqslant 0$$

由于 $S_x(\omega)$与 $R_x(\tau)$均为实偶函数，$e^{-j\omega\tau}$和 $e^{j\omega\tau}$的虚部对积分无贡献，式(1-36)和式(1-37)

又可以分别表示为

$$S_x(\omega) = 2\int_0^{\infty} R_x(\tau)\cos(\omega\tau)\mathrm{d}\tau \tag{1-38}$$

$$R_x(\tau) = 2\int_0^{\infty} S_x(f)\cos(\omega\tau)\mathrm{d}f \tag{1-39}$$

因为自相关函数 $R_x(\tau)$不包含 $x(t)$的相位信息，所以功率谱密度函数 $S_x(\omega)$也不带有信号的各个频率分量的相位信息。

(2) 功率谱密度函数 $S_x(\omega)$曲线下覆盖的面积表示噪声的功率 P_x

将 $\tau=0$ 代入式(1-37)和式(1-27)，得

$$P_x = \overline{x^2} = E[x^2(t)] = R_x(0) = \frac{1}{2\pi}\int_{-\infty}^{\infty} S_x(\omega)\mathrm{d}\omega \tag{1-40}$$

这也从功率谱密度函数的角度印证了自相关函数 $R_x(0)$反映随机噪声的功率这一性质。

自相关函数 $R_x(\tau)$的形状、功率谱密度函数 $S_x(\omega)$ 的形状都与随机噪声 $x(t)$随时间变化的速度有关。$x(t)$变化越快，说明它占据的频带越宽，$S_x(\omega)$也就越宽；同时，对于变化较快的时域噪声，其不同时刻取值的相关性就较差，$R_x(\tau)$的峰区就较窄。对于宽带噪声和窄带噪声，三者之间的关系示于图 1-13。

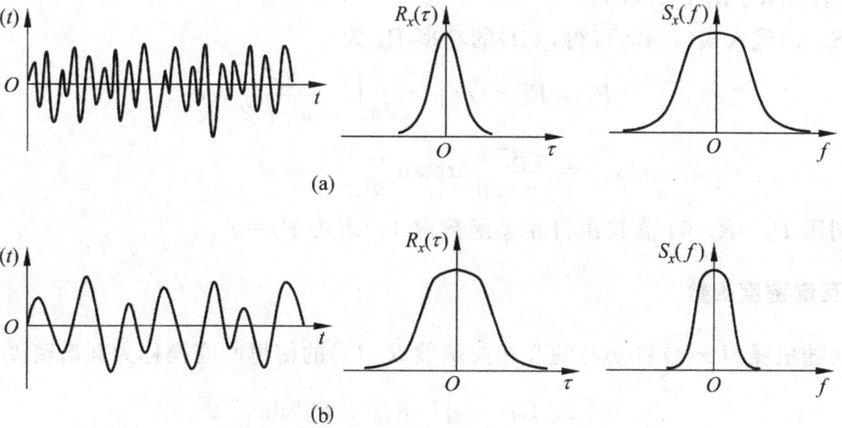

图 1-13 时间函数、自相关函数和功率谱密度函数

(a) 宽带噪声；(b) 窄带噪声

前文所述的功率谱密度函数都是以 $f=0$ 为对称轴的偶函数，称之为双边功率谱密度函数，其负频率部分没有明确的物理意义。在实际应用中，还常使用单边功率谱密度函数 $S'_x(f)$，其定义为

$$S'_x(f) = \begin{cases} 2S_x(f), & f \geqslant 0 \\ 0, & f < 0 \end{cases} \tag{1-40a}$$

$S'_x(f)$与 $S_x(f)$之间的关系示于图 1-14。

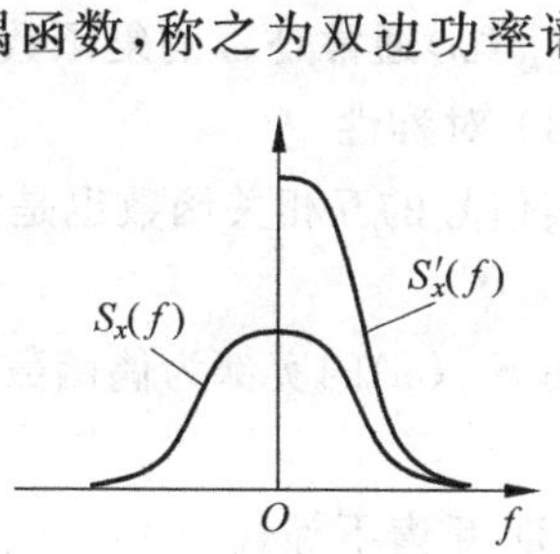

图 1-14 单边功率谱密度函数 $S'_x(f)$ 与双边功率谱密度函数 $S_x(f)$之间的关系

由单边功率谱密度函数 $S'_x(f)$计算噪声的功率 P_x 时，注意积分限为 0～∞，即

$$P_x = \int_0^{\infty} S'_x(f)\mathrm{d}f \tag{1-40b}$$

例 1-3 随机噪声 $x(t)$的自相关函数为

$$R_x(\tau) = \sigma^2 \exp(-\beta \mid \tau \mid)$$

其形状示于图 1-15(a),求其功率谱密度函数和功率。

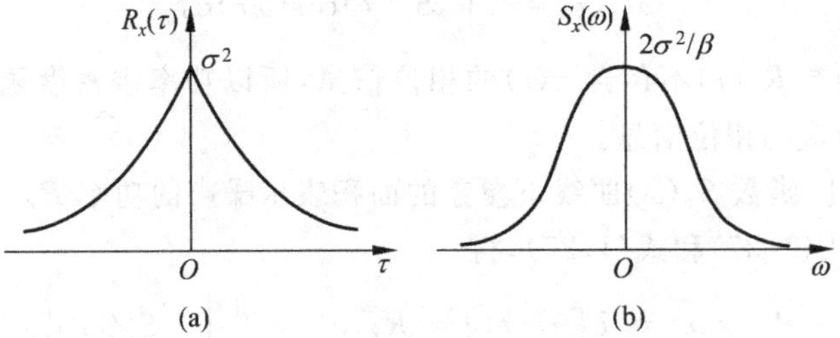

图 1-15 例 1-3 的自相关函数和功率谱密度函数

(a) 自相关函数;(b) 功率谱密度函数

解:将 $R_x(\tau)$代入式(1-36),得

$$S_x(\omega) = \int_{-\infty}^{\infty} \sigma^2 \exp(-\beta \mid \tau \mid) \mathrm{e}^{-\mathrm{j}\omega\tau} \mathrm{d}\tau = \frac{2\sigma^2 \beta}{\omega^2 + \beta^2}$$

$S_x(\omega)$的形状示于图 1-15(b)。

将 $S_x(\omega)$代入式(1-40)可得,$x(t)$的功率 P_x 为

$$P_x = E[x^2(t)] = \frac{1}{2\pi}\int_{-\infty}^{\infty} \frac{2\sigma^2 \beta}{\omega^2 + \beta^2} \mathrm{d}\omega$$

$$= \frac{\sigma^2 \beta}{\pi}\left[\frac{1}{\beta}\arctan\frac{\omega}{\beta}\right]_{-\infty}^{\infty} = \sigma^2$$

也可以利用 $P_x = R_x(0)$ 直接由自相关函数 $R_x(\tau)$求得 $P_x = \sigma^2$。

2. 互谱密度函数

平稳随机噪声 $x(t)$和 $y(t)$的互相关函数 $R_{xy}(\tau)$的傅里叶变换称为互谱密度函数。即

$$S_{xy}(\omega) = \int_{-\infty}^{\infty} R_{xy}(\tau) \mathrm{e}^{-\mathrm{j}\omega\tau} \mathrm{d}\tau \tag{1-41}$$

$$R_{xy}(\tau) = \frac{1}{2\pi}\int_{-\infty}^{\infty} S_{xy}(\omega) \mathrm{e}^{\mathrm{j}\omega\tau} \mathrm{d}\omega \tag{1-42}$$

互谱密度函数的物理意义不是太明确。互相关函数 $R_{xy}(\tau)$一般不是偶函数,所以互谱密度函数 $S_{xy}(\omega)$通常是 ω 的复函数,它不具有功率意义。$S_{xy}(\omega)$具有以下性质:

(1) 对称性

实信号的互相关函数也是实函数,所以它的傅里叶变换是共轭对称的,即

$$S_{xy}(\omega) = S_{xy}^*(-\omega)$$

这说明 $S_{xy}(\omega)$的实部为偶函数,虚部为奇函数。又因为 $R_{xy}(\tau) = R_{yx}(-\tau)$,所以

$$S_{xy}(\omega) = S_{yx}(-\omega)$$

(2) 互谱不等式

对于任何频率 ω 下列不等式都成立

$$\mid S_{xy}(\omega) \mid^2 \leqslant S_x(\omega) S_y(\omega)$$

考虑两路平稳随机噪声之和

$$z(t)=x(t)+y(t)$$

$z(t)$的自相关函数为

$$\begin{aligned}R_z(\tau)&=E[z(t)z(t-\tau)]=E[(x(t)+y(t))(x(t-\tau)+y(t-\tau))]\\&=E[x(t)x(t-\tau)+y(t)y(t-\tau)+x(t)y(t-\tau)+y(t)x(t-\tau)]\\&=E[x(t)x(t-\tau)]+E[y(t)\ y(t-\tau)]+E[x(t)\ y(t-\tau)]+E[y(t)x(t-\tau)]\\&=R_x(\tau)+R_y(\tau)+R_{xy}(\tau)+R_{yx}(\tau)\end{aligned}\tag{1-42a}$$

对式(1-42a)两边做傅里叶变换,得

$$S_z(\omega)=S_x(\omega)+S_y(\omega)+S_{xy}(\omega)+S_{yx}(\omega)\tag{1-42b}$$

因为$S_{yx}(\omega)=S_{xy}(-\omega)$,而且$S_{xy}(\omega)$的实部为偶函数,虚部为奇函数,可得

$$S_z(\omega)=S_x(\omega)+S_y(\omega)+2\mathrm{Re}[S_{xy}(\omega)]$$

如果两路零均值随机噪声$x(t)$和$y(t)$互不相关,则对于任意τ,都有

$$R_{xy}(\tau)=R_{yx}(\tau)=0$$

由式(1-41)可得

$$S_{xy}(\omega)=S_{yx}(\omega)=0$$

则式(1-42b)简化为

$$S_z(\omega)=S_x(\omega)+S_y(\omega)$$

上式说明,互不相关的两路零均值平稳随机噪声之和的功率谱密度函数等于各自功率谱密度函数之和。

1.4 常见随机噪声

1.4.1 白噪声与有色噪声

1. 白噪声

白噪声是电子器件和电路中最常见的一种噪声,电阻的热噪声、PN结的散弹噪声都是白噪声。白噪声的功率谱密度为常数,各种频率成分的强度相等,类似于光学中的白光,因此称之为“白噪声”。根据量子理论的推测,一些噪声源产生的白噪声在10^{13} Hz(紫外光频段)以上才开始衰减。在实际应用中,只要噪声功率谱密度平坦的区域比系统的通带宽度宽,就可以近似认为是白噪声。例如,对于通带宽度为10kHz的音频系统,任何频带宽度大于10kHz而且频谱平坦覆盖该通带频段的噪声都可以看作是白噪声。

如果白噪声在正负频率范围内(负频率只是为了数学上的方便)的功率谱密度为$S_x(\omega)=N_0/2$,N_0为常数,如图1-16(a)所示,则根据式(1-37),白噪声的自相关函数为

$$\begin{aligned}R_x(\tau)&=\frac{1}{2\pi}\int_{-\infty}^{\infty}S_x(\omega)\mathrm{e}^{\mathrm{j}\omega\tau}\mathrm{d}\omega\\&=\frac{N_0}{4\pi}\int_{-\infty}^{\infty}\mathrm{e}^{\mathrm{j}\omega\tau}\mathrm{d}\omega=\frac{N_0}{2}\delta(\tau)\end{aligned}\tag{1-43}$$

式中的$\delta(\tau)$是狄拉克δ函数。这说明,白噪声在不同时刻的取值互不相关,只有当$\tau=0$时,$R_x(\tau)$才不等于零。白噪声的自相关函数的形状示于图1-16(b)。

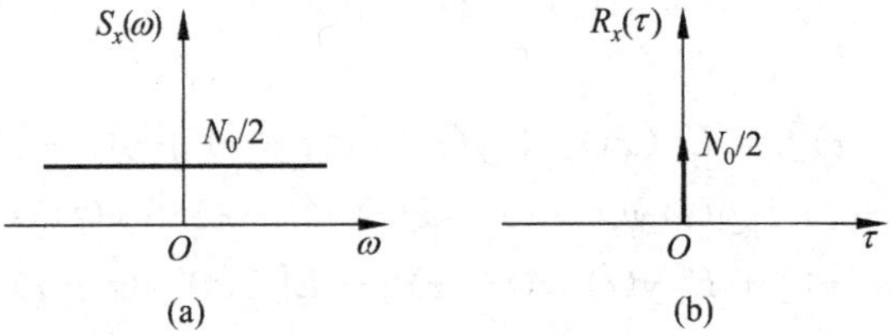

图 1-16 白噪声

(a) 功率谱密度函数；(b) 自相关函数

由图 1-16(a)可知，按式(1-40)计算出的白噪声功率将为无穷大，这在实际电路中是不可能实现的，所以白噪声只是一种理论概念。工程上只是在实际系统的通带内计算白噪声的各项性能指标，或按下面介绍的限带白噪声进行考虑。

2. 限带白噪声

白噪声经过理想低通滤波后，就得到限带白噪声。限带白噪声 $x(t)$ 的功率谱密度在低频的有限带宽内为恒定常数，在此频带外为零，即当 $|\omega|\leqslant B$ 时，$S_x(\omega)=N_0/2$；当 $|\omega|>B$ 时，$S_x(\omega)=0$，如图 1-17(a)所示。由式(1-37)可得其自相关函数为

$$R_x(\tau)=\frac{1}{2\pi}\int_{-\infty}^{\infty}S_x(\omega)\mathrm{e}^{\mathrm{j}\omega\tau}\mathrm{d}\omega=\frac{N_0}{4\pi}\int_{-B}^{B}\mathrm{e}^{\mathrm{j}\omega\tau}\mathrm{d}\omega$$

$$=\frac{N_0}{4\pi}\left[\frac{\mathrm{e}^{\mathrm{j}\omega\tau}}{\mathrm{j}\tau}\right]_{-B}^{B}=\frac{N_0B}{2\pi}\cdot\frac{\sin(B\tau)}{B\tau} \tag{1-44}$$

由式(1-44)可知，$x(t)$ 的功率为 $P_x=R_x(0)=N_0B/(2\pi)$；当 $|\tau|>0$ 时，$R_x(\tau)$ 按取样函数 $\sin(B\tau)/(B\tau)$ 的规律振荡衰减。限带白噪声的自相关函数 $R_x(\tau)$ 的形状示于图 1-17(b)。

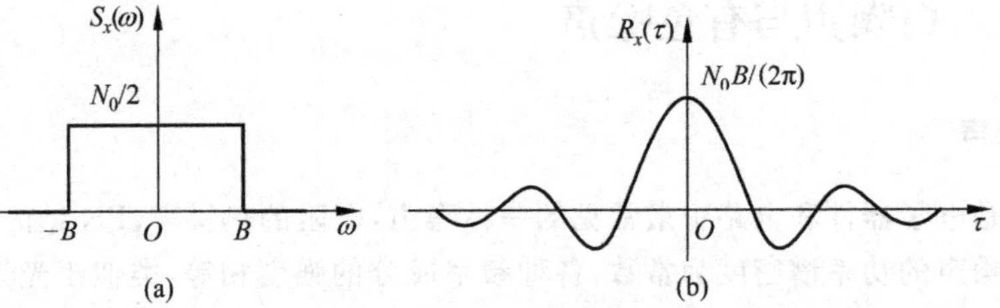

图 1-17 限带白噪声

(a) 功率谱密度函数；(b) 自相关函数

对于离散的数字信号系统，设采样周期为 T_s，则限带白噪声的自相关函数可表示为

$$R_x(kT_s)=\frac{N_0B}{2\pi}\cdot\frac{\sin(BkT_s)}{BkT_s}$$

式中的 k 为采样序列号。如果将带宽用频率而不是用角频率表示为 B_f，即 $B_f=B/(2\pi)$，则有

$$R_x(kT_s)=B_fN_0\frac{\sin(2\pi B_fkT_s)}{2\pi B_fkT_s}$$

当采样周期为 $T_s=1/(2B_f)$时，即采样频率为奈奎斯特频率时，有

$$R_x(kT_s) = B_f N_0 \frac{\sin(\pi k)}{\pi k} B_f N_0 \delta(k)$$

这时的自相关函数是狄拉克 δ 函数。

3. 有色噪声

对于电路和通信系统中经常遇到的主要噪声,虽然白噪声的概念和数学表示式提供了一种方便而且有用的近似,但是还有许多宽带噪声不是白噪声,其功率谱密度函数不平坦,可以统称为有色噪声。多数音频噪声都是有色噪声,例如,汽车开动的声音,电脑风扇的噪音,电钻的噪音,大都以低频成分为主。在其他频段,也存在多种有色噪声。而且,白噪声通过电路系统后,电路的频率响应曲线就会把白噪声变为有色噪声。

1.4.2 窄带噪声

窄带噪声可以看成是白噪声通过理想带通滤波器的输出,其功率谱密度函数 $S_x(\omega)$ 限制在一个很窄的带宽 B 之内,中心频率为 ω_0,而且满足 $B \ll \omega_0$,如图 1-18 所示。这种噪声在通信系统和调制放大器中经常遇到。实际上,$S_x(\omega)$ 在通带内的形状是任意的,图 1-18 为了简单起见画为平顶。

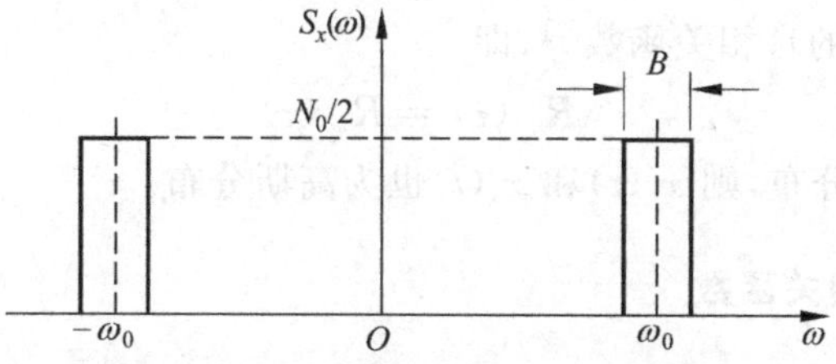

图 1-18 窄带噪声的功率谱密度函数

窄带噪声 $x(t)$ 一般可表示为

$$x(t) = A(t)\cos[\omega_0 t + \varphi(t)] \tag{1-45}$$

式中,$A(t)$ 和 $\varphi(t)$ 分别表示 $x(t)$ 的随机振幅和随机相位,它们是慢变的随机函数。即窄带噪声 $x(t)$ 相当于一种随机调幅调相波,其波形示于图 1-19。

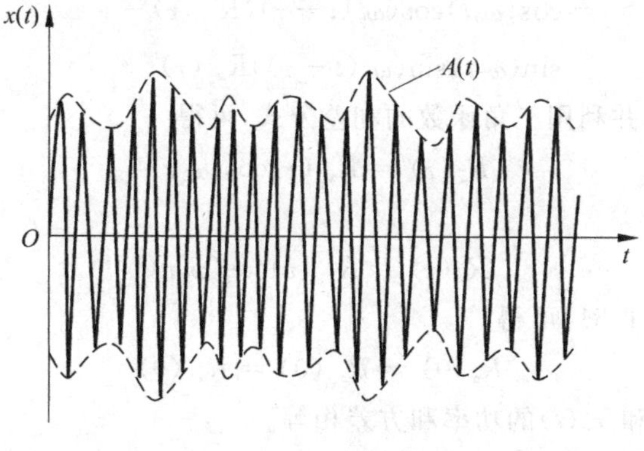

图 1-19 窄带噪声波形

1. 窄带噪声的正交分量表示法

将式(1-45)用三角函数的和差公式展开,可得

$$x(t)=A(t)\cos\varphi(t)\cos\omega_0 t-A(t)\sin\varphi(t)\sin\omega_0 t$$

定义正交的两个分量

$$\begin{aligned}x_{\mathrm{c}}(t)&=A(t)\cos\varphi(t)\\x_{\mathrm{s}}(t)&=A(t)\sin\varphi(t)\end{aligned}\tag{1-46}$$

则 $x(t)$可表示为

$$x(t)=x_{\mathrm{c}}(t)\cos\omega_0 t-x_{\mathrm{s}}(t)\sin\omega_0 t\tag{1-47}$$

由式(1-46)可得

$$\begin{aligned}A(t)&=\sqrt{x_{\mathrm{c}}^2(t)+x_{\mathrm{s}}^2(t)}\\\varphi(t)&=\arctan\left(\frac{x_{\mathrm{s}}(t)}{x_{\mathrm{c}}(t)}\right)\end{aligned}\tag{1-48}$$

$x_{\mathrm{c}}(t)$和 $x_{\mathrm{s}}(t)$为互不相关、零均值的平稳慢变随机过程,分别称之为窄带噪声 $x(t)$的同相分量和正交分量,即

$$E[x_{\mathrm{c}}(t)]=0,\quad E[x_{\mathrm{s}}(t)]=0$$

$$E[x_{\mathrm{s}}(t_1)\ x_{\mathrm{c}}(t_2)]=0$$

$x_{\mathrm{c}}(t)$和 $x_{\mathrm{s}}(t)$具有相同的自相关函数[2],即

$$R_{x_{\mathrm{c}}}(\tau)=R_{x_{\mathrm{s}}}(\tau)\tag{1-49}$$

而且,如果 $x(t)$为高斯分布,则 $x_{\mathrm{c}}(t)$和 $x_{\mathrm{s}}(t)$也为高斯分布。

2. 窄带噪声的自相关函数

由式(1-47),窄带噪声 $x(t)$的自相关函数 $R_x(\tau)$为

$$\begin{aligned}R_x(\tau)&=E[x(t)\ x(t-\tau)]\\&=E[(x_{\mathrm{c}}(t)\cos\omega_0 t-x_{\mathrm{s}}(t)\sin\omega_0 t)\ (x_{\mathrm{c}}(t-\tau)\cos\omega_0(t-\tau)-x_{\mathrm{s}}(t-\tau)\ \sin\omega_0(t-\tau))]\end{aligned}$$

考虑到 $x_{\mathrm{c}}(t)$和 $x_{\mathrm{s}}(t)$互不相关,则上式中二者交叉相乘项的数学期望值为零,可得

$$\begin{aligned}R_x(\tau)=&\cos(\omega_0 t)\cos(\omega_0(t-\tau))E[x_{\mathrm{c}}(t)x_{\mathrm{c}}(t-\tau)]+\\&\sin(\omega_0 t)\sin(\omega_0(t-\tau))E[x_{\mathrm{s}}(t)x_{\mathrm{s}}(t-\tau)]\\=&\cos(\omega_0 t)\cos(\omega_0(t-\tau))R_{x_{\mathrm{c}}}(\tau)+\\&\sin(\omega_0 t)\sin(\omega_0(t-\tau))R_{x_{\mathrm{s}}}(\tau)\end{aligned}$$

将式(1-49)代入上式,并利用三角函数的和差公式,可得

$$R_x(\tau)=R_{x_{\mathrm{s}}}(\tau)\cos(\omega_0\tau)\tag{1-50}$$

或

$$R_x(\tau)=R_{x_{\mathrm{c}}}(\tau)\cos(\omega_0\tau)\tag{1-51}$$

由式(1-50)和式(1-51)可得

$$R_x(0)=R_{x_{\mathrm{s}}}(0)=R_{x_{\mathrm{c}}}(0)$$

上式说明,$x(t)$、$x_{\mathrm{s}}(t)$和 $x_{\mathrm{c}}(t)$的功率和方差相等。

对式(1-50)进行傅里叶变换,可得窄带噪声的功率谱密度函数 $S_x(\omega)$为

$$S_x(\omega) = \frac{1}{2}[S_{x_s}(\omega+\omega_0) + S_{x_s}(\omega-\omega_0)]$$

上式说明，窄带噪声的功率谱密度函数是其正交分量的功率谱密度函数分别平移到 ω_0 和 $-\omega_0$ 处的复合结果。

根据式(1-50)，窄带噪声 $x(t)$ 的自相关函数 $R_x(\tau)$ 的基频为 ω_0，包络线为 $R_{x_s}(\tau)$，它的形状取决于通带内 $S_x(\omega)$ 的形状。实际上，$S_x(\omega)$ 在其通带内可以是任意形状，因此 $R_x(\tau)$ 的包络线形状也会有所不同。考虑一种简单的情况，设 $S_x(\omega)$ 在其通带内为恒定值 $N_0/2$，如图 1-18 所示，由式(1-37)可计算出 $x(t)$ 的自相关函数 $R_x(\tau)$ 为

$$\begin{aligned} R_x(\tau) &= \int_{-\infty}^{\infty} S_x(f)\mathrm{e}^{\mathrm{j}2\pi f\tau}\mathrm{d}f \\ &= \frac{N_0}{2}\int_{-f_0-B/2}^{-f_0+B/2}\mathrm{e}^{\mathrm{j}2\pi f\tau}\mathrm{d}f + \frac{N_0}{2}\int_{f_0-B/2}^{f_0+B/2}\mathrm{e}^{\mathrm{j}2\pi f\tau}\mathrm{d}f \\ &= BN_0\frac{\sin(\pi B\tau)}{\pi B\tau}\cos(2\pi f_0\tau) \end{aligned} \tag{1-52}$$

根据式(1-52)，$R_x(\tau)$ 的大致形状示于图 1-20。由式(1-52)可见，窄带噪声的功率为

$$P_x = R_x(0) = BN_0$$

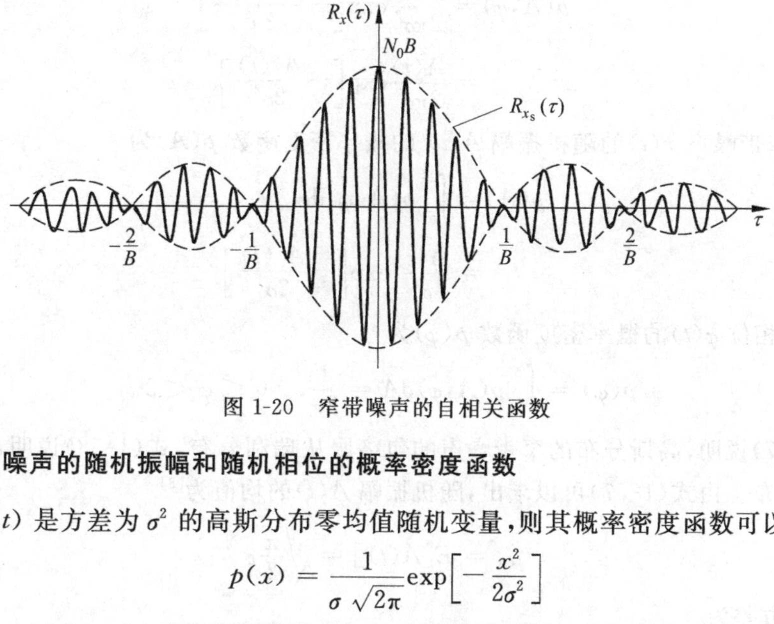

图 1-20 窄带噪声的自相关函数

3. 窄带噪声的随机振幅和随机相位的概率密度函数

如果 $x(t)$ 是方差为 σ^2 的高斯分布零均值随机变量，则其概率密度函数可以表示为

$$p(x) = \frac{1}{\sigma\sqrt{2\pi}}\exp\left[-\frac{x^2}{2\sigma^2}\right]$$

其正交分量 $x_c(t)$ 和 $x_s(t)$ 具有相同的方差 σ^2，也是高斯分布，它们的概率密度函数也很类似，即

$$p(x_c) = \frac{1}{\sigma\sqrt{2\pi}}\exp\left[-\frac{x_c^2}{2\sigma^2}\right]$$

$$p(x_s) = \frac{1}{\sigma\sqrt{2\pi}}\exp\left[-\frac{x_s^2}{2\sigma^2}\right]$$

因为 $x_c(t)$ 和 $x_s(t)$ 是互相独立的高斯过程，其联合概率密度为

$$\begin{aligned} p(x_c,x_s) &= p(x_c)p(x_s) \\ &= \frac{1}{2\pi\sigma^2}\exp\left[-\frac{x_c^2+x_s^2}{2\sigma^2}\right] \end{aligned} \tag{1-53}$$

根据式(1-46)所表示的 $A(t)$、$\varphi(t)$ 与 $x_c(t)$、$x_s(t)$ 之间的函数关系，窄带噪声 $x(t)$ 的随机振幅 $A(t)$ 和随机相位 $\varphi(t)$ 的概率密度函数可以由下列联合概率密度函数转换公式求得，即

$$p(A,\ \varphi) = |J|\ p(x_c, x_s) \tag{1-54}$$

式中，$|J|$ 为雅可比(Jacobi)行列式[2]

$$|J| = \begin{vmatrix} \dfrac{\partial x_c(t)}{\partial A} & \dfrac{\partial x_c(t)}{\partial \varphi} \\ \dfrac{\partial x_s(t)}{\partial A} & \dfrac{\partial x_s(t)}{\partial \varphi} \end{vmatrix} \tag{1-55}$$

将式(1-46)代入式(1-55)可得

$$|J| = \begin{vmatrix} \dfrac{\partial A\cos\varphi}{\partial A} & \dfrac{\partial A\cos\varphi}{\partial \varphi} \\ \dfrac{\partial A\sin\varphi}{\partial A} & \dfrac{\partial A\sin\varphi}{\partial \varphi} \end{vmatrix} = A$$

将式(1-53)和 $|J|$ 代入式(1-54)，得到 $A(t)$ 和 $\varphi(t)$ 的联合概率密度函数如下

$$\begin{aligned} p(A,\varphi) &= \frac{A(t)}{2\pi\sigma^2}\exp\left[-\frac{x_c^2 + x_s^2}{2\sigma^2}\right] \\ &= \frac{A(t)}{2\pi\sigma^2}\exp\left[-\frac{A^2(t)}{2\sigma^2}\right] \end{aligned} \tag{1-56}$$

由此可得，窄带噪声 $x(t)$ 的随机振幅 $A(t)$ 的概率密度函数 $p(A)$ 为

$$\begin{aligned} p(A) &= \int_0^{2\pi} p(A,\varphi)\mathrm{d}\varphi \\ &= \frac{A(t)}{\sigma^2}\exp\left[-\frac{A^2(t)}{2\sigma^2}\right] \end{aligned} \tag{1-57}$$

$x(t)$ 的随机相位 $\varphi(t)$ 的概率密度函数 $p(\varphi)$ 为

$$p(\varphi) = \int_0^{\infty} p(A,\varphi)\mathrm{d}A = \frac{1}{2\pi},\quad 0 \leqslant \varphi < 2\pi \tag{1-58}$$

式(1-57)说明，高斯分布的窄带噪声的包络服从瑞利分布，式(1-58)说明，其随机相位服从均匀分布。由式(1-57)可以求出，随机振幅 $A(t)$ 的均值为[8]

$$\mu_A = E[A(t)] = \sqrt{\frac{\pi}{2}}\sigma \tag{1-59}$$

而 $A(t)$ 的方差为

$$\sigma_A^2 = E[A(t) - \mu_A]^2 = \frac{4-\pi}{2}\sigma^2 \tag{1-60}$$

例 1-4 在幅度调制信号 $s(t)=A(t)\cos(\omega_0 t)$ 接收过程中，叠加了零均值窄带高斯噪声 $n(t)$。接收设备为包络检测器，试求接收到的信号包络的概率密度函数。

解：接收到的信号为

$$y(t) = s(t) + n(t) = A(t)\cos(\omega_0 t) + n(t) \tag{1-61}$$

因为 $n(t)$ 是窄带噪声，类似于式(1-47)，将噪声 $n(t)$ 分解为余弦分量 $n_c(t)$ 和正弦分量 $n_s(t)$，得

$$y(t) = A(t)\cos(\omega_0 t) + n_c(t)\cos(\omega_0 t) - n_s(t)\ \sin(\omega_0 t)$$

$$= [A(t) + n_c(t)]\cos(\omega_0 t) - n_s(t)\sin(\omega_0 t) \tag{1-62}$$

则 $n_c(t)$和 $n_s(t)$为互不相关、零均值的平稳随机过程，而且具有相同的自相关函数，因此也具有相同的方差。

令 $x_c(t)=A(t)+n_c(t)$，$x_s(t)=n_s(t)$，式(1-62)可改写为

$$y(t) = x_c(t)\cos(\omega_0 t) - x_s(t)\sin(\omega_0 t) \tag{1-63}$$

且

$$E[x_c(t)] = E[A(t) + n_c(t)] = E[A(t)] + E[n_c(t)] = A(t) \tag{1-64}$$

$$E[x_s(t)] = 0$$

$$E[x_c^2(t)] = A^2(t) + E[n_c^2(t)] = A^2(t) + N_0 \tag{1-65}$$

式中，N_0 表征 $x_c(t)$的方差

$$N_0 = E[x_c^2(t)] - [E[x_c(t)]]^2 = \sigma_{x_c}^2$$

$$\sigma_{x_s}^2 = \sigma_{x_c}^2 = N_0$$

$$E[x_c(t)x_s(t)] = E[(A(t) + n_c(t))n_s(t)]$$

因为 $n_c(t)$和 $n_s(t)$互不相关，所以 $A(t)$和 $n_s(t)$也互不相关，而且 $E[n_s(t)]=0$，可得

$$E[x_c(t)x_s(t)] = E[n_s(t)]\,E[A(t) + n_c(t)] = 0 \tag{1-66}$$

式(1-66)说明 $x_c(t)$与 $x_s(t)$是互相独立的随机过程，它们的联合概率密度函数为

$$p(x_c(t), x_s(t)) = \frac{1}{2\pi N_0}\exp\left[-\frac{(x_c(t) - A(t))^2 + x_s^2(t)}{2N_0}\right] \tag{1-67}$$

下面定义两个新的变量 $R(t)$和 $\phi(t)$，它们分别表示接收到的 $y(t)$的随机振幅和随机相位：

$$x_c(t) = R(t)\cos\phi(t) \tag{1-68}$$

$$x_s(t) = R(t)\sin\phi(t) \tag{1-69}$$

因为 $x_c(t)$和 $x_s(t)$为高斯分布，$\phi(t)$在$-\pi \leqslant \phi(t) < \pi$ 范围内均匀分布。$R(t)$就是接收到的信号 $y(t)$的包络

$$R(t) = \sqrt{x_c^2(t) + x_s^2(t)} \geqslant 0$$

下面根据式(1-54)由 $p(x_c, x_s)$来求 $R(t)$和 $\phi(t)$的联合概率密度函数 $p(R, \phi)$。利用式(1-55)的定义可得这种情况下的雅可比行列式 $|J|=R(t)$，将式(1-67)和$|J|$代入式(1-54)，可得 $R(t)$和 $\phi(t)$的联合概率密度函数为

$$p(R(t), \phi(t)) = \frac{R(t)}{2\pi N_0}\exp\left[-\frac{(x_c(t) - A(t))^2 + x_s^2(t)}{2N_0}\right] \tag{1-70}$$

将式(1-68)和式(1-69)所表示的 $x_c(t)$、$x_s(t)$代入式(1-70)，得

$$p(R(t), \phi(t)) = \frac{R(t)}{2\pi N_0}\exp\left[-\frac{R^2(t) + A^2(t) - 2A(t)R(t)\cos(\phi(t))}{2N_0}\right] \tag{1-71}$$

将式(1-71)对 $\phi(t)$积分，可得 $R(t)$的概率密度函数 $p(R(t))$为

$$p(R(t)) = \int_{-\infty}^{\infty} p(R(t), \phi(t))\,\mathrm{d}\phi(t)$$

$$= \int_{-\pi}^{\pi} \frac{R(t)}{2\pi N_0}\exp\left[-\frac{R^2(t) + A^2(t) - 2A(t)R(t)\cos(\phi(t))}{2N_0}\right]\mathrm{d}\phi(t)$$

$$= \frac{R(t)}{N_0}\exp\left[-\frac{R^2(t)+A^2(t)}{2N_0}\right]\frac{1}{2\pi}\int_{-\pi}^{\pi}\exp\left[\frac{A(t)R(t)\cos\phi(t)}{N_0}\right]\mathrm{d}\phi(t)$$

$$= \frac{R(t)}{N_0}I_0\left(\frac{A(t)R(t)}{N_0}\right)\exp\left[-\frac{R^2(t)+A^2(t)}{2N_0}\right] \tag{1-72}$$

式中

$$I_0(x) = \frac{1}{2\pi}\int_{-\pi}^{\pi}\mathrm{e}^{x\cos\theta}\mathrm{d}\theta \tag{1-73}$$

这是修正了的零阶贝塞尔函数。

若 $A(t)=0$,相当于幅度调制信号 $s(t)=0$,则接收到的只有零均值窄带高斯干扰噪声 $n(t)$。这时 $R(t)$的概率密度函数 $p(R(t))$变为

$$p(R(t)) = \frac{R(t)}{N_0}\exp\left[-\frac{R^2(t)}{2N_0}\right] \tag{1-74}$$

说明在这种情况下 $p(R(t))$为瑞利分布。式(1-74)与式(1-57)所表示的窄带噪声随机振幅的概率密度函数是一致的。

1.5 随机噪声通过电路系统的响应

1.5.1 随机噪声通过线性系统的响应

要确定线性系统对随机噪声的响应,频域分析方法要比时域分析方法更为便捷。根据随机过程理论,对于各态遍历的平稳随机信号,其每个时间段的样本是不同的,只有其统计特征量保持一致。要计算随机噪声通过线性系统的时域输出响应,就需要知道所有时间的输入噪声值,这对于随机输入噪声往往是很困难的。但是,只要输入的随机噪声是各态遍历的,则每个时间段的样本具有相同的频谱,它可以由任何一个时间段的样本得到。所以,在分析线性系统对随机噪声的响应时,经常使用频域方法,或频域、时域相结合的方法。

对于图1-21所示的线性系统,其动态特性可以用冲激响应函数 $h(t)$或频率响应函数 $H(\mathrm{j}\omega)$来描述,它们构成一对傅里叶变换对,即

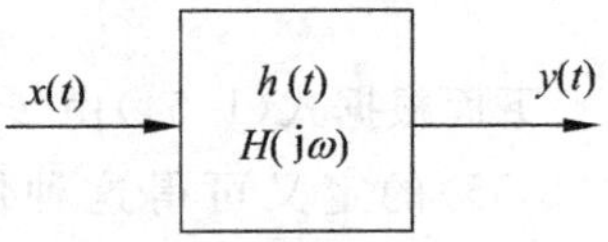

图1-21 线性系统表示

$$H(\mathrm{j}\omega) = \int_{-\infty}^{\infty}h(t)\mathrm{e}^{-\mathrm{j}\omega t}\mathrm{d}t \tag{1-75}$$

$$h(t) = \frac{1}{2\pi}\int_{-\infty}^{\infty}H(\mathrm{j}\omega)\mathrm{e}^{\mathrm{j}\omega t}\mathrm{d}\omega \tag{1-76}$$

系统的冲激响应函数 $h(t)$是系统输入为 $\delta(t)$脉冲时的输出电压函数。对于给定的输入信号 $x(t)$,其输出为

$$y(t) = x(t)*h(t) = \int_{-\infty}^{\infty}x(\alpha)h(t-\alpha)\mathrm{d}\alpha \tag{1-77}$$

式(1-77)中的符号"*"表示卷积。

如果输入 $x(t)$为确定性信号,则输出 $y(t)$也是确定性信号,$x(t)$和 $y(t)$的傅里叶谱 $X(\mathrm{j}\omega)$和 $Y(\mathrm{j}\omega)$之间满足下列关系

$$Y(\mathrm{j}\omega) = X(\mathrm{j}\omega)H(\mathrm{j}\omega) \tag{1-78}$$

但是对于输入 $x(t)$为随机噪声的情况，通过线性系统后的输出 $y(t)$也必为随机噪声，它们幅度的不确定性使其傅里叶谱不可得到，式(1-78)不再有效，只能用分析其统计特性的方法来确定它们之间的关系。

输出 $y(t)$的自相关函数为

$$R_y(\tau) = E[y(t)y(t-\tau)] \tag{1-79}$$

将式(1-77)代入式(1-79)，得

$$R_y(\tau) = E\left[\int_{-\infty}^{\infty}\int_{-\infty}^{\infty} h(t-\tau_1)x(\tau_1)h(t-\tau-\tau_2)x(\tau_2)\mathrm{d}\tau_1\mathrm{d}\tau_2\right]$$

将数学期望运算移入积分式内，得

$$R_y(\tau) = \int_{-\infty}^{\infty}\int_{-\infty}^{\infty} h(t-\tau_1)h(t-\tau-\tau_2)E[x(\tau_1)x(\tau_2)]\mathrm{d}\tau_1\mathrm{d}\tau_2 \tag{1-80}$$

令 $t-\tau_1=t_1, t-\tau-\tau_2=t_2$，则 $\tau_1=t-t_1, \tau_2=t-\tau-t_2, \tau_1-\tau_2=\tau+t_2-t_1$，式(1-80)可改写为

$$R_y(\tau) = \int_{-\infty}^{\infty}\int_{-\infty}^{\infty} h(t_1)h(t_2)R_x(\tau+t_2-t_1)\mathrm{d}t_1\mathrm{d}t_2 \tag{1-81}$$

对式(1-81)进行傅里叶变换可得，$y(t)$的功率谱密度函数 $S_y(\omega)$为

$$\begin{aligned} S_y(\omega) &= \int_{-\infty}^{\infty} R_y(\tau)\mathrm{e}^{-\mathrm{j}\omega\tau}\mathrm{d}\tau \\ &= \int_{-\infty}^{\infty}\int_{-\infty}^{\infty}\int_{-\infty}^{\infty} h(t_1)h(t_2)R_x(\tau+t_2-t_1)\mathrm{e}^{-\mathrm{j}\omega\tau}\mathrm{d}t_1\mathrm{d}t_2\mathrm{d}\tau \end{aligned}$$

令 $\tau+t_2-t_1=t$，则 $\tau=t+t_1-t_2$，得

$$\begin{aligned} S_y(\omega) &= \int_{-\infty}^{\infty}\int_{-\infty}^{\infty}\int_{-\infty}^{\infty} h(t_1)h(t_2)R_x(t)\mathrm{e}^{-\mathrm{j}\omega(t+t_1-t_2)}\mathrm{d}t_1\mathrm{d}t_2\mathrm{d}t \\ &= \int_{-\infty}^{\infty} h(t_1)\mathrm{e}^{-\mathrm{j}\omega t_1}\mathrm{d}t_1\int_{-\infty}^{\infty} h(t_2)\mathrm{e}^{\mathrm{j}\omega t_2}\mathrm{d}t_2\int_{-\infty}^{\infty} R_x(t)\mathrm{e}^{-\mathrm{j}\omega t}\mathrm{d}t \end{aligned}$$

即

$$S_y(\omega) = H(\mathrm{j}\omega)H^*(\mathrm{j}\omega)S_x(\omega) = |H(\mathrm{j}\omega)|^2 S_x(\omega) \tag{1-82}$$

式(1-82)中的 $H^*(\mathrm{j}\omega)$表示 $H(\mathrm{j}\omega)$ 的共轭。式(1-82)常用来计算随机噪声通过线性电路后输出随机噪声的功率谱密度。

式(1-82)的傅里叶反变换为

$$R_y(\tau) = R_x(\tau) * h(\tau) * h(-\tau) \tag{1-83}$$

为了得到 $x(t)$和 $y(t)$的互谱密度函数 $S_{xy}(\omega)$ 与 $S_x(\omega)$之间的关系以及互相关函数 $R_{xy}(\tau)$与 $R_x(\tau)$之间的关系，将式(1-77)改写为

$$y(t) = h(t) * x(t) = \int_{-\infty}^{\infty} h(\alpha)x(t-\alpha)\mathrm{d}\alpha$$

则有

$$y(t)x(t-\tau) = \int_{-\infty}^{\infty} h(\alpha)x(t-\alpha)\,x(t-\tau)\mathrm{d}\alpha$$

两边求数学期望，得

$$E[y(t)x(t-\tau)] = \int_{-\infty}^{\infty} h(\alpha)E[x(t-\alpha)\,x(t-\tau)]\mathrm{d}\alpha$$

$$R_{xy}(\tau) = \int_{-\infty}^{\infty} h(\alpha)R_x(\tau-\alpha)\mathrm{d}\alpha = R_x(\tau) * h(\tau) \tag{1-84}$$

上式的傅里叶变换为

$$S_{xy}(\omega) = S_x(\omega)H(\mathrm{j}\omega) \tag{1-85}$$

例 1-5 白噪声 $x(t)$ 输入到一阶 RC 低通滤波器电路，如图 1-22 所示。$x(t)$ 的功率谱密度为 $S_x(\omega)=N_0/2$，求滤波器输出 $y(t)$ 的功率谱密度 $S_y(\omega)$、功率 P_y 和自相关函数 $R_y(\tau)$。

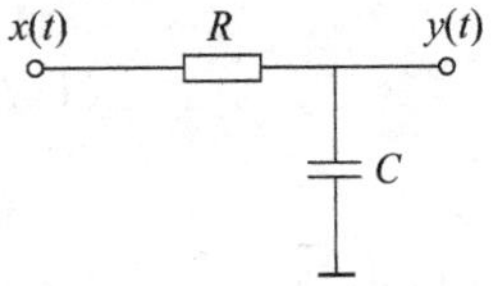

图 1-22 白噪声通过一阶 RC 低通滤波器

解：图 1-22 电路的频率响应函数为

$$H(\omega) = \frac{1}{1+\mathrm{j}\omega RC}$$

幅频响应函数为

$$|H(\omega)| = \frac{1}{\sqrt{1+(\omega RC)^2}} \tag{1-86}$$

将式(1-86)代入式(1-82)得，滤波器输出 $y(t)$ 的功率谱密度为

$$S_y(\omega) = |H(\mathrm{j}\omega)|^2 S_x(\omega) = \frac{N_0/2}{1+(\omega RC)^2} \tag{1-87}$$

由式(1-40)得 $y(t)$ 的功率 P_y

$$P_y = \frac{1}{2\pi}\int_{-\infty}^{\infty} S_y(\omega)\mathrm{d}\omega = \frac{N_0}{4\pi}\int_{-\infty}^{\infty}\frac{\mathrm{d}\omega}{1+(\omega RC)^2}$$

做变量置换 $u=\omega RC$，则 $\mathrm{d}u=RC\mathrm{d}\omega$，得

$$P_y = \frac{N_0}{4\pi RC}\int_{-\infty}^{\infty}\frac{\mathrm{d}u}{1+u^2} = \frac{N_0}{4\pi RC}[\arctan u]_{-\infty}^{+\infty} = \frac{N_0}{4RC}$$

上式说明，电路的时间常数 RC 越大，输出 $y(t)$ 的功率越小。

对式(1-87)所表示的 $S_y(\omega)$ 进行傅里叶逆变换，可得输出 $y(t)$ 的自相关函数为

$$R_y(\tau) = \frac{N_0}{4\pi}\int_{-\infty}^{\infty}\frac{1}{1+(\omega RC)^2}\mathrm{e}^{\mathrm{j}\omega\tau}\mathrm{d}\omega = \frac{N_0}{2\pi}\int_0^{\infty}\frac{1}{1+(\omega RC)^2}\cos(\omega\tau)\mathrm{d}\omega$$

利用留数定理计算上式的定积分，得

$$R_y(\tau) = \frac{N_0}{4RC}\mathrm{e}^{-|\tau/RC|} \tag{1-87a}$$

由上式同样可得 $y(t)$ 的功率 P_y 为

$$P_y = R_y(0) = \frac{N_0}{4RC}$$

例 1-6 设输入噪声 $x(t)$ 为零均值高斯分布的白噪声，其功率谱密度 $S_x(\omega)=N_0/2$，系统的冲激响应函数 $h(t)$ 由下式给出

$$h(t) = \begin{cases} \mathrm{e}^{-t}, & t \geqslant 0 \\ 0, & t < 0 \end{cases}$$

求系统输出噪声 $y(t)$ 的功率谱密度 $S_y(\omega)$ 和自相关函数 $R_y(\tau)$。

解：系统的频率响应函数为

$$H(\mathrm{j}\omega) = \int_0^{\infty}\mathrm{e}^{-t}\mathrm{e}^{-\mathrm{j}\omega t}\mathrm{d}t = \int_0^{\infty}\mathrm{e}^{-t(1+\mathrm{j}\omega)}\mathrm{d}t = \frac{1}{1+\mathrm{j}\omega}$$

则

$$|H(\mathrm{j}\omega)|^2 = H(\mathrm{j}\omega)H^*(\mathrm{j}\omega) = \frac{1}{(1+\mathrm{j}\omega)(1-\mathrm{j}\omega)} = \frac{1}{1+\omega^2} \tag{1-88}$$

将式(1-88)代入式(1-82)得，$y(t)$的功率谱密度$S_y(\omega)$为

$$S_y(\omega)=\frac{1}{1+\omega^2}S_x(\omega)=\frac{1}{1+\omega^2}\cdot\frac{N_0}{2} \tag{1-89}$$

由式(1-89)可知，$S_y(\omega)$不是常数，所以$y(t)$不再是白噪声。

$y(t)$的自相关函数$R_y(\tau)$可根据式(1-37)求出

$$\begin{aligned}R_y(\tau)&=\frac{1}{2\pi}\int_{-\infty}^{\infty}S_y(\omega)\mathrm{e}^{\mathrm{j}\omega\tau}\mathrm{d}\omega\\&=\frac{1}{2\pi}\int_{-\infty}^{\infty}\frac{N_0}{2(1+\omega^2)}\mathrm{e}^{\mathrm{j}\omega\tau}\mathrm{d}\omega=\frac{N_0}{4}\mathrm{e}^{-|\tau|}\end{aligned} \tag{1-90}$$

由式(1-90)可得，$y(t)$的功率为

$$P_y=E[y^2(t)]=R_y(0)=\frac{N_0}{4}$$

$y(t)$的均值为

$$\mu_y=E[y(t)]=E\left[\int_{-\infty}^{\infty}h(t-\tau)x(\tau)\mathrm{d}\tau\right]=\mu_xH(0)=0$$

可见，输出$y(t)$为零均值有色噪声。

1.5.2　非平稳随机噪声通过线性系统的响应

在实际应用中，线性电路中可能包含一些电子开关。在电子开关刚刚闭合后的一段时间内，电路处于过渡状态，输出噪声是非平稳的。这时已不能用式(1-82)来计算电路输出的功率谱密度函数$S_y(\omega)$，只能根据式(1-77)所表示的线性电路的卷积作用来计算非平稳输出噪声的统计特性。

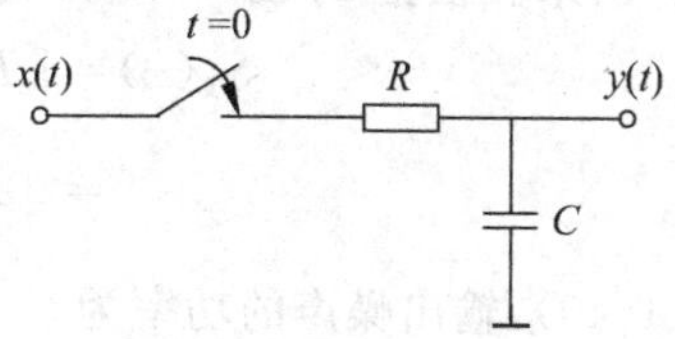

图 1-23　非稳定状态电路输出噪声计算

在图 1-23 所示的电路中，$t=0$时开关闭合，随机噪声$x(t)$送入RC滤波器。由于电路处于过渡状态，输出噪声的自相关函数与计算的时间起点有关，只能求其$R_y(t_1,t_2)$，而不能计算出$R_y(\tau)$。

$$R_y(t_1,t_2)=E[y(t_1)y(t_2)] \tag{1-91}$$

将式(1-77)代入式(1-91)得

$$R_y(t_1,t_2)=E\left[\int_{-\infty}^{\infty}x(t_1-\tau)h(\tau)\mathrm{d}\tau\int_{-\infty}^{\infty}x(t_2-\tau)h(\tau)\mathrm{d}\tau\right] \tag{1-92}$$

考虑到$x(t)$在$t=0$时刻加入，将数学期望运算符移到积分符号内，并用u和v分别表示两个积分式中的τ，式(1-92)可以写成

$$\begin{aligned}R_y(t_1,t_2)&=\int_0^t\int_0^t h(u)h(v)E[x(t_1-u)x(t_2-v)]\mathrm{d}u\mathrm{d}v\\&=\int_0^t\int_0^t R_x(t_2-t_1+u-v)h(u)h(v)\mathrm{d}u\mathrm{d}v\end{aligned} \tag{1-93}$$

式(1-93)可以用来计算非平稳随机噪声通过线性系统输出的统计特性。

例如，如果图 1-23 所示电路的输入噪声$x(t)$为白噪声，其功率谱密度为$S_x(\omega)=N_0/2$，则其自相关函数为

$$R_x(\tau)=\frac{N_0}{2}\delta(\tau)$$

开关在 $t=0$ 时闭合,可得时刻 t 输出噪声的功率为

$$\begin{aligned}P_y&=R_y(0,0)\\&=\int_0^t\int_0^t R_x(u-v)h(u)h(v)\mathrm{d}u\mathrm{d}v\end{aligned}\tag{1-94}$$

RC 积分电路的频率响应函数 $H(\mathrm{j}\omega)$ 和冲激响应函数 $h(t)$ 分别为

$$H(\mathrm{j}\omega)=\frac{1}{1+\mathrm{j}\omega RC}$$

$$h(t)=\frac{1}{RC}\mathrm{e}^{-t/RC}$$

将 $h(t)$ 和 $R_x(\tau)$ 代入式(1-94),得

$$\begin{aligned}P_y&=\int_0^t\int_0^t\frac{N_0}{2R^2C^2}\exp\left[-\frac{u}{RC}-\frac{v}{RC}\right]\delta(u-v)\mathrm{d}u\mathrm{d}v\\&=\frac{N_0}{2R^2C^2}\int_0^t\exp\left[-\frac{2u}{RC}\right]\mathrm{d}u\\&=\frac{N_0}{4RC}\left[1-\exp\left(-\frac{2t}{RC}\right)\right]\end{aligned}\tag{1-95}$$

式(1-95)说明,处于非平稳状态下的电路输出噪声 $y(t)$ 的功率是变化的。当 $t=0$ 开关闭合时,$P_y=0$;当 $t\to\infty$ 时,电路达到稳定状态,输出噪声 $y(t)$ 的功率 P_y 也达到其稳态值 $N_0/(4RC)$。电路达到稳定状态后,输出 $y(t)$ 的功率也可以按随机噪声通过线性系统的方法计算出来。根据 $S_x(\omega)=N_0/2$,由式(1-82)可得

$$\begin{aligned}S_y(\omega)&=|H(\mathrm{j}\omega)|^2S_x(\omega)\\&=\left|\frac{1}{1+\mathrm{j}\omega RC}\right|^2\cdot\frac{N_0}{2}=\frac{N_0/2}{1+(\omega RC)^2}\end{aligned}$$

由式(1-40),输出噪声的功率为

$$\begin{aligned}P_y&=R_y(0)=\frac{1}{2\pi}\int_{-\infty}^{\infty}S_y(\omega)\mathrm{d}\omega\\&=\frac{1}{2\pi}\int_{-\infty}^{\infty}\frac{N_0/2}{1+(\omega RC)^2}\mathrm{d}\omega=\frac{N_0}{4RC}\end{aligned}$$

计算出的结果与 $t\to\infty$ 时的式(1-95)的结果相同。

1.5.3 随机噪声通过非线性系统的响应

如果系统的两个输入量之和不能产生相应的输出量之和,则称这个系统是非线性系统。许多电子器件,例如二极管、三极管、运算放大器等都表现出一定程度的非线性。非线性器件的输出电流或电压与其输入电流或电压不成比例。非线性器件在某些场合具有其特殊的用途,例如用作检波、鉴频、混频等,它们在收音机、电视机中使用得很普遍。

非线性系统不服从叠加原理,其特性不能用冲激响应函数或频率响应函数来描述,其输出信号不能用卷积或变换方法推导出来。不包含存储器的非线性系统相对简单,其瞬时输出只取决于瞬时输入,例如下面介绍的检波器和过零检测器。

1. 平方律检波器

对于平方律检波器，其输入信号 $x(t)$ 与输出信号 $y(t)$ 之间的关系可以表示为

$$y(t) = x^2(t)$$

如图 1-24 所示。由此可得

$$\frac{\mathrm{d}y}{\mathrm{d}x} = 2x$$

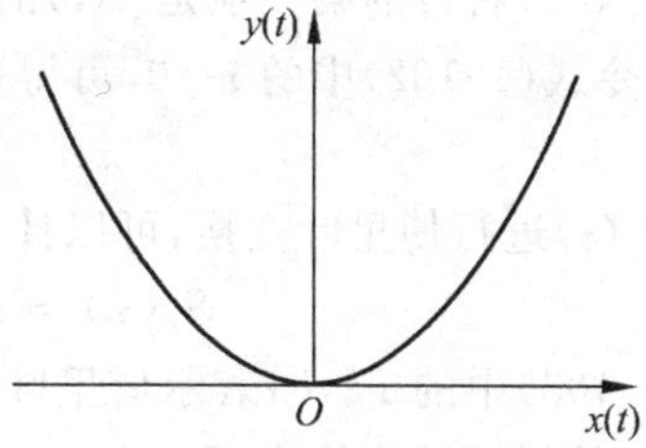

图 1-24 平方律检波器的输入输出关系

因为 $y(t)=x^2(t)$ 具有两个解

$$x_1(t) = \sqrt{y(t)}$$

$$x_2(t) = -\sqrt{y(t)}$$

根据参考文献[2]，这种情况下输出信号 $y(t)$ 的概率密度函数 $p_y(y)$ 为

$$p_y(y) = \frac{p_x(x_1)}{\left|\frac{\mathrm{d}y}{\mathrm{d}x}\right|_{x_1=\sqrt{y}}} + \frac{p_x(x_2)}{\left|\frac{\mathrm{d}y}{\mathrm{d}x}\right|_{x_2=-\sqrt{y}}}$$

$$= \frac{p_x(\sqrt{y})}{2\sqrt{y}} + \frac{p_x(-\sqrt{y})}{2\sqrt{y}} \tag{1-96}$$

式中 $p_x(x)$ 为 $x(t)$ 的概率密度函数。

对于平稳的零均值高斯输入噪声 $x(t)$，其概率密度函数 $p_x(x)$ 可以表示为

$$p_x(x) = \frac{1}{\sqrt{2\pi\sigma_x^2}}\exp\left(-\frac{x^2}{2\sigma_x^2}\right) \tag{1-97}$$

式中 σ_x^2 为 $x(t)$ 的方差。

由式(1-97)可以看出，$p_x(x)=p_x(-x)$，式(1-96)变为

$$p_y(y) = \begin{cases} \frac{p_x(\sqrt{y})}{\sqrt{y}} = \frac{1}{\sqrt{y2\pi\sigma_x^2}}\exp\left(-\frac{y}{2\sigma_x^2}\right), & y > 0 \\ 0, & y \leqslant 0 \end{cases} \tag{1-98}$$

式(1-98)说明，对于高斯输入噪声 $x(t)$，平方律检波器的输出信号 $y(t)$ 不再是高斯分布。

输出信号 $y(t)$ 的均值为

$$\mu_y = E[y(t)] = E[x^2(t)] = \overline{x_2} = R_x(0) \tag{1-99}$$

式(1-99)说明，平方律检波器的输出信号 $y(t)$ 的均值等于输入信号 $x(t)$ 的功率。对于零均值输入信号 $x(t)$，则有

$$\mu_y = \sigma_x^2$$

$y(t)$ 的自相关函数为

$$R_y(\tau) = E[y(t)\ y(t-\tau)] = E[x^2(t)\ x^2(t-\tau)] \tag{1-100}$$

根据概率论的基本原理，式(1-100)可演变为[2]

$$R_y(\tau) = E[x^2(t)]E[x^2(t-\tau)] + 2\{E[x(t)\ x(t-\tau)]\}^2 \tag{1-101}$$

因为 $x(t)$ 是平稳的随机噪声，所以式(1-101)中的

$$E[x^2(t-\tau)] = E[x^2(t)] = R_x(0)$$

$$E[x(t)x(t-\tau)] = R_x(\tau)$$

可得

$$R_y(\tau) = R_x^2(0) + 2R_x^2(\tau) = \sigma_x^4 + 2R_x^2(\tau) \tag{1-102}$$

式(1-102)右边的第一项是 $y(t)$的直流分量的相关函数,第二项是其交流分量的相关函数。

令式(1-102)中的 $\tau=0$,可得平方律检波器输出 $y(t)$的功率

$$P_y = R_y(0) = 3\sigma_x^4$$

对 $R_y(\tau)$进行傅里叶变换,可以计算出 $y(t)$的功率谱密度函数 $S_y(\omega)$

$$S_y(\omega) = F\{R_y(\tau)\} = F\{\sigma_x^4\} + 2F\{R_x^2(\tau)\} \tag{1-103}$$

式(1-103)中的 $F\{\cdot\}$表示傅里叶变换。根据傅里叶变换的性质,$F\{1\}=\delta(\omega)$,而且,如果 $z_1(t)$ 的傅里叶变换为 $Z_1(\omega)$,$z_2(t)$ 的傅里叶变换为 $Z_2(\omega)$,则

$$F\{z_1(t)z_2(t)\} = \int_{-\infty}^{\infty} Z_1(v)Z_2(\omega - v)\mathrm{d}v = Z_1(\omega) * Z_2(\omega)$$

令 $z_1(t)=z_2(t)=R_x(t)$,则有 $Z_1(\omega)=Z_2(\omega)=S_x(\omega)$,代入式(1-103)得

$$\begin{aligned} S_y(\omega) &= \sigma_x^4\delta(\omega) + 2\int_{-\infty}^{\infty} S_x(v)S_x(\omega - v)\mathrm{d}v \\ &= \sigma_x^4\delta(\omega) + 2S_x(\omega) * S_x(\omega) \end{aligned} \tag{1-104}$$

可见,平方律检波器的输出 $y(t)$的功率谱密度函数 $S_y(\omega)$由两部分组成:一部分是取决于输入信号 $x(t)$方差的直流分量,另一部分是输入信号 $x(t)$的功率谱密度函数 $S_x(\omega)$的自我卷积。

2. 过零检测器

过零检测器用于提取随机噪声的符号函数,它应用于第 6 章中的极性相关器和第 7 章的 LMS 符号算法。过零检测器的输入 $x(t)$与输出 $y(t)$之间的关系为

$$y(t) = \begin{cases} 1, & \text{若 } x(t) \geqslant 0 \\ -1, & \text{若 } x(t) < 0 \end{cases} \tag{1-105}$$

过零检测器的输入输出关系示于图 1-25。

经过过零检测器后,随机噪声的幅度信息丢失了,只用二值函数+1 或−1 来表示其符号。换言之,随机噪声被量化成了 1bit。过零检测器的输入$x(t)$波形与输出 $y(t)$波形示于图 1-26。

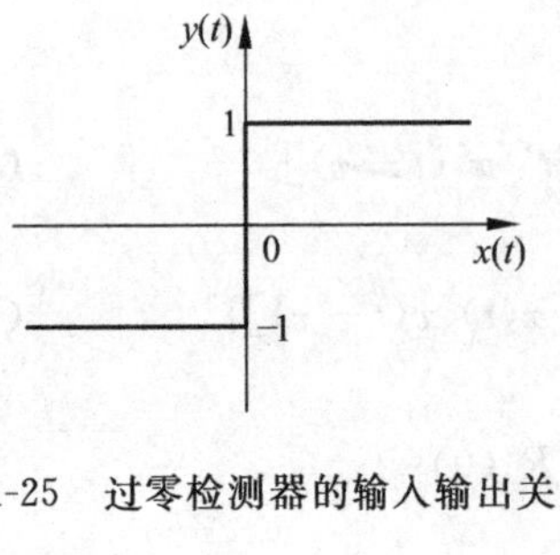

图 1-25　过零检测器的输入输出关系

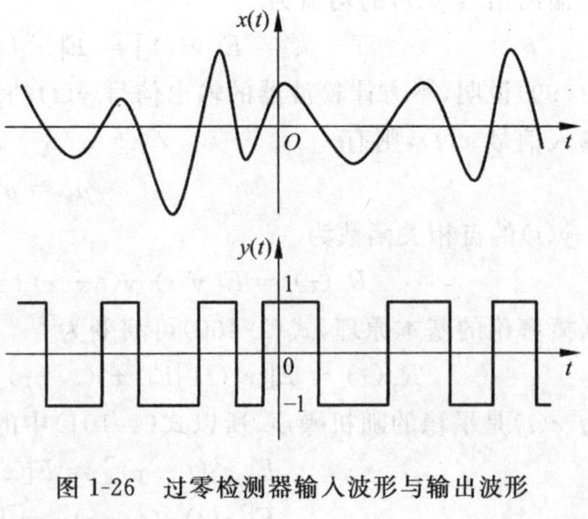

图 1-26　过零检测器输入波形与输出波形

对于平稳的零均值高斯输入噪声 $x(t)$，其概率分布函数 $F_x(x)$ 为

$$F_x(x)=\int_{-\infty}^{x}\frac{1}{\sqrt{2\pi\sigma_x^2}}\exp\left(-\frac{x^2}{2\sigma_x^2}\right)\mathrm{d}x \tag{1-106}$$

式中的 σ_x^2 为 $x(t)$的方差。由式(1-106)可得

$$F_x(0)=0.5$$

即 $x(t)\geqslant 0$ 和 $x(t)<0$ 的概率各占 50%。根据式(1-105)，$y(t)=+1$ 的概率就是 $x(t)\geqslant 0$ 的概率。所以，$y(t)=+1$ 和 $y(t)=-1$ 的概率也各占 50%。即 $y(t)$的概率密度函数 $p_y(y)$ 为

$$p_y(y)=0.5\delta(y+1)+0.5\delta(y-1) \tag{1-107}$$

下面求 $y(t)$的自相关函数 $R_y(\tau)$和 $x(t)$的自相关函数 $R_x(\tau)$之间的关系。由图 1-26 和式(1-107)可知，$y(t)$取值只有两种可能：$+1$ 或 -1，所以 $y(t)y(t-\tau)$ 取值也只有这两种可能。$y(t)y(t-\tau)=+1$ 的概率等于 $x(t)x(t-\tau)\geqslant 0$ 的概率 $P[x(t)x(t-\tau)\geqslant 0]$，$y(t)y(t-\tau)=-1$ 的概率等于 $x(t)x(t-\tau)<0$ 的概率 $P[x(t)x(t-\tau)<0]$，可得

$$\begin{aligned}R_y(\tau)&=E[y(t)y(t-\tau)]\\&=1\times P[x(t)x(t-\tau)\geqslant 0]-1\times P[x(t)x(t-\tau)<0]\end{aligned} \tag{1-108}$$

根据文献[2]，如果 $x(t)$为高斯零均值平稳噪声，则有

$$P[x(t)x(t-\tau)>0]=\frac{1}{2}+\frac{1}{\pi}\arcsin\rho_x(\tau) \tag{1-109}$$

$$P[x(t)x(t-\tau)<0]=\frac{1}{2}-\frac{1}{\pi}\arcsin\rho_x(\tau) \tag{1-110}$$

式中的 $\rho_x(\tau)$是 $x(t)$的归一化自相关函数。综合式(1-108)～式(1-110)可得

$$R_y(\tau)=\frac{2}{\pi}\arcsin\rho_x(\tau)=\frac{2}{\pi}\arcsin\frac{R_x(\tau)}{R_x(0)} \tag{1-111}$$

可见，$R_y(\tau)$和 $\rho_x(\tau)$之间是非线性的反正弦关系。

将式(1-107)代入式(1-15)，可以计算出 $y(t)$的均值，该均值仍然为零，即

$$\begin{aligned}E[y(t)]&=\int_{-\infty}^{\infty}yp_y(y)\mathrm{d}y\\&=\int_{-\infty}^{\infty}y\left[\frac{1}{2}\delta(y+1)+\frac{1}{2}\delta(y-1)\right]\mathrm{d}y\\&=\frac{1}{2}[-1]+\frac{1}{2}[+1]=\frac{1}{2}-\frac{1}{2}=0\end{aligned}$$

3. 全波检波器

全波检波器的输入 $x(t)$与输出 $y(t)$之间的关系为

$$y(t)=|\,x(t)\,| \tag{1-112}$$

如图 1-27 所示。

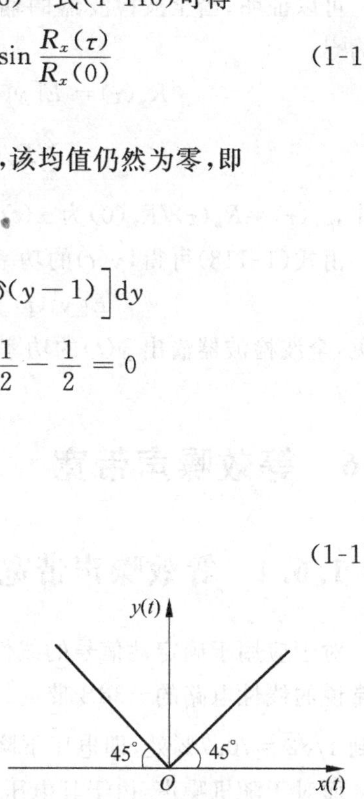

图 1-27 全波检波器的输入输出关系

$y(t)=|x(t)|$有两个解：$x_1=y$ 和 $x_2=-y$，而且

$$\left.\frac{\mathrm{d}y}{\mathrm{d}x}\right|_{x=x_1}=1$$

$$\left.\frac{\mathrm{d}y}{\mathrm{d}x}\right|_{x=x_2}=-1 \tag{1-113}$$

类似于式(1-96)，可以计算出 $y(t)$的概率密度函数

$p_y(y)$为

$$p_y(y)=\frac{p_x(x_1)}{\left|\frac{\mathrm{d}y}{\mathrm{d}x}\right|_{x_1=y}}+\frac{p_x(x_2)}{\left|\frac{\mathrm{d}y}{\mathrm{d}x}\right|_{x_2=-y}} \tag{1-114}$$

如果输入噪声 $x(t)$为零均值高斯噪声，则其概率密度函数 $p_x(x)$为

$$p_x(x)=\frac{1}{\sqrt{2\pi\sigma_x^2}}\exp\left[\frac{-x^2}{2\sigma_x^2}\right] \tag{1-115}$$

式中的 σ_x^2 是 $x(t)$的方差。从式(1-113)～式(1-115)可得，$y(t)$的概率密度函数 $p_y(y)$为

$$\begin{aligned}p_y(y)&=\begin{cases}p_x(y)+p_x(-y), & y\geqslant 0\\ 0, & y<0\end{cases}\\ &=\begin{cases}\dfrac{2}{\sqrt{2\pi\sigma_x^2}}\exp\left(\dfrac{-y^2}{2\sigma_x^2}\right), & y\geqslant 0\\ 0, & y<0\end{cases}\end{aligned} \tag{1-116}$$

$y(t)$的均值为

$$\begin{aligned}\mu_y&=E[y(t)]=\int_{-\infty}^{\infty}yp_y(y)\mathrm{d}y\\ &=2\int_0^{\infty}\frac{y}{\sqrt{2\pi\sigma_x^2}}\exp\left(\frac{-y^2}{2\sigma_x^2}\right)\mathrm{d}y=\sqrt{\frac{2}{\pi}}\cdot\sigma_x\end{aligned} \tag{1-117}$$

可见，对于零均值高斯噪声输入，全波检波器输出 $y(t)$的均值正比于输入噪声 $x(t)$的有效值。

可以证明，当全波检波器的输入 $x(t)$为零均值高斯噪声时，其输出 $y(t)$的自相关函数为[2]

$$\begin{aligned}R_y(\tau)&=E[y(t)y(t-\tau)]\\ &=\frac{2}{\pi}R_x(0)\left[\rho_x(\tau)\arcsin\rho_x(\tau)+\sqrt{1-\rho_x^2(\tau)}\right]\end{aligned} \tag{1-118}$$

式中，$\rho_x(\tau)=R_x(\tau)/R_x(0)$为 $x(t)$的归一化相关函数。

由式(1-118)可得，$y(t)$的功率为

$$E[y^2(t)]=R_y(0)=R_x(0)=E[x^2(t)]$$

可见，全波检波器输出 $y(t)$的功率等于其输入 $x(t)$的功率。

1.6 等效噪声带宽

1.6.1 等效噪声带宽的定义

对于应用于确定性信号的线性电路，带宽的典型定义是半功率点之间的频率间隔，这就是常说的线性电路的－3dB 带宽。功率正比于电压的平方，功率下降到 50％相当于电压下降到 $1/\sqrt{2}=70.7\%$处，即电压下降了 3dB。

而对于随机噪声，由于其电压幅度的不确定性，人们主要关心的是系统输出的随机噪声功率的大小。引入等效噪声带宽的概念，可以使很多输出噪声功率的工程计算得以简化。

等效噪声带宽 B_e 不同于上述 -3dB 带宽，对 B_e 的定义是：B_e 是在相同的输入噪声情况下，与实际线性电路输出噪声功率相等的理想矩形通带系统的带宽。

如图 1-28 所示，设输入白噪声的单边功率谱密度为 $S'_x(\omega)=N_0$，将其同时输入给实际系统和理想系统。实际电路系统的频率响应函数为 $H_2(\omega)$，直流增益（或最大增益）为 A_0，输出为 $y_2(t)$，其单边功率谱密度函数为 $S'_{y_2}(\omega)$。理想系统的频率响应函数为矩形通带的 $H_1(\omega)$，带宽为 B_e，$|H_1(\omega)|=A_0$，输出为 $y_1(t)$，其单边功率谱密度函数为 $S'_{y_1}(\omega)$。若 $y_2(t)$ 与 $y_1(t)$ 功率相等，则称 $H_2(\omega)$ 的等效噪声带宽为 B_e。

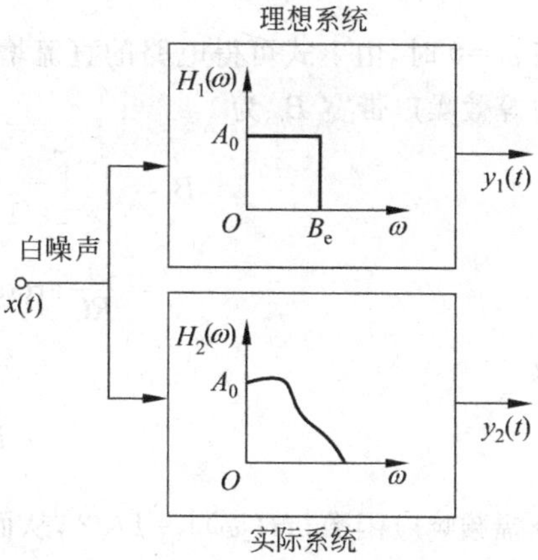

图 1-28 等效噪声带宽 B_e 的定义

1.6.2 等效噪声带宽的计算方法

根据式(1-40)，图 1-28 中理想系统输出噪声 $y_1(t)$ 的功率为

$$P_{y_1}=\overline{y_1^2}=\frac{1}{2\pi}\int_0^{\infty}S'_{y_1}(\omega)\mathrm{d}\omega \tag{1-119}$$

将式(1-82)应用于式(1-119)，当输入白噪声的单边功率谱密度为 $S'_x(\omega)=N_0$ 时，可得

$$P_{y_1}=\frac{1}{2\pi}\int_0^{\infty}|H_1(\omega)|^2S'_x(\omega)\mathrm{d}\omega=\frac{N_0}{2\pi}|A_0|^2B_e \tag{1-119a}$$

因为 $H_1(\omega)$ 只在 $\omega\geqslant 0$ 时有意义，所以式(1-119)和式(1-119a)中的积分下限为 0。同样可得实际系统输出噪声 $y_2(t)$ 的功率为

$$P_{y_2}=\overline{y_2^2}=\frac{1}{2\pi}\int_0^{\infty}S'_{y_2}(\omega)\mathrm{d}\omega=\frac{N_0}{2\pi}\int_0^{\infty}|H_2(\omega)|^2\mathrm{d}\omega \tag{1-119b}$$

令 $P_{y_1}=P_{y_2}$，可得

$$B_e=\frac{1}{|A_0|^2}\int_0^{\infty}|H_2(\omega)|^2\mathrm{d}\omega\quad(\text{rad/s}) \tag{1-120}$$

或

$$B_e=\frac{1}{|A_0|^2}\int_0^{\infty}|H_2(f)|^2\mathrm{d}f\quad(\text{Hz}) \tag{1-121}$$

利用式(1-120)或式(1-121)计算出线性系统的等效噪声带宽 B_e，可以为计算系统输出噪声的功率带来很多方便。

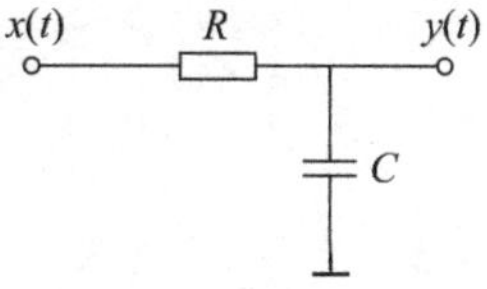

图 1-29 一阶 RC 低通滤波器电路

例 1-7 一阶 RC 低通滤波器电路示于图 1-29，求其等效噪声带宽 B_e。

解：图 1-29 电路的频率响应函数为

$$H(\mathrm{j}\omega)=\frac{1}{1+\mathrm{j}\omega RC} \tag{1-122}$$

电路的幅频响应函数为

$$|H(\mathrm{j}\omega)| = \frac{1}{\sqrt{1+(\omega RC)^2}} \tag{1-123}$$

当 $\omega=0$ 时，由上式可得电路的直流增益 $A_0=1$。将式(1-123)代入式(1-120)可计算出电路的等效噪声带宽 B_e 为

$$B_e = \int_0^\infty \left[\frac{1}{\sqrt{1+(\omega RC)^2}}\right]^2 \mathrm{d}\omega = \frac{1}{RC}\arctan(RC\omega)\Big|_0^\infty = \frac{\pi}{2RC} \quad (\mathrm{rad/s}) \tag{1-124}$$

或

$$B_e = \frac{1}{4RC} \quad (\mathrm{Hz}) \tag{1-125}$$

令幅频响应函数 $|H(\mathrm{j}\omega)|=1/\sqrt{2}$，从而计算出电路的 $-3\mathrm{dB}$ 带宽 B_0 为

$$B_0 = \frac{1}{RC} \quad (\mathrm{rad/s}) \tag{1-126}$$

与式(1-124)对比可以看出，等效噪声带宽 B_e 比 $-3\mathrm{dB}$ 带宽 B_0 要宽，$B_e \approx 1.57B_0$。

例 1-8 一阶有源低通滤波电路示于图 1-30，求其等效噪声带宽 B_e。对于输入 $x(t)$ 为白噪声的情况，已知其单边功率谱密度为 $S'_x(\omega)=N_0$，试求电路输出 $y(t)$ 的功率。

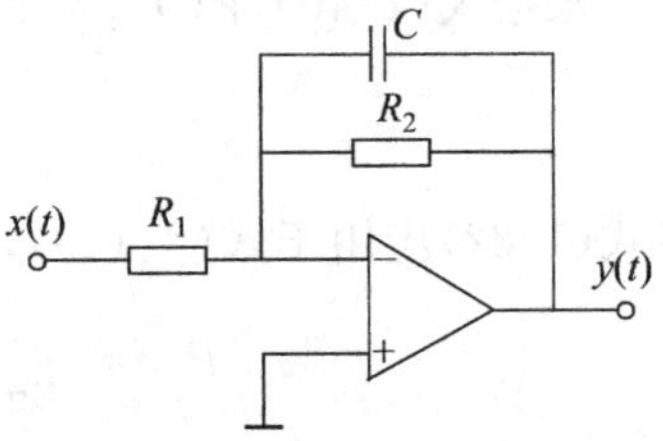

图 1-30 一阶有源低通滤波电路

解：令图 1-30 电路中输入回路的复阻抗为 $Z_1(\mathrm{j}\omega)$，反馈回路的复阻抗为 $Z_2(\mathrm{j}\omega)$，则

$$Z_1(\mathrm{j}\omega) = R_1$$

$$Z_2(\mathrm{j}\omega) = R_2 \mathbin{/\!/} \frac{1}{\mathrm{j}\omega C} = \frac{R_2}{1+\mathrm{j}\omega R_2 C}$$

所以此电路的频率响应函数为

$$H(\mathrm{j}\omega) = -\frac{Z_2(\mathrm{j}\omega)}{Z_1(\mathrm{j}\omega)} = -\frac{R_2}{R_1}\cdot\frac{1}{1+\mathrm{j}\omega R_2 C} = -A_0\cdot\frac{1}{1+\mathrm{j}\omega R_2 C} \tag{1-127}$$

式中，$A_0=R_2/R_1$ 为电路的直流增益。式(1-127)表明，图 1-30 电路既有放大作用，又有低通滤波作用。

根据式(1-120)，图 1-30 电路的等效噪声带宽 B_e 为

$$B_e = \frac{1}{|A_0|^2}\int_0^\infty \left|-\frac{R_2}{R_1}\cdot\frac{1}{1+\mathrm{j}\omega R_2 C}\right|^2 \mathrm{d}\omega = \frac{\pi}{2R_2 C} \quad (\mathrm{rad/s})$$

或

$$B_e = \frac{1}{4R_2 C} \quad (\mathrm{Hz}) \tag{1-128}$$

电路输出 $y(t)$ 的功率为

$$\begin{aligned} P_y = \overline{y^2(t)} &= \frac{1}{2\pi}\int_0^\infty S'_y(\omega)\,\mathrm{d}\omega \\ &= \frac{1}{2\pi}\int_0^\infty |H(\mathrm{j}\omega)|^2 S'_x(\omega)\,\mathrm{d}\omega \\ &= \frac{N_0}{2\pi}\int_0^\infty \left|-\frac{R_2}{R_1}\cdot\frac{1}{1+\mathrm{j}\omega R_2 C}\right|^2 \mathrm{d}\omega \end{aligned}$$

$$=\frac{N_0A_0^2}{2\pi}\int_0^{\infty}\frac{1}{1+(\omega R_2C)^2}\mathrm{d}\omega=\frac{N_0A_0^2}{4R_2C} \tag{1-129}$$

将式(1-128)代入式(1-129)，得

$$P_y=A_0^2B_eN_0 \tag{1-130}$$

直接利用式(1-130)计算电路输出噪声功率要简单得多，条件是输入信号是单边功率谱密度为 N_0 的白噪声。对于有色噪声，式(1-130)是不适用的。但是如果电路带宽比输入噪声带宽窄得多，则可以认为在电路通带内输入噪声的功率谱密度基本平坦，仍然可以利用式(1-130)进行近似的计算。

在前面讨论的两个低通滤波器例子中，电路的幅频响应都是在 $\omega=0$ 处为最大，如图 1-31(a)所示。对于带通滤波器，A_0 可以选择在增益最大处，如图 1-31(b)所示。但是在许多实际情况中，低通滤波器的增益最大处未必位于 $\omega=0$ 处，带通滤波器的幅频响应曲线也未必对称，分别如图 1-31(c) 和图 1-31(d)所示。在这种情况下，就存在 A_0 选在何处的问题。A_0 选得不同，计算出的等效噪声带宽 B_e 也会不同，图 1-31(c) 和图 1-31(d)示出了这种情况，图中所选的 A_{01} 和 A_{02} 不同，计算出的 B_{e1} 和 B_{e2} 也不同。看起来按照式(1-120)或式(1-121)计算出的等效噪声带宽似乎有一定的不确定性。

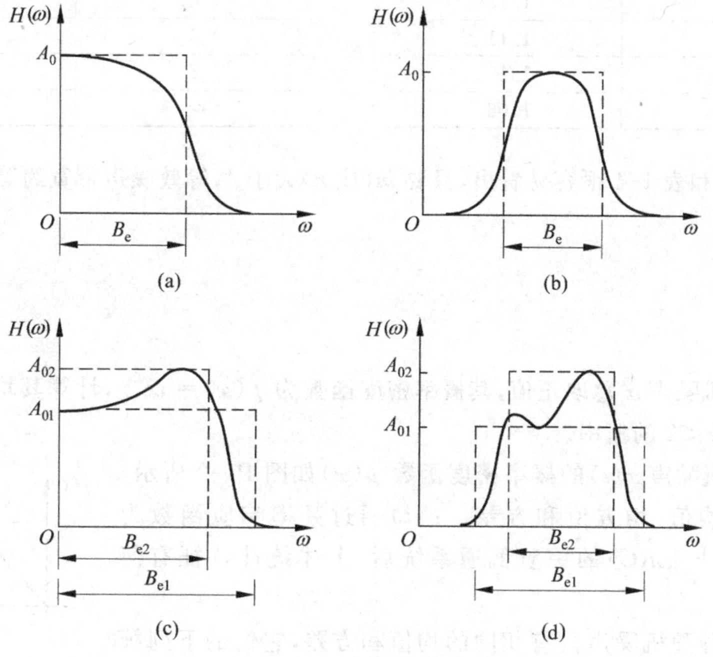

图 1-31 不同通带形状的等效噪声带宽

(a) 低通滤波器；(b) 带通滤波器；(c) 幅频响应不平坦的低通滤波器；(d) 幅频响应不对称的带通滤波器

但是，在实际的噪声计算中，A_0^2 和 B_e 总是要联系起来考虑，无论 A_0 选在何处，只要乘积 $A_0^2B_e$ 保持不变，则计算出的噪声指标就是确定的。式(1-120)可以改写为

$$B_e\mid A_0\mid^2=\int_0^{\infty}\mid H_2(\omega)\mid^2\mathrm{d}\omega \tag{1-131}$$

可见，对于传递函数确定的系统，无论 A_0 选在何处，只要按照等效噪声带宽的定义式(1-120)或式(1-121)来计算 B_e，得到的乘积 $A_0^2 B_e$ 就是唯一的，由此计算出的噪声指标也是唯一的。

等效噪声带宽不同于经典的 -3dB 带宽，差异与电路的级数和每级的极点数有关。通常情况下，对于多级放大器，用户只知道 -3dB 带宽 B 而不知道等效噪声带宽 B_e，而且常常认为 $B_e \approx B$。为了估计这样做所产生的误差，就需要寻找这两个量之间的关系式。对于 m 个相同电路的级联，每一级具有 n 个不同的极点，这个关系式是[39]

$$B_e = \frac{B}{\sqrt{2^{1/n}-1}} \int_0^{\infty} \left(\frac{1}{1+x^{2n}}\right)^m \mathrm{d}x \tag{1-132}$$

$n=1$ 情况下对于不同的 m，以及 $m=1$ 情况下对于不同的 n，比值 B_e/B 的计算结果分别列于表 1-3 和表 1-4。

表 1-3 m 个相同放大器级联，每级一个极点

m 级($n=1$)	B_e/B
1	1.571
2	1.222
3	1.155
4	1.13
5	1.11
6	1.10
∞	1.06

表 1-4 一级放大器 n 个极点

n 个极点($m=1$)	B_e/B
1	1.571
2	1.111
3	1.05
4	1.025
5	1.02
6	1.01
∞	1.00

从表 1-3 和表 1-4 很容易看出，只要 m(或 n)大于 4，等效噪声带宽约等于 -3dB 带宽。

习题

1-1 随机噪声 x 总取正值，其概率密度函数为 $p(x)=x\mathrm{e}^{-x}$，计算其均值、方差、$x>1$ 的概率和 $1<x<2$ 的概率。

1-2 随机噪声 $x(t)$ 的概率密度函数 $p(x)$ 如图 P1-2 所示，计算 $x(t)$ 的均值、均方值和方差。$x(t)$ 通过频率响应函数为 $H(\mathrm{j}\omega)=1/(1+\mathrm{j}\omega RC)$ 的一阶低通系统后，上述统计特征有何变化？

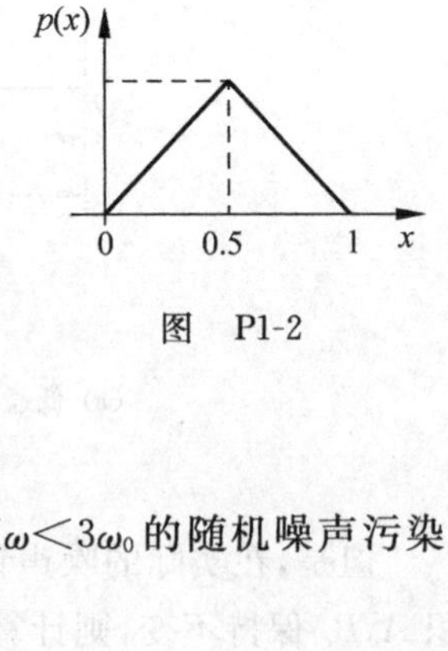

图 P1-2

1-3 两种随机噪声具有相同的均值和方差，它们的下列统计特征具有相似性吗？如果有，体现在哪方面？

(a) 平均功率；(b) 自相关函数；(c) 概率密度函数；(d) 功率谱密度函数。

1-4 信号的频率范围为 $-\omega_0<\omega<\omega_0$，被频率范围为 $-3\omega_0<\omega<3\omega_0$ 的随机噪声污染。若噪声的功率谱密度函数特点为

(1) 在上述频率范围内为常数；

(2) 形状为三角形，峰点位于 $\omega=0$ 处。

利用理想的滤波器，分别估计这两种情况下可达到的信噪改善比 $SNIR$(有效值)。

1-5 高斯分布的随机白噪声通过线性系统后的输出可能是哪种噪声？

(a) 非高斯分布的随机噪声；(b) 限带白噪声；(c) 窄带噪声；(d) 有色噪声；(e) 确定性信号。

1-6 系统的传递函数为 $H(s)=1/(s^2+10s+26)$，其输入为功率谱密度为 P 的白噪声，试求系统输出噪声的功率谱密度函数。

1-7 图 P1-7 所示系统中的 K 为固定的反馈系数，s 为拉普拉斯算子。输入 $x(t)$ 为平稳的随机噪声，其自相关函数为 $R_x(\tau)=\sigma^2\exp[-\beta|\tau|]$。试求系统输出噪声 $y(t)$ 的功率谱密度函数 $S_y(\omega)$ 和均方值 $\overline{y^2}$。

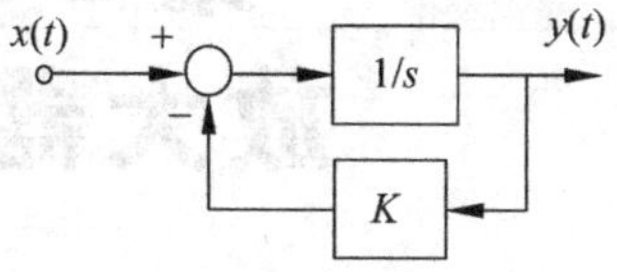

图 P1-7

1-8 随机噪声通过过零检测器后的输出噪声频带如何变化？

1-9 高斯型滤波器的幅频响应函数为：

$$|H(f)| = A\exp[-(f-f_0)^2/(2\sigma^2)]$$

式中的 σ 和 f_0 为常数。试计算该滤波器的等效噪声带宽。

第2章 放大器的噪声源和噪声特性

对于电子噪声，通常有两种定义：一种是由于电荷载体的随机运动所导致的电压或电流的随机波动，另一种是污染或干扰有用信号的不期望的信号。第二种噪声定义的范围更广，它既包括电路内部产生的噪声，也包括来自电路外部的干扰。这种叠加在有用信号上的外部干扰噪声可能是随机的，也可能是确定性的。本书将采用广义的噪声概念。

由组成检测电路的元件产生的内部噪声称为固有噪声，它是由电荷载体的随机运动所引起的。例如，散弹噪声就是流过势垒(如半导体 PN 结)的电流的随机成分，它是由载流子随机越过势垒所引起的。热力引起的载流子的随机运动是热噪声的根源，其幅度取决于温度，也与导体的电阻值有关，即使没有电流流过导体，热噪声依然存在。

本章分析和论述电路内部的固有噪声，第 3 章分析和论述外部干扰噪声。

2.1 电子系统内部的固有噪声源

为了把微弱信号幅度放大到人们可以感知的幅度，必须使用放大器和其他电路对其进行处理。但是，电子系统内部几乎所有的器件本身往往就是噪声源，在放大微弱信号的同时，这些噪声源产生的噪声同样会被放大。即使电子系统外部的所有干扰噪声都被有效地抑制掉，放大器也会输出一定幅度的噪声。在各种测试系统中，固有噪声的大小决定了系统的分辨率和可检测的最小信号幅度。电子系统内部的固有噪声具有随机的性质，其瞬时幅度不可预测，只能用概率和统计的方法来表述其大小和特征，例如用均方值、概率密度函数、功率谱密度函数等进行描述。

长期以来，人们对电子系统内部的固有噪声进行了大量的理论分析和实验研究，详细介绍这些成果超出了本书的范围，这里只是适当地介绍固有噪声源的特性，以便用于推演电路元件的噪声模型，以及说明电路和系统中固有噪声的分析方法。

限于篇幅，本节只介绍电子系统中常见的热噪声、散弹噪声、$1/f$ 噪声和爆裂噪声。有关半导体器件中出现的扩散噪声、产生-复合噪声(G-R 噪声)、雪崩噪声等内容,读者可参阅参考文献[39]和[46]。

2.1.1 电阻的热噪声

1. 热噪声的统计特性

任何电阻或导体,即使没有连接到任何信号源或电源,也没有任何电流流过该电阻,其两端也会呈现噪声电压起伏,这就是电阻的热噪声。电阻的热噪声起源于电阻中电子的随机热运动,导致电阻两端电荷的瞬时堆积,形成噪声电压。在绝对温度零度以上的任何导体或电阻中,电子都处于随机热运行状态,都会产生热噪声。约翰逊(J. B. Johnson) 于 1927 年首先发现热噪声,因此热噪声又称为 Johnson 噪声。1928 年,奈奎斯特(Nyquist)对热噪声进行了理论分析,并利用热动力学推理的方法,以数学方式描述了热噪声的统计特性,他证明了热噪声 e_t 的功率谱密度函数为

$$S_t(f) = 4kTR \quad (\mathrm{V^2/Hz}) \tag{2-1}$$

式中,k 为玻耳兹曼(Boltzmann)常数,$k=1.38\times10^{-23}\,\mathrm{J/K}$; T 为电阻的绝对温度,K; R 为电阻的阻值,Ω。

在室温下(17℃或 290 K),$4kT\approx1.6\times10^{-20}\,\mathrm{V^2/(Hz\cdot\Omega)}$。

根据式(2-1),对于温度和阻值一定的电阻,其热噪声的功率谱密度为常数。实际上,在很高频率及很低温度时,$S_t(f)$将发生变化。在一般检测系统的工作频率范围内,可以认为热噪声是白噪声。

因为实际的检测电路都具有一定的频带宽度,工作于电路系统中的电阻 R 的热噪声 e_t 的等效功率 P_t 可以用其均方值来表示,即

$$P_t = E[e_t^2] = \int_B S_t(f)\mathrm{d}f = \int_B 4kTR\mathrm{d}f = 4kTRB \quad (\mathrm{V^2}) \tag{2-2}$$

式中,B 为系统的等效噪声带宽,单位为 Hz。

式(2-1)是由经典的热动力学推导出的近似结果,当频率很高时,由量子理论可得如下更精确的热噪声功率谱密度函数表达式[5,6]

$$S_t(f) = \frac{4hfR}{\exp(hf/(kT))-1} \tag{2-3}$$

式中,h 为普朗克(Planck)常数,$h=6.62\times10^{-34}\,\mathrm{J\cdot s}$; f 为频率,Hz。由式(2-3)可见,当 $f>kT/h$ 时,$S_t(f)$会逐渐减少。在室温下($T\approx300\mathrm{K}$),当 $f<0.1kT/h\approx10^{12}$ Hz 时,将式(2-3)分母中的指数函数展开为幂级数,并取其前两项来近似,即

$$\exp[hf/(kT)] \approx 1 + hf/(kT)$$

则式(2-3)可近似为式(2-1)。一般检测系统的工作频率要比 10^{12} Hz 低得多,所以式(2-1)被广泛使用。

电阻两端呈现的开路热噪声电压有效值(即均方根值)E_t 可由式(2-2)计算出来

$$E_t = \sqrt{P_t} = \sqrt{4kTRB} \quad (\mathrm{V}) \tag{2-4}$$

温度为 27℃(300K)时,若 R 的单位为 kΩ,则由式(2-4)可计算出 $E_t\approx4\sqrt{RB}\,\mathrm{nV}$。

因为热噪声是由电阻中大量电子的随机热运动引起的，这种由大量的随机事件导致的噪声必然具有高斯分布的概率密度函数。

包含电阻的任何电子电路都存在热噪声。例如，当温度为17℃时，在带宽为100kHz的电路中，10kΩ的电阻两端所呈现的开路热噪声电压有效值约为4μV。可见，对于检测微伏级甚至纳伏级微弱信号的系统来说，电阻热噪声的不利影响是不容忽视的。

式(2-4)说明，热噪声电压正比于电阻值R和带宽B的平方根。因此，在微弱信号检测系统中，应使R和B尽量小。式(2-4)还说明，热噪声电压的大小取决于温度，为了降低热噪声幅度，必要时还可以使放大电路的前置级工作于极低温度。因为式中的T为热力学温度，所以必须使温度大幅度降低，才能有效降低热噪声电压，温度比室温低几十度往往没有多大效果。例如，把电阻浸在液态氮中(77K)才能使其热噪声电压有效值减少大约一半。

设电阻在摄氏温度为T_C时的热噪声电压有效值为E_{TC}，17℃时的热噪声电压有效值为E_{17}，由式(2-4)可得

$$\frac{E_{TC}}{E_{17}}=\sqrt{\frac{4kRB(273+T_C)}{4kRB(273+17)}}=\sqrt{1+\frac{T_C-17}{290}}$$

将上式右端展开为幂级数，当$T_C-17\ll 290$时，只取级数的前两项，得

$$\frac{E_{TC}}{E_{17}}\approx 1+0.0017(T_C-17)$$

由上式可见，在电子器件和设备的工作温度范围内，电阻热噪声电压有效值与17℃时相差不大。例如，当$T_C=50$℃时，$E_{TC}\approx 1.056\ E_{17}$。

利用两端网络的戴维南模型，实际电阻可以等效为热噪声电压源与无噪声的理想电阻R相串联。电压源的功率谱密度函数$S_t(f)$由式(2-1)给出，其有效值E_t由式(2-4)决定，如图2-1(a)所示。利用诺顿定理，实际电阻也可以等效为热噪声电流源I_t与理想电阻R相并联，如图2-1(b)所示，在这种情况下，热噪声电流源的功率谱密度函数为

$$S_{ti}(f)=4kT/R\quad (A^2/Hz)$$

在等效噪声带宽为B的电路中，热噪声电流的有效值I_t为

$$I_t=\sqrt{4kTB/R}\quad (A)$$

可以证明[7]，无源元件的任意连接所产生的热噪声等于等效网络阻抗的实部电阻所产生的热噪声。

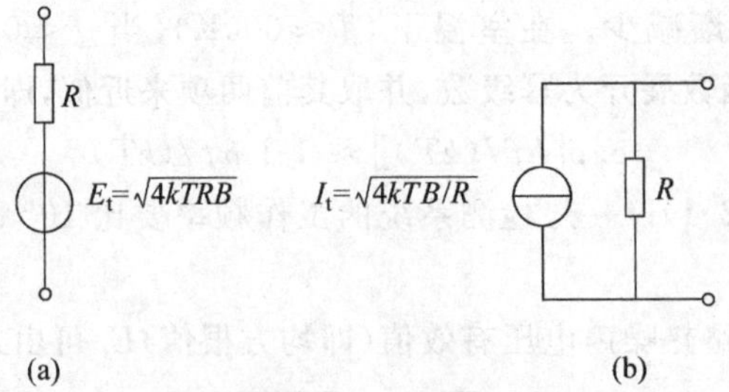

图2-1 考虑热噪声的电阻等效电路

(a) 噪声电压源方式；(b) 噪声电流源方式

例 2-1 试证明,温度相同的两个电阻 R_1 和 R_2 相串联所产生的等效热噪声电压有效值为

$$E_{t串} = \sqrt{4kTB(R_1 + R_2)} \tag{2-5}$$

解:两个电阻 R_1 和 R_2 相串联的热噪声电压源等效电路示于图 2-2(a),图中的 E_{t1} 和 E_{t2} 分别表示 R_1 和 R_2 的热噪声电压有效值,图 2-2(b)中的 $E_{t串}$ 为出现在串联电阻输出端的等效热噪声电压有效值。

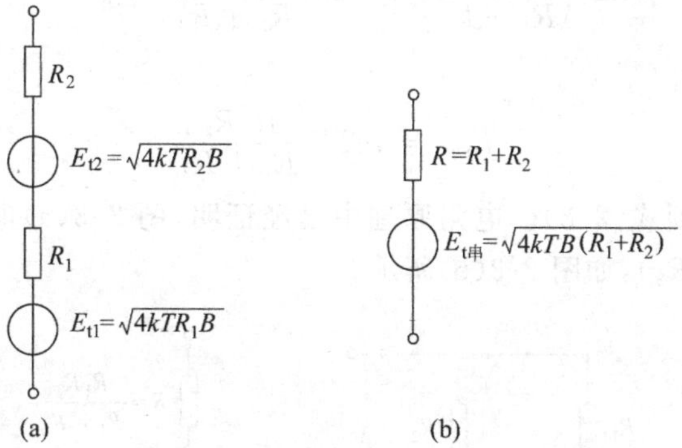

图 2-2 两个电阻相串联的热噪声电压源等效电路

(a) 噪声电路;(b) 等效电路

R_1 产生的热噪声电压 e_{t1} 和 R_2 产生的热噪声电压 e_{t2} 叠加后的功率为

$$\begin{aligned} E_{t串}^2 &= E[(e_{t1} + e_{t2})^2] \\ &= E[e_{t1}^2 + e_{t2}^2 + 2e_{t1}e_{t2}] \\ &= E[e_{t1}^2] + E[e_{t2}^2] + E[2e_{t1}e_{t2}] \end{aligned} \tag{2-6}$$

因为 e_{t1} 和 e_{t2} 互不相关,式(2-6)的最后一项为零,得

$$E_{t串}^2 = E[e_{t1}^2] + E[e_{t2}^2] = E_{t1}^2 + E_{t2}^2 \tag{2-7}$$

将式(2-4)代入式(2-7)得

$$E_{t串}^2 = 4kTB(R_1 + R_2)$$

上式两边开平方就得到式(2-5)。根据电路原理,图 2-2(a)电路两端的开路输出电阻为 $R=R_1+R_2$,如图 2-2(b)所示。

例 2-2 试证明,温度相同的两个电阻 R_1 和 R_2 相并联所产生的等效热噪声电压有效值为

$$E_{t并} = \sqrt{4kTB\,\frac{R_1R_2}{R_1 + R_2}} \tag{2-8}$$

解:两个电阻 R_1 和 R_2 相并联的热噪声电压源等效电路示于图 2-3(a),图中的 E_{t1} 和 E_{t2} 分别表示 R_1 和 R_2 的热噪声电压有效值,图 2-3(b)中的 $E_{t并}$ 为出现在并联电阻输出端的等效热噪声电压有效值。

根据等效电路的基本原理,R_1 产生的热噪声电压 e_{t1} 在输出端产生的噪声电压为

$$e_{O1} = \frac{R_2}{R_1 + R_2}e_{t1}$$

同理,R_2 产生的热噪声电压 e_{t2} 在输出端产生的噪声电压为

$$e_{O2} = \frac{R_1}{R_1 + R_2} e_{t2}$$

因为 e_{t1} 和 e_{t2} 互不相关，它们叠加后的功率为

$$\begin{aligned} E_{t并}^2 &= E[e_{O1}^2] + E[e_{O2}^2] \\ &= \left(\frac{R_2}{R_1+R_2}\right)^2 E[e_{t1}^2] + \left(\frac{R_1}{R_1+R_2}\right)^2 E[e_{t2}^2] \\ &= \left(\frac{R_2}{R_1+R_2}\right)^2 E_{t1}^2 + \left(\frac{R_1}{R_1+R_2}\right)^2 E_{t2}^2 \end{aligned}$$

将式(2-4)代入上式得

$$E_{t并}^2 = 4kTB\,\frac{R_1 R_2}{R_1 + R_2}$$

上式两边开平方就得到式(2-8)。电路原理中已经证明，图 2-3(a)电路两端的等效输出电阻为 $R=R_1R_2/(R_1+R_2)$，如图 2-3(b)所示。

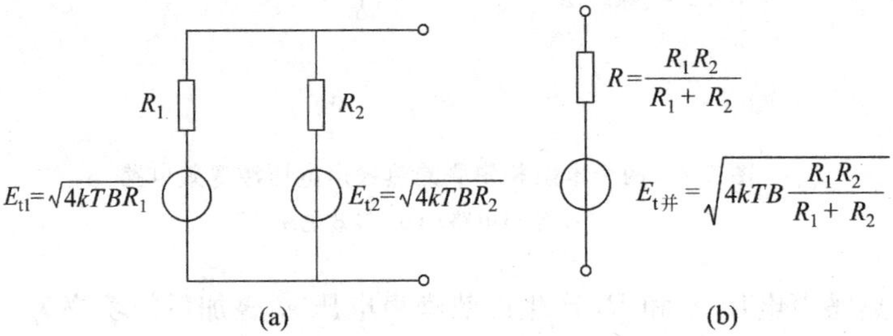

图 2-3 两个电阻相并联的热噪声电压源等效电路
(a) 噪声电路；(b) 等效电路

2. 阻容并联电路的热噪声

在实际应用中，电阻两端引线之间总有分布电容，有时为了限制频带宽度也要在电阻两端连接电容，所以实际电阻热噪声输出电压的频带宽度是有限的。考虑图 2-4 所示的阻容并联电路，图中，e_t 表示电阻 R 的热噪声，e_{to} 表示电路输出噪声，电路的频率响应函数为

$$H(f) = \frac{e_{to}(f)}{e_t(f)} = \frac{1}{1 + j2\pi fRC}$$

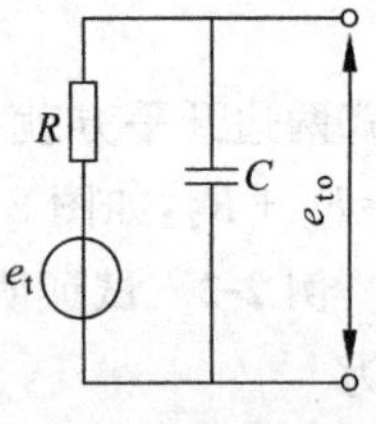

图 2-4 阻容并联电路的热噪声

根据式(1-82)可得，输出噪声的功率谱密度函数为

$$S_{to}(f) = |H(f)|^2 S_t(f) = \frac{4kTR}{1 + (2\pi fCR)^2}$$

式中，$S_t(f)$为热噪声 e_t 的功率谱密度函数。对上式积分得输出噪声功率

$$P_t = E[e_{to}^2(t)] = \int_0^\infty S_{to}(f)\,df = \int_0^\infty \frac{4kTR}{1+(2\pi fCR)^2}\,df = kT/C \tag{2-9}$$

其有效值为

$$E_{to} = \sqrt{kT/C} \tag{2-10}$$

式(2-9)和式(2-10)表明，阻容并联电路的热噪声输出功率及有效值与电阻的阻值无

关，而只是取决于并联在电阻两端的电容 C 及绝对温度 T。根据式(1-125)，图 2-4 所示的一阶阻容系统的等效噪声带宽为 $B_e=1/(4RC)$，将 B_e 代入式(2-2)可以得到同样的结果。

如果电容 C 为固定数值，则对于不同电阻 $R_1>R_2>R_3$，输出噪声 e_{to} 的功率谱密度函数 $S_{to}(f)$ 的形状示于图 2-5，其带宽随电阻值而变化，但是输出噪声功率(曲线下面积)保持不变，因此输出噪声的有效值也保持不变。例如，若并联电容为 1pF，在室温(290K)情况下，根据式(2-10)，不管电阻值是多少，输出噪声的有效值总是 $63\mu V$。

式(2-9)似乎说明热噪声功率与电阻阻值无关，而实际电路中并非如此。注意到式(2-9)是在 0～∞频率范围内积分得出的结果，实际上，电阻所在检测系统的等效噪声带宽总是很有限的，相对于图 2-5 中的电阻热噪声功率谱密度函数的带宽要窄得多，如图中的阴影部分所示。而且，因为分布电容数值很小，所以图 2-5 中的拐点频率一般都很高，而检测系统的工作频率要低很多。影响检测结果的电阻热噪声功率只是在检测系统通带内积分的结果，所以，电阻的阻值越大，热噪声输出功率及有效值也会越大。

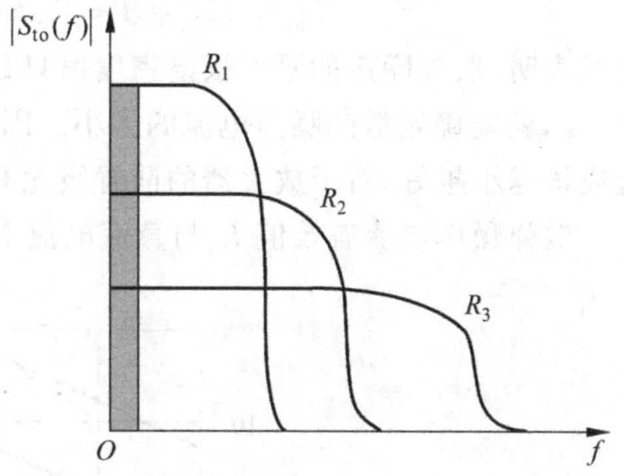

图 2-5 同样电容不同电阻的阻容并联电路的热噪声功率谱密度

2.1.2 PN 结的散弹噪声

PN 结的散弹噪声(shot noise)又叫做散粒噪声，它与越过势垒的电流有关。电子或空穴的随机发射导致流过势垒的电流在其平均值附近随机起伏，从而引起散弹噪声。在电子管中，由于阴极发射电子为一个随机过程，造成电子管电流的散弹噪声。在半导体器件中，越过 PN 结的载流子的随机扩散以及空穴电子对的随机产生和组合导致散弹噪声。凡是具有 PN 结的器件均存在这种散弹噪声，因此实际流过 PN 结的电流为平均电流与散弹噪声电流之和。

肖特基(W. Schottky)于 1918 年在热阴极电子管中发现了散弹噪声，并对其进行了理论研究，他证明散弹噪声电流 i_{sh} 是一种白噪声，其功率谱密度函数为

$$S_{sh}(f)=2qI_{DC}\quad (A^2/Hz) \tag{2-11}$$

式中，q 为电子电荷，$q=1.602\times10^{-19}C$；I_{DC} 为平均直流电流，单位为 A。

电流流过半导体 PN 结产生的散弹噪声也服从上述规律，散弹噪声表现为流过 PN 结电流的小幅度随机波动。若总电流为 i，则有

$$i=I_{DC}+i_{sh}$$

因为散弹噪声是大量独立随机事件的综合结果，所以 i_{sh} 的幅度分布为高斯分布。近年的研究表明，式(2-11)仅适用于小注入、低频工作情况。对于工作于高频区或大注入的情况，应当对式(2-11)做适当修正[8]。

实际的检测电路都具有一定的频带宽度，工作于电路系统中的 PN 结的散弹噪声电流的功率 P_{sh} 为

$$P_{sh} = E[i_{sh}^2] = \int_B S_{sh}(f)\mathrm{d}f = \int_B 2qI_{DC}\mathrm{d}f = 2qI_{DC}B \quad (\mathrm{A}^2) \tag{2-12}$$

式中,B 为系统的等效噪声带宽,Hz。

散弹噪声电流 i_{sh} 的有效值(均方根值)为

$$I_{sh} = \sqrt{P_{sh}} = \sqrt{2qI_{DC}B} \quad (\mathrm{A}) \tag{2-13}$$

上式除以 $\sqrt{B}$ 得单位带宽方根的散弹噪声有效值,也就是平方根谱密度值

$$i_{sh} = I_{sh}/\sqrt{B} = 5.66 \times 10^{-10}\sqrt{I_{DC}} \quad (\mathrm{A}/\sqrt{\mathrm{Hz}})$$

上式表明,散弹噪声的平方根谱密度值只是流过 PN 结的平均直流电流 I_{DC} 的函数,只要测出 I_{DC},就能确定散弹噪声电流的大小。因此,为了减少散弹噪声,流过 PN 结的平均直流电流应该越小越好,对于放大器的前置级尤其是这样。

散弹噪声电流有效值 I_{sh} 与直流电流 I_{DC} 及带宽 B 的关系示于图 2-6。

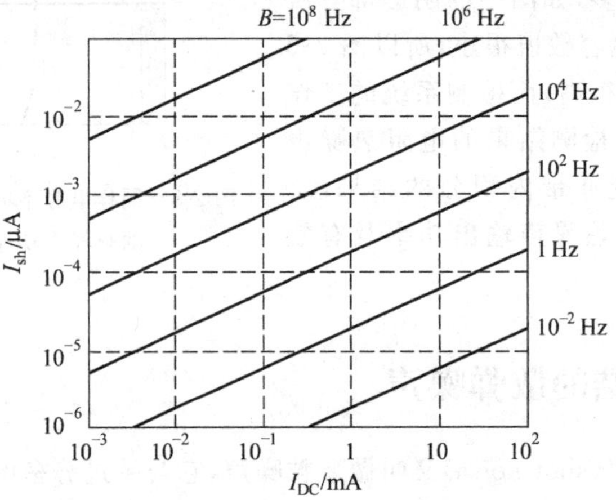

图 2-6 散弹噪声电流与直流电流及带宽的关系

2.1.3 1/f 噪声

1/f 噪声是由两种导体的接触点电导的随机涨落引起的,凡是有导体接触不理想的器件都存在 1/f 噪声,所以 1/f 噪声又叫做接触噪声。在电子管中观测到的 1/f 噪声被称为闪烁(flicker)噪声,电阻中发现的 1/f 噪声被称为过剩噪声。因为其功率谱密度正比于 1/f,频率越低 1/f 噪声越严重,所以通常又称 1/f 噪声为低频噪声。

1/f 噪声由约翰逊于1925年在电子管板极电流中首先发现,之后在各种半导体器件中也发现了这种噪声。几十年来 1/f 噪声的物理机理一直是国际上研究的热点,已经有多种模型被提出,它们分别适用于不同的器件或工作条件。这里只介绍比较通用的噪声模型,晶体管的 1/f 噪声模型将在 2.3 节和 2.4 节中介绍。

1. 1/f 噪声的特性

研究结果证明,1/f 噪声的功率谱密度函数 $S_f(f)$ 正比于工作频率 f 的倒数,$S_f(f)$ 可表示为[5]

$$S_f(f) = \frac{K_f}{f} \quad (V^2/Hz) \tag{2-14}$$

式中，K_f 为取决于接触面材料类型和几何形状以及流过样品直流电流的系数。$S_f(f)$沿频率分布的情况示于图 2-7。

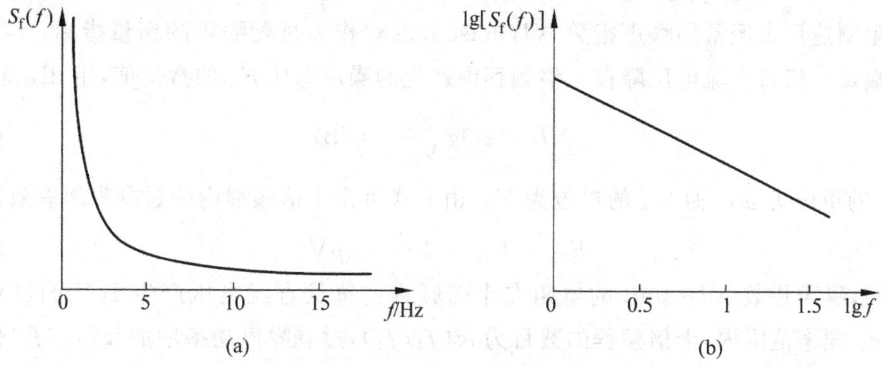

图 2-7 1/f 噪声谱

(a) 线性坐标；(b) 对数坐标

在 $f_1 \sim f_2$ 频率范围内，$1/f$ 噪声的功率 P_f 为

$$P_f = \int_{f_1}^{f_2} S_f(f)\mathrm{d}f = \int_{f_1}^{f_2} \frac{K_f}{f}\mathrm{d}f = K_f \ln \frac{f_2}{f_1} \tag{2-15}$$

可见，$1/f$ 噪声的功率不像热噪声和散弹噪声那样正比于带宽，而是取决于频率上下限之比。这样的噪声称为粉红色噪声，其频率分布类似于人类听觉的频率响应。

由于 $S_f(f)$正比于 $1/f$，频率越低，这种噪声的功率谱密度越大，在低频段 $1/f$ 噪声的幅度可能很大，所以 $1/f$ 噪声又叫做低频噪声。当频率 f 趋近于零时，由式(2-14)计算出的 $S_f(f)$趋近于无穷大，这在实际上是不可能的。有人预计，当频率低到一定程度时，$1/f$ 噪声的幅度趋向于常数。所以进行 $1/f$ 噪声的有关计算时，一般限定 B 的低频边界频率大于 0.001Hz。当频率高于某一数值时，与热噪声和散弹噪声这些白噪声相比，$1/f$ 噪声可以忽略。

2. 电阻的 1/f 噪声(过剩噪声)

在碳电阻中，电流必须流过许多碳粒之间的接触点，所以它的 $1/f$ 噪声很严重。金属膜电阻的 $1/f$ 噪声要轻微得多，最好的是金属丝线绕电阻。电阻 $1/f$ 噪声通常称之为过剩噪声(excess noise)，其典型的功率谱密度函数 $S_f(f)$可表示为[8, 12]

$$S_f(f) = \frac{KI_{DC}^2R^2}{f} = \frac{KV_{DC}^2}{f} \quad (V^2/Hz) \tag{2-16}$$

式中，K 为取决于电阻结构、材料和类型的系数；I_{DC}为流过电阻的直流电流，A；R 为电阻阻值，Ω；V_{DC}为电阻两端的直流电压降，V。

在 $f_1 \sim f_2$ 频率范围内，过剩噪声的功率为

$$P_f = \int_{f_1}^{f_2} S_f(f)\mathrm{d}f = KV_{DC}^2 \ln \frac{f_2}{f_1} \quad (V^2)$$

在处理电阻的过剩噪声时，常用十倍频程($f_2 = 10f_1$)内的过剩噪声功率 P_{fD}来描述。由上

式可得

$$P_{fD} = KV_{DC}^2 \ln 10 \approx 2.30KV_{DC}^2 \quad (V^2) \tag{2-17}$$

或表示为电压有效值

$$E_{fD} = \sqrt{P_{fD}} = V_{DC}\sqrt{K \times \ln 10} \approx 1.52V_{DC}\sqrt{K} \quad (V) \tag{2-18}$$

电阻制造厂家经常用噪声指数 NI(noise index)作为过剩噪声的衡量指标,NI 定义为电阻两端每一伏特直流电压降在十倍频程内产生的噪声电压 E_{fD}的微伏值,用 dB 表示为

$$NI = 20\lg \frac{E_{fD}}{V_{DC}} \quad (dB) \tag{2-18a}$$

式中 E_{fD}的单位为 μV,而 V_{DC}的单位为 V。由上式可得十倍频程内的过剩噪声有效值为

$$E_{fD} = V_{DC} \times 10^{\frac{NI}{20}} \quad (\mu V) \tag{2-18b}$$

上式说明,噪声指数 $NI=0$dB 的电阻在十倍频程内每伏直流电压产生 1μV 的过剩噪声。在 $f_1 \sim f_2$ 频率范围内,十倍频程的数目为 $\lg(f_2/f_1)$,过剩噪声功率增加 $\lg(f_2/f_1)$倍,过剩噪声电压增加 $\sqrt{\lg(f_2/f_1)}$倍,即

$$E_f = V_{DC} \times 10^{\frac{NI}{20}} \times \sqrt{\lg(f_2/f_1)} \quad (\mu V) \tag{2-18c}$$

例如,在 10Hz~10kHz 频率范围内,如果 $NI=-1$dB 的 10kΩ 电阻两端直流电压降为 10V,则其过剩电压噪声为

$$E_f = 10 \times 10^{\frac{-1}{20}} \times \sqrt{\lg(10 \times 10^3/10)} \approx 15.4 \quad (\mu V)$$

将式(2-18)代入式(2-18b),得

$$K = \frac{10^{\frac{NI}{10}}}{\ln 10} \approx 0.43 \times 10^{\frac{NI}{10}}$$

可见 NI 反映式(2-16)和式(2-18)中的 K 值大小,且与 f、V_{DC}无关,但要注意由上式表示的 K 值得到的噪声电压单位为 μV。

2.1.4 爆裂噪声

爆裂噪声(burst noise)是一种流过半导体 PN 结电流的突然变化。20 世纪 70 年代初期,首先在半导体二极管中发现了爆裂噪声,之后在三极管和集成电路中也发现了爆裂噪声。引起爆裂噪声的原因是半导体材料中的杂质(通常是金属杂质),这些杂质能随机发射或捕获载流子。爆裂噪声通常由一系列宽度不同,而幅度基本相同的随机电流脉冲组成,脉冲的宽度可在几微秒到 0.1s 量级之间变化,脉冲的幅度约为 0.01~0.001μA 量级。因为脉冲的幅度只是 PN 结杂质特性的函数,对于某个特定的半导体器件样品,爆裂噪声的幅度是固定的,所以通常的爆裂噪声电流只在两种电流值之间切换。取决于半导体制作工艺和材料中杂质的情况,爆裂噪声脉冲出现的几率可在每秒几百个到几分钟一个之间变化。严重的爆裂噪声 i_B 的大致波形示于图 2-8。

如果将爆裂噪声放大并送到扬声器中,可听到类似于爆玉米花的爆裂声,背景炒声是散弹噪声和热噪声。因此,爆裂噪声又叫做爆米花(popcorn)噪声。

理论分析证明,爆裂噪声 i_B 的功率谱密度可表示为[8]

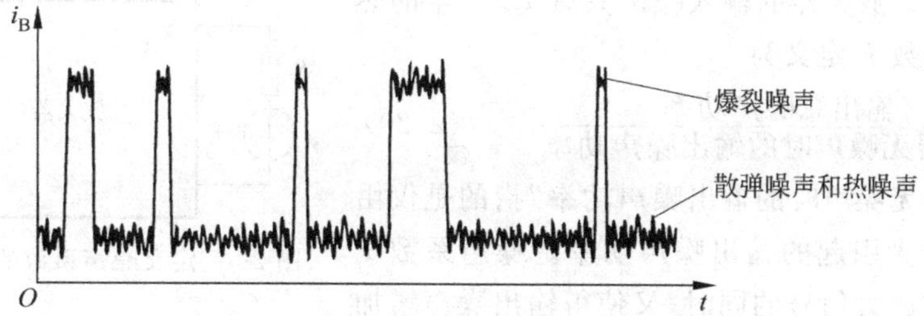

图 2-8 爆裂噪声波形

$$S_B(f) = \frac{K_B I_{DC}}{1+(f/f_0)^2} \quad (A^2/Hz) \tag{2-19}$$

式中，I_{DC}为直流电流，A；K_B 为取决于半导体材料中杂质情况的常数；f_0 为转折频率，当 $f<f_0$ 时，功率谱密度曲线趋于平坦。

爆裂噪声是电流型噪声，在高阻电路中影响更大。通过改善半导体制作工艺，从而使半导体材料的纯度提高，减少杂质含量，可以使爆裂噪声得以改善。目前，只在半导体器件的少数样品中可以发现爆裂噪声，通过对器件的挑选能够避免爆裂噪声。

2.2 放大器的噪声指标与噪声特性

微弱信号检测的目的是从噪声中恢复被测信号。为了把微弱信号放大到可以感知的水平，必须使用放大电路。但是，放大器在放大有用信号的同时也放大了噪声，不仅如此，实际放大器本身还要产生额外的噪声，不合理的电路结构还可能引入外界干扰噪声，使得污染信号的噪声进一步增加。因此，分析与设计低噪声放大电路对于检测微弱信号是至关重要的。

任何电路都有很多噪声源在同时起作用。电路中的电阻和其他元件（例如电容、电感）的电阻分量都在产生热噪声，半导体器件产生散弹噪声，有导体相互接触的地方会产生 $1/f$ 噪声，半导体器件还有可能产生爆裂噪声。从设计和调试的角度出发，人们更关心的是整体电路的噪声特性，而不是各个独立的噪声源的噪声特性。这就需要定义一些整体电路的噪声特性指标，以便衡量电路噪声特性的优劣，进行不同电路的性能对比，并利用这些指标对电路进行改进和优化。噪声系数和噪声因数就是这样的指标。

2.2.1 噪声系数和噪声因数

1. 噪声系数(noise factor)

双极型晶体管、场效应管、集成运算放大器都有其固有的内部噪声源。当衡量一个有源器件的噪声特性时，人们更为关注信号被放大和传递过程中信噪比的变化情况。为此引入噪声系数 F 这一重要指标，以衡量有源器件的噪声特性的优劣。

对于图 2-9 所示的线性二端口网络，e_s 为信号源电压，R_s 为信号源输出电阻，R_L 为放

图 2-9 定义噪声系数的二端口网络

大器负载电阻。放大器的输入噪声只有 R_s 产生的热噪声。噪声系数 F 定义为

$$F=\frac{\text{输出总噪声功率}}{\text{放大器无噪声时的输出噪声功率}} \tag{2-20}$$

式中,"放大器无噪声时的输出噪声功率"指的是仅由输入噪声经放大引起的输出噪声功率。噪声系数 F 表征放大器在放大信号的同时,又使得输出噪声增加的程度,F 越大,说明放大器内部噪声源在输出端产生的噪声功率占输出总噪声功率的比重越大。

设放大器输入噪声功率为 P_{ni},输出噪声总功率为 P_{no},放大器功率放大倍数为 K_p,根据式(2-20)的定义,有

$$F=\frac{P_{no}}{P_{ni}K_p} \tag{2-21}$$

设放大器输入信号功率为 P_{si},输出信号功率为 P_{so},$P_{so}=K_pP_{si}$,由式(2-21)得

$$F=\frac{P_{no}/P_{si}}{P_{ni}K_p/P_{si}}=\frac{P_{si}/P_{ni}}{P_{so}/P_{no}}=\frac{SNR_i}{SNR_o} \tag{2-22}$$

式(2-22)中右边的分子 SNR_i 是放大器输入端的功率信噪比,分母 SNR_o 是输出端的功率信噪比。这里定义的信噪比指的是功率之比。

由式(2-22)可见,噪声系数 F 表征二端口网络对信噪比影响的情况。对于一个无噪声的理想放大器,$F=1$;而对于具有内部噪声源的实际放大器,$F>1$。F 越大,说明放大器内部噪声越严重,放大器导致的信噪比恶化程度越严重。

噪声系数随放大器的偏置电流、工作频率、温度及信号源输出电阻而变化。在谈及一个放大器的噪声系数是多少时,必须说明上述工作条件。此外,噪声系数只适用于线性电路,对于非线性电路,即使电路内部没有任何噪声源,其输出端的信噪比也与输入端不同,噪声系数的概念不再适用。

2. 可检测的最小信号

对于微弱信号检测系统,必须要求其输出信噪比 $SNR_o=P_{so}/P_{no}$ 达到一定的指标,否则无法从噪声中提取出有用信号。由式(2-22)可得

$$F=\frac{P_{no}}{(P_{so}/P_{si})P_{ni}}=\frac{P_{si}}{SNR_oP_{ni}}$$

或

$$P_{si}=F\cdot SNR_o\cdot P_{ni} \tag{2-23}$$

根据式(2-23),给定了 SNR_o、器件噪声系数 F 和输入噪声的功率 P_{ni},就可以确定放大器可检测的最小信号为

$$E_i=\sqrt{P_{si}}=\sqrt{F\cdot SNR_o\cdot P_{ni}} \tag{2-24}$$

例 2-3 设图 2-9 中放大器的输入噪声只有信号源电阻 $R_s=1\text{k}\Omega$ 的热噪声,温度为 17℃,放大器等效噪声带宽为 $B=1\text{kHz}$,噪声系数 $F=2$,要求 $SNR_o=10$,试求系统可检测的最小信号 E_i。

解:绝对温度 $T=17℃+273℃=290\text{K}$,放大器的输入噪声功率 P_{ni} 就是源电阻的热噪声功率 $4kTR_sB$,由式(2-24)可得放大器可检测的最小信号为

$$E_i = \sqrt{4kTR_sB \cdot F \cdot SNR_o} \approx 0.566 \quad (\mu V)$$

式(2-24)说明：

(1) 放大器的噪声系数 F 越大，则 E_i 越大，放大器的检测分辨率越低。这是因为 F 越大，说明放大器内部噪声越严重，因此需要更强的信号才能得到所要求的输出信噪比。

(2) 减小放大器的等效噪声带宽 B 可以提高检测分辨率。因为输出噪声功率与放大器的噪声带宽成正比，所以输出信噪比与噪声带宽成反比。

(3) 减小信号源电阻也能提高检测分辨率。这是因为源电阻越小，其热噪声功率就越小，与热噪声相比可辨别的信号幅度就越小。

3. 噪声因数(noise figure)

噪声系数 F 常用 dB 表示为噪声因数 NF

$$NF = 10\lg F \quad (\text{dB}) \tag{2-25}$$

噪声因数 NF 表征在原来不可避免的信号源噪声之上由放大器增加的噪声功率的多少。利用噪声因数 NF 的对数特性，可以把噪声系数 F 的相乘运算化解为相加运算。低噪声放大器的噪声因数小，对于自身不产生任何噪声的理想放大器，其噪声因数为 0dB。噪声因数越大，说明放大器的噪声性能越差。低噪声设计的目的就是使放大器的 NF 值尽量地小。

2.2.2 级联放大器的噪声系数

在设计微弱信号检测系统时，为了达到最佳噪声特性，一般使用信噪比和等效输入噪声电压来权衡和设计系统的各级放大器。而在系统的各部件设计完成之后，使用噪声系数来表征各级放大器的噪声特性可能更有利一些，各部件的噪声系数可以很方便地组合起来，从而求出系统的总噪声系数。

1. 弗里斯公式

多级放大器级联系统示于图 2-10，各级放大器的噪声系数分别为 $F_1, F_2, \cdots, F_M$；内部产生的噪声功率分别为 $P_1, P_2, \cdots, P_M$；功率增益分别为 $K_1, K_2, \cdots, K_M$。整个系统的总噪声系数 F 可以用各级放大器的噪声系数和功率增益表示出来。

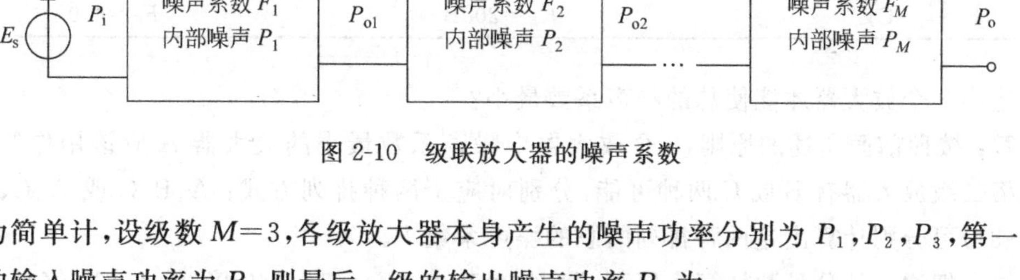

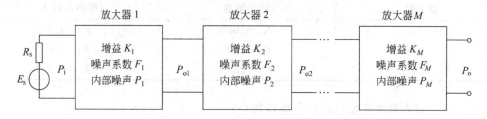

图 2-10 级联放大器的噪声系数

为简单计，设级数 $M=3$，各级放大器本身产生的噪声功率分别为 P_1, P_2, P_3，第一级放大器的输入噪声功率为 P_i，则最后一级的输出噪声功率 P_o 为

$$P_o = K_1K_2K_3P_i + K_2K_3P_1 + K_3P_2 + P_3 \tag{2-26}$$

系统总增益 $K_P=K_1K_2K_3$，由式(2-21)可得总的噪声系数 F 为

$$F = \frac{P_o}{K_PP_i} = \frac{P_o}{K_1K_2K_3P_i}$$

将式(2-26)代入上式得

$$F = 1 + \frac{P_1}{K_1P_i} + \frac{P_2}{K_1K_2P_i} + \frac{P_3}{K_1K_2K_3P_i} \tag{2-27}$$

由第一级的输出噪声功率 $P_{o1}=K_1P_i+P_1$，代入式(2-21)可得第一级的噪声系数为

$$F_1 = \frac{P_{o1}}{K_1P_i} = 1 + \frac{P_1}{K_1P_i} \tag{2-28}$$

同样可得第二级和第三级的噪声系数

$$F_2 = 1 + \frac{P_2}{K_2P_i} \tag{2-29}$$

$$F_3 = 1 + \frac{P_3}{K_3P_i} \tag{2-30}$$

将式(2-28)～式(2-30)代入式(2-27)得

$$F = F_1 + \frac{F_2 - 1}{K_1} + \frac{F_3 - 1}{K_1K_2} \tag{2-31}$$

同理，可推导出 M 级级联放大器总的噪声系数 F 为

$$F = F_1 + \frac{F_2 - 1}{K_1} + \frac{F_3 - 1}{K_1K_2} + \cdots + \frac{F_M - 1}{K_1K_2\cdots K_{M-1}} \tag{2-32}$$

式(2-32)称为弗里斯公式[4,10]。式(2-32)说明一个重要的事实：级联放大器中各级的噪声系数对总噪声系数的影响是不同的，越是前级影响越大，第一级影响最大。如果第一级的功率放大倍数 K_1 足够大，则系统总的噪声系数 F 主要取决于第一级的噪声系数 F_1。在设计用于微弱信号检测的低噪声系统时，必须确保第一级的噪声系数足够小。因此，前置放大器的器件选择和电路设计是至关重要的。

例 2-4 将3个放大器串级联接来放大微弱信号，它们的功率增益和噪声系数如表2-1所列。

表 2-1 各放大器的功率增益和噪声系数

放大器	功率增益	噪声系数 F
A	K_A=10dB	F_A=1.6
B	K_B=12dB	F_B=2.0
C	K_C=20dB	F_C=4.0

如何连接3个放大器才能使总的噪声系数最小？

解：按照前面所述的原则，3个放大器中噪声系数最小的放大器A应该用作第一级。选择第二级放大器有B或C两种可能，分别对应于两种排列方式：A、B、C或A、C、B。由式(2-31)可分别计算出这两种排列的总的噪声系数 F。

首先把增益的分贝数换算为倍数，即 K_A=10倍，K_B=15.849倍，K_C=100倍。

① A、B、C 排列

$$F = F_A + \frac{F_B - 1}{K_A} + \frac{F_C - 1}{K_A K_B} = 1.718$$

② A、C、B 排列

$$F = F_A + \frac{F_C - 1}{K_A} + \frac{F_B - 1}{K_A K_C} = 1.900$$

可见，排列方式不同，总的噪声系数 F 也不同。在低噪声多级放大器设计中，必须从降低总噪声系数 F 的角度出发，认真考虑各级放大器的噪声性能以及放大器的连接排列次序，其中最关键的是设计低噪声前置放大器。

2. 噪声测度(noise measure)

在低噪声多级放大器设计中，为了便于考虑放大器的排列次序，引入噪声测度的概念。只要把噪声测度较小的放大器排列在前级，就能获得较小的总噪声系数。对于噪声系数为 F，功率增益为 K 的放大器，其噪声测度 M 定义为

$$M = \frac{F - 1}{1 - 1/K}$$

对于两个放大器 A_1 和 A_2，如果 $M_1 < M_2$，则有

$$\frac{F_1 - 1}{1 - 1/K_1} < \frac{F_2 - 1}{1 - 1/K_2}$$

由上式可得

$$F_1 + \frac{F_2 - 1}{K_1} < F_2 + \frac{F_1 - 1}{K_2}$$

与弗里斯公式对比可见，上式的左边和右边分别是 A_1 排列在前和 A_2 排列在前的两级放大器总噪声系数，所以，把噪声测度较小的放大器排列在前级，就能获得较小的总噪声系数。上述结论可以推广到两级以上的级联放大器。

例如，对于例 2-4 中的 3 个放大器，其噪声测度分别为 $M_A = 0.67$，$M_B = 1.07$ 和 $M_C = 3.03$，所以 A、B、C 排列得到的总噪声系数最小。

2.2.3 放大器的噪声模型

为了对微弱信号进行放大，必然要使用放大器。而放大器本身不可避免地要产生噪声，对本来信噪比就比较低的微弱信号造成进一步污染。因此，微弱信号检测的首要问题就是尽量地降低放大器本身的噪声，防止在放大信号的过程中使信噪比恶化。这对离传感器最近的第一级放大器(一般称之为前置放大器)尤其重要，因为它所产生的噪声会经过后续各级的放大呈现在检测电路的输出端。

任何一个放大器内部都有许多噪声源(包括电阻、晶体管等)，为了使问题简化，在放大器的噪声分析、噪声指标计算及低噪声电子设计中，一般都是把所有内部噪声源都折合到放大器的输入端，用输入端的等效噪声源来表示，利用等效噪声源进行分析、计算和设计会带来很多方便。

根据线性电路理论，任何网络内的电源都可以等效到网络的输入端，对于噪声源也可以

这样做。图 2-11(a)表示的是实际二端口网络，将网络内部的所有噪声源等效为网络输入端的一个电压源 e_n 和一个电流源 i_n，如图 2-11(b)所示，这种噪声模型是由罗斯(Rothe)等人首先提出的[11]。

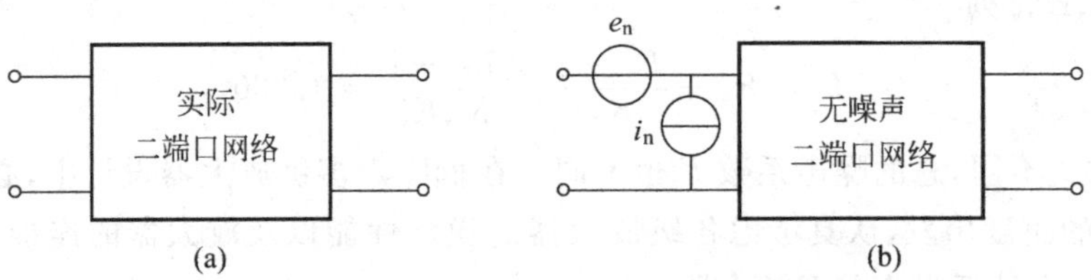

图 2-11 二端口网络及其等效噪声模型

(a) 二端口网络；(b) 等效噪声模型

在下面的分析中，用 E_n 表示中心频率为 f 的窄带宽 Δf 内的等效输入噪声电压有效值，I_n 表示同样带宽 Δf 内的等效输入噪声电流有效值，E_n^2 和 I_n^2 分别为等效输入噪声电压和电流的功率。带宽 Δf 要足够小，以便谱密度和电路的频率响应在该带宽内的变化可以被忽略，这相当于"点频"噪声测量的情况。当带宽 Δf 为 1Hz 时，E_n^2 和 I_n^2 分别表示电压源和电流源的功率谱密度。在宽带情况下，应该指明带宽 B，如果用 B 代替下面各公式中的 Δf，就可以得到相应的结果。

设等效输入噪声电压 e_n 的功率谱密度为 $S_e(f)$，等效输入噪声电流 i_n 的功率谱密度为 $S_i(f)$，则

$$S_e(f) = E_n^2/\Delta f \quad (\mathrm{V^2/Hz}) \tag{2-33}$$

$$S_i(f) = I_n^2/\Delta f \quad (\mathrm{A^2/Hz}) \tag{2-34}$$

噪声源的归一化谱密度经常表示为平方根谱密度，例如在低噪声运算放大器集成电路的说明书中，一般都给出一定工作条件下(例如工作频率 f)的 e_n 和 i_n 的平方根谱密度 e_N 和 i_N 数值，它们的单位常用 $\mathrm{nV}/\sqrt{\mathrm{Hz}}$ 和 $\mathrm{pA}/\sqrt{\mathrm{Hz}}$ 表示。对于图 2-11(b)中的等效输入噪声电压源 e_n，其平方根谱密度为

$$e_N = \sqrt{S_e(f)} = E_n/\sqrt{\Delta f} \quad (\mathrm{V}/\sqrt{\mathrm{Hz}}) \tag{2-35}$$

对于输入噪声电流源 i_n，其平方根谱密度为

$$i_N = \sqrt{S_i(f)} = I_n/\sqrt{\Delta f} \quad (\mathrm{A}/\sqrt{\mathrm{Hz}}) \tag{2-36}$$

在分析和设计低噪声放大器时，使用图 2-11(b)所示的等效噪声模型有一个好处，那就是放大器的输入信号源、输入噪声源、放大器的等效噪声源都处于电路的输入端，这对于分析它们的综合效应是十分方便的。因为放大器对于噪声和有用信号具有同样的响应，而在微弱信号检测中最关心的是信噪比的情况，这样在分析放大器的噪声特性时常常可以不考虑其增益。

应该注意的是，图 2-11(b)的等效噪声模型是将网络输出端的噪声等效到其输入端，e_n 和 i_n 在网络输入端是测量不出来的，也不能用来计算输入电路的实际噪声。因为人们通常关心的是网络输出端的信噪比，所以上述限制在实际应用中不会造成太大不便。

此外，e_n 和 i_n 的某些成分可能来自电路中同一个噪声源的不同方面，因此 e_n 和 i_n 可能存在一定的相关性，该相关性可以用相关系数 ρ 表示。但是，在实际的放大器中，尤其是低频放大器中，这种相关性是很微弱的，通常可以忽略不计。即使对于 e_n 和 i_n 相关性较强的

情况，可以首先按不相关考虑，然后再把相关性附加进去，这样的分析过程会更容易一些。

知道了放大器内部各个噪声源之后，就可以利用电路理论来计算它们等效到放大器输入端的噪声电压和噪声电流。但是，放大器内部有很多噪声源，它们到输出端的传输通道各不相同，对于多数实际电路，很难从理论上确切计算出这些噪声源的噪声性能以及它们对输出噪声的各自贡献。因此，最有效的方法是先测量电路输出端的噪声，再将其折算到输入端得到 e_n 和 i_n 的统计特性。

2.2.4 放大器的噪声特性

1. 放大器的等效输入噪声与信号源电阻的关系

前置放大器经常使用图 2-12(a)所示的组态，图中的 e_s 是被测信号电压，R_s 是信号源输出电阻。把电阻和放大器用其噪声模型代替，可得图 2-12(b)所示的等效噪声电路，电阻 R_s 的热噪声表示为噪声电压源 e_t，e_n 和 i_n 分别为放大器等效到输入端的噪声电压和噪声电流。

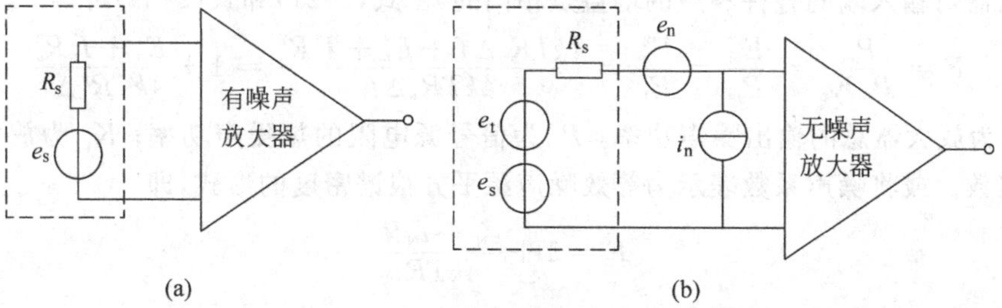

图 2-12 放大器连接到信号源
(a) 实际电路；(b) 等效噪声电路

设 e_t、e_n 和 i_n 互不相关，通过把噪声电流源转换为噪声电压源 i_nR_s，可得等效噪声电路的输入总噪声功率

$$\overline{e_{ni}^2} = \overline{(e_t + e_n + i_nR_s)^2} = \overline{e_t^2} + \overline{e_n^2} + \overline{i_n^2}R_s^2 \tag{2-37}$$

或将其用有效值的平方来表示为

$$E_{ni}^2 = E_t^2 + E_n^2 + I_n^2R_s^2 \tag{2-38}$$

将电阻的热噪声公式(2-2)代入式(2-38)得

$$E_{ni}^2 = 4kTR_s\Delta f + E_n^2 + I_n^2R_s^2 \tag{2-39}$$

式中的 T 为绝对温度，Δf 为电路的带宽。

对于内部噪声较严重的普通放大器，E_n 和 I_n 数值较大，由式(2-39)可知，当 R_s 阻值较小时，输入总噪声 E_{ni} 由 E_n 主导；当 R_s 阻值较大时，输入总噪声 E_{ni} 由 I_nR_s 主导。E_n 和 I_n 互相交叠淹没了信号源电阻的热噪声，这种情况如图 2-13(a)所示。

对于低噪声放大器，E_n 和 I_n 数值较小，在 R_s 的中等数值范围，输入总噪声 E_{ni} 的主导成分是信号源电阻 R_s 的热噪声 E_t，只有在 R_s 很小时，输入总噪声由 E_n 主导；在 R_s 很大时，输入总噪声由 I_nR_s 主导，如图 2-13(b)所示。

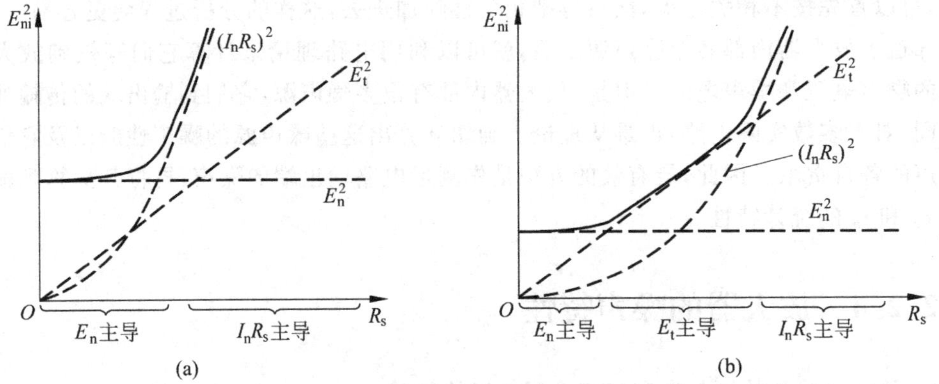

图 2-13 等效输入噪声电压均方值及其分量对信号源电阻 R_s 的关系

(a) 高噪声放大器；(b) 低噪声放大器

2. 最佳源电阻及噪声匹配

利用图 2-12(b)的噪声模型，噪声系数 F 可以根据放大器输入等效噪声的情况来计算。因为放大器对输入端的各种噪声的增益是相同的，由式(2-21)和式(2-39)可得

$$F=\frac{P_{no}}{P_{ni}K_p}=\frac{E_{ni}^2}{P_{ni}}=\frac{E_{ni}^2}{E_t^2}=\frac{4kTR_s\Delta f+E_n^2+I_n^2R_s^2}{4kTR_s\Delta f}=1+\frac{E_n^2+I_n^2R_s^2}{4kTR_s\Delta f} \tag{2-40}$$

式中，P_{no}为放大器总的输出噪声功率；P_{ni}为信号源电阻的热噪声功率；K_p 为放大器的功率放大倍数。或将噪声系数表示为等效噪声源平方根谱密度的形式，即

$$F=1+\frac{e_N^2+i_N^2R_s^2}{4kTR_s} \tag{2-41}$$

式中的 e_N 和 i_N 见式(2-35)和式(2-36)。

式(2-40)表明，当信号源电阻 R_s 趋向于零或趋向于无穷大时，噪声系数 F 都会趋向于无穷大。当 R_s 很小时，其热噪声 E_t 也小，放大器等效输入噪声电压 E_n 使得噪声系数 F 大为增加；当 R_s 很大时，式(2-40)中的 $I_n^2R_s^2$ 项与 R_s 的热噪声功率 $4kTR_s\Delta f$ 相比，前者将占主导地位，也会使噪声系数 F 大为增加。只有当 R_s 为最佳源电阻 R_{so}时，噪声系数 F 才能达到其最小值 F_{min}，这种情况称为噪声匹配。

为了寻求最佳源电阻 R_{so}，将式(2-40)对 R_s 求导，再令$\partial F/\partial R_s=0$，得

$$R_{so}=E_n/I_n \tag{2-42}$$

用式(2-42)表示的 R_{so}代替式(2-40)中的 R_s，得噪声系数最小值

$$F_{min}=1+\frac{E_nI_n}{2kT\Delta f} \tag{2-43}$$

或表示为等效噪声源平方根谱密度的形式

$$R_{so}=\frac{e_N}{i_N} \tag{2-44}$$

$$F_{min}=1+\frac{e_Ni_N}{2kT} \tag{2-45}$$

对于宽带情况，设等效噪声带宽为 B，则有

$$F=1+\frac{E_n^2+I_n^2R_s^2}{4kTR_sB}$$

$$F_{min}=1+\frac{E_nI_n}{2kTB} \tag{2-46}$$

将式(2-42)和式(2-43)代入式(2-40),得到用R_{so}和F_{min}表示的噪声系数

$$F=1+\frac{F_{min}-1}{2}\left(\frac{R_s}{R_{so}}+\frac{R_{so}}{R_s}\right) \tag{2-47}$$

在已知放大器的R_{so}和F_{min}时,式(2-47)可以用来计算任何源电阻情况下的噪声系数F,这在设计实际电路时往往是很有用的。

对于几种内部噪声情况不同的放大器电路,其噪声因数NF随源电阻R_s变化的情况示于图2-14。对于低噪声的放大器,随着E_n和I_n的减少,不但F_{min}降低,而且F_{min}附近的区域变宽,这给R_s的选择提供了较大的自由度。

放大器中的所有晶体管的噪声特性都会随工作频率的变化而变化,所以放大器的噪声系数F、最佳源电阻R_{so}和噪声系数最小值F_{min}都是频率的函数。图2-15是R_{so}和NF_{min}随频率变化的示意曲线。

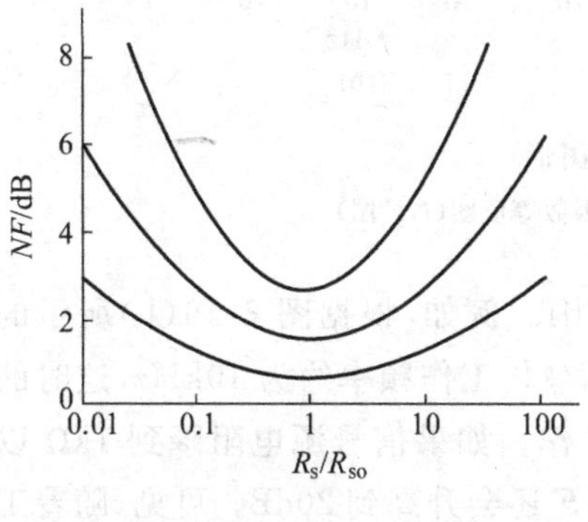

图2-14 不同放大器的NF随R_s/R_{so}变化的曲线

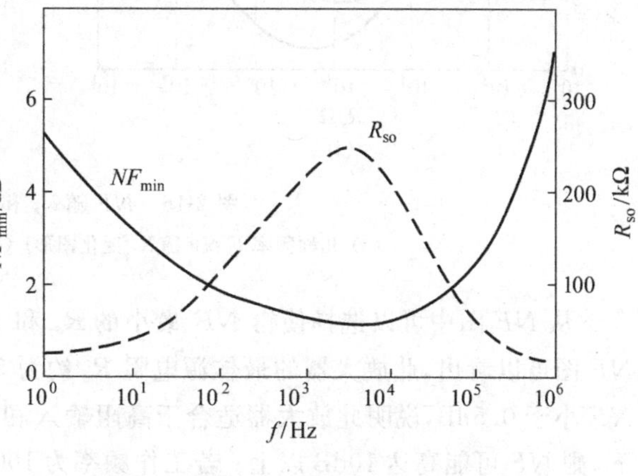

图2-15 R_{so}和NF_{min}随频率变化的曲线

需要注意的是,由最佳源电阻R_{so}不一定能得到最大的功率增益,也不一定能够得到最大输出信噪比。R_{so}是在给定E_n和I_n条件下能够给出最小噪声系数的源电阻数值。选择最佳源电阻的目的不是要达到功率匹配,而是要达到噪声匹配。

由图2-12(b)和式(2-39)可以推导出,放大器输出的功率信噪比为

$$SNR_P=\frac{E_s^2}{E_{ni}^2}=\frac{E_s^2}{4kTR_s\Delta f+E_n^2+I_n^2R_s^2} \tag{2-47a}$$

式中的E_s是输入信号电压有效值。由上式可得,当$R_s=0$时,SNR_p取得最大值

$$SNR_p\big|_{max}=\left(\frac{E_s}{E_n}\right)^2$$

而在给定R_s条件下,只有减少E_n和I_n,才能提高输出的信噪比。

3. 噪声因数 *NF* 随 R_s 和 *f* 变化图形

噪声因数NF不但会随着源电阻R_s的变化而变化,还会随着工作频率f的变化而变化,

这种双自变量的函数只能用三维图形才能表示清楚。为了绘制和使用方便，也可以表示为二维图形。一种方法是绘出几种频率下噪声因数 NF 随源电阻 R_s 变化的曲线，如图 2-16(a)所示。

另一种方法是以 R_s 和 f 为坐标，画出不同数值的 NF 等值线，就可以得到放大器的噪声因数 NF 等值图，或简称 NF 图，如图 2-16(b)所示。放大器设计制作完成之后，其 NF 图的结果是唯一的，但是不同的放大器具有不同的 NF 图。

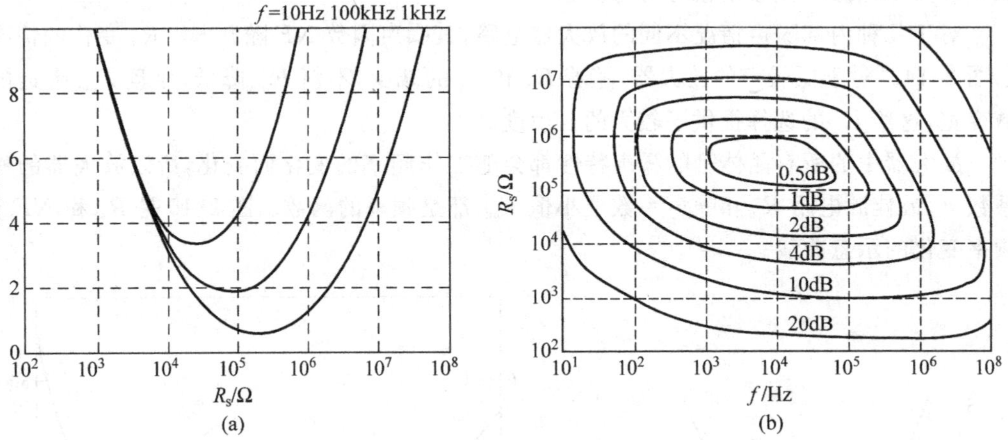

图 2-16　NF 随 R_s 和 f 变化图形

(a) 几种频率下 NF 随 R_s 变化图形；(b) 噪声因数等值图(NF 图)

从 NF 图中可以选择使得 NF 最小的 R_s 和 f 的范围。例如，根据图 2-16(b)所示的 NF 图可以看出，此放大器的最佳源电阻 R_s 约为 500kΩ，最佳工作频率约为 10kHz，这时的 NF 小于 0.5dB，说明此放大器适合于高阻输入和中频工作。如果信号源电阻降到 1kΩ 以下，则 NF 可能高达 10dB 以上；若工作频率为 100Hz，NF 还会升高到 20dB。可见，随着工作情况的不同，同一个放大器的噪声系数会有很大差异。

在实际的微弱信号检测中，对于不同的检测对象，信号源电阻和工作频率差异很大。例如，热电偶的输出电阻很小，而光电倍增管的输出电阻很大；生物医学信号多为低频，结电容测量桥路工作在高频。因此，必须根据具体的检测传感器的源电阻和工作频率选择合适的放大器，NF 图为正确选择放大器提供了依据。专门制作低噪声前置放大器的厂家所提供的不同类型产品可能覆盖了 R_s 和 f 的很宽范围，以便供使用者根据放大器工作条件进行选择。

对于自己设计制作的前置放大器，或者是购买的没有附带 NF 图的前置放大器，应该测量绘制其 NF 图，检查它的噪声特性是否与设定的工作条件匹配。

4. 放大器噪声的其他表示方法

(1) 等效输入噪声温度

放大器的等效输入噪声温度 T_e 定义为源电阻的热噪声功率等于放大器等效输入噪声功率时的温度，即

$$4kT_eR_s\Delta f = E_n^2 + I_n^2R_s^2$$

可得

$$T_e = \frac{E_n^2 + I_n^2 R_s^2}{4kR_s \Delta f} \tag{2-48}$$

或表示为平方根谱密度的形式

$$T_e = \frac{e_N^2 + i_N^2 R_s^2}{4kR_s}$$

将式(2-48)代入式(2-40),得噪声系数的简化表达式

$$F = 1 + T_e/T \tag{2-49}$$

或

$$T_e = T(F-1)$$

对于图 2-10 所示多个放大器级联的情况,设各级放大器的等效输入噪声温度分别为 $T_{e1}, T_{e2}, \cdots, T_{eM}$,功率增益分别为 $K_1, K_2, \cdots, K_M$,将式(2-49)代入式(2-32),可得 M 级级联放大器总的等效输入噪声温度 T_e 为

$$T_e = T_{e1} + \frac{T_{e2}}{K_1} + \frac{T_{e3}}{K_1 K_2} + \cdots + \frac{T_{eM}}{K_1 K_2 \cdots K_{M-1}} \tag{2-50}$$

等效输入噪声温度也是频率的函数。通过用带宽 B 代替式(2-48)中的 Δf,可得宽带情况下的等效输入噪声温度 T_e。在某些温度测量、致冷条件的设计中,利用等效输入噪声温度的概念往往会带来一些方便。

(2) 等效噪声电阻

对于一端口,等效噪声电阻定义为一个假想电阻 R_n,在与实际一端口保持相同温度时(或在参考温度 290K 情况下),会产生与实际一端口相同量的噪声。对于二端口,根据 IEEE 电气和电子术语标准词典,当一个电阻 R_n 连接到一个具有相同增益和带宽但假设无噪声的放大器输入端时,如果产生相同的输出噪声,则称此电阻 R_n 为放大器的等效输入噪声电阻。

根据上述定义,设放大器等效输入总噪声功率为 E_{ni}^2,则有

$$E_{ni}^2 = 4kTR_n \Delta f$$

或

$$R_n = \frac{E_{ni}^2}{4kT\Delta f} \tag{2-50a}$$

注意等效噪声电阻只是一种便于简化的概念,而不是实际的电阻。在分析电路的噪声特性时,也不能用其代替噪声源。

图 2-12(b)中放大器的等效输入噪声 e_n 和 i_n 可以分别表示为相应的等效噪声电阻 R_e 和 R_i

$$R_e = \frac{E_n^2}{4kT\Delta f} \tag{2-51}$$

$$R_i = \frac{4kT\Delta f}{I_n^2} \tag{2-52}$$

因为 E_n 和 I_n 是频率的函数,所以 R_e 和 R_i 也是频率的函数。通过用带宽 B 代替式(2-51)和式(2-52)中的 Δf,可得宽带情况下的等效噪声电阻 R_e 和 R_i,这时的 E_n 和 I_n 是在带宽 B 情况下测量得到的。

将式(2-51)和式(2-52)分别代入式(2-40)、式(2-42)和式(2-43),得

$$F = 1 + \frac{R_e}{R_s} + \frac{R_s}{R_i} \tag{2-53}$$

$$R_{so} = \sqrt{R_e R_i} \tag{2-54}$$

$$F_{min} = 1 + 2\sqrt{R_e / R_i} \tag{2-55}$$

由式(2-53)~式(2-55)可见,用等效噪声电阻表示的 F、R_{so} 和 F_{min} 比较简略,但使用这些公式时要注意等效噪声电阻 R_e 和 R_i 是宽带值还是点频值。

2.3 二极管和双极型晶体管的噪声特性

前置放大器是微弱信号检测设备的关键部件,其噪声要经过后续放大器的放大,是整个电路系统的主要噪声来源。所以,检测设备可检测的最小信号主要取决于前置放大器的噪声。

对于噪声指标要求不高的一般检测设备,可以选用低噪声运算放大器作为前置放大器。但是对于微弱信号检测设备,对前置放大器的噪声指标要求很高,多数低噪声集成运算放大器不能满足要求,必须购置或设计制作由分立元件组成的低噪声放大器,其中的关键是选择分立半导体低噪声器件,以及低噪声电子电路及其工作状态的优化设计,包括抑制外来干扰的技术措施。这就需要学习和了解分立半导体器件的噪声特性,并分析电路结构、反馈措施及静态工作条件对噪声性能的影响。

2.3.1 半导体二极管的噪声模型

流过半导体二极管的电流为

$$I = I_0\left[\exp\left(\frac{qV}{kT}\right) - 1\right] \quad \text{(A)} \tag{2-56}$$

式中,q 为电子电荷,C;V 为二极管的端电压,V;I_0 为二极管的反向饱和电流,A。电流 I 可以看成是由两部分组成的:一部分是二极管的反向饱和电流 I_0,另一部分是二极管的正向扩散电流 $I_0\exp[qV/(kT)]$。二极管的噪声特性可以模型化为这两部分电流综合作用的结果。设

$$I_1 = -I_0$$

$$I_2 = I_0\exp\left(\frac{qV}{kT}\right)$$

则

$$I = I_1 + I_2$$

I_1 和 I_2 都会产生相互独立的散弹噪声电流。由式(2-12)可知,它们的散弹噪声均方值分别为

$$\overline{i_{sh1}^2} = 2qI_0\Delta f$$

$$\overline{i_{sh2}^2} = 2qI_0\Delta f\exp\left(\frac{qV}{kT}\right)$$

虽然 I_1 和 I_2 的运动方向相反，但是它们产生的噪声功率却是相加的。当 I_1 和 I_2 兼有时，在频带 Δf 中的总噪声均方值为

$$\overline{i_{\mathrm{sh}}^2} = \overline{i_{\mathrm{sh1}}^2} + \overline{i_{\mathrm{sh2}}^2} = 2qI_0\Delta f\left[1 + \exp\left(\frac{qV}{kT}\right)\right] \tag{2-57}$$

当零偏置时 $V=0, I_1=-I_2$，有

$$\overline{i_{\mathrm{sh}}^2} = 4qI_0\Delta f \tag{2-58}$$

反向偏置时，$I=-I_0$，则有

$$\overline{i_{\mathrm{sh}}^2} = 2qI_0\Delta f \tag{2-59}$$

明显的正向偏置时，$I_2 \gg I_0$，则有

$$\overline{i_{\mathrm{sh}}^2} = \overline{i_{\mathrm{sh2}}^2} = 2qI_0\Delta f\exp\left(\frac{qV}{kT}\right) \tag{2-60}$$

由式(2-60)可知，二极管正向电流越大，散弹噪声也越大。所以在低噪声电路中应尽量减少二极管工作电流，以降低噪声功率。

此外，二极管中还会产生 $1/f$ 噪声 i_{f}，其功率谱密度为

$$S_{\mathrm{f}}(f) = \frac{K_{\mathrm{F}}I^{\gamma}}{f^{\alpha}} \tag{2-61}$$

式中，α 通常取 1，$\gamma=1\sim2$，往往接近于 2；K_{F} 称为 $1/f$ 噪声系数，其大小随二极管的种类和样品变化较大。

对式(2-56)进行微分，可得正向偏置二极管的小信号交流电阻[5]

$$r_{\mathrm{e}} = kT/(qI) \tag{2-62}$$

在温度为 25℃时，可得

$$r_{\mathrm{e}} = 0.026/I \quad (\Omega)$$

式中 I 的单位为 A。

将上述噪声和电阻考虑在内，正向偏置二极管的噪声模型示于图 2-17。

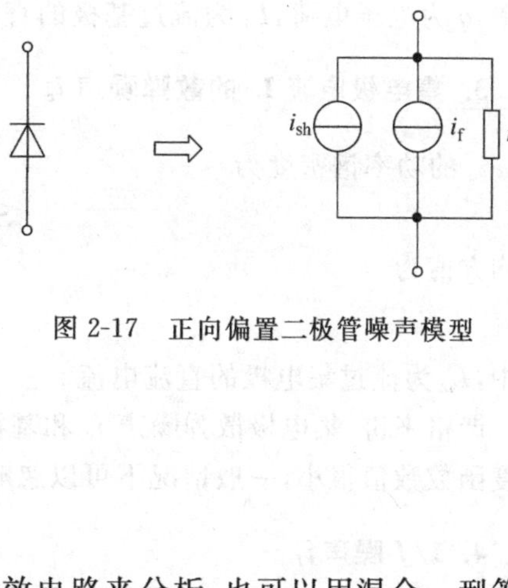

图 2-17 正向偏置二极管噪声模型

2.3.2 双极型晶体管的噪声模型

双极型晶体管(BJT)的噪声特性可以用 T 型等效电路来分析，也可以用混合 π 型等效电路来分析。对于共发射极双极型晶体管电路，传统的小信号混合 π 型模型以及主要的噪声源示于图 2-18，图中还示出外接信号源 e_{s} 及其电阻 R_{s}。在高频情况下，必须考虑等效电路中的反馈电容 $C_{\mathrm{b'c}}$，而在低频情况下可不必考虑。

图 2-18 所示等效电路中的各噪声源分别介绍如下。

1. 基区电阻 $r_{\mathrm{bb'}}$ 产生的热噪声电压 e_{b}

e_{b} 的功率谱密度为

$$S_{\mathrm{b}}(f) = 4kTr_{\mathrm{bb'}} \tag{2-63}$$

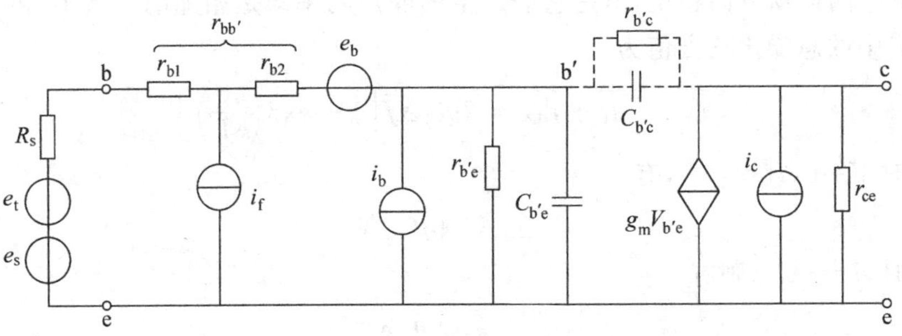

图 2-18 共射极晶体管 π 型噪声等效电路

其均方值为

$$\overline{e_b^2} = 4kTr_{bb'}\Delta f \tag{2-64}$$

式中，$r_{bb'}$ 为基区电阻，Δf 为带宽，k 和 T 的定义见式(2-1)。

2. 基极电流 I_B 的散弹噪声 i_b

i_b 的功率谱密度为

$$S_{ib}(f) = 2qI_B \tag{2-65}$$

其均方值为

$$\overline{i_b^2} = 2qI_B\Delta f \tag{2-66}$$

式中，q 为电子电荷，I_B 为流过基极的直流电流。

3. 集电极电流 I_C 的散弹噪声 i_c

i_c 的功率谱密度为

$$S_c(f) = 2qI_C \tag{2-67}$$

其均方值为

$$\overline{i_c^2} = 2qI_C\Delta f \tag{2-68}$$

式中，I_C 为流过集电极的直流电流。

严格来讲，集电极散弹噪声 i_c 和基极散弹噪声 i_b 还有一定的相关性，但是它们的互谱密度函数数值很小，一般情况下可以忽略这种相关性。

4. $1/f$ 噪声 i_f

晶体管内部电路与引脚连接都有不同材料的接触，必然会有 $1/f$ 噪声。双极型晶体管中 $1/f$ 噪声可以等效为与基极连接的电流源，其功率谱密度为

$$S_f(f) = \frac{2qf_L I_B^\gamma}{f^\alpha} = \frac{K_F I_B^\gamma}{f^\alpha} \tag{2-69}$$

式中，q 为电子电荷；α 通常取 1；I_B 为流过基极的直流电流，$\gamma=1\sim2$；f_L 为 $1/f$ 噪声的转折频率，当 $f>f_L$ 时，$1/f$ 噪声明显小于热噪声和散弹噪声，可不予考虑，$f_L=3.7\text{kHz}\sim7\text{MHz}$。近年问世的低噪声器件的 f_L 可低于 100Hz。K_F 为 $1/f$ 噪声系数，K_F 随晶体管种类和样品的不同而变化很大，$K_F=2qf_L$。

已经发现，当 $f<10^{-9}\text{Hz}$ 时，$1/f$ 噪声近似与 f 无关，不再随 f 的减少而无限增大。

注意图 2-18 中的基区电阻 $r_{bb'}$ 被分离成两个电阻 r_{b1} 和 r_{b2}，这是因为，研究发现，引起基极电流 $1/f$ 噪声的机理并不包括整个基区，把基区电阻模型化为两个电阻可以模拟这种效应。对于平面型晶体管，r_{b1} 和 r_{b2} 大致相等。

$1/f$ 噪声的均方值为

$$\overline{i_f^2} = \frac{K_F I_B^{\gamma} \Delta f}{f^{\alpha}} \tag{2-70}$$

图 2-18 所示的等效电路中的电阻 $r_{b'e}$ 和 $r_{b'c}$ 没有相应的热噪声源，这是因为这两个电阻并不是真正的有损耗的电阻，而是电路中相应点的 V-I 曲线的斜率。

5. 信号源电阻 R_s 产生的热噪声电压 e_t

e_t 的功率谱密度为

$$S_t(f) = 4kTR_s$$

其均方值为

$$\overline{e_t^2} = 4kTR_s\Delta f \tag{2-71}$$

2.3.3 双极型晶体管的等效输入噪声

将图 2-18 中的各个噪声源都等效到晶体管的 b-e 输入端，得到互相独立的输入端噪声电压源 e_n 和输入端噪声电流源 i_n，如图 2-19(c)所示。这样的噪声等效电路对于分析设计低噪声电路会带来很多方便。

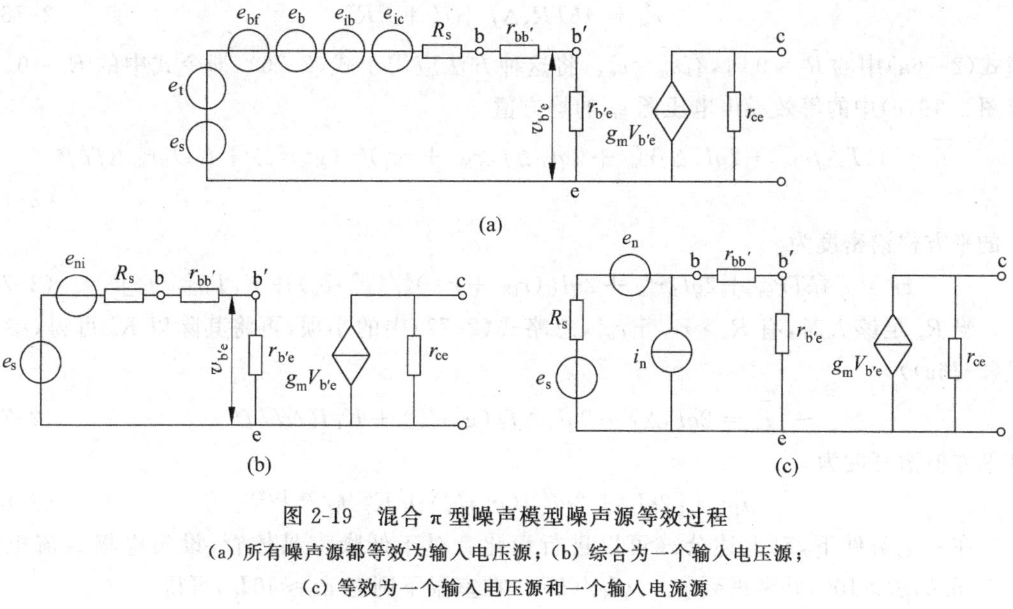

图 2-19　混合 π 型噪声模型噪声源等效过程

(a) 所有噪声源都等效为输入电压源；(b) 综合为一个输入电压源；

(c) 等效为一个输入电压源和一个输入电流源

为了计算出 e_n 和 i_n 的功率和有效值，需要把各个噪声源都等效到基极输入端，再求它们的综合结果，就得到等效输入噪声。

首先把图 2-18 中的基区噪声电流源 i_f 和 i_b 等效为输入电压源，它们分别为

$$e_{bf} = i_f(R_s + r_{b1}) \tag{2-72}$$

和

$$e_{ib} = i_b(R_s + r_{bb}) \tag{2-73}$$

然后把集电极电流的散弹噪声 i_c 等效为输入端基极电路中的电压源 e_{ic}。e_{ic}单独作用应能在 $r_{b'e}$上产生电压 $v_{b'e}$并产生集电极噪声电流 $i_c = g_m v_{b'e}$，所以

$$\frac{e_{ic} r_{b'e}}{R_s + r_{bb'} + r_{b'e}} = \frac{i_c}{g_m}$$

由此可得

$$e_{ic} = \frac{i_c(R_s + r_{bb'} + r_{b'e})}{g_m r_{b'e}} \tag{2-74}$$

这样就得到了如图 2-19(a)所示的等效电路。

将图 2-19(a)基极电路中的 5 个互相独立的噪声源综合为图 2-19(b)中的一个噪声电压源 e_{ni}，其均方值为

$$\overline{e_{ni}^2} = \overline{e_t^2} + \overline{e_b^2} + \overline{e_{ib}^2} + \overline{e_{ic}^2} + \overline{e_{bf}^2} \tag{2-75}$$

将式(2-64)～式(2-74)代入式(2-75)得

$$\begin{aligned}\overline{e_{ni}^2} =& 4kT\Delta f(R_s + r_{bb'}) + 2qI_B\Delta f(R_s + r_{bb'})^2 + \\ & 2qI_C\Delta f(R_s + r_{bb'} + r_{b'e})^2/(g_m^2 r_{b'e}^2) + K_F I_B^\gamma (R_s + r_{b1})^2 \Delta f/f^\alpha\end{aligned} \tag{2-76}$$

式中，I_B 和 I_C 分别为流过基极和集电极的直流电流。

现在把 e_{ni}再进一步等效为图 2-19(c)中的等效噪声电压源 e_n 和等效噪声电流源 i_n。注意到噪声有效值的平方就等于其均方值，由式(2-39)可得

$$\overline{e_{ni}^2} = 4kTR_s\Delta f + \overline{e_n^2} + \overline{i_n^2}R_s^2 \tag{2-76a}$$

当式(2-76a)中的 $R_s = 0$ 时，有$\overline{e_{ni}^2} = \overline{e_n^2}$。将这种方法应用于式(2-76)，即令式中的 $R_s = 0$，可得图 2-19(c)中的等效噪声电压源 e_n 的均方值

$$\overline{e_n^2} = 4kT\Delta f r_{bb'} + 2qI_B\Delta f r_{bb'}^2 + 2qI_C\Delta f(r_{bb'} + r_{b'e})^2/(g_m^2 r_{b'e}^2) + K_F I_B^\gamma r_{b1}^2 \Delta f/f^\alpha \tag{2-77}$$

e_n 的平方根谱密度为

$$e_N = [4kTr_{bb'} + 2qI_B r_{bb'}^2 + 2qI_C(r_{bb'} + r_{b'e})^2/(g_m^2 r_{b'e}^2) + K_F I_B^\gamma r_{b1}^2/f^\alpha]^{1/2} \tag{2-78}$$

当 R_s 足够大时，有 $R_s \gg r_{bb'} + r_{b'e}$，忽略式(2-77)中的小项，再将其除以 R_s^2 可得(参照式(2-76a))

$$\overline{i_n^2} = 2qI_B\Delta f + 2qI_C\Delta f/(g_m^2 r_{b'e}^2) + K_F I_B^\gamma \Delta f/f^\alpha \tag{2-79}$$

其平方根谱密度为

$$i_N = [2qI_B + 2qI_C/(g_m^2 r_{b'e}^2) + K_F I_B^\gamma/f^\alpha]^{1/2} \tag{2-80}$$

在一定条件下，对上述公式可以进行简化。对于低噪声晶体管，设集电极直流电流 $I_C \leqslant 1\text{mA}$，$\beta_0 > 100$，并考虑到 $g_m = qI_C/(kT)$，在室温下则有 $g_m \approx 40I_C$，可得

$$r_{b'e} = \beta_0/g_m \approx \beta_0/(40I_C) > 2.5\text{k}\Omega \tag{2-81}$$

低噪声晶体管的 $r_{bb'} \approx 200\Omega$ 或更小，因此有 $r_{bb'} \ll r_{b'e}$，这样在 $r_{bb'}$ 和 $r_{b'e}$的相加项中可以忽略 $r_{bb'}$，式(2-77)可以简化为

$$\overline{e_n^2} = 4kT\Delta f r_{bb'} + 2q\Delta f(I_B r_{bb'}^2 + I_C/g_m^2) + K_F I_B^\gamma r_{b1}^2 \Delta f/f^\alpha \tag{2-82}$$

其平方根谱密度为

$$e_N = [4kTr_{bb'} + 2q(I_B r_{bb'}^2 + I_C/g_m^2) + K_F I_B^\gamma r_{b1}^2/f^\alpha]^{1/2} \tag{2-83}$$

如果限制 $I_C < 0.3\text{mA}$，利用 $r_{bb'} \approx 200\Omega$，$g_m \approx 40I_C$，$I_C/I_B > 100$ 等关系，可得

$$I_B r_{bb'}^2 \ll I_C/g_m^2 \tag{2-84}$$

则 e_n 的均方值可以近似为[5]

$$\overline{e_n^2} \approx 4kTr_{bb'}\Delta f + \frac{2qI_C\Delta f}{g_m^2} + \frac{K_F I_B^\gamma r_{b1}^2 \Delta f}{f^\alpha} \tag{2-85}$$

其平方根谱密度简化为

$$e_N = (\overline{e_n^2}/\Delta f)^{1/2} \approx \left(4kTr_{bb'} + \frac{2qI_C}{g_m^2} + \frac{K_F I_B^\gamma r_{b1}^2}{f^\alpha}\right)^{1/2} \tag{2-86}$$

因为 $g_m r_{b'e} = \beta_0$，式(2-79)中右边的第二项与第一项相比可以忽略，式(2-79)可以进一步简化为

$$\overline{i_n^2} \approx 2qI_B\Delta f + \frac{K_F I_B^\gamma \Delta f}{f^\alpha} \tag{2-87}$$

等效输入噪声电流的平方根谱密度为

$$i_N = (\overline{i_n^2}/\Delta f)^{1/2} = \left(2qI_B + \frac{K_F I_B^\gamma \Delta f}{f^\alpha}\right)^{1/2} \tag{2-88}$$

当频率足够高，可以忽略 $1/f$ 噪声时，式(2-85)～式(2-88)分别简化为

$$\overline{e_n^2} \approx 4kTr_{bb'}\Delta f + \frac{2qI_C\Delta f}{g_m^2} \tag{2-89}$$

$$e_N \approx \left(4kTr_{bb'} + \frac{2qI_C}{g_m^2}\right)^{1/2} \tag{2-90}$$

$$\overline{i_n^2} \approx 2qI_B\Delta f \tag{2-91}$$

$$i_N \approx \sqrt{2qI_B} \tag{2-92}$$

由式(2-90)和式(2-92)可见，e_N 和 i_N 与晶体管的直流工作电流 I_C、I_B 有关。在中等频率范围条件下，共发射极晶体管等效输入噪声平方根谱密度 e_N 和 i_N 随 I_C 变化曲线的大致形状示于图 2-20。注意这些曲线只能看作是 e_N 和 i_N 的大致描述，因为其有效性取决于前面所做的种种设定，而且 β_0 和 $r_{bb'}$ 都与 I_C 有关。

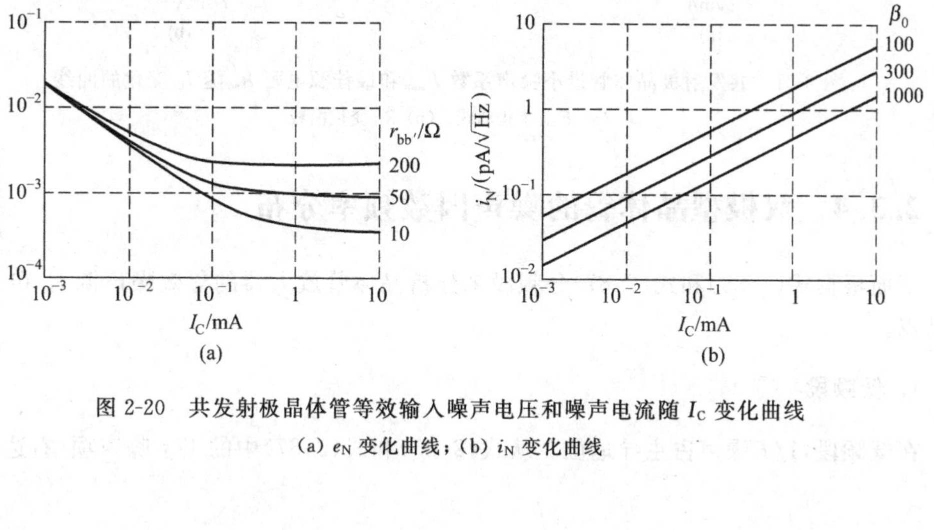

图 2-20 共发射极晶体管等效输入噪声电压和噪声电流随 I_C 变化曲线

(a) e_N 变化曲线；(b) i_N 变化曲线

参照式(2-51)和式(2-52)给出的等效噪声电阻的定义,并考虑到噪声的均方值等于其有效值的平方,由式(2-89)和式(2-91)可得 e_n 和 i_n 的等效噪声电阻分别为

$$R_{ne} = r_{bb'} + (2g_m)^{-1} \tag{2-93}$$

和

$$R_{ni} = 2\beta_0/g_m \tag{2-94}$$

式中利用了下列两个关系式

$$g_m = qI_C/(kT) \tag{2-95}$$

和

$$\beta_0 = I_C/I_B \tag{2-96}$$

将式(2-93)和式(2-94)代入式(2-54)和式(2-55),可得双极型晶体管共发射极连接时的最佳源电阻 R_{so} 和最小噪声系数 F_{min} 分别为

$$R_{so} = \sqrt{2\beta_0 r_{bb'}/g_m + \beta_0/g_m^2} \tag{2-97}$$

$$F_{min} = 1 + \sqrt{2r_{bb'}g_m/\beta_0 + \beta_0^{-1}} \tag{2-98}$$

随着 I_C 的减小,$g_m \approx 40I_C$ 也随之减小,可知 F_{min} 的极限值为

$$F_{min} = 1 + \sqrt{\beta_0^{-1}} \tag{2-99}$$

这时的最佳源电阻为

$$R_{so} = \sqrt{\beta_0}/g_m = 0.025\sqrt{\beta_0}/I_C \tag{2-100}$$

在中等频率范围,双极型晶体管共发射极连接时的最佳源电阻 R_{so} 和最小噪声系数 F_{min} 随 I_C 变化的曲线如图 2-21 所示。

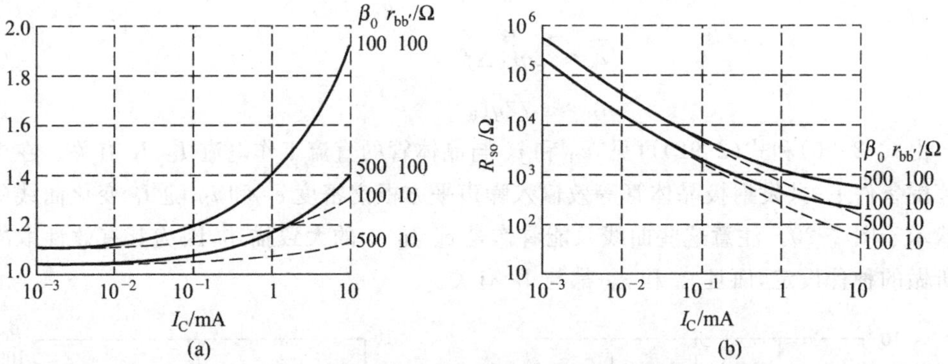

图 2-21　共发射极晶体管最小噪声系数 F_{min} 和最佳源电阻 R_{so} 随 I_C 变化的曲线

(a) F_{min} 变化曲线;(b) R_{so} 变化曲线

2.3.4　双极型晶体管的噪声因数频率分布

下面根据式(2-85)和式(2-87)分频段来分析晶体管放大器的等效噪声源 e_n 和 i_n 的噪声特点。

1. 低频段

在低频段,$1/f$ 噪声占主导地位。从式(2-85)和式(2-87)中的 $1/f$ 噪声项(右边的最后

一项)可以看出,为了使晶体管工作在低噪声状态,晶体管的 I_B 越小越好,也就是晶体管的电流放大倍数 β_0 要大,工作电流 I_C 要小。因为 e_n 和 i_n 中的 $1/f$ 噪声来自相同的噪声源,所以它们在低频情况下具有一定的相关性。

$1/f$ 噪声的拐点频率定义为 $1/f$ 噪声的功率谱密度等于白噪声(热噪声和散弹噪声)的功率谱密度的频率点,等效噪声电压源 e_n 和等效噪声电流源 i_n 具有不同的拐点频率。根据式(2-88),设 $\alpha=1$,可得 i_N 的拐点频率 f_{ci} 为

$$f_{ci}=\frac{K_F I_B^{\gamma-1}}{2q} \tag{2-101}$$

同样,在式(2-86)中设 $r_{bb'}=2\ r_{b1}$,可得 e_N 的拐点频率为

$$f_{ce}=\frac{K_F I_B^{\gamma} r_{bb'}^2}{4kTr_{bb'}+2qI_C/g_m^2} \tag{2-102}$$

如果 $r_{bb'}$ 足够小,其热噪声与散弹噪声相比可以忽略,则可得

$$f_{ce}=\frac{K_F I_B^{\gamma} r_{bb'}^2 g_m^2}{2qI_C}=\frac{K_F I_B^{\gamma-1}}{2q}\cdot\frac{1600 r_{bb'}^2 I_C^2}{\beta_0}$$

$$=f_{ci}\left(\frac{1600 r_{bb'}^2 I_C^2}{\beta_0}\right) \tag{2-103}$$

在低噪声电路中要求 I_C 较小,所以式(2-103)中的括弧内部分要比 1 小很多,因而 f_{ce} 要比 f_{ci} 低很多。例如,如果 $I_C=0.1\text{mA}$,$r_{bb'}=200\Omega$,$\beta_0=100$,那么 $f_{ce}/f_{ci}=6.4\times10^{-3}$。如果把忽略掉的 $r_{bb'}$ 的热噪声项考虑在内,将使 f_{ce}/f_{ci} 更小。

2. 高频段

在高频段,$C_{b'e}$ 对 $r_{b'e}$ 的并联作用以及 $C_{b'c}$ 的反馈作用使得晶体管的增益下降,前面忽略掉的一些项变得不容忽视,集电极电流 I_C 的散弹噪声对 i_n 的影响增大,基极电流 I_B 的散弹噪声对 e_n 的影响增大。而且在高频情况下,e_n 和 i_n 的相关性增强,在计算放大器的噪声系数时必须将其考虑在内。

一种粗略的近似方法是忽略 $C_{b'c}$ 的反馈作用,只考虑较大的分布电容 $C_{b'e}$ 的影响。将上述噪声公式中的 $r_{b'e}$ 用阻抗 $Z_{b'e}$ 代替,$Z_{b'e}=r_{b'e}/\!/X_{C_{b'e}}$,$X_{C_{b'e}}$ 是 $C_{b'e}$ 的容抗,并忽略式(2-79)中的 $1/f$ 噪声,得

$$\overline{i_n^2}=2qI_B\Delta f+2qI_C\Delta f/(g_m^2\ |\ Z_{b'e}\ |^2) \tag{2-104}$$

当 $X_{C_{b'e}}$ 足够小时,可以用 $X_{C_{b'e}}$ 来代替 $Z_{b'e}$,得

$$\overline{i_n^2}=2qI_B\Delta f[1+\beta_0(f/f_T)^2] \tag{2-105}$$

其平方根谱密度为

$$i_N=\sqrt{2qI_B[1+\beta_0(f/f_T)^2]} \tag{2-106}$$

式中

$$f_T=g_m/(2\pi C_{b'e}) \tag{2-107}$$

为晶体管的特征频率。由式(2-81)可得 $g_m=\beta_0/r_{b'e}$,式(2-107)又可表示为

$$f_T=\beta_0/(2\pi r_{b'e}C_{b'e})$$

对于低噪声晶体管的 e_n,式(2-83)中没有出现 $r_{b'e}$(在高频情况下 $r_{b'e}$ 须用 $Z_{b'e}$ 代替),所以其平方根谱密度 e_N 直到频率升高到 f_T 才会上升。而当工作频率 $f>f_T$ 时,所采用的简

单等效模型就不适用了。

3. 中频段

在中频段，对 i_N 起主导作用的是基极电流 I_B 的散弹噪声，它随 I_B 的增加而增加，因而也随 I_C 的增加而增加，见图 2-20(b)。但是，对 e_n 起主导作用的是集电极电流 I_C 的散弹噪声，虽然该噪声随 I_C 的增加而增加，但是在等效到输入电路的过程中出现了一项 $1/g_m^2$（正比于 $1/I_C^2$），所以综合结果是 e_N 随 I_C 的增加而减少，这种减少过程一直持续到 $r_{bb'}$ 的热噪声对 e_N 起主导作用，之后集电极电流 I_C 继续增加时，e_N 保持为常数，见图 2-20(a)。在前面介绍的有关噪声系数的部分可以看到，最佳源电阻 R_{so} 取决于 e_N/i_N，所以上述 e_N 和 i_N 对 I_C 的相反的依赖关系可以用来通过调整 I_C 来改变电路的最佳源电阻，以使电路达到噪声匹配的目的。

从式(2-86)、式(2-88)以及图 2-20 可以看出，为了使共发射极晶体管电路在中频段工作在低噪声状态，希望晶体管的基区电阻 $r_{bb'}$ 要小，直流放大倍数 β_0 要大。此外，电路工作在 I_C 较小的情况下较为有利。

典型双极型晶体管的 e_N 和 i_N 随频率和集电极电流变化的曲线示于图 2-22。可以看出，在高频段和低频段，i_N 随频率的变化要比 e_N 明显得多，这是因为 i_N 的 $1/f$ 噪声更为强烈，而高频拐点频率更低。当频率高于 i_N 的高频拐点频率或低于其低频拐点频率时，因为最小噪声系数 F_{min} 取决于 $e_N \cdot i_N$，必然结果是 F_{min} 增大；而最佳源电阻 R_{so} 取决于 e_N/i_N，这种情况下的 R_{so} 必然会减少。

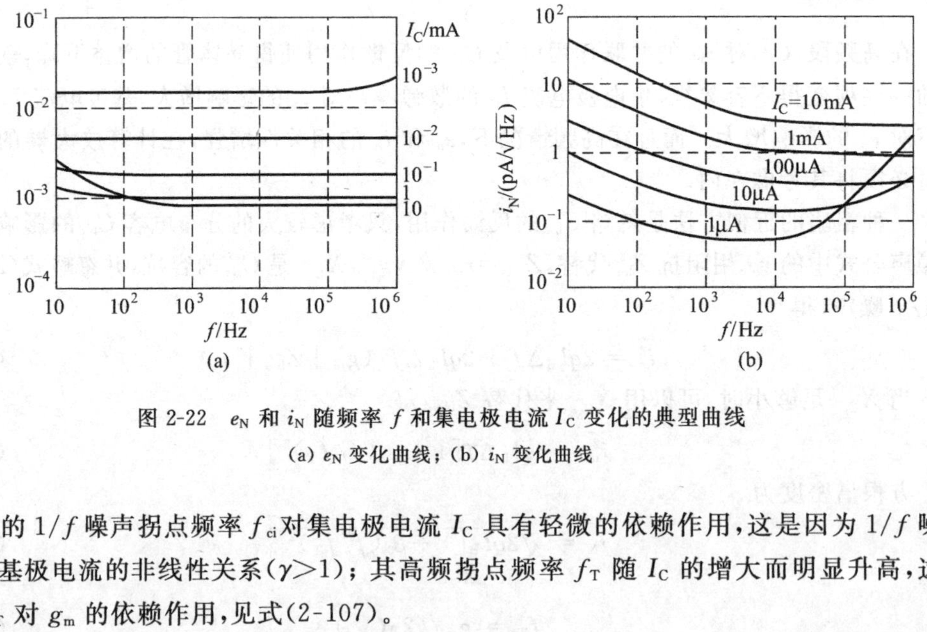

图 2-22 e_N 和 i_N 随频率 f 和集电极电流 I_C 变化的典型曲线

(a) e_N 变化曲线；(b) i_N 变化曲线

i_N 的 $1/f$ 噪声拐点频率 f_{ci} 对集电极电流 I_C 具有轻微的依赖作用，这是因为 $1/f$ 噪声功率与基极电流的非线性关系($\gamma>1$)；其高频拐点频率 f_T 随 I_C 的增大而明显升高，这是因为 f_T 对 g_m 的依赖作用，见式(2-107)。

根据式(2-40)，可知放大器的噪声系数为

$$F = E_{ni}^2/P_{ni} \tag{2-108}$$

式中，E_{ni}^2 为放大器的输入噪声总功率，也就是输入总噪声的均方值；P_{ni} 为源电阻 R_s 的热噪声功率，$P_{ni}=4kTR_s\Delta f$。将式(2-77)及 $E_{ni}^2=\overline{e_n^2}$ 代入式(2-108)，并考虑到 $\beta_0=r_{b'e}g_m$，得

$$F=1+\frac{r_{bb'}}{R_s}+\frac{qI_B}{2kTR_s}(R_s+r_{bb'})^2+\frac{qI_C(R_s+r_{bb'}+r_{b'e})^2}{2kTR_s\beta_0^2}+\frac{K_F I_B^{\gamma}(R_s+r_{b1})^2}{4kTR_s f^{\alpha}}$$

(2-109)

在高频情况下，式(2-109)中的 $r_{b'e}$ 要用阻抗 $Z_{b'e}$ 代替，$Z_{b'e}=r_{b'e}/\!/X_{C_{b'e}}$，$X_{C_{b'e}}$ 是 $C_{b'e}$ 的容抗。

同样，对于共基极电路的噪声系统，可以用 T 型等效电路推导出其噪声系数[12]

$$F=1+\frac{r_e+2r_b}{2R_s}+\frac{(R_s+r_b+r_e)^2}{2\beta_0 r_e R_s}\left[1+\left(\frac{f}{f_\alpha\sqrt{1-\alpha_0}}\right)^2\right]$$

可见，对于共发射极、共基极或共集电极等不同接法，双极型三极管的噪声系数 F 是不同的，但其数值差别不大，可近似认为噪声系数与三极管接法无关。这样在设计电路时可以灵活采用不同接法来满足增益、带宽、输入阻抗等各方面的要求。

由上面的分析可知，双极型晶体管输出噪声中有白噪声，也有与频率有关的噪声。白噪声包括电阻的热噪声和各 PN 结的散弹噪声；在低频段，$1/f$ 噪声使得频率越低，噪声功率谱密度越大；在高频段，当工作频率 f 接近或高于晶体管的截止频率时，分配噪声[12]使得噪声功率谱密度快速增长。总输出噪声功率谱密度还是三极管的工作点(I_C，V_{CE})、信号源电阻 R_s 和工作温度的函数，而且与晶体管的参数有密切关系。

综合考虑上述各频段，双极型晶体管的噪声因数 NF 随频率变化的曲线见图 2-23。曲线可大致分为以 f_1 和 f_2 为分界的 3 个区域，$f<f_1$ 时影响最大的是 $1/f$ 噪声，$f>f_2$ 时分配噪声占主导地位；在 f_1 和 f_2 之间起主导作用的是热噪声和散弹噪声等白噪声。低噪声电路的通频带应该设置在 f_1 和 f_2 之间。

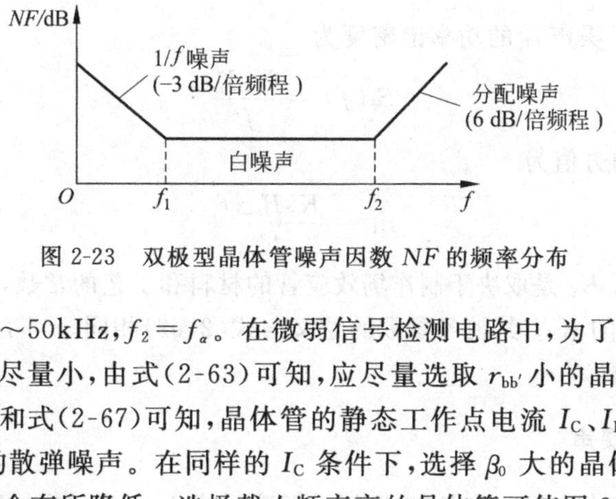

图 2-23 双极型晶体管噪声因数 NF 的频率分布

对低频管，$f_1=1\sim50\text{kHz}$，$f_2=f_\alpha$。在微弱信号检测电路中，为了使图 2-23 中曲线中间区域的白噪声功率尽量小，由式(2-63)可知，应尽量选取 $r_{bb'}$ 小的晶体管，以降低基区的热噪声。由式(2-65)和式(2-67)可知，晶体管的静态工作点电流 I_C、I_B 应尽量设置得小一些，以降低各 PN 结的散弹噪声。在同样的 I_C 条件下，选择 β_0 大的晶体管可使 I_B 更小，由式(2-69)知 $1/f$ 噪声会有所降低。选择截止频率高的晶体管可使图 2-23 中的 f_2 右移，从而减少分配噪声的不利影响。

2.4 场效应管的噪声特性

与双极型晶体管相比，场效应管(FET)具有高输入阻抗和低噪声系数的特点，比较适合用于低噪声前置放大器。场效应管通常分为两类：结型场效应管(JFET)和金属-氧化物-半导体场效应管(MOSFET)。场效应管的内部结构和运行机理不同于双极型晶体管，它是通过调制导电沟道的电阻来工作的，内部噪声源也不同于双极型晶体管。

2.4.1 场效应管的内部噪声源

1. 沟道的热噪声

电阻性导电沟道中载流子的热运动必然会产生热噪声电流 i_d，该电流叠加在漏极电流 I_D 上。在小信号 AC 模型中，沟道工作在饱和状态，电阻 r_{ds} 表示漏-源电压对漏极电流 I_D 的微小影响，在饱和条件下该电阻数值很大，但是它并不产生热噪声。产生热噪声的沟道电阻 R_{ds} 与场效应管的跨导 g_m 有关。研究发现，R_{ds} 可以表示为[13]

$$R_{ds} = (K_d g_m)^{-1} \tag{2-110}$$

式中，K_d 是与场效应管的型式、尺寸、偏置情况有关的系数，在正常工作条件下变化不大。在场效应管的线性区 $K_d \approx 1$，在饱和区 $K_d \approx 0.67$。

沟道热噪声电流 i_d 的功率谱密度为

$$S_{id}(f) = 4kTg_m K_d \tag{2-111}$$

式中，g_m 为场效应管的跨导；k、T 与电阻热噪声中的 k、T 相同，见式(2-1)。当带宽为 Δf 时，热噪声电流 i_d 的均方值为

$$\overline{i_d^2} = 4kTK_d g_m \Delta f \tag{2-112}$$

2. 1/*f* 噪声

场效应管的 $1/f$ 噪声 i_f 的功率谱密度为

$$S_f(f) = \frac{K_F I_D^{\gamma}}{f^{\alpha}} \tag{2-113}$$

$1/f$ 噪声电流 i_f 的均方值为

$$\overline{i_f^2} = \frac{K_F I_D^{\gamma} \Delta f}{f^{\alpha}} \tag{2-114}$$

式中，I_D 为漏极电流；K_F 是取决于制作场效应管的材料和工艺的常数，一般情况下 MOSFET 的 K_F 常大于 JFET 的 K_F；其他各参数的意义与式(2-69)相同。当工作频率高于几百赫兹时，$1/f$ 噪声可忽略不计。

3. 栅极的散弹噪声

在结型场效应管中有 PN 结存在，栅极的散弹噪声 i_g 由流过栅-源之间 PN 结的反向电流 I_G 产生。i_g 的功率谱密度为

$$S_g(f) = 2qI_G \tag{2-115}$$

式中，q 为电子电荷。因为反向电流 I_G 很小（$10^{-7} \sim 10^{-9}$ A），所以 i_g 的功率谱密度 $S_g(f)$ 也很小，一般情况下可以忽略。对于 MOSFET，其栅极为绝缘层，栅极漏电流极小，近似为零，因此可以认为 MOSFET 无散弹噪声。

4. 栅极感应噪声

在高频情况下，通过栅极和沟道之间的分布电容 C_{gs}，沟道电阻热噪声中的高频分量将

耦合到栅极输入电路，从而产生栅极感应噪声 i_{ng}，这相当于在输入栅-源之间并联了一个电流噪声源。感应噪声 i_{ng} 的功率谱密度可以表示为[14]

$$S_{ng}(f) = 4kTG_{is}K_1 \tag{2-116}$$

式中，G_{is} 为共源极输入电导；k、T 与电阻热噪声中的 k、T 相同；K_1 为和栅-源电压、漏-源电压有关的系数。在正常工作条件下，K_1 为常数。对于JFET，$K_1 \approx 0.25$；对于MOSFET，$K_1 \approx 0.1$。

根据场效应管等效电路的分析可知，输入电导 G_{is} 可表示为[12]

$$G_{is} = \frac{\omega^2 C_{gs}^2 R_{on}}{1+\omega^2 C_{gs}^2 R_{on}^2} \tag{2-117}$$

式中，C_{gs} 为栅-源电容；R_{on} 为通导电阻，$R_{on}=1/g_m$，g_m 是场效应管的跨导。

当 $\omega^2 C_{gs}^2 R_{on}^2 \ll 1$ 时，$G_{is}=\omega^2 C_{gs}^2/g_m$，代入式(2-116)可得

$$S_{ng}(\omega) = \frac{4kT\omega^2 C_{gs}^2 K_1}{g_m} \tag{2-118}$$

式中，$4kT/g_m$ 是与沟道热噪声有关的系数；ωC_{gs} 是 C_{gs} 的电纳。

将MOSFET的截止频率计算公式 $\omega_T = g_m/C_{gs}$ 代入式(2-118)得

$$S_{ng}(\omega) = 4kT\left(\frac{\omega}{\omega_T}\right)^2 g_m K_1 \tag{2-119}$$

可见，感应噪声 i_{ng} 不是白噪声，其功率谱密度与 ω^2 成正比。只有当工作频率 ω 接近截止频率 ω_T 时，感应噪声的功率谱密度才会明显增大。

栅极感应噪声电流 i_{ng} 起源于沟道的热噪声 i_d，两者之间必然存在一定的相关关系，相关系数 c 可以表示为[8]

$$c = \frac{\overline{i_{ng} i_d^*}}{(\overline{i_{ng}^2} \cdot \overline{i_d^2})^{1/2}} \tag{2-120}$$

通常 c 为复数，近似计算中可用纯虚数 $c=0.395\mathrm{j}$ 来近似。

2.4.2 场效应管的噪声等效电路与噪声特性

在上述的4种噪声源中，低频情况下起主要作用的是沟道热噪声电流 i_d 和 $1/f$ 噪声 i_f；高频情况下栅极感应噪声 i_{ng} 会起较大作用。结型场效应管的噪声等效电路见图2-24(a)，图中，g_m 是跨导，C_{gs}、C_{gd}、C_{ds} 是极间电容，R_{ds} 是沟道电阻，V_{gs} 是栅-源输入电压。

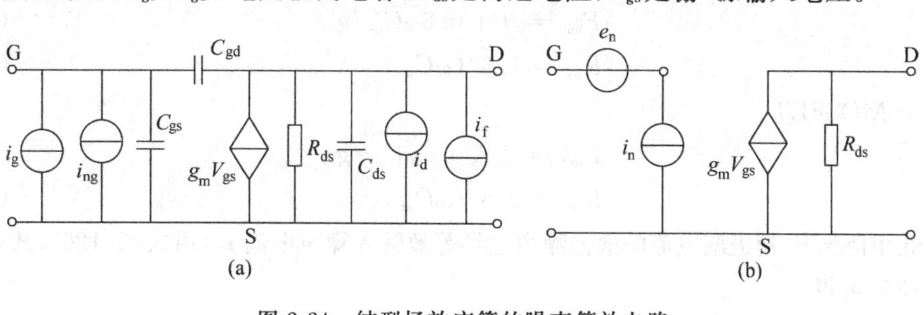

图 2-24 结型场效应管的噪声等效电路

(a) 噪声等效电路；(b) 等效为一个输入电压源和一个输入电流源

将各噪声源等效到栅极输入端,可得一个串联输入噪声电压源 e_n 和一个并联输入噪声电流源 i_n,如图 2-24(b)所示。若将沟道热噪声 i_d 和 $1/f$ 噪声 i_f 等效为输入端噪声电压源 e_n,则有

$$e_n \cdot g_m = i_d + i_f \tag{2-121}$$

注意,i_d 和 i_f 互相独立,根据式(2-112)和式(2-114),当带宽 Δf 很窄时,e_n 的均方值为

$$\overline{e_n^2} = \frac{\overline{i_d^2} + \overline{i_f^2}}{g_m^2} = \frac{4kTK_d\Delta f}{g_m} + \frac{K_F I_D^\gamma \Delta f}{g_m^2 f^\alpha} \tag{2-122}$$

其平方根谱密度为

$$e_N = \left(\frac{4kTK_d}{g_m} + \frac{K_F I_D^\gamma}{g_m^2 f^\alpha}\right)^{1/2} \tag{2-123}$$

输入噪声电流源 i_n 为栅极的散弹噪声 i_g 和栅极感应噪声 i_{ng} 叠加的结果,根据式(2-115)和式(2-118)可得,等效输入噪声电流源 i_n 的均方值为

$$\overline{i_n^2} = 2qI_G\Delta f + \frac{4kT\omega^2 C_{gs}^2 K_1 \Delta f}{g_m} \tag{2-124}$$

式(2-124)右边的第一项表示栅极散弹噪声的功率,第二项表示栅极感应噪声的功率。i_n 的平方根谱密度为

$$i_N = \left(2qI_G + \frac{4kT\omega^2 C_{gs}^2 K_1}{g_m}\right)^{1/2} \tag{2-125}$$

因为沟道热噪声电流 i_d 对 e_n 和 i_n 都有贡献,所以两者之间具有一定的相关性。但是,通常相关系数很小,一般情况下可以忽略。

当频率不太低,可以忽略 $1/f$ 噪声时,取 $K_d=0.67$,由式(2-122)、式(2-124)、式(2-51)和式(2-52)可得,输入电压源和输入电流源的等效噪声电阻分别为

$$R_{ne} = 0.67/g_m \tag{2-126}$$

$$R_{ni} = 2kT/(qI_G) \tag{2-127}$$

在较高频率的情况下

$$R_{ni} = \frac{g_m}{K_1\omega^2 C_{gs}^2} \tag{2-128}$$

从这些公式以及式(2-54)和式(2-55)可以计算出如下场效应管的最小噪声系数 F_{min} 和最佳源电阻 R_{so}:

对于 JFET

$$F_{min} = 1 + 0.8\omega C_{gs}/g_m \tag{2-129}$$

$$R_{so} = 1.6/(\omega C_{gs}) \tag{2-130}$$

对于 MOSFET

$$F_{min} = 1 + 0.5\omega C_{gs}/g_m \tag{2-131}$$

$$R_{so} = 2.6/(\omega C_{gs}) \tag{2-132}$$

在低频情况下,栅极漏电流的散弹噪声主导等效输入噪声电流 i_N,由式(2-126)、式(2-127)和式(2-55)可得

$$F_{min} = 1 + 2\sqrt{0.33qI_G/(kTg_m)}$$

在常温情况下

$$F_{\min} \approx 1 + 7.3\sqrt{(I_G/g_m)} \tag{2-133}$$

将式(2-126)和式(2-127)代入式(2-54),常温情况下可得

$$R_{so} \approx 0.2/\sqrt{(I_G g_m)} \tag{2-134}$$

注意到

$$g_m \propto \sqrt{I_D} \tag{2-135}$$

这说明,为了实现较小的 $F_{\min}$,应该使漏极电流 I_D 较大。但是,I_D 越大,场效应管的温度越高,这会导致栅极漏电流 I_G 的增加,使得其散弹噪声增加,反过来又加大了 $F_{\min}$。因为式(2-135)中的平方根关系,I_D 对 $F_{\min}$ 的影响是轻微的,所以 I_D 通常是由电路设计的其他因素来确定。

还需要注意的是,等效输入噪声电压 e_N 中的 $1/f$ 噪声的拐点频率往往较高,在工作频段 $1/f$ 噪声很可能占主导地位,甚至会与等效输入噪声电流 i_N 的高频分量交叠,这会使得噪声系数和最佳源电阻增大。此外,对于极低噪声的场效应管,其 e_N 可能要高于计算值,这是由与场效应管的栅极和源极相串联的寄生电阻的热噪声造成的。例如,对于 $g_m=15\text{mS}$ 的场效应管,当频率高于 $1/f$ 噪声的拐点频率时,由式(2-123)计算出的 e_N 约为 $0.85\text{nV}/\sqrt{\text{Hz}}$,其等效噪声电阻约为 45Ω(见式(2-126)),与此相当或更大的寄生电阻将明显增大等效输入噪声电压 e_N。

对于两种不同的漏极电流 I_D(I_{DSS}和 $0.1I_{DSS}$,I_{DSS}为漏-源饱和电流),场效应管的 e_N 和 i_N 随频率 f 变化的典型曲线见图 2-25。可以看出,i_N 随 I_D 变化的幅度很小,几乎是同一条曲线;e_N 随工作电流 I_D 的变化而有所变化,但变化幅度比双极型晶体管要小很多。

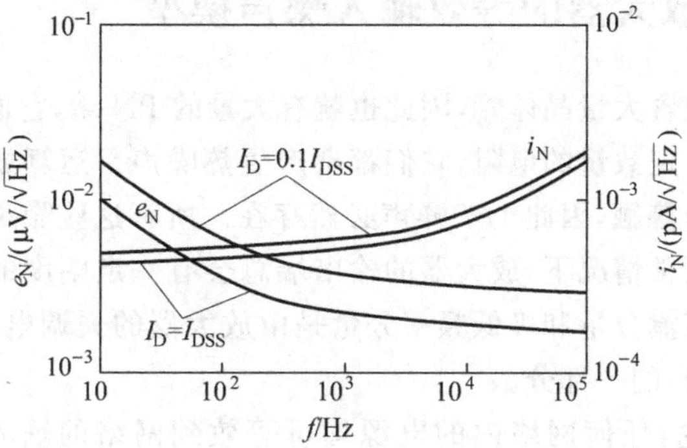

图 2-25 场效应管 e_N 和 i_N 随频率 f 变化的典型曲线

与双极型晶体管相比,场效应管的等效输入噪声电流 i_N 要小很多,而其等效输入噪声电压 e_N 与双极型晶体管相当或略高,这使得场效应管的最佳源电阻较大。而且,场效应管的低频 $1/f$ 噪声只出现在等效输入噪声电压中,而不出现在等效输入噪声电流中。这些特点使得场效应管用作低噪声前置放大器比双极型晶体管更为合适。MOSFET 的低频噪声电流非常小,但其 $1/f$ 噪声的拐点频率要高一些。

结型场效应管的主要噪声源是沟道热噪声电流 i_t 和栅极感应噪声 i_{ng},栅-源 PN 结的散弹噪声和 $1/f$ 噪声作用不大,所以结型场效应管的白噪声要低于双极型晶体管,低频段的噪声更是远远低于双极型晶体管。其噪声因数 NF 的频率分布图见图 2-26。

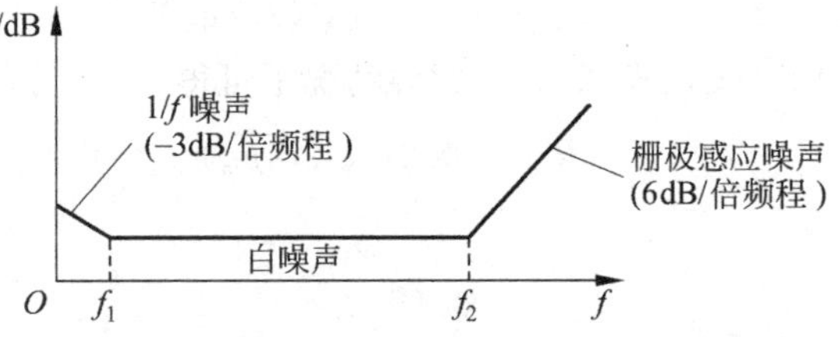

图 2-26 结型场效应管噪声因数 NF 的频率分布

由图 2-26 可见，场效应管的噪声特性要优于双极型晶体管，尤其是其等效输入噪声电流要比双极型晶体管低得多。而且，场效应管的最佳源电阻要比双极型晶体管大得多，适合于源电阻较大的传感器。微弱信号检测系统的前置放大器一般都选择使用高跨导、高输入电阻 R_{gs}、栅-源电容 C_{gs} 小的结型场效应管。

2.5 运算放大器的噪声特性

如果使用运算放大器把微弱信号放大，以使信号达到一定的幅度或满足一定的分辨率，那么一定要事先了解运算放大器固有的噪声情况，这对工作在低频段的运算放大器尤其重要。

2.5.1 运算放大器的等效输入噪声模型

运算放大器内部包含大量晶体管，因此也就有大量的 PN 结，它们都是散弹噪声源。运算放大器内部还包含一定数量的电阻，它们都会产生热噪声。运算放大器的引脚及内部连接总会涉及不同金属的接触，因此 $1/f$ 噪声必然存在。所有这些噪声源构成了运算放大器内部的固有噪声。在正常情况下，放大器的输出端总会有一定幅度的与输入信号无关的噪声输出。噪声输出的直流分量和极低频率分量是由放大器的失调电压、失调电流及其漂移造成的，这也是内部噪声的一部分。

根据线性电路理论，任何网络内的电源均可等效到网络的输入端，对于运算放大器的噪声源也可以这样做。采用类似于输入失调电压和输入失调电流的模型表示方法，放大器的内部噪声源可以等效为连接到输入端的噪声电压源 e_n 和噪声电流源 i_n，如图 2-27 所示。如果运算放大器输入端所连接的外部信号源电阻为零，只考虑 e_n 就可以了；否则还必须考虑 i_n 的影响。

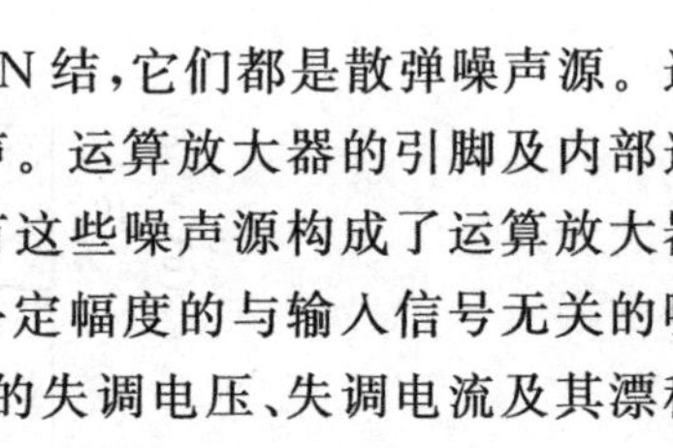

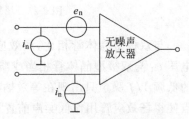

图 2-27 运算放大器噪声模型

对于运算放大器内部众多的噪声源，如果像分析晶体管放大器那样，把各个噪声源都一一等效到放大器的输入端，再将其功率相加得到总的等效输入噪声，这将是一项非常复杂的工作，对于多数运算放大器甚至是不可能的。更为常用的方法是在某种型号的运算放大器的设计和制作工艺确定之后，由生产厂家根据产品测试结果给出该型号运算放大器的噪声性能指标，使用者只要根据这些指标选择合适的运算放大器型号和进行外部电路设计就可以了。

图 2-27 是一种常见的放大器噪声模型，但有一些 IC 厂家使用两个噪声电压源和两个噪声电流源，还有一些 IC 厂家使用一个电压源和一个电流源。因为运算放大器有两个信号输入端，一般情况下，在连接外部电路时，这两个输入端很可能都是经过电阻接地，所以每个输入端的等效电流源都会在运算放大器输入端产生噪声电压，模型化为两个噪声电流源似乎更为合理一些。大多数运算放大器的负端输入噪声电流都与正端输入噪声电流相等，所以使用同样的符号 i_n。

具有 $1/f$ 分量的等效噪声源 e_n 和 i_n 的功率谱密度可由下式给出[45]：

$$S_e(f) = e_N^2(1 + f_{ce}/f) \tag{2-135a}$$

$$S_i(f) = i_N^2(1 + f_{ci}/f) \tag{2-135b}$$

式中的 e_N^2 和 i_N^2 分别表示 e_n 和 i_n 的白噪声部分的功率谱密度，f_{ce} 和 f_{ci} 分别表示 $S_e(f)$ 和 $S_i(f)$ 的拐点频率。

注意图 2-27 中的电压源 e_n 和电流源 i_n 都是随机噪声，而不是确定性信号，其幅度和功率取决于系统频带宽度，在低频段还取决于工作频率的高低。e_n 和 i_n 的功率谱密度函数 $S_e(f)$ 和 $S_i(f)$ 大致形状分别示于图 2-28(a) 和图 2-28(b)，它们与双极型晶体管噪声的功率谱密度分布很类似。

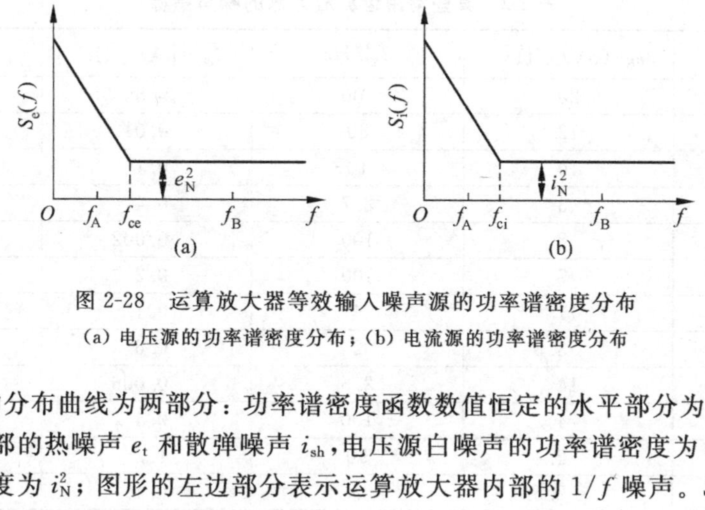

图 2-28 运算放大器等效输入噪声源的功率谱密度分布

(a) 电压源的功率谱密度分布；(b) 电流源的功率谱密度分布

图 2-28 的分布曲线为两部分：功率谱密度函数数值恒定的水平部分为白噪声，它表示运算放大器内部的热噪声 e_t 和散弹噪声 i_{sh}，电压源白噪声的功率谱密度为 e_N^2，电流源白噪声的功率谱密度为 i_N^2；图形的左边部分表示运算放大器内部的 $1/f$ 噪声。$S_e(f)$ 两部分之间的拐点频率为 f_{ce}，而 $S_i(f)$ 的拐点频率为 f_{ci}。

2.5.2 运算放大器噪声性能计算

在工作频段 $f_A \sim f_B$ 分别对 $S_e(f)$ 和 $S_i(f)$ 积分，可以得到等效噪声电压源的功率（即均方值）E_n^2 和电流源的功率 I_n^2

$$E_n^2 = \int_{f_A}^{f_B} S_e(f)\mathrm{d}f \tag{2-136}$$

$$I_n^2 = \int_{f_A}^{f_B} S_i(f)\mathrm{d}f \tag{2-137}$$

式中,E_n 和 I_n 分别表示等效噪声电压源和电流源的有效值(rms 值)。

根据图 2-28 的功率谱密度函数分布曲线和式(2-135a)、式(2-135b),可得

$$E_n^2 = \int_{f_A}^{f_B}\left(e_N^2 + \frac{e_N^2 f_{ce}}{f}\right)df = e_N^2\left[f_B - f_A + f_{ce}\ln\left(\frac{f_B}{f_A}\right)\right] \tag{2-138}$$

$$I_n^2 = \int_{f_A}^{f_B}\left(i_N^2 + \frac{i_N^2 f_{ci}}{f}\right)df = i_N^2\left[f_B - f_A + f_{ci}\ln\left(\frac{f_B}{f_A}\right)\right] \tag{2-139}$$

使用上面的公式时应该注意:当 $f_A=0$ 时,$E_n^2\to\infty$,$I_n^2\to\infty$,公式无效。实际上当频率低到一定程度时,$1/f$ 噪声的幅度趋向于常数,而不是趋向于无穷大,所以一般取 $f_A\geqslant 0.01\text{Hz}$。由式(2-138)和式(2-139)计算出的电压 E_n 和电流 I_n 为有效值,要得到其峰-峰值还需要乘以取决于概率密度函数的峰值系数。根据第1章中的分析,对于高斯分布的随机噪声,峰值系数为6.6。

根据式(2-138)和式(2-139),运算放大器的等效输入噪声电压的功率和等效输入噪声电流的功率都取决于三个因素:一个是平坦段白噪声的功率谱密度函数 e_N^2、i_N^2,另一个是 $1/f$ 噪声与白噪声相交的拐点频率,再一个就是工作频带的高、低频率。

对于低噪声运算放大器,不同的 IC 制造厂家可能以不同的方式给出其产品的噪声指标,一种常用的方法是分别给出图 2-28 中的 e_N、i_N 以及 $S_e(f)$ 的拐点频率 f_{ce} 和 $S_i(f)$ 的拐点频率 f_{ci}。某些常用运算放大器的噪声指标列于表 2-2。

表 2-2 某些常用运算放大器的噪声指标

型 号	$e_N/(\text{nV}/\sqrt{\text{Hz}})$	f_{ce}/Hz	$i_N/(\text{pA}/\sqrt{\text{Hz}})$	f_{ci}/Hz
μA741	20	200	0.55	2000
PM 156	12	50	0.01	<100
OP-07	10	10	0.1	50
OP-27/37	3	2.7	0.4	140
OPA 101	8	100	0.002	—
HA 909	7	100	0.2	2000
LT 1001C	11	4	0.12	70
LT 1007	3.8	2	0.6	120
LT 1012	14	2.5	0.006	120
NE 5534A	4	100	0.4	200
MAX410	2.4	90	1.2	220
MAX427	2.5	2	0.4	120
AD745	5	<10	0.0069	120
AD797	1.2	<100	0.2	—
AM427B	3	2.7	0.6	140

根据类似于表 2-2 所列的噪声指标以及电路中其他噪声源的情况,利用线性网络的标准分析技术可以计算出电路输出的总噪声功率。对于具有很多噪声源的情况,根据叠加原理,在线性网络中,多个信号源同时作用的综合输出结果是各个信号源单独作用(将其他电压源短路,其他电流源断路)输出响应的综合结果。但是,因为噪声的随机性,在综合过程中,不能对各个噪声源单独作用时的输出电压瞬时值进行叠加,而只能对各单独输出的统计量(例如功率谱、功率等)进行叠加。

设 $S_m(f)$ 为噪声源 m 的功率谱密度函数，$m=1,2,3,\cdots,M$，$K_{pm}(f)$ 是从该噪声源到电路输出的功率放大倍数，$S_{om}(f)$ 是噪声源 m 在电路输出端产生的功率谱密度函数，则有

$$S_{om}(f)=S_m(f)K_{pm}(f) \tag{2-140}$$

通常，电路中的各个噪声源是相互独立的，因此它们产生的噪声互不相关。这样一来，电路输出端总的噪声功率谱密度 $S_o(f)$ 就等于各个噪声源单独作用在输出端产生的功率谱密度之和

$$S_o(f)=\sum_{m=1}^{M}S_{om}(f) \tag{2-141}$$

将式(2-141)在等效噪声带宽 B_e 内对频率积分，就能得到输出噪声的总功率

$$E_o^2=\sum_{m=1}^{M}\int_{B_e}S_{om}(f)\mathrm{d}f=\sum_{m=1}^{M}E_{om}^2 \tag{2-142}$$

式中，E_{om} 是噪声源 m 单独作用在输出端产生的噪声电压有效值。

因为式(2-142)是对平方量求和，所以在实际运算中往往很容易找到对电路输出噪声起主导作用的某些噪声源，并可以忽略那些对输出影响不大的噪声源，从而使得运算过程得以简化。例如，如果一个噪声源的有效值只是另一个噪声源的1/3，那么就可以忽略前者。

式(2-141)和式(2-142)严格成立的条件是各个噪声源产生的噪声互不相关。如果这些噪声源中的任何两个噪声源之间的相关性都不强，或者具有相关性的那些噪声源对输出影响不大，则式(2-141)和式(2-142)近似成立。

下面以差动放大器为例说明上述运算过程。

例 2-5 设图 2-29(a)所示差动放大电路的等效噪声带宽为 0.01～100Hz(反馈电容未示出)，使用的运算放大器型号为 μA741。输入端信号有效值为 $V_s=1\mu V$，试计算其输入信噪比。

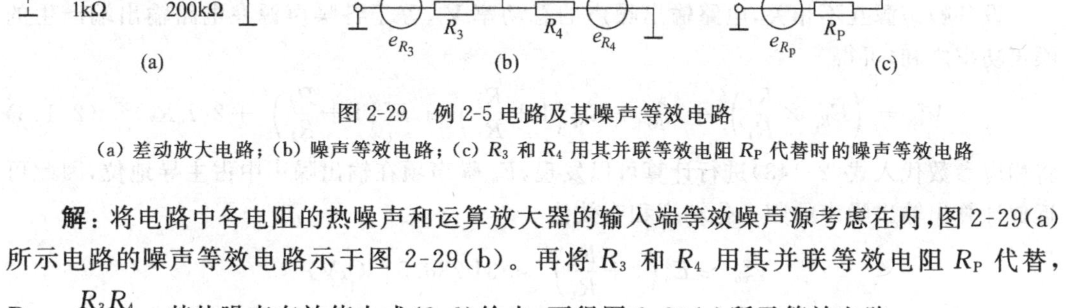

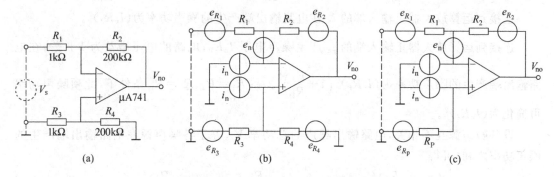

图 2-29　例 2-5 电路及其噪声等效电路

(a) 差动放大电路；(b) 噪声等效电路；(c) R_3 和 R_4 用其并联等效电阻 R_P 代替时的噪声等效电路

解：将电路中各电阻的热噪声和运算放大器的输入端等效噪声源考虑在内，图 2-29(a)所示电路的噪声等效电路示于图 2-29(b)。再将 R_3 和 R_4 用其并联等效电阻 R_P 代替，$R_P=\dfrac{R_3R_4}{R_3+R_4}$，其热噪声有效值由式(2-8)给出，可得图 2-29(c)所示等效电路。

根据表 2-2，运算放大器 μA741 的噪声指标为：等效白噪声电压平方根谱密度 $e_N=20\text{nV}/\sqrt{\text{Hz}}$，等效白噪声电流平方根谱密度 $i_N=0.55\text{pA}/\sqrt{\text{Hz}}$，噪声电压拐点频率

$f_{ce}=200\text{Hz}$，噪声电流拐点频率 $f_{ci}=2000\text{Hz}$。将上述数据代入式(2-138)，得运算放大器等效输入噪声电压 e_n 的归一化功率和有效值分别为

$$E_n^2=e_N^2\left[f_B-f_A+f_{ce}\ln\left(\frac{f_B}{f_A}\right)\right]$$

$$=20^2\times\left[100-0.01+200\times\ln\left(\frac{100}{0.01}\right)\right]\quad(\text{nV})^2$$

$$E_n=20\times\sqrt{100+200\ln(10^4)}\,\text{nV}\approx 0.88\mu\text{V(rms)}$$

由式(2-139)，得运算放大器等效输入噪声电流 i_n 的归一化功率和有效值分别为

$$I_n^2=i_N^2\left[f_B-f_A+f_{ci}\ln\left(\frac{f_B}{f_A}\right)\right]$$

$$=0.55^2\times\left[100-0.01+2000\times\ln\left(\frac{100}{0.01}\right)\right]\quad(\text{pA})^2$$

$$I_n=0.55\times\sqrt{100+2000\ln(10^4)}\,\text{pA}\approx 75\quad\text{pA(rms)}$$

用 E_{R_1}、E_{R_2} 和 E_{R_p} 分别表示 R_1、R_2 和 R_P 的热噪声有效值，$E_{R_1}=\sqrt{4kTR_1B}$，$E_{R_2}=\sqrt{4kTR_2B}$，$E_{Rp}=\sqrt{4kTR_PB}$，B 为频带宽度。由图 2-29(c)，可得各噪声源单独作用时电路的增益和输出噪声功率如下：

当 e_{R_1} 单独作用时，电路的电压增益为 $-\dfrac{R_2}{R_1}$，输出噪声功率为 $\left(E_{R_1}\times\dfrac{R_2}{R_1}\right)^2$。

当 e_{R_2} 单独作用时，电路的电压增益为 1，输出噪声功率为 $E_{R_2}^2$。

当 e_{R_p} 单独作用时，电路的电压增益为 $1+\dfrac{R_2}{R_1}$，输出噪声功率为 $E_{Rp}^2\left(1+\dfrac{R_2}{R_1}\right)^2$。

当 e_n 单独作用时，电路的电压增益为 $1+\dfrac{R_2}{R_1}$，输出噪声功率为 $E_n^2\left(1+\dfrac{R_2}{R_1}\right)^2$。

连接到运算放大器负输入端的 i_n 在电路输出端产生的噪声功率为 $(I_nR_2)^2$。

连接到运算放大器正输入端的 i_n 产生噪声电压 I_nR_P，电路的电压增益为 $1+\dfrac{R_2}{R_1}$，在电路输出端产生的噪声功率为 $(I_nR_P)^2\left(1+\dfrac{R_2}{R_1}\right)^2$。在 $R_1=R_3$、$R_2=R_4$ 条件下，此项噪声功率可简化为 $(I_nR_2)^2$。

设各噪声源互不相关，电路输出噪声的总功率 V_{no}^2 等于各噪声源在电路输出端产生的噪声功率之和，可得

$$V_{no}^2=\left(E_{R_1}\times\frac{R_2}{R_1}\right)^2+E_{R_2}^2+E_{Rp}^2\left(1+\frac{R_2}{R_1}\right)^2+E_n^2\left(1+\frac{R_2}{R_1}\right)^2+2(I_nR_2)^2\quad(2\text{-}143)$$

将相应参数代入式(2-143)进行计算可以发现，E_n 噪声项在输出噪声中占主导地位，因此可近似计算出输出噪声的归一化功率和有效值

$$V_{no}^2\approx E_n^2\left(1+\frac{R_2}{R_1}\right)^2\approx 31\,286.5\quad(\mu\text{V})^2$$

$$V_{no}\approx 177\mu\text{V}$$

对于信号源 V_s 的电压增益为

$$K=-\frac{R_2}{R_1}=-200$$

将输出噪声映射回信号输入端，得输入噪声功率为

$$V_{ni}^2 = V_{no}^2 / |K|^2 \approx 0.782 \quad (\mu V)^2$$

由此可得输入信噪比为

$$S/N = \frac{V_s^2}{V_{ni}^2} \approx 1.28$$

或表示为分贝

$$(S/N)_{dB} = 10\lg(S/N) = 1.07 \quad (dB)$$

可见，普通运算放大器的内部噪声是很严重的。即使是低噪声运算放大器，其噪声系数也很难达到专门设计的分立元件低噪声放大器的指标。所以，当被测信号比较微弱时，一般都在运算放大器的前面附加分立元件前置放大器。

2.6 低噪声放大器设计

对于微弱信号检测仪器或设备，前置放大器是引入噪声的主要部件之一。根据弗里斯公式(2-32)，整个检测系统的噪声系数主要取决于前置放大器的噪声系数。因此，仪器可检测的最小信号也主要取决于前置放大器的噪声。

设计低噪声前置放大器的内容包括选择低噪声半导体器件，确定电路组态，确定低噪声工作点，进行噪声匹配等工作。在实现噪声指标的基础上，还要根据放大器要求的总增益、频率响应、输入输出阻抗、动态范围、稳定性等指标，确定整体电路的级数、组态、反馈和频率补偿方法等。后面的这些设计方法与一般多级放大器的设计方法相同，在本书中不予论述，但在设计时要考虑不要破坏总的噪声性能。

此外，低噪声设计还要确定抑制外来干扰的技术措施，这对于前置放大器尤其重要，相关的分析和设计方法将在下一章中进行介绍。

2.6.1 有源器件的选择

前置放大器的噪声系数对于整个检测系统的噪声特性具有决定性作用，因为它所产生的噪声会被后续的各级放大器进一步放大。此外，前置放大器一般都是直接与检测信号的传感器相连接的，只有在放大器的最佳源电阻等于信号源输出电阻的情况下，才能使电路的噪声系数最小，所以对前置放大器还必须考虑噪声匹配的问题。可见前置放大器中有源器件的选择是非常重要的。

根据式(2-44)和式(2-45)，放大器的最佳源电阻为

$$R_{so} = e_N / i_N \tag{2-144}$$

这时可以达到的最小噪声系数为

$$F_{min} = 1 + \frac{e_N i_N}{2kT} \tag{2-145}$$

式中，e_N 和 i_N 分别为放大器的等效输入噪声电压和等效输入噪声电流的平方根谱密度。式(2-144)和式(2-145)即为低噪声前置放大器有源器件选择的依据。

在设计低噪声放大器时，选择有源器件的实用建议如下：

(1) 式(2-145)表明，低噪声放大器应该尽可能选用 $e_N i_N$ 小的器件，这样才能使最小噪声系数 F_{min} 较小。此外还必须考虑到，器件的 e_N、i_N 以及噪声系数 F 都是频率 f 的函数，各种低噪声器件只是在一定的频率范围内才能达到其最小噪声系数。例如，对于被测信号为低频的情况，应该考虑选用低频低噪声器件；而对于通信接收机的前置级，则应选用高频或微波低噪声器件。

(2) 根据信号源电阻 R_s 的大小，可以选用合适类型的放大器件，以使其最佳源电阻 $R_{so} \approx R_s$，以便在直接耦合方式下达到噪声匹配，使电路的噪声系数达到最小值 F_{min}。

一般来说，双极型晶体管的 e_N 较小，故其 R_{so} 较小，比较适合于源电阻较小的情况；而场效应管的 i_N 较小，故其 R_{so} 较大，比较适合于源电阻较大的情况。图 2-30 给出了根据源电阻选择放大器有源器件的大致选择范围。

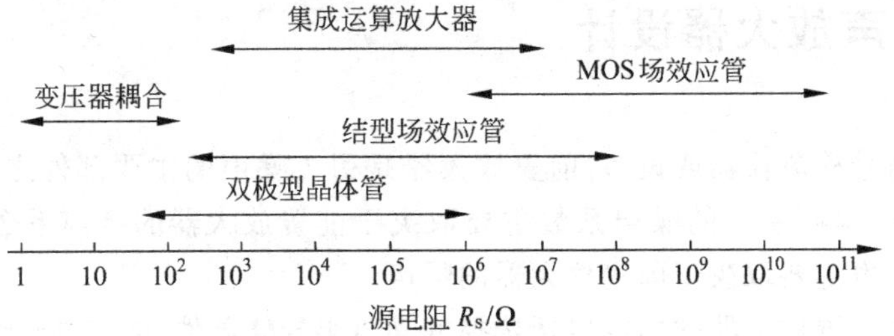

图 2-30 各种有源器件适用的源电阻范围

为了使前置级放大器获得最佳噪声性能，必须根据噪声匹配的要求，选用合适的有源器件。当源电阻很小时，应该考虑使用变压器耦合来使放大电路达到噪声匹配，这将在后面详细介绍。在直接耦合方式中，由图 2-30 可以看出，双极型晶体管(BJT)的源电阻在几十欧到 1MΩ 的范围内。PNP 晶体管和 NPN 晶体管也有一些差别，PNP 晶体管的基区载流子迁移率高，当基区电阻 $r_{bb'}$ 较小时，热噪声电压较小，由式(2-83)可知其噪声电压 e_N 也小，可以用在源电阻较小的场合(见图 2-21(b))；而当 NPN 晶体管的 β_0、f_T 和最佳输入电阻都较大时，适合于源电阻较大的情况。在高频情况下，功耗和噪声匹配都很重要，常常利用共基极组态的低输入阻抗特点来使放大电路达到噪声匹配。

如果源电阻更大(超过 100kΩ)，就要考虑使用结型场效应管(JFET)。但是严格地说，并没有一个明确的源电阻分界值可用来区分是选用 BJT 还是 JFET。JFET 的噪声电流 i_N 远小于 BJT 的 i_N，而噪声电压 e_N 与 BJT 的 e_N 相当或略大，根据式(2-44)，JFET 的最佳源电阻要大于 BJT 的最佳源电阻。在中频段 JFET 的噪声系数小，而且输入电阻大，输入电容小。MOSFET 的 $1/f$ 噪声要比 JFET 大 10～1000 倍，而且跨导 g_m 小，一般不宜用作前置放大器，但其 i_N 值很小，所以 R_{so} 很大，更适合于某些源电阻很大的场合。

20 世纪 80 年代出现的一些超 β 晶体管，其 β 值约为几百到 1000，因此其噪声电压 e_N 已小于 $1\text{nV}/\sqrt{\text{Hz}}$，$i_N$ 已小于 $0.1\text{pA}/\sqrt{\text{Hz}}$，在很多场合可以用作前置放大器。

有源器件的最佳源电阻 R_{so} 是频率的函数，图 2-31 所示为 JFET 和 BJT 的 R_{so} 与频率 f 的关系。可以看出，随着频率的升高，JFET 的 R_{so} 下降，而 BJT 的 R_{so} 上升，二者的差异越来越小。

(3) 在音频和亚音频范围,有源器件的 $1/f$ 噪声的拐点频率很重要,应该越低越好。在此频率范围以及中等或较高源电阻情况下,BJT 应该工作在小电流条件下,其 $1/f$ 噪声在 i_N 中比较明显,而在 e_N 中不太明显。而对于 JFET,$1/f$ 噪声只出现在 e_N 中。相比之下,BJT 的 $1/f$ 噪声的拐点频率似乎更低一些。所以在低频情况下,即使源电阻处于中等偏高范围(10kΩ～1MΩ),使用 BJT 可能更有利一些。然而,也有可能找到高质量的 JFET,在低频情况下仍然保持较好的噪声特性,例如可以找到 10Hz 时噪声水平为 $1\text{nV}/\sqrt{\text{Hz}}$的器件。当工作频带包括 10Hz 以下频率时,建议选用 JFET,因为 BJT 的 $1/f$ 噪声更为严重。MOSFET 低频情况下的噪声电流很低,通常不给出指标,在栅极感应噪声起主导作用的频率下,可以认为 MOSFET 只有噪声电压。因此,对于源电阻很大的场合,可以考虑使用 MOSFET。但是必须注意,MOSFET 的 e_N 的 $1/f$ 噪声拐点频率很高,通常高于 10kHz,这也限制了它在低频情况下的应用。

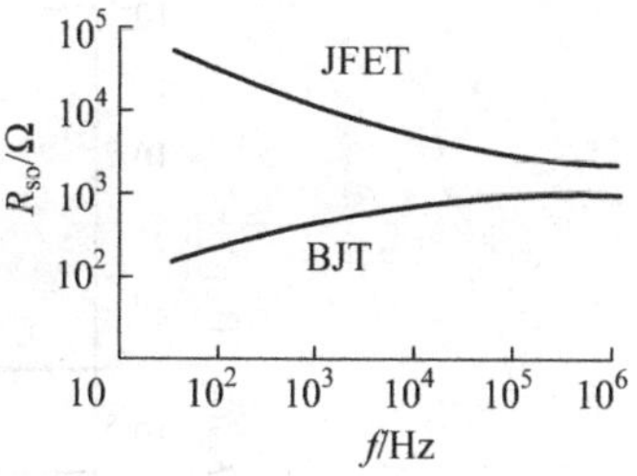

图 2-31 JFET 及 BJT 的 R_{so} 与频率 f 的关系

(4) 集成运算放大器体积小,价格便宜,但是因为在设计中的多方面折中考虑,其噪声特性劣于分立元件。经过选择的集成电路,其噪声电压至少为晶体管电路的 2～5 倍。目前,新型的低噪声运算放大器产品层出不穷,如果能选择到合适的集成运算放大器,则可以使电路设计和调试工作大为简化。但就目前集成低噪声运算放大器的噪声指标来看,还远远达不到分立晶体管的水平,所以,在微弱信号检测电路的前置放大器中,绝大部分需要采用分立晶体管,这也是本书以大量篇幅介绍 BJT 和 FET 噪声特性的原因。

放大器输出的功率信噪比为 $SNR_P = E_s^2/E_{ni}^2$,为了提高 SNR_p,就应使放大器的等效输入总噪声电压有效值 E_{ni}尽量小。由式(2-39)可得

$$E_{ni} = \sqrt{4kTR_s\Delta f + E_n^2 + I_n^2 R_s^2}$$

对于典型的低噪声 BJT、JFET 和集成运算放大器,单位方根带宽的 E_{ni} 随源电阻 R_s 变化曲线示于图 2-32[36],图中还示出了源电阻 R_s 的热噪声电压曲线,这是等效输入总噪声电压 E_{ni}的最低限。可以看出,在 10kΩ～1MΩ 源电阻范围内,JFET 的等效输入总噪声电压只比源电阻的热噪声电压略高一点,是这个源电阻范围的理想器件。但是当源电阻阻值较小时,BJT 的噪声通常低于 JFET。在各种源电阻情况下,集成运算放大器的噪声都要高于分立的 BJT 和 JFET 很多倍。

例 2-6 放大器工作在 $f=10\text{kHz}$ 处,信号源电阻为 $R_s=100\text{k}\Omega$。试为放大器的第一级选择有源器件,以使其噪声系数尽量小。

解:根据图 2-30,对于 100kΩ 源电阻,可选择 BJT、JFET 或集成运算放大器。下面对比这三种情况。

首先考虑运放 μA741,根据其数据表中的噪声性能曲线,在频率 $f=10\text{kHz}$ 处,其等效输入噪声平方根谱密度为 $e_N=20\text{nV}/\sqrt{\text{Hz}}$,$i_N=0.4\text{pA}/\sqrt{\text{Hz}}$,最佳源电阻为 $R_{so}=e_N/i_N=50\text{k}\Omega$。设 10kHz 处的带宽为 $\Delta f=1\text{Hz}$,根据式(2-39),放大器的等效输入总噪声功率和有效值分别为

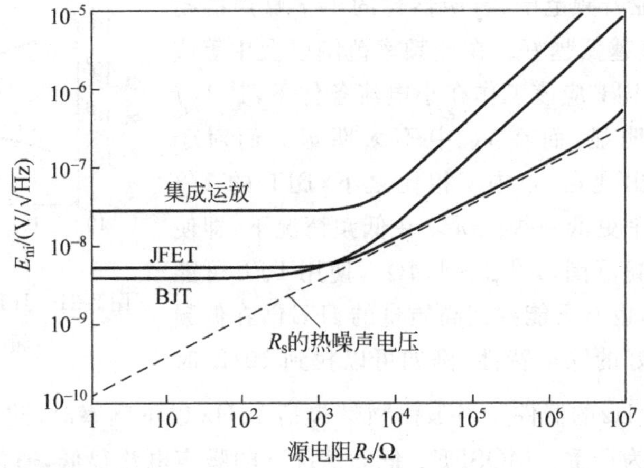

图 2-32 三类有源器件的典型单位方根带宽等效输入总噪声电压 E_{ni} 随源电阻 R_s 变化曲线

$$
\begin{aligned}
E_{ni}^2 &= 4kTR_s\Delta f + E_n^2 + I_n^2R_s^2 \\
&= (1.61\times10^{-20}\times10^5)+(20\times10^{-9})^2+(0.4\times10^{-12}\times10^5)^2 \\
&= 3.61\times10^{-15}\quad (V^2) \\
E_{ni} &= 60nV
\end{aligned}
$$

其噪声因数为

$$NF = 10\lg\frac{E_{ni}^2}{4kTR_s\Delta f} = 10\lg\frac{3.61\times10^{-15}}{1.61\times10^{-15}} = 3.5\quad (dB)$$

其次考虑低噪声运放 OP-07，根据表 2-2，其 $e_N=10nV/\sqrt{Hz}$，$i_N=0.1pA/\sqrt{Hz}$，最佳源电阻为 $R_{so}=e_N/i_N=100k\Omega$，可以实现噪声匹配。重复上述计算，可得 $E_{ni}=52nV$，$NF=2.26dB$。

如果选用 BJT，考虑典型的 2N4250，根据图 2-36，对于 $R_s=100k\Omega$，在 $I_C=5\mu A$ 附近的较宽范围内可以实现的 $NF<1dB$。在相同工作条件下，同样可实现 $NF<1dB$ 的 BJT 还有 NPN 型 2N4124，在 $I_C=1\sim10\mu A$ 范围内，其 $e_N=12nV/\sqrt{Hz}$，$i_N=0.12pA/\sqrt{Hz}$，最佳源电阻为 $R_{so}=100k\Omega$，与信号源电阻匹配。重复上述计算，可得 $E_{ni}=43.5nV$ 和 $NF=0.7dB$。

最后考虑 JFET，若选 2N3821，根据数据表其 $e_N=4nV/\sqrt{Hz}$，$i_N=3fA/\sqrt{Hz}$，可计算出 $E_{ni}=40.32nV$ 和 $NF=0.043dB$。

可见，对于给定工作条件，JFET 给出的噪声指标最好，BJT 尚可，运放 μA741 最差。

2.6.2 偏置电路与直流工作点选择

1. 偏置电路低噪声设计

在源电路中增加电抗可用来抵消放大器的相关电纳，除此之外源电路中的任何额外阻抗都增加系统的噪声系数。这就给如何对输入级设置偏置电路带来了问题。为了说明该问题及其解决方法，下面考虑双极型晶体管的共发射极放大电路，如图 2-33(a)所示，解决问题的方法也适用于其他有源器件。

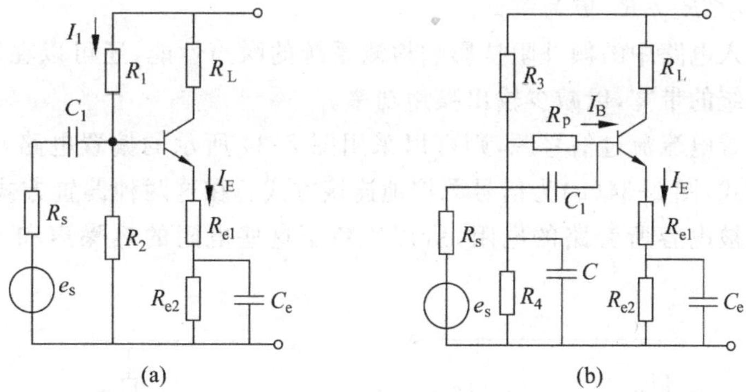

图 2-33 共发射极电路偏置

(a) 普通电路；(b) 低噪声设计

在图 2-33(a) 的发射极电路中，R_{e1}和 R_{e2}用来稳定电路的工作点，没有被电容旁路的电阻 R_{e1}起电流串联负反馈的作用。所有的偏置电阻都会产生热噪声和 $1/f$ 噪声。如果 C_e 足够大，使得在最低工作频率时也能有效地对 R_{e2}旁路，那么发射极电路元件中只需要考虑 R_{e1}的噪声。因为该噪声可以等效为与信号源相串联，所以就要求该噪声与信号源电阻 R_s 的热噪声相比必须很小，即

$$R_{e1} \ll R_s \tag{2-146}$$

而且，R_{e1}应该使用低噪声电阻(例如金属膜电阻或线绕电阻)，以使其 $1/f$ 噪声与 R_s 的热噪声相比可以忽略。在工作频段的低端，旁路电容 C_e 的电抗应该足够小，以便把 R_{e2}的噪声减少到可以忽略的地步。这个要求可能比频率响应对 R_{e2}的要求更为苛刻。

在交流等效电路中，基极偏置电阻 R_1 和 R_2 可以等效为并联连接到放大器输入端，它们的热噪声和 $1/f$ 噪声施加到三极管的基极。如果 $R_p = R_1 /\!/ R_2$ 与源电阻 R_s 相比足够大，则它们产生的噪声经过 R_p 和 R_s 串联分压后可得以有效衰减，与源电阻 R_s 的热噪声相比可能就很小了。很明显，R_1 和 R_2 也应该采用 $1/f$ 噪声很低的优质电阻。

R_1 和 R_2 太大可能会影响偏置工作点的稳定性。事实上工作点的稳定性取决于 R_p，因为由偏置电流的变化 ΔI_B 所导致的基极电位变化为

$$\Delta V_B = R_p \Delta I_B$$

在图 2-33(b)所示电路中，$R_3 /\!/ R_4 \ll R_p$，它能给出基本相同的偏置稳定性，偏置电阻的热噪声的影响也大致相同，但是它能减少偏置电路的 $1/f$ 噪声。这是因为只有基极偏置电流 I_B 流过 R_p，与图 2-33(a)电路中的 I_1 相比要小得多，而 R_3 和 R_4 的噪声被 C 旁路。根据式(2-16)，电阻 $1/f$ 噪声的功率谱密度正比于直流电流的平方。在交流等效电路中，R_p 可以等效为与信号源相并联，为了使它产生的噪声经过 R_p 和 R_s 串联分压后得以有效衰减，同样要求 R_p 与 R_s 相比要足够大。这个要求需要与偏置稳定性相权衡。

电路的频率响应要求 C_1 足够大，以保证在最低工作频率情况下其电抗与$(R_s + R_p /\!/ R_i)$相比足够小，R_i 是放大器基极对地输入电阻。考虑到低频时 C_1 的电抗会增大，由等效输入噪声电流 i_N 导致的 C_1 两端的噪声电压的影响也会增大，当 $1/f$ 噪声主导等效输入噪声电流时尤其是这样，这就要求 C_1 的电容值比频率响应所需要的数值更大。同时，C 的电

抗 X_C 应该足够小，以便把 R_3 和 R_4 的噪声减少到与源电阻的热噪声相比可以忽略的地步。这可能比要求 $X_C \ll R_3 /\!/ R_4$ 更为苛刻。

为了避免输入电路中的额外阻抗影响检测系统的噪声性能，还可以在后续电路中利用滤波器来限制系统的带宽，以减少输出噪声功率。

如果允许偏置电流流过信号源，则可以采用图 2-34 所示的偏置电路，图 2-34(a)为信号源浮地连接方式，图 2-34(b)为信号源接地连接方式。在这两种偏置方式中，在基极偏置电路中不再有不被电容所旁路的电阻，所以避免了这些电阻的热噪声和 $1/f$ 噪声的不利影响。

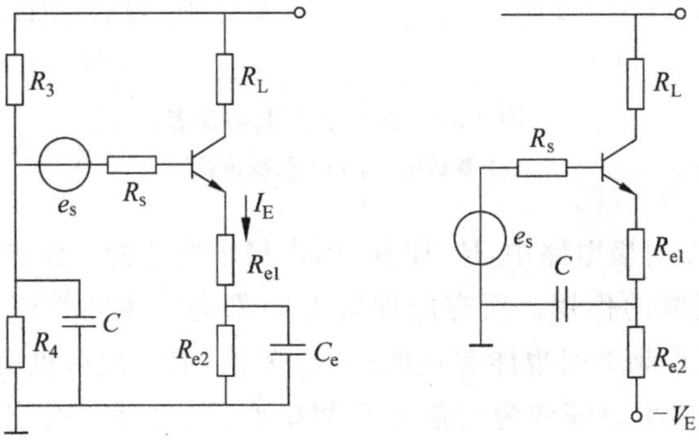

图 2-34　通过信号源进行偏置

(a) 信号源浮地；(b) 信号源接地

对于射频微弱信号检测电路，可以通过射频扼流圈来避免偏置电阻的噪声问题，或通过变压器或调谐电路来实现偏置，分别如图 2-35(a)和(b)所示。在这两种偏置电路中，如果旁路电容 C 足够大，则偏置电阻 R_3 和 R_4 的噪声不会耦合到放大器电路中。在图 2-35(b)电路中，通过选择调谐电路中线圈抽头的位置，还可以达到阻抗变换的目的，从而为噪声匹配提供方便。

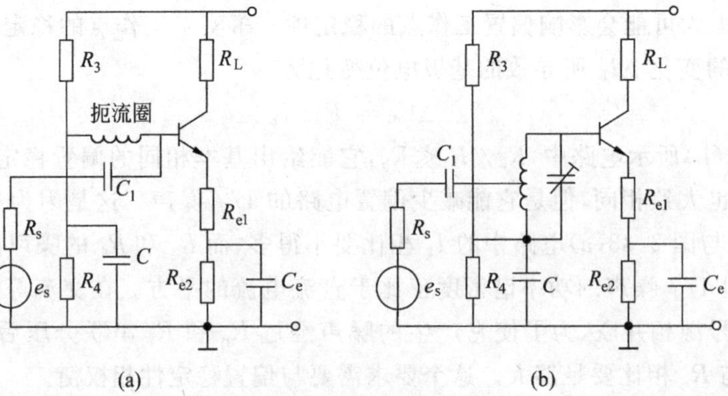

图 2-35　射频电路偏置

(a) 利用射频扼流圈；(b) 利用调谐电路

2. 直流工作点选择

对于直接耦合方式的放大器，也就是直接与信号源连接、中间不加入任何其他网络的放大器，在选定有源器件以后，必须选择合适的工作点，以使放大器的最佳源电阻 R_{so} 等于信号源电阻 R_s，这样才能使放大器的噪声系数达到其最小值 F_{min}。

通过调整放大器的工作点来减少噪声系数，其根据是式(2-44)所表示的关系 $R_{so}=e_N/i_N$。由图 2-20 可见，双极型晶体管的 e_N 和 i_N 对于集电极电流 I_C 的依赖关系正好相反，通过改变晶体管的集电极电流 I_C，可以对其 R_{so} 进行必要的调整，见图 2-21(b)。如果工作频率较高，则集电极电流 I_C 不宜太小，较大的 I_C 会使截止频率 f_T 较高，这样在较高工作频率的情况下，放大器仍然能够保持较低的噪声系数，但是却加大了低频时的噪声系数。

图 2-36 所示是以几种不同源电阻 R_s 为参数，在频率 $f=1\text{kHz}$ 的情况下，晶体管 2N4250 的噪声因数 NF 随 I_C 变化的曲线。可以看出，每种特定的 R_s 值都有一个使 NF 达到最小的点，该点所对应的集电极电流 I_C 是唯一的。从图中还可以看出，最佳源电阻随集电极电流的增加而减少。可见，当源电阻 R_s 确定时，通过调节工作点可以使 NF 达到最小。

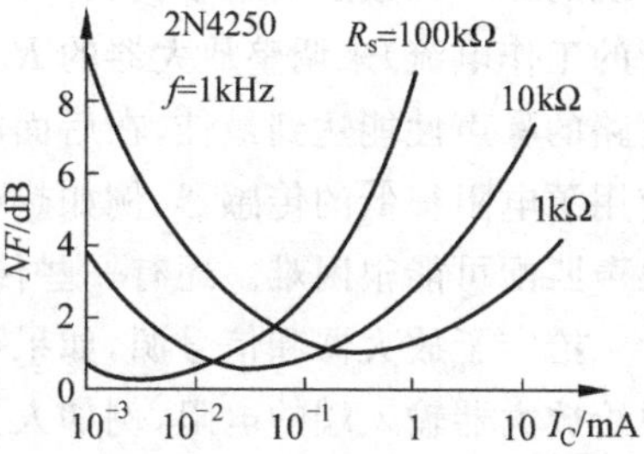

图 2-36 BJT 的 NF-I_C 关系曲线

对于 BJT，式(2-78)和式(2-80)分别给出了其等效输入噪声电压 e_N 和噪声电流 i_N 的平方根谱密度表达式，在中频范围忽略这两式中的低频项和高频项(即 $1/f$ 项和 f^2 项)，然后将其代入式(2-44)可得

$$R_{so}=e_N/i_N=[(2r_{bb'}+r_e)\beta_0 r_e]^{1/2} \tag{2-147}$$

式中，$r_e=kT/(qI_E)=0.026/I_E$，β_0 也是 I_E 的函数，所以调整 I_E 可以改变放大器的 R_{so}，以使 $R_{so}=R_s$，从而实现噪声匹配，使放大器的噪声系数达到最小。

若令 β_0 为常数，忽略式(2-147)中的 $r_{bb'}$ 项，则

$$R_{so}\approx\sqrt{\beta_0}\,r_e=\frac{0.026\sqrt{\beta_0}}{I_E} \tag{2-148}$$

为了使放大器的 $R_{so}=R_s$，应选择如下直流工作点

$$I_C\approx I_E=\frac{\sqrt{\beta_0}}{40R_s} \tag{2-149}$$

式(2-149)说明，信号源输出电阻 R_s 越大，晶体管的工作电流应该越小，这样才能使噪声系数达到最小，从图 2-36 中也可以看出这一点。

在中等频率范围，忽略式(2-78)和式(2-80)中的 $1/f$ 噪声，由式(2-45)可以计算出最小噪声系数 F_{min}，作适当简化可得[8]

$$F_{min}=1+\frac{e_N i_N}{2kT}\approx 1+\frac{1}{\sqrt{\beta_0}}\left(1+\frac{r_{bb'}}{r_e}\right) \tag{2-150}$$

可见，为了减少可以达到的最小噪声系数，应该选用 β_0 大、$r_{bb'}$ 小的晶体管。

例 2-7 已知晶体管的 $\beta_0=100$，$r_{bb'}=100\Omega$，试求 $R_s=1\text{k}\Omega$ 时的最佳 I_C 以及最小噪声系数 F_{min}。

解：由式(2-149)得

$$I_C \approx I_E = \frac{\sqrt{\beta_0}}{40R_s} = 0.25 \quad (\text{mA})$$

考虑到 $r_e=0.026/I_E\approx 0.026/I_C=104\Omega$,将其代入式(2-150)得

$$F_{\min} \approx 1 + \frac{1}{\sqrt{\beta_0}}\left(1 + \frac{r_{bb'}}{r_e}\right) = 1.2$$

2.6.3 噪声匹配

通过选用 R_{so} 与信号源输出电阻 R_s 相等的放大器,可以使系统实现噪声匹配,从而使得系统的噪声系数达到最小。也可以通过改变放大器输入级的工作条件(例如改变输入晶体管的工作电流)来调整放大器的 R_{so},以减小噪声系数。但是单独靠调整工作点不一定能使电路的噪声性能达到最佳,在后面的叙述中将对这一点加以解释。此外,在检测系统中经常使用源电阻很低的传感器,例如热电偶,这时通过采用选择器件,改变工作电流等方法来使噪声匹配可能很困难。还有一些传感器源电阻很大,也可能给噪声匹配带来不便。

给定了放大器和信号源,如果不能达到噪声匹配,首先想到的办法可能是改变信号源呈现给放大器输入端的电阻,例如人为增加或减少信号源输出电阻,实践证明这种办法是行不通的。

1. 附加电阻对噪声系数的影响

应该指出,试图给信号源增加串联或并联电阻来进行噪声匹配并不能改善系统的噪声系数。虽然附加的电阻对有用信号和信号源电阻热噪声的衰减量相同,但是它们还降低了有用信号和放大器噪声之比,此外附加电阻本身还要产生热噪声。总之,采用附加电阻的方法只会使噪声系数增大。下面的两个例子可以说明这个问题。

(1) 附加串联电阻

设放大器的噪声系数为 F,最佳源电阻为 R_{so},信号源电阻为 R_s,如图 2-37(a)所示。根据式(2-40),F 可以表示为

$$F = 1 + \frac{E_n^2 + I_n^2 R_s^2}{4kTR_s\Delta f} \tag{2-151}$$

式中,E_n 和 I_n 分别是放大器的等效输入噪声电压 e_n 和等效输入噪声电流 i_n 的有效值,Δf 为带宽。

当 $R_s<R_{so}$ 时,出于噪声匹配的目的添加一个与信号源相串联的电阻 R_{s1},以使

$$R_{so} = R_s + R_{s1} \tag{2-152}$$

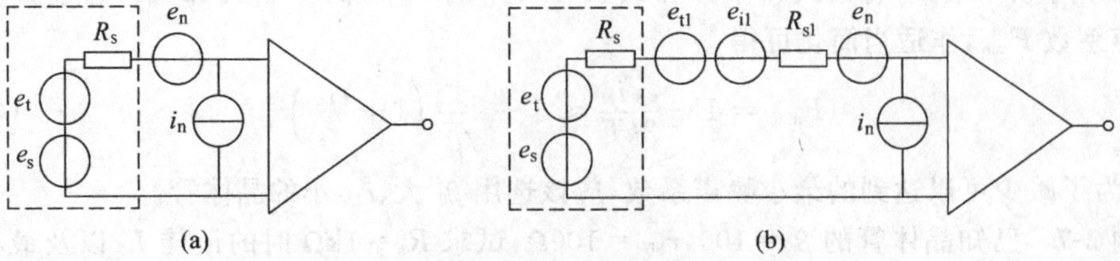

图 2-37 增加串联电阻导致噪声特性变化

(a) 原噪声电路;(b) 增加串联电阻后的噪声电路

看起来好像实现了噪声匹配，但这会在放大器的输入电路中增加两个额外的噪声源，一个是 R_{s1} 的热噪声 e_{t1}，另一个是 i_n 流经 R_{s1} 在其两端造成的电压降 e_{i1}，如图 2-37(b)所示。

根据式(2-40)，添加 R_{s1} 后的噪声系数为

$$F' = 1 + \frac{E_n^2 + I_n^2 R_s^2 + 4kTR_{s1}\Delta f + I_n^2 R_{s1}^2}{4kTR_s\Delta f}$$

与式(2-151)对比可得

$$F' = F + \frac{4kTR_{s1}\Delta f + I_n^2 R_{s1}^2}{4kTR_s\Delta f} = F + \frac{R_{s1}}{R_s} + \frac{I_n^2 R_{s1}^2}{4kTR_s\Delta f} \tag{2-153}$$

很显然，增加串联电阻后的噪声系数 F' 大于原来的噪声系数 F。而且，增加的串联电阻 R_{s1} 越大，噪声系数增加得越多。

(2) 附加并联电阻

当 $R_s > R_{so}$ 时，出于噪声匹配的目的添加一个与信号源相并联的电阻 R_{s2}，以使

$$R_{so} = R_s \,/\!/\, R_{s2} \tag{2-154}$$

这时的噪声电路示于图 2-38(a)，图中的 e_{t2} 表示 R_{s2} 的热噪声。

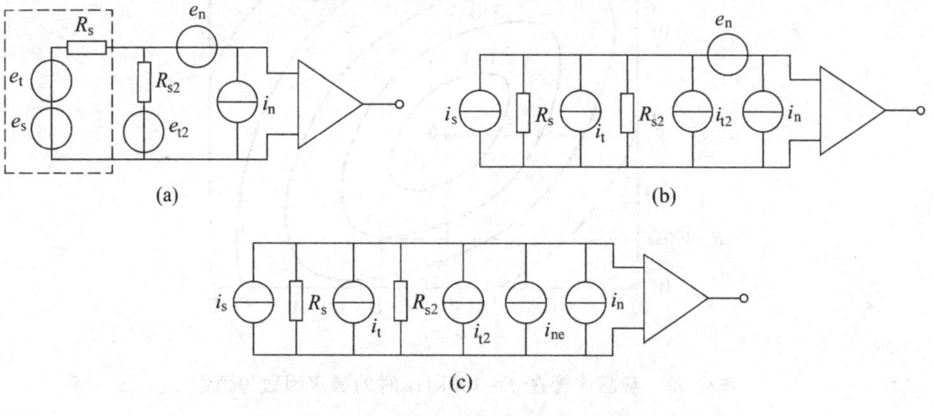

图 2-38 增加并联电阻导致的噪声特性变化

(a) 增加并联电阻后的噪声电路；(b) 信号和热噪声电压转换为电流源；(c) 放大器输入噪声源转换为电流源

为了分析方便，把信号电压和热噪声电压转换为等效电流源，如图 2-38(b)所示，图中，$i_s = e_s/R_s$，$i_t = e_t/R_s$，$i_{t2} = e_{t2}/R_{s2}$。进一步把放大器等效输入噪声电压 e_n 转换为等效电流源 $i_{ne} = e_n/(R_s /\!/ R_{s2})$，如图 2-38(c)所示。根据噪声系数 F 等于输入总噪声功率除以信号源电阻热噪声功率的概念，这时的噪声系数为

$$F' = \frac{I_t^2 + I_n^2 + I_{t2}^2 + E_n^2/(R_s /\!/ R_{s2})^2}{I_t^2} \tag{2-155}$$

把式(2-155)中的各等效电流代入，整理后可得

$$F' = F + \frac{R_s}{R_{s2}} + \frac{E_n^2(2 + R_s/R_{s2})}{4kTR_{s2}\Delta f} \tag{2-156}$$

与式(2-151)对比可见，增加并联电阻后的噪声系数 F' 也大于原来的噪声系数 F。而且，增加的并联电阻 R_{s2} 越小，噪声系数增加得越多。这是因为并联电阻 R_{s2} 要产生额外的热噪声，而且它对信号源的热噪声和信号电压都有分压衰减的作用。

总之，为达到噪声匹配，无论是给信号源串联还是并联电阻，其结果只会使放大器的噪声性能更加恶化。

2. 调整工作点进行噪声匹配的局限性

从图 2-36 可见，对于不同的源电阻 R_s，通过调整工作点 I_C 所能达到的最小噪声系数是不同的，例如图中在 $R_s=100\text{k}\Omega$ 情况下所能达到的最小噪声系数要小于 $R_s=1\text{k}\Omega$ 时的最小噪声系数。因此，对于某一给定的 R_s，通过调整 I_C 所能达到的 $F_{\min}$ 对于该放大器来说未必最佳。

当放大器电路设计制作完成之后，表示其噪声因数随源电阻 R_s 和频率 f 变化的噪声因数等值图（NF 图）也就确定了，如图 2-16(b)所示。同样，对于某个固定的工作频率 f，也可以测量绘制其噪声因数随源电阻 R_s 和工作点电流 I_C 变化的噪声因数等值图，如图 2-39 所示。

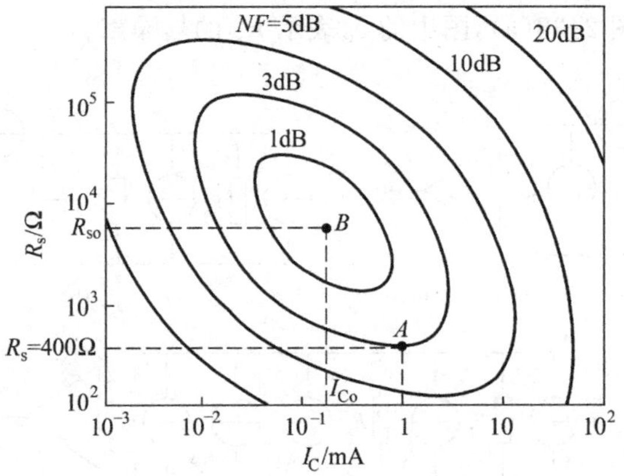

图 2-39　某晶体管在 $f=100\text{kHz}$ 时的噪声因数等值图

从图 2-39 可以看出，对于各种不同的 R_s，都能找到一个最佳工作点和相应的 NF。例如，当 $R_s=400\Omega$ 时，最佳工作点约为 $I_C=1\text{mA}$，相当于图中的 A 点，这时能达到的最小噪声因数 NF 为 3dB；而该晶体管可以达到的最小噪声因数在 B 点（$NF<1\text{dB}$），它相应的 R_{so} 可能不等于信号源电阻 R_s，可见，只靠调整工作点不能达到最佳噪声性能。在这种情况下，可以考虑利用输入变压器进行阻抗变换来有效地改变源电阻，以便达到噪声匹配。

3. 利用变压器实现噪声匹配

如果信号源电阻 R_s 不等于放大器的最佳源电阻 R_{so}，则为了实现噪声匹配，使放大器的噪声系数达到最小值 $F_{\min}$，最好的方法是改变信号源呈现在放大器输入端的阻抗。利用变压器可以达到这样的目的。

利用输入变压器进行阻抗变换，可以有效地改变呈现在放大器输入端的源电阻，电路连接见图 2-40(a)，图中的 e_s 为信号源电压，e_t 是源电阻 R_s 的热噪声电压，e_n 和 i_n 分别是放大器的等效输入噪声电压和噪声电流。

对于理想的变压器，设变压器的次级与初级匝数比为 n，那么由初级变换到次级的信号电压为 ne_s，次级输出噪声电压为 ne_t，理想变压器初级输入和次级输出的信噪比相同，即其

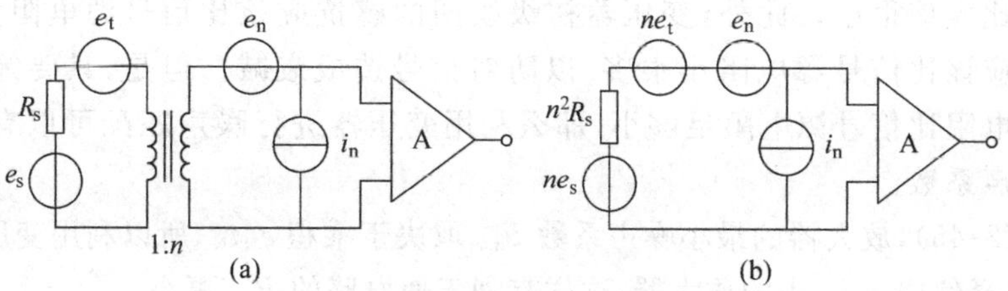

图 2-40 变压器噪声匹配电路

(a) 电路连接及噪声源；(b) 等效噪声电路

噪声系数为 1。但是经过变压器的变换，次级输出的源电阻增加为 n^2R_s，如图 2-40(b)所示。选择合适的匝数比 n，以实现噪声匹配，希望

$$n^2R_s = R_{so} = \frac{e_N}{i_N} \tag{2-157}$$

从而可以使放大器的噪声系数大为降低。由式(2-157)可得变压器的匝数比为

$$n = \sqrt{R_{so}/R_s} \tag{2-158}$$

例 2-8 如果信号源输出电阻 $R_s=10\Omega$，工作频率 $f=1\text{kHz}$。选用的前置放大器为 OP07。试求匹配变压器的匝数比和能够达到的信噪改善比 $SNIR$。

解：运算放大器 OP07 在 $f=1\text{kHz}$ 时的等效输入噪声平方根谱密度为 $e_N=10\text{nV}/\sqrt{\text{Hz}}$，$i_N=0.1\text{pA}/\sqrt{\text{Hz}}$。由此可计算出该放大器的最佳输入电阻

$$R_{so} = \frac{e_N}{i_N} = 100 \quad (\text{k}\Omega)$$

由式(2-158)得匹配变压器匝数比

$$n = \sqrt{\frac{R_{so}}{R_s}} = 100$$

当不使用变压器时，根据式(2-41)，放大器的噪声系数为

$$F = 1 + \frac{e_N^2 + i_N^2 R_s^2}{4kTR_s} \approx 625$$

当使用变压器时，放大器可以达到式(2-45)所示的最小噪声系数

$$F_{min} = 1 + \frac{e_N i_N}{2kT} = 12.5$$

功率信噪改善比为

$$SNIR_P = \frac{625}{12.5} = 50$$

电压信噪改善比为

$$SNIR_V = \sqrt{50} = 7.07$$

可见，利用匹配变压器使得放大器输出信噪比有了大幅度的提高。

在实际应用中，变压器的线圈和铁芯会有损耗电阻，这些损耗电阻也会产生热噪声，并对信号有衰减作用，这会使得信噪比和整体噪声系数情况变坏，所以实际变压器的噪声系数总是大于 1。为了使噪声系数的增加尽量小，等效到变压器初级的损耗电阻与信

号源电阻相比应该很小。此外，变压器初级线圈的感抗应该比信号源电阻大很多，变压器的漏感抗应该比信号源电阻小很多，以防对信号造成衰减。但是，只要等效到变压器初级的损耗电阻比信号源电阻足够小，那么利用变压器进行噪声匹配可以有效地改善电路系统的噪声系数。

根据式(2-45)，放大器的最小噪声系数 F_{min} 取决于乘积 $e_N i_N$，所以利用变压器进行噪声匹配时，要选择使用 $e_N i_N$ 小的放大器，这样有利于使电路的 F_{min} 更小。

此外，利用变压器实现阻抗匹配，还有以下限制条件：

(1) 变压器初级线圈的感抗应该比信号源电阻大很多，变压器的漏感抗应该比信号源电阻小很多，以防对信号造成衰减。

(2) 变压器耦合手段往往与单片固态技术不兼容。

(3) 耦合变压器由于其缺陷也具有多个噪声源：巴克豪森(Barkhausen)噪声(施加信号时，磁芯材料磁畴的连续突然变化)，机械应力和振动，对杂散磁场的敏感性。最后一项在工频电源频率及其谐波处特别有害，往往需要完善的屏蔽。如果没有适当的防护措施，信噪比很容易降低而不是升高。

(4) 耦合变压器大大降低了放大器的带宽，被测信号必须是频率较高的交流信号，所以这项技术比较适合于RF应用，RF变压器磁芯不大，绕组不多，品质优异。对于直流信号、慢变信号和超低频信号，不宜采用变压器耦合方法。而当频率太高时，变压器的分布电容和分布电感会带来不利影响。此外，变压器的制作比较麻烦。

4. 有源器件并联法

在直接耦合方式中，如果源电阻 R_s 很小，则由式(2-149)计算出的 I_C 会很大，这不仅会使 β_0 降低，导致增益下降，而且会加大 F_{min}，还会增大电路功耗，影响电路的稳定性。在这种情况下可以采用多个晶体管并联的工作方式来降低电路的最佳源电阻，如图2-41所示，图中的 e_t 表示源电阻 R_s 的热噪声。

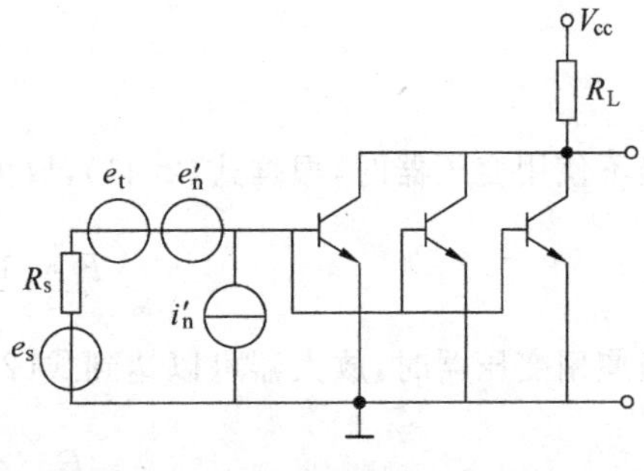

图2-41　晶体管并联工作方式

设有 M 个噪声性能相同的晶体管相并联，每个晶体管的等效输入噪声电压和噪声电流平方根谱密度分别为 e_N 和 i_N，最佳源电阻为 R_{so}，最小噪声系数为 F_{min}，则并联后的等效输入噪声电压和噪声电流平方根谱密度分别为[8]

$$e_N'^2 = e_N^2/M \tag{2-159}$$

$$i_N'^2 = Mi_N^2 \tag{2-160}$$

根据式(2-44)和式(2-45)可得，并联后的最佳源电阻和最小噪声系数分别为

$$R'_{so} = R_{so}/M \tag{2-161}$$

$$F'_{min} = F_{min} \tag{2-162}$$

可见，多管并联方式可以降低放大器所要求的最佳源电阻。这种方法的一个缺点是，并联后的等效输入噪声电流的功率谱密度将加大 M 倍，如式(2-160)所示。但是只要信号源电阻

R_s 足够小,就不会引起严重的问题。

对于低噪声运算放大器,也可以采取类似的并联方法来降低最佳源电阻。例如,图 2-42 就是若干个 LT1028 运算放大器并联运行的实用电路。

设并联运算放大器的个数为 M,则 M 个输入等效噪声电压源处于并联状态,它们互不相关,叠加的结果是噪声电压将减少为原来的 $1/\sqrt{M}$,因为信号的增益增加到 M 倍。例如对于图 2-42 电路,单个运算放大器的增益约为 200,设每个运算放大器的等效输入噪声电压有效值为 E_n,则 M 个运算放大器并联后的输出噪声电压有效值为 $200E_n\sqrt{M}$,并联后的增益为 $200M$,等效到输入端的噪声电压为 $E_n/\sqrt{M}$。这种方法的缺点是等效输入噪声电流将增加 $\sqrt{M}$ 倍,但是只要不使用高阻值电阻,这将不会成为严重问题。由式(2-159)和式(2-160)也能得出上述结论。同样,M 个运算放大器并联后的最佳源电阻将减少为原来的 $1/M$。

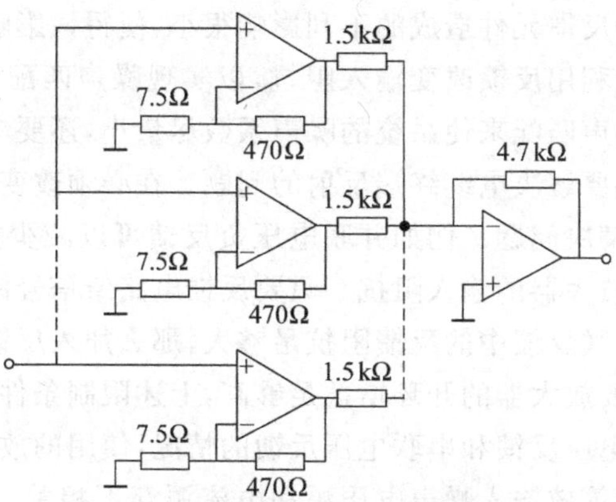

图 2-42 多个运放并联减少最佳源电阻

采用有源器件并联法实现噪声匹配时,需要注意以下几点:

(1) M 个元件并联后,e_n 和 i_n 之间的相关系数比单一器件小 M 倍。

(2) 式(2-161)表明,这种噪声匹配方法相当于使用匝数比为 $1:\sqrt{M}$ 的输入耦合变压器。

(3) 在实践中,当几个分立的晶体管并联连接时,不相同的参数可能会导致问题。即使通过精心选择,使得晶体管具有几乎相同的参数,老化也可能会导致不平衡发生,并且其中的一个可能驱动比其他器件更多的电流。其结果是,这个器件将消耗更多的功率,其温度上升超过其他器件。由于温度高,其电流增益将进一步增大,功耗也进一步增大。最终,该晶体管将失效,使得整体不能正常工作。这就是为什么并联有源器件并不能确保安全工作,除非使用固态电路,它可以制造几乎相同的晶体管。

(4) 并行使用多个器件实际上增大了器件的整体尺寸。在射频集成电路中,通过适当选择器件尺寸,可以设置输出电阻 R_o 为 50Ω(或任何其他值),同时实现噪声匹配和信号匹配。

2.6.4　反馈电路对噪声特性的影响

根据应用电路的具体要求，在放大器中采用合适的反馈措施，可以有效地改善放大器的性能，例如在很宽的频率范围内得到稳定的增益，改变放大器的输入阻抗，改变放大器的频率特性等。这里只是从噪声特性分析的角度出发，针对最基本的反馈放大电路，分析反馈支路的加入对放大器噪声特性的影响。

放大器的附加反馈支路不会改变放大器内部固有噪声源的任何指标，它只会影响放大器的外部表现。反馈改变了放大器的增益，但是对于有用信号、信号源噪声和放大器等效输入噪声的增益都改变了同样的量值。反馈支路的电阻分量必然会产生热噪声，而且输入噪声电流流经反馈电阻还会在其两端产生噪声电压，所以附加反馈支路只会使放大器的噪声系数或多或少地变坏。

但是，如果能够使得反馈元件造成的不利影响很小，使得该影响与信号源产生的热噪声相比可以忽略，那么可以利用反馈改变输入阻抗，以实现噪声匹配。此外，在低噪声电路设计中，不但要考虑通过噪声匹配来使系统的噪声系数尽量小，还要考虑通过功率(阻抗)匹配来使传输的功率最大，还要解决电缆终端反射的问题。在必须改变放大器输入阻抗的场合，可以考虑利用负反馈来解决问题。例如并联电压负反馈可以减少放大器的输入阻抗，而串联电压负反馈可以增大放大器的输入阻抗。只要反馈电路给信号源电路增加的阻抗与源电阻相比可以忽略，而且并联反馈中的反馈阻抗足够大，那么加入反馈后可以使放大器的噪声特性基本保持不变。只要放大器的开环增益足够高，上述限制条件是不难满足的。

下面分别分析并联电压反馈和串联电压反馈的情况，使用的放大器为高增益、高输入阻抗的运算放大器，并设其等效输入噪声电压源和电流源互不相关。电路中采用的电阻为低噪声电阻，所以其 $1/f$ 噪声可以忽略。

1. 电压并联负反馈放大器

电压并联负反馈放大器及其等效噪声源示于图 2-43(a)，图中的 e_n 和 i_n 分别是运算放大器的等效输入噪声电压和噪声电流，e_t 是信号源电阻 R_s 的热噪声，e_f 是反馈电阻 R_f 的热噪声。因为我们只对噪声分析感兴趣，所以省略掉了信号源。利用运算放大器负端输入为虚地这一概念，可知电路的电压放大倍数为 $K=-R_f/R_s$。

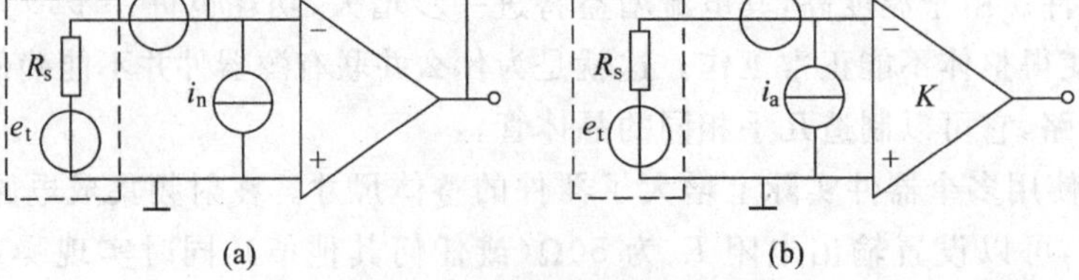

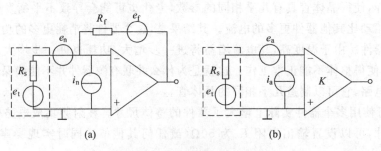

图 2-43　电压并联负反馈放大器

(a) 噪声电路；(b) 等效电路

下面首先计算每个噪声源单独作用导致的输出电压，之后把 e_f、e_n 和 i_n 等噪声源综合在一起，并等效为一个噪声电压源 e_a 和一个噪声电流源 i_a，得到的等效噪声电路示于图 2-43(b)，图中放大器的电压放大倍数为 $K=-R_f/R_s$。分析目的是要找出图 2-43(b)中的等效噪声源 e_a 和 i_a 与原放大器噪声源 e_n 和 i_n 的关系。

对于图 2-43(a)所示的电路，当只有 e_n 单独作用时，输出噪声电压为

$$e_{no}=Ke_n=-e_n R_f/R_s$$

当只有 i_n 单独作用时，输出噪声电压为

$$e_{io}=-i_nR_f$$

当只有 e_t 单独作用时，输出噪声电压为

$$e_{to}=Ke_t=-e_tR_f/R_s$$

当只有 e_f 单独作用时，因为放大器对 e_f 的放大倍数为 -1，输出噪声电压为

$$e_{fo}=-e_f$$

设系统带宽为 B，上述各噪声源互不相关，所有输入噪声源综合在一起的总输出噪声功率(均方值)为

$$\begin{aligned}E_{no总}^2&=E_{no}^2+E_{io}^2+E_{to}^2+E_{fo}^2\\&=K^2E_n^2+(I_nR_f)^2+K^2E_t^2+E_{fo}^2\end{aligned}$$

将 $K=-R_f/R_s$、$E_t^2=4kTR_sB$、$E_f^2=4kTR_fB$ 代入上式，得等效输入总噪声功率为

$$E_{ni总}^2=E_{no总}^2/K^2=E_n^2+I_n^2R_s^2+4kTR_sB+4kTBR_s^2/R_f \tag{2-163}$$

而对于图 2-43(b)中的等效噪声源 e_a 和 i_a，等效输入总噪声功率为

$$E_{ni总}^2=E_a^2+I_a^2R_s^2+4kTR_sB \tag{2-164}$$

对比式(2-163)和式(2-164)可得

$$E_n^2+I_n^2R_s^2+4kTBR_s^2/R_f=E_a^2+I_a^2R_s^2 \tag{2-165}$$

为了求出 E_a，令 $R_s=0$，可得

$$E_a=E_n \tag{2-166}$$

为了求出 I_a，将式(2-165)两边除以 R_s^2，得

$$\frac{E_n^2}{R_s^2}+I_n^2+4kTB/R_f=\frac{E_a^2}{R_s^2}+I_a^2$$

将式(2-166)代入上式得

$$I_a^2=I_n^2+4kTB/R_f \tag{2-167}$$

可见，反馈支路的引入对放大器等效输入噪声电压无影响，只是使得等效输入噪声电流增加了一项取决于反馈电阻 R_f 的热噪声。而且 R_f 越大，其影响越小。

根据式(2-20)所给出的噪声系数的定义，加反馈后的噪声系数为

$$\begin{aligned}F'&=\frac{E_{ni总}^2}{4kTR_sB}=\frac{E_n^2+I_n^2R_s^2+4kTR_sB+4kTBR_s^2/R_f}{4kTR_sB}\\&=1+\frac{E_n^2+I_n^2R_s^2}{4kTR_sB}+\frac{R_s}{R_f}\end{aligned} \tag{2-168}$$

根据式(2-40)，没有加反馈的原放大器的噪声系数为

$$F=1+\frac{E_n^2+I_n^2R_s^2}{4kTR_sB}$$

把上式代入式(2-168)得

$$F' = F + \frac{R_s}{R_f} \tag{2-169}$$

可见,加反馈后的噪声系数比没有加反馈时的噪声系数增加了 R_s/R_f,R_f 越小,噪声系数增加得越多。

2. 电压串联负反馈放大器

电压串联负反馈放大器及其等效噪声源示于图 2-44(a),图中的各噪声源情况类似于如图 2-43 所示的电路,所有输入噪声源综合在一起的等效噪声电路示于图 2-44(b),图中的 R_p 为反馈支路电阻 R_{f1} 和 R_{f2} 相并联的等效电阻。

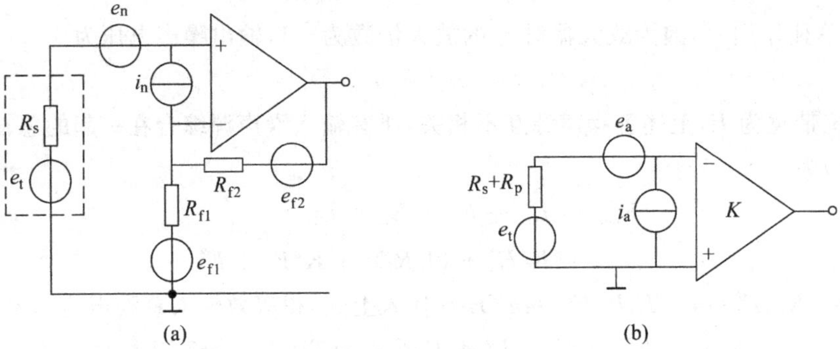

图 2-44 电压串联负反馈放大器

(a) 噪声电路;(b) 等效电路

利用类似于电压并联负反馈放大器的分析方法,可以推导出等效噪声源 e_a 和 i_a 与原电路噪声源 e_n 和 i_n 的关系:

$$I_a = I_n \tag{2-170}$$

$$E_a^2 = E_n^2 + 4kTBR_p + (I_n R_p)^2 \tag{2-171}$$

式中

$$R_p = R_{f1} // R_{f2} = \frac{R_{f1} R_{f2}}{R_{f1} + R_{f2}} \tag{2-172}$$

可见,反馈电路对等效噪声电压源均方值 E_a^2 的影响是使其在 E_n^2 的基础上又增加了两项:一项是 R_p 的热噪声功率,另一项是 I_n 流经 R_p 产生的噪声电压相应的功率 $(I_n R_p)^2$。就噪声分析而言,电压串联负反馈放大器的输入电路性能相当于信号源电阻由 R_s 增加到 $R_s + R_p$,如图 2-44(b)所示。即电路的等效输入噪声总功率为

$$E_{ni}^2 = 4kTB(R_s + R_p) + E_n^2 + I_n^2 (R_s + R_p)^2 \tag{2-173}$$

式中,B 为等效噪声带宽。

根据式(2-20)所给出的噪声系数的定义,加反馈后的噪声系数为

$$F' = \frac{E_{ni}^2}{4kTR_s B} = \frac{4kTB(R_s + R_p) + E_n^2 + I_n^2 (R_s + R_p)^2}{4kTR_s B}$$

$$= F + \frac{R_p}{R_s} + \frac{I_n^2 (2R_s R_p + R_p^2)}{4kTR_s B} \tag{2-174}$$

可见,$R_p = R_{f1} // R_{f2}$ 越大,加反馈后的噪声系数增加得越多。

2.6.5 高频低噪声放大器设计考虑

1. 信号源输出阻抗为复数

在前面的分析和设计中，都假设信号源输出阻抗为纯电阻。在高频情况下，信号源的电抗变得不容忽视，而且还必须考虑到分布电抗的影响。在这种情况下，放大器连接到信号源的等效噪声电路示于图 2-45(a)，图中的信号源输出阻抗为

$$Z_s = R_s + jX_s \tag{2-175}$$

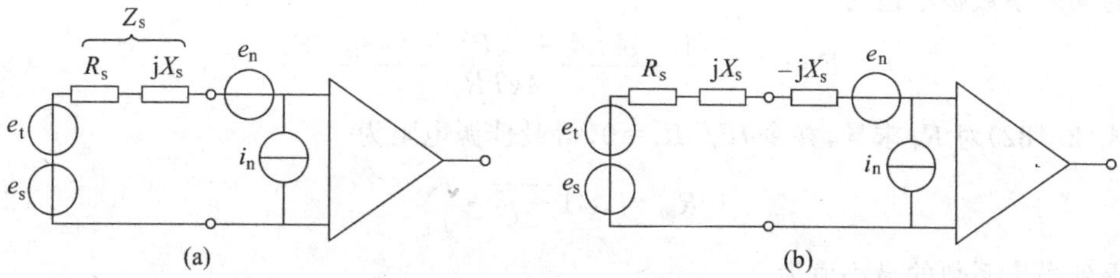

图 2-45 放大器连接到混合阻抗信号源

(a) 噪声电路；(b) 源电抗的抵消

式(2-175)中，X_s 为信号源的等效串联输出电抗。X_s 的存在使得 i_n 流经信号源阻抗造成的电压噪声增加，式(2-40)变为

$$F = 1 + \frac{E_n^2 + I_n^2 \mid Z_s \mid^2}{4kTR_s\Delta f} = 1 + \frac{E_n^2 + I_n^2(R_s^2 + X_s^2)}{4kTR_s\Delta f} \tag{2-176}$$

在某个频率点 f_0，通过在信号源和放大器之间连接一个电抗 $-jX_s$，如图 2-45(b)所示，可以抵消 X_s 的不利影响。当 X_s 是感抗时，要连接一个电容；当 X_s 是容抗时，要连接一个电感。尽管这种方法只在一个频率点 f_0 能够完全抵消 X_s，但在以 f_0 为中心的一个频段内，也可以部分抵消 X_s，从而在信号 e_s 的频带内降低噪声系数。

对于等效为诺顿模型的电流源，通过给信号源并联一个符号相反的电纳，也可以在一个频率点 f_0 完全抵消原并联电纳。

2. 放大器的 e_n 与 i_n 相关

在高频工作情况下，晶体管的极间电容和引线的分布电容会导致各噪声源之间的互相耦合，这样一来，要做到放大器噪声模型中的 e_n 和 i_n 互不相关就很困难了。对于图 2-12(b)所示的噪声模型，设 e_n 和 i_n 之间的相关系数为 ρ，则放大器总的输入端噪声功率为

$$E_{ni}^2 = 4kTR_s\Delta f + E_n^2 + I_n^2R_s^2 + 2\rho E_n I_n R_s \tag{2-177}$$

式中，Δf 为带宽。根据式(2-20)所给出的噪声系数的定义，这时的噪声系数为

$$F = \frac{E_{ni}^2}{4kTR_s\Delta f} = 1 + \frac{E_n^2 + I_n^2R_s^2 + 2\rho E_n I_n R_s}{4kTR_s\Delta f} \tag{2-178}$$

或将噪声系数表示为等效噪声源平方根谱密度的形式

$$F = 1 + \frac{e_N^2 + i_N^2R_s^2 + 2\rho e_N i_N R_s}{4kTR_s} \tag{2-179}$$

如果信号源阻抗为复数，即 $Z_s=R_s+jX_s$，如图 2-45(a)所示，则式(2-179)应改写为

$$F=1+\frac{e_N^2+i_N^2(R_s^2+X_s^2)+2\rho_1 e_N i_N R_s+2\rho_2 e_N i_N X_s}{4kTR_s} \tag{2-180}$$

式中，ρ_1 和 ρ_2 分别是相关系数的实部和虚部。

式(2-180)说明，放大器的噪声系数不但与源电阻有关，而且与源电抗有关。为了求出使 F 达到其最小值 F_{min} 的最佳源电阻和源电抗，将式(2-180)对 X_s 求导，并令 $\partial F/\partial X_s=0$，得最佳源电抗为

$$X_{so}=-\rho_2\frac{e_N}{i_N} \tag{2-181}$$

这时的噪声系数极小值为

$$F=1+\frac{(1-\rho_2^2)e_N^2+i_N^2R_s^2+2\rho_1 e_N i_N R_s}{4kTR_s} \tag{2-182}$$

再将式(2-182)对 R_s 求导，并令 $\partial F/\partial R_s=0$，得最佳源电阻为

$$R_{so}=\sqrt{1-\rho_2^2}\cdot\frac{e_N}{i_N} \tag{2-183}$$

由此得到噪声系数的最小值为

$$F_{min}=1+\frac{(\sqrt{1-\rho_2^2}+\rho_1)e_N i_N}{2kT} \tag{2-184}$$

将式(2-183)和式(2-184)代入式(2-180)，可以得到噪声系数 F 与最佳源电阻 R_{so} 及最佳源电抗 X_{so} 之间的关系式，但是数学推导过程比较复杂。文献[5]中经过在频域的推演，得出以下结论

$$F=F_{min}+\left[\left(\frac{1}{R_s}-\frac{1}{R_{so}}\right)^2+\left(\frac{1}{X_s}-\frac{1}{X_{so}}\right)^2\right]R_e R_s \tag{2-185}$$

式中，R_e 为 e_n 的等效噪声电阻，见式(2-51)。式(2-185)说明，只有当信号源阻抗满足 $R_s=R_{so}$ 以及 $X_s=X_{so}$ 时，放大器才能达到最佳的噪声性能。为了满足 $X_s=X_{so}$，可以在信号源与放大器之间串联电抗 X_0，使得

$$X_s+X_0=X_{so} \tag{2-186}$$

但是，为了满足 $R_s=R_{so}$，不能采用给信号源串联或并联电阻的方法，只能采用选择器件，调整工作点，增设匹配变压器等方式，如前面所述。

当工作频率不是很高时，放大器的噪声相关系数可以忽略，即认为 $\rho_1=\rho_2=0$，则有 $X_{so}=0$，式(2-183)和式(2-184)分别简化为式(2-44)和式(2-45)，即

$$R_{so}=e_N/i_N$$

$$F_{min}=1+\frac{e_N i_N}{2kT}$$

这些都是在中频段适用的噪声性能计算公式。

2.7 噪声特性测量

为了检测微弱信号，必须设计出低噪声放大器，这就要求电路设计者不但要熟悉噪声分析和低噪声设计技术，还需要了解电路元器件、部分电路和整个检测系统的噪声特性，以及

测量这些噪声特性的技术和手段,以确定这些噪声特性是否满足要求。低噪声电路元件、半导体和集成电路的制造商也需要对其产品进行噪声特性测量,以给出产品的噪声指标。同一种型号的元件,其噪声特性也是有差异的,尤其是 $1/f$ 噪声的差异可能较大,电路设计者可以利用噪声特性测量技术从较多的样品中挑选出低噪声的元件。

本节讨论噪声特性测量的常用方法,经典的测量技术,所需要的仪器设备,某些情况下可作的近似和简化,以及为了得到有效结果必须注意的事项。

2.7.1 噪声功率和有效值测量

1. 测量误差

所要求的测量精度决定了测量过程的复杂程度以及测量设备的费用,所以在进行噪声测量之前,应该首先确定测量精度。随着测量精度的提高,测量成本会大幅度增加。针对所考虑的设计问题,测量精度达到适当的水平就可以了。例如,对于噪声电压或电流有效值的测量,要求精度优于10%的情况并不多。

需要注意的是,噪声功率正比于噪声电压或电流有效值的平方。如果噪声电压有效值 E_n 的相对测量误差为 δ_e,由此计算出的归一化功率 E_n^2 的相对误差为 δ_p,则有

$$E_n^2(1+\delta_p) = [E_n(1+\delta_e)]^2 \tag{2-187}$$

或

$$\delta_p = 2\delta_e + \delta_e^2 \tag{2-188}$$

由上式可见,若 δ_e 较小,则 $\delta_p \approx 2\delta_e$。对于由噪声电流计算出的功率,式(2-188)也成立。

2. 利用示波器观测噪声

如果测量精度要求不高,利用示波器观察噪声幅度是一种简单易行的测量方法。

不同于确定性信号,随机噪声的幅度是不确定的,如果利用普通示波器的触发功能反复扫描显示波形,则每次显示的波形是不同的,多个波形重叠显示在一起,很难看到清晰的波形,而只能看到一个亮带。如果使用数字式的存储示波器,可以稳定显示出一次扫描的清晰波形。

根据式(1-14)和表1-2,对于零均值高斯分布的噪声 $x(t)$,99.7%时间内,噪声电压将位于 $\pm 3\sigma_x$ 范围内,σ_x 是 $x(t)$ 的有效值(均方根值)。因此,把屏幕上显示的几乎包含所有信号的电压范围除以6,就可以大致估算出随机噪声 $x(t)$ 的有效值 σ_x,如图2-46所示。

利用示波器测量噪声特性很难达到较高的精度,但是在触发同步扫描情况下,示波器可以用来判断噪声来源。例如,如果用示波器观察到类似于图2-8的波形,就可以推测这是爆裂噪声;如果观察到类似于图5-40(a)的波形,而且其周期为20ms,则可以断定这是50Hz工频干扰噪声;如果观察到周期性出现的尖脉冲,而且其频率等于附近某数字电路的时钟频率或时钟频率的若干分之一,则可以判断这是来自该数字电路的串扰。

利用示波器观察噪声的一个难点是如何获得触发同步显示。如果周期信号叠加了较大幅度的高频随机噪声,很难使示波器扫描的时基与周期信号同步,也就很难观测出信号的周期性。例如,对于图5-40(a)所示周期信号叠加了高频随机噪声的情况,如果扫描时基不能与周期信号同步,则显示结果将类似于图2-46。在这种情况下,可以利用滤波器滤除随机

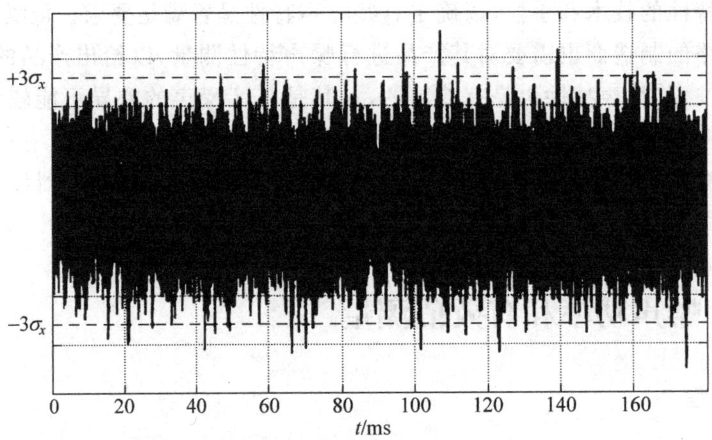

图 2-46　利用示波器测量高斯噪声的有效值

噪声，将得到的比较干净的周期信号加到示波器的外触发输入端，从而得到比较稳定的同步扫描显示。

如果能够推测出几种周期性噪声来源，则可以分别用各个噪声源作为示波器的外触发进行扫描显示，这种方法对于判断主要噪声来源非常有用，也可以用来判断不同的抑制干扰措施的效果。

3. 噪声声音分析

对于音频噪声，可以将噪声放大并用喇叭发声，通过听取喇叭发出的噪声声音，可以大致判断噪声的种类。例如，高斯分布的噪声表现为平滑的沙沙声，单独的噪声脉冲表现为“咔哒”声，而直流电机的电刷发射的频繁脉冲表现为刺耳的呜呜声。

4. 利用仪表测量噪声幅度

噪声测量仪表可以比较精确地测量出噪声指标，其组成结构示于图 2-47，它由放大器、检波器、平均器和直流表组成。

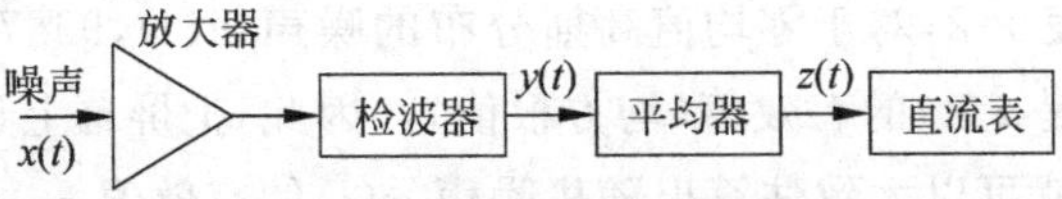

图 2-47　噪声测量仪表构成

放大器要有足够的增益，以便把噪声放大到适合于检波器和直流表的电压。放大器本身产生的噪声与要测量的噪声相比应该足够小。检波器用于将交流噪声转换为直流信号，平均器用于滤除检波器输出信号的交流波动。直流表可以是普通的动圈仪表，也可以是记录仪、示波器或数字式电压表等指示仪表。

5. 宽带噪声功率测量

在做宽带噪声测量时，放大器的带宽要宽于被测量的噪声的带宽。取决于噪声谱的形状和放大器频率响应的形状，可能要求放大器的带宽要比噪声的带宽宽很多。

例如，如果被测噪声是经过一阶 RC 低通滤波的白噪声，则其功率谱密度函数可表示为

$$S_n(f) = \frac{S_n(0)}{1+(f/f_n)^2} \tag{2-189}$$

式中的 f_n 为输入噪声频谱的 -3dB 截止频率，$S_n(0)$ 为输入噪声低频（$f \ll f_n$）功率谱密度。

如果测量仪表中的放大器也具有一阶低通特性，其频率响应函数为 $H(\mathrm{j}f)$，则其功率增益函数 $G(f)$ 可表示为

$$G(f) = |H(\mathrm{j}f)|^2 = \frac{G(0)}{1+(f/f_c)^2} \tag{2-190}$$

式中的 $G(0)$ 为放大器的直流功率增益，f_c 为放大器频率响应的 -3dB 截止频率。根据式(1-82)，放大器输出噪声的功率谱密度函数为

$$S_{on}(f) = S_n(f)\,G(f) \tag{2-191}$$

上述各谱的形状示于图 2-48。

放大器输入噪声（即被测噪声）的功率为

$$E_n^2 = \int_0^\infty S_n(f)\mathrm{d}f = \int_0^\infty \frac{S_n(0)}{1+(f/f_n)^2}\mathrm{d}f$$

$$= \frac{\pi}{2} f_n S_n(0) \tag{2-192}$$

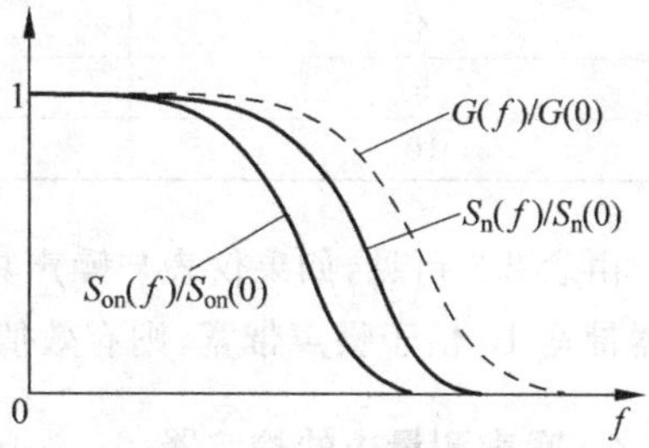

图 2-48 放大器输入和输出噪声的功率谱密度及放大器功率增益频率响应

由放大器输出得到的输入噪声功率的测量值为

$$E_M^2 = \frac{1}{G(0)}\int_0^\infty S_{on}(f)\mathrm{d}f$$

$$= \frac{1}{G(0)}\int_0^\infty S_n(f)G(f)\mathrm{d}f \tag{2-193}$$

将式(2-189)和式(2-190)代入式(2-193)，得

$$E_M^2 = \int_0^\infty \frac{S_n(0)}{1+(f/f_n)^2}\cdot\frac{1}{1+(f/f_c)^2}\mathrm{d}f \tag{2-194}$$

由于

$$\int_0^\infty \frac{1}{(1+x^2)[1+(x/\alpha)^2]}\mathrm{d}x = \frac{\pi}{2(1+1/\alpha)} \tag{2-195}$$

令 $\alpha = f_c/f_n$，$x = f/f_n$，则有 $f/f_c = x/\alpha$，$\mathrm{d}f = f_n\mathrm{d}x$，由式(2-194)可得

$$E_M^2 = \frac{\pi}{2(1+1/\alpha)}S_n(0)f_n \tag{2-196}$$

功率测量值的相对误差为

$$\varepsilon = \frac{E_M^2 - E_n^2}{E_n^2} \tag{2-197}$$

将式(2-192)和式(2-196)代入式(2-197)，得

$$\varepsilon = -\frac{1}{1+\alpha} = -\frac{1}{1+f_c/f_n} \tag{2-198}$$

式(2-198)说明，当放大器带宽等于被测噪声带宽，即 $f_c/f_n=1$ 时，功率测量值的相对误差为-50%；当 $f_c/f_n=10$ 时，相对误差为 -9.1%；而当 $f_c/f_n=100$ 时，相对误差为-1%。所以，在测量宽带噪声功率时，要想得到精确的测量结果，放大器和测量装置的带宽要远远大于被测噪声的带宽。

测量噪声功率时，根据式(2-192)和式(2-196)，可得仪表读数与噪声功率之比为

$$\frac{E_M^2}{E_n^2}=\frac{1}{1+1/\alpha}=\frac{f_c}{f_c+f_n}$$

测量噪声有效值时，仪表读数与噪声有效值之比为

$$\frac{E_M}{E_n}=\sqrt{\frac{f_c}{f_c+f_n}}$$

对于有效值测量仪表，针对不同的 f_c/f_n，表 2-3 列出仪表的相对读数和相对误差随 f_c/f_n 变化的情况。

表 2-3　有效值测量仪表的相对读数和相对误差

f_c/f_n	相对读数	相对误差
1	0.707	−29.28%
2	0.816	−18.35%
3	0.866	−13.39%
4	0.894	−10.55%
5	0.913	−8.71%
10	0.953	−4.65%

由表 2-3 可见，如果仪表与噪声具有相同的带宽，则有效值测量误差约为 30%。而如果仪器带宽 10 倍于噪声带宽，则有效值测量误差为 4.65%。

6. 噪声测量中的检波器

对于各种不同的噪声波形，如果图 2-47 中的检波器是平方律检波器，根据式(1-99)，其输出的平均值就可以用来指示被测噪声的均方值(即功率)。如果再用平方根模拟电路或数字电路进行开平方运算，则后续的平均器能够输出均方根电压，即被测噪声的有效值(rms 值)。

如果利用二极管检波器测量交流电压，则其输出的平均值取决于波形，未必是真正的有效值。

对于幅值为 V_m 的正弦波 $x(t)=V_m\sin(\omega t)$，其有效值为 $V_{rms}=V_m/\sqrt{2}$。根据式(1-112)，全波检波器输出为

$$y(t)=|x(t)|=V_m|\sin(\omega t)|$$

其平均值为

$$\overline{y(t)}=\frac{V_m}{2\pi}\left(\int_0^{\pi}\sin(\omega t)\mathrm{d}(\omega t)+\int_{\pi}^{2\pi}[-\sin(\omega t)]\mathrm{d}(\omega t)\right)=\frac{2V_m}{\pi}\tag{2-199}$$

与 V_{rms} 相比较，全波检波器输出的平均值 $\overline{y(t)}$ 为被测正弦波有效值 V_{rms} 的 $2\sqrt{2}/\pi$ 倍。

对于高斯分布的噪声，根据式(1-117)，全波检波器输出的平均值为被测噪声有效值的 $\sqrt{2/\pi}$ 倍。一般检测仪表标定为正弦波示值，如果用来检测高斯分布的噪声，其有效值为检测仪表示值乘以一个校正系数 $2/\sqrt{\pi}$。

无论对于正弦波还是高斯分布的噪声，半波检波器输出的平均值都是全波检波器的一半，可以使用同样的校正系数。

如果被测噪声是多种噪声的混合，则图 2-47 中的直流表不能指示出准确的有效值。

7. 噪声测量中的平均器

图 2-47 中的检波器输出 $y(t)$是随机变量，为了用直流指示表显示其平均值，需要用平滑电路或平均器得到其均值 $z(t)$。平均器可以用低通滤波器实现，若其冲激响应函数为 $h_L(t)$，则有

$$z(t) = y(t) * h_L(t)$$

也可以用积分器实现平均作用，如果积分时段为 τ，则平均器的输出为

$$z(t) = \frac{1}{\tau}\int_{t-\tau}^{t} y(t)\mathrm{d}t \tag{2-200}$$

如果直流指示表为动圈式仪表，表针运动的惯性和机械阻尼也提供一定的低通作用。

随机噪声经过平方律检波器或全波检波器的输出再经过平均器后，仍然会在其平均值附近随机波动，随着平均时间 τ（低通滤波器的时间常数或积分时间）的增加，波动幅度减小。这种随机波动导致测量值单一读出偏离其均值。对于高斯分布的噪声，这种偏差的均方根值与测量读数均值之比（相对误差）可表示为[5]

$$\delta = \frac{1}{k\sqrt{B\tau}} \tag{2-201}$$

宽带测量时，式中的 B 表示噪声信号的带宽 B_n；点频测量时，B 表示测量系统的带宽 B_m。τ 为平均时间。

式(2-201)中的系数 k 可以分解为三部分：

$$k = k_1 k_2 k_3$$

其中的 k_1 取决于检波器类型，k_2 取决于噪声谱的形状，k_3 取决于平均器种类，它们的近似数值分别列于表 2-4～表 2-6。

表 2-4 检波器类型与 k_1 关系

检波器类型	k_1
平方律检波器	1
平方律检波器，平均后开方（真有效值）	2
全波或半波二极管检波器	2

表 2-5 输入频谱与 k_2 关系

输入频谱	k_2
白噪声经矩形带通或低通滤波	1
白噪声经单极点 RC 低通滤波	$\sqrt{\pi}$
白噪声经高斯带通滤波	$\sqrt[4]{\frac{\pi}{2\ln 2}}$
$1/f$ 噪声经矩形带通滤波，通带 $f_1 \sim f_2$	$\frac{\sqrt{f_1 f_2}\ln(f_2/f_1)}{f_2 - f_1}$ $=1.0 \quad f_2/f_1=1.1$ $=0.98 \quad f_2/f_1=2.0$ $=0.81 \quad f_2/f_1=10$ $=0.47 \quad f_2/f_1=100$

表 2-6 平均器类型与 k_3 关系

平均器类型	k_3
单极点 RC 低通滤波器($\tau=RC$)	$\sqrt{2}$
积分器	1

对表 2-4 中的半波检波器,设信号频率分量不高于 $1/\tau$ 量级。对于表 2-5 中的 k_2 数值,式(2-201)中的 B 为 -3dB 带宽,并设 $B\tau\gg1$。取决于输入信号频谱形状,乘积 $k_1 k_2$ 的误差约为百分之几。对于表 2-5 中 $1/f$ 噪声经带通滤波的情况,因为频谱形状不是常数,k_2 数值取决于频率范围,多数情况下可近似为 1。

选定误差 δ 之后,根据式(2-201),可得平均时间 τ 为

$$\tau=\frac{1}{k^2\delta^2 B} \tag{2-202}$$

如果被测噪声为经过矩形低通或带通滤波的白噪声,使用平方律检波器,平均器为积分器,在读出为均方值情况下,则 $k=1$; 在其他情况下,一般 $k>1$。

例如,如果检波器为全波检波器或平方律检波器,并且在平均后再开方以得到有效值,利用线性积分器做平均运算,则 $k\approx2$,代入式(2-202)得

$$\tau\approx\frac{1}{4\delta^2 B} \tag{2-203}$$

如果 $B=10$kHz,要求有效值测量的相对误差为 $\delta=5\%$,则积分时间 $\tau\approx10$ms。

如果在低频段做点频测量,则需要较长的平均时间。例如测量低频放大器的 $1/f$ 噪声频谱,设测量带宽为 $B=10$Hz,对于 5%的相对误差要求,积分时间 $\tau\approx10$s,而 1%的相对误差要求则需要 250s 的积分时间。

8. 检波器与平均器集成芯片

上述检波器和平均器的功能可以用"RMS 至 DC 转换器芯片"AD736 实现。AD736 可用来计算和输出被测信号的平均检波值、平均绝对值或平均有效值。AD736 内部包含五个功能块:输入放大器、全波检波器、RMS 核、输出放大器和偏置电路,如图 2-49 所示。2 脚是高阻抗输入端,1 脚是低阻抗、宽动态范围输入端,6 脚输出 V_{out} 是正比于输入信号有效值(或平均绝对值)的直流电压。

与外接电容 C_{AV} 共同作用,RMS 核对全波检波器输出进行平方、平均和开方运算,从而得到被测信号的有效值,积分平均时间常数取决于外接电容 C_{AV}。因为 C_{AV} 跨接在 RMS 核内的一个二极管两端,随着输入信号幅度降低,平均时间常数指数式增加,这意味着输出误差降低,但测量的响应时间增加。在选择 C_{AV} 电容的大小时,需要在测量精度和响应时间之间进行权衡。

如果把外接电容改接到 C_F(3 脚)和电压输出端 V_{OUT}(6 脚)之间,则与输出放大器组合成一个有源低通滤波器,积分平均的时间常数等于外接电容值和 8kΩ 片内电阻的乘积,这时全波检波器输出穿过 RMS 核不被处理,直接由输出级的低通滤波器进行平均,V_{OUT} 输出不再是被测信号的有效值,而是其平均绝对值。

这两种平均方式可以共同使用(外接两个电容,利用低通滤波器进一步平滑 RMS 核的

输出),也可以根据需要选择其中的一种。

另一种"RMS 至 DC 转换器芯片"AD637 也具有类似的功能,可以输出被测信号的有效值、平方值、均方值或绝对值。

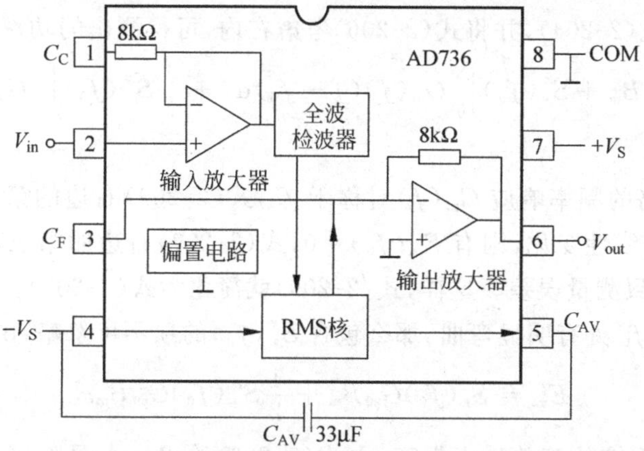

图 2-49 AD736 内部结构与各管脚功能

2.7.2 噪声功率谱密度测量

为了测量计算噪声在某点频率处的功率谱密度,只能在一个很窄的频带宽度 Δf 内测量噪声的功率,这就要求放大器中包含一个窄带滤波器。要使测量结果达到一定的精度,完成测量所需要的时间反比于测量电路的带宽 Δf。对于几赫兹的带宽,要达到适当的精度,测量时间可能长达几分钟。因此,要尽量使用较宽的频带宽度。如果有多个频率点的噪声功率谱密度需要测量,利用频谱分析仪显示整个频率范围的噪声谱可能更为方便。

1. 测量误差分析

功率谱密度测量的误差取决于噪声的谱密度在测量滤波器的带宽范围内的变化情况。如果利用一个放大器和滤波器的组合电路来测量噪声在频点 f_0 的谱密度,该测量电路的功率增益响应为 $G_m(f)$,中心频率为 f_0,那么测得的功率(均方电压)为

$$E_m^2 = \int_0^\infty S_n(f) G_m(f) \mathrm{d}f \tag{2-204}$$

式中,$S_n(f)$为被测噪声的功率谱密度。如果 $G_m(f)$的带宽足够窄,在 $G_m(f)$的频带范围内可以将 $S_n(f)$考虑为等于 $S_n(f_0)$的恒定值,则有

$$E_m^2 = S_n(f_0)\int_0^\infty G_m(f)\mathrm{d}f = S_n(f_0) G_{p0} B_m \tag{2-205}$$

式中,G_{p0} 为测量电路在频率 f_0 处的功率增益,B_m 为测量电路的等效噪声带宽,即

$$B_m = \frac{1}{G_{p0}}\int_0^\infty G_m(f)\mathrm{d}f \tag{2-206}$$

由式(2-205)可得,被测噪声在 f_0 处的功率谱密度为

$$S_n(f_0) = \frac{E_m^2}{G_{p0} B_m} \tag{2-207}$$

如果$S_n(f)$在$G_m(f)$的频带宽度范围内有微小变化，为了分析这种变化对测量结果的影响，将$S_n(f)$表示为在f_0附近展开的台劳级数，并考虑其前三项

$$S_n(f) \approx S_n(f_0) + S'_n(f_0)(f-f_0) + \frac{1}{2}S''_n(f_0)(f-f_0)^2 \tag{2-208}$$

将式(2-208)代入式(2-204)，并将式(2-206)考虑在内，可得测出的功率(均方电压)为

$$E_m^2 = S_n(f_0)G_{p0}B_m + S'_n(f_0)\int_0^\infty G_m(f)(f-f_0)\mathrm{d}f + \frac{1}{2}S''_n(f_0)\int_0^\infty G_m(f)(f-f_0)^2\mathrm{d}f \tag{2-209}$$

通常，测量电路的频率响应$G_m(f)$对称于f_0，式(2-209)右边的第二项积分结果为零。如果$S_n(f)$在f_0处线性变化，则有$S''_n(f_0)=0$，式(2-209)右边的第三项积分结果为零，这种线性变化不会导致测量误差。这样，式(2-209)就简化为式(2-205)。

如果$S_n(f)$在f_0处有明显弯曲，那么包含$S''_n(f_0)$的项不可忽略，由式(2-209)可得

$$E_m^2 = S_n(f_0)G_{p0}B_m + \frac{1}{2}S''_n(f_0)G_{p0}B_m\sigma_m^2 \tag{2-210}$$

式中的B_m是测量系统的等效噪声带宽，由式(2-206)给出；σ_m^2是$G_m(f)$的均方带宽，其定义为

$$\sigma_m^2 = \frac{\int_0^\infty G_m(f)(f-f_0)^2\mathrm{d}f}{\int_0^\infty G_m(f)\mathrm{d}f} \tag{2-211}$$

由式(2-210)，可得$f=f_0$处的被测噪声功率谱密度的测量结果为

$$S_m(f_0) = \frac{E_m^2}{G_{p0}B_m} = S_n(f_0)\left(1+\frac{1}{2}\cdot\frac{S''_n(f_0)}{S_n(f_0)}\sigma_m^2\right) \tag{2-212}$$

测量结果的相对误差为

$$\varepsilon_m = \frac{1}{2}\cdot\frac{S''_n(f_0)}{S_n(f_0)}\sigma_m^2 \tag{2-213}$$

对于矩形的$G_m(f)$，即在B_m内$G_m(f)$为常数G_{p0}，由式(2-211)可得

$$\sigma_m^2 = \frac{G_{p0}\int_{f_0-B_m/2}^{f_0+B_m/2}(f-f_0)^2\mathrm{d}f}{\int_0^\infty G_m(f)\mathrm{d}f} = \frac{B_m^3}{12}\cdot\frac{G_{p0}}{\int_0^\infty G_m(f)\mathrm{d}f}$$

将式(2-206)代入上式，得

$$\sigma_m^2 = \frac{B_m^2}{12}$$

将上式代入式(2-213)，得

$$\varepsilon_m = \frac{B_m^2}{24}\cdot\frac{S''_n(f_0)}{S_n(f_0)} \tag{2-214}$$

如果被测噪声为$1/f$噪声，根据式(2-14)，在频率f_0处其功率谱密度为$S_n(f_0)=K_f/f_0$，K_f为取决于电流和接触面性质的系数，则$S''_n(f_0)=2K_f/f_0^3$，代入式(2-214)，得

$$\varepsilon_m = \frac{B_m^2}{12f_0^2} \tag{2-215}$$

式(2-215)说明，如果$G_m(f)$为矩形，对于$1/f$噪声，测量电路的带宽可以相当宽，例如，如

果 $B_m/f_0=0.5$，则测量结果的相对误差只有大约 2%。

利用窄带滤波器测量噪声功率谱密度时，对于噪声功率谱 $S_n(f)$ 在 $G_m(f)$ 内变化的三种不同情况：线性、上凸、下凹，图 2-50 表示出 $S_n(f)$ 的曲率对测量结果误差的影响。

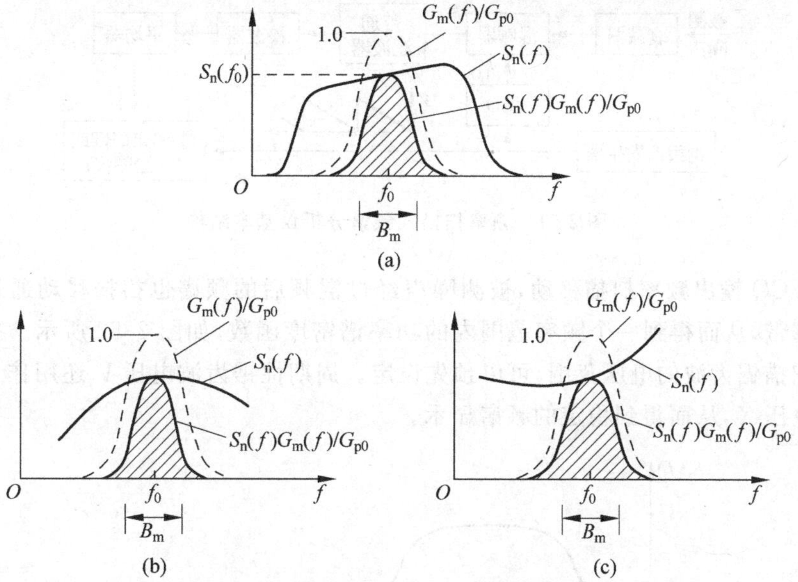

图 2-50 利用窄带滤波器测量噪声谱密度时，$S_n(f)$ 在测量通带内的曲率对测量结果的影响

(a) $S_n(f)$ 在测量通带内线性，即 $S''_n(f_0)=0$；(b) $S_n(f)$ 在测量通带内上凸，即 $S''_n(f_0)<0$；(c) $S_n(f)$ 在测量通带内下凹，即 $S''_n(f_0)>0$

在图 2-50 的各分图中，阴影部分面积表示由放大器输出得到的输入噪声功率的测量值。在图 2-50(a)中，$S_n(f)$ 在 $G_m(f)$ 范围内线性变化，图中的阴影部分面积为 $E_m^2/G_{p0}=S_n(f_0)B_m$，由式(2-207)得到的频点 f_0 处的功率谱密度 $S_n(f_0)$ 没有偏差。

在图 2-50(b)中，$S_n(f)$ 在 $G_m(f)$ 范围内上凸，即 $S''_n(f_0)<0$，则阴影部分面积为 $E_m^2/G_{p0}<S_n(f_0)B_m$，由式(2-207)得到的频点 f_0 处的功率谱密度 $S_n(f_0)$ 偏小。

在图 2-50(c)中，$S_n(f)$ 在 $G_m(f)$ 范围内下凹，即 $S''_n(f_0)>0$，则阴影部分面积为 $E_m^2/G_{p0}>S_n(f_0)B_m$，由式(2-207)得到的频点 f_0 处的功率谱密度 $S_n(f_0)$ 偏大。

用于测量噪声功率谱的放大器必须具有足够大的动态范围，除去偶然发生的噪声极限值，放大器的动态范围不应对输入噪声起限幅作用。需要注意的是，不同的噪声波形具有不同的波形系数，对于正弦波，其幅值限制在有效值乘以 $\pm\sqrt{2}$ 之内；而对于高斯分布的随机噪声，其峰-峰值可达有效值乘以 ±3.3。

2. 频谱分析

利用频谱分析仪在感兴趣的频率范围内获取完整的功率谱密度函数，比利用点频测量技术测量多点的功率谱密度更为方便。利用频谱分析仪，不但可以显示随机噪声的频谱，还可以显示出周期性干扰在频谱上的突出线，并可以用来测量和判断干扰噪声抑制措施的有效性。

频率扫描式频谱分析仪的基本结构示于图 2-51，图中的锯齿波发生器产生周而复始的锯齿波电压，控制压控振荡器(VCO)产生周而复始的频率线性变化的高频正弦波，经过与被测噪声混频，将噪声频谱移至更高的频率范围，再通过一个中心频率 f_0 固定的窄带带通滤波器，选出频率等于 VCO 频率与滤波器中心频率 f_0 之差的频点处的被测噪声的频谱，再经平方律检波和平均，得到的输出 Y 正比于该频点的功率谱密度。

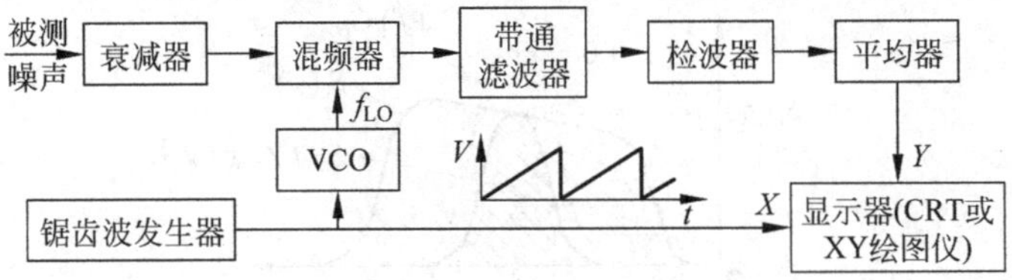

图 2-51　频率扫描式频谱分析仪基本结构

通过 VCO 输出频率扫描移动，被测噪声经过混频后的频谱也扫描移动通过带通滤波器的固定窄带，从而得到一个频率范围内的功率谱密度函数，如图 2-52 所示。扫描频率范围取决于扫描锯齿波的电压范围，可以预先设定。周期性锯齿波电压 V 还用作显示器的水平轴偏转电压 X，从而得到稳定的频谱显示。

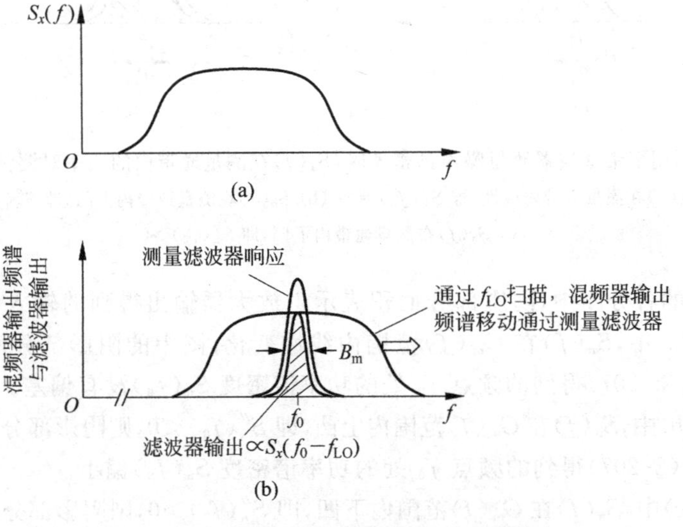

图 2-52　频谱仪中的频谱变换与滤波器输出

(a) 被测噪声频谱；(b) 被测噪声频谱移动及测量滤波器输出

频率扫描的速度必须足够慢，以使检波器之后的平均器能够响应频谱的变化。确定扫描速度的一种实验方法是先从较高的扫描速度开始，再逐次降低频率扫描速度，相继的频谱显示结果不再变化时，就可以认为扫描速度合适了。

由式(2-201)可知，平均时间常数 τ 和测量系统的带宽 B(在这里就是带通滤波器的带宽)的乘积 τB 可由对测量结果的精度要求来确定。

测量低频段噪声频谱时，利用图 2-51 所示频谱分析仪可能要求乘积 τB 很大，导致频率扫描的时间太长。在这种情况下，利用快速傅里叶变换(FFT)方法得到噪声频谱可能更为有利，FFT 运算可由软件实现，也可由专用集成芯片实现，详细方法请参阅数字信号处理方面的书籍。许多频谱分析仪产品提供 FFT 功能。

2.7.3 噪声系数测量

噪声系数是二端口网络的一种品质因数，它反映了二端口网络对信噪比减低的程度，也就是反映了网络自身所产生的噪声的严重程度。为了对比器件或系统的噪声特性，并选择合适的器件或系统，就需要用简单的方法来测量它们的噪声系数。

根据式(2-40)和式(2-41)，放大器的噪声系数取决于信号源输出电阻的热噪声和系统本身所产生的噪声。前者可以很容易地计算出来，所以计算噪声系数的核心问题就是测量和计算放大器的等效输入噪声。计算放大器的噪声系数需要做两个测量：一个是在放大器输入端对地短路情况下，测量放大器本身噪声在其输出端呈现的噪声功率；另一个是测量放大器对校准了的信号源的响应。对两者进行对比和计算就能求出噪声系数。

用于测量噪声系数的信号源可以是正弦波发生器，也可以是宽带噪声发生器。正弦波信号源方法实现的是点频测量，频率 f 就是信号源频率；利用噪声发生器可以实现宽带测量，频带宽度取决于被测二端口的带宽和噪声功率计的带宽，测量误差见式(2-198)。

噪声系数 F 是信号源电阻 R_s、频率 f 和频带宽度 Δf 的函数，测量结果必须说明这些指标。

1. 正弦波信号源方法

利用正弦波测量放大器噪声系数的电路示于图 2-53，图中的 e_s 为正弦信号电压源，其频率为 f_0，输出电阻近似为零；R_s 为外加的信号源电阻，放大器的噪声系数是信号源电阻的函数。图中的噪声功率计包括等效噪声带宽为 B_m 的窄带滤波器、检波器、平均器、指示表等环节，窄带滤波器的中心频率必须与正弦信号电压源的频率 f_0 相一致。

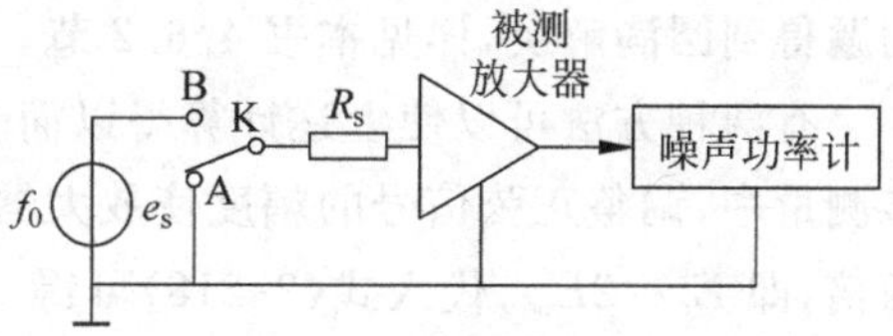

图 2-53 利用正弦波信号源测量放大器噪声系数

首先将开关 K 打向 A，测出放大器在信号源电阻 R_s 接地情况下，在噪声功率计的等效噪声带宽 B_m 内的输出噪声功率 E_{no}^2，E_{no} 为输出噪声有效值。有

$$E_{no}^2 = K_p(f_0)E_{ni}^2 \tag{2-216}$$

式中，$K_p(f_0)$为放大器在频率 f_0 处的功率增益，注意，$K_p(f_0)$包括 R_s 和放大器输入电阻所形成的衰减器效应，不等于放大器电压增益的平方。E_{ni}^2 是放大器总的等效输入噪声功率，根据式(2-39)，它可以表示为

$$E_{ni}^2 = 4kTR_sB_m + E_n^2 + I_n^2R_s^2 \tag{2-217}$$

式中右端的第 1 项为电阻 R_s 的热噪声功率，第 2 项为放大器等效输入噪声电压的功率，第 3 项为放大器等效输入噪声电流的功率。

然后将开关 K 打向 B，频率为 f_0 的正弦信号 e_s 施加到放大器输入端，测出放大器的输出(正弦信号加噪声)功率 E_o^2，则单独由正弦信号产生的输出功率为

$$E_{so}^2 = E_o^2 - E_{no}^2 \tag{2-218}$$

设信号源 e_s 输出信号的有效值为 E_s，则放大器在频率 f_0 处的功率增益 $K_p(f_0)$可以表

示为

$$K_p(f_0) = E_{so}^2/E_s^2 \tag{2-219}$$

将式(2-219)代入式(2-216)，可得

$$E_{ni}^2 = \frac{E_{no}^2}{K_p(f_0)} = \frac{E_s^2}{E_{so}^2} \cdot E_{no}^2 \tag{2-220}$$

根据噪声系数的定义，由式(2-40)和式(2-217)可得，在噪声功率计中的窄带滤波器的等效噪声带宽 B_m 内，放大器的噪声系数为

$$F = \frac{E_{ni}^2}{4kTR_sB_m} \tag{2-221}$$

将式(2-220)代入式(2-221)得

$$F = \frac{E_s^2 E_{no}^2}{4kTR_sB_mE_{so}^2} \tag{2-222}$$

将式(2-218)代入式(2-222)得

$$F = \frac{E_s^2}{4kTR_sB_m} \cdot \frac{1}{E_o^2/E_{no}^2 - 1} \tag{2-223}$$

式(2-223)中的 E_s^2、E_o^2 和 E_{no}^2 都可以利用图 2-53 所示电路测出，这样就可以计算出放大器的噪声系数 F。调整正弦信号源的频率 f_0，同时还要调整噪声功率计中的窄带滤波器的中心频率使之等于 f_0，并重复上述测量和计算过程，就可得到不同工作频率处的噪声系数。连续调整 f_0 以及 R_s，还可以测量绘制出放大器的噪声因数等值图(NF 图)。

测量过程中必须使噪声功率计中的窄带滤波器的中心频率与正弦信号源的频率 f_0 同步变化，这用常规方法是不容易实现的。利用第 4 章中将要介绍的锁定放大器，可以使这个问题得到圆满解决，详见本书 4.6.2 节。

有两种方法可以使上述计算得以简化：第一种方法是在开关 K 打到 B 点所做的第二步测量中，调整正弦信号的幅度使放大器输出功率 E_o^2 等于第一步测量(K 打到 A 点)时的两倍，即 $E_o^2=2E_{no}^2$，代入式(2-218)可得

$$E_{so}^2 = E_{no}^2$$

这时信号源的输出功率 E_s^2 就等于放大器的等效输入噪声功率 E_{ni}^2。将上式代入式(2-222)可得

$$F = \frac{E_s^2}{4kTR_sB_m} \tag{2-224}$$

这种简化方法在有些文献中称为“二倍功率法”。因为在窄带测量情况下所需积分时间较长，上述把输出功率调整到给定值的要求实现起来会有一些困难。

第二种简化方法是在第二步测量中使正弦信号的幅度增加到足够大，以使放大器输出功率 E_o^2 比第一步测出的 E_{no}^2 大很多，这样式(2-223)可以简化为

$$F = \frac{E_s^2}{4kTR_sB_m} \cdot \frac{E_{no}^2}{E_o^2} \tag{2-225}$$

因为在此情况下放大器的功率增益 $K_p(f_0) \approx E_o^2/E_s^2$，式(2-225)可改写为

$$F \approx \frac{E_{no}^2}{4kTR_sB_mK_P(f_0)} \tag{2-226}$$

在使用这种方法时，要注意正弦信号的幅度也不能太大，不能使被测放大器进入非线性区。

如果图 2-53 所示测量系统中的噪声功率计不含有窄带滤波器，则整个系统的等效噪声带宽将取决于被测放大器(或其他被测线性二端口网络)的带宽，通过将上述各公式中的噪声功率计带宽 B_m 替换为放大器的等效噪声带宽 B_n，并将放大器在频率 f_0 处的功率增益 $K_p(f_0)$替换为其通带内中频功率增益 K_{p0}，则可以推导出类似的测量和计算噪声系数的公式。需要注意的是，这种方法需要得知放大器的等效噪声带宽 B_n(可由式(1-120)或式(1-121)计算得出)，而且正弦波信号源的频率 f_0 应该位于放大器通带内测出功率增益 K_{p0} 的部位，至少 f_0 处放大器的功率增益应该和 K_{p0} 差不多。这就要求放大器的频率响应已知，或通过扫频测量得到其频率响应。

2. 宽带噪声发生器方法

在宽带噪声发生器方法中，将图 2-53 中的信号源 e_s 改为宽带噪声发生器，其输出噪声的功率谱密度已知，而且在感兴趣的频段内均匀平坦。这种方法可以用来测量点频噪声系数，也可以用来测量一个频段的平均噪声系数。

与正弦波信号源方法类似，测量过程分为两步：第一步将开关 K 打向 A，测出在信号源电阻 R_s 接地情况下，在噪声功率计的等效噪声带宽 B_m 内的放大器输出噪声功率 E_{no}^2；第二步将开关 K 打向 B，功率谱密度一定的宽带噪声施加到放大器输入端，测出放大器的输出噪声功率 E_o^2。两者相减可得噪声发生器单独产生的放大器输出功率为 $E_{so}^2=E_o^2-E_{no}^2$，测出的噪声源功率 $E_s^2=E_{so}^2/K_{p0}$，K_{p0} 为放大器的功率增益。实际上，正弦波信号源方法得出的公式都可以应用于宽带噪声发生器方法，不同之处在于宽带噪声发生器输出指标为功率谱密度。

窄带测量方法中，噪声功率计含有等效噪声带宽为 B_m 的窄带滤波器，计量结果中起作用的噪声发生器输出的归一化功率谱密度为

$$P'=\frac{E_s^2}{B_m} \tag{2-227}$$

宽带测量方法中，噪声功率计不含窄带滤波器，计量结果取决于放大器的等效噪声带宽 B_n，起作用的噪声发生器输出的归一化功率谱密度为

$$P'=\frac{E_s^2}{B_n} \tag{2-228}$$

利用类似于式(2-223)的推导过程，由式(2-227)或式(2-228)可得

$$F=\frac{P'}{4kTR_s}\cdot\frac{1}{E_o^2/E_{no}^2-1} \tag{2-229}$$

对于功率加倍方法，有 $E_o^2/E_{no}^2=2$，得

$$F=\frac{P'}{4kTR_s} \tag{2-230}$$

对于大幅度输入信号方法，有 $E_o^2\gg E_{no}^2$，得

$$F=\frac{P'}{4kTR_s}\cdot\frac{E_{no}^2}{E_o^2} \tag{2-231}$$

无论对于点频测量方法，还是宽带测量方法，式(2-229)～式(2-231)均有效。这些公式中没有出现功率计的等效噪声带宽 B_m 或放大器的等效噪声带宽 B_n，所以，在利用宽带噪声发生器方法测量放大器的噪声系数时，不需要已知或测量 B_m 或 B_n，这是这种方法的一个重要优点。

另一种噪声系数测量方法是利用衰减器实现功率加倍,如图 2-54 所示。测量的第一步将开关 K 打到 A,在输入信号为零情况下测量输出噪声功率,设置衰减器使功率计读数合适(不能太小,以避免分辨率太低)。第二步首先将衰减器的衰减量增加 3dB,电压幅度衰减 3dB 相当于功率衰减一半。之后将开关 K 打到 B,将噪声发生器输出幅度从零开始逐渐增大,直到功率计读数与第一步时相同,这时放大器输出噪声功率增加了一倍,可以利用式(2-230)计算放大器的噪声系数。这种方法的优点是,不要求昂贵的高精度功率计,只要求衰减器精度较高,这是比较容易实现的。

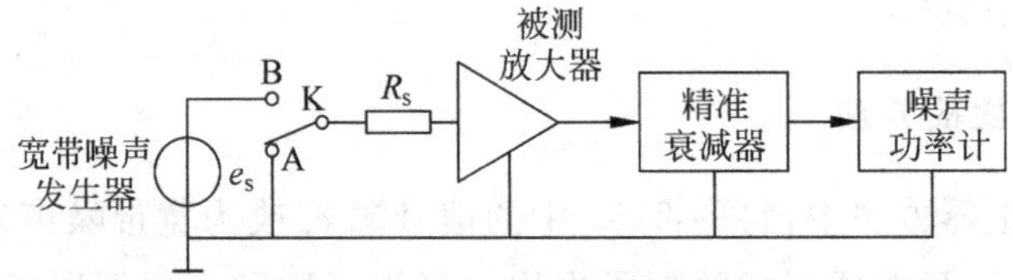

图 2-54 利用衰减器实现功率加倍法测量噪声系数

3. Y 系数法

在图 2-54 电路中,将开关 K 打向 A,即把放大器的输入端接地,在常温 T 情况下测出放大器输出功率 E_{o1}^2,称之为冷态输出功率;之后将源电阻 R_s 的温度升高到 T_h,测出放大器输出功率 E_{o2}^2,称之为热态输出功率。根据式(2-216)和式(2-217),有

$$E_{o1}^2 = (4kTR_sB_m + E_n^2 + I_n^2R_s^2)K_{P0} \tag{2-232}$$

$$E_{o2}^2 = (4kT_hR_sB_m + E_n^2 + I_n^2R_s^2)K_{P0} \tag{2-233}$$

式中的 K_{p0} 为放大器的功率增益。定义热态输出功率与冷态输出功率之比 $E_{o2}^2/E_{o1}^2=Y$,称之为 Y 系数,由式(2-232)与式(2-233)可得

$$Y = \frac{E_{o2}^2}{E_{o1}^2} = 1 + \frac{4kTR_sB_mK_{p0}}{E_{o1}^2} \cdot \frac{T_h - T}{T} \tag{2-234}$$

根据噪声系数 F 的定义,有

$$F = \frac{E_{o1}^2}{4kTR_sB_mK_{p0}} \tag{2-235}$$

式(2-234)与式(2-235)联立求解可得

$$F = \frac{1}{Y-1} \cdot \frac{T_h - T}{T} \tag{2-236}$$

利用式(2-236)测量噪声系数的方法称之为 Y 系数法。

在实际应用中,并非在物理上把源电阻 R_s 的温度升高到 T_h,而是将开关 K 打向 B,将噪声发生器连接到被测放大器输入端,并使噪声发生器输出的噪声功率谱密度(包括其输出电阻的冷态热噪声功率谱密度)等于温度为 T_h 时源电阻 R_s 的热噪声功率谱密度,即

$$4kT_hR_s = 4kTR_s + P' \tag{2-237}$$

式中的 $P'=E_s^2/B_m$,如式(2-227)所示。注意到式(2-229)中的 E_o^2/E_{no}^2 就是系数 Y,将式(2-229)与式(2-237)联立求解,也可得到式(2-236)。

Y 系数法是测量噪声系数的一种典型方法。测量中,将标准的噪声发生器连接到被测网络的输入端,当其电源关闭时,相当于只输出其输出电阻的热噪声,功率计测得的是冷态

功率；当其电源开启时，噪声发生器输出功率相当于其输出电阻的热噪声功率附加它所产生的噪声功率，功率计测得的是热态功率，两者之比即为 Y。

某些噪声发生器厂家为其产品标明了特定频率点上的等效热噪声温度 T_h，还有一些厂家标明的是超噪比 ENR(excess noise ratio)，其定义为

$$ENR = 10\lg\frac{T_h - T}{T} = 10\lg\frac{T_h - 290}{290} \quad (\mathrm{dB}) \tag{2-238}$$

对式(2-236)求对数，并将上式代入，可得噪声因数 NF

$$NF = 10\lg F = 10\lg\left(\frac{1}{Y-1}\frac{T_h - T}{T}\right) = ENR - 10\lg(Y-1) \quad (\mathrm{dB}) \tag{2-239}$$

式(2-239)简化了 Y 系数法的运算过程，也简化了整个测量过程。对于没有标明 ENR 的噪声发生器产品，也可以通过标定得到其超噪比 ENR 值。

注意噪声发生器厂家标明的超噪比 ENR 是在 $T=290\mathrm{K}$ 条件下给出的，由此得到的噪声系数为标准噪声系数。如果实测中的冷态温度不是 290K(17℃)，则需要进行温度校正，校正方法见参考文献[46]。

4. 高频噪声系数测量

在很高频率处测量噪声系数时，常常要利用混频器将被测噪声频谱转换到较低频率再进行放大和测量，如图 2-55 所示。

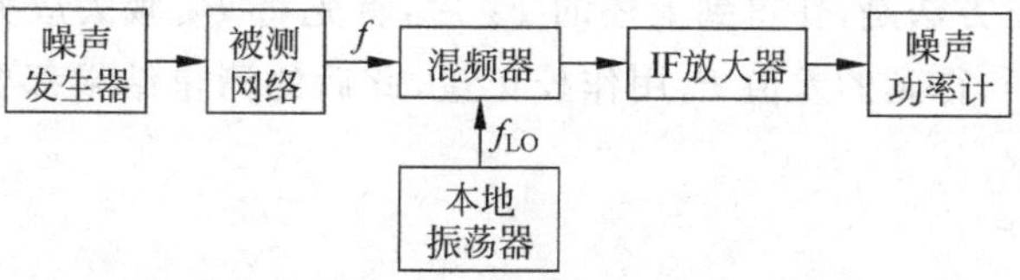

图 2-55 利用混频器测量高频噪声系数

设中频(IF)放大器的通带中心频率为 f_{IF}，带宽为 B_m。本地振荡器输出信号频率为 f_{LO}，与被测网络输出的宽带噪声混频后，对于频率为 f 的被测噪声分量，只要 $|f-f_{LO}|$ 位于 IF 放大器的通带频率范围内，则该噪声分量就能通过 IF 放大器输出给噪声功率计。换言之，被测网络输出噪声中有两个频带可以通过 IF 放大器输出给噪声功率计，这两个频带的中心频率分别为 $f=f_{LO}+f_{IF}$ 和 $f=f_{LO}-f_{IF}$，带宽为 B_m，如图 2-56 所示。

设被测网络输出噪声的功率谱密度为 $S(f)$，测出的 $S(f_{LO})$ 将是分别位于 $f=f_{LO}+f_{IF}$ 和 $f=f_{LO}-f_{IF}$ 处的两个噪声测量通带内的测量值的平均。如果 $S(f)$ 在这两个测量通带之间有明显变化，将导致 $S(f_{LO})$ 的测量误差，如图 2-56 所示。而且，在这两个噪声测量通带内，噪声发生器的输出阻抗也可能有差异。此外，如果本地振荡器输出波形不是严格的正弦波，而是在 nf_{LO} 处(n 为整数)含有明显的高次谐波，则被测网络输出噪声在 $nf_{LO}\pm f_{IF}$ 附近的功率谱密度也会附加到测量结果中，导致谐波误差。

解决这些问题的一种有效方法是在被测网络和混频器之间插入一个带通滤波器，其中心频率或为 $f_{LO}+f_{IF}$，或为 $f_{LO}-f_{IF}$，其带宽要大于 B_m，但又足够窄以把另一个边带以及谐波的响应有效滤除到可以忽略的地步。

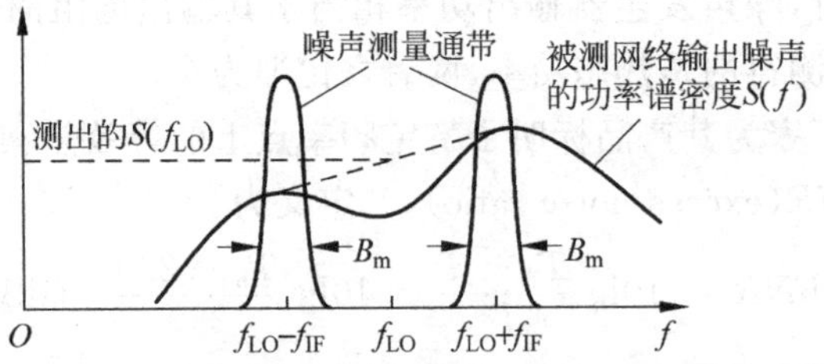

图 2-56 双边带效应导致的功率谱密度测量误差

5. 功率计噪声校正

如果被测放大器增益较低,有可能功率计示值中所包含的功率计自身的噪声功率不可被忽略,这时应该对噪声系数测量结果进行功率计噪声校正,以消除其影响。

如果将噪声功率计的信号输入端对地短路,记下功率计的示值 P_1,并将 P_1 用作今后测量结果的校正量,这种做法是不正确的,因为输入端对地短路消除了功率计等效输入噪声电流的作用。

如果在噪声功率计的输入端连接一个等于被测放大器输出阻抗的无源阻抗,并将其另一端接地,记下功率计的示值 P_2,再从此后的测量示值中减去 P_2,这种做法也是不正确的,因为放大器输出阻抗所产生的热噪声是被测放大器所产生的噪声功率的一部分。

一种可能的校正方法是,在得到上述的 P_2 后,首先将 P_2 减去放大器输出阻抗的热噪声功率(可计算得出),得到的差值 P_2'用作校正量,此后的测量结果都要从示值中减去这个校正量 P_2'。

2.7.4 二端口等效输入噪声测量

当需要测量二端口的信噪比 S/N 时,必须在同样的位置来确定噪声和信号电压。在一个传感器-放大器系统中,最好选择传感器输出处作为该特定位置,因为那里的信号是已知的,测量的重点就在于放大器的等效输入噪声测量。在实践中,等效输入噪声测量是在放大器的输出端实现的,通过将输出噪声除以电路的增益,推导出输入噪声。

二端口输入噪声测量有两种广泛采用的技术,分别是正弦波方法和宽带噪声源方法。

1. 正弦波法

考虑图 2-57 所示系统,其中 v_s是一个正弦波信号源,用来模拟传感器,R_s为信号源输出电阻。被测电路噪声和 R_s的热噪声集总等效为 E_{ni},其有效值与功率需要通过测量来确定。

正弦波法用于点频测量,过程如下:

(1) 将正弦波信号源设置为零输出,测量输出噪声功率 E_{no}^2,并计算出输出噪声电压有效值 E_{no}。

(2) 将正弦波信号源输出设置为一定幅度 V_s,测出放大器的输出(正弦信号加噪声)功率 E_o^2,则单独由正弦信号产生的输出功率为

$$V_{so}^2 = E_o^2 - E_{no}^2$$

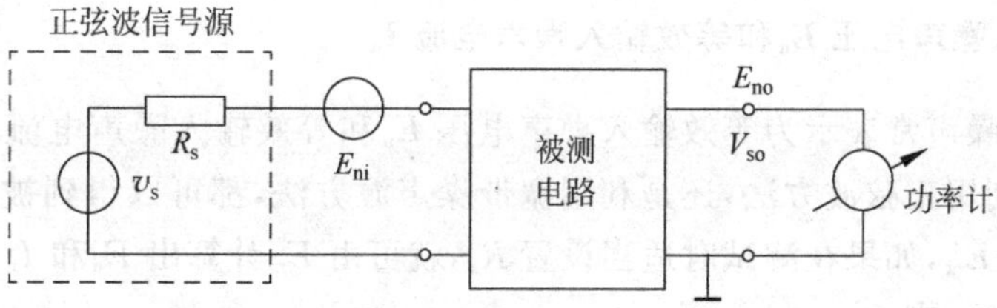

图 2-57 正弦波法测量等效输入噪声的总体布局

计算对 V_s 的电压增益 $K=V_{so}/V_s$。必须注意要适当地设定正弦波信号幅度，以避免被测电路(放大器)过载。建议将信号电压减半，然后再加倍，并检查增益 K 未改变。

(3) 由 E_{no} 可得等效输入噪声 E_{ni}：

$$E_{ni} = E_{no}/K \tag{2-240}$$

设传感器提供的信号有效值为 V_{sen}，则被测二端口的信噪比(有效值之比)为

$$\frac{S_i}{N_i} = \frac{V_{sen}}{E_{ni}} \tag{2-241}$$

2. 宽带噪声源方法

该方法需要已校准的白噪声源 E_{ng} 和一个噪声功率计，见图 2-58。被测电路的未知噪声是与噪声源的噪声电压进行比较来测定的。在整个测量过程中，对被测电路输出噪声进行监测。

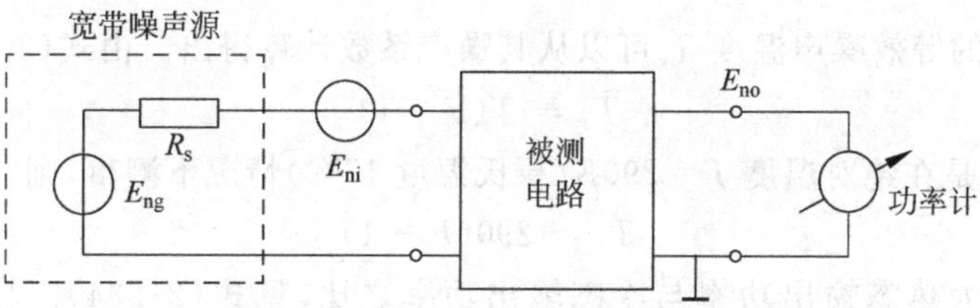

图 2-58 宽带噪声源方法测量等效输入噪声的一般布局

最常用的方法是输出噪声倍增的技术，测量步骤如下：

(1) 将噪声源 E_{ng} 更换为短路，测量输出噪声功率 E_{o1}^2。

(2) 插入噪声源 E_{ng}，逐渐增加其功率到 E_{niG}^2，使得测得的输出噪声功率为 $2E_{o1}^2$，也就是使输出噪声功率增加 3dB。

(3) 此时，噪声源输出功率 E_{niG}^2 等于被测电路的等效输入噪声功率，即

$$E_{ni}^2 = E_{niG}^2$$

注意，该方法的准确度主要取决于噪声源的校准情况。

噪声源方法是一种宽带测量技术，因此，需要一个宽带噪声源。这并不一定是一个优点，原因在于，几百赫兹以下添加了 $1/f$ 噪声，需要对校准的结果进行修正。正弦波方法只需要常用的标准设备，不需要校准的噪声源，但需要两次或更多次的测量。作为一般规则，正弦波方法用于低频应用，而噪声源方法用于高频应用。

3. 等效输入噪声电压 E_n 和等效输入噪声电流 I_n

二端口内部噪声常表示为等效输入噪声电压 E_n 和等效输入噪声电流 I_n。从前面的介绍可知，无论是利用正弦波方法，还是利用宽带噪声源方法，都可以得到被测二端口的等效输入总噪声功率 E_{ni}^2，如果在测试时适当设置 R_s，就可由 E_{ni}^2 计算出 E_n 和 I_n。

根据式(2-39)，有

$$E_{ni}^2 = 4kTR_s\Delta f + E_n^2 + I_n^2R_s^2 \tag{2-242}$$

如果测量 E_{ni}^2 时将图 2-57 或图 2-58 中的 R_s 设为很小的阻值，则式(2-242)右边的 E_n^2 比其他两项大得多，可得

$$E_n = E_{ni} \tag{2-243}$$

检查 R_s 是否足够小的一种方法是将 R_s 阻值加倍，观察 E_n 的变化是否可以忽略。

如果测量 E_{ni}^2 时将图 2-57 或图 2-58 中的 R_s 设为很大的阻值，则式(2-242)右边的 $I_n^2R_s^2$ 比其他两项大得多，可得

$$I_n = E_{ni}/R_s \tag{2-244}$$

检查 R_s 是否足够大的一种方法是将 R_s 阻值减半，观察 I_n 的变化是否可以忽略。

2.7.5 其他噪声特性的测量

1. 二端口等效输入噪声温度测量

二端口网络的等效噪声温度 T_e 可以从其噪声系数计算得出。由式(2-49)可得

$$T_e = T(F-1) \tag{2-245}$$

如果噪声系数 F 是在绝对温度 $T=290\text{K}$(摄氏温度 17℃)情况下测得，则

$$T_e = 290(F-1)$$

Y 系数定义为热态输出功率与冷态输出功率之比，见式(2-234)。将式(2-236)代入式(2-245)，得

$$T_e = \frac{T_h - YT}{Y-1} \tag{2-246}$$

式(2-246)就是 Y 系数法测量等效输入噪声温度的原理公式，使用条件是冷态噪声源和热态噪声源具有相同的内部阻抗。

实际的测量装置如图 2-59 所示，当开关 K 置于 A 位置时，输入噪声只有电阻 R_s 常温下的热噪声，相当于一个冷态噪声源；当开关 K 置于 B 位置时，输入噪声是 R_s 的热噪声加上噪声发生器的噪声，相当于一个热态噪声源。

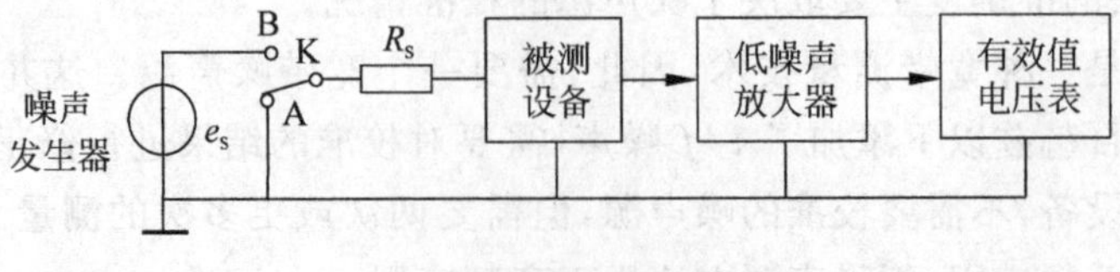

图 2-59 Y 系数法测量等效输入噪声温度

设冷态噪声源等效温度为 290K，当它连接到二端口的输入时，输出噪声有效值为 24μV。如果一个热态噪声源(其等效噪声温度标定为 1940K)连接在输入时，输出噪声有效值为 42μV。则 Y 系数为

$$Y = E_{nh}^2 / E_{nc}^2 = 42^2 / 24^2 = 3.0625$$

式中的 E_{nh}、E_{nc} 分别表示热态、冷态噪声源的噪声电压有效值。由式(2-246)可得

$$T_e = \frac{T_h - YT_c}{Y-1} = \frac{1940 - 3.0625 \times 290}{3.0625 - 1} = 510K$$

在实践中，这种方法常用于射频接收机和微波电路 T_e 的测量。在这两种情况下，被测二端口必须匹配到 50Ω，并且在此条件下对噪声性能进行测定。因此，冷态噪声源是一个适当的电阻，当浸在液氮中时，呈现出 50Ω 的电阻。热态噪声源是另一个电阻，当加热(或保持在环境温度)情况下，也呈现出 50Ω 电阻。将它们连接到被测设备输入端时，必须采用低噪声同轴电缆。

2. 二端口等效输入噪声电阻测量

根据 2.2 节中的介绍，二端口等效输入噪声电阻 R_n 是一个假想的电阻，当将其连接到一个假设无噪声的二端口输入端时，该电阻将产生相同量的输出噪声。设该电阻保持在参考温度 T=290K。

在实践中，不可能找到一个无噪声但其他方面完全相同的二端口，因此上述定义不能原样应用来测量二端口等效输入噪声电阻。

像测量其他噪声参数一样，输出噪声功率加倍的方法是首选。测量系统的结构示于图 2-60，图中低噪声放大器的作用是提高测量精度。

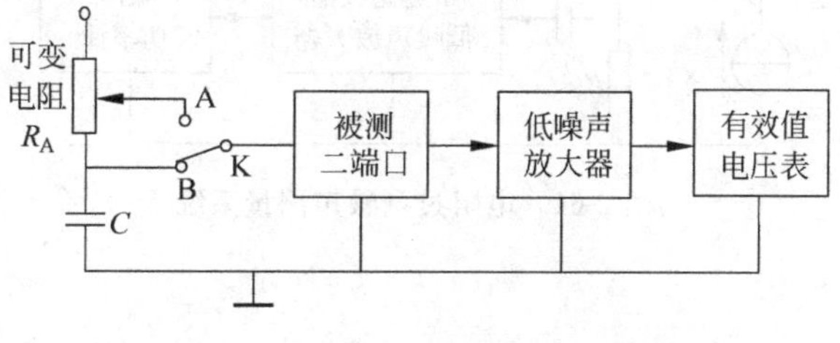

图 2-60 等效输入噪声电阻测量系统

利用一个真有效值仪表测量输出噪声有效值，测量步骤如下：

(1) 将开关 K 拨到位置 B，将被测设备的输入端通过大电容 C 连接到地。电容 C 的作用是阻隔直流分量，同时旁路交流分量到地，以保持被测二端口的输入偏置情况不变。测量输出噪声有效值 E_{nB}，假设低噪声放大器的噪声可以忽略不计，则 E_{nB} 仅来源于二端口。根据式(2-50a)，有

$$E_{nB}^2 = (4kT\Delta f R_n) A_v^2 \tag{2-247}$$

式中的 A_v 是从被测二端口输入端到电压表输入端之间的电压增益。

(2) 将开关 K 置于位置 A，调整可变电阻，直到输出噪声有显著增加。令可变电阻的阻值为 R_A，相应的输出噪声电压变为 $E_{nA} > E_{nB}$，增加的噪声功率来自 R_A，有

$$E_{nA}^2 = (4kT\Delta f(R_n + R_A)) A_v^2 \tag{2-248}$$

(3) 计算两次测量结果之比 M,M 是与等效噪声电阻相关的系数

$$M = E_{nA}/E_{nB}$$

$$M^2 = (E_{nA}/E_{nB})^2$$

将式(2-247)和式(2-248)代入上式,可得

$$M^2 = \frac{R_n + R_A}{R_n}$$

$$R_n = \frac{R_A}{M^2 - 1} \tag{2-249}$$

如果 $M=\sqrt{2}$,则第二次测量时输出噪声电压上升到1.41倍,或输出功率增加3dB,这相当于输出功率加倍,则等效输入噪声电阻 $R_n = R_A$。

为了保证良好的精度,要求可变电阻 R_A 品质良好,最好采用十进电阻箱,具有优良的机械触点。如果可变电阻为线绕式,对磁场会很敏感,必须提供屏蔽层保护。

3. 电阻过剩噪声测量

如2.1.3节中式(2-16)所示,电阻过剩噪声的功率谱密度函数可表示为

$$S_f(f) = \frac{KI_{DC}^2R^2}{f} = \frac{KV_{DC}^2}{f} \quad (V^2/Hz) \tag{2-250}$$

电阻过剩噪声的测量电路示于图2-61,它包括一个DC恒流发生器 I_{DC},一个近似矩形通带的带通滤波器,低噪声放大器用于提高测量的灵敏度,以及一个噪声功率计。图中的 R 为被测电阻。

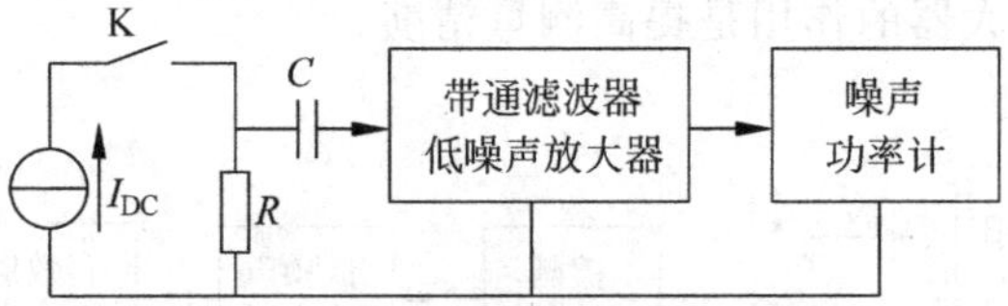

图2-61　电阻过剩噪声测量系统

测量步骤如下:

(1) 图中的开关K断开时,没有电流流过电阻 R,由式(2-250)可知,这时电阻过剩噪声的功率谱密度为零,功率计测量结果 P_1 是电阻 R 的热噪声功率附加测量系统产生的噪声功率;

(2) 当K闭合时,直流电流 I_{DC} 流过电阻 R,其两端的直流电压降为 V_{DC},功率计测量结果为 P_2,P_2 比 P_1 多出的部分就是电阻的过剩噪声功率测量值 P_f,即

$$P_f = P_2 - P_1 \tag{2-251}$$

设 $K_m(f)$ 为滤波器和放大器的功率增益,根据式(2-250),测出的过剩噪声功率为

$$P_f = \int_0^\infty S_f(f)K_m(f)\mathrm{d}f = KV_{DC}^2\int_0^\infty \frac{K_m(f)}{f}\mathrm{d}f \tag{2-252}$$

如果带通滤波器的通带可以近似为 $f_1 \sim f_2$ 的矩形通带,通带内的功率增益为 K_{P0},则有

$$P_f = KV_{DC}^2\int_{f_1}^{f_2} \frac{K_{P0}}{f}\mathrm{d}f = KV_{DC}^2K_{P0}\ln\frac{f_2}{f_1} \tag{2-253}$$

在处理过剩噪声时，常用十倍频程内的过剩噪声功率 P_{fD}来描述。由式(2-17)

$$P_{fD} = \ln 10 \times KV_{DC}^2 \quad (V^2) \tag{2-254}$$

式(2-253)与式(2-254)联立求解，可由过剩噪声功率测量值 P_f 计算出被测电阻的 P_{fD}

$$P_{fD} = \ln 10 \times \frac{P_f}{K_{P0} \ln (f_2/f_1)} \tag{2-255}$$

根据式(2-18a)，由 P_{fD}可计算出被测电阻的噪声指数 NI

$$NI = 20\lg \frac{E_{fD}}{V_{DC}} = 10\lg \frac{P_{fD}}{V_{DC}^2} \quad (dB) \tag{2-256}$$

测量系统通带带宽的选择需要考虑两个因素：给定测量精度，如果测量时间越短，则要求通带宽度越宽；但是，随着带宽的增加，热噪声比过剩噪声增加得更快，导致式(2-251)中的 $P_2 - P_1$ 的差值减少，测量精度降低。典型的折中方案是选择通带宽度为 1kHz，例如选择 $f_1 = 0.5$kHz 和 $f_2 = 1.5$kHz。对于这样的通带，如果噪声功率计中用时间常数为 1s 的 RC 电路完成平均功能，则功率测量的随机均方误差约为 2%[5]。

图 2-61 中的直流电流源必须是低噪声电流源，以使噪声电流流经电阻 R 产生的噪声电压小于该电阻的热噪声。如果电流源的噪声电流为已知，则可从测量结果中减去该项噪声功率。此外，实际电流源的输出阻抗并非无穷大，但必须保证其输出阻抗远远大于最大被测电阻。

2.7.6 噪声发生器

在噪声性能测量中，经常要用到噪声源。有两类噪声源：

(1) 一级标准噪声源。它提供从已知的物理过程得到的噪声信号，其功率可以准确地预测。典型的例子是温度为 T 的电阻。

(2) 二级标准噪声源。这种噪声源必须用一级标准进行校准。典型的例子是齐纳二极管或气体放电管。在这两种情况中，由于涉及的物理过程的复杂性，噪声功率不能用数学表达式精确地描述。

例如，气体放电管产生的噪声频率范围很宽，类似于电阻在高温下(高于 10^4K)产生的热噪声。然而，这种噪声源不是一级标准，因为噪声功率取决于气体的压力、等离子体横截面、气体的性质等。这些依赖关系很难通过数学表达式来描述。

下面介绍几种常用的噪声源。

1. 热离子二极管噪声源

热离子二极管的阴极 K 通常由涂有钡化合物的镍合金制成，阳极 A 为金属板，两者相距一定距离，真空封装在外壳内。

一种热离子二极管噪声源示于图 2-62。当阴极被加热到几百摄氏度时，大量的电子从其表面发射出去。阳极连接到正电源电压 E_A，吸引所有发射的电子。因此，电流 I_o始终只在一个方向流动，其大小取决于阴极温度。在真空中的电子具有弹道轨迹，它们的运动产生散弹噪声 I_n，其功率谱密度为

$$S(I_n) = 2qI_o$$

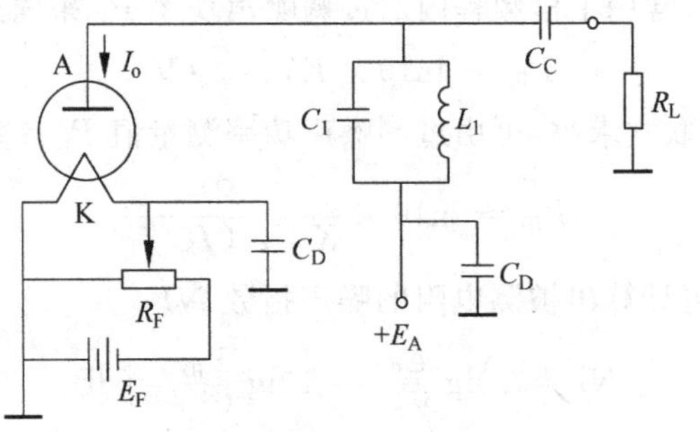

图 2-62 热离子二极管噪声源

典型的真空二极管可提供大约 5dB 的噪声功率，频率范围为 10～600MHz。在 600MHz 以上，阴极和阳极之间的电子传输时间会严重影响噪声的频谱。为了控制噪声电压，最好的办法是调整电位器 R_F，使加热电流变化，阴极温度随之变化，这将改变阴极的热离子发射情况，从而使电流 I_o 改变。

图 2-62 中的两个 C_D 为旁路电容，而电容 C_C 用于阻隔 DC 分量，在图 2-63 所示交流等效电路中，这些电容都相当于短路。

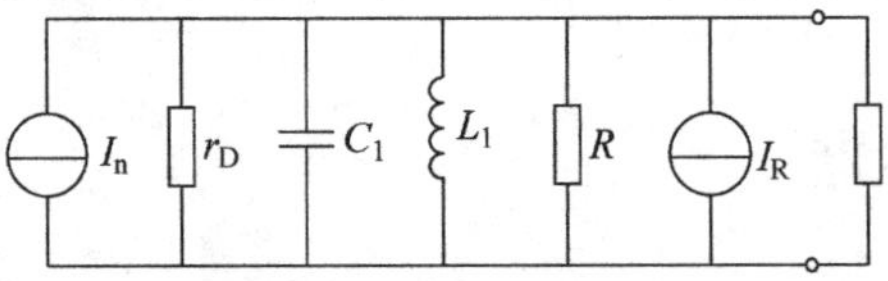

图 2-63 热离子二极管噪声源的交流等效电路

L_1、C_1 组成的谐振电路用作热离子二极管阳极负载，C_1 不能太小，以避免互连导线和二极管寄生电容的影响。图中的 r_D 表示二极管的动态电阻。R 表示谐振电路的等效并联电阻，源自于电感的欧姆电阻和电容器的损耗，R 产生热噪声 I_R。总输出噪声归一化功率由下式给出：

$$I_{tot}^2 = I_n^2 + I_R^2$$

要构建一个高性能的噪声源，必须使 $I_R^2 \ll I_n^2$。这意味着电阻 R 必须具有高阻值，即谐振电路必须选择性很强(高 Q 值)。

由于谐振电路的存在，噪声功率谱是不平坦的。如果二极管阳极负载使用一个简单的电阻而不使用谐振电路，则有下列两种不利因素：

(1) 若使用电阻，其热噪声必须被考虑在内。

(2) 杂散电容(特别是阳极-阴极极间电容)将使得噪声功率在高频时衰减，这很难控制。

2. 齐纳二极管噪声源

在低频率应用中，常使用图 2-64 所示齐纳二极管噪声源。

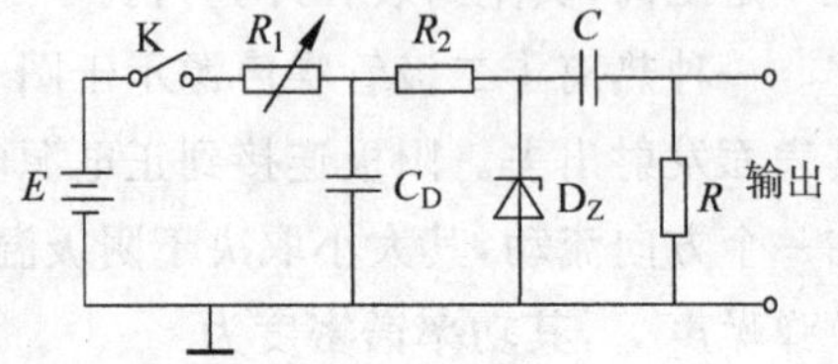

图 2-64 齐纳二极管噪声源

当齐纳二极管反向电压达到几伏的阈值时，电场足以激发隧道效应，加速的少数载流子穿透势垒，这种现象产生散弹噪声和很少量的 $1/f$ 噪声(雪崩二极管会添加太多的 $1/f$ 噪声)。尽量选择拐角频率 f_c 较低的二极管(拐角频率定义为 $1/f$ 噪声的功率等于白噪声功率的频率)，也会有 $1/f$ 噪声。理想情况下，齐纳二极管的 f_c 大约为几赫兹。

图 2-64 中的 C_D 为旁路电容，滤除电源 E 的杂散噪声，而电容 C 用于阻止 DC 分量。电阻 R 用来设置输出电阻，$R \ll r_Z$ 且 $R \ll R_2$，r_Z 为二极管的动态电阻。

电源电压 E 应比二极管的齐纳电压高很多，所以 R_2 数值较大，否则由二极管产生的噪声将被其短路。

图 2-64 所示齐纳二极管噪声源的等效电路示于图 2-65，其中 I_Z 表示由齐纳二极管产生的噪声，I_{R2}、I_R 分别表示 R_2 和 R 的热噪声。

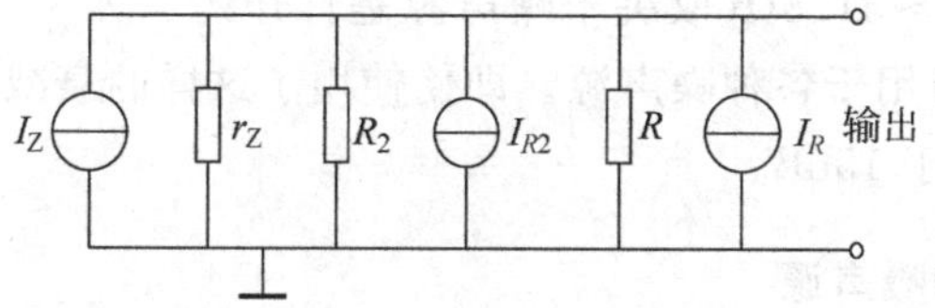

图 2-65 齐纳二极管噪声源等效电路

由于图中的各噪声电流源互不相关，总输出噪声电流归一化功率为

$$I_{tot}^2 = I_Z^2 + I_{R2}^2 + I_R^2$$

如果

$$I_{R2}^2 \ll I_Z^2 \quad 且 \quad I_R^2 \ll I_Z^2$$

则输出噪声主要取决于 I_Z。第一个不等式说明，最好使用高阻值的 R_2。满足第二个不等式的唯一方法是使用 LC 谐振电路代替 R。

调整电阻 R_1 的数值可调整输出噪声电压，这将改变二极管的偏置电流，噪声电流 I_Z 也将随之改变。

3. 雪崩二极管噪声源

雪崩二极管噪声源示于图 2-66。图中的 C_D 是旁路电容，主要用于滤除电源 E 的内部噪声。雪崩二极管 D_A 工作在反向击穿状态，调整电阻 R_1 可以改变流过二极管的电流，从而调节传送到负载的噪声功率。

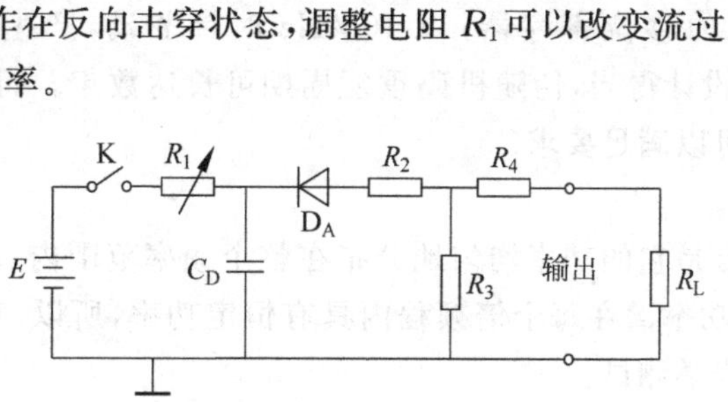

图 2-66 雪崩二极管噪声源

在实践中，用于噪声发生器的雪崩二极管是专门设计的 PIN 结构二极管(在 P 型和 N 型半导体材料之间加入一薄层低掺杂的本征半导体层)。通常将二极管 D_A 反向偏置，$V_D =$

13V 和 I_D=50mA,所产生的噪声可覆盖 10MHz～18GHz 的频率范围,其功率谱比较平坦,典型的波纹为±0.3dB,输出的噪声功率比热离子二极管要大得多。

这种噪声源的主要问题是,当开关 K 每次打开或闭合时,即"冷态"、"热态"噪声源切换时,负载看到的输出电阻在变化。当 K 闭合时,二极管的内部阻抗约为 20Ω;而当 K 打开时,二极管关断,内部阻抗约为 400Ω。因此,有必要加一个分离级,以提供恒定的输出电阻,保证微波电路中的阻抗匹配。在噪声源永久连接到系统情况下,例如雷达噪声系数测量系统中,这个功能是非常重要的。在图 2-66 中,实现该功能的电路是 R_2、R_3 和 R_4 组成的衰减器。

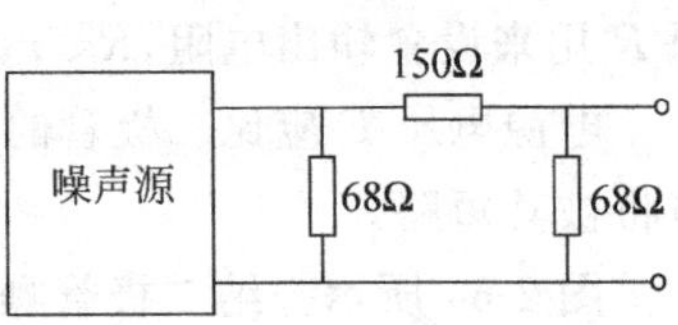

图 2-67 噪声源与输出衰减器

如果采用图 2-67 中所示的电路结构和参数,则由负载看到的终端阻抗为 47.9～51.8Ω(取决于噪声源是打开还是关闭)。这种衰减器可用于各种噪声源。即使使用了这样的衰减器,雪崩二极管噪声源输出噪声功率仍能保持高于 15dB。

4. 基于逻辑电路的噪声源

(1) 低频段白噪声源

用数字电路组成的伪随机码产生器可用作白噪声源,这与前面所讨论的模拟式噪声源完全不同,其方框图示于图 2-68。

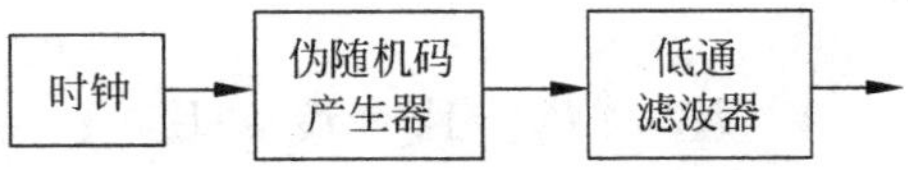

图 2-68 基于逻辑电路的白噪声源

由时钟驱动的伪随机码产生器能够提供逻辑 0 和 1 的随机序列,随后是低通滤波器,其截止频率要远低于时钟频率。在输出端得到的模拟信号在滤波器截止频率之下具有白色频谱,但其幅度分布不一定是高斯型。这样的噪声源可用于测量低频段的噪声特性。

伪随机码产生器通常是一个多比特位的移位寄存器,对其最后若干比特做模 2 加法,得到移位寄存器的移位输入。"随机"序列实际上是重复序列,重复周期长短取决于寄存器长度。例如,一个 50bit 的移位寄存器,以 10MHz 时钟驱动,产生的白噪声频率可高达 100kHz。若反馈电路设计得当,伪随机码重复周期可长达数年。而在大多数实际应用中,数秒级的重复周期就可以满足要求。

(2) 粉红噪声源

白噪声的主要特点是它的功率均匀地分布在整个频率范围内,即具有平坦的功率谱密度。而"粉红噪声" 的功率谱在每个倍频程内具有恒定功率,所以,它看起来有点像 $1/f$ 噪声。粉红噪声常用于声学测试。

图 2-69 是一种粉红噪声源实现方法,其中的 MM5437 芯片是一种伪随机码产生器,用于产生宽带白噪声。MM5437 包含内部时钟和一个 23bit 的移位寄存器,以及必要的反馈逻辑。其典型周期时间为 1min。CG—742N 模块是由 42 级移位寄存器组成的伪随机码 M 序列发生器,也可用于这样的目的。

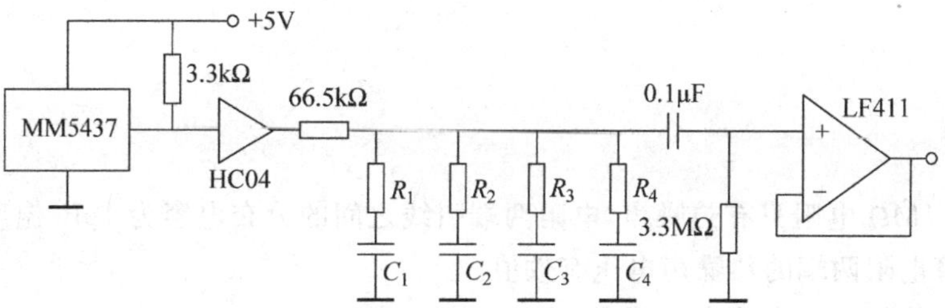

图 2-69 粉红噪声源(10Hz～40kHz)

由于粉红噪声的功率谱密度以 3dB/倍频程的速度下降,而传统的 *RC* 滤波器的功率谱密度以 6dB/倍频程的速度降落,所以必须适当地修改输出滤波器,以达到预期的效果。一种可能的方法是,把一些具有不同截止频率的滤波器级联起来,如图 2-69 所示。

M 序列发生器产生 0 和 1 组成的伪随机序列。滤波后,获得最高到第一截止频率(由 R_1 和 C_1 确定)的白噪声。这个频率不能高于时钟频率的 1%。第二截止频率由 R_2 和 C_2 确定,等等。LF411 运算放大器用作缓冲器,将未知的负载与音频滤波器隔离开。参考文献[35]给出各个滤波器电阻和电容值,见表 2-7。

表 2-7 图 2-69 中各滤波器元件值

R_1	C_1	R_2	C_2	R_3	C_3	R_4	C_4
33.2kΩ	100.0nF	10.0kΩ	30.0nF	2.49kΩ	10.0nF	1.0kΩ	2.9nF

与模拟噪声源相比,数字噪声源具有两个优点:

(1) 通过改变时钟频率可控制噪声的频率范围;

(2) 因为逻辑信号幅度高,抗电磁干扰能力更强。

其主要的限制是输出噪声功率不容易调整,因此很少被用作标准噪声源。

噪声特性测量注意事项:

噪声特性测量中的一个重要问题是抑制干扰。因为被测噪声幅度很小,其他噪声很容易通过某种途径耦合到测量电路,导致错误的测量结果。信号发生器也可能引入干扰,其连接导线可能扮演天线角色引入电磁辐射干扰。各种干扰噪声耦合途径,例如电场耦合、磁场耦合、电源耦合、传导耦合和公共阻抗耦合都有可能使干扰噪声叠加到所产生的信号中。即使在关闭信号源电源情况下,这些耦合途径照样可能引入干扰噪声。如果信号源输出幅度足够大,干扰噪声也许可以忽略,但必须避免幅度太大使电路器件进入非线性区。在利用功率加倍方法测量噪声系数时,信号幅度也不可能足够大。

使用电池供电的信号源可以避免电源耦合噪声,但其他耦合途径导致的干扰依然存在。

在低频段测量噪声特性时,常常要使用高阻值源电阻,放大器的输入阻抗也较高,这种电路对电场干扰和电磁波干扰很敏感,良好的屏蔽措施是非常重要的。此外,还要注意湿气或表面污染会导致阻值减少,分布电容会导致阻抗变化和降低热噪声功率。

在高频段测量噪声特性时,还要注意长期使用的连接器的触点镀层磨损或不干净有可能导致阻抗失配,必要时应该更换连接器。

习题

2-1 设 $1\text{M}\Omega$ 电阻只有热噪声，电阻两端引线之间的分布电容为 1pF，温度为 17℃。

(1) 计算电阻两端的热噪声电压有效值。

(2) 找出热噪声的半功率点频率(Hz)。

2-2 理想电感 L 和电阻 R 相并联，试证明流过 L 的热噪声电流均方值为 $\overline{i_t^2}=kT/L$。

2-3 设图 P2-3 中的运放无噪声，输入阻抗为无穷大，电阻只有热噪声。计算 17℃ 时电路输出噪声电压 u_o 的有效值和峰-峰值。

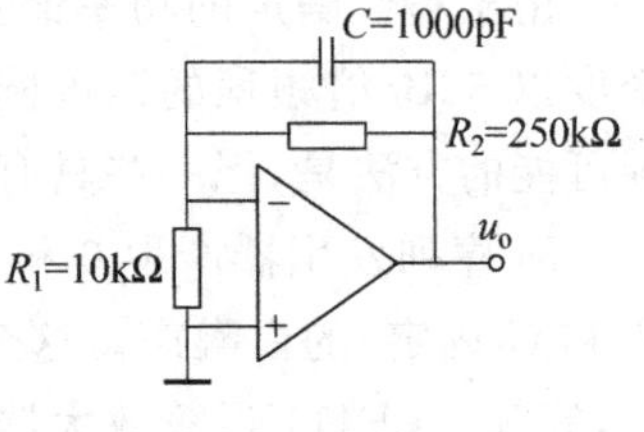

图 P2-3

2-4 若图 P2-3 电路中的运放为 μA741，计算 17℃ 时电路输出端频率高于 0.01 Hz 的噪声电压有效值和峰-峰值。

2-5 某 FET 的等效输入噪声平方根谱密度为 $e_N=0.05\mu\text{V}/\sqrt{\text{Hz}}$，$i_N=0.15\text{pA}/\sqrt{\text{Hz}}$；温度为 17℃。

(1) 将此 FET 用作源电阻为 $100\text{k}\Omega$ 的信号源的放大器，计算噪声系数 F。

(2) 计算此 FET 的最佳源电阻 R_{so} 和最小噪声系数 F_{min}。

2-6 放大器等效输入噪声平方根谱密度为 $e_N=10\text{nV}/\sqrt{\text{Hz}}$，$i_N=10\text{pA}/\sqrt{\text{Hz}}$；输入到放大器的信号频率为 10kHz，信号源电阻 $R_s=100\Omega$，温度 17℃。

(1) 当放大器与信号源直接连接时，计算放大器的噪声因数 NF。

(2) 为了优化噪声性能，在信号源和放大器之间使用阻抗变换变压器，试求变压器的圈数比，并计算放大器的最小噪声因数 NF_{min}。

2-7 制造商给出的某种运放的噪声指标如下表所示：

参　数	符号	测试条件	典型值	单位
输入噪声电压平方根谱密度	e_N	$f=$ 1Hz	100	$\text{nV}/\sqrt{\text{Hz}}$
		10Hz	33.2	
		100Hz	10.0	
		1kHz	10.0	
		10kHz	10.0	
输入噪声电流平方根谱密度	i_N	$f=$ 1Hz	31.6	$\text{pA}/\sqrt{\text{Hz}}$
		10Hz	10.0	
		100Hz	3.32	
		1kHz	1.00	
		10kHz	1.00	

(1) 运放的噪声取决于其输入级噪声，此级是 BJT 还是 FET？说明理由。

(2) 计算 1kHz 频率处的最佳源电阻和最小噪声系数。

(3) 连接到运放输入的信号源为 5kHz 正弦波，有效值为 20μV，源电阻为 100Ω。运放输出设有理想的带通滤波器，其高、低截止频率分别为 1kHz 和 10kHz。求滤波器输出的信噪比(表示为分贝)。

2-8 正弦波信号源频率为 1kHz，有效值为 $100\mu V$，源电阻 $R_s=100k\Omega$，其噪声指数为 $NI=-23dB$。信号源(包括 R_s)偏置电流为 $200\mu A$，该电流叠加了幅度为 $0.4pA/\sqrt{Hz}$ 的宽带噪声电流。信号源交流耦合连接到放大器输入，放大器输入阻抗 $\gg 100k\Omega$，在频率 1Hz～10kHz 范围内电压增益为 1000，在此频率范围之外增益迅速下降，放大器等效输入噪声平方根谱密度为 $e_N=30nV/\sqrt{Hz}$，$i_N=0.25pA/\sqrt{Hz}$。

(1) 计算放大器输出的噪声有效值。

(2) 计算放大器输出的信噪比(表示为分贝)。

(3) 描述改善信噪比的方法。

2-9 对输入电阻为 $10M\Omega$ 的放大器做噪声测量。频率为 1kHz、有效值为 $100\mu V$ 的正弦波输入给放大器，其输出为 1V 有效值，此信号幅度足够大使得噪声可以忽略。

放大器输出噪声利用近似理想的带通滤波器进行测量，其中心频率为 1kHz，带宽为 100Hz，通带增益为 1。放大器输入端短路时测量值为 0.5mV，输入端开路时测量值为 500mV。计算放大器的下列噪声指标：

(1) 1kHz 处放大器的等效输入电流和电压平方根谱密度 i_N 和 e_N；

(2) 最佳源电阻和最小噪声系数；

(3) 信号源电阻分别为 $1k\Omega$、$10k\Omega$ 和 $100k\Omega$ 情况下的噪声系数。

2-10 噪声源输出的平方根谱密度为 $200nV/\sqrt{Hz}$，通过外接串联电阻连接到被测放大器输入端，使得源电阻 $R_s=100k\Omega$。放大器输出连接到噪声功率计，其等效噪声带宽为 100Hz，其中的检波器为平方律检波器，低通滤波用 RC 低通滤波器，$R=100k\Omega$。噪声源关闭时，测得放大器输出噪声有效值为 1.08mV；噪声源开启时，测得放大器输出噪声有效值为 2.27mV。

(1) 计算放大器的噪声系数 F。

(2) 要求噪声电压有效值测量误差为 1%，计算 RC 低通滤波器中的 C 值。

(3) 如果噪声功率计的等效噪声带宽改为 10Hz，求测量误差。

(4) 利用本题所给测量系统，设计一种测量方案，测量和计算放大器的等效输入噪声平方根谱密度 e_N 和 i_N，以及放大器的最佳源电阻 R_{so} 和最小噪声系数 F_{min}。

第3章 干扰噪声及其抑制

某个外部干扰源产生噪声，并经过一定的途径将噪声耦合到信号检测电路，从而形成对检测系统的外部干扰噪声。例如，检测电路的一部分电路可能像天线一样拾取各种无线电波，也可能拾取直流电机电刷的电火花和由接触器触头所产生的电磁辐射波；变压器或电机的交变磁场可能会在检测电路中感应出同样频率的电压或电流；干扰噪声会经过分布电感或分布电容耦合到附近的电路导线中；即使是检测电路中导线的机械振动，也可能因为切割磁力线而感应出干扰噪声。这种干扰噪声受检测设备的布局及结构的影响很大，通过认真设计检测电路的物理特性，仔细安排电路导线的长度和位置，可以把这种噪声减到最小。

外部干扰问题大都与磁场耦合或电场耦合有关，还有一些干扰噪声是由导线引入的。这类噪声的研究领域和降噪技术有时称为电磁兼容性(EMC)。

环境干扰噪声对检测结果影响的大小与检测电路的布局和结构密切相关，其特性既取决于干扰源的特性，又取决于耦合途径的特性，而与电路中元件的优劣无关。这类噪声可能是随机的，也可能是确定性的。

通常，干扰噪声源功率要比检测电路中有用信号的功率大得多，经过耦合途径后，噪声功率大为减弱，但相对于微弱的有用信号可能还是十分可观的。要削弱干扰噪声的不利影响，可以采取多种方式，例如降低噪声源的功率(这在很多情况下往往难于实现)，削弱耦合途径的耦合强度，通过改变检测电路的布局和结构来改善它对干扰噪声的敏感性等。在多数情况下，耦合途径是复杂而且不清楚的，在分析过程中往往要做某种程度的近似。

3.1 环境干扰噪声

3.1.1 干扰噪声源

干扰噪声种类很多，它可能是电噪声，通过电场、磁场、电磁场或直接的电气连接耦合到敏感的检测电路，这些都是电磁兼容性所涉及的领域；干扰噪声的本源也可能是机械性的，例如，通过压电效应，机械振动会导致电噪声；甚至温度的随机波动也可能导致随机的热电势噪声。下面只列举出常见的噪声源。

1. 电力线噪声

随着工业电气化的发展，工频(50Hz)电源几乎无处不在，因此工频电力线干扰也就普遍存在。电力线干扰噪声主要表现在以下几个方面：

(1) 尖峰脉冲

由于电网中大功率开关的通断，电机、变压器和其他大功率设备的启停以及电焊机等原因，工频电网中频繁出现尖峰干扰脉冲。这种尖峰脉冲的幅度可能是几伏、几百伏有时甚至是几千伏，持续时间一般较短，多数在微秒数量级。这种尖峰干扰脉冲的高次谐波分量很丰富，而且出现得频繁、幅度高，是污染低压(220V)工频电网的一种主要干扰噪声，对交流供电的电子系统会带来很多不利影响。

多数检测仪表都是由工频电力线供给能源，电网的尖峰脉冲干扰一般是通过电源系统引入到检测电路中。如果不采取适当的措施抑制电源的尖峰脉冲干扰，就有可能导致检测波形的畸变，严重时甚至会导致信号处理计算机的程序跑飞和死机。

(2) 工频电磁场

在由工频电力线供电的实验室、工厂车间和其他生产现场，工频电磁场几乎是无处不在。在高电压、小电流的工频设备附近，存在着较强的工频电场；在低电压、大电流的工频设备附近，存在着较强的工频磁场；即使在一般的电器设备和供电线的相当距离之内，都会存在一定强度的50Hz电磁辐射波。工频电磁场会在检测电路的导体和信号回路中感应出50Hz的干扰噪声。

(3) 电网电压波动

工业电网电压的欠压或过压有时会达到额定电压的±15%，如果检测系统的电源稳压电路性能不高，工频电压的波动就有可能串入到检测信号中。随着电力工业的发展和供电质量的不断提高，电网电压波动问题渐趋缓和。

2. 电气设备噪声

电气设备必然产生工频电磁场，而且在开关时还会在电网中产生尖峰脉冲。某些特殊的电气设备还有可能产生射频噪声，例如高频加热电器和逆变电源。

电动交通系统使用的大功率电动机切换时都会产生噪声，由于感性负载的电流突变，会产生可达到几百伏的瞬态电压。在稳定运行状态下，电机电刷会产生电弧，造成电磁辐射。这些干扰噪声还会经电源线传导到附近的系统。所有使用电动机的家用电器都有类似的问题。

工业设备例如继电器控制设备、电气开关设备、激光切割机、微波炉等，医疗设备例如重症监护设备、物理治疗设施、CT扫描仪等，这些设备都是电磁噪声源。这些设备中还广泛采用DC/DC转换器和开关式直流电源，所产生的噪声频谱可以扩展到几兆赫兹甚至更高。

此外，某些电气设备还会产生放电干扰，包括辉光放电、弧光放电、火花放电和电晕放电。

(1) 辉光放电

最常见的辉光放电是荧光灯和霓虹灯。当两个电极之间的气体被电离时，因为离子碰撞而产生辉光放电。辉光放电所需电压取决于电极之间的距离、气体类型和气压。发生辉光放电后，气体击穿，此后只需较低电压就可以维持气体电离和辉光放电。辉光放电会产生超高频电磁波，其强度取决于放电电流。

(2) 弧光放电

最典型的弧光放电是电焊，这是一种金属雾放电。电弧电流产生的高温将电极金属熔化，并气化形成电弧光。弧光放电会产生高频电磁波辐射，也会造成局部电网的电压波动和尖峰脉冲干扰。弧光放电基本频率为2.8MHz左右，其频谱覆盖3kHz～250MHz的频率范围。

(3) 火花放电

在电气设备触点通断的瞬间，触点处的断续电流会引起火花放电。例如，接触器触头的瞬间通断、直流电机电刷的持续通断、内燃机的点火系统等。火花放电产生的电磁辐射频率范围很宽，辐射能量也比较大。例如，汽车点火干扰的频率范围约为20～1000MHz，作用范围可达50～100m。在电火花加工设备的附近，更会产生强烈的火花放电干扰。

(4) 电晕放电

当高压输电线绝缘失效时会产生间歇脉冲电流，形成电晕放电。一般的检测设备都远离高压输电线，交流供电也是经多级降压变压器而来，变压器的低通滤波作用使得电晕放电干扰的高频分量大幅度衰减，但其低频分量还会产生不利影响。

3. 射频噪声

随着无线广播、电视、雷达、微波通信事业的不断发展，以及手机的日益推广，空间中的射频噪声越来越严重。射频噪声的频率范围很广，从100kHz到吉赫兹数量级。射频噪声多数是调制(调幅、调频或调相)电磁波，也含有随机的成分。检测设备中的传输导线都可以看作是接收天线，程度不同地接收空间中无处不在的射频噪声。因为射频噪声的频率范围一般都高于检测信号的频率范围，利用滤波器可以有效地抑制射频噪声的不利影响。

4. 地电位差噪声

如果检测系统的不同部件采用不同的接地点，则这些接地点之间往往存在或大或小的地电位差。在一个没有良好接地设施的车间内，不同接地点之间的地电位差可达几伏甚至几十伏。在飞机的机头、机翼和机尾之间，电位差可达几十伏。汽车的不同部件之间很可能存在几伏的电位差。即使在同一块电路板上，不同接地点之间的地电位差也可能在毫伏数量级或更大。

如果信号源和放大器采用不同的接地点，则地电位差对于差动放大器来说是一种共模干扰，而对于单端放大器来说是一种差模干扰，分别如图3-1(a)和图3-1(b)所示，图中的u_G是地电位差。因为地电位差噪声的频率范围很可能与信号频率范围相重叠，所以很难用滤波的方法解决问题。克服地电位差噪声不利影响的有效办法是采用合适的接地技术或隔离技术。

5. 雷电

雷电噪声的特点是高幅度随机尖峰短脉冲。雷电发生时的一次电流可达10^6A，云与地面之间的感应电场可达1～10kV/m，其强度上升时间为微秒数量级。雷电会造成幅度很大的电场和磁场，也会产生高强度的电磁辐射波，频率范围从几十千赫兹到几十兆赫兹。此

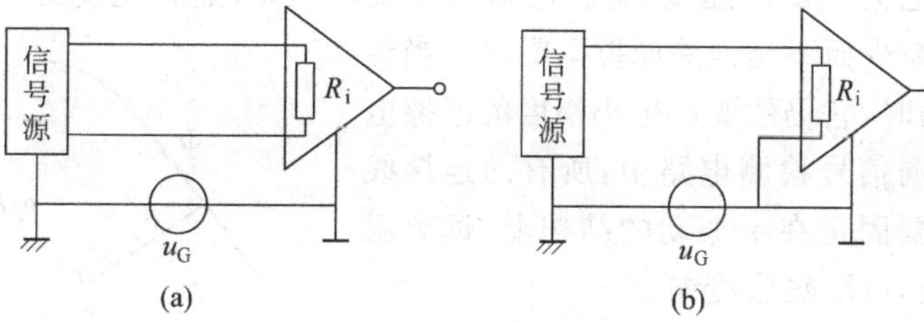

图 3-1 地电位差噪声
(a) 共模噪声；(b) 差模噪声

外，在云与地雷电的附近，大地的地电位差也会发生剧烈变化，可高达几千伏。

6. 天体噪声

由于宇宙射线和太阳黑子的电磁辐射，大气中普遍存在天体噪声。太阳风暴期间，太阳因能量增加向空间释放出大量高速带电粒子流，包括 X 射线和远紫外线(指波长为 0.1～140nm 的电磁波)、射电波(波长为 1mm～10cm 的电磁波)，高能粒子流和等离子体云等都会大大加强，并有可能引发地球磁暴，使得地球的电磁环境大为恶化。天体噪声的频率很高，一般在吉赫量级以上，远远超出了一般检测系统的频带范围，所以，一般情况下对普通检测仪表影响不大。

7. 机械起源的噪声

在非电起源的噪声中，机械原因占多数。例如，电路板、导线和触点的振动，有可能通过某种机-电传感机理转换为电噪声。而在不少应用场合，很难避免电路的机械运动和振动。例如，装设在运载工具或工业设备的运动部件中的检测电路振动的幅度可能很大，电缆线的运动和振动更是常见。

由机械运动或振动转换为电噪声的机-电传感机理有很多种，下面列举常见的几种。

(1) 摩擦电效应

两种不同的物质相互摩擦会产生电荷的转移，使得一种物质带正电，另一种物质带负电。这种摩擦电效应有可能导致高阻抗小信号电路中的干扰噪声。例如，在用同轴电缆连接高输出阻抗信号源和高输入阻抗放大器的情况下，弯曲电缆的过程会使组成电缆的导体和绝缘体之间形成摩擦或断断续续的接触，导致电荷传输和电缆芯带电，也会给电缆内外层导体之间的分布电容充电，形成电缆芯和外屏蔽层之间的噪声电压。随着电缆任何一端连接这两个导体的电阻的减小，分布电容的放电速度加快，噪声电压幅度会明显减小。

例如，当用手弯曲 1m 长的同轴电缆时，如果同轴电缆和外屏蔽层之间连接的电阻为 10MΩ，则噪声电压峰值能达到 5mV 以上；如果该电阻降为 1MΩ，则噪声电压峰值可以降到 1mV 以下。

此外，在电路中通过把所有的电缆绑扎紧固，从而减少或消除电缆的弯曲，能有效地减少电缆摩擦电噪声。当上述措施仍然不能把摩擦电噪声降低到可以接受的程度时，可以采用特殊的低噪声电缆，这种电缆的外部屏蔽导体和内部绝缘体之间有一个石墨层，其润滑作用减缓了两者之间的摩擦，而且在绝缘体表面附着一层导电的石墨，提高了绝缘体表面电荷的活性，从而提高电荷平衡的速度，防止电荷的聚集。但是，这种电缆是"低噪声"，而不是"无噪声"，它只能减少而不是消除摩擦电噪声。当经受振动或热胀冷缩时，它仍然要产生小幅度的摩擦电噪声。所以，在微弱信号检测电路中，所有的连接线应该尽量短，而且要固定在不振动的结构上，远离温度变化较大的气流，以防热胀冷缩。

(2) 导体在磁场中的运动

根据法拉第定律，导体在磁场中运动产生的电动势如图3-2所示，为

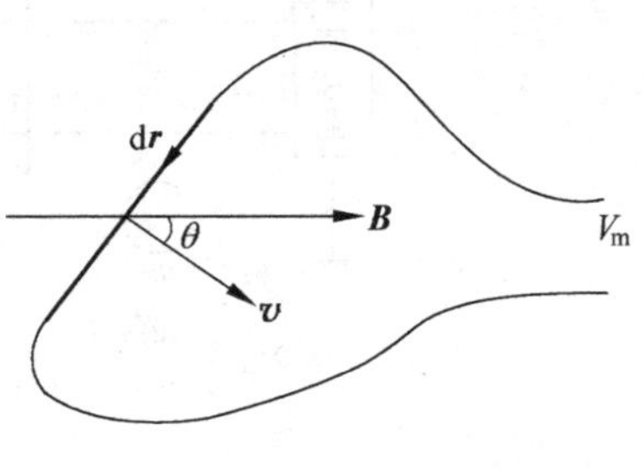

图3-2 导体在磁场中运动产生的噪声

$$V_m = \int (\boldsymbol{v} \times \boldsymbol{B}) \mathrm{d}\boldsymbol{r} \tag{3-1}$$

式中，$\boldsymbol{v}$ 为导体移动的速度；$\boldsymbol{B}$ 为磁感应强度；$\mathrm{d}\boldsymbol{r}$ 为沿导体长度的微分元。

如果导体长度为 l，设导体与磁场方向垂直，而且磁场强度 $\boldsymbol{B}$ 在 l 上均匀，运动方向与 $\boldsymbol{B}$ 之间的夹角为 θ，则有

$$V_m = lBv\sin\theta \tag{3-2}$$

如果 B 不是静态磁场而是交变磁场，那么导体运动所产生的电动势上还要叠加通过互感产生的噪声。

即使信号线是在微弱的地磁场中运动，对于微弱信号检测系统来说，所产生的噪声电动势也可能是不容忽视的。例如，如果磁场强度为 $4\times10^{-5}\,\mathrm{Wb/m^2}$，长度为1m的信号线以1cm/s的速度垂直于磁场运动，则产生的噪声电压为 $0.4\mu\mathrm{V}$。

(3) 压电效应

在受到压力时，附着于压电材料表面的电极之间会产生电位差，而当电压施加在这些电极上时，压电材料也会产生变形，这就是压电效应。压电效应很明显的材料常用于制作机械量传感器，还有一些常用的绝缘材料也有一定的压电效应，例如陶瓷绝缘体和某些印制电路板材料。当这些材料振动时，附着在其表面的导体之间会产生噪声电压。通过防振动安装来减少检测电路的振动，或通过选择压电效应较小的绝缘材料，可以有效地减少压电效应噪声。

(4) 颤噪效应(microphony)

任何被绝缘体分隔的两个导体都形成一个电容 C，电容的大小取决于导体的面积、几何形状、相互位置和方向以及绝缘体的介电常数。当空间电荷 Q 聚积在由此形成的电容上时，两个导体之间的电压为

$$V = Q/C$$

如果由机械原因导致两个导体的相互位置发生变化，则电容 C 发生变化，电容两端的电压也相应变化。当电容 C 变化 ΔC 时，电压的变化量 ΔV 为

$$\Delta V \approx \frac{\mathrm{d}V}{\mathrm{d}C}\Delta C = -\frac{Q}{C^2}\Delta C \tag{3-3}$$

这正是电容式麦克风的工作原理。当声压波使得作为电容器一个极板的麦克风膜片移动时，电容发生变化，电容两端电压变化，从而把声音转换成电信号。

对于电路板中靠得很近的导体，以及电缆线的芯线和屏蔽层之间，也会存在这种效应，机械振动可能会使它们构成的电容发生变化，在这些导体上就产生了噪声电压，这种现象叫

做颤噪效应。

克服颤噪效应的有效方法是避免关键电路元件(包括电缆)发生机械振动,此外,降低携带微弱信号的电缆的稳态电压(从而减少了 Q)也能缓解颤噪效应产生的噪声。

除上述几种由机械原因产生噪声的机理外,机械运动或振动引起电路器件和连接线的移位或变形,还会使分布参数发生变化,从而导致噪声耦合强度的变化。

8. 其他噪声源

(1) 电化学噪声

如果电路板清理得不好,某些电化学物质的污染与湿气混合就有可能形成电解液,与其接触的电路中的不同金属就可能构成一个电化学电池。例如,印制电路板上的铜箔、焊锡以及没有清理掉的焊剂有可能形成这样的电池。通过彻底清洁电路板,并用防潮涂料处理覆盖电路板,可以有效地缓解甚至克服电化学噪声问题。

(2) 温度变化引起的噪声

当两种不同金属的两个接点分别处于不同温度 T_1 和 T_2 时,会产生正比于温差 T_2-T_1 的热电势 e_T,如图 3-3 所示。当空气紊流或其他原因导致这两个接点之间的温差随机变化时,热电势也会随机变化。在印制电路板上构成接点的不同金属可以是铜箔和镀金条,也可以是铜箔和焊接所用的铅-锡合金。

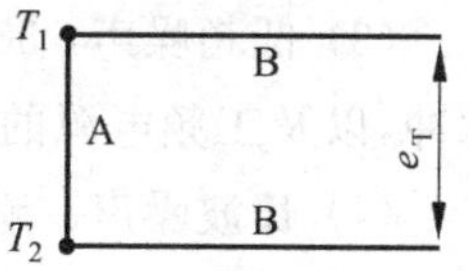

图 3-3 接点温差产生的热电势 e_T

在微弱信号检测电路中避免形成不同金属的接点可以消除热电势噪声,但是这可能很难做到。通过选择形成接点的金属材料,使得接点的热电势较小,可以降低热电势噪声的幅度。例如,铜-镉/锡合金接点的热电势约为 $0.3\mu V/℃$,而铜-铅/锡合金接点的热电势约为 $1\sim3\mu V/℃$。

有的电阻的阻值随温度变化,半导体 PN 结的正向压降随温度变化,这些都会把温度变化转换为电压或电流变化。

通常温度变化的速度是缓慢的,由温度变化导致的电路电压变化常常叫做"温度漂移"。在微弱信号检测电路的敏感部位采用低温度系数的电阻,并采用对称平衡的差动输入放大器电路(这种放大器的温度系数较小),可以有效地减少温度漂移。

温度敏感元件的温度变化速度取决于这些元件附着的物理结构的热容量,以及热传输通道的导热率。通过把敏感电路装配在高导热率、大热容量的散热器上,可以减少电路元件温度的变化及温度梯度,这对抑制各种由温度变化引起的噪声都有效。

(3) 触点噪声

接触不良的插头插座、开关触点以及焊接不良的焊点会导致触点噪声。机械振动会使这些不良触点的接触电阻发生变化,温度变化会使触点膨胀或收缩,也会导致接触电阻发生变化。当电流流过变化的接触电阻时,也会形成噪声电压。

触点的重负荷工作会导致触点表面的氧化和机械性能恶化,以及接触压力变低。湿气和灰尘的积聚,会在触点表面上形成薄膜,导致接触不良,接触电阻增大。更糟的情况是接触电阻波动,导致流过触点的电流波动。

3.1.2　干扰噪声的频谱分布

在上述各种干扰噪声中，电磁场干扰和射频干扰噪声几乎无处不在，它们所覆盖的频率范围也很广。在电气化的世界里，工频电磁场和地电位差随处可见，而且其幅度常常是相当可观的。检测电路内部必然包含一定数量的电子元件，它们所固有的白噪声(例如热噪声和散弹噪声)以及 $1/f$ 噪声必然存在。图 3-4 示出这些内部和外部噪声大致的频谱分布以及各类噪声的频率范围。

在当今的电气化、信息化社会中，电磁环境异常复杂，而且愈来愈复杂，电磁干扰噪声分布在很宽的频率范围内。如果按最常见的频谱来划分，则可粗略分为以下几个频段：

(1) 超低频噪声：几赫兹以下的干扰主要由温度和机械原因引起，电路内部产生的超低频噪声则主要来自 $1/f$ 噪声。

(2) 工频噪声：频率 50Hz 左右，工频电磁场辐射主要来自输、配电系统以及电力牵引系统、大功率电器，而检测系统的交流电源也往往要引入 50Hz 干扰。

(3) 低频噪声：30kHz 以下的辐射干扰，主要来自雷电、核爆炸以及地震所产生的电磁脉冲，以及工频电源的谐波，大功率电器设备开关时造成的浪涌等。

(4) 长波噪声：频率范围 10～300kHz，包括交流输电谐波干扰及交流电气铁路的高次谐波干扰等。

(5) 射频噪声：多数射频噪声的频率范围为 300kHz～300MHz。无线电广播和电视广播，工业设备和医疗设备，输电线电晕放电，高压设备和电力牵引系统的火花放电，以及内燃机、电动机、家用电器、照明电器等的电磁辐射干扰，大都在此频率范围内。

需要注意的是，射频噪声的起因不仅可能是电视或无线电广播信号，而且很多脉冲源都有可能发射射频干扰噪声，例如电弧、电火花加工、汽车火花塞等。

(6) 微波噪声：频率范围为 300MHz 以上，包括高频、超高频、极高频干扰，雷达和移动通信是这一频段的干扰源。随着微波通信业务的日益发展和微波电子设备应用的日益广泛，此频段的干扰越来越严重。广义的射频噪声包括 30GHz 以下的微波噪声。

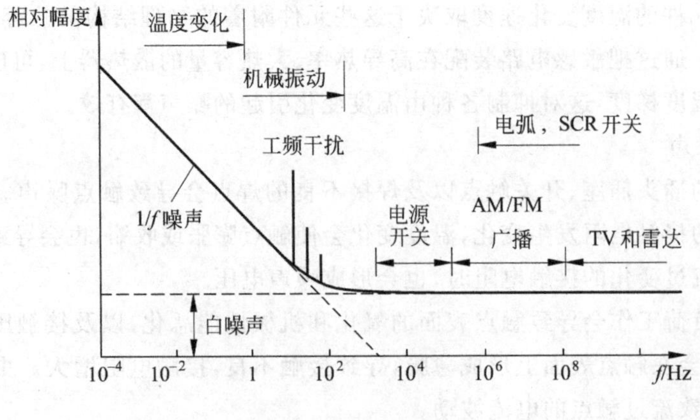

图 3-4　噪声频谱分布

可见，在任何频段，都找不到不存在干扰噪声的间隙。因此，检测系统的抗干扰能力就成为其能否正常工作的一项重要性能指标，对微弱信号检测系统尤其如此。

3.2 干扰耦合途径

外部干扰源产生的噪声影响到检测系统的正常工作，是经由某种传播途径被耦合到了检测系统之中。抑制干扰噪声有 3 种方法：

① 消除或削弱干扰源；

② 设法使检测电路对干扰噪声不敏感；

③ 使噪声传输通道的耦合作用最小化。

在多数情况下，对于产生噪声的外部干扰源很难采取有效措施将其消除或隔离，但是如果能够切断或削弱干扰耦合途径的传播作用，则可以有效地降低干扰噪声对检测系统的不利影响。

在各种干扰耦合途径中，辐射场耦合是最普遍的耦合方式，也是最难以计算的一种耦合方式。通常，载有时变电流的电路总要向外发射电场和磁场，其强度可以利用麦克斯韦方程来计算。从理论上来说，给定发射源电流的特性，并给定敏感接收电路以及与其相耦合的电路结构，利用麦克斯韦方程可以计算出接收电路各部分的感生电压和电流。但是实际上，即使是在简单的情况下，边界条件往往是非常复杂的，为了把实际问题转换为可以求解的问题，总要进行一些粗略的简化。

如果干扰辐射场的波长为 λ，则在小于 $\lambda/(2\pi)$ 的距离内，要计算电路之间经由场的耦合情况，需要分别考虑电场耦合和磁场耦合。在检测仪表内部，电场耦合通过导线之间的分布电容来计算，磁场耦合通过导线之间的互感来计算。因为频率为 30MHz 的辐射场的波长为 10m，而检测电路内部导线之间的距离通常为几厘米或更短，距离设备内部干扰源小于 $\lambda/(2\pi)$ 的条件一般是可以满足的。对于设备外部的干扰源，要根据具体情况进行分析判断。在距离干扰源 $\lambda/(2\pi)$ 以上的地方，主导的耦合方式是辐射电磁场平面波。仪表之外的射频噪声耦合到检测电路主要是通过这种耦合方式。

除了辐射场耦合方式外，常见的干扰噪声耦合方式还有传导耦合、电源耦合和公共阻抗耦合方式。例如，检测电路的供电电源线有可能将工频电网上的各种噪声耦合到检测电路中。下面分别介绍这些干扰噪声耦合方式。

3.2.1 传导耦合

1. 传导耦合

传导耦合是经导线传导引入干扰噪声，也包括经电感、电容和变压器引入干扰噪声。例如，交流电源线会将工频电力线噪声引入到检测装置，长信号线会把工频和射频电磁场、雷电等感应出的噪声引入信号系统。

噪声源和检测电路之间的电气连接是噪声耦合的直接途径，人们也许会认为这种耦合很容易避免，而事实上并非如此。在很多实际情况中，对噪声敏感的检测电路与噪声源的连接又是必要的。例如，检测电路必须通过电气连接从直流电源或工业电源获取能量，而这些电源都是干扰噪声源。如果检测电路和大功率模拟电路或开关电路共同工作，连接两者的地线很可能就是一条噪声传播途径。

解决传导耦合的一种方法是使信号线尽量远离噪声源，另一种方法是在信号线和电源线进入检测系统时，采取有效的去耦合滤波措施，见本章3.6.3节。

此外，传导耦合和辐射场耦合之间也具有一定的联系，传导导线有可能拾取辐射场噪声，传导导线的噪声电压和噪声电流也有可能向外发射电磁场。在设计检测设备的抗干扰措施时，需要综合考虑上述各因素。

按照“传导耦合是经导线传导引入干扰噪声”的定义，下面介绍的公共阻抗耦合和电源耦合也可以归入传导耦合一类，但是它们又具有各自的特殊性，所以分别加以介绍。

2. 公共阻抗耦合

公共阻抗耦合是常见的一种噪声耦合方式，常发生在两个电路的电流有共同通路的情况中。如果多个电路共同使用一段公共导线，例如公共电源线或公共地线，则当其中的任何一个电路的电流发生波动时，都会在公共导线的阻抗上产生波动电压，形成对其他电路的干扰。例如，图3-5中的电路1的电流 i_1 发生波动时，通过公共阻抗 Z_C 和 Z_G 的作用，将使A、B两点的电位发生波动，进而影响电路2的正常工作。

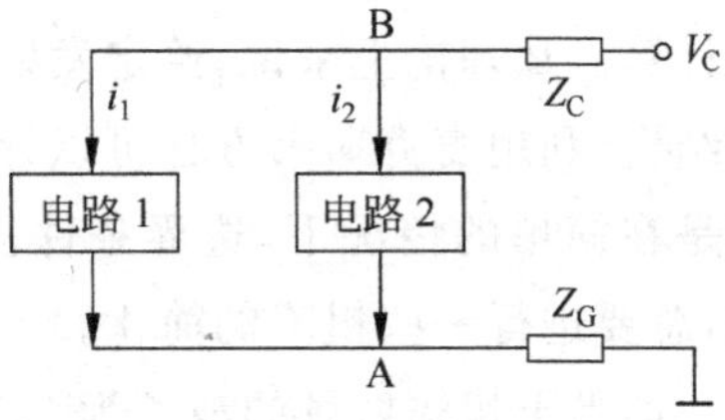

图3-5　公共阻抗耦合

应该注意的是，公共阻抗 Z_C 和 Z_G 除电阻之外还有电感分量，而且即使对于相当低的频率，其电感分量也有可能超过其电阻分量。

直径为 d，长度为 $l(l \gg d)$ 的圆截面非磁性直导线的电感为

$$L \approx 0.2l[\ln(4l/d)-1] \quad (\mu\text{H})$$

例如，对于直径为1mm长度为10cm的铜导线，其电感约为0.1μH，频率为10kHz时的感抗为6.3mΩ，频率为10MHz时的感抗为6.3Ω。

随着频率的提高，因为集肤效应，电流密度逐渐向导线表面附近集中，导致导线电阻增加，因此公共电阻是频率的函数。对于圆形截面的铜导线，其交流电阻 R_{AC} 与直流电阻 R_{DC} 之比为[5]

$$R_{AC}/R_{DC} = 3.79d\sqrt{f} \tag{3-4}$$

式中，d 为导线直径，m；f 为电流频率，Hz。例如，对于直径为1mm长度为10cm的铜导线，其直流电阻约为2.19mΩ；而对于频率为10MHz的电流其电阻约为26.2mΩ。

将导线的电阻和电感综合考虑在内，导线的阻抗为

$$|Z| = \sqrt{R^2+(2\pi fL)^2}$$

如果在多个电路共同使用的公共导线中含有插头插座或开关之类的金属触点，则公共阻抗会大为增加。厂家给出的金属接触电阻一般为2～20mΩ，但如果触点不干净，接触电

阻有可能比 20mΩ 高很多。

利用合适的接地措施可以有效地克服公共阻抗耦合噪声，这将在“电路接地”一节中做详细介绍。

3. 电源耦合

(1) 直流电源干扰噪声

在检测电路的直流电源 V_C 上一般都不同程度地叠加有各种其他噪声，例如电源电路中的整流器、电压调节器件以及其他元件的固有噪声，如果电源整流器输出滤波器不理想，电源输出还会叠加有工频 50Hz 及其高次谐波的分量，以及工频电源线上其他噪声的分量。

此外，因为直流电源的输出阻抗以及连接导线的阻抗不为零，电路的工作电流变化也会导致电源电压 V_C 的波动，这类似于公共阻抗耦合。为了防止其他电路(例如数字电路和大功率模拟电路)的电流噪声经过电源耦合到微弱信号检测电路中，必要时应该考虑对微弱信号检测电路采用单独的电源供电。

解决直流电源耦合噪声的方法是选用低噪声、低输出阻抗的直流电源。在电路中增设电源滤波电容和放大器偏置电路滤波电容，也是抑制直流电源噪声的有效方法。

(2) 交流电源噪声

工频电网上连接着很多其他电气设备，某些高频设备会使交流电源线上叠加一些高频噪声。某些大功率开关器件会使交流电源线上产生尖峰噪声，这些尖峰噪声的宽度很窄，但是幅度很高，高次谐波很丰富，而且出现频繁。工频电源线还是各种射频干扰的接收天线，它会接收各种无线广播和无线通信的射频信号。将这些噪声耦合到检测电路的过程属于传导耦合，即经过 220V 电源线耦合。

如果没有采取必要的防备措施，上述噪声有可能经过电源耦合到敏感的检测电路，例如没有设置滤波的放大器偏置电路会把电源噪声直接耦合到放大器输入端。对于微弱信号检测电路，电源噪声很可能是最主要的噪声来源，所以必须采取适当措施加以预防。

解决电源噪声的方法是选用低噪声、低输出阻抗的电源。在电路中增设电源滤波电容和放大器偏置电路滤波电容，也是抑制电源噪声的有效方法。

在电源的交流输入侧并联压敏电阻(varistor)，可以有效地抑制尖峰干扰和电网出现的浪涌电压。当压敏电阻两端的电压低于其标称电压时，压敏电阻的阻值接近无穷大，内部几乎无电流流过，对电路的正常工作没有影响；当压敏电阻两端的电压高于其标称电压时，压敏电阻将迅速击穿导通，并由高阻状态变为低阻状态，工作电流也急剧增大，从而给尖峰干扰提供了一个低阻通路。当其两端电压再次低于标称额定电压时，压敏电阻又能恢复为高阻状态。

压敏电阻必须具有在短暂时刻流过很大电流的能力，这种能力称之为通流容量，这是压敏电阻的一个重要性能指标，多数压敏电阻的通流容量可达 100A～20kA。在压敏电阻低阻导通的瞬间，其导通电阻与电网阻抗形成串联分压的关系。实际上，电网的高频阻抗要比其工频阻抗大得多，而持续时间很短的尖峰干扰的频率成分很高，这有助于压敏电阻发挥其抑制尖峰的作用。

交流电源噪声滤波器是滤除电源噪声的有效措施，其典型电路如图 3-6(a)所示。电路中的电容和电感取值都较小，对于工频为 50Hz 的电压，电容的阻抗很大，电感的阻抗很小，所以对 50Hz 交流电源的正常通过没有多大影响；但是对于高频干扰，电源滤波器中旁路电容的阻抗很小，而通路中滤波电感的阻抗很大，所以对高频干扰的衰减作用较大。电感 L 对串模交流干扰不起抑制作用，但当出现共模干扰时，由于两个线圈的磁通方向相同，经过耦合后对共模高频噪声呈现很大的衰减作用，故称作共模扼流圈。它的两个线圈分别绕在低损耗、高磁导率的铁氧体磁环上。适当增加电感量 L，可以改善对低频噪声的衰减特性。这种电源滤波器对抑制来自交流电网的尖峰干扰十分有效。

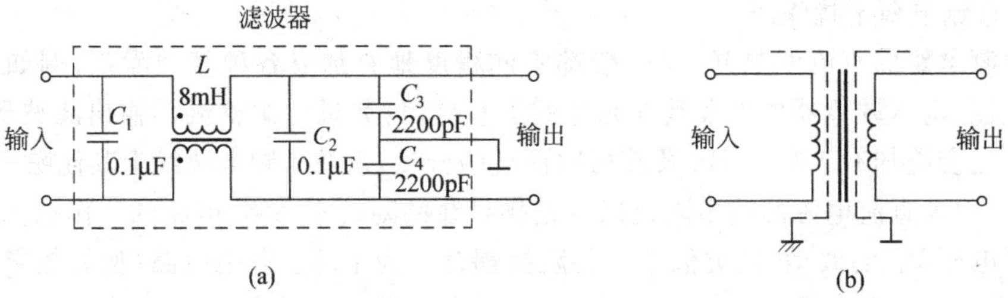

图 3-6　电源干扰噪声抑制方法

(a) 交流电源噪声滤波器；(b) 电源变压器绕组屏蔽

需要指出，当电源噪声滤波器的额定电流较大时，共模扼流圈的线径也要相应增大，以便能承受较大的电流。C_1 和 C_2 容量范围大致是 0.01～0.47μF，主要用来滤除串模干扰。C_3 和 C_4 能够有效抑制共模干扰，其容量范围为 2200pF～0.1μF。为减小交流电源漏电流，这些电容的容量不宜太大。C_1～C_4 的耐压值均为 630V DC 或 250V AC。

图 3-6(a)所示电源噪声滤波器的作用是双向的，一方面消除或削弱来自交流电网的噪声干扰，保证电子设备的正常运行；另一方面可以防止电子设备本身产生的噪声窜入交流电网。如果将两个这样的电源噪声滤波器串接使用，则效果更好。此外还可以利用小电容，在交流电源火线对大地以及零线对大地之间构成高频低阻抗通路，以滤除两线对地共模的高频干扰。

高频干扰还可能通过电源变压器初、次级线圈之间的分布电容耦合到变压器输出端。在变压器初、次级线圈之间装设接地的金属箔屏蔽层，可以有效地抑制这种耦合作用，但要注意，金属箔的两个端边必须相互绝缘，以防止在变压器中形成一个短路环。如果在变压器初、次级线圈之间装设两个相互绝缘的屏蔽层，靠近变压器原边的屏蔽层接到交流电源地，而靠近变压器副边的屏蔽层接到仪表地，则屏蔽作用更好，如图 3-6(b)所示。

3.2.2　电场耦合

通过电场耦合，干扰源导体的电位变化会在敏感电路中感应出电噪声。电场噪声可以看作是由不同电路之间的分布电容耦合传播的，所以电场耦合又称为容性耦合。

1. 分布电容

分布电容(或称寄生电容)是电场耦合的主要途径，下面是一些导线分布电容的计算公式。

(1) 两条平行直导线间的分布电容 C 可以表示为

$$C = \frac{\pi \varepsilon l}{\operatorname{arccosh}(D/d)} \quad (\text{pF}) \tag{3-5}$$

当 $D/d>3$ 时

$$C \approx \frac{\pi\varepsilon l}{\ln(2D/d)} \quad (\text{pF}) \tag{3-6}$$

式中，D 为导线间的中心距离，mm；d 为导线直径，mm；l 为较短的一根导线的长度，mm；ε 为周围介质的介电常数，对于空气，$\varepsilon_0=8.85\times10^{-3}$ pF/mm。

例如，空气中长度为 10cm 的两根导线相距 2mm，导线直径为 1mm，根据式(3-6)可得，它们之间的分布电容约为 2pF。

(2) 对于图 3-7 所示的空气中的直导线与平面，它们之间的分布电容 C 可以表示为

$$C=\frac{l}{18\ln(4h/d)} \quad (\text{pF}) \tag{3-7}$$

式中的 d、l、h 如图 3-7 中所示，单位为 mm。

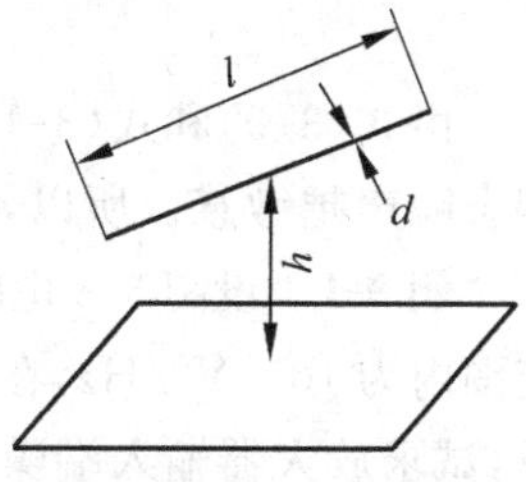

图 3-7 直导线与平面之间的分布电容

在实际情况中，精确估算导体之间的分布电容往往是很困难的。附近的其他导体会改变电场的分布，从而改变分布电容的大小；附近的绝缘体的介电常数不同于空气，也会使得分布电容发生变化。例如，对于印制电路板上的两条铜箔布线之间的分布电容，很难找出其数学表达式。

2. 电场耦合噪声

为了说明电场耦合噪声的实际情况，考虑图 3-8 所示的放大器输入电路。导线 AB 载有其他电路的信号或随机噪声 u，经分布电容 $C=2$pF 耦合到放大器输入端，形成放大器输入噪声 V_i，放大器的输入电阻为 $R_i=10\text{k}\Omega$。

如果 u 为单一频率 f 的干扰噪声，根据图 3-8 所示的串联分压关系可得

$$\frac{V_i}{u}=\frac{\text{j}2\pi fR_iC}{1+\text{j}2\pi fR_iC} \tag{3-8}$$

由于通常分布电容 C 很小，其容抗要比 R_i 大得多，所以 $2\pi fCR_i\ll1$，式(3-8)可简化为

$$V_i\approx \text{j}2\pi fCR_iu \tag{3-9}$$

例如，如果导线 AB 为 $f=50$Hz 的 220V 交流电源线，由式(3-9)可以计算出，电场耦合到放大器输入端的工频噪声有效值大约为 1.4mV。

如果 u 为脉冲数字信号，脉冲上升沿和下降沿的最大变化率为 $\text{d}u/\text{d}t=2\text{V}/\mu\text{s}$，考虑到分布电容 $C=2$pF 的容抗要比 R_i 大很多，可得 $i\approx C\text{d}u/\text{d}t=4\mu\text{A}$，那么耦合到放大器输入端的电压幅度 $V_i=iR_i=40$mV，如图 3-9 所示。

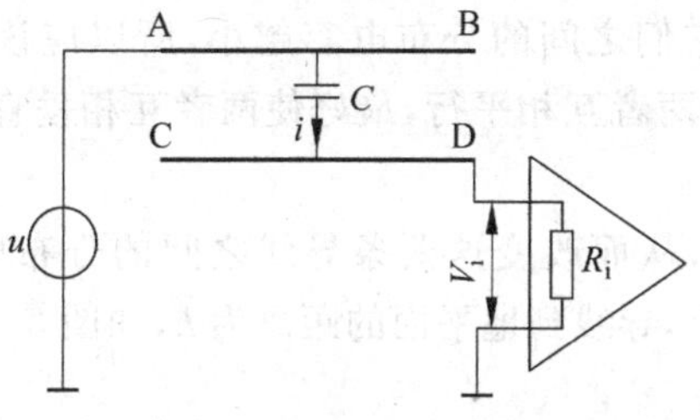

图 3-8 噪声经电场耦合到放大器输入电路

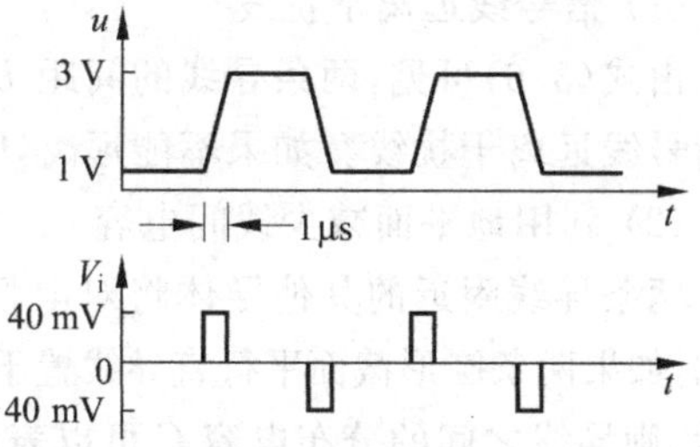

图 3-9 数字信号经电场耦合的波形

如果导线AB载有随机噪声u，其功率谱密度函数为$S_u(f)$，则根据式(1-82)所示的随机噪声通过线性系统的响应，可得V_i的功率谱密度函数为

$$S_{Vi}(f)=S_u(f)\mid V_i/u\mid^2=S_u(f)\left|\frac{j2\pi fR_iC}{1+j2\pi fR_iC}\right|^2 \tag{3-10}$$

当$2\pi fCR_i\ll1$时，式(3-10)可简化为

$$S_{Vi}(f)\approx S_u(f)(2\pi fCR_i)^2 \tag{3-11}$$

由式(3-9)和式(3-11)可见，放大器的输入电阻越高，噪声频率越高，则放大器对电场耦合噪声越敏感。所以，在电场耦合噪声比较明显的场合，放大器的输入阻抗不宜太高。

例3-1 设图3-8电路中AB导线载有限带白噪声，其功率谱密度$S_u(f)$在频率0～10kHz范围内为$10^{-6}V^2/Hz$，在此范围之外为零，如图3-10(a)所示。在$C=2pF$，$R_i=10k\Omega$的情况下，试求放大器输入端噪声V_i的有效值。

解：对于噪声的最高频率$f=10kHz$，电容C的容抗为$|X_C|=1/(2\pi fC)=8M\Omega\gg R_i$，即$2\pi fCR_i=1.256\times10^{-3}\ll1$，所以可以利用式(3-11)来计算$V_i$的功率谱密度函数$S_{Vi}(f)$，其形状示于图3-10(b)。再计算出$V_i$的功率为

$$P_{Vi}=\int_0^{10^4}S_{Vi}(f)df=\int_0^{10^4}S_u(f)(2\pi fCR_i)^2df$$
$$=52.6\times10^{-10}\quad(V^2)$$

V_i的有效值为

$$V_{rms}=\sqrt{P_{Vi}}=72.5\quad(\mu V)$$

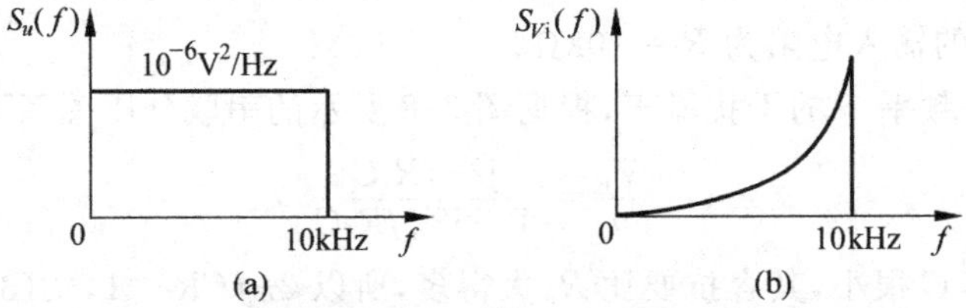

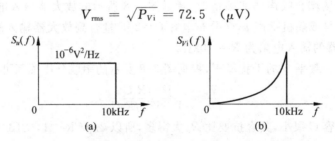

图3-10 宽带噪声电场耦合干扰的功率谱密度函数

(a) 噪声源；(b) 放大器输入端噪声

3. 抑制电场耦合噪声的常用方法

为了抑制电场耦合噪声，最直接的方法是减少干扰导线和敏感信号线之间的分布电容，常用的方法有：

(1) 信号线远离干扰线

由式(3-6)可见，两条导线的间距D越大，则它们之间的分布电容越小，所以应该尽量使信号线远离干扰线。如果不能远离，则尽量避免两者互相平行，最好使两者互相垂直。

(2) 利用地平面减少线间电容

两条导线附近的其他导体将对电场发生影响，从而改变这两条导线之间的分布电容。例如，如果两条圆形截面平行直导线置于地平面之上，导线到地平面的距离为h，如图3-11(a)所示，则导线之间的分布电容C可以表示为[5]

$$C=\frac{\pi\varepsilon l\ln[1+4(h/D)^2]}{[\ln(4h/d)]^2-[0.5\ln(1+4(h/D)^2)]^2}$$

式中的 l、d、D 同式(3-6)。上式成立的条件是 $h\gg d,D\gg d,l\gg D,l\gg h$。上式说明，随着导线与地平面之间的距离缩短，两线之间的分布电容减少。在多层印制电路板上，布设这样的地平面不难实现。

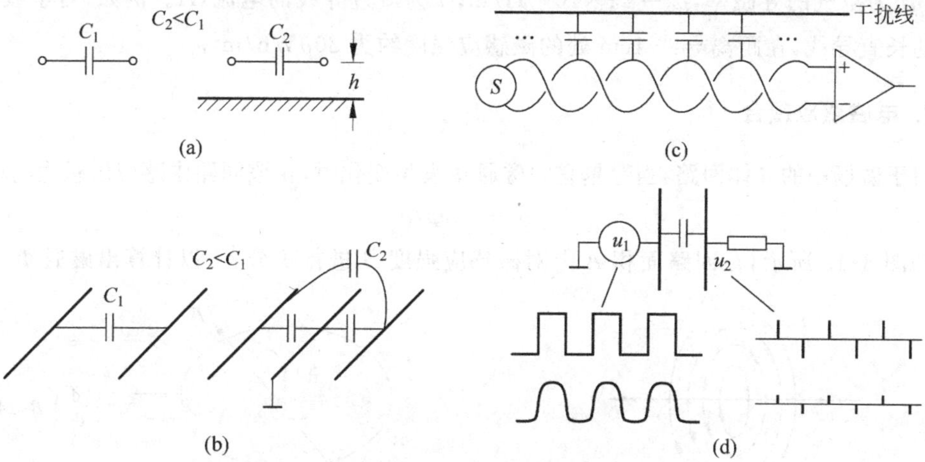

图 3-11 抑制电场耦合噪声的常用方法

(a) 利用地平面减少线间电容；(b) 在信号线和干扰线之间布设地线；(c) 利用双绞线将噪声转换为共模噪声；(d) 限制噪声的变化斜率

(3) 在信号线和干扰线之间布设地线

在不能利用地平面减少线间电容的地方，在信号线和干扰线之间布设一条地线，如图 3-11(b)所示，这种接地导线可以实现部分屏蔽，也可减少线间电容。

(4) 利用双绞传输线，将干扰变为共模噪声

如图 3-11(c)所示，利用双绞线传输信号，并利用差分放大器放大信号，因为双绞线扭绞得非常均匀，干扰线对两条信号线之间的分布电容大致相等，使得电场耦合噪声对放大器而言为共模噪声，只要放大器的共模抑制比足够高，就能有效抑制干扰噪声。

(5) 限制干扰噪声的斜率

如果敏感信号线附近有传输脉冲数字信号的导线，脉冲的下降沿和上升沿含有丰富的高次谐波，由式(3-9)可知，电场耦合噪声的幅度正比于频率，限制干扰源脉冲的下降沿和上升沿的斜率为某一数值，将大大减少其高次谐波的幅度，从而减少电场耦合噪声的幅度，如图 3-11(d)所示。为了适应电磁兼容性的要求，IC 厂家已经推出限制脉冲斜率的接口芯片，例如 RS-232、RS-422 和 RS-485 串行传输接口芯片都有这种产品。

除这些常用方法外，敏感信号线使用屏蔽电缆，并将屏蔽层接地，能够有效抑制电场干扰噪声，详见 3.4.2 节。

3.2.3 磁场耦合

1. 电流的磁场

磁场耦合又叫做电感性耦合，也可称之为互感耦合。载有电流 i 的单一导线会在导线

周围产生磁场，如图3-12所示。对于长直导线，在距离导线 r 处的磁感应强度为[5]

$$B=\frac{\mu_0 i}{2\pi r}=2\times10^{-7}i/r\quad(\mathrm{Wb/m^2})\tag{3-12}$$

式中，μ_0 为空气的导磁率，$\mu_0=4\pi\times10^{-7}\mathrm{H/m}$；$i$ 为流过导线的电流，A。例如，对于载有1A电流的长直导线，在距离导线1cm处的磁感应强度约为 $20\mu\mathrm{Wb/m^2}$。

2. 电磁感应耦合

对于磁场中的导体回路，当穿越它的磁通 Φ 发生变化时，在该回路中感应出感生电动势 v

$$v=-\mathrm{d}\Phi/\mathrm{d}t\tag{3-13}$$

如图3-13所示，在回路面积 A 上对磁感应强度 B 进行积分，可以计算出磁通 Φ

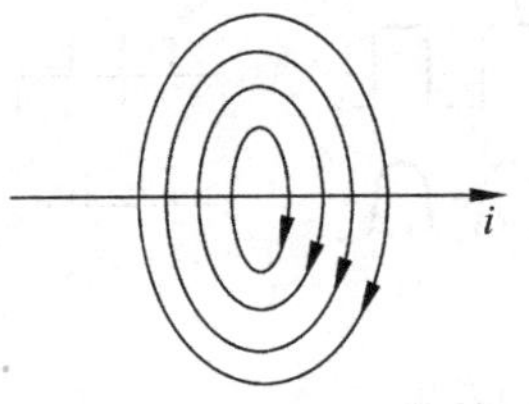

图3-12　载有电流的单一导线产生的磁场

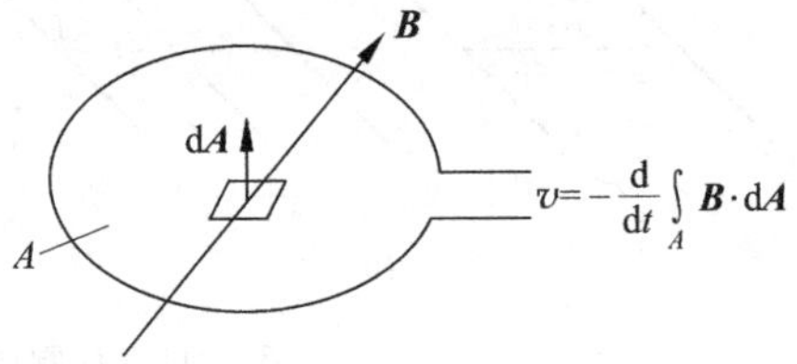

图3-13　感生电动势计算

$$\Phi=\int_A\boldsymbol{B}\cdot\mathrm{d}\boldsymbol{A}\tag{3-14}$$

将式(3-14)代入式(3-13)得

$$v=-\frac{\mathrm{d}}{\mathrm{d}t}\int_A\boldsymbol{B}\cdot\mathrm{d}\boldsymbol{A}=-\frac{\mathrm{d}}{\mathrm{d}t}\int_A B_\mathrm{n}\mathrm{d}A$$

式中，B_n 为磁感应强度 B 垂直于回路平面的分量。

如果在回路面积 A 中 B_n 的平均值为 B_A，则

$$v=-A\frac{\mathrm{d}B_A}{\mathrm{d}t}\tag{3-15}$$

对于正弦变化的磁场，设其垂直于放大器输入回路的平均磁感应强度为

$$B_A=B_0\sin(2\pi ft)$$

由式(3-15)可得，感应噪声电动势为

$$v=2\pi fAB_0\cos(2\pi ft)\tag{3-16}$$

如果平均磁感应强度 B_A 的方向与感应平面法线之间的夹角为 θ，则感应电压的幅值为

$$v_\mathrm{p}=2\pi fAB_0\cos\theta\tag{3-17}$$

设平均磁感应强度 B_A 的有效值为 B_rms，则感应电压的有效值 v_rms 为

$$v_\mathrm{rms}=2\pi fAB_\mathrm{rms}\cos\theta\tag{3-18}$$

例如，电源变压器的工作频率为 $f=50\mathrm{Hz}$，其杂散磁场垂直于放大器输入回路的平均磁感应强度的幅值为 $B_0=1\mathrm{mWb/m^2}$，放大器输入回路面积为 $A=1\mathrm{cm^2}$，由式(3-17)可得，感应噪声电动势的幅值为

$$v_\mathrm{p}=2\pi fAB_0=31.4\quad(\mu\mathrm{V})$$

3. 经互感耦合

两个回路磁场耦合的情况示于图 3-14(a)，图中放大器 A_1 的输出电流产生磁场，其磁力线与放大器 A_2 的输入回路相交。当 A_1 的输出电流 i_1 发生变化时，其周围的磁场强度也随时间变化，经过互感使 A_2 输入回路中的磁通 Φ_2 相应地发生变化。设它们之间的互感为 M，则

$$M = \frac{\Phi_2}{i_1} \tag{3-19}$$

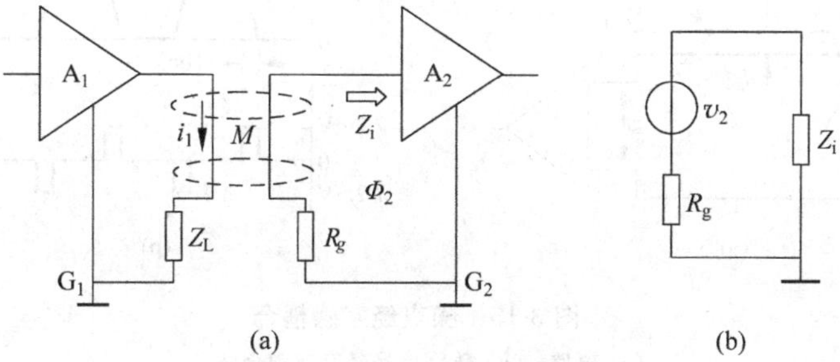

图 3-14 两个电路经互感耦合

(a) 两个放大器电路之间的互感耦合；(b) A_2 输入回路的等效电路

互感 M 取决于两个回路的面积、相互之间的方向及距离，而与 G_1 和 G_2 点是否为浮地或接地无关。由于 M 的作用，A_2 输入回路中感应出感生电动势 v_2，如图 3-14(b)所示。将式(3-19)代入式(3-13)，得

$$v_2 = -M\frac{\mathrm{d}i_1}{\mathrm{d}t} \tag{3-20}$$

式(3-20)说明，在电路 2 中产生的感应电压正比于电路 1 电流的变化率。对式(3-20)两边做傅里叶变换得

$$V_2(f) = -\mathrm{j}2\pi fMI_1(f)$$

或

$$|V_2(f)| = 2\pi fM\,|I_1(f)| \tag{3-21}$$

如果电流 i_1 的功率谱密度为 $S_{i1}(f)$，则 v_2 的功率谱密度为

$$S_v(f) = (2\pi fM)^2 S_{i1}(f) \tag{3-22}$$

v_2 的功率为

$$\overline{v_2^2} = \int_0^\infty S_v(f)\,\mathrm{d}f = (2\pi M)^2\int_0^\infty S_{i1}(f)f^2\,\mathrm{d}f \tag{3-23}$$

对于圆形截面长度为 l 的两条非磁性平行导线，其互感 M 为[5]

$$\begin{aligned} M &= \frac{\mu_0 l}{2\pi}[\ln(2l/d_s)-1] \quad (\mathrm{H}) \\ &= 0.2l[\ln(2l/d_s)-1] \quad (\mu\mathrm{H}) \end{aligned} \tag{3-24}$$

式中，μ_0 为空气的磁导率，$\mu_0 = 4\pi\times10^{-7}\,\mathrm{H/m}$；$d_s$ 为导线间距，$d_s \ll l$，单位为 m。互感大小与导线直径无关。

在很多实际情况中，感应回路的面积较大，其靠近磁场干扰源导线处的磁感应强度要比

远离磁场干扰源导线处的磁感应强度大很多，这时利用干扰源导线与敏感导线之间的互感来计算磁场感应噪声电压要更方便一些，这样可以避免沿着感应面积的积分。如果干扰电路的导线和敏感检测电路的导线之间有一段长度比较接近，而其他部分又相距较远，就可以只根据相邻部分导体的尺寸和间距，由式(3-24)来近似计算两个电路之间的互感。

例如，在图 3-15(a)所示电路中，如果两个电路靠近部分的导体长度为 $l=10\text{cm}$，间距为 $d_s=2\text{mm}$，由式(3-24)可以计算出，它们之间的互感 M 约为 $0.072\mu\text{H}$。

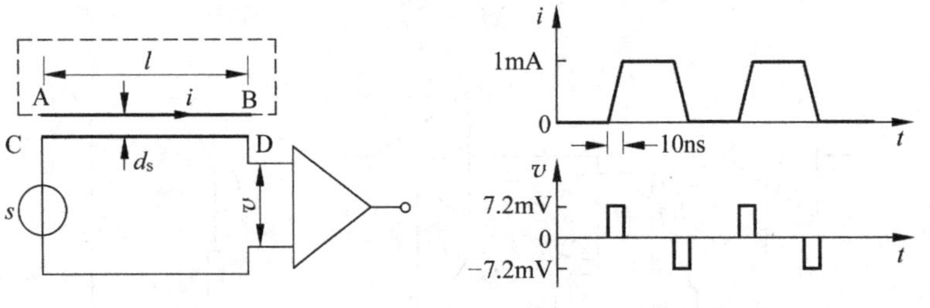

(a) (b)

图 3-15 噪声经互感耦合

(a) 电路；(b) 数字信号经互感耦合波形

如果上述电路中的 AB 是脉冲电路的一部分，流经它的电流变化率为 0.1mA/ns，那么根据式(3-20)，在放大器输入回路中感应出的噪声幅度大约为 7.2mV，如图 3-15(b)所示。

如果导线 AB 是工频电源线的一部分，流经它的 50Hz 电流的有效值为 1A，根据式(3-21)，在放大器输入回路中感应出的噪声有效值为 $v_{\text{rms}}=22.6\mu\text{V}$。

如果流过导线 AB 的电流 i 为宽带噪声，其功率谱密度 $S_i(f)$ 在频率 0～10kHz 范围内恒定为 $10^{-6}\text{A}^2/\text{Hz}$；在此范围之外为零。根据式(3-23)，在放大器输入回路中感应出的噪声电压有效值为

$$
\begin{aligned}
v_{\text{rms}} &= 2\pi M\left[\int_0^{\infty} S_i(f)f^2\mathrm{d}f\right]^{1/2} \\
&= 2\pi\times 0.072\times 10^{-6}\left[\int_0^{10^4} 10^{-6}f^2\mathrm{d}f\right]^{1/2} \\
&= 0.26 \quad (\text{mV})
\end{aligned}
$$

两个电路之间的互感要受附近的第三个电路导体的影响，第三个电路的阻抗越低，则对互感的影响越大，因为在第三个电路中由感应出的电动势产生的电流会起削弱原磁场的作用。

如果相距 d_s 的两条平行导线同时又平行于地平面导体，如图 3-16 所示，则这两条导线之间的互感为[5]

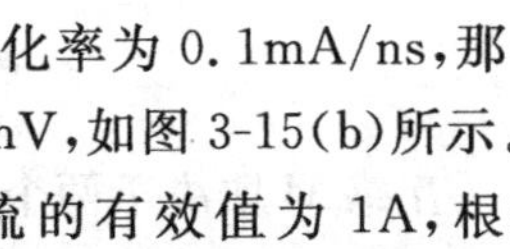

图 3-16 平行导线又平行于地平面导体

$$
\begin{aligned}
M &\approx \frac{\mu_0 l}{4\pi}\ln[1+(2h/d_s)^2] \quad (\text{H}) \\
&= 0.1l\ln[1+(2h/d_s)^2] \quad (\mu\text{H}) \qquad (3\text{-}25)
\end{aligned}
$$

式中，μ_0 为空气的磁导率，$\mu_0=4\pi\times 10^{-7}\text{H/m}$；$l$ 为导线长度，单位为 m；d_s 为导线间距，$d_s\ll l$，单位为 m；h 为导线到地平面的距离，$h\ll l$，单位为 m。例如，对于图 3-15(a)所示电路中的 AB 和 CD 平行导线，如果在它们旁边相距 2mm 处放置与其相平行的平面导体，则

平行导线之间的互感由0.072μH 减少为 0.016μH。

4. 抑制磁场耦合干扰的常用方法

磁场耦合不同于电场耦合,表现在两方面:其一,减少接收电路的输入阻抗能有效地减少电场耦合噪声,但是对磁场耦合却没有效用;其二,电场耦合噪声一般表现为导线对地电压,这是一种共模噪声,而磁场耦合噪声一般表现为与信号输入线相串联的感生电压,这是一种差模噪声。

如果可能,应该尽量使微弱信号检测电路远离时变磁场,以减少干扰磁场的磁感应强度 $\boldsymbol{B}$。如果做不到远离干扰源,就必须采取一系列的预防和降噪措施,常用的方法有以下几种。

(1) 尽量减少信号线与干扰源之间的互感

由式(3-21)可知,在频率 f 和 I_1 确定的条件下,要想减少 V_2,必须减少两个电路之间的互感 M,有三种解决方案:

- 通过适当设计电路布局,限制敏感电路的感应面积 A;
- 调整两个电路所在平面的夹角 θ,使它们尽量互相垂直;
- 信号线应尽量贴近大面积的地线,以减少该导线与其他电路导线之间的互感 M,如图 3-17(a)所示。

(2) 信号传输使用双绞线

如果干扰源电流在双绞线中流动,而不是沿地线流动,因为双绞线扭绞得非常均匀,则双绞线相邻结产生的干扰磁场具有一定的相互抵消作用。检测信号线使用双绞线对抑制磁场干扰也有一定的作用,因为双绞线能有效减少感应面积 A,而且双绞线相邻结产生的感生电动势符号相反,具有一定的相互抵消作用,如图 3-17(b)所示。

(3) 限制干扰噪声的斜率

由式(3-20)可知,磁场耦合噪声的幅度正比于干扰源电流的变化率 di/dt,因此如果可能,微弱信号电路附近的脉冲数字电路应该采取一些限斜率的措施,使得脉冲信号的上升沿和下降沿变得平滑,这样可以有效地降低磁场耦合噪声的幅度,如图 3-17(c)所示。例如,附近的串行通信电路尽量采用限斜率的通信接口芯片,或采用合适的滤波技术。

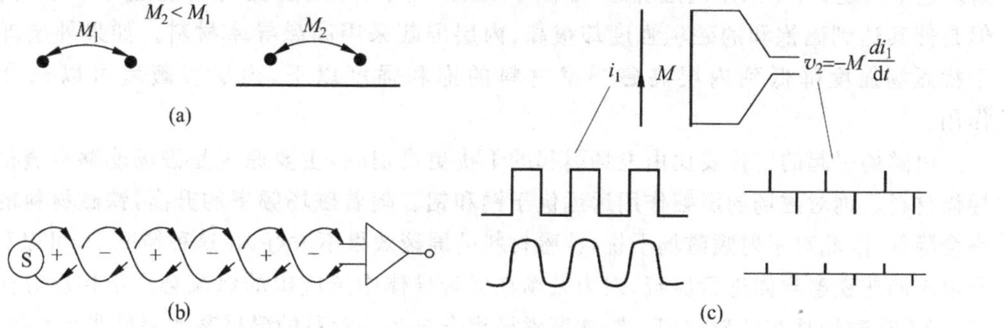

图 3-17 抑制磁场干扰的几种方法

(a) 利用大面积的地线减少互感;(b) 双绞线相邻结产生的感生电动势相互抵消;(c) 减少干扰源 di/dt

(4) 铁磁材料屏蔽

如果条件(例如散热条件)允许,可以用高磁导率材料容器把有可能释放干扰磁场的变压器或其他设备封装屏蔽起来,以降低其漏磁,如图 3-18(a)所示。对于敏感的微弱信号检测电路,也可以用高磁导率材料容器把电路封装屏蔽起来,以阻止外来干扰磁场进入检测电路,如图 3-18(b)所示。此外,为了减少变压器的漏磁,应该使用环形铁芯变压器,它比 E 形铁芯变压器的漏磁少,这样可以减少来自变压器的磁场耦合噪声。

图 3-18 所示两种屏蔽方法的实质是,将磁场干扰源产生的磁通引导至铁磁材料中,而不与信号回路相交连。为了达到这个目的,屏蔽层的磁阻应该越小越好。

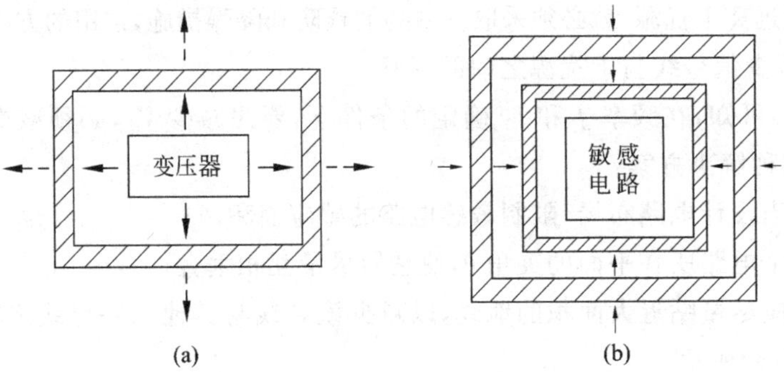

图 3-18 利用铁磁物质屏蔽抑制磁场干扰

(a) 屏蔽干扰源; (b)屏蔽敏感电路

磁通所流经的路径称之为磁路,磁路的磁阻 R_m 为

$$R_m = \frac{l}{\mu S} \tag{3-26}$$

式中,l 为磁路长度; S 为磁路横截面积; μ 为磁导率。

为了减少屏蔽罩的磁阻 R_m,应选用磁导率高的材料(例如铁、硅钢片、坡莫合金等),屏蔽层要有足够的厚度以增大截面积 S,在垂直于磁通方向不应有开口。

一种常用的磁屏蔽材料是镍铁高磁导率合金(mu-metal),但是高磁导率材料的缺点是,在相当低的磁场强度下它就会达到磁饱和,因此在高磁场强度下其屏蔽作用失效。为了解决这个问题,可以采用两层屏蔽,如图 3-18(b)所示,外层屏蔽材料的磁导率不是很高,但是使其达到磁饱和的磁场强度却很高,内层屏蔽采用高磁导率材料。如果外层屏蔽将干扰磁场强度降低到内层高磁导率材料的饱和强度以下,内层屏蔽就可以充分发挥作用。

由磁场引起的干扰要比由电场引起的干扰更难消除,主要原因是磁场能够穿透很多种导体材料。钢对磁场的屏蔽作用远远优于铜和铝。随着磁场频率的升高,铁磁材料的磁导率会降低,因此对于射频磁场干扰,铁磁材料的屏蔽效果不太好,在这种情况下,可以利用高导电率的非铁磁导体进行屏蔽,因为磁场在屏蔽导体中感应出的涡流会产生相反方向的磁场,对干扰磁场具有抵消作用。镍铁高磁导率合金在低频段的磁屏蔽作用是非常有效的,但在频率高于 1kHz 时,其磁导率会随频率升高快速下降;当频率高达 100kHz 时,其磁屏蔽作用还不如其他金属,例如钢、铜和铝。

3.2.4 电磁辐射耦合

任何载有交变电流的电路都会向远场辐射电磁波，高频电路的辐射作用更为明显，因为高频辐射源波长更短，辐射源距离其远场与近场分界点更近。电磁辐射耦合兼有电场和磁场耦合的特点，无线广播、电视、雷达等都是以这种方式传播的，这也是射频噪声和天体噪声的主要耦合方式。

在远场中，电磁辐射波是一种平面波，电场向量和磁场向量互相垂直，且都垂直于传播方向，电场强度与磁场强度之比为确定值，等于传播介质的特征阻抗。频率为 f、波长为 λ 的电磁辐射波在自由空间的传播速度为

$$v = f\lambda \approx 3\times 10^8 \quad (\mathrm{m/s})$$

例如，长度为 l 的短直导线载有频率为 f 的交变电流 I，如图 3-19(a)所示。如果 $l \ll \lambda/(2\pi)$，那么在相距 r 处的电场强度为[5]

$$|\boldsymbol{E}_\mathrm{e}| = \frac{Ilf\mu_0\sin(\theta)}{2r} = \frac{0.2\pi Ilf\sin(\theta)}{r}\times 10^{-6} \quad (\mathrm{V/m}) \tag{3-27}$$

式中，μ_0 为自由空间的磁导率，$\mu_0 = 4\pi\times 10^{-7}\,\mathrm{H/m} = 4\pi\times 10^{-4}\,\mu\mathrm{H/mm}$；$\theta$ 为导线与传播方向之间的夹角。其他参数如图 3-19(a)所示。

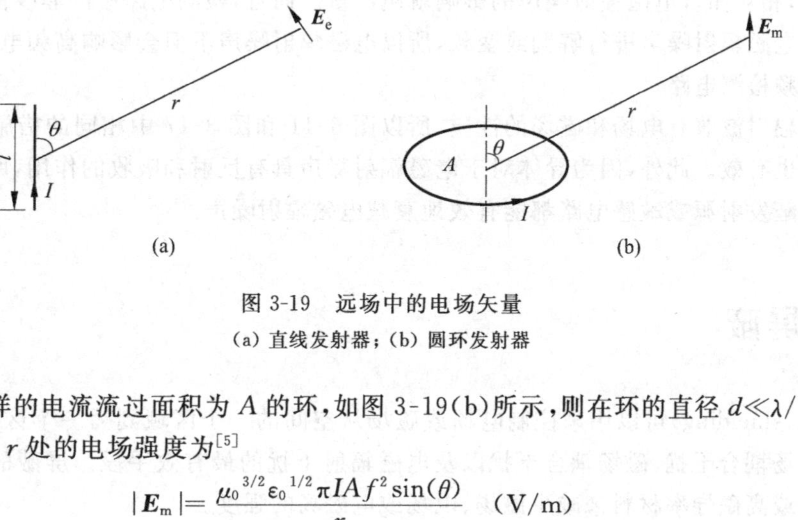

图 3-19 远场中的电场矢量

(a) 直线发射器；(b) 圆环发射器

如果同样的电流流过面积为 A 的环，如图 3-19(b)所示，则在环的直径 $d \ll \lambda/(2\pi)$ 的条件下，在相距 r 处的电场强度为[5]

$$|\boldsymbol{E}_\mathrm{m}| = \frac{{\mu_0}^{3/2}{\varepsilon_0}^{1/2}\pi IAf^2\sin(\theta)}{r} \quad (\mathrm{V/m})$$

$$= \frac{0.1316IAf^2\sin(\theta)}{r}\times 10^{-13} \quad (\mathrm{V/m}) \tag{3-28}$$

式中，ε_0 为自由空间的介电常数，$\varepsilon_0 = 8.854\times 10^{-3}\,\mathrm{pF/mm}$；$\mu_0$ 为自由空间的磁导率，$\mu_0 = 4\pi\times 10^{-4}\,\mu\mathrm{H/mm}$；$\theta$ 为圆环法线与传播方向之间的夹角；A 为圆环面积。其他参数如图 3-19(b)所示。

式(3-27)和式(3-28)说明，频率 f 越高，电磁辐射场的强度越高。在距离辐射源的距离大于一定数量的地方，只有高频电磁场比较显著。当 $\theta=90°$ 时，在相距辐射源 10m 处，对于载有 10mA 电流，长度为 10cm 的直线天线和面积为 $10\mathrm{cm}^2$ 的环形天线，若干频率的电场强度分别列于表 3-1 中。在远场中，电场强度与磁场强度之比为确定值(空气中为 377Ω)，

知道了电场强度,就可以推算出磁场强度。

表 3-1 不同频率情况下的 $|\boldsymbol{E}_e|$ 和 $|\boldsymbol{E}_m|$

频率 f/Hz	$\lvert\boldsymbol{E}_e\rvert$/(V/m)	$\lvert\boldsymbol{E}_m\rvert$/(V/m)
10	0.628×10^{-9}	0.132×10^{-17}
10^4	0.628×10^{-6}	0.132×10^{-11}
10^7	0.628×10^{-3}	0.132×10^{-5}

式(3-27)和式(3-28)适用于自由空间。当场中存在其他物质结构,尤其是存在导体时,电磁场的强度将发生变化,这些公式只可用于推测场强的数量级以及说明距离、频率和发射器几何尺寸对场强的影响。

除了专业的无线电发射器,火花塞、电弧、直流电机电刷、大功率接触器、变频器、工作于高频的其他电路(例如计算机)、医学中的热疗设备等都会发射电磁波。电磁辐射噪声不仅来自电路外部,也可能来自电路内部,检测设备内任何载有高频电流的导线都会向周围发射电磁波。例如,数字信号的快速上升沿和下降沿都包含有高频分量,对模拟电路有可能形成电磁辐射噪声。因此,应该尽量缩短电路中有可能形成发射源的导线长度和回路面积,甚至在必要时限制脉冲信号上升沿和下降沿的斜率。

微弱信号检测电路中的任何导体都会像天线一样拾取电磁辐射噪声,电路中的有用信号越微弱,相对而言电磁辐射噪声的影响就越严重。而且,检测电路中的非线性器件可能对接收到的电磁辐射噪声进行解调或变频,所以电磁辐射噪声不但会影响高频电路,还会影响中频和低频检测电路。

电磁辐射波兼有电场和磁场的性质,所以图 3-11 和图 3-17 中相同的措施对抑制电磁辐射噪声也有效。此外,因为导体对于电磁辐射噪声具有反射和吸收的作用,所以用导体屏蔽罩来屏蔽发射源或敏感电路都能有效地衰减电磁辐射噪声。

3.3 屏蔽

屏蔽(shielding)可以用来控制电场或磁场从空间的一个区域到另一个区域的传播,这是克服电场耦合干扰、磁场耦合干扰以及电磁辐射干扰的最有效手段。屏蔽的目的是利用导电材料或高磁导率材料来减少磁场、电场或电磁场的强度。

屏蔽可以应用于噪声源,通过用屏蔽材料把干扰源包围起来以减弱干扰场的强度,如图 3-18(a)所示;屏蔽也可以应用于需要抑制噪声的检测电路,通过用屏蔽材料把敏感电路包围起来以减弱电路附近的场强,如图 3-18(b)所示;也可以两者都屏蔽,这样抑制场耦合噪声的效果会更好。

屏蔽的范围可以是电缆、个别器件、部分电路或整个电路系统,甚至是保护房间或建筑物。本章主要涉及部件和电路的保护,其他方面的保护属于电磁兼容性相关的领域。屏蔽对于削弱或切断电场、磁场和电磁辐射 3 种干扰耦合方式都是行之有效的。

金属层屏蔽的效果问题可以用两种方法中的任何一种进行分析确定:一种方法是利用电路理论进行分析,另一种方法是利用场的理论。在电路理论方法中,噪声场在屏蔽层中感应出电流，该电流产生附加场，试图在一定区域抵消原噪声场。

另一种方法是把屏蔽层看成具有损耗和反射作用的传输线问题，损耗是电流在屏蔽层中产生热能的结果，而反射的成因是入射波和屏蔽层阻抗的差异。本节的大部分内容将采用这种方法。

通常情况下，计算屏蔽的有效性是十分困难的。屏蔽壳内的电场强度和磁场强度取决于屏蔽壳外部干扰场的频率和幅度、屏蔽壳相对于干扰场的方向、屏蔽壳的尺寸和形状、屏蔽壳材料、接缝和开口的情况等因素。为了定性地理解各种不同因素对于屏蔽效果的影响，有必要对屏蔽的分析做粗略的简化。

屏蔽和接地是抑制干扰噪声的两种最有效的手段，两者又相互关联，例如，抑制电场噪声的屏蔽层接地后会更有效。

针对磁场干扰、电场干扰和电磁场干扰，所采取的屏蔽方式和屏蔽材料是有区别的。因此，在介绍各种不同的屏蔽措施之前，有必要首先了解干扰场的传播方式和波阻抗的概念。

3.3.1 场传播与波阻抗

1. 近场与远场

对于某一种具体情况，主要起作用的究竟是哪种干扰，取决于干扰场的性质。场的性质取决于以下因素：

(1) 产生电磁场的源的性质；

(2) 传播介质的性质；

(3) 干扰源和观测点之间的距离。

在靠近干扰源的地方(近场)，场的性质主要取决于干扰源的特性；在远离干扰源的地方(远场)，场的性质主要取决于传播介质的特性。

任何载有交变电流的导线都会向其周围发射交变的电场和磁场，电场强度和磁场强度之比取决于干扰源的性质、观测点到干扰源的距离以及传播介质的性质。传播介质中的电场强度 E 和磁场强度 H 之比称为波阻抗 Z_w，即

$$Z_w = \frac{E}{H} \tag{3-29}$$

对于尺寸较小的空气中的发射源，波阻抗随着到干扰源的距离 r 及干扰源性质而变化的情况示于图 3-20。当距离 $r<\lambda/2\pi$(λ 为波长)时，称之为近场，或感应场；当距离 $r>\lambda/2\pi$ 时的场称为远场，或辐射场；$r=\lambda/2\pi$ 附近的区域为过渡区。对于尺寸较大的发射源，例如专业的无线电发射源，其发射天线的尺寸与波长为同一个数量级，近场的范围会更广。

在近场，波阻抗 Z_w 取决于干扰源的性质以及到干扰源的距离。当干扰源为小电流高电压时，近场以电场为主，波阻抗 Z_w 较高，$Z_w=E/H>377\Omega$，干扰主要由容性耦合引入；当干扰源为大电流低电压时，近场以磁场为主，波阻抗 Z_w 较低，$Z_w=E/H<377\Omega$，干扰主要由感性耦合引入。

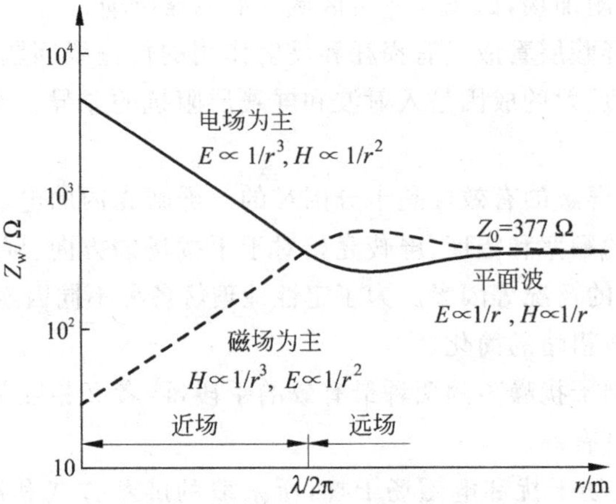

图 3-20 波阻抗随距离变化的情况

在以电场为主的情况下，随着距离的增加，电场强度 E 以 $1/r^3$ 的速率衰减，而磁场强度 H 以 $1/r^2$ 的速率衰减，所以 $Z_w=E/H$ 逐渐减少，最后减小为传播介质的特征阻抗 Z_0。而在磁场为主的情况下，随着距离的增加，电场强度 E 以 $1/r^2$ 的速率衰减，而磁场强度 H 以 $1/r^3$ 的速率衰减，所以 $Z_w=E/H$ 逐渐增加，最后增加为传播介质的特征阻抗 Z_0。

在远场中，电场强度 E 和磁场强度 H 以固定比率(例如在空气中 $E/H=377\Omega$)组合而形成平面辐射电磁波，这时如果已知 E 或 H 中的任何一个，就可以推算出另外一个。随着距离的增加，远场中的电场强度 E 和磁场强度 H 都以 $1/r$ 的速率衰减，这时的电场矢量和磁场矢量互相垂直，两者又都垂直于传播方向。对于图 3-19 所示的两种发射天线，其辐射场的电场和磁场的形状分别示于图 3-21(a)和(b)。图中的实线表示磁场，虚线表示电场。

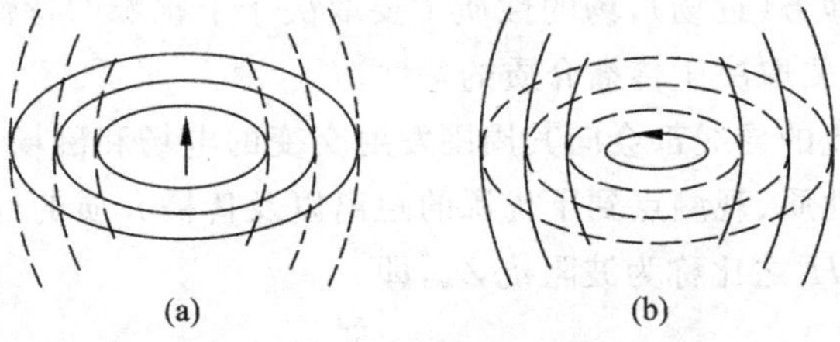

图 3-21 小型发射天线的辐射场

(a) 电偶极子天线；(b) 磁偶极子天线

2. 特征阻抗与波阻抗

(1) 特征阻抗

传播介质的特征阻抗 Z_0 定义为

$$Z_0=\sqrt{\frac{\mathrm{j}2\pi f\mu}{\sigma+\mathrm{j}2\pi f\varepsilon}} \tag{3-30}$$

式中，ε 为传播介质的介电常数；μ 为传播介质的磁导率；σ 为传播介质的电导。

对于绝缘体传播介质，$\sigma\ll 2\pi f\varepsilon$，其特征阻抗与频率 f 无关，式(3-30)可简化为

$$Z_0 = \sqrt{\mu/\varepsilon} \tag{3-31}$$

而对于空气，其特征阻抗 Z_0 为常数

$$Z_0 = \sqrt{\mu_0/\varepsilon_0} = 377\Omega \tag{3-32}$$

式中，ε_0 为空气的介电常数，$\varepsilon_0 = 8.854 \times 10^{-3}$ pF/mm；μ_0 为空气的磁导率，$\mu_0 = 4\pi \times 10^{-4} \mu$H/mm。

对于金属导体，$\sigma \gg 2\pi f\varepsilon$，其特征阻抗也称为屏蔽层阻抗 Z_s，由式(3-30)可得

$$Z_s = \sqrt{\frac{j2\pi f\mu}{\sigma}} \tag{3-33}$$

或

$$|Z_s| = \sqrt{\frac{2\pi f\mu}{\sigma}} = 3.68 \times 10^{-7} \sqrt{\frac{f\mu_r}{\sigma_r}} \quad (\Omega) \tag{3-34}$$

式中，μ_r 为对空气的相对磁导率，$\mu_r = \mu/\mu_0$；σ_r 为对铜的相对电导，$\sigma_r = \sigma/\sigma_c$，$\sigma_c = 5.82 \times 10^7$S/m。

若干导体材料的相对电导 σ_r 和相对磁导率 μ_r 列在附录的表 A-3 中。

将附录表 A-3 中的数据代入式(3-34)可知，对于铜，其特征阻抗为 $|Z_s| = 3.68 \times 10^{-7}\sqrt{f}$；对于铝，$|Z_s| = 4.71 \times 10^{-7}\sqrt{f}$；对于钢，$|Z_s| = 3.68 \times 10^{-5}\sqrt{f}$。优良导体的特征阻抗要比空气小得多。例如，当频率 $f = 1$MHz 时，铜的特征阻抗为 $3.68 \times 10^{-4}\Omega$。

(2) 波阻抗

在远场中，介质对平面波的波阻抗 $Z_W(E/H)$ 等于传播介质的特征阻抗 Z_0。

在近场中，E 和 H 的比率(即波阻抗)不再是常数，不再等于传播介质的特征阻抗 Z_0，而是取决于场的性质以及到场源的距离，所以电场干扰和磁场干扰必须分别考虑。在以电场为主的近场中，空气的波阻抗约为[36]

$$|Z_w|_E \approx \frac{1}{2\pi f\varepsilon_0 r} \tag{3-35}$$

式中的 r 是到干扰源的距离。而对于以磁场为主的近场，空气的波阻抗约为[36]

$$|Z_w|_M \approx 2\pi f\mu_0 r \tag{3-36}$$

3.3.2 屏蔽层的吸收损耗

1. 集肤效应与集肤深度

在导体横截面内，电流分布是不均匀的。高频电流有向导体的表面之下集中的趋势，称为集肤效应。

集肤深度 δ 定义为场强衰减到原值(深度为 0 时的值)的 $1/e$ 或 37%时所需的深度，其值为

$$\delta = \frac{1}{\sqrt{\pi f\mu\sigma}} \quad (\text{m}) \tag{3-37}$$

将 $\sigma = \sigma_r\sigma_c$ 和 $\mu = \mu_r\mu_0$ 代入式(3-37)，考虑到 $\sigma_c = 5.82 \times 10^7$S/m 和 $\mu_0 = 4\pi \times 10^{-7}$H/m，得

$$\delta = \frac{0.066}{\sqrt{f\mu_r\sigma_r}} \quad (\text{m}) \tag{3-38}$$

式中的频率 f 若取单位为 MHz，则 δ 的单位为 mm。

表3-2列出若干种可能用作屏蔽材料的常见金属在不同频率下的集肤深度。

表3-2 不同金属在不同频率下的集肤深度

频率/Hz	集肤深度 δ/mm		
	铜	铝	钢
50	8.97	11.5	0.91
60	8.5	10.9	0.86
100	6.6	8.5	0.66
1000	2.1	2.7	0.20
10k	0.66	0.84	0.08
100k	0.20	0.27	0.02
1M	0.08	0.08	0.008
10M	0.02	0.025	0.0025
100M	0.0066	0.0076	0.0020

2. 吸收损耗

当电磁波穿过屏蔽层时，因为感应电流的欧姆损耗，部分能量转换为热，导致电磁波强度得以衰减，称之为吸收损耗或穿透损失。吸收衰减遵从常规的指数规律，即

$$E_x = E_0 \exp(-x/\delta) \tag{3-39}$$

$$H_x = H_0 \exp(-x/\delta) \tag{3-40}$$

式中，E_0和H_0分别为入射电场强度和磁场强度，E_x和H_x分别为屏蔽层内深度x处的电场强度和磁场强度；δ为集肤深度。

将吸收损耗表示为分贝，由式(3-39)和式(3-40)，厚度为x的屏蔽层的吸收损耗A为

$$\begin{aligned} A &= -20\lg(E_x/E_0) = -20\lg(H_x/H_0) \\ &= 20\lg[\exp(x/\delta)] = 8.69(x/\delta) \quad (\text{dB}) \end{aligned} \tag{3-41}$$

式(3-41)说明，厚度为集肤深度的屏蔽层的吸收衰减约为9dB。吸收衰减A与屏蔽层厚度x的关系示于图3-22(a)，该图对电场、磁场和平面波都适用。

将式(3-38)代入式(3-41)，得

$$A = 132x\sqrt{f\mu_r\sigma_r} \quad (\text{dB}) \tag{3-42}$$

式中，厚度x的单位为m。式(3-42)说明，屏蔽材料的磁导率越高，导电率越高，屏蔽层越厚，对电磁波的吸收衰减越大。

此外，吸收损耗A取决于电磁场频率f。对于两种厚度的铜和钢屏蔽层，吸收损耗随频率变化的曲线示于图3-22(b)。可以看出，频率越高，吸收损耗越大。例如，0.5mm厚的铜屏蔽层在频率1MHz情况下吸收损耗很可观(约为66dB)，但是在频率低于1kHz的情况下，吸收损耗几乎为零。图3-22(b)还说明，钢的吸收损耗明显优于铜。

由附录中的表A-3可见，与良导体相比，铁磁材料的相对磁导率μ_r增加很多(500～25 000倍)，而相对电导σ_r虽然有所减少，但减少的却不太多。两项因素综合考虑，根据式(3-42)，铁磁材料的吸收损耗远远高于良导体。此外，因为吸收损耗正比于$x\sqrt{f}$，所以在干扰频率较低(例如低于1000Hz)时，在主要依靠吸收损耗实现屏蔽效能的场合，即使使用钢屏蔽层，为了达到显著的吸收损耗，屏蔽层也应该尽量厚一些。

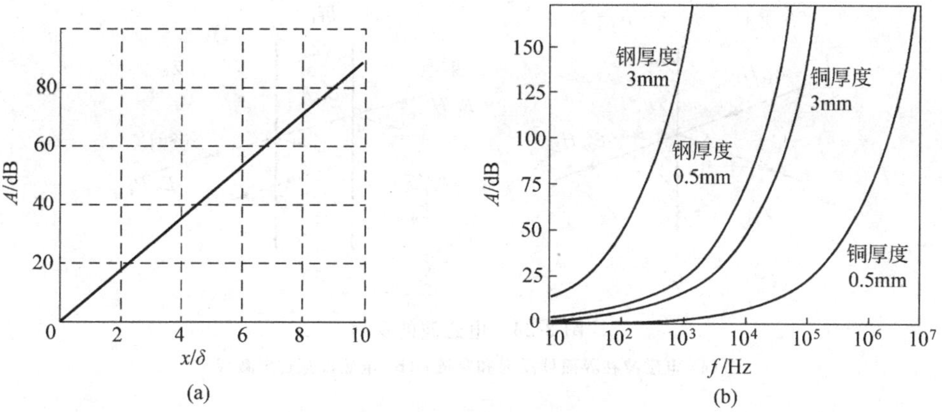

图 3-22 吸收损耗 A 变化情况

(a) 随屏蔽层厚度 x 变化；(b) 随频率 f 变化

3.3.3 屏蔽层的反射损耗

屏蔽层表面对电磁波的反射作用对电磁波的场强具有衰减作用。当电磁波入射到两种传播介质的交界处时，一部分电磁波被反射，另一部分电磁波穿过界面，如图 3-23(a)所示。

反射损耗与反射界面两边介质的特征阻抗有关。在垂直入射情况下，电场传播系数为[5,36]

$$\frac{E_2}{E_1}=\frac{2Z_2}{Z_1+Z_2} \tag{3-43}$$

而磁场传播系数为

$$\frac{H_2}{H_1}=\frac{2Z_1}{Z_1+Z_2} \tag{3-44}$$

式中，$E_1(H_1)$是入射波的强度，$E_2(H_2)$是穿过界面的透射波强度，Z_1 和 Z_2 分别是反射界面两边传播介质的波阻抗。

如果介质 1 是绝缘体(例如空气)，而介质 2 是导体，则 $Z_2 \ll Z_1$，式(3-43)和式(3-44)可简化为

$$\frac{E_2}{E_1}=\frac{2Z_2}{Z_1} \tag{3-45}$$

$$\frac{H_2}{H_1}=2 \tag{3-46}$$

当电磁波穿过屏蔽层时，入射电磁波遇到两个界面，所以经历了两次反射衰减，如图 3-23(b)所示。设屏蔽材料的特征阻抗为 Z_s，屏蔽层之外的空间介质的波阻抗为 Z_w，在穿越第二个界面时，电场和磁场的传播系数分别为

$$\frac{E_t}{E_s}=\frac{2Z_w}{Z_w+Z_s} \tag{3-46a}$$

$$\frac{H_t}{H_s}=\frac{2Z_s}{Z_w+Z_s} \tag{3-46b}$$

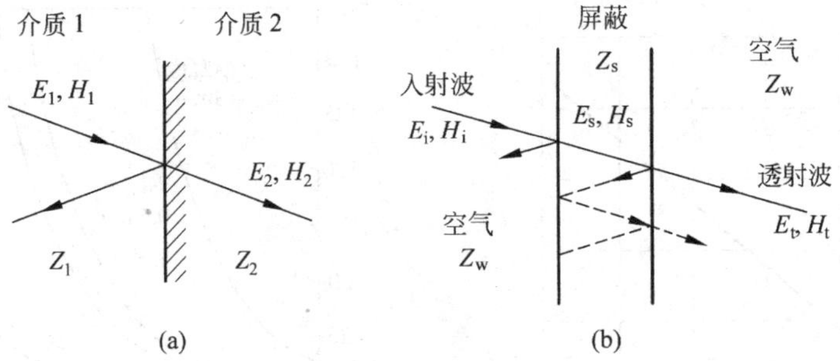

图 3-23 电磁波的反射

(a) 电磁波在界面处反射和穿透；(b) 电磁波穿过屏蔽层

在不考虑屏蔽层的吸收作用和多次反射作用情况下，利用式(3-43)～式(3-46b)，可得

$$\frac{E_t}{E_i}=\frac{E_s}{E_i}\cdot\frac{E_t}{E_s}=\frac{4Z_sZ_w}{(Z_s+Z_w)^2} \tag{3-47}$$

$$\frac{H_t}{H_i}=\frac{4Z_sZ_w}{(Z_s+Z_w)^2} \tag{3-48}$$

对比式(3-47)和式(3-48)可见，虽然电场和磁场在屏蔽层的每个界面反射系数不同(见式(3-43)～式(3-46b))，但穿越屏蔽层的两个界面后的净效果是一样的。

对于空气中的金属屏蔽层，满足$|Z_s|\ll|Z_w|$的条件，则有

$$\left|\frac{E_t}{E_i}\right|=\left|\frac{H_t}{H_i}\right|=\frac{4|Z_s|}{|Z_w|} \tag{3-49}$$

需要注意的是，虽然从式(3-49)看起来屏蔽层对电场的衰减和对磁场的衰减是一样的，但是对于屏蔽材料为金属、自由空间为空气的常见情况，根据式(3-43)，对电场的反射衰减主要发生在从空气到金属的入射界面，而根据式(3-44)，对磁场的反射衰减主要发生在从金属到空气的出射界面。

将反射损耗表示为分贝，有

$$R=-20\lg\frac{|E_t|}{|E_i|}=-20\lg\frac{|H_t|}{|H_i|}=-20\lg\frac{|4Z_s|}{|Z_w|} \tag{3-50}$$

式中，Z_w是入射波阻抗，Z_s是屏蔽层波阻抗。良好的屏蔽层必须反射尽可能多的能量，即具有高反射损耗。从式(3-50)可推断出，高反射损耗需要 Z_w和 Z_s具有显著的差异。

式(3-50)所表示的反射损耗 R 适用于垂直入射的情况。如果不是垂直入射，则反射损耗随入射角的增加而增加。式(3-50)不但适用于平面波，也适用于其他电磁波，因为任何其他波都可以由平面波叠加组合出来。式(3-50)不但适用于平面形屏蔽层，而且适用于弯曲的屏蔽层，条件是曲率半径远大于屏蔽层的集肤深度。

下面分别分析远场和近场中的反射损耗，以及屏蔽层内的多次反射导致的效应。

1. 远场中的反射损耗

对于远场中的平面波，波阻抗 Z_w 等于空气的特征阻抗 Z_0(377Ω)，式(3-50)变为

$$R=-20\lg\frac{|Z_s|}{94.25} \tag{3-51}$$

由式(3-51)可见，屏蔽层的特征阻抗 Z_s 越小，则反射损耗越大。将式(3-34) 所表示的导体

屏蔽层的波阻抗 Z_s 代入式(3-51)得

$$R = 168 + 10\lg \frac{\sigma_r}{f\mu_r} \quad (\text{dB}) \tag{3-52}$$

式(3-52)说明，屏蔽材料的电导越高、磁导率越低，对远场电磁波的反射损耗越大。与式(3-42)对比可知，虽然钢比铜的吸收损耗大，但是其反射损耗要比铜小。式(3-52)还说明，随着平面波的频率升高，反射损耗减少。

对于远场中的平面波，三种屏蔽材料铜、铝和钢的反射损耗 R 随频率 f 变化的情况示于图 3-24。

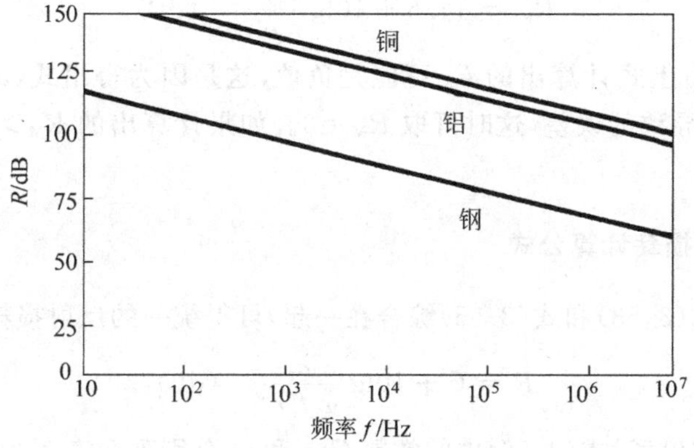

图 3-24 几种屏蔽材料对平面波的反射损耗 R 随频率变化情况

2. 近场中的反射损耗

在近场中，波阻抗 Z_w 不取决于介质的特征阻抗，而是取决于干扰源的特性以及到干扰源的距离。如果干扰源是高电压小电流，则干扰场以电场为主，波阻抗 Z_w 高于 377Ω；如果干扰源是低电压大电流，则干扰场以磁场为主，波阻抗 Z_w 低于 377Ω。

(1) 电场为主的近场中的反射损耗

由式(3-50)可知，反射损耗是波阻抗 Z_w 的函数，在以电场为主的近场中，波阻抗 Z_w 较大，因此反射损耗也较大。用式(3-35)所表示的电场为主的近场中空气的波阻抗 $|Z_w|_E = (2\pi f\varepsilon_0 r)^{-1}$ 代替式(3-50)中的 $|Z_w|$，得到以电场为主的反射损耗 R_E 为

$$R_E = -20\lg(8\pi f\varepsilon_0 r\,|Z_s|)$$

式中，r 是到干扰源的距离，单位为 m。将自由空间的介电常数 $\varepsilon_0 = 8.854\times10^{-12}$ F/m 代入上式得

$$R_E = -20\lg(2.225\times10^{-10} fr\,|Z_s|)$$

将式(3-34)所表示的导体屏蔽层的波阻抗 $|Z_s|$ 代入上式得

$$R_E = 322 + 10\lg \frac{\sigma_r}{\mu_r f^3 r^2} \quad (\text{dB}) \tag{3-53}$$

式中的 r 是到场源的距离，单位为 m。

(2) 磁场为主的近场中的反射损耗

在以磁场为主的近场中，波阻抗 Z_w 较小，因此反射损耗也较小。用式(3-36)所表示的

磁场为主的近场中空气的波阻抗$|Z_w|_M=2\pi f\mu_0 r$代替式(3-50)中的$|Z_w|$，得磁场为主的反射损耗R_M为

$$R_M=-20\lg\frac{|4Z_s|}{2\pi f\mu_0 r} \tag{3-54}$$

将自由空间磁导率$\mu_0=4\pi\times10^{-7}$H/m代入上式得

$$R_M=20\lg\frac{1.97\times10^{-6}fr}{|Z_s|}$$

将式(3-34)所表示的导体屏蔽层的波阻抗Z_s代入上式，整理可得

$$R_M=14.6+10\lg\frac{\sigma_r fr^2}{\mu_r}\quad(\text{dB}) \tag{3-55}$$

如果μ_r很大，由上式计算出的R_M可能是负值，这是因为得出式(3-50)的条件$|Z_s|\ll|Z_w|$已不能满足而导致的误差，这时可取$R_M=0$。如果计算出的$R_M>0$，则上述误差可以忽略。

3. 统一的反射损耗计算公式

将式(3-52)、式(3-53)和式(3-55)综合在一起，可得统一的反射损耗计算公式为

$$R=C+10\lg\frac{\sigma_r}{\mu_r f^n r^m}\quad(\text{dB}) \tag{3-56}$$

对于平面波、电场和磁场，式(3-56)中的常数C、n和m分别列在表3-3中。

表3-3 式(3-56)中使用的常数

场的类型	C	n	m
平面波	168	1	0
电场	322	3	2
磁场	14.6	−1	−2

根据式(3-52)～式(3-55)，分别对于和干扰源相距1m和30m的铜屏蔽层，各种反射损耗随频率变化的情况示于图3-25。

图3-25上部的两条线是针对以电场为主的近场的，波阻抗Z_w较大，反射损耗也较大；下部的两条线是针对以磁场为主的近场的，波阻抗Z_w较小，反射损耗也较小。对于到干扰源的任何指定距离r，3种曲线在$f=300\times10^6/(2\pi r)$处汇合，此处相当于近场和远场的分界点，即图3-20中的$r=\lambda/2\pi$处。

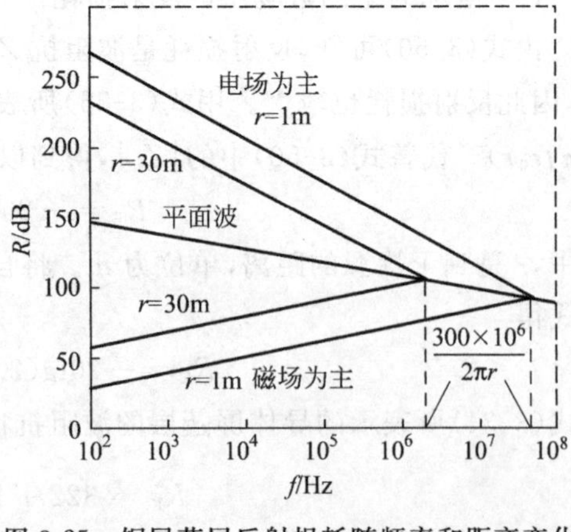

图3-25 铜屏蔽层反射损耗随频率和距离变化

由图3-25可见，在低频情况下，屏蔽层对磁场的反射损耗较小。当与干扰源之间的距离未知时，可粗略假设对低频磁场的反射损耗约为零。

图3-25中的曲线适用于只产生电场或只产生磁场的点发射源。实际的干扰源发射的往往是电场和磁场的组合，所以实际的反射损耗曲线位于图3-25所示的电场为主曲线和磁

场为主曲线之间的某处。

4. 屏蔽层中的多次反射

如图 3-23(b)中的虚线所示，当电磁波进入屏蔽层后，从第二个界面反射回的电磁波会被第一个界面再次反射，返回到第二个界面时又被反射，如此往复。每次被第二个界面反射时，都会有部分电磁波透射过该界面进入图中的右侧空间，导致屏蔽效果下降，这种下降可以用多次反射校正项 B_s(dB)来表示，B_s 为负数。

在电磁波第二次到达第二个界面时，已经三次穿越屏蔽层厚度，如果屏蔽层较厚，其吸收损耗较大，这种多次反射造成的影响可以忽略。对于电场中的金属屏蔽层，根据式(3-43)和式(3-45)，由于 $Z_2 \ll Z_1$，大部分入射波被第一个界面反射掉，只有很少部分进入屏蔽层，所以屏蔽层内的多次反射作用可以忽略。由于屏蔽层对平面波的反射损耗 R 比多次反射校正项 B_s 要大得多，也可以忽略 B_s。而对于磁场中的薄屏蔽层，多次反射可能导致屏蔽效果明显下降，则 B_s 是不可忽略的。

根据文献[5]，多次反射校正项 B_s 可表示为

$$B_s = 20\lg\left|1-\left(\frac{Z_w - Z_s}{Z_w + Z_s}\right)^2 \exp\frac{2(1+j)x}{\delta}\right| \tag{3-57}$$

式中的 x 为屏蔽层厚度，δ 为集肤深度，屏蔽层的波阻抗 Z_s 由式(3-34)给出。一般情况下 $Z_s \ll Z_w$，则式(3-57)可以简化为

$$B_s = 10\lg[1 - 2\times 10^{-0.1A}\cos(0.23A) + 10^{-0.2A}] \tag{3-58}$$

式中的 A 为吸收损耗。如果屏蔽材料的吸收作用足够大($A>15$dB)，则 B_s 可以忽略。

对于磁场中的金属屏蔽层，根据式(3-44)和式(3-46)，由于 $Z_2 \ll Z_1$，大部分入射波穿过第一个界面进入屏蔽层，而且穿越后强度加倍，屏蔽层内的磁场强度如此之大，其在屏蔽层内多次反射的效应必须加以考虑。

对于厚度为 x、集肤深度为 δ 的金属屏蔽层，根据附录 C 中的推导，磁场多次反射导致的校正项 B_s 可表示为

$$B_s = 20\lg(1 - e^{-2x/\delta}) \quad (\text{dB}) \tag{3-59}$$

注意由式(3-59)计算得出的校正项 B_s 为负值，说明由于多次反射，屏蔽层实际的磁场屏蔽效果要小于吸收损耗和反射损耗之和。而且，屏蔽层越薄(x/δ 越小)，校正项 B_s 的绝对值越大。当屏蔽层较厚时，磁场在屏蔽层内传播的过程中会被吸收，B_s 的绝对值会较小。针对若干种不同的 x/δ，由磁场的多次反射导致的校正项 B_s 的数值列于表 3-4。

表 3-4 不同 x/δ 的薄屏蔽层对磁场的多次反射校正项 B_s

x/δ	0.001	0.002	0.005	0.01	0.02	0.05	0.1	0.2	0.5	1
B_s/dB	−54	−48	−40	−34	−28	−20	−15	−9.6	−4	−1.3

3.3.4 屏蔽效果分析

屏蔽是放置在空间两个区域之间的金属层，屏蔽可以用来控制电场和磁场从一个区域到另一个区域的传播。如果屏蔽层包围干扰源，则屏蔽作用可以将干扰源的电磁场限制在

屏蔽层之内；如果屏蔽层包围检测电路的某个区域，则屏蔽作用可以将干扰源的电磁场排斥在该区域之外。屏蔽可用于单个器件、传输电缆、部分电路或整个电路系统。屏蔽效果说明屏蔽层对电磁场衰减的程度，这取决于屏蔽层的反射损耗、吸收损耗、屏蔽层内多次反射导致的校正项以及屏蔽层上的开孔和接缝情况等。

1. 屏蔽总效果

屏蔽效果可以根据由屏蔽层引起的磁场强度和电场强度的衰减程度来说明。用分贝来表示这种衰减程度会比较方便，可以把由各种不同的效应产生的屏蔽效果相加得到总的屏蔽效果。对于电场，屏蔽效果定义为

$$S = 20\lg(E_i/E_t) \quad (\text{dB})$$

对于磁场，屏蔽效果定义为

$$S = 20\lg(H_i/H_t) \quad (\text{dB})$$

式中的 E_i 和 H_i 分别表示入射电场和磁场的场强，E_t 和 H_t 分别表示穿越屏蔽层透射过去的电场和磁场的场强。

将屏蔽层的吸收作用、反射作用及其他因素综合考虑在一起，屏蔽的总效果可以表示为

$$S = A + R + B_s \quad (\text{dB}) \tag{3-60}$$

式中，A 为吸收损耗，dB；R 为反射损耗，dB；B_s 为屏蔽层内的多次反射引起的校正项，dB。吸收损耗对于远场和近场是一样的，对于电场和磁场也是一样的。而反射损耗取决于场的类型以及波阻抗。

式(3-60)中的吸收损耗 A 由式(3-42)给出。根据干扰场的不同性质(远场、电场为主的近场和磁场为主的近场)，反射损耗 R 分别由式(3-52)、式(3-53)和式(3-55)给出，或由统一的公式(3-56)给出。对于电场和平面波，多次反射的校正项 B_s 一般可以忽略；对于磁场，B_s 由式(3-59)给出。由这些公式可以看出：

① 吸收损耗 A 和反射损耗 R 都随屏蔽材料电导的增加而增加。

② 屏蔽材料的磁导率增加时，吸收损耗 A 增加，但是反射损耗 R 减少。

③ 频率 f 提高时，吸收损耗增加，磁场中的反射损耗增加；如果屏蔽材料的磁导率为恒定值，则电场和远场中的反射损耗随频率 f 的提高而减少。

④ 对于磁场中的薄屏蔽层，需要把多次反射校正项 B_s 考虑在内。

通常情况下，计算屏蔽效果是十分困难的。屏蔽罩内的电场强度和磁场强度取决于屏蔽罩外部干扰场的频率和幅度、干扰场的入射方向和极化情况、屏蔽罩的厚度和形状、屏蔽罩材料、接缝和开口的情况等因素。所有这些因素很难被建模和量化用于计算目的。因此，测量 S 比预测 S 要容易得多。

2. 平面波屏蔽效果

对于远场中的电磁辐射平面波，屏蔽层的总损耗是吸收损耗 A 和反射损耗 R 的综合结果，如式(3-60)所示，其中的多次反射校正项 B_s 可以忽略，因为它与反射损耗相比微不足道。根据式(3-42)和式(3-52)，0.5mm 厚的铜箔屏蔽层对平面波的屏蔽效果示于图 3-26。

由图 3-26 可见，随着频率 f 升高，反射损耗减少，这是因为铜屏蔽层的波阻抗 Z_s 随频率升高而增大，见式(3-34)。随着频率 f 升高，吸收损耗增大，这是因为集肤深度 δ 随频率升高

而减少，见式(3-37)。屏蔽总效果最差的是在中频段，在图 3-26 所示情况下大约在 10kHz 附近。根据图 3-26，对于低频平面波，屏蔽效果主要来自反射损耗；而对于高频平面波，屏蔽效果主要来自吸收损耗。在射频情况下，吸收损耗和反射损耗都起衰减作用，这时可以使用较薄的屏蔽层，因为在射频情况下集肤深度很小。

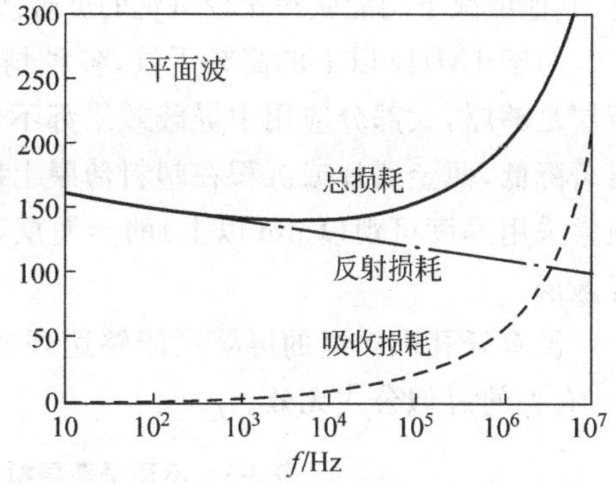

图 3-26　0.5mm 厚的铜箔在远场中的屏蔽效果

3. 电场屏蔽效果

从前面介绍的公式和图表可以看出，电场更容易屏蔽，利用任何良导体在任何频率都能取得较好的屏蔽效果。由图 3-25 可见，低频段屏蔽层对电场的反射损耗较大，因此电场屏蔽不必依靠吸收损耗，可以使用较薄的屏蔽层，而且多次反射引起的校正项 B_s 可以忽略，因为反射损耗要比 B_s 大得多。在高频段，反射损耗有所减少，必要时还要利用屏蔽层的吸收损耗。

如果屏蔽层非常薄，那么它的吸收作用可以忽略，对由多次反射导致的校正项 B_s 应该加以考虑。如果屏蔽层厚度小于其集肤深度，而且其电阻 R_s 小于其波阻抗 Z_w，则其屏蔽效果可以表示为[5]

$$S \approx 20\lg|1 + Z_w/(2R_s)| = 20\lg|1 + 0.5Z_w\sigma x_s| \tag{3-61}$$

式中，$R_s = (\sigma x_s)^{-1}$，x_s 为屏蔽层厚度。如果屏蔽层是附在绝缘衬底上的金属膜，那么衬底的厚度可能会对屏蔽效果产生一定的影响。

4. 磁场屏蔽效果

在以磁场为主的近场中，由图 3-20 可见，空气的波阻抗 Z_w 较小，根据式(3-50)，这时的反射损耗也较小，所以有必要依靠屏蔽层的吸收作用来达到屏蔽效果。对于频率为几兆赫兹以上的磁场干扰，可以利用非铁磁材料的吸收作用进行屏蔽。如果干扰磁场频率不高，根据式(3-55)，反射损耗不够大，必要时需要增加屏蔽层厚度以增加吸收损耗。如果屏蔽层较厚(吸收损耗>9dB)，则多次反射引起的校正项 B_s 可以忽略。如果屏蔽层较薄，则需要把 B_s 考虑在内，B_s 可由式(3-59)计算得出。

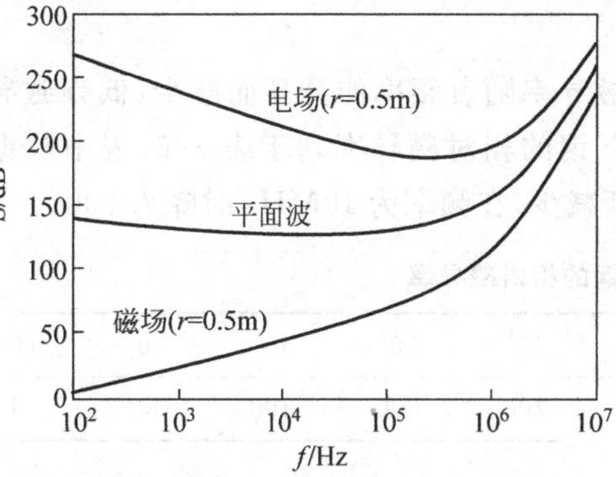

图 3-27　0.5mm 厚的铝屏蔽层实现的总屏蔽效果 S 随频率 f 变化的曲线

对于低频磁场干扰，普通金属屏蔽层(例如铜或铝)的反射损耗和吸收损耗都很少，这是最难屏蔽的干扰，需要利用高磁导率的铁磁材料实现屏蔽。

5. 屏蔽效果概要

分别对于平面波、电场和磁场，0.5mm 厚的铝屏蔽层实现的总屏蔽效果 S 随频率 f 变化的曲线示于图 3-27。由图可见，除低频磁场外，其他情况下均能获得比较可观的屏蔽效果。

对于1MHz以上的高频干扰，各种情况下吸收损耗都对屏蔽效果起主要作用，只要屏蔽层足够厚，大部分应用中屏蔽效果都不错。对于超过30MHz的高频干扰，因为集肤深度显著降低，薄金属片或沉积在塑料薄膜上的薄导电涂层就足够了。对于低频率的应用，屏蔽通常采用厚度可观(1mm以上)的金属层，如果是低频磁场干扰，往往需要使用铁磁材料的屏蔽层。

没有开孔和接缝的屏蔽层能够达到的屏蔽效果列于表3-5，表中的"—"处反射损耗很小，有关的近似公式无效。

表3-5　不同屏蔽层材料在不同频率能达到的屏蔽效果

屏蔽层材料	频率/Hz	吸收损耗①/dB(对所有场)	反射损耗②/dB		
			电场	磁场	远场
铜	10	0.4	312	—	158
	10^4	13.2	222	35	128
	10^7	417	132	65	98
钢	10	4.2	272	—	118
	10^4	132	182	—	88
	10^7	2950	95	28	61

注：① 1mm厚屏蔽层的吸收损耗。
② 距离干扰源0.1m处的反射损耗。

6. 铁磁材料屏蔽

与良导体相比，铁磁材料的磁导率μ增加很多，电导σ有所减少，导致以下效果：

(1) 吸收损耗增加；

(2) 反射损耗减少。

在低频磁场情况下，反射损耗很少，屏蔽效果主要靠高磁导率材料的吸收损耗。

在低频电场或平面波情况下，主要的屏蔽机理是反射损耗，而铁磁屏蔽层的反射损耗还不如其他良导体，所以不宜使用铁磁材料屏蔽。

除了吸收作用之外，铁磁材料的高磁导率具有集中磁力线的作用，这会降低屏蔽层之外区域的磁场强度，从而提高屏蔽效果。

虽然铁磁材料的低频磁导率很高，但是，其磁导率随着频率的升高而减少，低频磁导率越高，磁导率开始减少的频率越低。不同频率下钢的相对磁导率列于表3-6，表中数据说明，当频率高于100kHz时，钢的相对磁导率逐渐减少，在频率为10MHz时降为500。

表3-6　不同频率下钢的相对磁导率

频率 f/Hz	10^2	10^3	10^4	10^5	10^6	10^7	10^8	10^9	10^{10}
相对磁导率 μ_r	1000	1000	1000	1000	700	500	100	50	1

镍铁高磁导率合金低频情况下的相对磁导率为2×10^4，而当频率为几千赫兹时其磁导率就会减少一半，在频率为100kHz时，其相对磁导率甚至低于普通冷轧钢板。所以，镍铁

高磁导率合金只适用于频率为 10kHz 以下的磁场。此外，在进行加工或受到机械应力或热应力的情况下，镍铁合金或坡莫合金等高磁导率材料的磁导率会降低，所以在使用过程中要注意，不要使其跌落或受到碰撞，否则就应该对其进行退火处理，以恢复其磁导率。此外，使用高磁导率材料进行屏蔽还要注意避免出现磁饱和现象，必要时要采用双层屏蔽，如图 3-18(b)所示。

实验数据表明，在靠近干扰源的近场中，当频率不高于 100kHz 时，钢的磁场屏蔽性能优于铜。但当频率高于几百 kHz 时，铜的磁场屏蔽性能将超越钢。

对于直流磁场，屏蔽效果主要依靠高磁导率材料集中磁力线的作用。直径为 r，厚度为 $d(d \ll r)$ 的球形屏蔽盒对直流磁场的屏蔽效果为[5]

$$S_D = 20\lg\left(1 + \frac{2\mu_r d}{3r}\right)$$

式中的 μ_r 为屏蔽材料的相对磁导率。

7. 多层屏蔽

当单层屏蔽不能有效解决问题时，可以使用多层屏蔽，如图 3-18(b)所示。

对于频率很低的磁场干扰，可能需要使用很高磁导率的屏蔽材料，例如镍铁高磁导率合金(mu-metal)，但是如前所述，这种材料在很低的磁场强度下就会达到磁饱和状态，所以有必要采用双层屏蔽结构。如图 3-28 所示，第一层屏蔽使用低磁导率材料，但它的磁饱和强度较高；第二层屏蔽使用高磁导率材料，虽然它的磁饱和强度较低，但是经过第一层屏蔽的衰减，到达第二层屏蔽的磁场强度已经比较低，不会使它饱和。利用第二层屏蔽的高磁导率，可以把干扰磁场衰减到很低的水平。

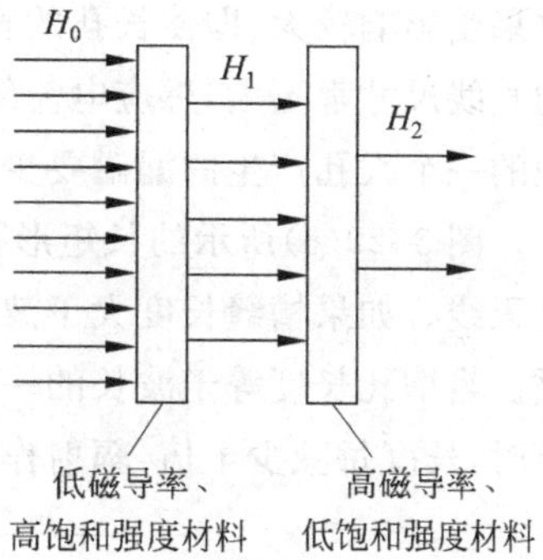

图 3-28 多层磁屏蔽用于克服磁饱和问题

在多层屏蔽中，也可以使用非铁磁导体(例如铜)作为第一层，用铁磁材料作为第二层。在非常苛刻的条件下，还可以附加第三层屏蔽。多层屏蔽不但增加吸收损耗，而且增加反射损耗。

8. 屏蔽层上的开孔和接缝

前面的分析计算都是针对没有开孔和接缝的连续屏蔽层。在这种情况下，只要选择合适的屏蔽材料，就可以达到相当好的屏蔽效果。除了低频磁场外，很容易达到 100dB 以上的屏蔽效果。

但是实际的屏蔽层要考虑通风、连接、安装及维修等问题，往往需要开一些孔缝，并用盖板封装，形成一些安装接缝。这些开孔和接缝会使屏蔽效果大为降低，很可能它们对屏蔽效果起着决定作用。这并不是说前面的理论和分析没有用，利用前面介绍的公式可以确定所需要的连续屏蔽层情况，之后再尽量减少由开孔和接缝造成的漏场。

开孔和接缝造成的漏磁场问题比漏电场问题更为严重，所以重点要寻找减少漏磁场的方法，这些方法足可以把漏电场减到很小。

开孔和接缝造成的漏磁场的大小主要取决于下列 3 个因素：

① 干扰场的波阻抗；

② 干扰场的频率；

③ 开孔和接缝的最大直线尺寸。

噪声磁场在屏蔽层中感应出电流，这些电流产生的附加磁场抵消原噪声磁场，从而产生屏蔽效果。为了使这种抵消作用有效发生，必须允许感应出的屏蔽层电流自由流动。如果屏蔽层上的孔缝导致的不连续性迫使感应电流按不同于外界磁场感应出的路径流动，屏蔽效果就打了折扣。感应电流绕路越远，屏蔽效果越差。所以，漏磁场主要取决于开孔的最大直线尺寸，而不是开孔的面积。

图 3-29 示出同样面积的两种开孔方式，图 3-29(a)中的长孔使感应电流绕路较远，屏蔽效果受影响较大，即使长孔的宽度再窄一些也无济于事；图 3-29(b)开孔较多，但是所有孔的直线尺寸都不大，感应电流绕路不多，屏蔽效果受影响较小。所以，大量的小孔比同样面积的一个大孔产生的漏磁要少。

图 3-29(a)所示的长矩形孔还形成一种槽缝天线，屏蔽盒的接缝也很容易形成这种槽缝天线。如果槽缝长度大于波长的十分之一，即使槽缝的宽度很窄，也会引起相当可观的漏磁。当槽孔长度等于波长的一半时，槽缝天线的辐射作用最大。当槽缝长度短于波长的一半时，长度每减少十倍，辐射作用减少 20dB，屏蔽效果增加 20dB。

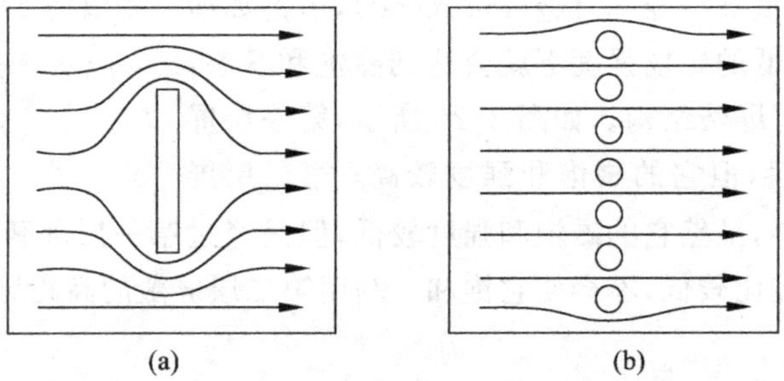

(a) (b)

图 3-29 开孔对屏蔽层感应电流的影响

(a) 一个大孔；(b) 多个小孔

对屏蔽层的接缝进行焊接或铜焊可以保持屏蔽层的连续性，从而可以将接缝漏磁减到最少。对于不能焊接的接缝，例如设备机壳的盖板或开门处的接缝，要想方设法保持屏蔽层的电气连续性，以防止形成槽缝天线。利用导电的 EMI 衬垫压紧在接缝处就是一种很好的办法，这种办法能在几千赫兹到几吉赫的频率范围内控制漏磁。一种最常用的 EMI 衬垫是把金属编制网做成条状，截面为矩形或圆形。EMI 衬垫的材料应该与同它接触的屏蔽层金属相兼容，以防发生锈蚀。因此，镍铜合金或镀银黄铜衬垫不应与铝屏蔽盒一起使用。

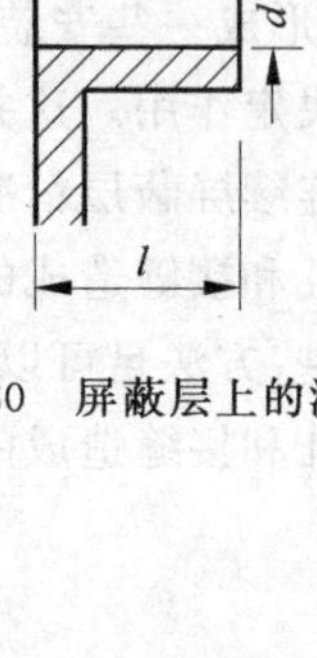

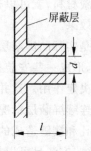

图 3-30 屏蔽层上的波导管

9. 屏蔽层上的波导管

如果屏蔽层上的开孔做成波导管的形状，则可以使干扰场获得进一步的衰减。图 3-30 所示为长度为 l，直径为 d 的

圆形波导管的剖面，其截止频率为

$$f_c = \frac{0.175 \times 10^9}{d} \quad \text{(Hz)} \tag{3-62}$$

式中 d 的单位为 m。对于长方形的波导管，如果其截面最大尺寸为 r，其截止频率为

$$f_c = \frac{0.15 \times 10^9}{r} \quad \text{(Hz)}$$

当干扰场的频率比波导管的截止频率低很多时（$f < f_c/3$），对于垂直入射的平面波，圆形波导管提供的附加衰减为

$$S = 32\,\frac{l}{d} \quad \text{(dB)} \tag{3-63}$$

而长方形波导管提供的衰减为

$$S = 27.2\,\frac{l}{r} \quad \text{(dB)}$$

式中的 r 为波导管截面的最大尺寸。

从式(3-63)可以看出，加长波导管的长度 l 可以增加对干扰场的衰减；而且只要符合 $f < f_c/3$ 的限制条件，衰减效果与频率无关。

在实际应用中，如果屏蔽层上的开孔直径小于屏蔽层厚度，就形成了波导管，其长度等于屏蔽层厚度。使用蜂窝状波导管构成的通风格栅可以很好地衰减漏电磁场。

10. 屏蔽效果小结

综上所述，关于金属材料的屏蔽作用可以总结如下：

(1) 对于电场和平面波，反射损耗很大。随着频率升高，反射损耗有所减少。

(2) 对于低频磁场，反射损耗一般较小。

(3) 无论是电场、平面波还是磁场，反射损耗都是电导除以磁导率所得商的函数，增大磁导率会减少反射损耗。

(4) 厚度等于集肤深度的屏蔽层提供大约 9dB 的吸收损耗。

(5) 随着频率升高，吸收损耗增大。对于多数屏蔽材料，当频率高于 1MHz 时，吸收损耗对屏蔽效果起主要作用。

(6) 吸收损耗正比于屏蔽材料的磁导率和电导乘积的平方根，增大磁导率会增大吸收损耗。

(7) 磁场比电场更难以屏蔽。

(8) 对于低频磁场要用高磁导率磁性材料进行屏蔽。

(9) 电场、平面波和高频磁场要用良导体材料进行屏蔽。

(10) 开孔和接缝情况对高频干扰的屏蔽效果至关重要。为了减少干扰场的泄漏，机壳接缝处必须保持电气连接的连续性。

(11) 漏磁场的量取决于屏蔽层上开孔的最大尺寸，而不是取决于开孔的面积。

(12) 大量的小孔比同样面积的一个大孔漏磁要少。

3.4 电缆屏蔽层接地

屏蔽中的相当一部分问题涉及设备之间连线的屏蔽，这种连线经常使用屏蔽电缆。在低噪声设计中，用于连接电路或设备的电缆的类型、布线和接地方式是非常重要的，必须认真考虑。当电缆的屏蔽层合理接地时，它对干扰噪声的抑制作用不止是3.3节中介绍的吸收损耗和反射损耗，还会有一些其他的重大降噪作用，合理的接地还可以使非铁磁物质的屏蔽层对磁场干扰产生重大的抑制作用。

屏蔽和接地是抑制外来干扰噪声的两种最基本，也是最重要的手段，两者之间又紧密相关。接地是抵御干扰噪声的一种重要方法。将屏蔽与接地合理地组合起来，可以解决大部分的干扰问题。无论是大型的复杂电子设备，还是印制电路板上的单一电路，接地问题都同样重要，接地的基本原理也大致相同。

为了能够讨论电缆屏蔽层接地后的屏蔽效果，首先介绍屏蔽电缆的某些特性。

3.4.1 电缆屏蔽层和芯线之间的耦合

实现设备之间屏蔽连接的最常用方法是利用同轴电缆将信号发送端和信号接收端连接起来。首先考虑同轴电缆屏蔽层电流产生的磁场。如图3-31(a)所示的一段同轴电缆，设其芯线和屏蔽层之间的互感为M，屏蔽层两端之间的电阻为R_s，电感为L_s，当外部电压v_s使得流经屏蔽层的电流为i_s时，由i_s产生的磁通为

$$\Phi = L_s i_s \tag{3-64}$$

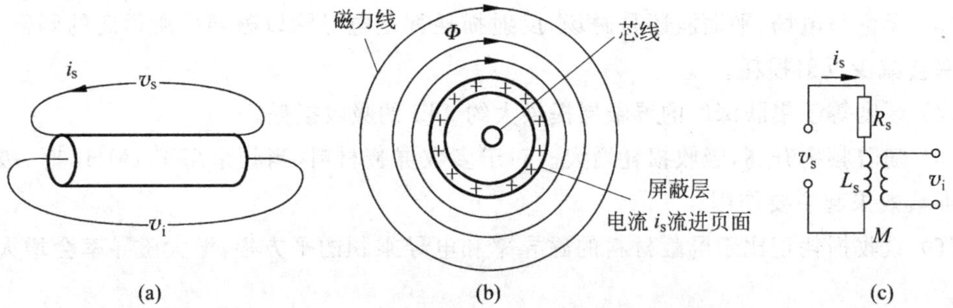

图3-31 同轴电缆屏蔽层和芯线之间的耦合

(a) 同轴电缆；(b) 屏蔽层电流I_s产生磁通Φ；(c) 等效电路

如果屏蔽层为圆形，其外壁和内壁同轴，那么i_s沿屏蔽层横截面的电流密度分布是均匀的，则在屏蔽层内部没有磁场，磁通Φ都分布在屏蔽层外部，如图3-28(b)所示。换言之，由i_s产生的磁通Φ全部包围芯线导体。根据式(3-19)，屏蔽层和芯线之间的互感为

$$M = \Phi / i_s \tag{3-65}$$

对比式(3-64)与式(3-65)可得

$$M = L_s \tag{3-66}$$

式(3-66)是后面经常引用的一个重要结果，在分析用非铁磁屏蔽材料来屏蔽磁场干扰的效果时，将会使用这个结果。注意，上述结果成立的条件与芯线在屏蔽层内的位置无关，也就是说不要求芯线与屏蔽层同轴。如果屏蔽层不是圆形或其外壁和内壁不同轴，那么不能保证屏蔽层横截面的电流密度分布均匀，则屏蔽层电流在屏蔽层内部有可能产生一定的磁通，这时互感 M 和电感 L_s 会有一些小的差异。

图 3-31(a)的等效电路示于图 3-31(c)，图中的 R_s 为屏蔽层电阻，流过屏蔽层的电流为

$$i_s = \frac{v_s}{R_s + j\omega L_s} \tag{3-67}$$

由屏蔽层电流 i_s 在芯线上感应出的电动势为

$$v_i = j\omega M i_s \tag{3-68}$$

将式(3-66)代入式(3-68)得

$$v_i = j\omega L_s i_s \tag{3-69}$$

将式(3-67)代入式(3-69)得

$$\frac{v_i}{v_s} = \frac{j\omega L_s}{R_s + j\omega L_s} \tag{3-70}$$

或

$$\left|\frac{v_i}{v_s}\right| = \frac{1}{\sqrt{1+(f_c/f)^2}} \tag{3-71}$$

式中

$$f_c = \frac{R_s}{2\pi L_s} \tag{3-72}$$

叫做屏蔽层的截止频率。$|v_i/v_s|$随频率 f 的变化曲线示于图 3-32。

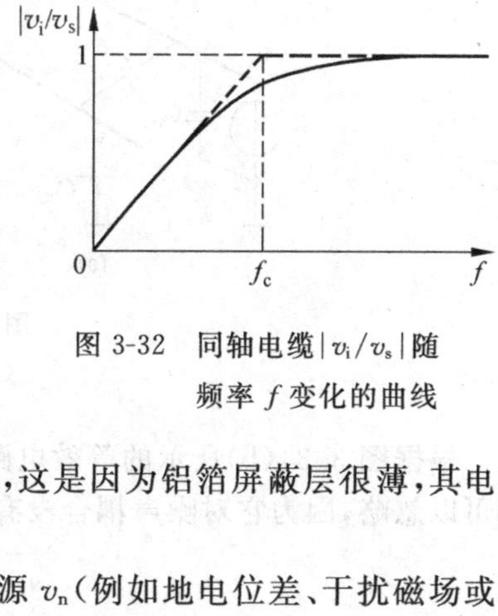

图 3-32 同轴电缆$|v_i/v_s|$随频率 f 变化的曲线

从式(3-71)和图 3-32 可以看出，当屏蔽层电流流动时，如果其频率高于屏蔽层的截止频率 f_c 的 5 倍，那么芯线上感应出的噪声电压几乎等于屏蔽层的外加电压，即$|v_i| \approx |v_s|$。同轴电缆截止频率的典型值为 1kHz 左右，而铝箔屏蔽电缆的截止频率可能高达 7kHz，这是因为铝箔屏蔽层很薄，其电阻 R_s 较大。

如果电缆是放大器的输入信号线，那么由任何噪声源 v_n(例如地电位差、干扰磁场或干扰电场)导致的屏蔽层电流 i_s 都有可能在放大器输入端形成噪声电压。在图 3-33(a)所示电路中，设屏蔽层电感为 L_s，屏蔽层电阻为 R_s，屏蔽层与芯线之间的互感为 M，可得图 3-33(b)所示的等效电路。屏蔽层噪声电流在放大器输入端产生的噪声电压为

$$u_n = i_s(j\omega L_s + R_s) - j\omega M i_s \tag{3-73}$$

因为 $L_s = M$，所以可得

$$u_n = i_s R_s \tag{3-74}$$

式(3-74)说明，由任何原因导致的屏蔽层电流都会在放大器输入端产生等于 $i_s R_s$ 的噪声电压。即使屏蔽层单点接地，噪声源到屏蔽层的电场耦合也有可能导致屏蔽层电流。因此，为了最大限度地抑制噪声，尽量不要用屏蔽层作为信号导线，而且电路的一端应该与地

隔离(即屏蔽层单点接地),以防地电位差导致屏蔽层电流。

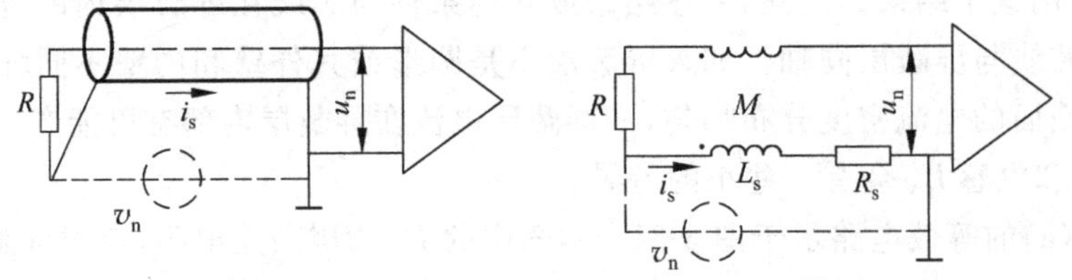

图 3-33　屏蔽层电流导致放大器输入噪声

(a) 实际电路；(b) 等效电路

3.4.2　电缆屏蔽层接地抑制电场耦合噪声

没有屏蔽的两条导线的电场噪声耦合情况示于图 3-34。导线 1 载有交变噪声电压 u_1，它也可能是其他电路(例如数字电路或功率放大电路)中的一段导线。导线 2 是微弱信号线,连接到放大器输入端,放大器对地输入电阻为 R。导线 1 和导线 2 之间的分布电容为 C,C_{1G}是导线 1 的对地分布电容,C_{2G}是导线 2 的对地分布电容以及放大器的输入电容。

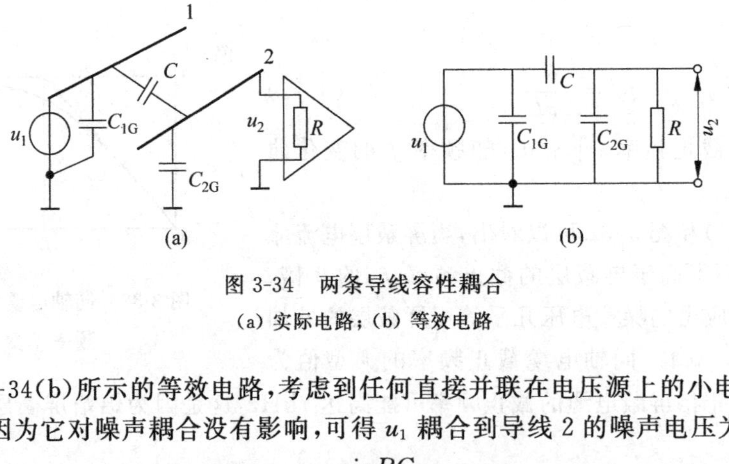

图 3-34　两条导线容性耦合

(a) 实际电路；(b) 等效电路

根据图 3-34(b)所示的等效电路,考虑到任何直接并联在电压源上的小电容(例如 C_{1G})都可以忽略,因为它对噪声耦合没有影响,可得 u_1 耦合到导线 2 的噪声电压为

$$u_2=\frac{\mathrm{j}\omega RC}{1+\mathrm{j}\omega R(C+C_{2G})}u_1 \tag{3-75}$$

当干扰源的频率 ω 为确定值时,感应的电压噪声 u_2 对于信号放大电路的输入电阻 R 的依赖关系很大。如果 $\omega\gg[R(C+C_{2G})]^{-1}$,则式(3-75)简化为

$$u_2=\frac{C}{C+C_{2G}}u_1 \tag{3-76}$$

这时的噪声电压 u_2 与 u_1 是电容 C 和 C_{2G}的串联分压关系,而且与 ω 无关。而当 $\omega\ll[R(C+C_{2G})]^{-1}$时,式(3-75)简化为

$$u_2=\mathrm{j}\omega RCu_1 \tag{3-77}$$

由式(3-75)可得

$$\left|\frac{u_2}{u_1}\right|=\frac{\omega RC}{\sqrt{1+[\omega R(C+C_{2G})]^2}} \tag{3-78}$$

$|u_2/u_1|$可以看作是容性耦合的敏感度，$|u_2/u_1|$随频率ω变化的曲线示于图 3-35，图中的$\omega_c=1/[R(C+C_{2G})]$为拐点频率。

由式(3-75)～式(3-78)及图 3-35 可以得出以下结论：

(1) 在所有频率范围内，容性耦合的敏感度都取决于分布电容C的大小。为了减小C，应使信号线尽量远离干扰噪声传输线，尽量避免两者平行布线(互相垂直最好)。而且，信号线的长度越短越好。

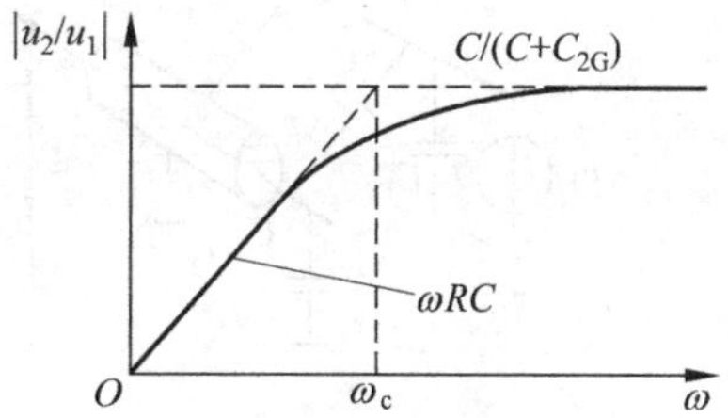

图 3-35 容性耦合敏感度随频率ω变化曲线

(2) 由式(3-77)可见，接收到的干扰噪声幅度$|u_2|$正比于干扰源噪声的幅度$|u_1|$和频率ω，因此，当微弱信号检测电路附近有高频干扰源时，必须采取必要措施，克服电场噪声的影响。

(3) 因为分布电容通常很小，其容抗很大，所以在高阻抗、低电压电路中电场耦合噪声问题更为严重。信号放大器对地输入电阻R越大，对电场干扰噪声越敏感。所以，在微弱信号检测电路中，前置级放大器的输入阻抗应尽可能小一些。

一般情况下，带有负反馈的运算放大器的输出阻抗很小，因此可以认为其输出端对电场干扰是不敏感的。但是对于低频放大器，随着频率升高，运算放大器的开环增益会降低。当频率升高到一定程度，负反馈放大器的输出阻抗也可能相当大，例如达到 10～100Ω 的数量级。因此，高频电场干扰对于负反馈放大器的输出端也是有影响的。例如，数字脉冲信号的高频分量有可能经电场耦合在低频放大器输出端产生窄脉冲噪声。

对于图 3-34 所示的两条导线容性耦合情况，把接收放大器的输入导线加上导体构成的屏蔽层 S，并将屏蔽层接地，如图 3-36 所示，各分布电容与图 3-34 有一些差异。

考虑到直接跨接在干扰源两端的电容对于噪声耦合可以忽略，根据图 3-36(b)所示的等效电路，可得u_1耦合到导线 2 的噪声电压为

$$u_2=\frac{\mathrm{j}\omega RC}{1+\mathrm{j}\omega R(C+C_{2G}+C_{2S})}u_1 \tag{3-79}$$

如果

$$\omega\gg\frac{1}{R(C+C_{2G}+C_{2S})}$$

则式(3-79)可简化为

$$u_2\approx\frac{C}{(C+C_{2G}+C_{2S})}u_1 \tag{3-80}$$

这时的干扰噪声是电容分压关系。而当$\omega\ll 1/[R(C+C_{2G}+C_{2S})]$时，式(3-79)可简化为

$$u_2=\mathrm{j}\omega RCu_1 \tag{3-81}$$

粗看起来，式(3-81)与式(3-77)相同，式(3-80)也与式(3-76)相类似。但是对比图 3-36 与图 3-34 可以看出，图 3-36 中的C已不再是导线 1 和导线 2 之间的分布电容，而是导线 1 和导线 2 露出屏蔽层之外的端头之间的分布电容，所以屏蔽后引入的干扰噪声要比不屏蔽时的干扰噪声小得多。这是利用接地的屏蔽层抑制电场干扰的要点。如果屏蔽层是金属丝编织层，C还包括电场穿过编织层孔洞形成的导线 1 和导线 2 之间的电容。

根据式(3-79)，同样可以画出与图 3-35 相类似的屏蔽后的$|u_2/u_1|$随频率变化的曲线。

电场耦合屏蔽要注意以下几点：

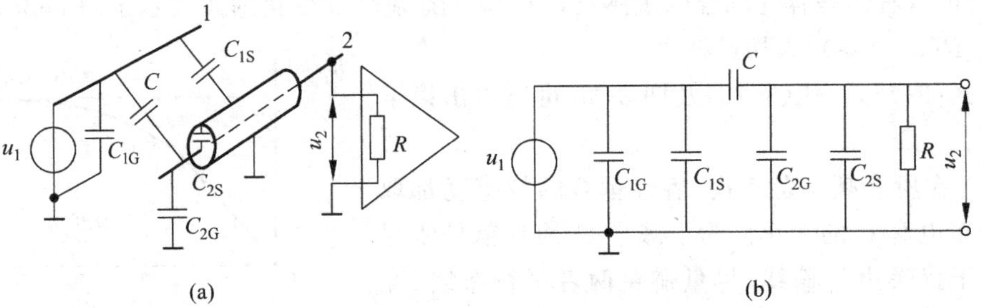

图 3-36 两条导线容性耦合加屏蔽

(a) 实际电路；(b) 等效电路

(1) 只有把屏蔽层连接到电路地时，屏蔽才会更有效；

(2) 应避免杂散电流流过屏蔽层；

(3) 当检测系统中使用多个独立的屏蔽时，应把它们串接起来，最后连接到信号地。

为了使分布电容 C 尽量小，必须使导线 2 露出屏蔽层外的端头尽量少，必要时还要在放大器输入端点的焊盘周围在印制电路板上布上一圈地线，将屏蔽层尽量均匀地焊接在这圈地线上。如图 3-37 所示，屏蔽层均匀端接到地比猪尾式端接屏蔽效果要好。

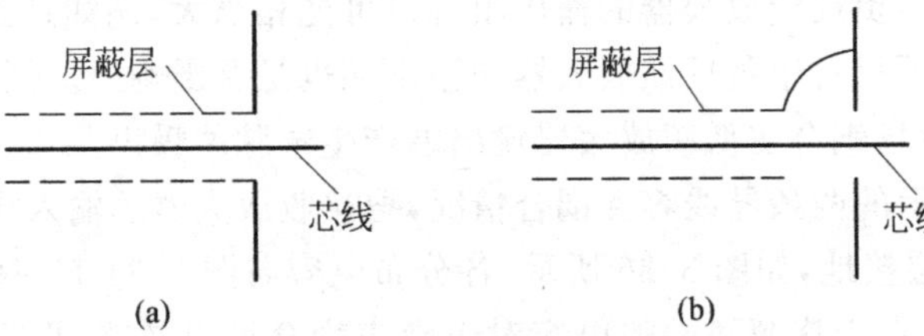

图 3-37 电缆屏蔽层端接

(a) 均匀端接；(b) 猪尾式端接

3.4.3 电缆屏蔽层接地抑制磁场耦合噪声

在具有磁场干扰的场合，防止或削弱检测电路感应磁场噪声的最好方法是屏蔽。根据干扰磁场的不同特性，屏蔽材料可以是铁磁物质，也可以是非铁磁物质。根据 3.3 节中的分析，铁磁物质屏蔽主要是利用屏蔽层的吸收损耗来减少磁感应强度 B；而非铁磁物质屏蔽主要是由屏蔽层的涡流效应和反射损耗来减少磁感应强度 B。

此外，根据式(3-18)，对于某一频率 f 的干扰磁场，感应电压噪声有效值为 $v_{rms}=2\pi fAB_{rms}\cos\theta$，磁场感应电压正比于噪声接收回路对磁场噪声的感应面积 A。如果能有效减少 A，也就能很好地抑制磁场干扰。

将非铁磁物质屏蔽层适当接地，可以改变磁场感应面积 A。感应面积 A 取决于感生电流流经的路径。如果信号线周围放置的非铁磁导体屏蔽改变了感生电流流经的路径，从而使感应面积 A 有所减少，则该屏蔽具有某种程度的磁场干扰抑制作用。而当使用非铁磁物质进行磁场屏蔽时，屏蔽层的接地方式对于感生电流流经的路径具有决定作用。

1. 信号线两端接地,屏蔽层不接地或单点接地

在图 3-38(a)所示的电路中,R_i 为放大器输入电阻,图中省略了信号源,信号回路两端接地,屏蔽层没有接地,干扰磁场产生的感生电流 i_1 的流动路径不因屏蔽层的存在而发生变化,因此有效感应面积 A 也没有变化。在图 3-38(b)所示的电路中,屏蔽层单端接地,A 同样没有因为屏蔽层的存在而改变。

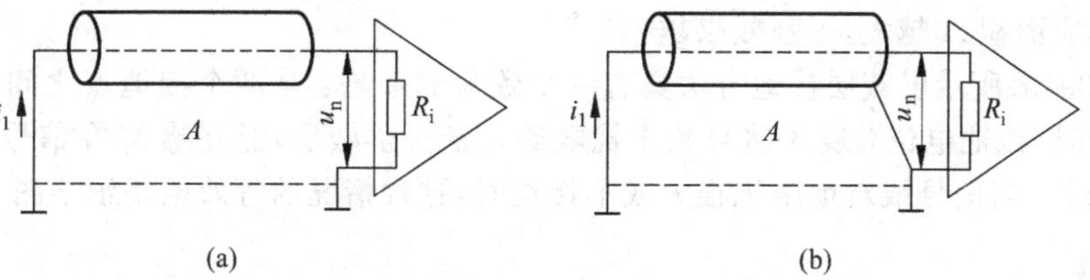

图 3-38 信号回路两端接地、屏蔽层不接地或单端接地

(a) 屏蔽层不接地;(b) 屏蔽层单端接地

在这两种情况下,设垂直于纸面存在一个交变的干扰磁场,在电路中产生的感生电动势在图中表示为 u_n,因为屏蔽的存在不改变感生电流 i_1 的流动路径及其包含的面积 A,所以除了屏蔽层对干扰磁场的吸收衰减和反射衰减外,屏蔽层没有产生附加的衰减作用。

2. 信号线两端接地,屏蔽层也两端接地

这种情况如图 3-39(a)所示,设屏蔽层电感为 L_s,电阻为 R_s,信号线与屏蔽层之间的互感为 M,可得这种情况的等效电路,如图 3-39(b)所示。

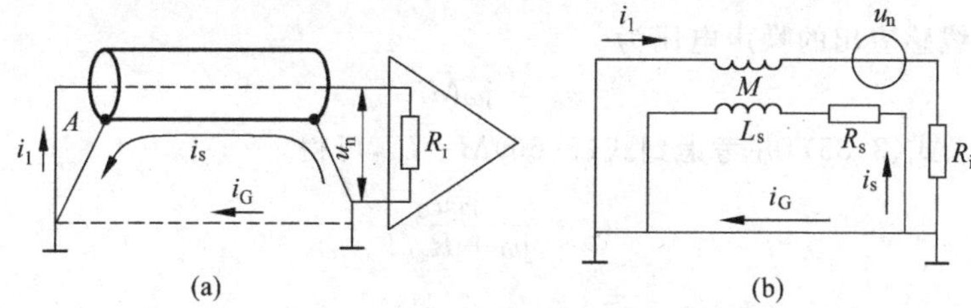

图 3-39 信号回路两端接地、屏蔽层两端接地

(a) 实际电路;(b) 等效电路

如果垂直于纸面存在一个交变的干扰磁场,该干扰磁场在信号线上产生感生电流 i_1,那么 i_1 流回信号线可以有两个通路:一路是经屏蔽层流回,设这支电流为 i_s;另一路是经地线流回,设这支电流为 i_G。下面分析 i_s 和 i_G 的分配比例。

列出图 3-39(b)下面的小回路的电路方程为

$$i_s(j\omega L_s + R_s) - i_1(j\omega M) = 0 \tag{3-82}$$

将式(3-66)代入式(3-82)得

$$i_s = \frac{j\omega}{j\omega + R_s/L_s} i_1 \tag{3-83}$$

由此可得屏蔽层电流 $|i_s|$ 随频率 ω 变化的曲线,如图 3-40 所示。

图 3-40 中的拐点频率为 $\omega_c = R_s/L_s$。由图 3-40 可知，当干扰磁场的频率 $\omega \gg R_s/L_s$ 时，流经屏蔽层的电流 i_s 接近等于信号导线感生电流 i_1，而经过地线的回流 $i_G = i_1 - i_s$ 近似为零。换言之，在高频情况下，由于屏蔽层与中心导线之间存在互感 M，所以感生电流由屏蔽层流回的阻抗要低于地线。在这种情况下，对干扰磁场的感应面积 A 只剩图 3-39(a)中的两个三角区域。通过合理的布线，可以使剩余的 A 接近于零，从而使电路对磁场干扰的敏感度大为降低。

当干扰磁场的频率 ω 降低到 $5R_s/L_s$ 以下时，频率 ω 越低，经地线流回的感生电流越大，等效感应面积 A 越大，屏蔽效果越差。

图 3-39(a)所示屏蔽层接地方法具有一个致命的缺陷：当两个接地点之间存在地电位差噪声 u_G 时，该地电位差噪声将导致干扰电流 i_s 流过屏蔽层，经互感 M 在信号线中感应出噪声电压 u_n。当信号线对地阻抗很大或不接地时，这种情况的等效电路示于图 3-41。

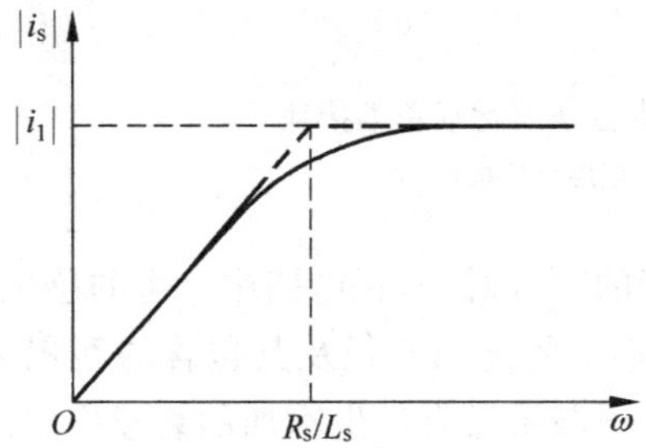

图 3-40　屏蔽层电流 i_s 随频率 ω 变化曲线

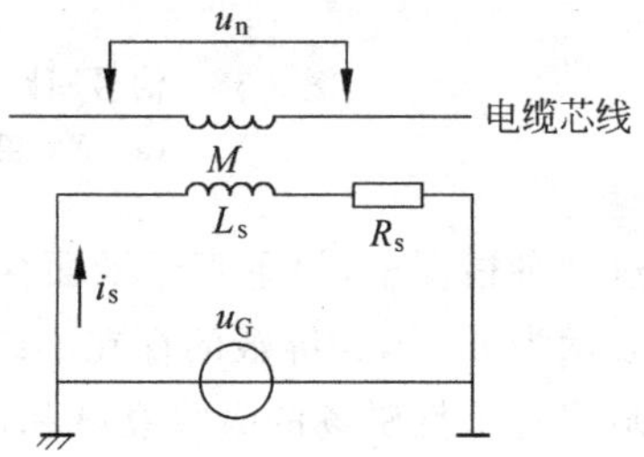

图 3-41　屏蔽层两端接地时地电位差的影响

由地电位差 u_G 产生的流过屏蔽层的电流为

$$i_s = \frac{u_G}{j\omega L_s + R_s} \tag{3-84}$$

由 i_s 在电缆芯线感应出的噪声电压为

$$u_n = j\omega M i_s \tag{3-85}$$

将式(3-83)代入式(3-85)，并考虑到式(3-66)$M = L_s$，可得

$$u_n = \frac{j\omega u_G}{j\omega + R_s/L_s} \tag{3-86}$$

或

$$\frac{|u_n|}{|u_G|} = \frac{\omega}{\sqrt{\omega^2 + (R_s/L_s)^2}} \tag{3-87}$$

根据式(3-87)画出$|u_n|/|u_G|$随频率 ω 变化的曲线，如图 3-42 所示。可以看出，当 $\omega \gg 5R_s/L_s$ 时，$|u_n| \approx |u_G|$。这说明，当地电位差频率较高时，通过屏蔽层电流的感应作用，将在电缆芯线上感应出几乎与地电位差幅度相同的噪声。除了地电位差，上述结论对于任何引起屏蔽层电流的其他干扰都适用。

3. 信号线与屏蔽层都单端接地

为了解决上述问题，可以改用图 3-43 所示的一点接地方式，这时无论干扰磁场的频率高低，感生电流 i_1 都 100%流经屏蔽层，从而有效地减少感应回路面积 A，达到抑制磁场干扰的目的。而且，因为只有一点接地，所以地电位差噪声不会引入到信号回路。

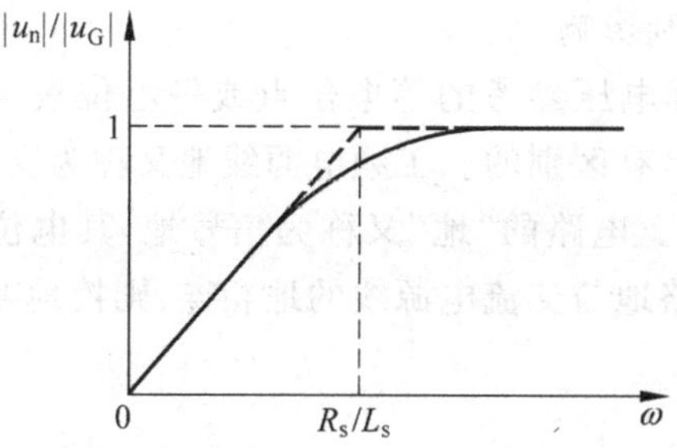

图 3-42 $|u_n|/|u_G|$随频率ω变化的曲线

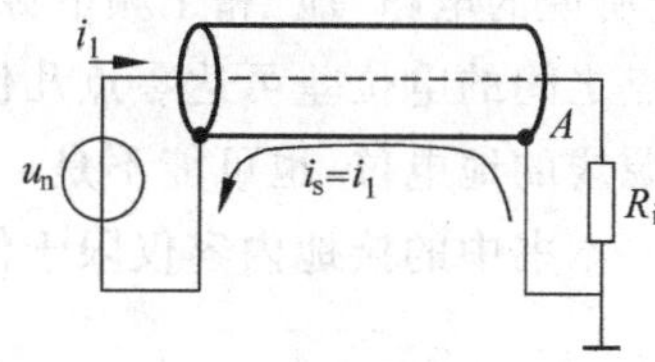

图 3-43 一点接地方式

上述利用屏蔽层接地来抑制外部干扰磁场的方法不仅适用于敏感的信号电路，还适用于产生干扰磁场的外部干扰源电路。例如，设图 3-43 所示的电路为干扰源电路，u_n 为干扰电压源，由 u_n 产生的流经导线的电流 i_1 产生干扰磁场。当把干扰源导线加上一点接地的屏蔽层后，因为屏蔽层电流 $i_s=i_1$，而且方向与 i_1 相反，所以由屏蔽层电流 i_s 产生的磁场对由 i_1 产生的磁场具有很大的抵消作用，这使得由整体电路产生的干扰磁场大为削弱。

4. 屏蔽层混合接地

当频率低于 1MHz 时，通常使用图 3-43 所示的屏蔽层一点接地电路来抑制磁场干扰，这种接地方式还可以避免地电位差的不利影响。但是当频率高于 1MHz 或电缆长度超过波长的 1/12 时，因为集肤效应使得单位长度的屏蔽层阻抗增加，所以为了确保屏蔽层各处电位都保持在地电位，常常有必要把屏蔽层多点接地。在高频情况下还存在另一个问题，即图 3-43 中的浮地端的对地分布电容对干扰噪声构成了对地通路，这使得该端屏蔽层保持与地隔离很困难，甚至不可能。

因此，在高频情况下常常要把屏蔽层两端接地。对于长电缆，每隔波长的 1/10 距离设一个接地点，或将电缆线贴近地线铺设，利用屏蔽层和地线之间的分布电容形成高频通路。根据式(3-83)和图 3-40，这种接地方式对于高频干扰磁场能有效地减少感应面积 A。

对于式(3-87)和图 3-41 所示的地电位差在电缆芯线上感应出噪声的问题，如果地电位差噪声主要是工频 50Hz 噪声，则可以利用图 3-44 所示的混合接地方式来解决。在低频段，因为电容的容抗很大，所以电路相当于单点接地；在高频段，因为电容的容抗很小，所以电路相当于两点接地。典型的接地电容值约为 3nF，对于 10MHz 频率，其容抗约为 5Ω，而对于 1kHz 频率其容抗约为 50kΩ。使用这种混合接地方式时，要注意接地电容的引线要尽量短，以减少其寄生电感，防止高频情况下其阻抗增加太多。

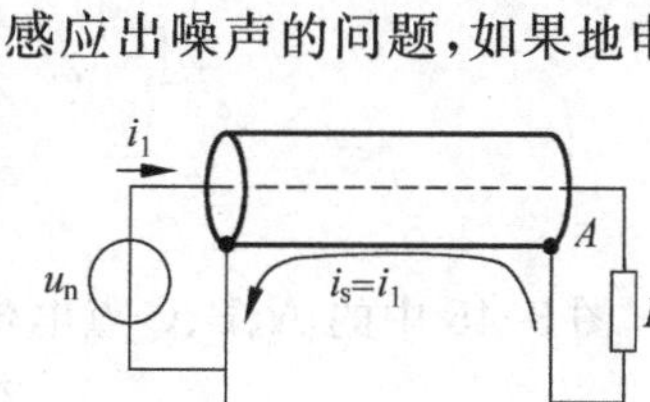

图 3-44 混合接地方式

3.5 电路接地

设计检测设备的接地系统基于 3 个目的：一是减少多个电路的电流流经公共阻抗产生的噪声电压，即减少图 3-5 所示的公共阻抗耦合噪声；二是缩减信号回路感应磁场噪声的感应面积；三是消除地电位差对信号回路的不利影响。

电路或设备的“地”定义为用作电路或系统电压参考的等电位点或等电位板。应当指出，这里所说的电路“地”和工频电源线的“地”是有区别的。工频电源线地又称为安全地，地线不同点之间的电位差可达零点几伏甚至几伏。电路的“地”又称为信号地，其电位可能是交流电源线的地电位，也可能不是。如果将电路地与交流电源线的地相连，则接地兼有安全的功效。本书中的接地内容仅限于信号地。

3.5.1 电路的接地方式

从微弱信号检测的角度考虑，选择和设计接地方式的主要出发点是避免电路中各部分电路之间经公共地线相互耦合，因为这一部分电路的信号对于另一部分电路往往就是噪声。可以采用多种措施来达到这个目的，例如选用低功耗器件，减少流经地线的电流；在高噪声电路中增设电源滤波电容，使其流经地线的电流变得平滑；采用横截面积较大的地线，以减少地线阻抗，但要注意，在高频情况下集肤效应会使阻抗增大；更重要的是根据电路特点选择合适的接地方式。

在下述的各种电路接地方式中，必须考虑到任何导线都具有一定的阻抗，通常由电阻和电感组成；而且，电路中各个物理上分隔开的“地”点往往处于不同的电位。

1. 串行单点接地

所谓串行单点接地，就是把各部分电路的“地”串接在一起，之后在某一点接到电源地，如图3-45所示。图中的 Z_1、Z_2 和 Z_3 分别表示各段接地导线的阻抗，i_1、i_2 和 i_3 分别表示各部分电路的地电流。

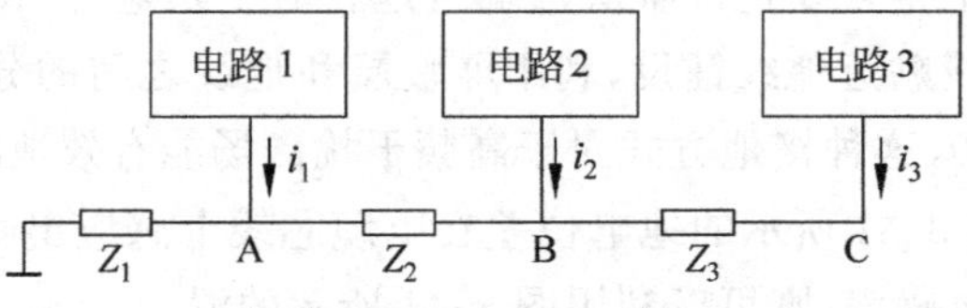

图3-45 串行单点接地

图3-45中的A、B、C点电位分别为

$$u_A = Z_1(i_1 + i_2 + i_3)$$

$$u_B = Z_1(i_1 + i_2 + i_3) + Z_2(i_2 + i_3)$$

$$u_C = Z_1(i_1 + i_2 + i_3) + Z_2(i_2 + i_3) + Z_3 i_3$$

因为这种接地方式接线简单，布线方便，所以在对噪声特性要求不高的电路中使用得很普遍，尤其广泛应用于脉冲数字电路。但是对于各部分电路功率差异较大的情况，这种接地方式显然是不合适的，因为功率较大的电路会产生较大的地线电流，转而影响小功率电路。对于有的部分是数字电路、有的部分是模拟电路的情况，尤其是微弱信号检测电路的情况，更不能使用这种接地方式。

2. 并行单点接地

并行单点接地方式示于图 3-46，图中的各部分电路都使用各自独立的接地线，所以在低频情况下，各电路的地电流不会经过地线阻抗相互耦合而形成干扰。

图 3-46 中的 A、B 和 C 点电位分别如下

$$u_A = Z_1 i_1$$

$$u_B = Z_2 i_2$$

$$u_C = Z_3 i_3$$

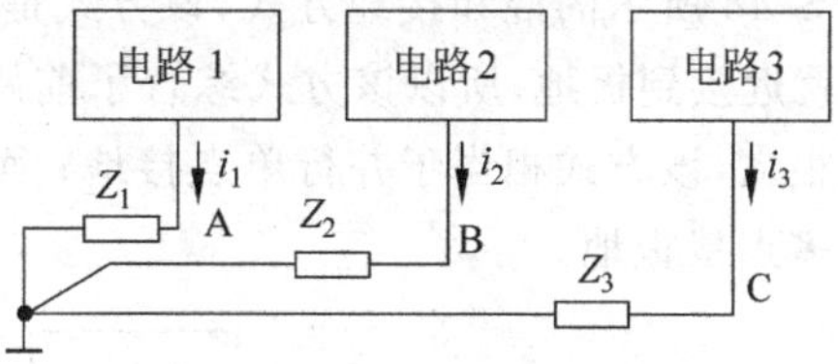

图 3-46 并行单点接地

可见，对于并行单点接地方式，各部分电路的地电位只是自身的地电流和地线阻抗的函数，与其他电路无关。但是当电路复杂时，多个独立的接地线也会增加系统的成本和布线的难度。

在高频情况下，各部分电路接地线之间会经过分布电容和分布电感的耦合而形成相互干扰。而且频率越高，接地线的感抗越大，接地线之间的分布电容的容抗越小，这种相互影响越严重。当频率低于 1MHz 时，这种接地方式比较适用；当频率为 1～10MHz 时，要注意最长的接地线不要超过波长的 1/20；当频率高于 10MHz 时，接地线的等效阻抗会很大，而且会像天线一样向外发射电磁波噪声，必须考虑使用多点接板地方法。

3. 多点接板地

多点接板地方法用于高频电路以降低接地阻抗，如图 3-47 所示，各部分电路就近连接到板地上。所谓板地，可以是金属板条，也可以是金属机壳，或者是大面积的接地平面。在不能提供接地平面情况下，可以使用网格平面代替。板地本身的高频阻抗要尽量小。

因为高频电流的集肤效应，增加板地的厚度并不能减小其高频阻抗，而增加板地的表面积，或在板地的表面镀金或镀银可以减小其高频阻抗。各部分电路连接到板地的导线要尽量短，为的是降低其高频阻抗。

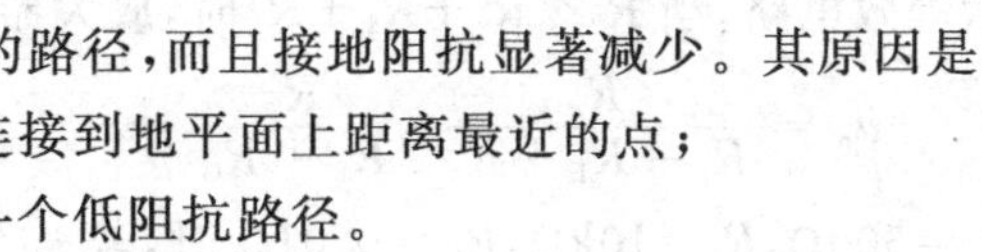

图 3-47 多点接板地

这种接地方式适用于工作频率高于 10MHz 的模拟电路或高速数字电路。这里每部分电路的地电流都有自己的路径，而且接地阻抗显著减少。其原因是：

(1) 每部分电路都连接到地平面上距离最近的点；

(2) 地平面提供了一个低阻抗路径。

如果把多点接板地方法用于低频情况，尤其是地电流较大的情况，则因各部分电路的地电流都流经板地，板地阻抗会导致一定程度的相互耦合，所以其低频特性劣于并行单点接地方式。

4. 混和接地方式

如果各部分电路的工作频率范围很宽，既有高频分量又有低频分量，则可以采用图 3-48 所示的混和接地方式，该方式是在并行单点接地的基础上，各部分电路又用小电容 C 就近接到板地，所以该方式综合了前两种接地方式的优点。对于低频地电流，小电容 C 阻抗很大，该方式相当于并行单点接地；而对于高频地电流，小电容 C 阻抗很小，该方式相当于多点接板地。

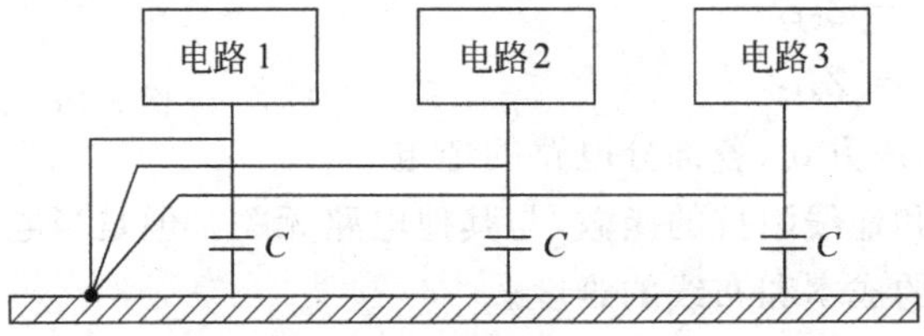

图 3-48 混和接地方式

3.5.2 放大器输入信号回路接地

电路中不同点的电位总有或多或少的差异，如果放大器输入信号回路有多个接地点，它们之间的地电位差就有可能耦合到信号回路，形成噪声。

在图 3-49(a)所示的电路中，u_s 是信号源，R_s 是信号源电阻，R_1 和 R_2 表示导线电阻，R_i 表示放大器输入电阻，R_G 表示地线电阻。因为信号源和放大器分别在两个不同的地方接地，接地点之间的地电位差 u_G 会在放大器的输入端产生噪声电压 u_n。

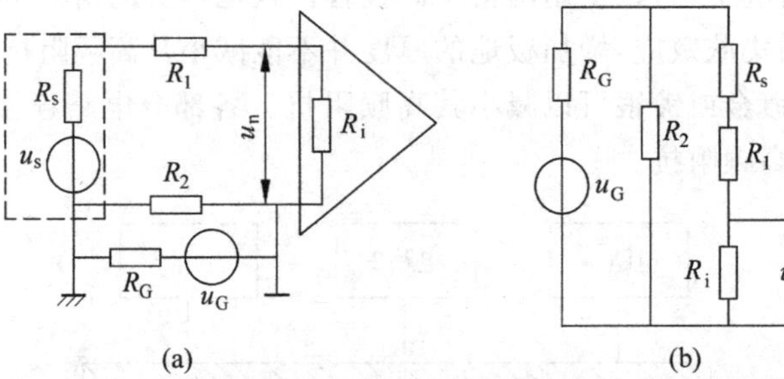

图 3-49 信号回路两点接地

(a) 实际电路；(b) 等效电路

根据图 3-49(b)所示等效电路，当 $R_2 \ll R_s + R_1 + R_i$ 时，放大器输入端噪声电压 u_n 为

$$u_n = \frac{R_i}{R_i + R_1 + R_s} \cdot \frac{R_2}{R_2 + R_G} \cdot u_G \tag{3-88}$$

例如，当 $R_1 = R_2 = 1\Omega$，$R_s = 500\Omega$，$R_i = 10\text{k}\Omega$，$R_G = 0.01\Omega$ 时，若 $u_G = 1\text{mV}$，则 $u_n = 0.95\text{mV}$。可见，地电位差的大部分作为噪声电压呈现在放大器的输入端。

为了解决上述地电位差噪声引入到放大器输入端的问题，可在放大器输入信号回路中采用单点接地、差动放大、平衡差动放大等方法。

1. 单点接地

所谓单点接地，指的是放大器输入信号回路只有一个接地点，或者是放大器信号输入端接地，而信号源不接地，或者是放大器信号输入端不接地，而信号源接地，分别如图 3-50(a)和图 3-50(b)所示。因为只有一个接地点，地电位差 u_G 与输入信号回路不会发生耦合，从而克服了 u_G 的不利影响。

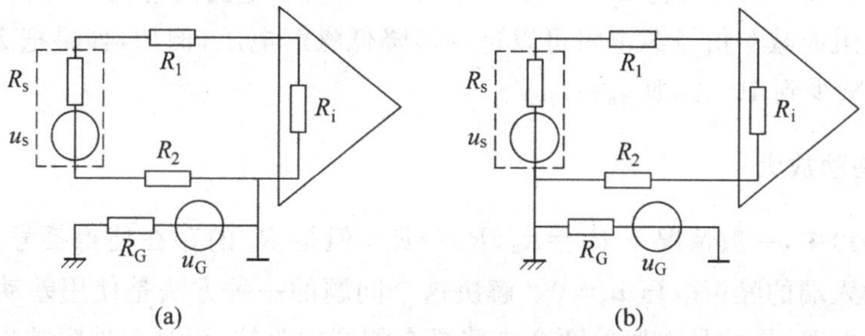

图 3-50 信号回路单点接地

(a) 放大器接地而信号源不接地；(b) 放大器不接地而信号源接地

2. 差动放大

如果因为传感器及放大器的某种工程需要，信号源和放大器必须分别在不同地点分别接地，则为了削弱地电位差的不利影响，可以采用差动放大的方法。

如图 3-51(a)所示，差动放大器的两个输入端电压分别为 u_A 和 u_B，输出电压为 $u_o=K(u_A-u_B)$，K 为放大器的放大倍数。图中的 R_{i1} 和 R_{i2} 是放大器的差动输入电阻，一般情况下 $R_{i1}=R_{i2}$。其他参数的意义与图 3-50 相同。

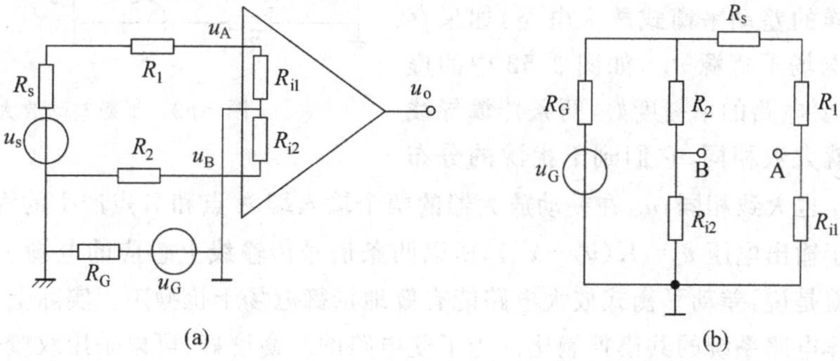

图 3-51 用差动放大器削弱地电位差的不利影响

(a) 差动放大器电路；(b) 地电位差对信号影响的等效电路

当 $R_G \ll R_{i1}+R_{i2}$ 时，由信号电压 u_s 单独作用，产生的放大器输出电压为

$$u_{os}=K(u_{As}-u_{Bs})=\frac{R_{i1}+R_{i2}}{R_{i1}+R_{i2}+R_s+R_1+R_2}\cdot u_s\cdot K \tag{3-89}$$

式中，u_{As} 和 u_{Bs} 分别表示 u_s 单独作用产生的 A 点和 B 点信号电压，当 $R_{i1}+R_{i2}\gg R_s+R_1+R_2$ 时

$$u_{os}\approx Ku_s \tag{3-90}$$

当 u_G 单独作用时，等效电路如图 3-51(b)所示。当 $R_G \ll R_{i1}+R_{i2}$ 时，地电位差 u_G 在放大器输入端产生的噪声电压 u_n 为

$$u_n = u_{An} - u_{Bn} = \left(\frac{R_{i1}}{R_{i1}+R_s+R_1} - \frac{R_{i2}}{R_{i2}+R_2}\right)\cdot u_G \tag{3-91}$$

当 $R_{i1} \gg R_s+R_1$、$R_{i2} \gg R_2$ 时，式(3-91)括弧中的两项相减趋向于零，从而使 u_G 产生的输出端噪声大为衰减。例如，当 $R_1=R_2=1\Omega$，$R_s=500\Omega$，$R_{i1}=R_{i2}=10\text{k}\Omega$，$R_G=0.01\Omega$ 时，若 $u_G=1\text{mV}$，由式(3-91)可得 $u_n=46\mu\text{V}$，比图 3-49 所示电路的情况大为改善。而且，增加放大器输入电阻或减少信号源电阻可以进一步降低噪声电压，例如，如果把 $R_{i1}=R_{i2}$ 增加到 $100\text{k}\Omega$，把 R_s 减少到 100Ω，则 $u_n=1\mu\text{V}$。

3. 平衡差动放大

在式(3-91)中，一般情况下 $R_1=R_2$，$R_{i1}=R_{i2}$，但是 R_s 的存在使得括号内不为 0，从而导致放大器输入端的噪声电压 $u_n\neq 0$。解决这个问题的一种方法是使用差动平衡式放大电路。所谓平衡电路，指的是电路的两个支路具有相同的阻抗，而且对地阻抗也相同。平衡的目的是使两个支路感应的噪声相同。对于差动放大器来说，干扰噪声呈现为共模噪声，利用放大器较大的共模抑制比(CMRR)可以有效地抑制噪声。

在图 3-52 所示的平衡差动放大电路中，$u_{s1}=u_{s2}$ 为信号源差动电压，$R_{s1}=R_{s2}$ 为信号源电阻。此外，传输信号的两条导线电阻相同，即 $R_1=R_2$，而且具有同样的对地分布阻抗。这样一来，信号源、传输线、放大器都是平衡的，地电位差 u_G 在放大器输入端只产生共模噪声，不产生差模噪声。

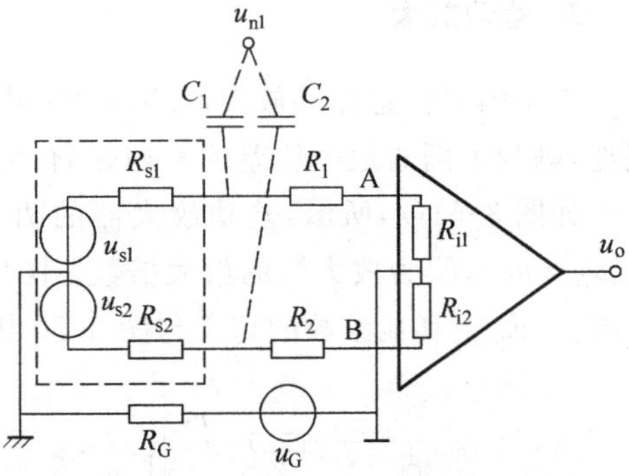

图 3-52 平衡差动放大

对于这样的差动平衡式放大电路，如果存在一个外界电场干扰源 u_{n1}，如图 3-52 中的虚线所示，则只要电路的平衡度好，两条传输导线的对地阻抗就大致相同，它们到干扰源的分布电容 C_1 和 C_2 也大致相同，u_{n1} 在差动放大器的两个输入端 A 点和 B 点产生的噪声电压也大致相同。由于输出电压 $u_o=K(u_A-u_B)$，所以两条信号传输线上感应的电场干扰噪声会相互抵消。也就是说，差动平衡式放大电路能有效地抵御电场干扰噪声。实际上，电路的平衡度反映了整体电路系统的共模抑制比。为了使电路的平衡度好，可以采用双绞传输线。

如果存在一个垂直于纸面的干扰磁场，则感应电压将是一个串联在信号回路中的差模噪声，根据式(3-18)，干扰磁场感应电压正比于感应面积 A。采用双绞线传输信号可以有效地减少 A，而且双绞线相邻结产生的感生电动势具有一定的相互抵消作用，从而可有效地削弱磁场干扰噪声的影响，如图 3-17(b)所示。

电路系统的平衡取决于信号源的平衡、信号传输线的平衡、差动放大器的平衡以及分布参数的平衡。一般来说，工作频率越高，越难做到好的平衡，因为分布参数对电路平衡起的作用越大。

如果对差动平衡式放大电路的信号传输线加以屏蔽，则电路的抗干扰能力可以进一步

提高。在以屏蔽作为基本降噪手段的场合，也可以利用平衡技术进一步提高电路输出的信噪比。

3.5.3 防护屏蔽

防护屏蔽(guarding shields)是围绕放大器输入部分的内部浮动屏蔽。防护屏蔽层未必接地，而是连接到对于输入信号相对稳定的电位。

当信号来自高阻抗信号源时，防护屏蔽是降低输入电容和漏电流影响的一种有效方式。如果运算放大器的输入电流为 pA 数量级，漏电流很可能处于同一量级，这样的电路需要采用防护屏蔽以减少漏电流。

1. 三种常用放大器信号输入电路的防护屏蔽

最常遇到的运算放大器线性应用是同相放大器、反相放大器和电压跟随器。对于这三种电路配置，要注意以下两点：

(1) 防护屏蔽连接点的电位应该与放大器输入端电位相同，其对地阻抗要足够低，以吸收漏电流而不引起过多的偏移。

(2) 对于任何理想的运算放大器，其反相输入端与同相输入端具有基本相同的电位。

基于上述条件，三种常用放大器配置的防护屏蔽连接电位示于图 3-53，图中具有内部阴影的方框表示防护屏蔽。为了减小输入失调电压，每种电路中的各电阻值必须满足电路旁边的公式，式中的 R_s表示连接到输入端的信号源的内阻。

对于图 3-53(a)电路，根据运放“虚短”的概念，信号输入端电位几乎等于运放反相输入端的电位，而这又等于点 A 处的电位，条件是 R_3两端电压为零。实际上，运放输入电流很小，但从不为零，通常为几十纳安量级。要构建一个低噪声放大器，R_3数值不应太大，一般不大于几千欧，为的是限制其热噪声。所以，R_3两端电压通常不超过几十微伏。所以，点 A 和信号输入端之间的电位差可以忽略，将防护屏蔽层连接到 A 点是适宜的。

对于图 3-53(b)电路，只要 R_3两端的电压降可以忽略，运放负输入端的电位几乎等于点 A 的电位(地电位)。这表明，将防护屏蔽层连接到 A 点是适宜的。

对于图 3-53(c)电路，点 A 直接连接到输出。由于电压增益为 1，只要 R_1两端的电压降可以忽略不计，点 A 的电位就等于信号输入端电位。所以，将防护屏蔽层连接到 A 点是合适的。

在上述三种情况下，将防护屏蔽连接到 A 点的前提是

(1) 运算放大器输入失调电流必须尽可能小；

(2) 采用低值电阻 R_3或 R_1。

此外必须注意：

(1) 为了限制漏电流，整个电路板必须用三氯乙烯或酒精小心地清洗，以除去助焊剂，然后用压缩空气吹干。电路板应利用环氧树脂或硅橡胶进行涂覆，以防受到灰尘、水蒸气或任何其他杂质的污染，这些污染会在元件之间造成不希望的导电路径。

(2) 集成电路的外壳要尽可能靠近电路板，以缩短其引线。

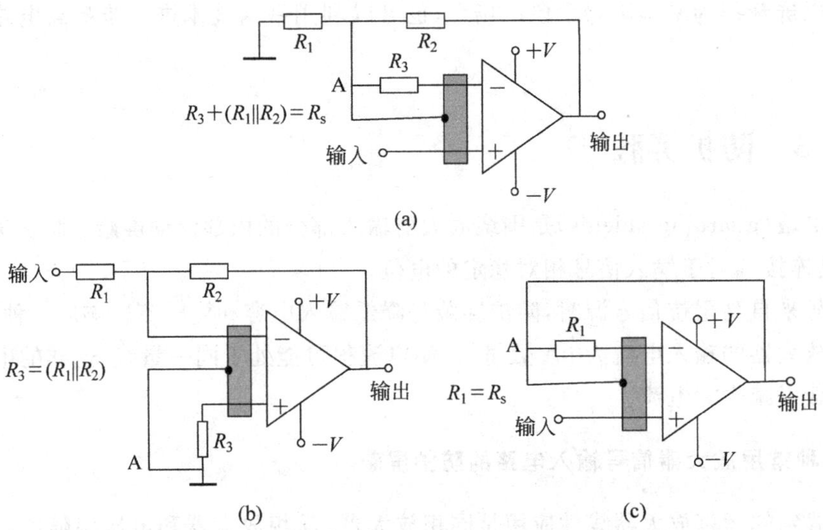

图 3-53　三种常用放大器配置的防护屏蔽连接电位

(a) 同相放大器；(b) 反相放大器；(c) 电压跟随器

2. 传感器-放大器信号传输电路的防护屏蔽

如图 3-54(a)所示，压电式传感器或电容式传感器通过一个屏蔽双芯电缆连接到放大器的输入端，该电路最关键的问题之一是严重的带宽限制。

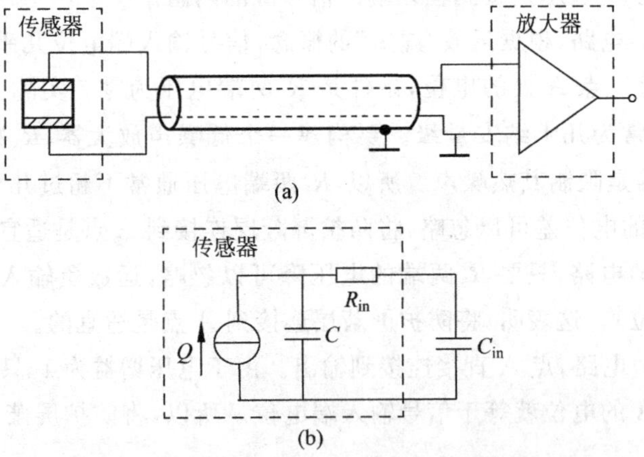

图 3-54　压电式或电容式传感器连接到放大器

(a) 电路布局；(b) 等效的低通滤波器

假设电缆-放大器系统的输入电容 C_{in} 是几十皮法，压电式或电容式传感器的内部电阻 R_{in} 很大，大致是绝缘体电阻(约 1GΩ)。这样在放大器输入端就出现一个等效低通滤波器，如图 3-54(b)所示，其截止频率低至几赫兹。为了避免这种情况，必须降低输入电容 C_{in}。

另一个问题是电缆中的漏电流。如果放大器工作的输入偏置电流为 pA 量级，漏电流会降低放大器的性能，由于两个电流大小为相同量级。

解决上述两个问题的办法是对信号线加防护屏蔽。

采用图 3-55 中所示的电路方案，可以减少漏电流和输入电容的影响。图中的电压跟随器增益为 1，以使点 A 电位等于点 B 电位。连接点 B 和点 C，可确保信号线与其屏蔽层之间的电压为零，因此消除了漏电流问题。由于跟随器输出阻抗很低，可以驱动系统的输入电容(放大器输入导线 BD 对地电容)，避免了频带限制问题。因此，跟随器必须放置在尽可能接近传感器的地方，以减少高电阻信号源驱动的电缆的长度。

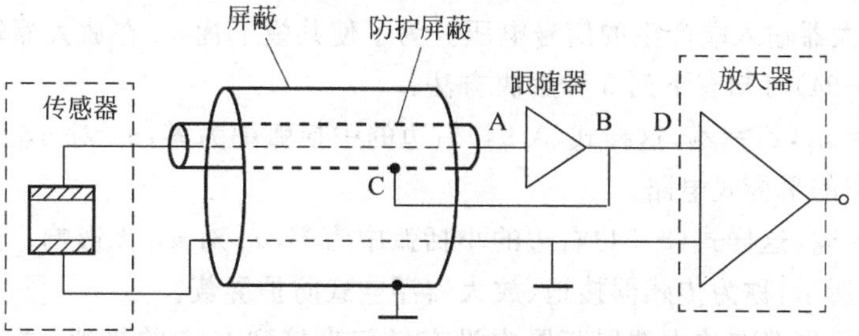

图 3-55 高阻抗传感器信号线的防护屏蔽

3. 差动放大器信号输入电路的防护屏蔽

当差动放大器的信号输入电路不完全对称平衡时，共模干扰(例如地电位差、电场干扰噪声)在差动放大器的两个输入端 A 点和 B 点产生的噪声电压将会不同，经放大将在放大器输出端产生噪声电压 $u_{on}=K(u_{An}-u_{Bn})$。

如果将放大器的地、放大器屏蔽罩以及传输线的屏蔽层接至某一防护电位 u_g，而不是接到仪表端的地，以使共模噪声 u_G 只产生共模输入，而不产生差模输入，这就是防护屏蔽的目的。防护屏蔽的电路连接示于图 3-56(a)。

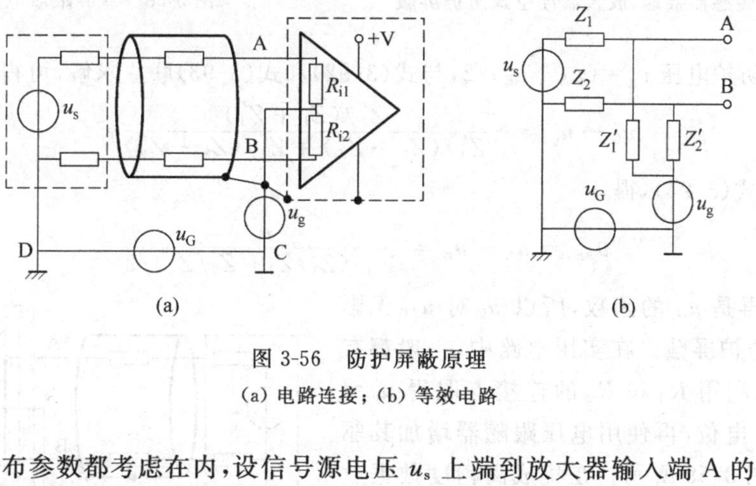

图 3-56 防护屏蔽原理
(a) 电路连接；(b) 等效电路

将各种分布参数都考虑在内，设信号源电压 u_s 上端到放大器输入端 A 的等效阻抗为 Z_1，u_s 下端到放大器输入端 B 的等效阻抗为 Z_2，A 点对地等效阻抗为 Z_1'，B 点对地等效阻抗为 Z_2'，由图 3-56(b)所示等效电路可得，相对于右端 C 点地，A 点电位为

$$u_A = u_g + \frac{Z_1'}{Z_1 + Z_1'}(u_G + u_s - u_g) \tag{3-92}$$

相对于右端 C 点地，B 点电位为

$$u_B = u_g + \frac{Z'_2}{Z_2 + Z'_2}(u_G - u_g) \tag{3-93}$$

式(3-92)与式(3-93)相减可得,A、B两点之间的电压 u_{AB} 为

$$u_{AB} = u_A - u_B = \left[\frac{Z'_1}{Z_1 + Z'_1} - \frac{Z'_2}{Z_2 + Z'_2}\right] \cdot (u_G - u_g) + \frac{Z'_1}{Z_1 + Z'_1} u_s \tag{3-94}$$

式(3-94)右边的第一项表示 u_G 和 u_g 共同作用在放大器输入端产生的噪声电压,第二项表示 u_s 在放大器输入端产生的信号电压。为了使共模干扰 u_G 在放大器输入端不产生噪声电压,由式(3-94)可知有下列3种解决方法:

(1) 使 $Z_1 = Z_2$, $Z'_1 = Z'_2$,这样式(3-94)右边的中括弧中为零,u_G 对 u_{AB} 无影响。这实际上就是前面介绍的平衡式电路。

(2) 使 $u_g = u_G$,这样式(3-94)右边的小括弧中为零,u_G 对 u_{AB} 无影响。这时的电路连接方式如图3-57所示,称为传感器接地、放大器浮空式防护屏蔽。

图3-57所示电路在放大器屏蔽罩内没有任何直接接到C点的接地,这就意味着放大器只能用电池或静电隔离变压器供电,这在实现中会有一些麻烦。因此,实际电路常在放大器防护罩的外面再加一层接到C点仪表地的屏蔽罩,如图3-58所示。

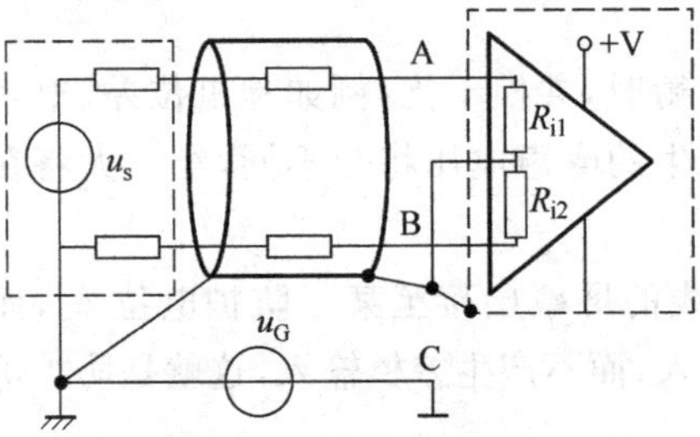

图3-57 传感器接地、放大器浮空式防护屏蔽

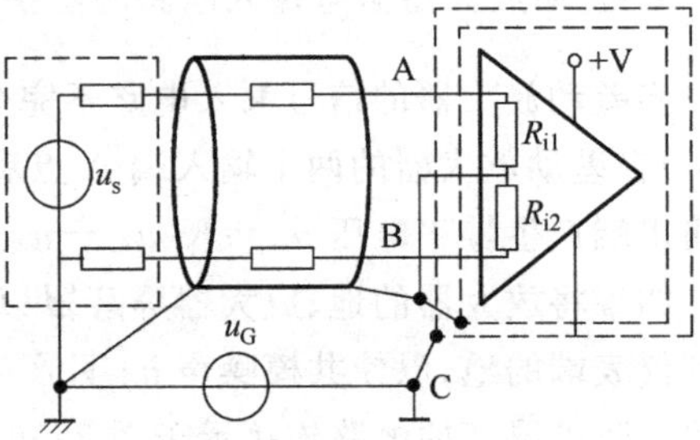

图3-58 双屏蔽罩电路

(3) 令防护电压 $u_g = (u_A + u_B)/2$,与式(3-92)和式(3-93)联立求解,可得

$$u_G - u_g = -\frac{Z'_1/(Z_1 + Z'_1)}{Z'_1/(Z_1 + Z'_1) + Z'_2/(Z_2 + Z'_2)} u_s$$

将上式代入式(3-94),得

$$u_{AB} = u_A - u_B = \frac{u_s}{1 + (Z_1/Z'_1 + Z_2/Z'_2)/2} \tag{3-95}$$

这时 u_{AB} 不再是 u_G 的函数,所以 u_G 对 u_{AB} 无影响,称之为防护屏蔽。在实用电路中,一般都有 $R_{i1} = R_{i2}$,常利用 R_{i1} 和 R_{i2} 的连接点取得 $u_g = (u_A + u_B)/2$ 电位,再使用电压跟随器增加其驱动能力,如图3-59所示。在集成高精度数据放大器中,R_{i1} 和 R_{i2} 的连接点大都引出到某个管脚,便于连接到电压跟随器的输入端,其输出可以用来驱动电缆和放大器的屏蔽层,使其保持在 $(u_A + u_B)/2$ 电位。

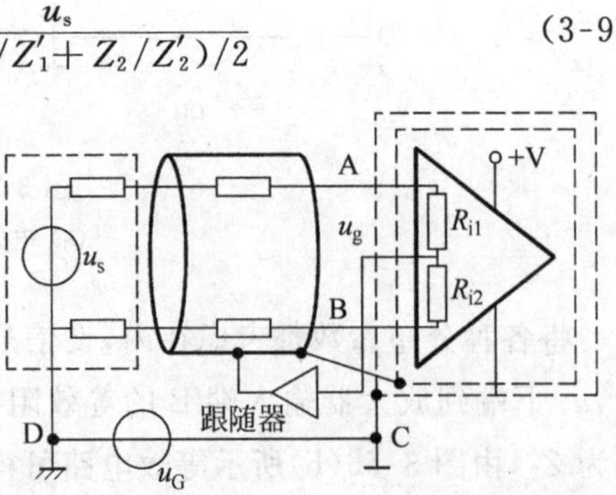

图3-59 利用跟随器增加防护电压驱动能力

3.6 其他噪声抑制技术

3.6.1 隔离

在干扰噪声比较严重的场合,隔离是一种非常重要的抑制干扰的措施。对于不可能实现一点接地原则的场合,或者对于为安全起见两端设备必须分别接地的情况,如果测量系统中存在着较大的地电位差噪声,则隔离是克服这种共模噪声不利影响的最有效措施。下面分别介绍常用的几种隔离技术。

1. 变压器隔离

利用变压器原边和副边之间固有的电气隔离特性,可以将系统中接地点不同的各电路之间的电气连接隔离开来,如图3-60所示,图中的地电位差u_G不会形成放大器输入端的共模噪声,而有用信号u_s可以经变压器耦合传输到放大器输入端。此外,变压器还可以起到阻抗变换的作用。

变压器隔离具有一定的局限性。对于低频信号,要求变压器的电感要大,而这会导致变压器体积太大,并使得性能下降。此外变压器的外部屏蔽和线圈之间的内部屏蔽,会大大增加成本。如果变压器绕组之间的分布电容较大,则不能较好地隔离高频地电位差噪声。在变压器初、次级线圈之间装设接地的金属箔屏蔽层可以解决分布电容问题,但要注意,屏蔽层必须适当接地才能有效。

2. 光电耦合隔离

光电耦合隔离电路示于图3-61。一般的光电耦合隔离器件成本很低,最大隔离电压2.5kV,绝缘电阻1TΩ,残余耦合电容1pF量级,使用中的电路工艺设计也很方便,但是信号传输关系是非线性的,所以一般的光电耦合集成芯片只能用于数字信号。如果需要隔离模拟信号,可以使用模拟量光电耦合器芯片。

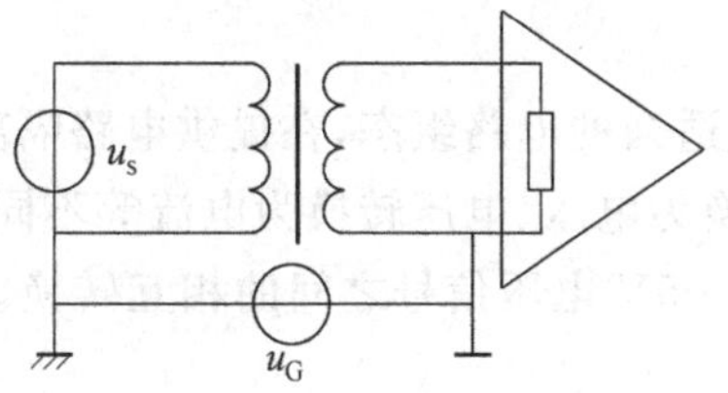

图3-60 变压器隔离

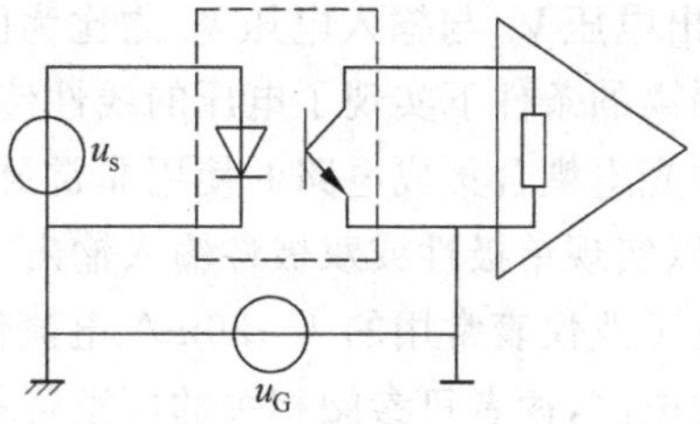

图3-61 光电耦合隔离

图3-62(a)所示是HCNR200/201模拟量光电耦合隔离集成电路的管脚布局,其非线性度仅0.01%,频带宽度为DC~1MHz以上,隔离电压可达5000V。模拟量光电耦合集成

电路内包含一个高性能 LED，它同时照亮两个紧密匹配的光敏二极管，内部结构保证每个光敏二极管接受大致相同的光量，其中的输入光敏二极管(PD_1)用来检测和稳定 LED 的发光输出，而输出光敏二极管(PD_2)将稳定、线性的 LED 光输出转换为电流。因此，LED 的非线性特性和漂移可以被消除。

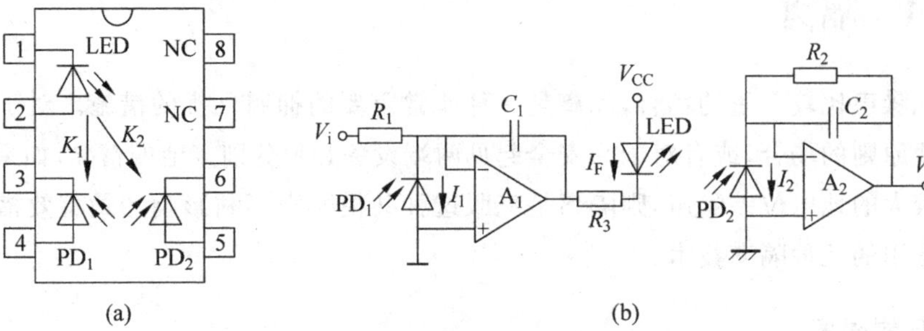

图 3-62 模拟量光电耦合器

(a) HCNR200/201 管脚布局；(b) 电压/电压隔离电路

这种光电耦合电路可以用来解决各种应用中的模拟量隔离问题，满足高稳定性、线性度和带宽要求，而且成本低。利用这种光电耦合电路，通过灵活的设计，隔离电路可以工作在各种不同的模式，包括单极/双极、交流/直流、反相/正相等模式。

图 3-62(b)所示是一种电压/电压隔离电路，图中的放大器 A_1 与 PD_1 组成光反馈电路，用来自动检测和调整 LED 的电流，补偿 LED 光输出的非线性和漂移。输出光敏二极管 PD_2 将稳定、线性的 LED 光输出转换为电流，再经运放 A_2 转换为电压。设放大器 A_1 负输入端的输入阻抗为无穷大，则流过 R_1 及 PD_1 的电流为

$$I_1 = V_i / R_1$$

注意上式中的 I_1 只取决于 V_i 和 R_1，与 LED 的光输出特性无关。当 LED 的光输出随温度或其他因素变化时，放大器自动调整 I_F 使 I_1 保持稳定，并正比于输入电压 V_i。

光电耦合集成电路内部结构保证两个光敏二极管的光电流 I_2 与 I_1 之比为一常数，即

$$I_2 / I_1 = K$$

此常数 K 不随温度和时间而改变，也不随 LED 光输出的非线性和漂移而改变，只取决于图 3-62(a)中的光路传输系数 K_2 和 K_1 之比。由图 3-62(b)的输出电路可得

$$V_o = I_2 R_2 = K I_1 R_2 = K V_i R_2 / R_1$$

可见，输出电压 V_o 与输入电压 V_i 之比为固定值 KR_2/R_1，与 LED 的光输出特性无关，从而在保证隔离的条件下实现了电压的线性传输。

这种光电耦合集成电路的使用非常灵活，通过适当的电路组态，在提供电路隔离功能的同时，可以实现单极性或双极性输入输出、电流转换为电压、电压转换为电流等不同功能，也可以实现工业仪表常用的 4～20mA 电流信号与 1～5V 电压信号之间的相互转换。对于具体的应用电路，读者可参阅相关的厂家资料。

3. 隔离放大器

隔离放大器集成电路的输入信号和输出信号在电气上是互相隔离开的，隔离耐压可以高达千伏，而信号的传输又是线性的，所以隔离放大器可以用于模拟信号，如图 3-63 所示。

隔离放大器可分为三类：

(1) 利用内部耦合变压器的放大器，在传送信号过程中抑制任何直流分量。

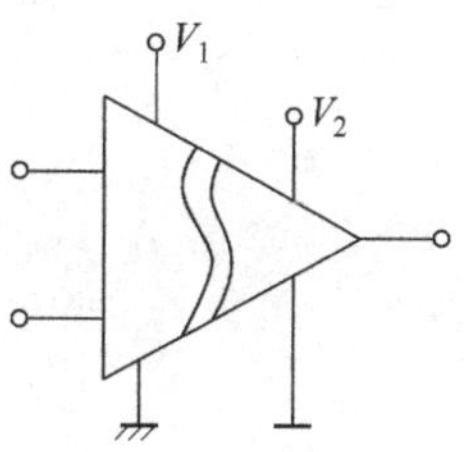

图 3-63 隔离放大器

由 Analog Devices 公司(ADI)制成的隔离放大器，利用高频载波对传送的信号进行频率调制(或脉冲宽度调制)，其带宽不超过 10kHz。输入和输出之间实现隔离电压 3.5kV。只需要一个直流电源，第二个电源来自一个转换器，其线圈与第一个电源共用相同的磁芯。

(2) 利用内部光电耦合的放大器，例如 Burr-Brown 公司的隔离放大器 ISO100。根据芯片的数据表，其最大隔离电压约为 750V。为了改善线性，第二个光电二极管是由输入电路的 LED 发射的光激发，得到的信号被用来抵消信号转换过程中的非线性。

(3) 利用内部电容耦合的放大器，其中所传输的信号是频率调制信号。例如 Burr-Brown 公司的 ISO106 放大器，最大隔离电压 3.5kV，带宽 70kHz。

还有一种三端口隔离放大器，它的输入电路、输出电路、电源三者之间都进行了隔离，隔离电压可达几百伏到上千伏，使用起来十分方便。

3.6.2 共模扼流圈

共模扼流圈又称为纵向扼流变压器或平衡-不平衡变压器，它由两个共磁芯的电感线圈组成，如图 3-64(a)所示。当两个不同方向的电流(差模电流)流过共模扼流圈时，两个线圈产生方向相反的磁场，磁场相互抵消，因此线圈两端表现出的阻抗很小。但是，当共模电流流过扼流圈时，两个线圈会产生方向相同的磁场，磁场相互加强，因此线圈两端表现出高阻抗。正是由于具有这种特性，共模扼流圈可以起到遏制共模干扰噪声的作用，而对差模信号电流又呈现低阻抗，直流信号也能正常传输。共模扼流圈电路连接示于图 3-64(b)，图中的 u_s 为差模信号电压，u_G 为地电位差共模干扰电压。

1. 差模信号回路

图 3-64(c)示出共模扼流圈电路中信号回路的等效电路，图中的 L_1 和 L_2 分别表示共模扼流圈两个线圈的电感，M 表示两个线圈之间的互感，R_1 和 R_2 表示两个绕组的导线电阻，各路电流定义如图所示。

考虑图 3-64(c)下面的小回路，列出其回路方程

$$i_2(\mathrm{j}\omega L_2 + R_2) - i_1(\mathrm{j}\omega M) = 0 \tag{3-96}$$

式(3-96)中左端的相减表示出差模电流对阻抗的抵消作用。根据式(3-66)，对于紧耦合的两个磁性回路，$L_1 = L_2 = M$，由式(3-96)可得

$$\frac{i_2}{i_1} = \frac{\mathrm{j}\omega}{\mathrm{j}\omega + R_2/L_2} \tag{3-97}$$

由式(3-97)可得，下支路电流 $|i_2|$ 随频率 ω 变化曲线如图 3-65 所示。

注意到导线电阻 R_2 很小，而共模扼流圈电感 L_2 一般较大，图 3-65 中的拐点频率 R_2/L_2 很低。所以对于信号 u_s 的大部分频率分量，$i_2 \approx i_1$，$i_G = i_1 - i_2 \approx 0$，也就是说，绝大部分信

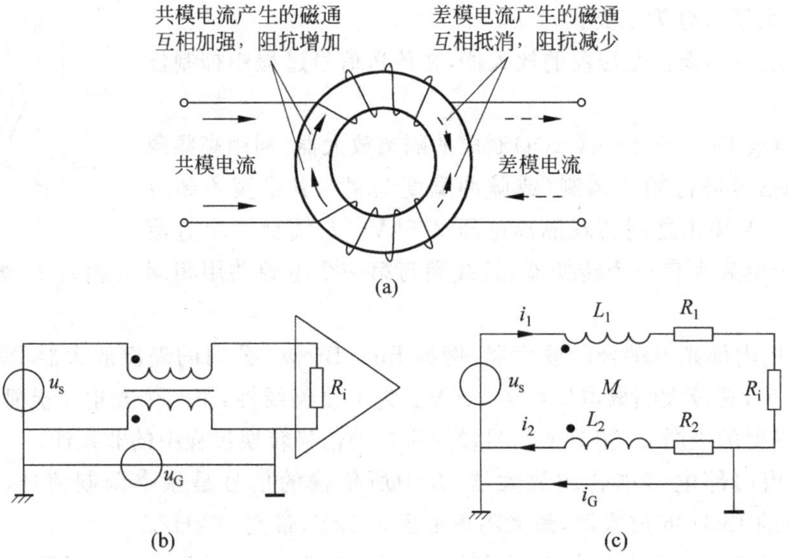

图 3-64 共模扼流圈电路

(a) 共模扼流圈结构；(b) 电路连接；(c) 差模信号回路等效电路

号电流经共模扼流圈的下支路流回，而不是经地线流回。

考虑图 3-64(c)上面的回路，得

$$u_s = j\omega(L_1 + L_2)i_1 - 2j\omega M i_1 + (R_i + R_1 + R_2)i_1 \tag{3-98}$$

由 $L_1 = L_2 = M, R_i \gg R_1 + R_2$，得

$$i_1 \approx u_s / R_i \tag{3-99}$$

对于直流信号和极低频率信号，$\omega \approx 0$，式(3-98)变为 $u_s = (R_i + R_1 + R_2)i_1$，在 $R_i \gg R_1 + R_2$ 的情况下，式(3-99)仍然成立。

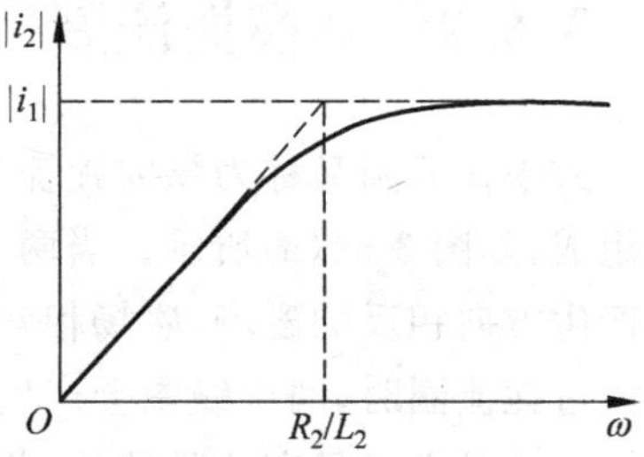

图 3-65 下支路电流 i_2 随频率 ω 变化的曲线

由上面的分析可知，对于各种频率的信号乃至直流信号，共模扼流圈对差模信号电流均呈现低阻抗，不影响信号的正常传输。

2. 共模地电位差噪声回路

考虑只有地电位差共模干扰电压 u_G 存在的情况，图 3-64(b)共模扼流圈电路可以表示为图 3-66 所示的等效电路。

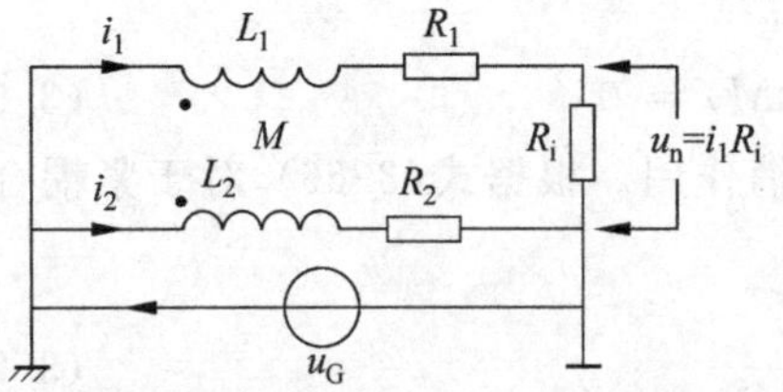

图 3-66 共模地电位差噪声回路等效电路

当共模扼流圈不存在时，由于 $R_i \gg R_1$，u_G 的绝大部分将呈现在放大器输入电阻 R_i 两端。当共模扼流圈存在时，R_i 两端的噪声电压 u_n 取决于这时的 i_1。

i_1 回路方程为

$$u_G = j\omega L_1 i_1 + j\omega M i_2 + (R_1 + R_i)i_1 \tag{3-100}$$

i_2 回路方程为

$$u_G = j\omega L_2 i_2 + j\omega M i_1 + R_2 i_2 \tag{3-101}$$

式(3-100)和式(3-101)中,右端都包括含有 $j\omega M$ 的项,它的相加表示出共模电流对阻抗的相互增强作用。由 $L_1=L_2=M=L$,解得

$$i_1=\frac{u_G R_2}{j\omega L(R_1+R_2+R_i)+R_2(R_1+R_i)} \tag{3-102}$$

因为 $R_i \gg R_1+R_2$,式(3-102)可以简化为

$$i_1=\frac{u_G R_2}{j\omega L R_i+R_2 R_i} \tag{3-103}$$

由 $u_n=i_1 R_i$,得

$$u_n=\frac{u_G}{1+j\omega L/R_2} \tag{3-104}$$

由式(3-104)可得共模扼流圈电路中 u_n 与 u_G 的关系曲线,如图 3-67 所示。可以看出,当噪声频率 $\omega \gg R_2/L$ 时,$u_n \ll u_G$。共模扼流圈的导线电阻 R_2 要尽量小,而电感 L 要尽量大,这样图 3-67 中的拐点频率 R_2/L_2 就可以很低,以抑制大部分共模干扰噪声的不利影响。换言之,要根据共模干扰噪声的最低频率决定共模扼流圈的电感 L 和导线电阻。显然,共模扼流圈电路不能抑制直流共模干扰。

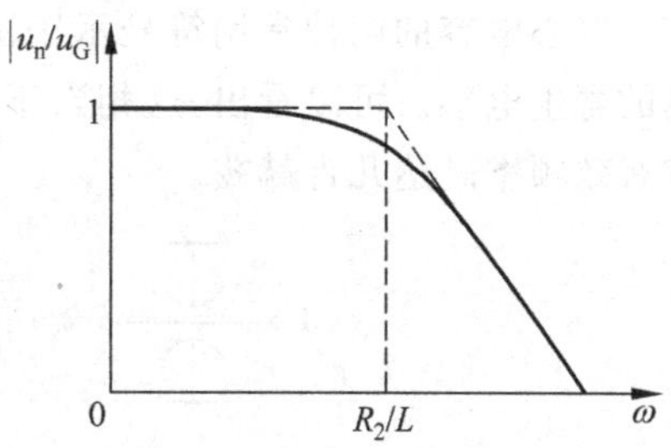

图 3-67 共模扼流圈电路中 u_n 与 u_G 关系曲线

3.6.3 信号线和电源线的抗干扰措施

1. 导线进入屏蔽罩的滤波

对于屏蔽罩内的检测电路,其信号往往来自屏蔽罩外部,这就需要信号线穿越屏蔽层进入罩内;检测电路需要能量,这就需要从外部引入电源线。这些进入屏蔽罩的导线很可能在完成自身功能的同时,也把噪声引入到了屏蔽罩内,这是一种传导耦合干扰。

为了保持屏蔽罩的有效性,应该把通过屏蔽层的导线和屏蔽层之间的噪声电压降低到可以接受的水平,屏蔽层低噪声边的导线中流动的噪声电流也应该越小越好。对于屏蔽罩所包围的检测电路来说,上述噪声可能是由其他电路传导而来,也可能是电磁场感应到导线上的。如果上述噪声通过导线越过屏蔽罩进入到检测电路附近,它就会在屏蔽罩内再次辐射,干扰微弱信号检测电路。因此,无论是信号线还是电源线,所有进入屏蔽罩的导线必须滤波。

2. 利用穿心电容滤波

任何穿越屏蔽罩的电线必须采用穿心电容滤除杂散噪声。穿心电容的结构和在屏蔽罩上的安装方法示于图 3-68。

穿心电容本质上是一个圆柱形电容器,围绕中心导线的电介质具有高介电常数,一般尺寸的穿心电容的容量约为 1nF,通过螺纹连接或焊接将其外体安装到屏蔽罩上,见图 3-68(b)。由于接地电流可以通过外体周围 360 °散开,与此相关的电感非常小。为了满足这个条件,穿心电容外体的整个圆周必须紧固到屏蔽壳壁上。

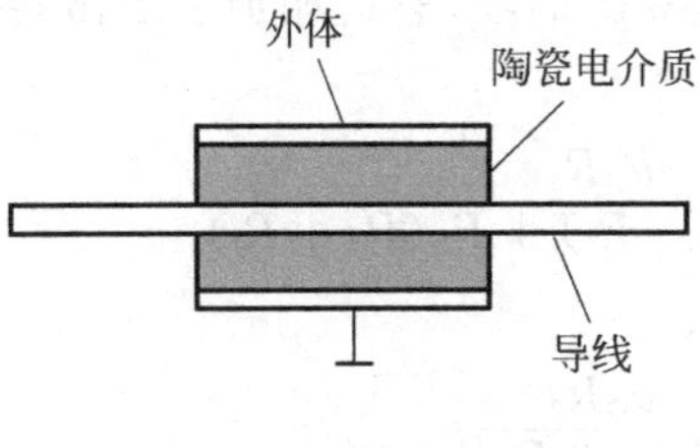

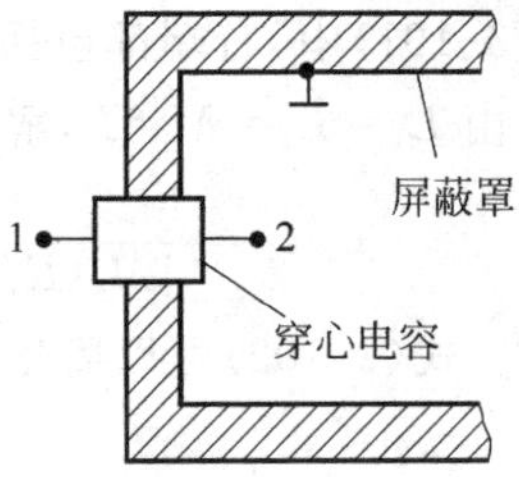

图 3-68 穿心电容

(a) 结构；(b) 在屏蔽罩上的安装方法

穿心电容的两种常用符号示于图 3-69(a)，其等效电路示于图 3-69(b)，图中的 L 是导线的寄生电感。可以看出，这相当于 T 型低通滤波器。当正确安装到金属壁上时，高频滤波有效频率高达几吉赫兹。

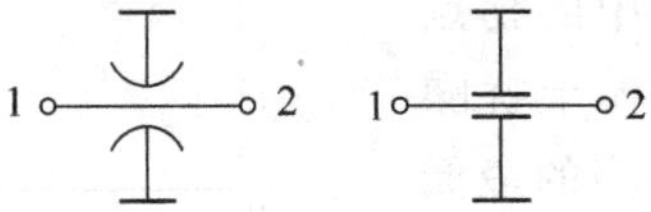

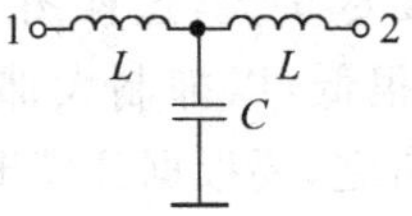

图 3-69 穿心电容符号和等效电路

(a) 常用符号；(b) 等效电路

3. 利用铁氧体磁珠滤波

铁氧体是低密度陶瓷材料组合物，由氧化铁、氧化钴、氧化镍、氧化锌、氧化镁和一些稀土氧化物等组成，不同制造商生产的铁氧体成分会有区别。铁氧体电阻率很高，因此涡流非常小，即使频率高达吉赫兹量级，涡流损耗仍然很低。而对于普通铁磁物质，涡流损耗随频率的平方增加。所以，在高频应用中常选用铁氧体。

有若干种类型的铁氧体磁珠：单孔珠或多孔珠，管形或对开拼合形、球形等，以及表面安装型。对开拼合形磁珠可以扣合到导线和电缆上，或将导线或元件引线穿过磁珠。

铁氧体磁珠精致价廉，可用于在电路中引入高频交流阻抗，而不影响 DC 或低频信号的传输。铁氧体磁珠对抑制 10MHz 以上的噪声很有效，个别类型的产品还可以用于抑制低至 1MHz 的噪声。

铁氧体磁珠适用于多种应用，包括：

- 抑制传导干扰进入或离开一个电路或系统；
- 共模和差模滤波；
- 限制负载中高浪涌电流的初始峰值；
- 抑制高频振荡。

图 3-70 示出套在导线上的圆柱形铁氧体磁珠，以及其高频等效电路和典型电路符号。等效电路中的电感 L 和电阻 R 取决于频率，电阻 R 源自铁氧体物质的高频磁滞损耗。

多数制造商标明铁氧体磁珠的阻抗幅值随频率变化的特性，有的厂商给出一种频率(通常是 100MHz)或几种频率下的阻抗幅值。阻抗幅值 $|Z|$ 由下式给出

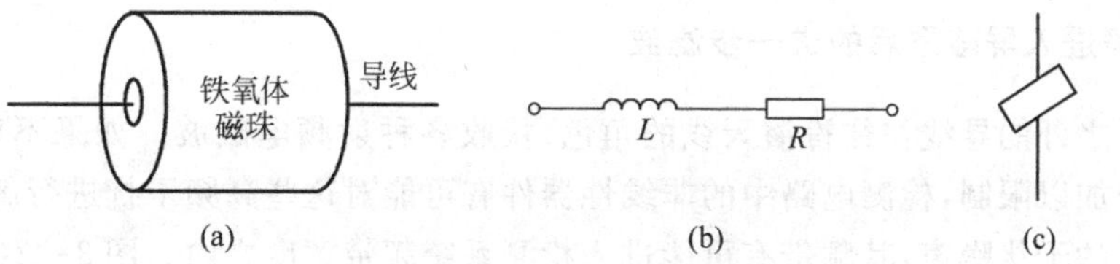

图 3-70 套在导线上的铁氧体磁珠

(a) 结构；(b) 高频等效电路；(c) 典型电路符号

$$|Z| = \sqrt{R^2 + (2\pi fL)^2} \tag{3-105}$$

某种典型铁氧体磁珠的电阻 R、感抗 X_L 和阻抗 Z 随频率 f 变化的曲线示于图 3-71。当用于噪声抑制时，推荐使用在其阻抗主要表现为电阻的频率范围。各种铁氧体产品可以覆盖 1MHz～2GHz 的适用频率范围。

由图 3-71 可见，在 DC 和音频频率，铁氧体抑制器提供的额外串联阻抗微不足道，因此插入损耗很低。然而，它们能显著地衰减较高频率的噪声，使高频干扰的能量大部分被抑制器吸收，而不是被传输到另一部分电路。

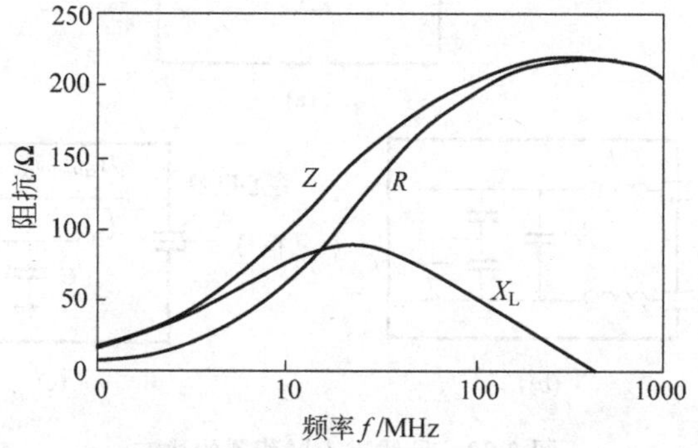

图 3-71 一种典型铁氧体磁珠的 R、X_L 和 Z 随频率变化的曲线

如果将导线多圈穿过铁氧体磁珠，则其阻抗按正比于圈数平方的关系增加，但是各圈之间的分布电容会使其高频阻抗降级。如果在其适用频率的低端需要增加阻抗，也许会采取这种措施，但不会超过两三圈，多数噪声抑制应用中只有一圈。

铁氧体磁珠提供的噪声衰减还取决于源阻抗 Z_S 和负载阻抗 Z_L，磁珠阻抗 Z 应满足 $|Z| \gg |Z_S| + |Z_L|$ 的关系。因为铁氧体磁珠的阻抗较低，约为 30Ω 至 600Ω，所以适用于低阻抗电路，例如电源、串联谐振电路、可控硅开关电路等等。需要注意的是，多孔磁珠比单孔磁珠具有更高的阻抗。如果单一磁珠不能提供足够的阻抗，也可以采用多圈或多个磁珠的方法。

铁氧体磁珠不需要接地就能起作用，因为其效用在于引入一个串联电感，构成基本的低通滤波器。它们不需要重新设计电路，而且实现起来并不复杂。铁氧体磁珠容易套在电线或电缆上，带状电缆可以安装铁氧体钳。在高频情况下，预计可使导线的串联电感增加几百倍。使用时应特别注意磁珠电路的直流电流，一定不要超过制造商给出的限制，以避免铁氧体出现磁饱和，导致性能恶化。

4. 导线进入屏蔽罩后的进一步滤波

屏蔽罩之外的导线往往扮演天线的角色，接收各种射频电磁波。如果不对进入屏蔽罩信号的频带加以限制，检测电路中的非线性器件有可能对这些高频干扰进行解调，将其转换为频率较低的干扰噪声，其频带有可能进入检测系统频带宽度之内。图 3-72(a) 和(b)所示是对进入屏蔽罩的低频信号线进行低通滤波，如果是窄带信号，则应采用带通滤波器。

图 3-72(b)所示是对进入屏蔽罩的差动信号进行滤波，同样的电路也可以用于对交流电源线进行低通滤波。图中电容的容量必须小，否则会造成较大漏电。如果用于交流电源滤波，最好使用市场上出售的成品电源滤波器，其中除了滤波功能外，还常常附有尖峰抑制功能。

应该注意的是，上述滤波电路本身就可能辐射干扰噪声，为了解决这个问题，可以给滤波器再加一个内部屏蔽罩，如图 3-72(c)所示。

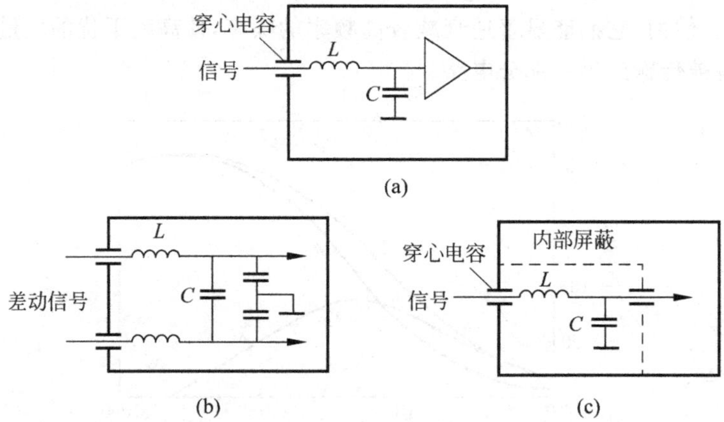

图 3-72　导线进入屏蔽罩的滤波

(a) 信号线滤波；(b) 差动信号线或交流电源滤波；(c) 利用内部屏蔽层防止滤波器的辐射

5. 长距离传输用电流信号

当信号传输距离较长时，为了减少干扰噪声的侵入，应尽量使用电流信号而不是电压信号。电流传输信号的原理示于图 3-73，图中的 i_s 为电流信号源，接收端的电流放大器 A_I 将其转换为电压信号 u_o。理想运算放大器输入端的输入电流等于零(虚断)，则电流 i_s 全部流经电阻 R_f，考虑到 B 点为虚地，得

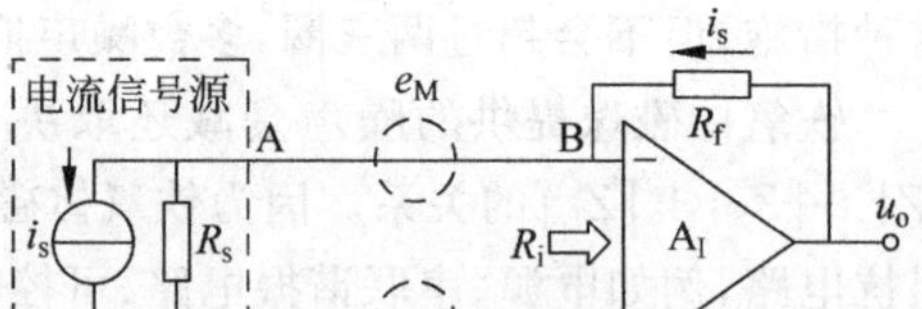

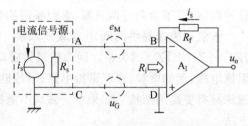

图 3-73　长距离传输用电流信号

$$u_o = i_s R_f$$

当 i_s 变化时，B 点的虚地电位保持不变，所以电流放大器的输入电阻 R_i 为零。而电流源 i_s 的输出电阻 R_s 为无穷大。电路的这些特性有利于抵御某些干扰。例如，如果地线 CD 间存在地电位差 u_G，如图中虚线所示，因为 R_s 为无穷大，所以 u_G 不会导致 i_s 变化，也不会导致 B 点电位变化，因而输出电压 u_o 不会受影响。如果干扰磁场在信号线 AB 和地线 CD

所包围的面积中感应出感生电动势 e_M，基于同样理由，e_M 也不会影响 u_o。

长距离传输用电流信号能够提高抗干扰能力的原理，已经成功应用于常规工业检测仪表。相关规则规定，在仪表室范围内可以用 1～5V 标准信号进行传输，而室外长距离传输必须用 4～20mA 的标准电流信号。所谓“长距离”，在不同场合具有不同的标准，对于微弱信号检测电路，如果干扰环境比较恶劣，也许若干厘米就是长距离，就应该考虑使用电流信号而不是电压信号进行传输。

6. 前置放大器尽量靠近信号源

如果信号传输线不可避免地要拾取某种干扰噪声，则所传输的信号幅度应该尽量高一些，这样检测仪表接收到的信号的信噪比才能高一些。

如图 3-74(a)所示，如果信号源输出信号幅度较小，放大的任务靠检测仪表完成，则信号线拾取的干扰噪声会使信噪比严重恶化。如果在靠近信号源的部位设置一个前置放大器，将信号放大到较高幅度再传输，如图 3-74(b)所示，虽然信号线拾取的干扰噪声依旧，但检测仪表接收到的信号的信噪比可以大为提高。所以，前置放大器应该尽量靠近信号源。

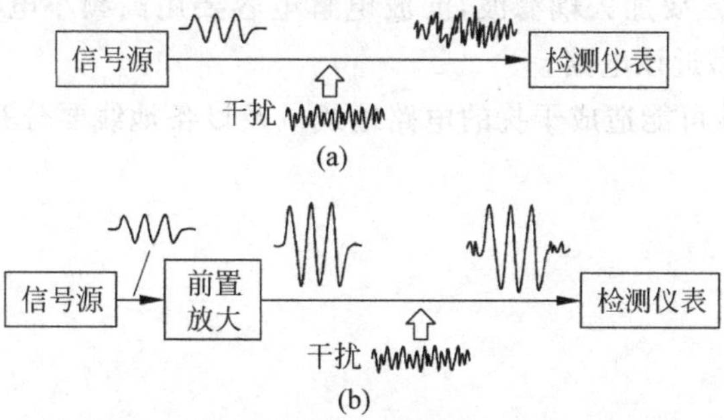

图 3-74　前置放大器靠近信号源有利于提高信噪比

(a) 前置放大器置于检测仪表内；(b) 前置放大器置于信号源处

抗干扰方法小结：

本章对外部干扰噪声进行了分析和讨论，各种抑制干扰噪声的技术和方法可以归纳为 3 类：一是抑制干扰源的噪声，二是消除或切断干扰噪声的耦合途径，三是对敏感的检测电路采取抗干扰措施。下面列出一些常用的抗干扰方法：

(1) 抑制干扰源的噪声

① 如果允许，就将干扰源围闭在屏蔽罩内；

② 对噪声源的出线进行滤波；

③ 限制干扰源脉冲的上升沿和下降沿的斜率；

④ 用压敏电阻或其他措施抑制干扰源电感线圈的浪涌电压；

⑤ 将产生噪声的导线与地线绞合在一起；

⑥ 对产生噪声的导线采取屏蔽措施；

⑦ 用于抑制电磁辐射的干扰源屏蔽层要两端接地。

(2) 消除或切断干扰噪声的耦合途径

① 微弱信号线越短越好，而且要远离干扰导线；

② 低电压信号线采用双绞线或贴近地线放置；

③ 信号线加屏蔽(高频信号线采用同轴电缆)，伸出屏蔽层的信号线端越短越好；

④ 用于保护低电压信号线的屏蔽层要单点接地，同轴电缆用于高频要将屏蔽层两端接地，电路系统也要单点接地，高频电路就近接板地；

⑤ 对敏感电路要加屏蔽罩，进入该屏蔽罩的任何其他导线都要加滤波和去耦措施；

⑥ 如果低电压信号端子和带有干扰噪声的端子处于同一个连接器中，在它们之间放置地线端子；

⑦ 低电压电路和高电压电路避免使用公共地线；

⑧ 电路接地线和设备接地线要分开；

⑨ 接地线越短越好，避免地线形成环状；

⑩ 微弱信号检测要采用差动放大电路，电路的信号源和负载对地阻抗要平衡；

⑪ 采用隔离措施，避免地电位差耦合到信号电路。

(3) 检测电路的其他抗干扰措施

① 检测电路的通频带宽度要尽可能窄，尽量使用选频滤波；

② 直流电源线一定要加去耦滤波，滤波电解电容要用高频小电容旁路，各部分电路的电源滤波电容应尽量靠近该电路；

③ 信号地线、其他可能造成干扰的电路地线以及设备地线要分开；

④ 使用屏蔽罩。

习题

3-1 图 P3-1 中，地电阻 $R_G=5\text{m}\Omega$，地电流 i_G 为宽带噪声，其功率谱密度为 $10^{-12}\,\text{A}^2/\text{Hz}$。设放大器为理想低通滤波器，矩形通带为 DC～10kHz，通带内增益为 1。有用信号 u_s 为频率 1kHz 的正弦信号，其有效值 $U_s=5\mu\text{V}$。

(1) 计算放大器输出端的功率信噪比。

(2) 如何改善输出端信噪比？

3-2 列举 5 种由机械运动产生的电噪声，并给出抑制噪声的方法。

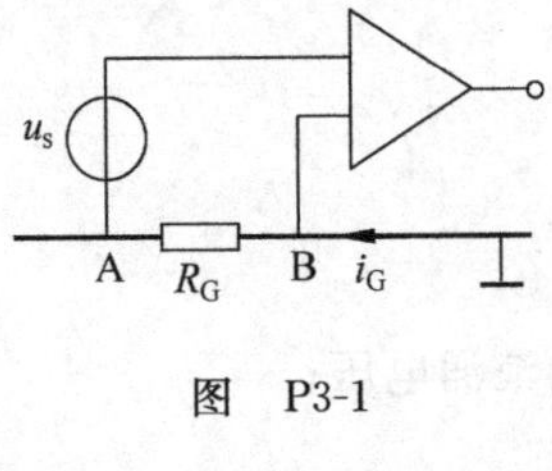

图 P3-1

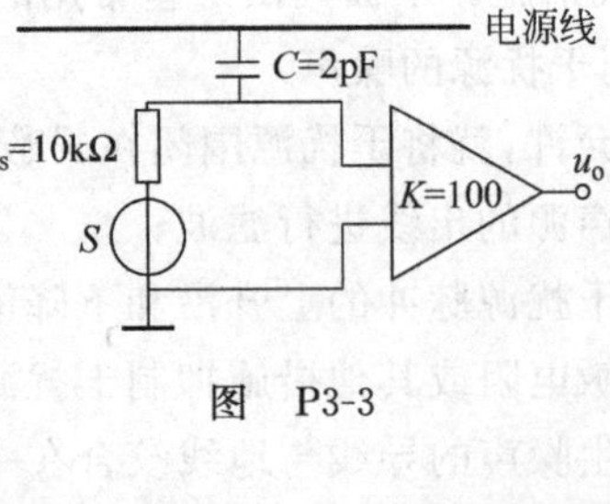

图 P3-3

3-3 图 P3-3 中放大器的电压增益 $K=100$，输入阻抗很大。信号源内阻 $R_s=10\text{k}\Omega$。电源线与信号线之间的分布电容为 2pF，电源线载有 50Hz 交流电及其谐波，对地电压有效值分别为：10V(50Hz)，5V(100Hz)，2.5V(150Hz)。

(1) 计算并画出放大器输出端噪声 u_o 的功率谱。

(2) 如果信号 S 有效值为 $200\mu V$，频率为 200Hz，计算放大器输出端功率信噪比。

(3) 如何改善输出端信噪比？

3-4 放大器的输入电路包含面积为 $2cm^2$，50Hz 电源变压器产生的磁感应强度垂直于输入电路平面，平均幅值为 $1mWb/m^2$。

(1) 计算由此产生的放大器输入端的噪声幅值。

(2) 如果信号源的有效值为 10mV，计算放大器输入的功率信噪比。

(3) 如何改善输出信噪比？

3-5 分别计算 1MHz 和 100MHz 电磁场干扰源到近场和远场分界点之间的距离。

3-6 干扰源频率为 435kHz，检测设备距离干扰源 200m，利用 1mm 厚的铜屏蔽层屏蔽检测设备，分别计算屏蔽层对干扰场的吸收损耗 A 和反射损耗 R（表示为分贝）。

3-7 如果屏蔽层为 0.1mm 厚的铜箔，计算集肤深度等于屏蔽层厚度的频率。

3-8 吸收损耗大于 15dB 时可以忽略多次反射校正项，计算吸收损耗等于 15dB 时的屏蔽层厚度与集肤深度之比和多次反射校正项。

3-9 放大器的输入电路形成一个面积为 $10cm^2$ 的环路，此环路与一段电力线共面，相距 1m，电力线电流为 10A（有效值），频率 50Hz。对电路加屏蔽罩来抑制电力线的磁场干扰，以使放大器输入环路中的感生电动势降至 20nV（有效值）。设磁场在屏蔽罩上均匀分布，屏蔽罩采用钢材（$\mu_r=1000$，$\sigma_r=0.1$），计算屏蔽罩厚度 x。

3-10 利用波导管效应，希望直径 1cm 的圆孔对干扰场增加 64dB 的衰减。计算波导管长度和适用的频率范围。

3-11 图 P3-11 中的屏蔽层电感为 L_S、电阻为 R_S，R_G 为等效地电阻。将 i_S/i_1 表示为频率的函数。

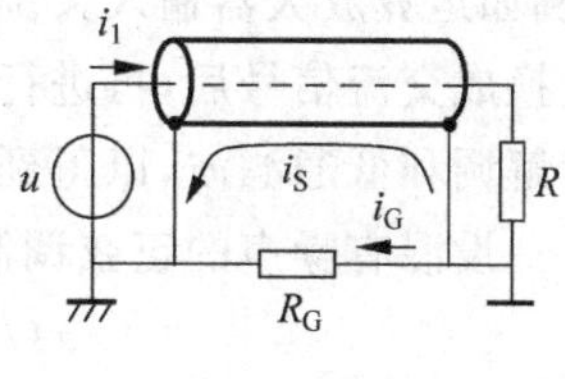

图 P3-11

3-12 对于正文中图 3-73 所示电路系统：

(1) u_o 对下列哪种干扰噪声敏感？

① 地电位差 u_G；② 50Hz 电力网的交变电场；

③ 50Hz 电力网的交变磁场；④ A、B、C、D 点的热电势；

⑤ A、B、C、D 点的电化学电势。

(2) 信号线 AB 与电力网（220V，50Hz）之间的分布电容 $C_p=2pF$，当 $R_f=100k\Omega$ 时，计算 u_o 中的 50Hz 交流噪声有效值。

(3) 如果信号线采用屏蔽线抗干扰，屏蔽层应如何接地？

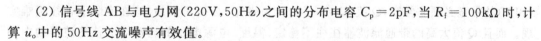

第 4 章 锁定放大

4.1 概述

对于幅度较小的直流信号或慢变信号，为了防止 $1/f$ 噪声和直流放大器的直流漂移(例如运算放大器输入失调电压的温度漂移)的不利影响，一般都使用调制器或斩波器将其变换成交流信号后，再进行放大和处理，用带通滤波器抑制宽带噪声，提高信噪比，之后再进行解调和低通滤波，以得到放大了的被测信号，这在 1.2.2 节的内容中已经介绍过。

设混有噪声的正弦调制信号为

$$x(t) = s(t) + n(t) = V_s \cos(\omega_0 t + \theta) + n(t) \tag{4-1}$$

式中，$s(t)$是正弦调制信号，V_s 是被测信号，$n(t)$是污染噪声。对于微弱的直流或慢变信号，调制后的正弦信号也必然微弱。要达到足够的信噪比，用于提高信噪比的带通滤波器(BPF)的带宽必须非常窄，Q 值($Q=\omega_0/B$，B 为带宽)必须非常高，这在实际上往往很难实现。而且 Q 值太高的带通滤波器往往不稳定，温度、电源电压的波动均会使滤波器的中心频率发生变化，从而导致其通频带不能覆盖信号频率，使得测量系统无法稳定可靠地工作。在这种情况下，利用锁定放大器可以很好地解决上述问题。

1. 锁定放大器中的频谱迁移

锁定放大器(Lock-In Amplifier，LIA)自问世以来，在微弱信号检测方面显示出优秀的性能，在科学研究的各个领域得到了广泛的应用，推动了物理、化学、生物医学、地震、海洋、核技术等行业的发展。

锁定放大器抑制噪声有 3 个基本出发点：

(1) 用调制器将直流或慢变信号的频谱迁移到调制频率 ω_0 处，再进行放大，以避开 $1/f$ 噪声的不利影响。

(2) 利用相敏检测器实现调制信号的解调过程，可以同时利用频率 ω_0 和相角 θ 进行检测,噪声与信号同频又同相的概率很低。

(3) 用低通滤波器而不是用带通滤波器来抑制宽带噪声。低通滤波器的频带可以做得很窄,而且其频带宽度不受调制频率的影响,稳定性也远远优于带通滤波器。

锁定放大器对信号频谱进行迁移的过程示于图 4-1。调制过程将低频信号 V_s 乘以频率为 ω_0 的正弦载波,从而将其频谱迁移到调制频率 ω_0 处,之后进行选频放大,这样就不会把 $1/f$ 噪声和低频漂移也放大了,如图 4-1(a)所示,图中的虚线表示 $1/f$ 噪声和白噪声的功率谱密度。经交流放大后,再用相敏检测器(PSD)将其频谱迁移到直流($\omega=0$)处,用窄带低通滤波器(LPF)滤除噪声,就得到高信噪比的放大信号,如图 4-1(b)所示,图中用点画线表示 LPF 的频率响应曲线。只要 LPF 的带宽足够窄,就能有效地改善信噪比。

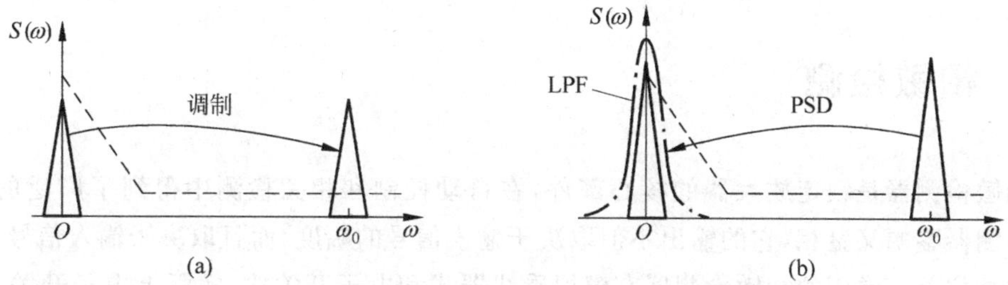

图 4-1 锁定放大器对信号频谱进行迁移的过程

(a) 调制过程;(b) 相敏检测过程

可见,锁定放大器继承了调制放大器使用交流放大,而不使用直流放大的原理,从而避开了幅度较大的 $1/f$ 噪声;同时又用相敏检测器实现解调,用稳定性更高的低通滤波器取代带通滤波器实现窄带化过程,从而使检测系统的性能大为改善。

锁定放大器的等效噪声带宽可以达到 0.0004Hz,整体增益可以达到 10^{11} 以上,所以 0.1nV 的微弱信号可以放大到 10V 以上。此外,锁定放大器可以实现正交的矢量测量,这有助于对被测信号进行矢量分析以确定被测系统的动态特性。

2. 锁定放大器工作原理

锁定放大器的基本结构示于图 4-2,包括信号通道、参考通道、相敏检测器(PSD)和低通滤波器(LPF)等。

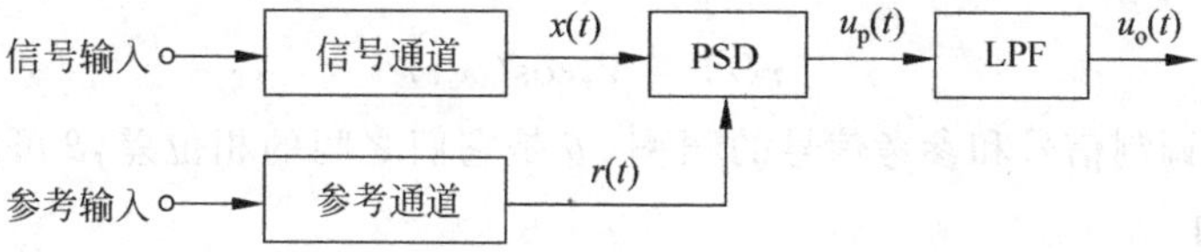

图 4-2 锁定放大器工作原理

信号通道对调制正弦信号输入进行交流放大,将微弱信号放大到足以推动相敏检测器工作的电压,并且要用带通滤波器滤除部分干扰和噪声,以提高相敏检测的动态范围。因为对不同的测量对象要采用不同的传感器,传感器的输出阻抗各不相同。为了得到最佳噪声特性,信号通道的前置级要进行低噪声设计,其输入阻抗要能与相应的传感器输出阻抗相匹配，可参看第2章中的噪声匹配部分。

参考输入一般是等幅正弦信号或方波开关信号，它可以是从外部输入的某种周期信号，也可以是系统内原先用于调制的载波信号或用于斩波的信号。参考通道对参考输入进行放大或衰减，以适应相敏检测器对幅度的要求。参考通道的另一个重要功能是对参考输入进行移相处理，以使各种不同相移信号的检测结果达到最佳。

PSD以参考信号 $r(t)$ 为基准，对有用信号 $x(t)$ 进行相敏检测，从而实现图4-1(b)所示的频谱迁移过程，将 $x(t)$ 的频谱由 $\omega=\omega_0$ 处迁移到 $\omega=0$ 处。再经LPF滤除噪声，其输出 $u_o(t)$ 对 $x(t)$ 的幅度和相位都敏感，这样就达到了既鉴幅又鉴相的目的。因为LPF的频带可以做得很窄，所以可使锁定放大器达到较大的 $SNIR$。

4.2 相敏检测

相敏检测器是锁定放大器的核心部件，在自动控制和相关检测中得到了广泛的应用。相敏检测器鉴幅又鉴相，它的输出不但取决于输入信号的幅度，而且取决于输入信号与参考信号的相位差。常用的相敏检测器有模拟乘法器式和电子开关式，实际上电子开关式相敏检测器相当于参考信号为方波的情况下的模拟乘法器。

4.2.1 模拟乘法器型相敏检测器

模拟乘法器型相敏检测器的输出 $u_p(t)$ 是它的两路输入信号（被测调制信号 $x(t)$ 和参考信号 $r(t)$）的乘积，即

$$u_p(t)=x(t)r(t) \tag{4-2}$$

下面分别各种情况说明相敏检测器的输出 $u_p(t)$ 和LPF输出 $u_o(t)$ 的特性。

1. $x(t)$ 与 $r(t)$ 均为正弦波

设被测调制信号为

$$x(t)=V_s\cos(\omega_0 t+\theta) \tag{4-3}$$

参考输入为

$$r(t)=V_r\cos(\omega_0 t) \tag{4-4}$$

式中，ω_0 是被测调制信号和参考信号的频率；θ 是它们之间的相位差，θ 可能是由信号频率的变化量造成的。

将式(4-3)和式(4-4)代入式(4-2)得

$$\begin{aligned}u_p(t)&=x(t)r(t)=V_s\cos(\omega_0 t+\theta)V_r\cos(\omega_0 t)\\&=0.5V_sV_r\cos\theta+0.5V_sV_r\cos(2\omega_0 t+\theta)\end{aligned} \tag{4-5}$$

式(4-5)结果的第一项为乘积的差频分量，第二项为和频分量。式(4-5)说明，经过相敏检测器以后，原来频率为 ω_0 的信号的频谱迁移到了 $\omega=0$ 和 $\omega=2\omega_0$ 处，如图4-3所示。频谱迁移后保持原谱形状，幅度取决于被测调制信号的幅度 V_s 和参考信号的幅度 V_r。

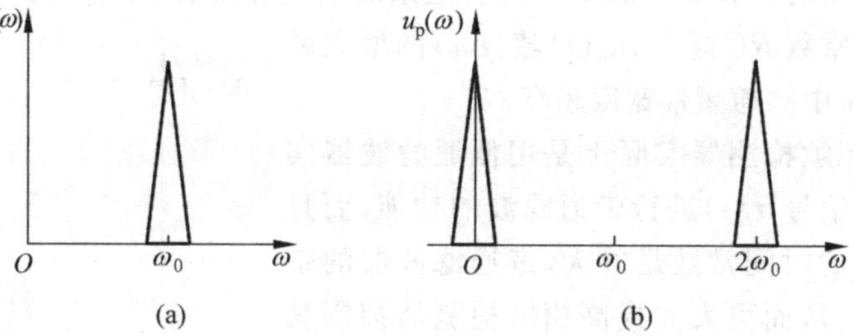

图 4-3 相敏检测器实现的频谱迁移

(a) 原频谱；(b) 迁移后的频谱

相敏检测器的输出 $u_p(t)$经过图 4-2 中的 LPF 后，式(4-5)中频率为 $2\omega_0$ 的和频分量被滤除，LPF 通带之外的噪声也被滤除，得到的输出为

$$u_o(t) = 0.5V_sV_r\cos\theta \tag{4-6}$$

式(4-6)说明，LPF 的输出正比于被测调制信号的幅度 V_s，同时正比于被测调制信号与参考信号的相位差 θ 的余弦函数。当 $\theta=0$ 时，输出 $u_o(t)$最大，从而实现了鉴幅又鉴相。

(1) 幅频特性

如果被测调制信号的中心频率 ω_s 偏离参考信号频率 ω_0，即 $\Delta\omega=\omega_s-\omega_0\neq0$，在相位差 $\theta=0$ 的情况下，被测调制信号为 $x(t)=V_s\cos(\omega_st)$，参考输入为 $r(t)=V_r\cos(\omega_0t)$，则模拟乘法器的输出为

$$u_p(t) = x(t)r(t) = 0.5V_sV_r\cos(\Delta\omega t) + 0.5V_sV_r\cos(\omega_s+\omega_0)t$$

上式中右边的第二项为和频分量，它不能通过 LPF 到达输出，所以只考虑低通滤波器对频率为 $\Delta\omega$ 的正弦信号的响应。

如果采用图 1-29 所示一阶 RC 低通滤波器，其频率响应函数为

$$H(\mathrm{j}\omega) = \frac{1}{1+\mathrm{j}\omega RC}$$

幅频响应函数为

$$|H(\mathrm{j}\omega)| = \frac{1}{\sqrt{1+(\omega RC)^2}}$$

相频响应函数为

$$\varphi(\mathrm{j}\omega) = -\arctan(\omega RC)$$

对于正弦输入信号 $u_p(t)=0.5V_sV_r\cos(\Delta\omega t)$，LPF 的输出为

$$u_o(t) = \frac{0.5V_sV_r}{\sqrt{1+(\Delta\omega RC)^2}}\cos[\Delta\omega t-\arctan(\Delta\omega RC)] \tag{4-7}$$

在稳态情况下，$\Delta\omega t\gg\arctan(\Delta\omega RC)$，式(4-7)可简化为

$$u_o(t) = \frac{0.5V_sV_r}{\sqrt{1+(\Delta\omega RC)^2}}\cos(\Delta\omega t) \tag{4-8}$$

式(4-8)说明，当 $\Delta\omega=\omega_s-\omega_0=0$ 时，输出 $u_o(t)$的幅度最大($0.5V_sV_r$)；当 $\Delta\omega=\omega_s-\omega_0\neq0$ 时，输出幅度要减小，不但按式(4-8)中分式所表示的一阶低通滤波器的幅频响应减小，而

且还要乘以小于1的系数$\cos(\Delta\omega t)$。综合起来的幅频特性示于图4-4。由式(4-8)可知,低通滤波器的时间常数RC越大,$u_o(t)$随$|\Delta\omega|$的增大减少得越快,图4-4中的通频带宽度越窄。

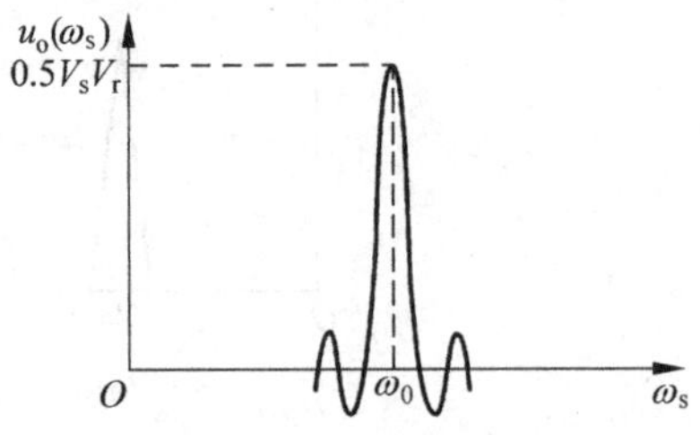

图4-4 相敏检测器的幅频特性

由此可见,相敏检测器实际上是用低通滤波器实现了对被测调制信号$x(t)$进行带通滤波的功能,而且只要低通滤波器的时间常数足够大,带通滤波器的带宽就可以足够窄,从而可大大提高相敏检测器抑制噪声的能力。

根据式(1-125),一阶RC低通滤波器的等效噪声带宽为$B_L=1/(4RC)$,考虑到对于$\Delta\omega>0$和$\Delta\omega<0$滤波器都有输出,相敏检测器的等效噪声带宽为B_L的两倍,即

$$B_e = 2B_L = 2\times\frac{1}{4RC} = \frac{1}{2RC}\quad(\text{Hz}) \tag{4-9}$$

或

$$B_e = \frac{\pi}{RC}\quad(\text{rad/s}) \tag{4-10}$$

可见,低通滤波器的时间常数RC越大,等效噪声带宽越窄,则相敏检测器的信噪改善比($SNIR$)越大,抑制噪声的能力越强。但是,当被测信号V_s变化较快时,为了保证对V_s的测量不失真,低通滤波器的带宽应该大于V_s的带宽。

(2) 相敏特性

当被测输入$x(t)$和参考输入$r(t)$同频率时,根据式(4-6),可以画出图4-5所示的相敏特性曲线,该曲线表示被测输入$x(t)$与参考输入$r(t)$之间的相位差θ与输出电压$u_o(t)$之间的关系。当$\theta=0°$时,$u_o(\theta)=0.5V_sV_r$为其最大值。

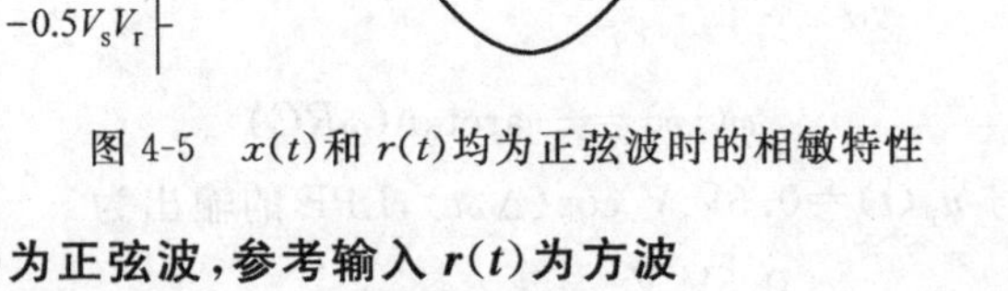

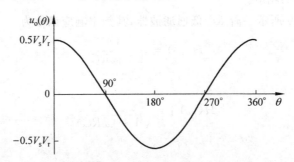

图4-5 $x(t)$和$r(t)$均为正弦波时的相敏特性

2. 信号输入$x(t)$为正弦波,参考输入$r(t)$为方波

设信号输入为

$$x(t) = V_s\cos(\omega_0 t+\theta)$$

设参考输入$r(t)$是幅度为$\pm V_r$的方波,其周期为T,角频率为$\omega_0=2\pi/T$,波形如图4-6所示。

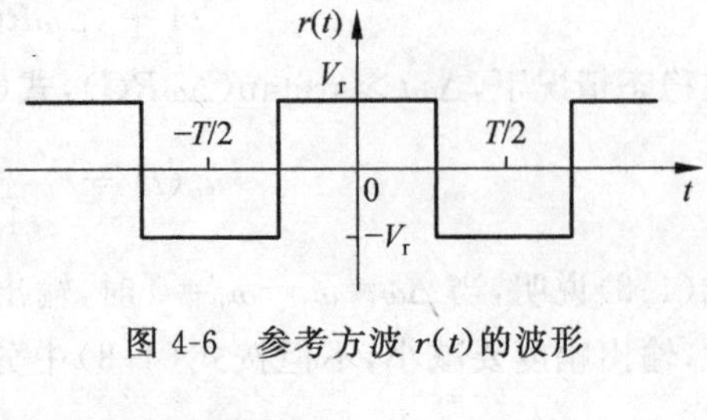

图4-6 参考方波$r(t)$的波形

根据傅里叶分析的方法,这种周期性函数可以展开为傅里叶级数

$$r(t)=a_0+\sum_{m=1}^{\infty}a_m\cos(m\omega_0 t)+\sum_{m=1}^{\infty}b_m\sin(m\omega_0 t) \tag{4-11}$$

式中，a_0 为其直流分量，a_m 为其余弦分量的傅里叶系数，b_m 为其正弦分量的傅里叶系数。各种系数的计算方法为

$$a_0=\frac{1}{T}\int_{-T/2}^{T/2}r(t)\mathrm{d}t$$

$$a_m=\frac{2}{T}\int_{-T/2}^{T/2}r(t)\cos(m\omega_0 t)\mathrm{d}t$$

$$b_m=\frac{2}{T}\int_{-T/2}^{T/2}r(t)\sin(m\omega_0 t)\mathrm{d}t$$

上列各式只是为了方便将积分区间定在 $-T/2\sim T/2$，实际上在起始于任何时间点，长度为一个信号周期 T 的积分区间都将得出同样的结果。

图 4-6 所示波形为零均值的偶函数，可知其直流分量 a_0 为零，正弦分量的傅里叶系数 b_m 为零，其余弦分量的傅里叶系数 a_m 为

$$\begin{aligned}a_m&=\frac{1}{\pi}\int_{-\pi}^{\pi}r(t)\cos(m\omega_0 t)\mathrm{d}(\omega_0 t)\\&=\frac{V_r}{\pi}\left[\int_{-\pi/2}^{\pi/2}\cos(m\omega_0 t)\mathrm{d}(\omega_0 t)+\int_{-\pi}^{-\pi/2}-\cos(m\omega_0 t)\mathrm{d}(\omega_0 t)+\int_{\pi/2}^{\pi}-\cos(m\omega_0 t)\mathrm{d}(\omega_0 t)\right]\\&=\frac{4V_r}{m\pi}\sin\left(\frac{m\pi}{2}\right)\end{aligned} \tag{4-12}$$

式中，m 为谐波次数，是 $1\sim\infty$ 的正整数。

注意到，m 为偶数时，$\sin(m\pi/2)=0$；m 为奇数时，$\sin(m\pi/2)$ 为 $+1$ 或 -1。令奇数 $m=2n-1$，n 为 $1\sim\infty$ 的正整数，则 a_m 可以表示为

$$a_m=\frac{4V_r}{\pi}\frac{(-1)^{n+1}}{2n-1} \tag{4-13}$$

由此可得方波 $r(t)$ 的傅里叶级数表示式为

$$r(t)=\frac{4V_r}{\pi}\sum_{n=1}^{\infty}\frac{(-1)^{n+1}}{2n-1}\cos[(2n-1)\omega_0 t] \tag{4-14}$$

$r(t)$ 与 $x(t)$ 相乘的结果为

$$\begin{aligned}u_p(t)&=x(t)r(t)\\&=V_s\cos(\omega_0 t+\theta)\times\frac{4V_r}{\pi}\sum_{n=1}^{\infty}\frac{(-1)^{n+1}}{2n-1}\cos[(2n-1)\omega_0 t]\\&=\frac{2V_sV_r}{\pi}\sum_{n=1}^{\infty}\frac{(-1)^{n+1}}{2n-1}\cos[(2n-2)\omega_0 t-\theta]+\frac{2V_sV_r}{\pi}\sum_{n=1}^{\infty}\frac{(-1)^{n+1}}{2n-1}\cos(2n\omega_0 t+\theta)\end{aligned} \tag{4-15}$$

式(4-15)右边的第 1 项为差频项，第 2 项为和频项。经过 LPF 的滤波作用，$n>1$ 的差频项及所有的和频项均被滤除，只剩 $n=1$ 的差频项为

$$u_o(t)=\frac{2V_sV_r}{\pi}\cos\theta \tag{4-16}$$

将式(4-16)与式(4-6)进行对比可知，利用方波作为参考可以得到与正弦波参考完全类似的结果，而且 $u_o(t)$ 的幅度要更大一些。当方波幅度 $V_r=1$ 时，可以利用电子开关实现

方波信号与被测调制信号的相乘过程，即当 $r(t)$ 为 $+1$ 时，电子开关的输出连接到 $x(t)$；当 $r(t)$ 为 -1 时，电子开关的输出连接到 $-x(t)$。这时 LPF 的输出为

$$u_o(t) = \frac{2V_s}{\pi}\cos\theta \tag{4-17}$$

电子开关要比模拟乘法器成本低、速度快，工作也更为稳定可靠。

3. $x(t)$ 为正弦波含单频噪声，$r(t)$ 为正弦波

设被测调制信号与参考信号的相位差为 θ，单频噪声的频率为 ω_n，幅度为 V_n，噪声的初相位为 α。为简单起见令参考信号的幅度 $V_r=1$，即

$$x(t) = V_s\cos(\omega_0 t+\theta)+V_n\cos(\omega_n t+\alpha) \tag{4-18}$$

$$r(t) = \cos\omega_0 t \tag{4-19}$$

$x(t)$ 与 $r(t)$ 相乘的结果为

$$\begin{aligned} u_p(t) &= x(t)r(t) = 0.5V_s\cos\theta + 0.5V_s\cos(2\omega_0 t+\theta) + \\ &\quad 0.5V_n\cos[(\omega_n+\omega_0)t+\alpha]+0.5V_n\cos[(\omega_n-\omega_0)t+\alpha] \end{aligned} \tag{4-20}$$

式中，右边的第1项为信号与参考的差频项，第2项为信号与参考的和频项，第3项为噪声与参考的和频项，第4项为噪声与参考的差频项。经 LPF 之后两个和频项都被滤除，输出 $u_o(t)$ 为第1项 $0.5V_s\cos\theta$ 和第4项中 $|\omega_n-\omega_0|<B_L$（LPF 的等效噪声带宽）的噪声。只要 LPF 的等效噪声带宽足够窄，就可以得到满意的信噪比。

4. $x(t)$ 为正弦波含窄带噪声，$r(t)$ 为正弦波

如果输入到相敏检测器的正弦信号叠加了零均值高斯分布窄带噪声 $n(t)$，即

$$x(t) = V_s\cos(\omega_0 t+\theta)+n(t) \tag{4-21}$$

$n(t)$ 的功率谱密度 $S_n(\omega)$ 在频带 $\omega_n-B/2\sim\omega_n+B/2$ 范围内恒定为 $N_0/2$。参考输入为

$$r(t) = V_r\cos(\omega_0 t) \tag{4-22}$$

如第1章所述，中心频率为 ω_n 的窄带噪声 $n(t)$ 可分解为

$$n(t) = n_c(t)\cos\omega_n t - n_s(t)\sin\omega_n t \tag{4-23}$$

式中，$n_c(t)$ 和 $n_s(t)$ 是两个相互独立的低频平稳随机过程，它们的均值都为零，幅度分布为高斯型，功率谱密度在 $-B/2\sim B/2$ 范围内恒定为 $N_0/2$。而且 $n_c(t)$ 和 $n_s(t)$ 的功率相同，都等于 $n(t)$ 的功率。图4-7所示分别为 $n(t)$、$n_c(t)$ 和 $n_s(t)$ 的功率谱密度函数的形状。

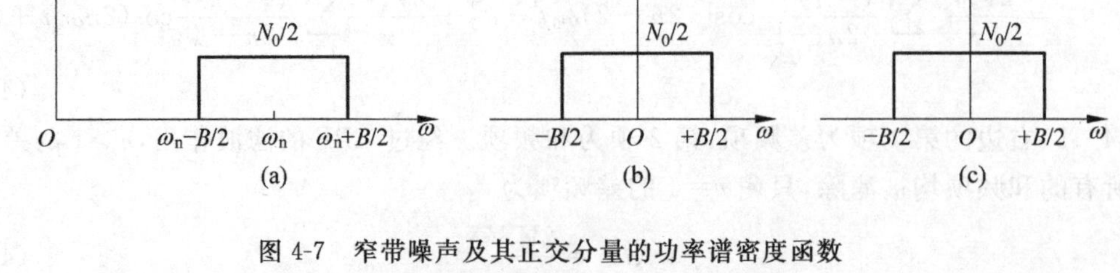

图4-7 窄带噪声及其正交分量的功率谱密度函数

(a) 窄带噪声；(b) 正弦分量；(c) 余弦分量

将式(4-21)、式(4-22)和式(4-23)代入式(4-2)得,模拟乘法器的输出为

$$\begin{aligned}u_p(t) &= x(t)r(t)\\ &= [V_s\cos(\omega_0 t+\theta)+n_c(t)\cos\omega_n t-n_s(t)\sin\omega_n t]V_r\cos\omega_0 t\\ &= 0.5V_sV_r\cos\theta+0.5V_sV_r\cos(2\omega_0 t+\theta)+\\ &\quad 0.5V_rn_c(t)\cos(\omega_n+\omega_0)t+0.5V_rn_c(t)\cos(\omega_n-\omega_0)t\\ &\quad -0.5V_rn_s(t)\sin(\omega_n+\omega_0)t-0.5V_rn_s(t)\sin(\omega_n-\omega_0)t\end{aligned} \tag{4-24}$$

式中的后4项是中心频率分别为 $\omega_n+\omega_0$ 和 $\omega_n-\omega_0$,幅度包络分别为 $0.5V_r\,n_c(t)$和 $0.5V_r\,n_s(t)$ 的窄带噪声。

经过 LPF,式(4-24)中的3个和频项(第2、3、5项)被滤除,LPF 的输出 $u_o(t)$为第1项 $0.5V_s\cos(\theta)$、第4项及第6项所表示的中心频率为 $\omega_n-\omega_0$ 的窄带噪声落入 LPF 等效噪声带宽内的噪声。只要 ω_n 与 ω_0 不是十分靠近,LPF 的等效噪声带宽足够窄,就可以使这两项的功率也大为衰减,得到满意的信噪比。当 $\omega_n-\omega_0\approx0$ 时,式中的第6项为正弦项,幅度很小;输出端的噪声主要表现为第4项 $0.5V_rn_c(t)\cos(\omega_n-\omega_0)t$,因为这时 $\cos(\omega_n-\omega_0)t\approx1$。

在锁定放大器中,调制信号 $x(t)$一般都是利用交流选频放大器进行放大,电路中的各器件所产生的白噪声经过选频放大器的滤波作用就变成了中心频率为选频放大器中心频率的窄带噪声。为了使有用信号能顺利通过,选频放大器的中心频率一般设定为调制频率 ω_0。也就是说,式(4-24)中的 ω_n 与 ω_0 大致相同。所以锁定放大器主要利用 LPF 的窄带化作用来提高信噪比。

下面分析 $x(t)$为正弦波含窄带噪声情况下相敏检测器的信噪改善比。

设相敏检测器之前的选频放大器的带宽为 B_i,这也就是输入到相敏检测器的窄带噪声的带宽。设窄带噪声的功率谱密度为 $N_0/2$,根据式(1-52),其自相关函数为

$$R_n(\tau)=B_iN_0\,\frac{\sin(\pi B_i\tau)}{\pi B_i\tau}\cos(\omega_n\tau)$$

由此可得窄带噪声的功率为

$$P_{ni}=R_n(0)=B_iN_0$$

输入信号为 $V_s\cos(\omega_0 t+\theta)$,其功率为

$$P_{si}=V_s^2/2 \tag{4-25}$$

所以相敏检测器的输入功率信噪比为

$$SNR_i=\frac{P_{si}}{P_{ni}}=\frac{V_s^2}{2N_0B_i} \tag{4-26}$$

由对式(4-24)的分析,乘法器输出中的信号成分为 $0.5V_sV_r\cos\theta$,当 $\theta=0$ 时,输出信号最大,其功率为

$$P_{so}=(V_sV_r)^2/4 \tag{4-27}$$

乘法器输出的窄带噪声为式(4-24)中的第4项 $0.5V_rn_c(t)\cos(\omega_n-\omega_0)t$,其功率为

$$P_{no}=\frac{V_r^2\,\overline{n_c^2(t)}}{4} \tag{4-28}$$

式中的$\overline{n_c^2(t)}$是 $n_c(t)$的均方值,也就是 $n_c(t)$的功率。根据第1章中对于窄带噪声的分析,同相分量 $n_c(t)$的功率等于窄带噪声 $n(t)$的功率,即

$$\overline{n_c^2(t)}=R_{n_c}(0)=R_n(0) \tag{4-29}$$

式中，$R_{n_c}(0)$是$\tau=0$时$n_c(t)$的自相关函数。经过锁定放大器（包括PSD与LPF）之后，窄带噪声的带宽缩减为相敏检测器的等效噪声带宽B_e，其功率降低为$\overline{n_c^2(t)}=R_n(0)=N_0B_e$，代入式(4-28)得

$$P_{no}=\frac{V_r^2N_0B_e}{4} \tag{4-30}$$

由式(4-27)和式(4-30)可得，相敏检测器的输出功率信噪比为

$$SNR_o=\frac{P_{so}}{P_{no}}=\frac{V_s^2}{N_0B_e} \tag{4-31}$$

由式(4-26)和式(4-31)可得，相敏检测器的功率信噪改善比为

$$SNIR_p=\frac{SNR_o}{SNR_i}=\frac{2B_i}{B_e} \tag{4-32}$$

对于式(4-32)所表示的信噪改善比，需要说明以下几点：

(1) 相敏检测器的等效噪声带宽B_e取决于低通滤波器的带宽，由图4-4和式(4-9)可知

$$B_e=2B_L$$

式中的B_L为低通滤波器的等效噪声带宽。所以，式(4-32)可表示为

$$SNIR_p=\frac{B_i}{B_L} \tag{4-33}$$

B_L可以做到很窄，而相敏检测器之前的带通滤波器的带宽B_i要受到谐振回路Q值的限制，所以B_i不可能太窄，从而使得相敏检测器的$SNIR$较大，具有很好的抑制噪声作用。

(2) 即使在$B_i=B_L$的情况下，利用相敏检测器的相敏特性（见图4-5）也对不同相位的噪声具有一定的抑制作用，噪声和信号同频又同相的概率很低。

(3) 式(4-33)给人的感觉是，只要$B_L\ll B_i$，就可以得到很大的信噪改善比。但是在实际应用中，当输入噪声幅度太大时，模拟乘法器有可能进入其非线性区，称之为PSD过载，这时输出的信噪比会迅速恶化。所以用相敏检测方法改善信噪比也是有限度的。

当LPF为一阶RC低通滤波器时，由式(4-9)可知$B_e=2B_L=1/(2RC)$，式(4-32)可以表示为

$$SNIR_p=4RCB_i$$

可见低通滤波器的时间常数越大，信噪改善比越大。但是太大的时间常数必然使系统的响应速度变慢，而且对被测信号V_s的高频成分衰减较大。因此，要根据各方面的检测要求综合确定电路参数。

5. $x(t)$为正弦波含宽带噪声，$r(t)$为方波

这时的被测调制信号$x(t)$可以表示为

$$x(t)=V_s\cos(\omega_0t+\theta)+n(t) \tag{4-34}$$

式中的$n(t)$为宽带噪声。根据式(4-14)，方波参考信号$r(t)$可以表示为

$$r(t)=\frac{4V_r}{\pi}\sum_{n=1}^{\infty}\frac{(-1)^{n+1}}{2n-1}\cos(2n-1)\omega_0t \tag{4-35}$$

式(4-34)与式(4-35)相乘得相敏检测器的输出为

$$
\begin{aligned}
u_{\mathrm{p}}(t) &= x(t)r(t) \\
&= \frac{2V_{\mathrm{s}}V_{\mathrm{r}}}{\pi}\sum_{n=1}^{\infty}\frac{(-1)^{n+1}}{2n-1}\cos[(2n-2)\omega_0 t-\theta]+ \\
&\quad \frac{2V_{\mathrm{s}}V_{\mathrm{r}}}{\pi}\sum_{n=1}^{\infty}\frac{(-1)^{n+1}}{2n-1}\cos(2n\omega_0 t+\theta)+ \\
&\quad n(t)\ \frac{4V_{\mathrm{r}}}{\pi}\sum_{n=1}^{\infty}\frac{(-1)^{n+1}}{2n-1}\cos(2n-1)\omega_0 t
\end{aligned} \tag{4-36}
$$

经 LPF，式(4-36)右边的第二项所表示的信号与参考的和频项被滤除，第一项中 $n>1$ 的差频项也被滤除，但是第三项是比较复杂的一种情况，下面加以分析。

如果 $n(t)$为单频噪声，设其频率为 ω_{n}，那么只有$|\omega_{\mathrm{n}}-\omega_0|$小于 LPF 的等效噪声带宽的噪声能通过 LPF 出现在 LPF 的输出 $u_{\mathrm{o}}(t)$中。

如果 $n(t)$为宽带噪声或 $x(t)$的高次谐波，则对于噪声中频率为 ω_{n} 的分量

$$
n_{\mathrm{n}}(t) = V_{\mathrm{n}}\cos(\omega_{\mathrm{n}} t+\varphi) \tag{4-36a}
$$

它与方波相乘的结果为

$$
\begin{aligned}
u_{\mathrm{an}}(t) &= V_{\mathrm{n}}\cos(\omega_{\mathrm{n}} t+\varphi)\cdot\frac{4V_{\mathrm{r}}}{\pi}\sum_{n=1}^{\infty}\frac{(-1)^{n+1}}{2n-1}\cos(2n-1)\omega_0 t \\
&= \frac{2V_{\mathrm{r}}V_{\mathrm{n}}}{\pi}\sum_{n=1}^{\infty}\frac{(-1)^{n+1}}{2n-1}\cos[(\omega_{\mathrm{n}}+(2n-1)\omega_0)t+\varphi]+ \\
&\quad \frac{2V_{\mathrm{r}}V_{\mathrm{n}}}{\pi}\sum_{n=1}^{\infty}\frac{(-1)^{n+1}}{2n-1}\cos[(\omega_{\mathrm{n}}-(2n-1)\omega_0)t+\varphi]
\end{aligned} \tag{4-37}
$$

式中右边的第一项为和频分量，第二项为差频分量。经过 LPF，和频分量被滤除，但是差频分量会出现在输出中。$u_{\mathrm{an}}(t)$中能通过 LPF 产生输出噪声的分量为

$$
u'_{\mathrm{an}}(t) = \frac{2V_{\mathrm{r}}V_{\mathrm{n}}}{\pi}\sum_{n=1}^{\infty}\frac{(-1)^{n+1}}{2n-1}\cos[(\omega_{\mathrm{n}}-(2n-1)\omega_0)t+\varphi] \tag{4-38}
$$

由式(4-38)可见，噪声输出不仅出现在 $\omega_{\mathrm{n}}=\omega_0$ 处，而且出现在 $\omega_{\mathrm{n}}=(2n-1)\omega_0(n=1,2,3,\cdots)$附近，幅度按 $1/(2n-1)$下降。这相当于一个梳状滤波器，称之为 PSD 的**谐波响应**，其幅频响应曲线示于图 4-8。凡是频率 ω_{n} 等于 $2(n-1)\omega_0$ 的噪声与参考方波的相应谐波相乘的差频分量都会通过相敏检测器产生一个直流输出，经 LPF 出现在 $u_{\mathrm{o}}(t)$中。这样不仅使输出噪声增加，而且对信号中的谐波分量也有输出。例如，100Hz 的参考方波在 100Hz～100kHz 之间产生 499 个传输窗口，即使在 99.9kHz 处，谐波窗口的相对幅度仍有 1/1000，这会使相敏检测器抑制噪声的能力下降。

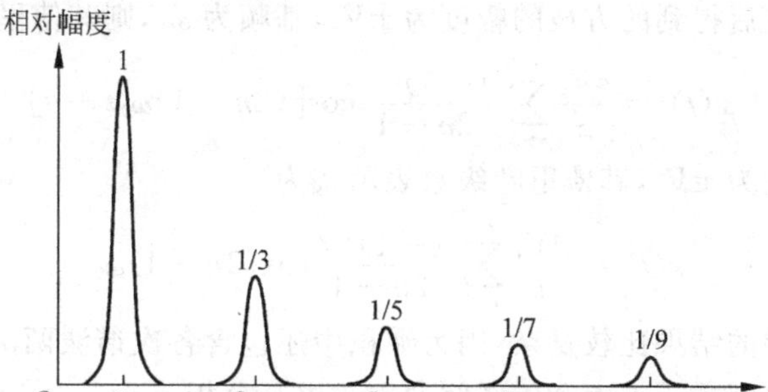

图 4-8 以方波为参考信号的相敏检测器的谐波响应

令 $\Delta\omega=\omega_n-(2n-1)\omega_0$，根据式(4-36a)和式(4-38)，能通过 LPF 产生输出的噪声分量在通过 PSD 时的幅度响应为

$$|H_1(\Delta\omega)|=\frac{|u'_{an}|}{|n_n|}=\frac{2V_r}{\pi}\sum_{n=1}^{\infty}\frac{(-1)^{n+1}}{2n-1}$$

如果采用一阶 RC 低通滤波器，则其对于 u'_{an} 的幅频响应为

$$|H_L(\Delta\omega)|=\frac{1}{\sqrt{1+(\Delta\omega RC)^2}}$$

总的幅频响应为

$$|H(\Delta\omega)|=|H_1(\Delta\omega)|\times|H_L(\Delta\omega)|=\frac{2V_r}{\pi}\sum_{n=1}^{\infty}\frac{(-1)^{n+1}}{2n-1}\times\frac{1}{\sqrt{1+(\Delta\omega RC)^2}}$$

定义 $\omega=\omega_0$ 时的幅度响应为 $A_0=2V_r/\pi$，由上式可得总的等效噪声带宽为

$$\begin{aligned}B_e&=\frac{1}{|A_0^2|}\int_{-\infty}^{\infty}|H(\Delta\omega)|^2\mathrm{d}(\Delta\omega)\\&=\sum_{n=1}^{\infty}\left(\frac{1}{2n-1}\right)^2\int_{-\infty}^{\infty}\frac{1}{1+(\Delta\omega RC)^2}\mathrm{d}(\Delta\omega)\end{aligned}$$

因为对于 $\Delta\omega>0$ 和 $\Delta\omega<0$ 滤波器都有输出，所以上式中的积分限为 $-\infty\sim+\infty$。由上式可得

$$B_e=\sum_{n=1}^{\infty}\left(\frac{1}{2n-1}\right)^2\cdot\frac{1}{2RC}=\frac{\pi^2}{8}\cdot\frac{1}{2RC}\quad(\mathrm{Hz})\tag{4-39}$$

由式(4-39)可见，与参考输入为正弦波时的等效噪声带宽相比(见式(4-9))，当参考信号为方波时，相敏检测器的谐波响应使得带宽增加了23%。由于输出噪声电压和等效噪声带宽的平方根成正比，所以当输入白噪声时，总的输出噪声电压将会增加11%，输出信噪比略有下降。

消除谐波响应不利影响的最常用方法，是在信号通道中加入中心频率为 ω_0 的带通滤波器，利用其窄带滤波作用滤除各高次谐波处的噪声。另一种有效抑制三次谐波危害的有效方法是采用脉冲载波调制(PCM)技术，见参考文献[15]。

6. $x(t)$为方波，$r(t)$为方波

使用斩波器对直流或慢变的被测信号 V_s 进行斩波，可以得到幅度与被测信号成正比的方波信号。将此信号与参考方波相乘再进行低通滤波，就可以得到幅度与被测信号 V_s 成正比的相敏检测输出 $u_o(t)$。

设被测信号斩波后得到的方波的幅度为 $\pm V_s$，基频为 ω_0，则其傅里叶级数表示式为

$$x(t)=\frac{4V_s}{\pi}\sum_{n=1}^{\infty}\frac{(-1)^{n+1}}{2n-1}\cos[(2n-1)\omega_0 t+\theta]\tag{4-40}$$

参考信号方波的幅度为 $\pm V_r$，其傅里叶级数表示式为

$$r(t)=\frac{4V_r}{\pi}\sum_{n=1}^{\infty}\frac{(-1)^{n+1}}{2n-1}\cos(2n-1)\omega_0 t\tag{4-41}$$

上面两个多项式相乘的结果比较复杂，因为乘积中还包含各次谐波两两相乘的项，所以用数学方法进行分析比较困难。下面利用图解的方式进行分析。

若用积分器作 LPF，则被测信号方波 $x(t)$ 与参考信号方波 $r(t)$ 相乘再积分的结果为

$$u_o(t)=\frac{1}{T_0}\int_0^{T_0}x(t)r(t)\mathrm{d}t \qquad (4\text{-}42)$$

当积分时间 T_0 足够长时，式(4-42)的积分结果为 $x(t)r(t)$ 的平均值。图 4-9 所示为 $x(t)$、$r(t)$ 和 $u_p(t)=x(t)r(t)$ 的波形，图中的横虚线表示积分结果 $u_o(t)$。

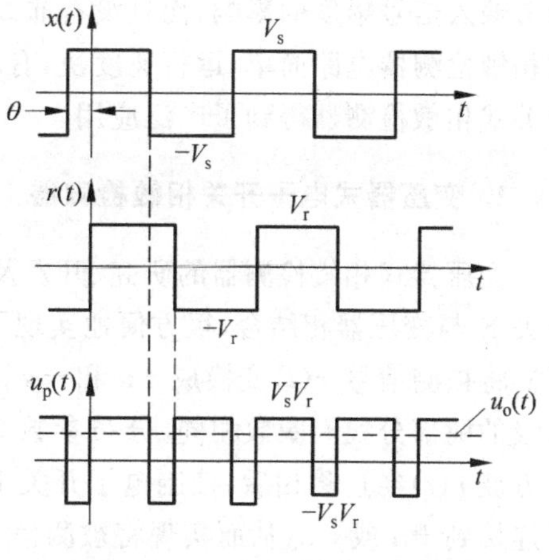

图 4-9 $x(t)$ 和 $r(t)$ 均为方波时的相敏检测波形

由图 4-9 可见，随着 θ 的变化，$u_p(t)$ 波形的占空比随之线性变化，而 $u_p(t)$ 的平均值正比于其占空比，所以 $u_o(t)$ 与 θ 也是线性关系。当 $\theta=0$ 时，$u_o(t)$ 为其最大值 V_sV_r；随着 θ 逐渐增大，$u_o(t)$ 线性减少，当 $\theta=\pi/2$ 时 $u_o(t)=0$；θ 继续增大，$u_o(t)$ 继续线性减少，直至 $\theta=\pi$ 时，$u_o(t)$ 达到最小值 $-V_sV_r$。

当 θ 从 π 继续增大时，$u_o(t)$ 会随 θ 线性增大，直到 $\theta=2\pi$ 时，$u_o(t)$ 达到最大值 V_sV_r。所以，相敏检测器的鉴相特性可以表示为

$$u_o(\theta)=\begin{cases}V_sV_r(1-2\theta/\pi), & 0<\theta\leqslant\pi\\ V_sV_r(2\theta/\pi-3), & \pi<\theta\leqslant 2\pi\end{cases} \qquad (4\text{-}43)$$

由式(4-43)可知，对于被测信号和参考信号均为方波的情况，相敏检测器的输出正比于被测信号幅度 V_s，而且与相位差 θ 有关。所以相敏检测器既能鉴幅，又能鉴相。式(4-43)所表示的 $u_o(t)$ 与 θ 的函数关系示于图 4-10。与被测信号和参考信号均为正弦波的鉴相特性(见图 4-5)相比，图 4-10 所示鉴相特性为线性关系，这会给某些应用场合带来方便。此外，对于参考信号为方波的情况，相敏检测中的模拟相乘过程可以用电子开关来实现，这可以提高系统的工作速度，简化硬件设计和降低成本，而且可以消除参考信号方波幅度 V_r 对测量结果的影响。

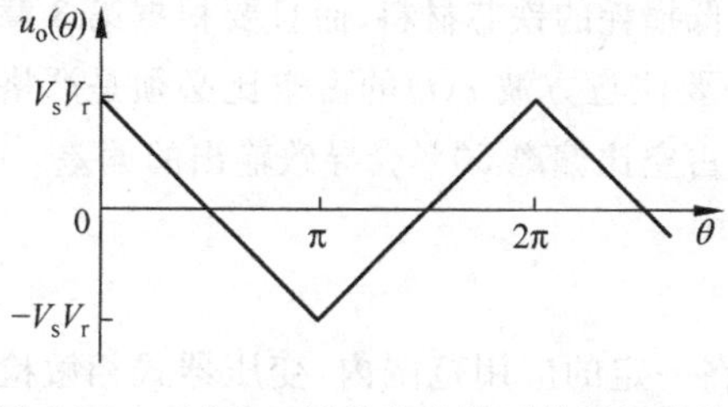

图 4-10 $x(t)$ 和 $r(t)$ 均为方波时的鉴相特性

4.2.2 电子开关型相敏检测器

从前面的分析可知，模拟乘法器型相敏检测器的输出信号正比于参考信号的幅度，为了保证输出信号具有一定的精度，必须保证参考信号的幅度保持更高级的精度，这在实际实现时可能会有一定的困难。此外，有的模拟乘法器器件还存在一定的非线性，其输出除了主要成分 $x(t)r(t)$ 之外，还可能含有 $x^2(t)r(t)$，$x^3(t)r(t)$，…等项，当噪声较强时，由 $x^2(t)r(t)$ 项产生的噪声平方项会含有较大的直流分量，这可能会导致较大的输出误差。所以，目前定型的锁定放大器商业产品均采用开关式相敏检测器。

实际上，开关式相敏检测器的功能相当于参考信号是幅度为±1 的方波时的模拟乘法器式相敏检测器，当参考信号 $r(t)$ 为+1 时，电子开关接通到 $x(t)$，当 $r(t)$ 为−1 时，电子开关接通到 $-x(t)$，这样就实现了 $r(t)$ 与 $x(t)$ 的相乘过程。在这种情况下，输出幅度不再受

参考输入信号幅度的影响,而且没有非线性的问题,动态范围大,抗过载能力强。此外,开关式相敏检测器电路简单,运行速度快,有利于降低成本和提高系统的工作速度。这些优点使开关式相敏检测器得到了广泛应用。

1. 变压器式电子开关相敏检测器

变压器式相敏检测器的研究、开发及应用起步较早,可以追溯到 20 世纪 50 年代。电子开关 K 与变压器相结合,很方便地实现了信号与方波相乘的过程。如图 4-11 所示,利用变压器将被测信号 $x(t)$变换成$+u$ 和$-u$ 两部分,变压器次级采用双线并绕工艺,为的是保证次级的两部分线圈圈数相同,分布参数对称,以使$+u$ 和$-u$ 波形相同,相位相反。参考信号方波 $r(t)$经过移相后,控制电子开关 K 的接通位置,根据其电压高低分别使 LPF 的输入端连接到$+u$ 或$-u$,从而实现将被测信号 $x(t)$与方波 $r(t)$相乘的功能。

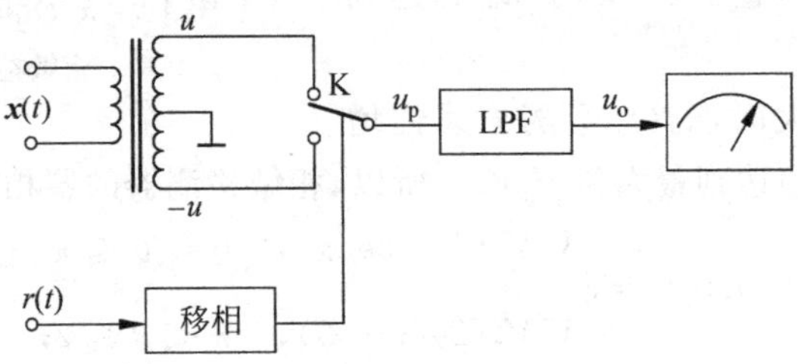

图 4-11 变压器式电子开关相敏检测器示意图

在使用图 4-11 所示的变压器式相敏检测器时,要注意变压器特性(例如频率特性、分布参数特性等)对相敏检测器输出的影响,要采用高质量、低损耗的铁芯材料,而且要根据第 3 章中所介绍的要求,对变压器采取必要的屏蔽措施。此外要注意方波 $r(t)$的占空比必须是严格的 50%,以控制电子开关连接到$+u$ 和$-u$ 的时间相同,占空比偏离 50%会导致输出的偏差。

2. 运放式电子开关相敏检测器

随着电子器件和集成电路技术的发展和成熟,在一定的应用范围内,变压器式相敏检测器可以用运放式电路代替,以避免绕制变压器的麻烦。

如图 4-12 所示,利用反相和同相放大器分别对被测信号进行放大,放大倍数均为 A,从而得到$+Ax(t)$和$-Ax(t)$两路信号。根据 $r(t)$移相后的电压高低控制电子开关的接通位置,实现与方波相乘的过程。这种方式的另一个好处是,根据被测信号 $x(t)$的幅度情况,可以比较方便地设定和调整放大器的放大倍数。

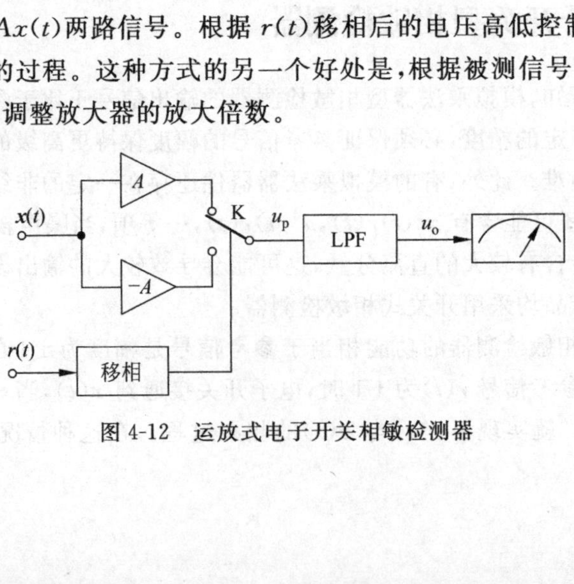

图 4-12 运放式电子开关相敏检测器

在使用运放式电子开关相敏检测器时，要注意电子开关速度对工作频率的限制，以及电子开关注入电荷的不利影响，同时要注意运算放大器的工作速度、失调电压对输出的影响。而且非常重要的是，必须确保反相和同相放大器的放大倍数相同，动态特性相似。如果两者的放大倍数不同，则在LPF输出中将引起一个直流电压分量，而且，如果被测电压 V_s 发生了漂移，这个直流分量也会跟着漂移。

另一个必须注意的使用要点是，电子开关K连接到同相放大器的周期与连接到反相放大器的周期应该严格相等，也就是说，电子开关K的控制端波形必须是严格的方波，否则也会在LPF输出中叠加一个直流电压分量。

此外，还要根据第2章中所介绍的放大器噪声特性的分析方法，认真选择电子器件，设计电路结构和设定工作点，尽量降低放大器的噪声系数。当被测信号 $x(t)$ 比较微弱时，还要考虑采取必要的屏蔽和接地措施，以抑制干扰噪声的影响。

3. 电子开关式相敏检测器的鉴相特性

电子开关式相敏检测器的鉴相特性由式(4-17)描述，即

$$u_o(t) = \frac{2V_s}{\pi}\cos\theta$$

为了更直观，图4-13示出不同相移情况下相敏检测器的各点波形。当 $\theta=0°$ 时，$\cos\theta=1$，这时的相敏检测器相当于全波整流，经LPF得到的平均值 $u_o(t)$ 最大，如图4-13(a)中的虚线所示。当 $\theta=90°$ 时，$\cos\theta=0$，因为 $u_p(t)$ 正负各半，经LPF得到的平均值 $u_o(t)$ 为零，如图4-13(b)所示。当 $\theta=180°$ 时，$\cos\theta=-1$，电子开关输出信号 $u_p(t)$ 波形示于图4-13(c)，相敏检测器相当于反向全波整流，经LPF得到的平均值 $u_o(t)$ 为负向最大，如图4-13(c)中的虚线所示。

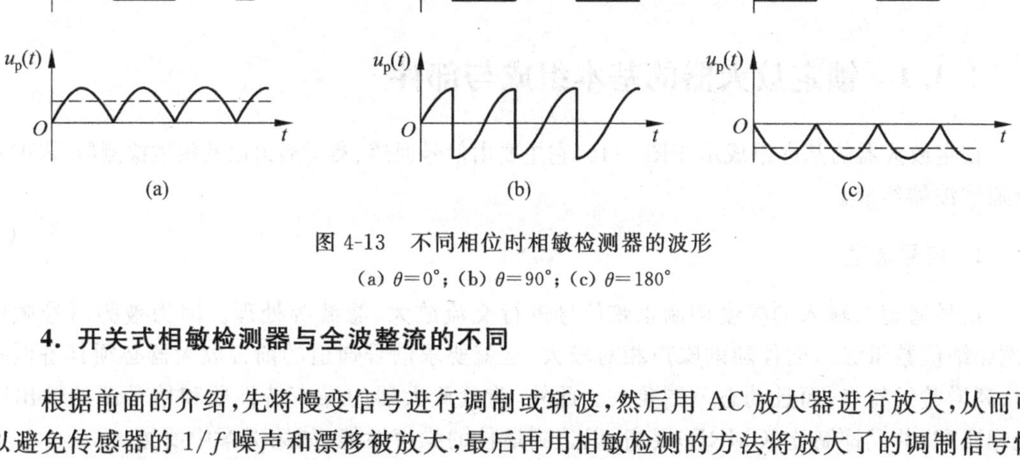

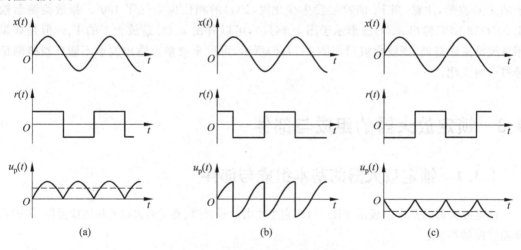

图4-13 不同相位时相敏检测器的波形

(a) $\theta=0°$；(b) $\theta=90°$；(c) $\theta=180°$

4. 开关式相敏检测器与全波整流的不同

根据前面的介绍，先将慢变信号进行调制或斩波，然后用AC放大器进行放大，从而可以避免传感器的 $1/f$ 噪声和漂移被放大，最后再用相敏检测的方法将放大了的调制信号恢

复为直流或慢变信号。从图 4-13(a)所示波形可知，相敏检测器的功能有点类似于全波整流，似乎用全波整流也能实现解调作用。但是全波整流对于调制信号的相位是不敏感的，它只能鉴幅，不能鉴相，因此抑制噪声的能力远不如相敏检测器。此外，全波整流不管调制信号的相位如何，都会把调制信号整流为大于等于零的单向信号，单向信号很可能不同于原来的被测慢变信号。图 4-14 所示波形说明了相敏检测器的工作原理，也表示出了它与全波整流的不同。

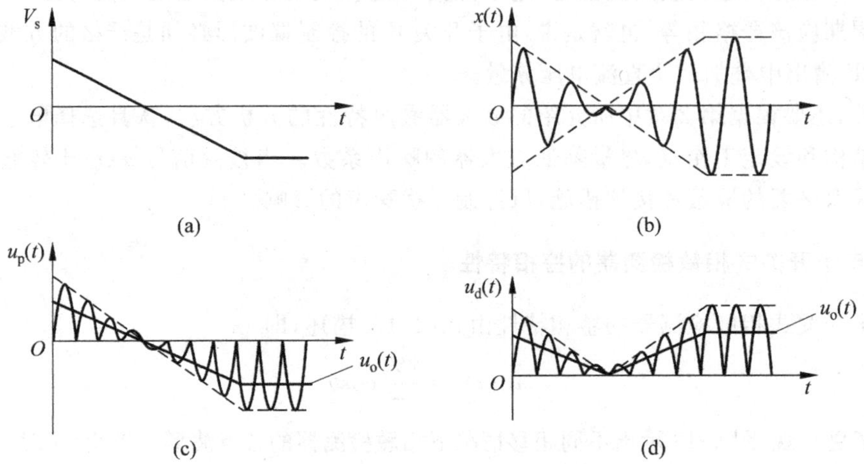

图 4-14 相敏检测器解调过程波形

(a) 被测慢变信号；(b) 放大了的调制信号；

(c) 相敏解调输出波形；(d) 全波整流输出波形

图 4-14(a)表示被测慢变信号 V_s，V_s 经过正弦载波调制和放大后得到如图 4-14(b)所示的 $x(t)$波形，注意，当 V_s 的符号发生变化时，$x(t)$的相位也变化了 180°。相敏检测器输出 $u_p(t)$和 LPF 输出 $u_o(t)$波形示于图 4-14(c)，可以看出 $u_o(t)$是放大了的 V_s。但是如果用全波整流做解调，则输出波形如图 4-14(d)所示，可见全波整流输出波形不能反映被测信号符号的变化。

4.3 锁定放大器的组成与部件

4.3.1 锁定放大器的基本组成与部件

锁定放大器的基本组成示于图 4-15，它主要由信号通道、参考通道以及相敏检测器(PSD)、低通滤波器组成。

1. 信号通道

信号通道对输入的幅度调制正弦信号进行交流放大、滤波等处理。因为被测信号微弱(例如纳伏数量级)，而伴随的噪声相对较大，这就要求信号通道的前置放大器必须具备低噪声、高增益的特点，而且动态范围要大。此外，前置放大器的噪声特性要和信号源的输出阻抗相匹配，共模抑制比(CMRR)要高，以达到最佳的噪声性能，如第 2 章中所述。

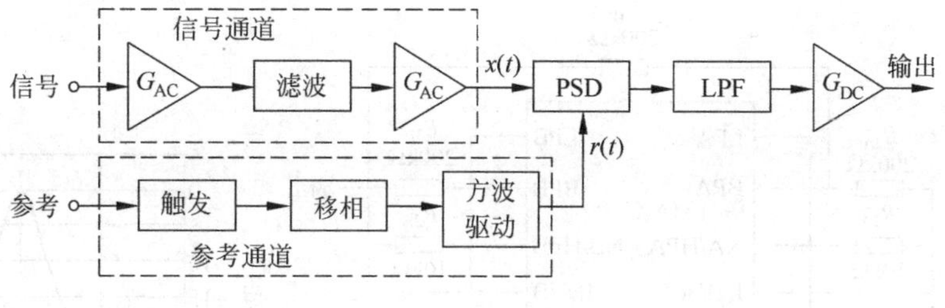

图 4-15 锁定放大器基本组成

对不同的测量对象要采用不同的传感器,例如热电偶、热电阻、压敏电阻、光电倍增管、应变片等,它们的输出阻抗各不相同,为了使前置放大器与传感器实现噪声匹配,以达到最小的噪声系数,需要设计和制作针对不同传感器的前置放大器。

信号通道中常用的滤波器是中心频率为载波频率 ω_0 的带通滤波器,在锁定放大器中,常采用低通滤波器(LPF)和高通滤波器(HPF)组合而成的带通滤波器,如图 4-16 所示。低通滤波器的拐点频率 f_{cl} 和高通滤波器的拐点频率 f_{ch} 都可调,这样就可以根据被测信号的情况来选择设定带通滤波器的中心频率 f_0 和带宽 B。注意,带通滤波器的带宽不能太窄,否则,当温度和电源电压发生变化时,信号的频谱有可能偏离带通滤波器的通频带,导致很大的测量误差。

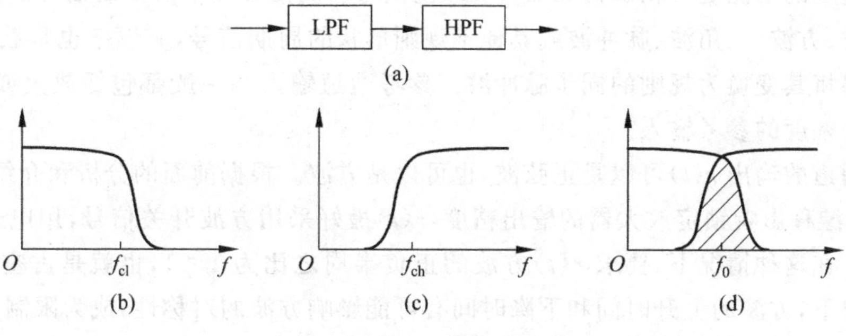

图 4-16 高、低通滤波器组合成带通滤波器

(a) 电路结构;(b) LPF 幅频响应;(c) HPF 幅频响应;(d) 组合成的 BPF

如果用开关电容滤波器实现带通滤波,则可以实现更好的滤波效果。一种利用开关电容滤波器芯片 MAX7490 组成的四阶带通滤波器示于图 4-17(a),其频率响应示于图 4-17(b)。开关电容滤波器需要外部时钟信号输入,以控制内部开关的动作,若时钟频率为 f_{CLK},则滤波器的中心频率为 $f_0=f_{CLK}/100$。滤波器的品质因数 Q 值取决于外接电阻值,$Q=R_3/R_2$,可由用户设定。

为了抑制 50Hz 工频干扰,在信号通道中常设置中心频率为 50Hz 的陷波器。陷波器也可以用开关电容滤波器实现。

在微弱信号检测电路中使用开关电容滤波器时,要特别注意预防高频时钟信号的干扰。

为了适应不同的输入信号幅度,信号通道中放大器的增益应该可调,或者增设系数可变的衰减电路。为了不破坏系统的噪声特性,增益开关一般设置在前置放大器后的某级中。此外,在信号通道中常设置过载指示,以监视电路的工作状况。

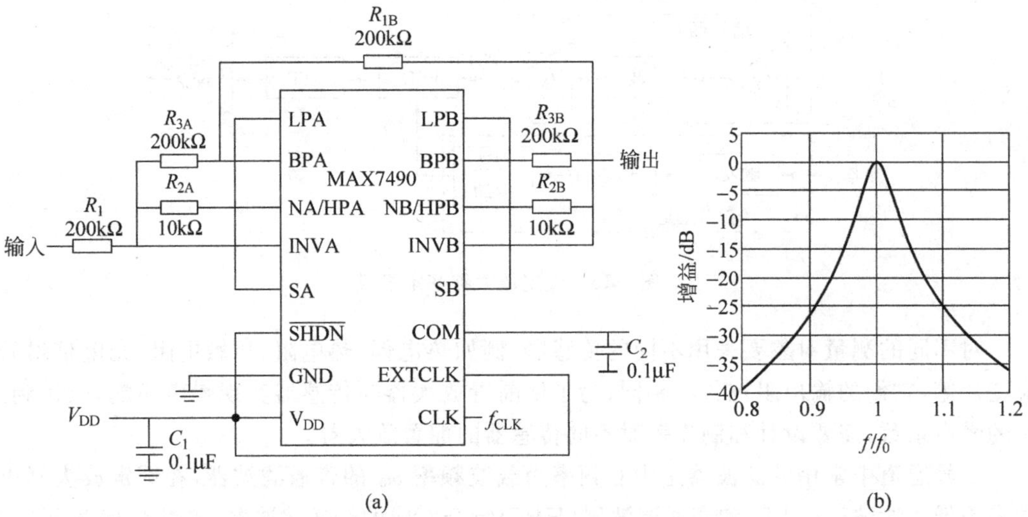

图 4-17 用 MAX7490 组成的四阶带通滤波器

(a) 电路组成；(b) 频率响应

2. 参考通道

参考通道的功能是为相敏检测器(PSD)提供与被测信号相干的控制信号。参考输入可以是正弦波、方波、三角波、脉冲波或其他不规则形状的周期信号，其频率也是载波频率 ω_0，由触发电路将其变换为规则的同步脉冲波。参考通道输入端一般都包括放大或衰减电路，以适应各种幅度的参考输入。

参考通道的输出 $r(t)$可以是正弦波，也可以是方波。根据前面的分析和介绍，为了防止 $r(t)$的幅度漂移影响锁定放大器的输出精度，$r(t)$最好采用方波开关信号，用电子开关实现相敏检测。在这种情况下，要求 $r(t)$方波的正负半周之比为 1∶1，也就是占空比为 50%。在高频情况下，方波的上升时间和下降时间有可能影响方波的对称性，成为限制整个锁定放大器频率特性的主要因素。

移相电路是参考通道中的主要部件，它可以实现按级跳变的相移(例如 90°、180°、270°等)和连续可调的相移(例如 0～100°)，这样可以得到 0～360°范围内的任何相移值。移相电路可以是模拟门积分比较器，也可以用锁相环(PLL)实现，或用集成化的数字式鉴相器、环路滤波和压控振荡器(VCO)组成。

3. 相敏检测器 PSD

(1) 模拟乘法器型相敏检测器

相敏检测器是锁定放大器的核心部件，其性能对锁定放大器整体特性具有决定性作用。多个 IC 制造商生产供应多种模拟乘法器集成芯片，可以根据应用需求选择合适的芯片。例如，模拟乘法器芯片 AD633 有两路差分输入 X 和 Y，相应的输入端分别为 X_1、X_2、Y_1 和 Y_2，一路单端输入 Z，一路单端输出 W，实现的功能为

$$W=\frac{(X_1-X_2)(Y_1-Y_2)}{10\text{V}}+Z$$

若 Z 输入端接地，则上式中的 $Z=0$。若 Z 输入端接到一个微小的可调电压上，则可用来补偿失调电压。

图 4-18(a)是 AD633 模拟乘法器内部功能方块图，图 4-18(b)是由 AD633 组成的基本乘法器电路。

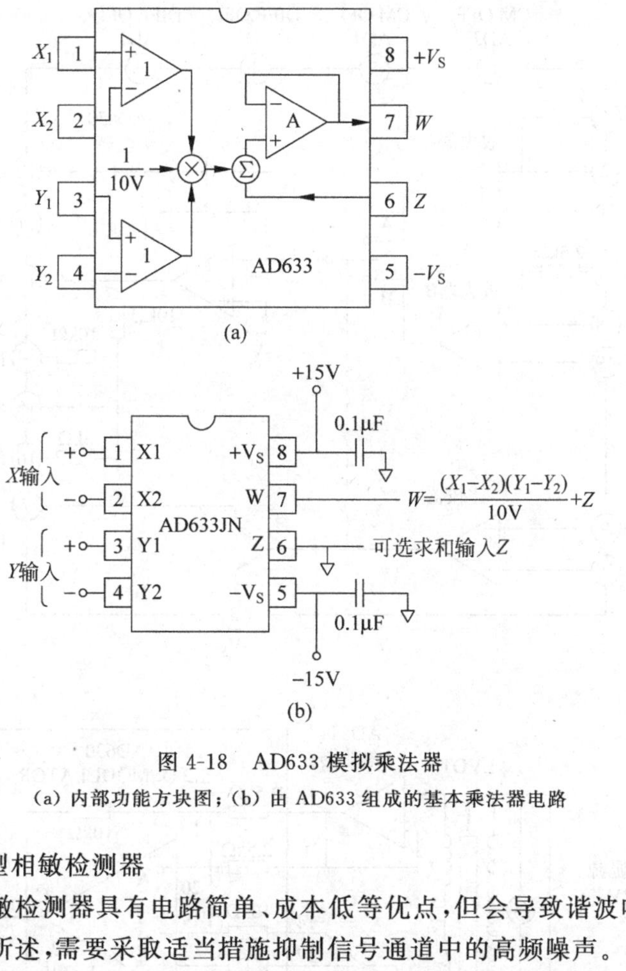

图 4-18 AD633 模拟乘法器

(a) 内部功能方块图；(b) 由 AD633 组成的基本乘法器电路

(2) 电子开关型相敏检测器

电子开关型相敏检测器具有电路简单、成本低等优点，但会导致谐波响应(梳齿滤波器响应)，如 4.2 节中所述，需要采取适当措施抑制信号通道中的高频噪声。

开关型相敏检测器可以采用多种集成电子开关实现，但为了保障参考信号 50%的占空比，电子开关的接通时间与断开时间应该严格相等。有的模拟开关芯片设计为接通时间慢于断开时间，为的是防止两路输入信号互相短路，这会导致测量误差，所以要选择接通/断开时间相同的模拟开关。

有的芯片专门设计用作开关式相敏解调，例如 AD630。图 4-19(a)示出 AD630 的内部组成和各管脚定义。

AD630 内部包含两个输入放大器，分别用于放大同相信号和反相信号；一个电子开关用作相敏解调，一个比较器用于将参考信号转换为方波信号，输出放大器兼有放大和低通滤波的作用，3 个内部电阻用于设定放大器的直流增益，2 个内部电容用于设定输出放大器的低通滤波时间常数。

如图 4-19(b)所示，当利用线性差动变压器(LVDT)测量位移时，用正弦电压源激励

LVDT 的初级线圈，其次级线圈输出的正弦波幅度正比于铁芯的位移。LVDT 激励源的正弦波移相后输入到 AD630 内的比较器，得到的方波信号控制电子开关，用 AD630 组成的开关式相敏解调器和低通滤波器处理 LVDT 的输出信号，就能得到正比于位移的输出电压信号。

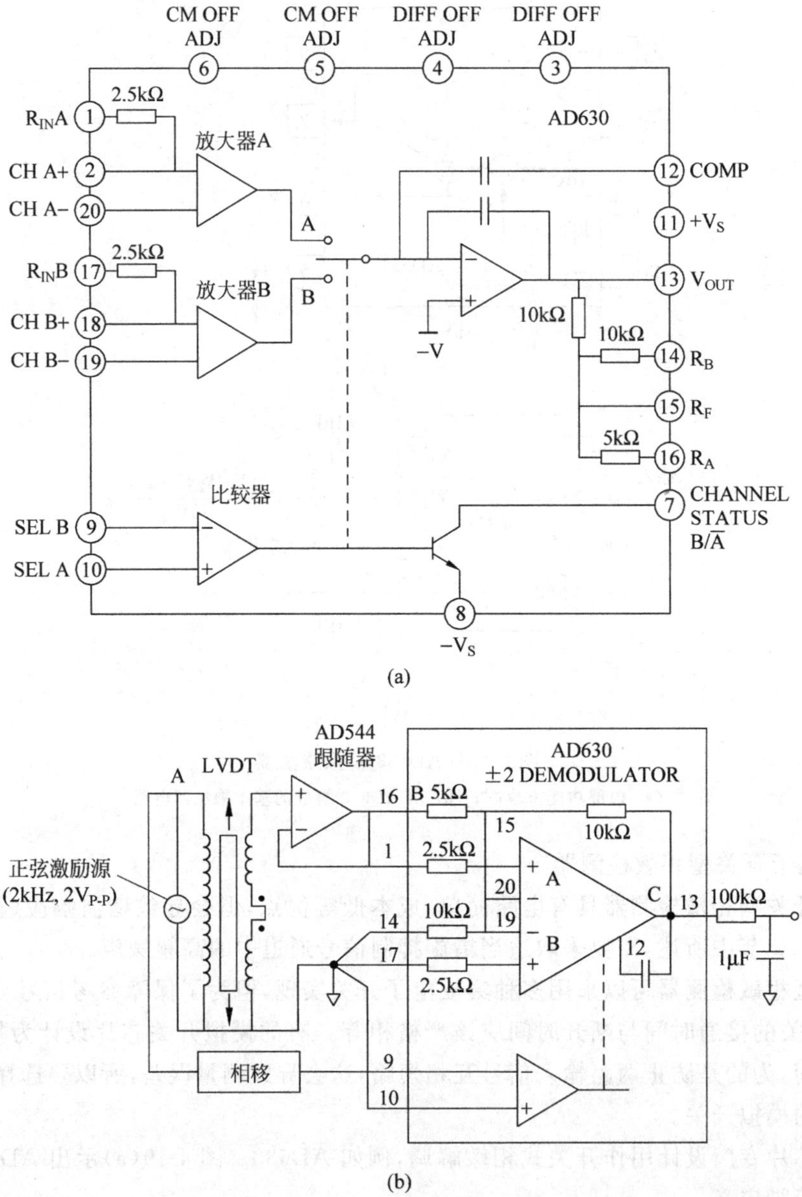

图 4-19 AD630 电子开关解调器

(a) 内部结构图；(b) AD630 与 LVDT 配合测量位移

4. 低通滤波器

锁定放大器改善信噪比的作用主要由低通滤波器(LPF)实现。由图 4-4 和式(4-9)可知，低通滤波器的时间常数 RC 越大，则锁定放大器的通频带宽度越窄，抑制噪声的能力越强。即使 LPF 的拐点频率很低，其频率特性仍然能够保持相当稳定，这是利用 LPF 实现窄带化的优点。LPF 的拐点频率常做成可调的，以适应不同的被测信号频率特性的需要。

LPF 也可以采用开关电容滤波器芯片实现，图 4-20 所示是由开关电容滤波器芯片 MAX7400 组成的 8 阶低通滤波器，其截止频率 f_C 取决于外接时钟的频率 f_{CK}，$f_C = f_{CK}/100$。也可以不使用外部时钟，在 CLK 端与地之间外接一个电容 C，由片内振荡器产生时钟，其频率为

$$f_{CK} = \frac{38 \times 10^3}{C}$$

式中 C 的单位为 pF。50kΩ 的电位器用于调整失调电压。

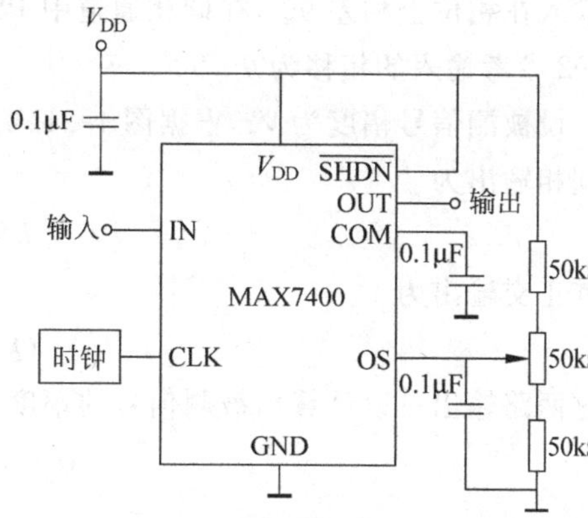

图 4-20 开关电容滤波器芯片 MAX7400 组成的 8 阶低通滤波器

为了使 LPF 的输出能够驱动合适的指示或显示设备，常常使用直流放大器对其输出进行放大，直流放大器的输入失调电压要小，温度漂移和时间漂移也要小。

有的 IC 厂家推出了专门用于锁定放大器的电路模块，使得设计和制作锁定放大器变得容易起来。例如 NF Corporation 生产的 AD-552R3/AD-552R4 模块，包含锁定放大器信号通道中的输入放大器、相敏检测器(PSD)、低通滤波器(LPF)、输出放大器等电路，还包括参考通道中的 0°～90°相移电路，具有严格的静电屏蔽。该公司生产的 AD-505R2 模块，除包含上述电路外，还包括中心频率可调的带通滤波器(BPF)、两个后置放大器和移相器。

锁定放大器的各部分电路必须采取必要的屏蔽和接地措施，为的是抑制外部干扰的影响，这对信号通道的输入级尤其重要。为了防止各部分电路互相耦合以及地电位差耦合到信号电路，对各部分的信号和电源电路还应采取必要的隔离措施。

4.3.2 正交矢量型锁定放大器

正交矢量型锁定放大器电路结构示于图 4-21(a)，它可以同时输出同相分量 I 和正交分量 Q，在某些场合具有特殊的用途，例如对被测信号进行矢量分析。

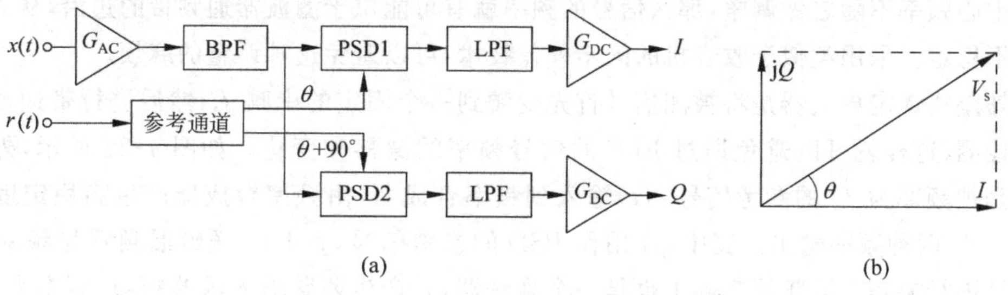

图 4-21 正交矢量型锁定放大器电路结构和输出信号矢量关系

(a) 电路结构；(b) 输出信号矢量关系

正交矢量型锁定放大器需要两个相敏检测器系统，它们的信号输入是同样的，但两个参考输入在相位上相差90°，在同相通道中PSD1参考输入的相移为θ(0～360°)，正交通道中PSD2参考输入的相移为$\theta+90°$。

设被测信号幅度为V_s，根据图4-21(b)所示输出信号矢量关系，正交矢量型锁定放大器的同相输出为

$$I = V_s\cos\theta \tag{4-44}$$

而其正交输出为

$$Q = V_s\sin\theta \tag{4-45}$$

由这两路输出可以计算出被测信号的幅度V_s和相位θ

$$V_s = \sqrt{I^2 + Q^2} \tag{4-46}$$

$$\theta = \arctan(Q/I) \tag{4-47}$$

如果利用模数转换器(ADC)将I和Q转换为数字量，并输入到微型计算机或DSP芯片中，就可以实现式(4-46)和式(4-47)的运算。

正交矢量型锁定放大器应用得比较普遍，它是利用两个正交的分量计算出幅度V_s和相位θ，这可以避免对参考信号做可变移相，也可以避免移相对测量准确性的影响。由式(4-6)和式(4-16)可知，单路相敏检测器的输出$u_o(t)$正比于$\cos\theta$，因此θ的测量误差会直接传递为被测信号幅度V_s的测量误差，这种误差对单路相敏检测器往往是个很难解决的问题，而正交矢量型锁定放大器可以避免这个问题。

目前有多个IC厂家生产和供应正交解调器(有的文献中称之为I/Q解调器)芯片，片中包括多个乘法器和90°相移电路，为这种解决方案提供了方便。

4.3.3 外差式锁定放大器

1. 外差式锁定放大器结构和原理

如果信号通道中采用图4-16所示的由高、低通滤波器组成的带通滤波器，则当被测信号的频率特性改变时，必须调整高、低通滤波器的参数，这在使用中会有很多不便。利用其他形式的带通滤波器也会有类似的问题，当调制频率或斩波频率发生变化时，如果带通滤波器的中心频率不随之做调整，那么信号的频率就有可能位于滤波器通频带的边沿，从而导致输出不稳定。采用类似于收音机的同步外差技术，可以避免这种调整的麻烦。

外差式锁定放大器是将被测信号首先变频到一个固定的中频f_i，然后进行带通滤波和相敏检测，这样就可以避免通过BPF的信号频率的漂移和变化。如图4-22所示，外差式LIA是把频率为f_0的参考信号$r(t)$输入到频率合成器，由频率合成器产生高稳定度的f_i和f_i+f_0两种频率输出。其中，f_i用作PSD的参考信号，f_i+f_0送给混频器与频率为f_0的信号进行混频。混频器实际上也是一个乘法器，它产生两路输入的差频项(频率为f_i)及和频项(频率为f_i+2f_0)，再经中心频率为f_i的BPF滤波后，输出为频率f_i的中频信号，其幅度正比于被测信号的幅度。之后经过PSD的相敏检测和LPF的低通滤波，实现对信号幅度的测量。

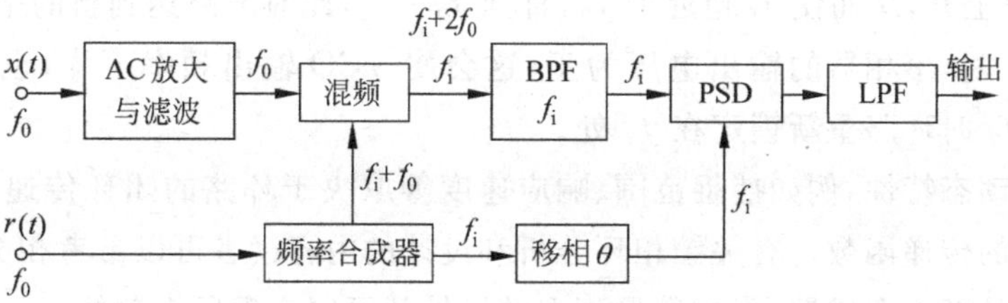

图 4-22 外差式 LIA 结构框图

从上述工作过程可见，即使在测量过程中 f_0 发生了变化，混频器输出的频率 f_i 仍然保持稳定不变。这样混频器之后的各级可以针对固定的频率 f_i 作最佳设计，包括采用专门设计的固定中心频率的带通滤波器，这既提高了系统抑制噪声和谐波响应的能力，又避免了调整 BPF 的麻烦。对于不同的被测信号频率 f_0，只要它与参考输入的频率保持一致（这一般容易做到，实际应用中的参考输入信号 $r(t)$ 往往就是来自生成被测信号 $x(t)$ 的调制正弦波或斩波所用的方波），则外差式锁定放大器都能适应。

2. 频率合成器工作原理

图 4-22 所示的外差式锁定放大器中的一个关键部件是频率合成器，它的功能是产生高稳定度的中频 f_i 和混频所需要的频率 f_i+f_0。频率合成器内部有一个频率为 f_i 的晶体振荡器，其频率稳定性很高，再利用锁相环（PLL）合成出 f_i+f_0'，当 PLL 处于锁定状态时 $f_0'=f_0$，其结构如图 4-23 所示，图中左边的闭环回路组成锁相环。

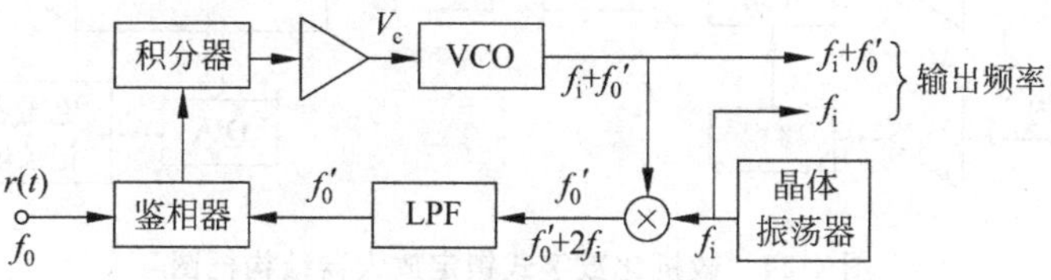

图 4-23 频率合成器结构框图

频率合成器各部分电路的工作原理如下：

(1) 振荡与混频

频率合成器中有两个振荡器：一个是晶体振荡器，它产生频率为 f_i 的正弦波，f_i 高度稳定；另一个是压控振荡器 VCO，其输出频率为 f_i+f_0'，此频率受 VCO 输入电压 V_c 的控制。这两种频率相乘而混频，产生差频项频率 f_0' 及和频项频率 $2f_i+f_0'$。经 LPF 滤除和频项，输出 f_0' 给鉴相器。

(2) 鉴相

由参考通道输入的频率为 f_0 的信号与 LPF 输出的频率为 f_0' 的正弦波在鉴相器中进行鉴相，当 $f_0'=f_0$ 且两者同相（或正交，取决于鉴相器）时，鉴相器的输出电压为零，积分器的输出电压也为零，VCO 振荡频率不变，锁相环处于锁定状态。

当 $f_0'<f_0$ 时，鉴相器的输出电压为负，经积分和放大施加给 VCO 控制输入端，这会使

VCO 输出频率上升，从而使 f_0' 趋近于 f_0，直到 $f_0'=f_0$，此时环路达到新的平衡。

当 $f_0'>f_0$ 时，鉴相器的输出电压为正，这会使 VCO 输出频率下降，也会使 f_0' 趋近于 f_0，直到 $f_0'=f_0$ 时环路重新锁定在 f_0 处。

锁相环的动态特性，例如捕捉范围、响应速度等取决于环路的闭环传递函数，尤其是积分器和放大器的传递函数。有关锁相环分析和设计的内容读者可以参考相关文献。目前市场上还有集成的频率合成器，附加数量不多的元件就可以实现所需功能。

4.3.4 微机化数字式相敏检测器

1. 系统组成及特点

微机化数字式相敏检测器(DPSD)的核心部件是微处理器或微型计算机，锁定放大所必需的各种滤波、相敏检测等功能都由计算机软件来实现。

微机化数字式锁定放大器结构框图示于图 4-24，图中的采样保持器 S/H 对模拟信号 $x(t)$ 和 $r(t)$ 进行采样，再经 A/D 转换器将其数字化，然后通过软件程序对信号进行处理，实现对 $x(t)$ 的滤波、$x(t)$ 和 $r(t)$ 的相乘、积分式低通滤波等过程。处理的结果可以显示或打印，也可以经 D/A 转换器转换成模拟量驱动电压表或记录仪给出指示。

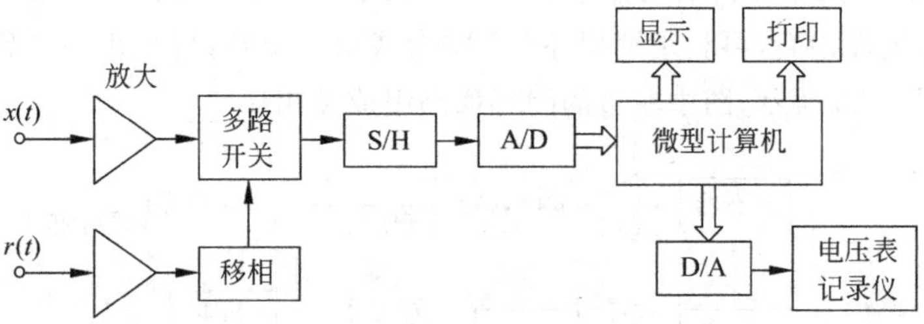

图 4-24 微机化数字式锁定放大器结构框图

DPSD 具有下列特点：

(1) 在微型机中用存储器或寄存器来保持信息，不会因时间长而丢失信息，而且存储器或寄存器有足够大的空间来存放数据。所以，滤波器的时间常数具有很大的变化范围，数字式滤波器的等效噪声带宽可以做到非常窄，为检测更微弱的信号提供了可能。

(2) DPSD 为测量低频信号提供了可能。在模拟式相敏检测器中，当参考频率 f_r 很低时，相敏检测器的 Q 值会严重下降，而 DPSD 不受影响。

(3) DPSD 具有很高的线性度，它首先把输入的模拟信号经 A/D 转换器变换为数字信号，然后用软件程序对存储的数据进行处理。在数字式信号处理中，除了舍入误差计算机不会引入其他误差，通过加长字长可以把舍入误差限制在所要求的范围内。

(4) DPSD 具有很好的灵活性。锁定放大器的灵敏度、积分时间常数、相位、工作频率、动态储备、显示方式等都可以由微型机来进行灵活控制。对信号的各种滤波可以制作成不同的软件模块，选择、连接和组态这些模块灵活方便。

实验表明，DPSD 的动态范围可大于 120dB，信噪比改善可达 70dB，最低工作频率可到毫赫兹量级[8]。随着集成电路技术和计算机技术的发展,微型计算机的工作速度越来越快,成本越来越低,为实现 DPSD 提供了很好的硬件条件。所以,计算机必将在微弱信号检测领域发挥越来越大的作用。

2. DPSD 的采样方式

在研制微机化数字式相敏检测器的早期阶段,计算机的运行速度和采样速度都较低,而相敏检测过程要求较高的工作速度。为了解决这个矛盾,科研工作者研究开发出一些特殊的采样方法,这些方法是根据被测信号的特点,在每个周期内只采样少数的几个特殊点,由多个周期的这些特定点的采样值可以恢复出被测量,例如反相采样法和正交采样法就是这样的特殊采样法[15]。随着计算机和集成电路工作速度的不断提高,一般情况下采样速度不会造成问题,人们更多地采用多次采样法。但是,当被测信号频率很高时,反相采样法和正交采样法仍然具有一定的应用价值。

多次采样法在被测信号的每个周期内都采样很多点,之后利用数值计算的方式实现模拟式相敏检测的功能。

设被测信号的周期为 T,每周期内均匀采样 M 点,采样控制信号 $p(t)$ 是一连串的 δ 函数,即

$$p(t)=\sum_{k=0}^{\infty}\delta\left(t-\frac{kT}{M}\right) \tag{4-48}$$

参考信号 $r(t)$ 的采样值 $r(k)$ 为

$$r(k)=r(t)p(t)=\sum_{k=0}^{\infty}r\left(\frac{kT}{M}\right)\delta\left(t-\frac{kT}{M}\right) \tag{4-49}$$

被测信号 $x(t)$ 的采样值 $x(k)$ 为

$$x(k)=x(t)p(t)=\sum_{k=0}^{\infty}x\left(\frac{kT}{M}\right)\delta\left(t-\frac{kT}{M}\right) \tag{4-50}$$

在模拟式相敏检测过程中,如果利用积分器实现 LPF 的功能,其输出为

$$u_o=\frac{1}{T_0}\int_0^{T_0}x(t)r(t)\mathrm{d}t \tag{4-51}$$

式中的 T_0 为积分时间。用采样值的矩形数值积分代替式(4-51)的模拟积分,得

$$u_o=\frac{1}{N}\sum_{k=1}^{N}x(k)r(k) \tag{4-52}$$

实际运算中应注意,N 的取值正好是 M 的整数倍,也就是说,积分时间正好覆盖被测信号的整数个周期,这在算法实现时可能不太方便。

如果参考信号 $r(t)$ 是幅值为 ±1 的方波,那么相隔半个被测信号周期的 $r(k)$ 的符号必然相反,式(4-52)可用下式实现

$$u_o=\frac{1}{NM}\sum_{n=1}^{N}\sum_{k=1}^{M/2}\left[x\left(nT+\frac{kT}{M}\right)-x\left(nT+\frac{T}{2}+\frac{kT}{M}\right)\right] \tag{4-53}$$

式中,M 为偶数,N 为所测周期数,积分时间 $T_0=NT$。

多次采样数字式相敏检测中各信号情况示于图 4-25,图中,$x(k)r(k)$ 的数字平均值即为 u_o。

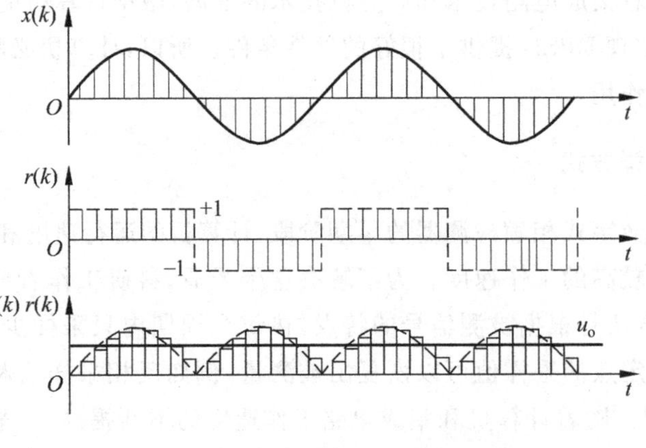

图 4-25 多次采样数字式相敏检测

4.4 旋转电容滤波及其在锁定放大器中的应用

4.4.1 旋转电容滤波器的工作原理

1. 旋转电容滤波原理

旋转电容滤波器是一种特定的开关电容滤波器。开关电容滤波器抑制噪声的能力很强,它既包含模拟电路,又包含电子开关电路,分析方法往往比较复杂。国外已经有多种集成化开关电容滤波器问世,并在科研和工业产品中得到广泛应用。在开关电容滤波器中,驱动电子开关的脉冲信号频率可以由晶体振荡器提供,这使得其频率特性非常稳定。

在图 4-26(a)所示的旋转电容滤波器中,K_1 和 K_2 是由脉冲信号控制的双刀双掷电子开关,控制脉冲信号 $p(t)$是频率为 f_0 的方波。当 $p(t)$为高电压时,电子开关接到上部接点(如实线所示),当 $p(t)$为低电压时,电子开关接到下部接点(如虚线所示)。这样电流源 $i(t)$就通过电子开关周期性地变换方向,给 RC 电路交替充电。这相当于对 $i(t)$周期性地乘以+1 和−1,所以 $p(t)$可以表示为图 4-26(b)所示的波形,可以用

$$i'(t) = p(t)i(t) \tag{4-54}$$

表示电子开关对电流方向的切换作用,从而得到图 4-26(c)所示的等效电路。

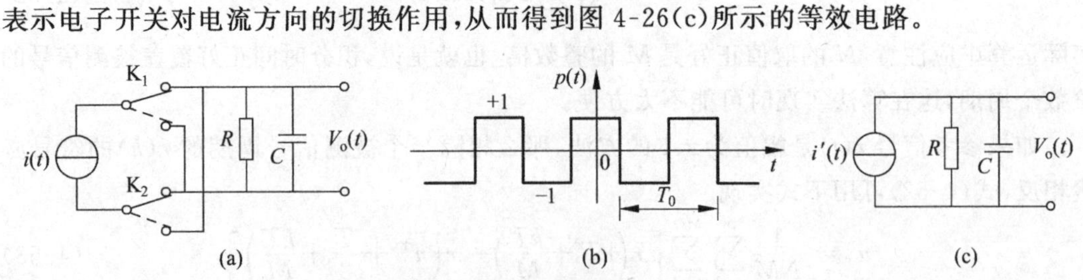

图 4-26 旋转电容滤波原理

(a) 原理电路;(b) 控制脉冲方波;(c) 等效电路

设 $p(t)$ 的周期为 T_0，角频率为 $\omega_0=2\pi/T_0$，这样的周期函数可以展开成无限个正弦和余弦谐波分量之和。为了后面的分析方便，式(4-11)所表示的傅里叶级数表达式可以改写为如下的指数形式：

$$p(t)=\sum_{m=-\infty}^{\infty}c_m\exp(\mathrm{j}m\omega_0 t) \tag{4-55}$$

式中

$$c_m=\frac{1}{T_0}\int_{-T_0/2}^{T_0/2}p(t)\exp(-\mathrm{j}m\omega_0 t)\mathrm{d}t \tag{4-56}$$

m 为谐波次数。对式(4-56)进行分段积分，并求和，得

$$c_m=\frac{2}{\pi}\cdot\frac{\sin(m\pi/2)}{m} \tag{4-57}$$

当 m 为偶数时，c_m 为零，对于奇数 m，令 $m=2n-1$，n 为整数，得

$$c_m=\frac{2}{\pi}\cdot\frac{(-1)^{n+1}}{2n-1} \tag{4-58}$$

式中，$n=(m+1)/2$。将式(4-58)代入式(4-55)得

$$p(t)=\frac{2}{\pi}\sum_{n=-\infty}^{\infty}\frac{(-1)^{n+1}}{2n-1}\exp[\mathrm{j}(2n-1)\omega_0 t] \tag{4-59}$$

将式(4-59)代入式(4-54)，可得

$$i'(t)=p(t)i(t)=\frac{2i(t)}{\pi}\sum_{n=-\infty}^{\infty}\frac{(-1)^{n+1}}{2n-1}\exp[\mathrm{j}(2n-1)\omega_0 t] \tag{4-60}$$

对式(4-60)进行傅里叶变换，并利用 $F[x(t)\exp(\mathrm{j}\omega_1 t)]=X(\omega-\omega_1)$ 的频移特性，得

$$I'(\omega)=\frac{2}{\pi}\sum_{n=-\infty}^{\infty}\frac{(-1)^{n+1}}{2n-1}I[\omega-(2n-1)\omega_0] \tag{4-61}$$

式中，$I'(\omega)$ 为 $i'(t)$ 的频谱，$I(\omega)$ 为 $i(t)$ 的频谱。可见，电子开关的作用是使 $i(t)$ 的频谱移到 ω_0 的各奇次谐波处，相对幅度分别为 $1,-1/3,1/5,-1/7,\cdots$。

根据傅里叶变换的特性，对于实信号 $i(t)$，其频谱 $I(\omega)$ 的实部为偶函数，虚部为奇函数，所以式(4-61)可以改写为

$$I'(\omega)=\frac{4}{\pi}\sum_{n=1}^{\infty}\frac{(-1)^{n+1}}{2n-1}I[\omega-(2n-1)\omega_0] \tag{4-62}$$

在图 4-26(c)所示的等效电路中，对于角频率为 ω 的信号，R 和 C 相并联的复阻抗为

$$Z=R/\!/\frac{1}{\mathrm{j}\omega C}=\frac{R}{1+\mathrm{j}\omega RC} \tag{4-63}$$

由式(4-62)可知，由于电子开关的作用，流经 Z 的电流 $I'(\omega)$ 是由很多不同的频率分量组成的，对于其中的每个分量，RC 并联电路所呈现的复阻抗也有所不同。针对 $I'(\omega)$ 中的某个频谱分量 $I[\omega-(2n-1)\omega_0]$，RC 并联电路的复阻抗为

$$Z_n=\frac{R}{1+\mathrm{j}[\omega-(2n-1)\omega_0]RC} \tag{4-64}$$

所以，电路的输出电压 $V_o(t)$ 的频谱可以看成是由 $I'(\omega)$ 的各分量与 Z_n 相乘得到的电压分量的频谱组成，即

$$V_o(\omega)=\frac{4}{\pi}\sum_{n=1}^{\infty}\frac{(-1)^{n+1}}{2n-1}I[\omega-(2n-1)\omega_0]Z_n$$

$$=\frac{4R}{\pi}\sum_{n=1}^{\infty}\frac{(-1)^{n+1}}{2n-1}\cdot\frac{I[\omega-(2n-1)\omega_0]}{1+\mathrm{j}[\omega-(2n-1)\omega_0]RC} \tag{4-65}$$

由式(4-65)可见，由于电子开关的作用，输出电压中包含开关频率基波和各奇次谐波的分量。输出电压的幅值为

$$|V_o(\omega)|=\frac{4R}{\pi}\sum_{n=1}^{\infty}\frac{1}{2n-1}\cdot\frac{|I[\omega-(2n-1)\omega_0]|}{\sqrt{1+\{[\omega-(2n-1)\omega_0]RC\}^2}} \tag{4-66}$$

2. 旋转电容滤波器电路分析

图4-27(a)所示是利用运算放大器构成的旋转电容滤波器实用电路，其反馈支路就是图4-26(a)所示旋转电容滤波电路。电子开关 K_1 和 K_2 在方波脉冲 $p(t)$ 控制下进行切换。当方波为高电压时，K_1 和 K_2 连接到A，当方波为低电压时，K_1 和 K_2 连接到B。对于电阻 R 来说，开关切换与不切换效果相同，所以图4-27(a)电路可以等效为图4-27(b)电路，图中的电容切换过程相当于电容 C 在两个半圆形极板中以开关频率 $f_0=\omega_0/2\pi$ 旋转，所以这种开关电容滤波器又叫做旋转电容滤波器。

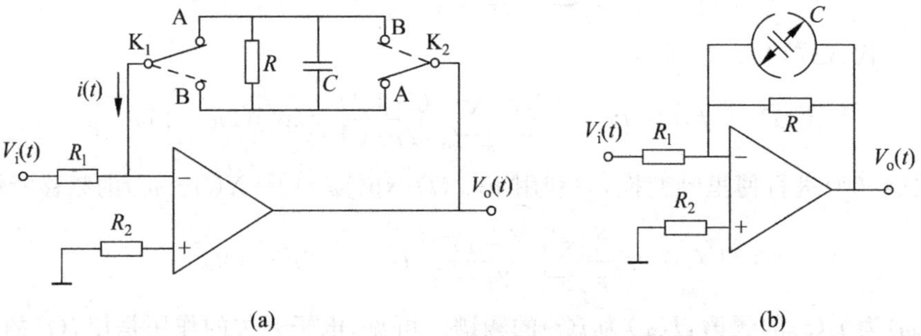

图4-27 旋转电容滤波器电路

(a) 原理电路；(b) 旋转电容等效电路

对于图4-27(a)所示电路，考虑到运算放大器的负输入端为虚地，流经反馈支路的电流 $i(t)$（设定方向如图中箭头所示）与输入电压 $V_i(t)$ 之间的关系为

$$V_i(t)=-R_1 i(t) \tag{4-67}$$

式(4-67)的傅里叶变换为

$$V_i(\omega)=-R_1 I(\omega) \tag{4-68}$$

因为运算放大器输入负端为虚地，反馈支路与图4-26(a)所示电路完全相同，所以放大器输出电压 $V_o(t)$ 同 $i(t)$ 的关系与图4-26(a)所示电路相同，$V_o(t)$ 的频谱 $V_o(\omega)$ 符合式(4-65)，即

$$V_o(\omega)=\frac{4R}{\pi}\sum_{n=1}^{\infty}\frac{(-1)^{n+1}}{2n-1}\cdot\frac{I[\omega-(2n-1)\omega_0]}{1+\mathrm{j}[\omega-(2n-1)\omega_0]RC}$$

$$=\frac{4R}{\pi}\cdot\frac{I(\omega)}{1+\mathrm{j}\omega RC}*\sum_{n=1}^{\infty}\frac{(-1)^{n+1}}{2n-1}\delta[\omega-(2n-1)\omega_0] \tag{4-69}$$

式中的“*”表示卷积。

结合式(4-68)，可得图4-27(a)电路的频率响应函数为

$$H(\omega)=\frac{V_o(\omega)}{V_i(\omega)}=-\frac{4R}{\pi R_1}\cdot\frac{1}{1+j\omega RC}*\sum_{n=1}^{\infty}\frac{(-1)^{n+1}}{2n-1}\delta[\omega-(2n-1)\omega_0]$$

$$=-\frac{4R}{\pi R_1}\sum_{n=1}^{\infty}\frac{(-1)^{n+1}}{2n-1}\cdot\frac{1}{1+j[\omega-(2n-1)\omega_0]RC} \tag{4-70}$$

$H(\omega)$为复数，它可以表示为

$$H(\omega)=|H(\omega)|e^{j\varphi(\omega)}$$

式中，$|H(\omega)|$表示$H(\omega)$的幅值，$\varphi(\omega)$表示$H(\omega)$的相角。由式(4-70)可得该电路的幅频响应为

$$|H(\omega)|=\frac{4R}{\pi R_1}\sum_{n=1}^{\infty}\frac{1}{2n-1}\cdot\frac{1}{\sqrt{1+\{[\omega-(2n-1)\omega_0]RC\}^2}} \tag{4-71}$$

滤波器的相频响应为

$$\varphi(\omega)=\arctan\{[\omega-(2n-1)\omega_0]RC\} \tag{4-72}$$

3. 旋转电容滤波器的性能

1) 对不同频率输入信号的响应

下面针对不同的输入信号频率ω，分别分析电路对输入信号的响应。

(1) 如果输入信号为正弦波，其频率与电子开关的切换频率相等，即$n=1,\omega=\omega_0$，由式(4-71)可得

$$|H(\omega)|=\frac{4R}{\pi R_1} \tag{4-73}$$

由式(4-70)中的负号可知，输出信号$V_o(t)$与输入信号$V_i(t)$反相，即$\varphi=180°$。

(2) 如果输入信号为正弦波，其频率为电子开关的切换频率的奇数倍，即$\omega=(2n-1)\omega_0$，由式(4-71)可得

$$|H(\omega)|=\frac{4R}{\pi R_1}\cdot\frac{1}{2n-1} \tag{4-74}$$

可见，在开关方波信号的奇次谐波处，电路的幅度响应与其基波处相比，只是基波幅度响应的$1/(2n-1)$。而且，输出信号$V_o(t)$与输入信号$V_i(t)$反相。

(3) 当输入信号频率偏离电子开关的切换频率的基波或其奇次谐波一个$\Delta\omega$时，即

$$\Delta\omega=\omega-(2n-1)\omega_0$$

由式(4-70)可得

$$H(\omega)=-\frac{4R}{\pi R_1}\sum_{n=1}^{\infty}\frac{(-1)^{n+1}}{2n-1}\cdot\frac{1}{1+j\Delta\omega RC} \tag{4-75}$$

电路的幅频响应为

$$|H(j\omega)|=\frac{4R}{\pi R_1}\sum_{n=1}^{\infty}\frac{1}{2n-1}\cdot\frac{1}{\sqrt{1+(\Delta\omega RC)^2}} \tag{4-76}$$

电路的相频响应为

$$\varphi(\omega)=\arctan(\Delta\omega RC) \tag{4-77}$$

由式(4-76)可知，当输入信号频率偏离$(2n-1)\omega_0$时，电路输出幅度随$|\Delta\omega|$的增大而减小。RC越大，输出幅度减小得越快，通频带的宽度越窄。

由上面的分析可知，旋转电容滤波器是一个梳状滤波器，各通带位于控制脉冲方波基频及其奇次谐波处，即$(2n-1)\omega_0$处，$n=1,2,3,\cdots$，如图4-28所示。它允许与电子开关控制方波的基波或其奇次谐波频率相同的信号通过，抑制其他频率的噪声。RC越大，频带越窄，抑制噪声的能力越强。

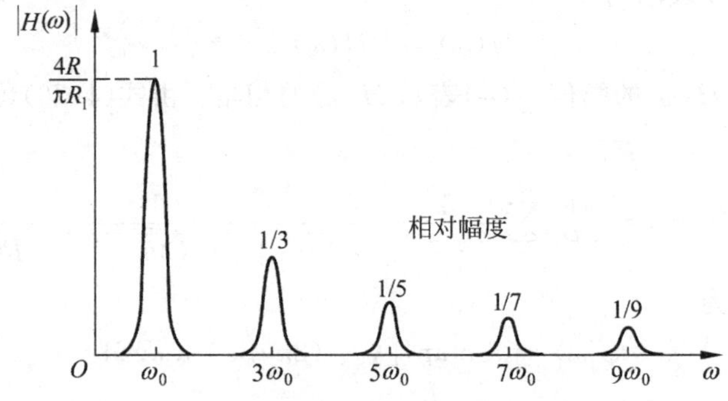

图4-28　开关电容滤波器电路幅频响应

2）等效噪声带宽

根据式(1-120)，电路系统的等效噪声带宽为

$$B_e=\frac{1}{|A_0|^2}\int_0^{\infty}|H(\omega)|^2\mathrm{d}\omega\quad(\mathrm{rad/s})\tag{4-78}$$

将式(4-71)代入式(4-78)得

$$B_e=\int_0^{\infty}\sum_{n=1}^{\infty}\frac{1}{(2n-1)^2}\cdot\frac{1}{1+[(\omega-(2n-1)\omega_0)RC]^2}\mathrm{d}\omega$$

下面首先分析图4-28中单个梳齿通带的等效噪声带宽，再求总的等效噪声带宽。

在基波附近的等效噪声带宽为

$$\begin{aligned}B_{e1}&=\int_0^{\infty}\frac{1}{1+[(\omega-\omega_0)RC]^2}\mathrm{d}\omega\\&=\frac{1}{RC}\int_{-\infty}^{\infty}\frac{1}{1+[(\omega-\omega_0)RC]^2}\mathrm{d}[(\omega-\omega_0)RC]\\&=\frac{1}{RC}\arctan[(\omega-\omega_0)RC]\Big|_{-\infty}^{\infty}=\frac{\pi}{RC}\quad(\mathrm{rad/s})\qquad(4\text{-}79)\\&=\frac{1}{2RC}\quad(\mathrm{Hz})\qquad(4\text{-}80)\end{aligned}$$

因为噪声频率与开关频率之差$\omega-\omega_0$可正可负，所以在变量置换后积分限变为$-\infty\sim+\infty$。

对于$\omega=(2n-1)\omega_0$处的单个梳齿通带，同样可得其等效噪声带宽为

$$\begin{aligned}B_{en}&=\int_0^{\infty}\frac{1}{(2n-1)^2}\cdot\frac{1}{1+[(\omega-\omega_0)RC]^2}\mathrm{d}\omega\\&=\frac{1}{(2n-1)^2}\cdot\frac{1}{2RC}\quad(\mathrm{Hz})\qquad(4\text{-}81)\end{aligned}$$

总的等效噪声带宽为

$$B_e=\sum_{n=1}^{\infty}B_{en}=\sum_{n=1}^{\infty}\frac{1}{(2n-1)^2}\cdot\frac{1}{2RC}=\frac{\pi^2}{8}\cdot\frac{1}{2RC}=\frac{\pi^2}{16RC}\tag{4-82}$$

可见，增加旋转电容滤波器的时间常数 RC，可以减小其等效噪声带宽，提高其抑制噪声的能力。而且，图 4-27(a)电路还具有放大能力，由式(4-73)和图 4-28 可以看出，对于频率等于开关控制信号基频的输入信号，电路的放大倍数为 $4R/(\pi R_1)$，调整 R_1 可以改变电路的增益，这种调整对于电路的等效噪声带宽没有影响。

4.4.2 基于旋转电容滤波器的同步外差锁定放大器

微弱信号检测就是要把淹没在噪声中的信号提取出来，检测的方法有很多种，但是无论哪种方法，都是利用信号和噪声的某种差异来区分信号和噪声的。如果信号具有某种特性，而噪声不具有这种特性，那么就可以利用这种信号所独有的特性把噪声和信号区分开来。有时信号的独有特性在时域并不明显，那就将信号变换到其他域进行分析，找出信号与噪声的差异。例如，如果信号和噪声所占有的频带不同，那么就可以利用滤波器来抑制噪声和提取信号。利用小波变换方法从噪声中提取信号也是基于这样的思想。

如果信号不具备这样的独有特性，例如信号频带和噪声频带重叠，则利用简单的滤波技术是不可能解决问题的，单纯利用窄带化技术也未必奏效。在这种情况下，可以人为地赋予信号某种特性，再利用这种特性来区分放大了的信号和噪声。一种常用的方法就是，对直流或慢变信号进行调制或斩波，人为地使被测信号具备一定的频率特征，再根据这种频率特征，利用锁定放大器把信号检测出来。

旋转电容滤波器也可以用来从噪声中检测已知频率的正弦信号或方波信号，而且根据式(4-82)，只要选择较大的时间常数 RC，其等效噪声带宽也可以做得很窄，所以它具有很强的抑制噪声能力。把旋转电容滤波器引入到锁定放大器的信号通道，实际上是对调制信号再次赋予一种频率特征，再利用这种频率特征将放大了的信号解调出来，就可以提高锁定放大器的交流增益，降低直流增益，从而展宽整个系统的动态储备，提高输出的稳定性。

1. 电路结构和工作原理

图 4-29 所示是一种成品外差同步旋转电容滤波锁定放大器的方框图，其各点波形示于图 4-30。系统的输入信号是频率为 f_s 的调制信号，参考输入是频率为 f_r 的方波，一般情况下 $f_r=f_s$。系统包含一个频率高度稳定的 11Hz 方波振荡器(可以由晶体振荡器经分频实现)，在锁定放大器的信号通道中用 11Hz 方波对输入正弦调制信号(或斩波信号)进行再次斩波，可使被测信号再附加一种频率特性，如图 4-30(c)所示，C 点波形既有原调制信号的频率特征，又具有 11Hz 的频率特征，包含 f_s 和 f_0 的各次谐波。

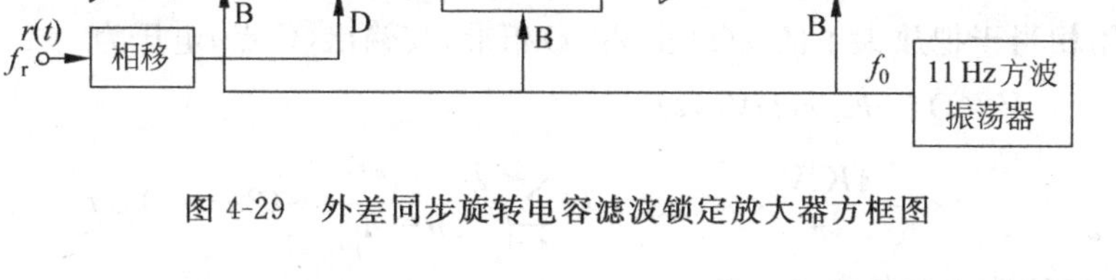

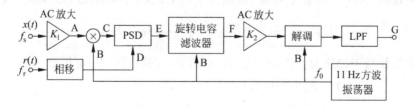

图 4-29 外差同步旋转电容滤波锁定放大器方框图

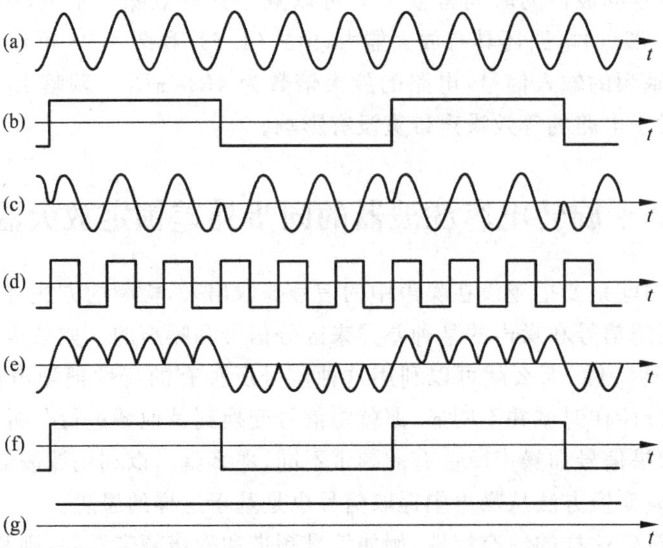

图 4-30 外差同步旋转电容滤波锁定放大器各点波形

(a) A点波形；(b) B点波形；(c) C点波形；(d) D点波形；

(e) E点波形；(f) F点波形；(g) G点波形

将上述C点信号与参考通道输出的频率为 f_r 的方波(D点波形)一起送到PSD进行相敏检测,可得到被测信号中 $f_s=f_r$ 的频率成分,PSD的输出信号仍然具有 $f_0=11\text{Hz}$ 的频率特性,如图4-30(e)所示。旋转电容滤波器的开关频率为高稳定度的 f_0,它的作用相当于中心频率为 $(2n-1)f_0$ 的带通滤波器,它对其输入信号中频率为 f_0 的分量及其奇次谐波进行窄带滤波,输出结果是频率为 f_0 的近似方波,其幅度与输入信号振幅成正比,经交流放大后被耦合到解调器。解调器实际上也是一个PSD,其参考信号是 $f_0=11\text{Hz}$ 的方波,相敏检测的结果是幅度正比于输入信号振幅的直流电压,经LPF得到G点的系统输出信号。

2. 各点电压值

设输入信号为

$$x(t)=V_s\cos(\omega_s t+\theta) \tag{4-83}$$

方波振荡器输出 $V_B(t)$ 是角频率为 ω_0,振幅为 ±1 的方波,可将其表示为傅里叶级数

$$V_B(t)=\frac{4}{\pi}\sum_{n=1}^{\infty}\frac{(-1)^{n+1}}{2n-1}\cos(2n-1)\omega_0 t \tag{4-84}$$

斩波器的作用相当于把放大了的 $x(t)$ 和 $V_B(t)$ 相乘,其输出(C点)电压为

$$\begin{aligned}V_C(t)&=K_1x(t)V_B(t)\\&=\frac{4K_1V_s}{\pi}\cos(\omega_s t+\theta)\sum_{n=1}^{\infty}\frac{(-1)^{n+1}}{2n-1}\cos(2n-1)\omega_0 t\end{aligned} \tag{4-85}$$

式中的 K_1 为斩波器之前的交流增益。

设参考输入 $V_D(t)$ 是角频率为 ω_r、振幅为±1 的方波，则可将其表示为傅里叶级数

$$V_D(t) = \frac{4}{\pi}\sum_{m=1}^{\infty}\frac{(-1)^{m+1}}{2m-1}\cos(2m-1)\omega_r t \tag{4-86}$$

相敏检测器的输出为

$$V_E(t) = V_C(t)V_D(t) = \frac{16K_1V_s}{\pi^2}[\cos(\omega_s t+\theta)\cos\omega_r t]$$

$$\times\sum_{n=1}^{\infty}\frac{(-1)^{n+1}}{2n-1}\cos(2n-1)\omega_0 t\sum_{m=2}^{\infty}\frac{(-1)^{m+1}}{2m-1}\cos(2m-1)\omega_r t \tag{4-87}$$

考虑到一般情况下 $\omega_r=\omega_s$，可得

$$V_E(t) = \frac{8K_1V_s}{\pi^2}[\cos(2\omega_s t+\theta)+\cos\theta]$$

$$\times\sum_{n=1}^{\infty}\frac{(-1)^{n+1}}{2n-1}\cos(2n-1)\omega_0 t\sum_{m=2}^{\infty}\frac{(-1)^{m+1}}{2m-1}\cos(2m-1)\omega_s t \tag{4-88}$$

这就是输入到旋转电容滤波器的电压信号，它包含大量的谐波分量。根据旋转电容滤波器的特性，它只在其开关信号的基波频率 f_0 和各奇次谐波 $(2n-1)f_0$ 处有响应，抑制除此之外的任何信号和噪声。因此，对旋转电容滤波器的有效输入信号电压为

$$V'_E(t) = \frac{8K_1V_s}{\pi^2}\cos\theta\sum_{n=1}^{\infty}\frac{(-1)^{n+1}}{2n-1}\cos(2n-1)\omega_0 t \tag{4-89}$$

这是幅度为 $(2K_1V_s/\pi)\cos\theta$ 的方波。式(4-89)在频域可以表示为

$$V'_E(\omega) = \frac{8K_1V_s}{\pi^2}\cos\theta\sum_{n=1}^{\infty}\frac{(-1)^{n+1}}{2n-1}\delta[\omega-(2n-1)\omega_0] \tag{4-90}$$

其图形如图 4-31 所示。

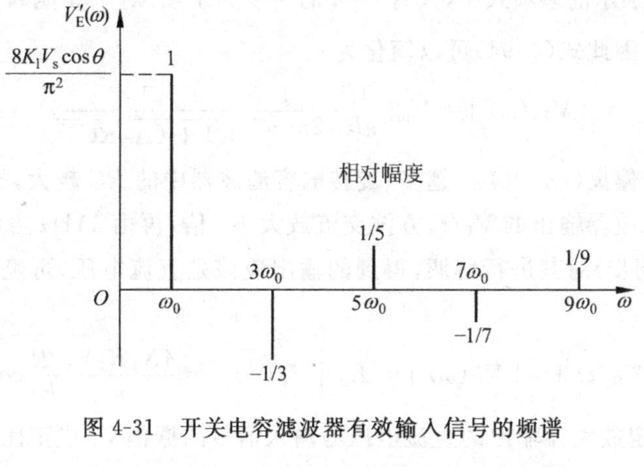

图 4-31 开关电容滤波器有效输入信号的频谱

如果采用图 4-27(a)所示的旋转电容滤波器电路，根据式(4-71)，其幅频响应为

$$|H(\omega)| = \frac{4R}{\pi R_1}\sum_{i=1}^{\infty}\frac{1}{2i-1}\cdot\frac{1}{\sqrt{1+[(\omega-(2i-1)\omega_0)RC]^2}} \tag{4-91}$$

如图 4-28 所示。由式(4-90)和式(4-91)可得，旋转电容滤波器电路输出(F 点)的电压幅度为

$$|V_F(\omega)|=|V'_E(\omega)|\cdot|H(\omega)|=\frac{32K_1V_s}{\pi^3}\frac{R}{R_1}\cos\theta\sum_{n=1}^{\infty}\frac{1}{2n-1}\delta[\omega-(2n-1)\omega_0]\times$$

$$\sum_{i=1}^{\infty}\frac{1}{2i-1}\frac{1}{\sqrt{1+[(\omega-(2i-1)\omega_0)RC]^2}} \tag{4-92}$$

式(4-92)相乘结果会包括很多乘积项。对于 $n=i$ 的乘积项，相当于图 4-31 的各频谱分量正好落入图 4-28 中的各个相应的梳齿通带的中间部位；而对于 $n\neq i$ 的乘积项，相当于图 4-31 的各频谱分量在其他梳齿边带中的响应。只要 RC 足够大，图 4-28 中的各个梳齿的带宽就会足够窄，则 $n\neq i$ 的乘积项可以忽略，这样可以只考虑 $n=i$ 时 $\omega=(2n-1)\omega_0$ 的各频点，式(4-92)可以简化为

$$\begin{aligned}|V_F(\omega)|&=\frac{32K_1V_s}{\pi^3}\frac{R}{R_1}\cos\theta\sum_{n=1}^{\infty}\left(\frac{1}{2n-1}\right)^2\\&=\frac{32K_1V_s}{\pi^3}\frac{R}{R_1}\cos\theta\cdot\frac{\pi^2}{8}=\frac{4K_1V_s}{\pi}\frac{R}{R_1}\cos\theta\end{aligned} \tag{4-93}$$

由式(4-93)可知，旋转电容滤波器输出的方波信号幅度正比于输入信号的振幅 V_s、图 4-29 中前置放大器的增益 K_1，以及图 4-27 电路中的反馈电阻与输入电阻之比 R/R_1。

对于输入到旋转电容滤波器的频率为 ω_n 的单频噪声 $V_n(t)=V_{nm}\cos\omega_n t$，$V_{nm}$ 为 $V_n(t)$ 的幅值，若 ω_n 对旋转电容滤波器开关控制信号的基频或其奇次谐波的偏离为 $\Delta\omega$，即 $\Delta\omega=\omega_n-(2n-1)\omega_0$，$n=1,2,3,\cdots$，根据式(4-91)，旋转电容滤波器输出的噪声分量的幅值为

$$\begin{aligned}|V_{Fn}(\omega)|&=V_{nm}|H(\omega)|\\&=V_{nm}\frac{4R}{\pi R_1}\sum_{i=1}^{\infty}\frac{1}{2i-1}\frac{1}{\sqrt{1+[(\omega_n-(2i-1)\omega_0)RC]^2}}\end{aligned} \tag{4-94}$$

在式(4-94) $\sum$ 所表示的多项式中，只有 $i=n$ 的一项为主项，对于其他 i，因 $|\omega_n-(2i-1)\omega_0|$ 太大故可以忽略。因此式(4-94)可以简化为

$$|V_{Fn}(\omega)|=V_{nm}\frac{4R}{\pi R_1}\frac{1}{2n-1}\frac{1}{\sqrt{1+(\Delta\omega RC)^2}} \tag{4-95}$$

可见，噪声频率 ω_n 偏离 $(2n-1)\omega_0$ 越多，旋转电容滤波器中的 RC 越大，噪声衰减得越多。

将旋转电容滤波器输出的 $V_F(t)$ 方波交流放大 K_2 倍，再由 11Hz 方波振荡器输出的方波(与 $V_F(t)$ 方波同步)对其进行解调，得到的输出应该是直流电压，再经 LPF 滤除噪声，输出的直流电压为

$$|V_G(t)|=|V_G(\omega)|=K_2|V_F(\omega)|=\frac{4K_1K_2V_s}{\pi}\frac{R}{R_1}\cos\theta \tag{4-96}$$

式(4-96)说明，锁定放大器输出的直流电压与输入信号的振幅 V_s 成正比。通过调整参考通道中的相移可以使 $\cos\theta=1$，以得到最大输出。

除了在锁定放大器中附加旋转电容滤波器，在其信号通道中还可以附加同步积分器，这也是一种开关电容滤波器，其电路结构如图 4-32 所示，图中的 $p(t)$ 为频率高度稳定的电子开关控制方波。同步积分器的性能、功效和分析方法与旋转电容滤波器非常类似，本书不再赘述，有兴趣的读者可参阅参考文献[12]。

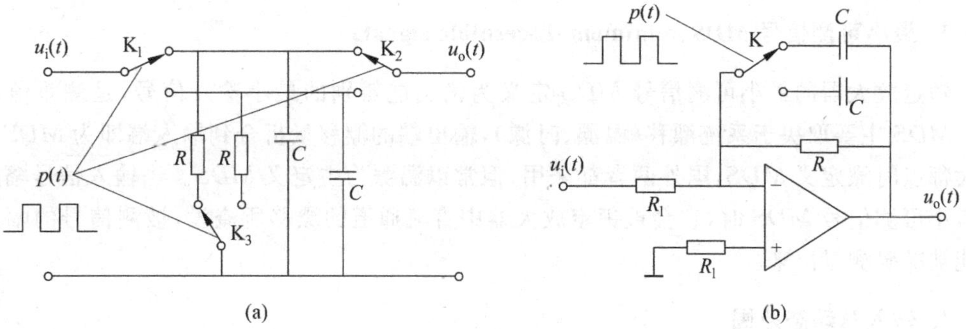

图 4-32 同步积分器电路

(a) 无源；(b) 有源

4.5 锁定放大器的性能指标与动态协调

作为一种检测系统，总希望它的输出值能精确反映其输入信号的情况。一般情况下，锁定放大器处理的是微弱信号，是淹没在噪声中的信号，因此，除了一般检测仪表所要求的灵敏度、线性度、精度、分辨率等指标外，对锁定放大器还必须定出抵御噪声能力的指标。例如，如果噪声幅度远大于信号幅度，则噪声放大后很可能使锁定放大器的后级出现过载，导致原来的线性系统变成非线性系统，引起测量的误差，这就需要对允许的输入噪声幅度定义相应的技术指标。

4.5.1 锁定放大器的主要性能指标

对于锁定放大器，常用的性能指标有下述几种。

1. 满刻度输出时的输入电压 *FS*(full scale input level)

满刻度输出时的输入电压 *FS* 表征了锁定放大器的测量灵敏度，它取决于系统的总增益。例如，如果系统的总增益为 10^8，满刻度输出为 10V，则其 *FS* 输入电压为 $0.1\mu V$。*FS* 为允许信号峰值。

2. 过载电压 *OVL*(overload)

锁定放大器的过载电压 *OVL* 定义为使 LIA 任何一级出现临界过载的输入信号电压。当输入信号或噪声的幅值超过 *OVL* 时，系统将引起非线性失真。*OVL* 为允许的输入噪声最大峰值。

对于微弱信号检测，噪声的幅度有可能大大超过被测正弦信号幅度。例如，对微伏级信号进行测量时，噪声值可能达到毫伏级以上。为了使噪声峰值不至于导致锁定放大器过载而引起非线性失真，其过载电压 *OVL* 指标应远远大于满刻度输出时的输入电压 *FS*。

必须指出，噪声的波形往往是不规则的，不同波形的噪声具有不同的波峰系数，所以过载电压 *OVL* 不能用均方根值、有效值来度量，而只能用峰值来度量。

3. 最小可测信号 *MDS*(minimum discernible signal)

锁定放大器的最小可测信号 *MDS* 定义为输出能辨别的最小输入信号,是测量值的下限。*MDS* 主要取决于系统漂移(温漂、时漂),输出端的漂移量折合到输入端即为 *MDS*。国内大都以时漂定义 *MDS*,国外两者都采用,但常以温漂为主定义 *MDS*。当输入信号幅度小于最小可测信号 *MDS* 时,它会被锁定放大器中直流通道的漂移所淹没,被测信号的幅度将不能被准确测量出来。

4. 输入总动态范围

输入总动态范围定义为,在给定测量灵敏度条件下,锁定放大器的过载电压 *OVL* 与最小可测信号 *MDS* 之比的分贝值,即

$$\text{输入总动态范围} = 20\lg\frac{OVL}{MDS} \quad (\text{dB}) \tag{4-97}$$

输入总动态范围是评价锁定放大器从噪声中检测信号的极限指标,它反映锁定放大器允许的输入噪声最大峰值与可以测出的最小信号之间的关系。

5. 输出动态范围

输出动态范围定义为满刻度输出时的输入电压 *FS* 与最小可测信号 *MDS* 之比的分贝值,即

$$\text{输出动态范围} = 20\lg\frac{FS}{MDS} \quad (\text{dB}) \tag{4-98}$$

输出动态范围反映锁定放大器可以检测出的有用信号的动态范围。

6. 动态储备

动态储备定义为锁定放大器的过载电压 *OVL* 与满刻度输出时的输入电压 *FS* 之比的分贝值,即

$$\text{动态储备} = 20\lg\frac{OVL}{FS} \quad (\text{dB}) \tag{4-99}$$

动态储备反映系统抵御干扰和噪声的能力。

上述后3项性能指标的相互关系为

$$\text{输入总动态范围} = \text{输出动态范围} + \text{动态储备} \tag{4-100}$$

如图4-33所示。

例 4-1 锁定放大器的满刻度输出为1V,这时的输入信号电压为1μV。当输入端附加噪声的峰值大到0.45mV时出现过载。将锁定放大器的输入端对地短路,用记录仪记录的输出端长时间漂移电压为2.5mV。试求该锁定放大器的输出动态范围、输入总动态范围和动态储备。

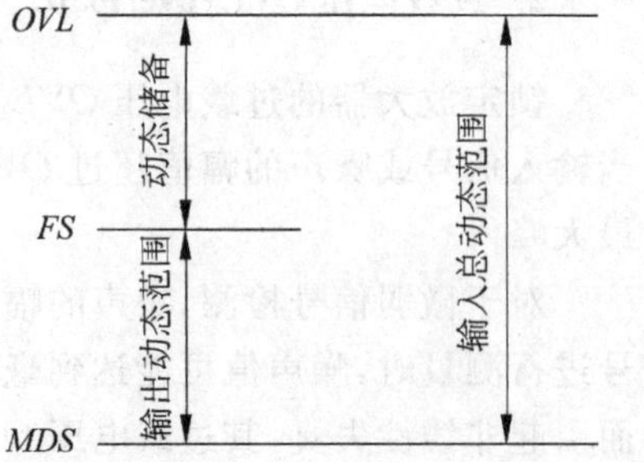

图4-33 锁定放大器的动态范围和动态储备

解:令系统增益为 A,则

$$A = 1\text{V}/1\mu\text{V} = 10^6$$

$MDS = 2.5\text{mV}/10^6 = 2.5\text{nV}$

$OVL = 0.45\text{mV}$

输出动态范围 $= 20\lg(FS/MDS) = 20\lg(1\mu\text{V}/2.5\text{nV}) = 52\text{dB}$

输入总动态范围 $= 20\lg(OVL/MDS) = 20\lg(0.45\text{mV}/2.5\text{nV}) = 105\text{dB}$

动态储备 $= 20\lg(OVL/FS) = 20\lg(0.45\text{mV}/1\mu\text{V}) = 53\text{dB}$

4.5.2　动态范围与动态协调

1. 动态范围与频率的关系

锁定放大器的动态范围是随频率变化的，对于不同频率的信号和噪声，其动态特性表现得有所不同，而且还与信号通道中的滤波器特性有关。

如果信号通道中没有加滤波器，设 f_r 为参考信号的频率，则锁定放大器的动态范围随频率变化的关系如图 4-34(a)所示，图中的横轴为输入信号或噪声的频率 f，斜线区为 PSD 过载区。可以看出，$f=f_r$ 处是系统的通带，这一带的 OVL 呈现出一个缺口，缺口宽度取决于相敏检测器后续 LPF 的频带宽度。也就是说，在 $f=f_r$ 附近，动态储备急剧下降，系统对于和 f_r 同频的干扰噪声是不能抑制的。

对于参考信号为方波的情况，由于 PSD 的谐波响应(见图 4-8)，OVL 在 f_r 的奇次谐波处还会出现多个小缺口，如图 4-34(a)中虚线所示，在这些小缺口相应的频率点系统的 OVL 会有所下降。

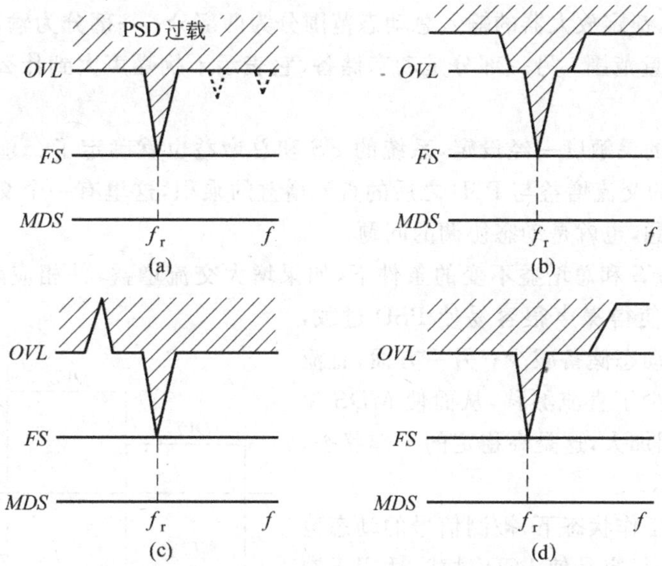

图 4-34　信号通道中增加各种滤波器对 OVL 的影响

(a) 宽带放大；(b) 增加 BPF；(c) 增加陷波器；(d) 增加 LPF

如果在信号通道中加入带通滤波器(BPF)，则为了信号能顺利通过，BPF 的中心频率必须是 f_r，这时 OVL 随频率 f 变化的情况示于图 4-34(b)，这种情况使用得很普遍。在 BPF

的通频带之外的广阔频率范围内，过载电压 OVL 提高了很多，因此抵御宽带噪声的能力提高了很多。可以看出，在信号通道中加入带通滤波器有利于抑制谐波响应的不利影响。

图 4-34(c)所示为信号通道中加入带阻滤波器(陷波器 BRF)的情况，用于提高固定频率(陷波器中心频率)处的 OVL。这种设置对于抑制固定频率的干扰(例如 50Hz 工频干扰)很有效。

图 4-34(d)所示为信号通道中加入低通滤波器(LPF)的情况，LPF 的拐点频率必须高于参考频率 f_r，以使有用信号能顺利通过。LPF 在高频阻带的抑制作用使得高频段的 OVL 得以提高，从而提高了系统抵御高频噪声的能力。

例 4-2　锁定放大器的参考频率为 10kHz，信号通道无滤波器时 $OVL=100FS$。设宽带高斯分布干扰噪声的带宽为 100kHz，有效值为 $170FS$。在信号通道中加入 BPF，以使该噪声不至于引起锁定放大器过载，试求 BPF 的等效噪声带宽 B_e。

解：根据 1.3.1 节中的分析，对于高斯分布噪声，其峰-峰值 $V_{p\text{-}p}$ 与有效值 V_{rms} 之间的关系为

$$V_{p\text{-}p} = 6.6V_{rms}$$

对于有效值为 $170FS$ 的干扰噪声，其峰-峰值为 $6.6\times170FS=1122FS$，所以要把噪声的幅度降低 11.2 倍，才能使锁定放大器不过载。

另一方面，宽带噪声的幅值正比于 $\sqrt{B_e}$，为了使噪声的幅度降低 11.2 倍，必须使噪声带宽降低 $11.2^2=125.44$ 倍。由此可得，BPF 的等效噪声带宽 B_e 应小于 800Hz。

2. 动态协调

如前面所述，锁定放大器的输入总动态范围分为两部分：一部分为输出动态范围，它表示有用信号的测量范围；另一部分是动态储备，它表示干扰噪声大到什么程度时锁定放大器出现过载。

锁定放大器的灵敏度一经设定，系统的 FS 和总增益也就确定了。总增益等于相敏检测器(PSD)之前的交流增益与 PSD 之后的直流增益的乘积，这里有一个交流增益和直流增益如何分配的问题，也就是动态协调的问题。

(1) 在保持 FS 和总增益不变的条件下，如果增大交流增益，并相应降低直流增益，则交流增益的增大使得噪声很容易使 PSD 过载，导致 OVL 下降，动态储备减少；另一方面，直流增益的降低也减少了直流漂移，从而使 MDS 相应减少，测量范围加大，这是高稳定的工作状态，如图 4-35(a)所示。

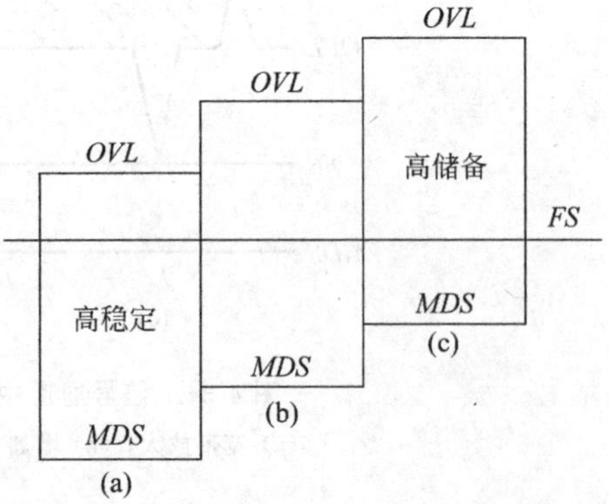

图 4-35　高稳定和高储备工作状态

在高稳定的工作状态下，被测信号的动态范围较大，但是噪声很容易使 PSD 过载，适用于输入信号信噪比较高的情况。

(2) 相反，如果降低交流增益，增大直流增益，并保持总增益不变，那么 FS 也不会变化。降低交流增益使 PSD 不易过载，从而使 OVL 增

大,动态储备提高;同时直流增益的增大也增加了直流漂移,增高了 *MDS*,减小了被测信号的动态范围。这是高储备的工作状态,如图 4-35(c)所示。

在高储备的工作状态下,LIA 中的 PSD 不易过载,锁定放大器具有良好的抵御噪声的能力,但是被测信号的动态范围较小。

4.6 锁定放大器应用

锁定放大器(LIA)是微弱信号检测的重要手段,已经被广泛应用于物理、化学、生物医学、天文、通信、金属实验和探测、电子技术等领域的研究工作中。例如,分子束质谱仪、扫描电镜(SEM)、软 X 射线激发电位能谱仪(SXAPS)、俄歇(Auger)电子谱仪等仪器中都采用了锁定放大器[8,15]。这里只介绍几个典型的应用事例。

在锁定放大器应用中需要考虑下列几个问题:

(1) LIA 的功能相当于一种抑制噪声能力很强的交流电压表,其输入是正弦波或方波交流信号,输出是正比于输入波形幅值的直流信号。如果被测信号不是交流信号,则需要用调制或斩波的方式将其变换成交流信号。

(2) 在实际应用中,LIA 中 PSD 后续的 LPF 常用积分器来实现,积分器的时间常数决定了 LIA 的等效噪声带宽,也决定了 LIA 所实现的信噪改善比 *SNIR*。积分器的时间常数越大,等效噪声带宽越窄,*SNIR* 越大,所需的测量时间也就越长。所以,对于强度变化缓慢的信号,例如光谱、电子衍射等的测量,可采用长的时间常数;而对于强度变化较快的信号,积分时间常数的选择要与信号的变化速度相适应,在不损失有用信号的条件下尽量提高输出的信噪比。

(3) 要根据信号和噪声的具体情况适当地分配 LIA 的交流增益和直流增益,如果信号的动态范围较大,而噪声又不很严重,就应该使 LIA 工作在高稳定状态;如果噪声严重,为了使 LIA 能够正常工作,则必须使 LIA 协调在高储备状态。

(4) 测量系统应采取良好的屏蔽与接地措施,交流电源需要使用第 3 章中所述电源噪声滤波器,避免大幅度脉冲噪声耦合到测量系统导致 LIA 输入超出其过载电压,避免信号通道的任何一级以及相敏检测器进入非线性区,这些是 LIA 发挥其效用的必要条件。

(5) LIA 的参考信号输入必须是与被测信号相关的同频信号。如果确实不能获得合适的同频参考信号,则可用锁相环进行自动频率跟踪检测,读者可以参考有关锁相环的书籍资料。

(6) LIA 的信号输入前置级放大器的工作参数必须认真选择,根据放大器的噪声因数等值图(*NF* 图),在给定的工作频率下进行输入电阻匹配,以获得最佳噪声特性,见本书第 2 章。

4.6.1 阻抗测量

很多种传感器可以将被测物理量或化学量转换成电感、电容或电阻的变化,之后检测这些阻抗的变化,并指示出被测量。例如,热电阻将温度的变化转换为电阻的变化,贴在构件表面的应变片将构件应变的变化转换为电阻的变化,电感式位移传感器或差动变压器将位移转换为电感的变化，被测介质的位置、湿度、密度等的变化都可以通过合适的传感器转换成电容的变化。

1. 阻抗微小变化量的测量

交流电桥经常用来测量阻抗的变化，以检测出被测物理量或化学量。如图 4-36 所示，交流激励电压源为 E，Z_x 为被测阻抗，交流电源 E 使得被测量（阻抗变化）得到调制，同时也为 LIA 提供了参考信号。当电桥后续电路的输入阻抗比桥臂阻抗大得很多时，电桥的电压输出 $x(t)$ 为

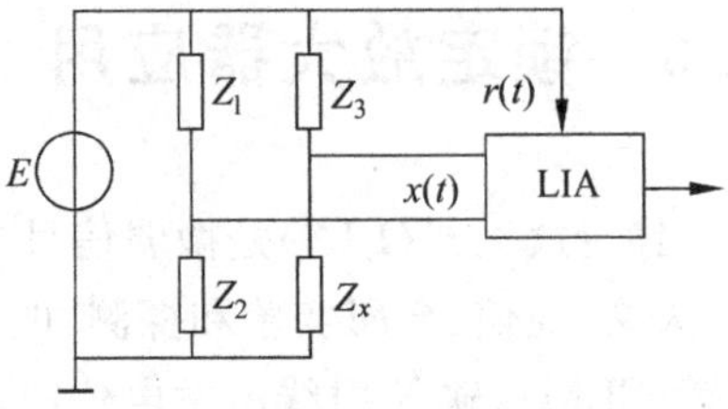

图 4-36 交流电桥检测阻抗变化

$$x(t)=\left(\frac{Z_x}{Z_3+Z_x}-\frac{Z_2}{Z_1+Z_2}\right)E$$
$$=\frac{Z_1Z_x-Z_2Z_3}{(Z_1+Z_2)(Z_3+Z_x)}E \qquad (4\text{-}101)$$

电桥的平衡条件为

$$Z_1Z_x=Z_2Z_3 \qquad (4\text{-}102)$$

当被测阻抗变化为 $Z_x+\Delta Z_x$ 时，式(4-101)变为

$$x(t)=\frac{Z_1(Z_x+\Delta Z_x)-Z_2Z_3}{(Z_1+Z_2)(Z_3+Z_x+\Delta Z_x)}E \qquad (4\text{-}103)$$

如果变化量 ΔZ_x 相对于 Z_x 很微小，则式(4-102)基本成立，而且式(4-103)分母中的 ΔZ_x 可以略去，得

$$x(t)=\frac{Z_1\Delta Z_x}{(Z_1+Z_2)(Z_3+Z_x)}=\frac{1}{\left(1+\dfrac{Z_2}{Z_1}\right)\left(1+\dfrac{Z_3}{Z_x}\right)}\cdot\frac{\Delta Z_x}{Z_x}\cdot E \qquad (4\text{-}104)$$

当 $Z_1\approx Z_2$，$Z_3\approx Z_x$ 时，式(4-104)可以近似为

$$x(t)\approx\frac{1}{4}\cdot\frac{\Delta Z_x}{Z_x}\cdot E \qquad (4\text{-}105)$$

式(4-104)和式(4-105)说明，交流电桥输出信号 $x(t)$ 的幅度正比于被测阻抗的相对变化量 $\Delta Z_x/Z_x$，而且正比于电桥的激励电压 E。对于复阻抗

$$Z_x=R_x+\mathrm{j}X_x \qquad (4\text{-}106)$$

式中，R_x 和 X_x 分别表示 Z_x 的电阻分量和电抗分量，式(4-105)可以改写为

$$x(t)\approx\frac{1}{4}\cdot\frac{\Delta R_x+\mathrm{j}\Delta X_x}{R_x+\mathrm{j}X_x}\cdot E \qquad (4\text{-}107)$$

用图 4-36 所示的 LIA 来检测 $x(t)$ 的微小变化，参考信号就是电桥的交流激励电源 E。由于 $x(t)$ 也是复数，所以它会呈现为互相正交的两个分量。如果利用图 4-21 所示的正交矢量型锁定放大器分别测量出 $x(t)$ 的实部和虚部，就可以计算出 $x(t)$ 的幅度和相位。当被测量为微弱信号时，交流电桥各臂的分布电容和分布电感对检测结果会有较大影响。当激励电源 E 的频率较高时，这种影响尤其明显，只有采取适当措施，使这些分布参数不随温度和时间而变化，才能得到比较精确的检测结果。

20 世纪 70 年代以后，人们开始用变压器桥来检测阻抗的微小变化，如图 4-37 所示，图中，Z_x 为被测阻抗，Z_r 是与 Z_x 同类的固定参考阻抗，$Z_r\approx Z_x$。利用变压器将正弦交流电压

E变换为幅度相等,极性相反的两路正弦电压信号 u 和 $-u$。如果电流/电压转换电路 I/V 采用图 3-67 右边所示的电流放大器,则其输入阻抗近似为 0,那么流入 I/V 电路的电流为

$$i = u/Z_x - u/Z_r \tag{4-108}$$

例如,如果被测阻抗和参考阻抗均为电容,$Z_x = 1/\mathrm{j}\omega C_x$,$Z_r = 1/\mathrm{j}\omega C_r$,则有

$$i = \mathrm{j}\omega u(C_x - C_r) \tag{4-109}$$

设 $\Delta C_x = C_x - C_r$,I/V 变换电路的增益为 K,则其输出电压为

$$x(t) = Ki = \mathrm{j}\omega K u \Delta C_x \tag{4-110}$$

由式(4-110)可见,对于图 4-37 所示的小电容测量电路,I/V 变换电路的输出 $|x(t)|$ 与被测电容变化量 ΔC_x 之间为线性关系。

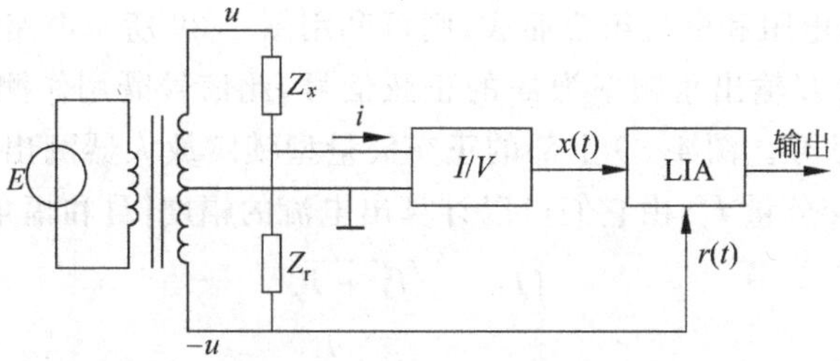

图 4-37　变压器桥与 LIA 检测阻抗的微小变化

利用 LIA 将 I/V 变换电路的输出 $x(t)$ 的微小变化进行锁相放大,LIA 的参考输入 $r(t)$ 可以采用变压器输出的 u 或 $-u$,调整 LIA 参考通道中的相移 θ,可使输出达到最大,这样就可以检测出 Z_x 的微小变化量。

对于变压器桥,为了保证施加在 Z_x 和 Z_r 上的交流电压幅度相等、极性相反,变压器次级的两部分线圈必须采用双线并绕工艺,变压器必须采用优质低损耗铁芯。当被测量为微弱信号时,还要注意分析分布参数对检测结果的影响,采取合适的接地和屏蔽措施抑制干扰噪声。

20 世纪 80 年代后,集成运算放大器的性能越来越好,人们开始利用运算放大器桥来测量阻抗的微小变化,这样可以避免绕制变压器的不便。其测量原理与变压器桥基本相同,只是获取 u 和 $-u$ 的方式有所改变,即利用同相放大器和反相放大器来得到 $+u$ 和 $-u$,如图 4-38 所示。为了保证由运算放大器输出的两路正弦信号 u 和 $-u$ 幅度相等、波形相同,但极性相反,所采用的两个运算放大器最好是集成在同一块芯片中的两个独立放大器,这样它们总是处于相同的温度环境中。在一般情况下,要达到上述对于 u 和 $-u$ 的要求,运算放大器桥比变压器桥要更为困难一些。

如果被测信号比较微弱,则由式(4-110)可知,交流激励信号频率 ω 和交流电压 u 的任何变化都会直接影响到检测输出,所以要求振荡源的频率必须高度稳定,两个运算放大器的输入失调电压要小,噪声系数要小,增益 G 要稳定,放大电路中的分立元件数值要准确,稳定性要好。此外,还要分析运算放大器动态特性对检测结果的影响,采取必要的补偿措施。因为电磁场干扰几乎无处不在,所以还必须采取合适的接地和屏蔽措施,抑制干扰噪声。

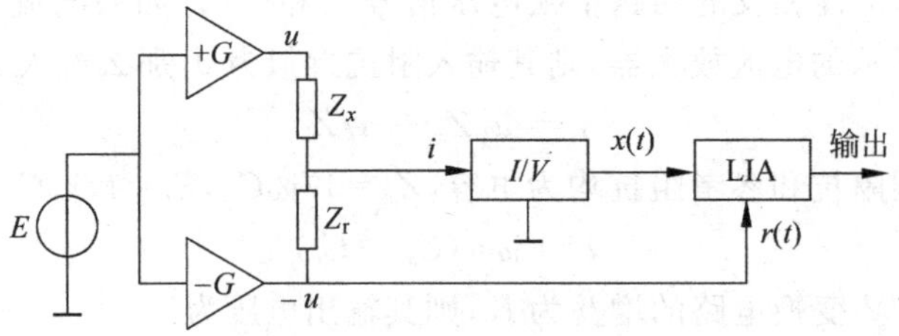

图 4-38 运算放大器桥与 LIA 检测阻抗的微小变化

2. *RLC* 复合阻抗的测量

如果被测阻抗由电阻和电抗组合而成，则可利用图 4-39 所示电路分别测出其电阻部分和电抗部分。激励源 E 输出角频率为 ω 的正弦信号，此信号既用作测量阻抗的激励信号，又用作 PSD 的参考信号。图 4-39 上部的正交矢量型锁定放大器测出流经被测阻抗电流 I 的同相分量 I_x 和正交分量 I_y，由它们可以计算出电流的幅度 $|I|$ 和幅角 θ_I 分别为

$$|I| = \sqrt{I_x^2 + I_y^2} \tag{4-111}$$

$$\theta_I = \arctan \frac{I_y}{I_x} \tag{4-112}$$

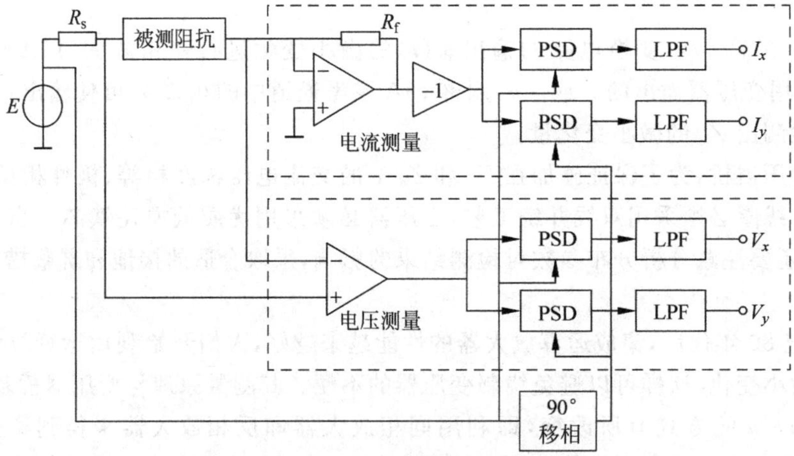

图 4-39 *RLC* 复合阻抗测量电路

图 4-39 下部的正交矢量型锁定放大器分别测出被测阻抗两端电压 V 的同相分量 V_x 和正交分量 V_y，由它们可得电压的幅度 $|V|$ 和幅角 θ_V 分别为

$$|V| = \sqrt{V_x^2 + V_y^2} \tag{4-113}$$

$$\theta_V = \arctan \frac{V_y}{V_x} \tag{4-114}$$

由这些数据可以计算出被测阻抗的幅值 $|Z|$ 和幅角(阻抗角) θ_Z

$$|Z| = \frac{|V|}{|I|} \tag{4-115}$$

$$\theta_Z = \theta_V - \theta_I \tag{4-116}$$

利用$|Z|$和θ_Z，可得电阻和电抗相串联情况下的电阻值R和电抗值X分别为

$$R = |Z|\cos\theta_Z \tag{4-117}$$

$$X = |Z|\sin\theta_Z \tag{4-118}$$

例如，对于电阻R和电感L相串联的阻抗Z，设激励信号角频率为ω，有

$$Z = R + j\omega L, \quad R = |Z|\cos\theta_Z, \quad L = \frac{|Z|\sin\theta_Z}{\omega} \tag{4-119}$$

对于电阻R和电容C相串联的阻抗Z，有

$$Z = R - j\frac{1}{\omega C}, \quad R = |Z|\cos\theta_Z, \quad C = \frac{1}{\omega|Z|\sin\theta_Z} \tag{4-120}$$

对于电阻和电抗相并联的情况，需要先计算出被测阻抗的导纳Y和幅角θ_Y分别为

$$|Y| = \frac{|I|}{|V|} \tag{4-121}$$

$$\theta_Y = \theta_I - \theta_V \tag{4-122}$$

利用$|Y|$和θ_Y，可得电阻和电抗相并联情况下的电导G和电纳B分别为

$$G = |Y|\cos\theta_Y \tag{4-123}$$

$$B = |Y|\sin\theta_Y \tag{4-124}$$

对于电阻R和电感L相并联的阻抗Z，其导纳$Y=1/Z$，设激励信号角频率为ω，有

$$Y = \frac{1}{R} - j\frac{1}{\omega L}, \quad R = \frac{1}{|Y|\cos\theta_Y}, \quad L = \frac{1}{\omega|Y|\sin\theta_Y} \tag{4-125}$$

对于电阻R和电容C相并联的阻抗Z，有

$$Y = G + j\omega C, \quad R = \frac{1}{G} = \frac{1}{|Y|\cos\theta_Y}, \quad C = \frac{|Y|\sin\theta_Y}{\omega} \tag{4-126}$$

利用ADC将I_x、I_y、V_x、V_y转换为数字量输入到计算机内，就可以利用软件实现式(4-111)～式(4-126)的计算。

4.6.2 放大器噪声系数测量

本书第2章所介绍的噪声系数是衡量低噪声放大器的重要指标。由于放大器本身产生噪声，其输出端的信噪比总要小于输入端的信噪比，噪声系数指出该放大器使信噪比降低的程度。为了在不同器件或系统之间进行选择，需要对它们的噪声系数进行测量和对比。此外，根据第2章中的分析，放大器的噪声系数还是频率的函数，为了了解放大器在不同频率点的噪声特性，也需要对其噪声系数进行频率扫描式的测量。

锁定放大器相当于一个中心频率为f_0，频带很窄的带通滤波器，它与普通带通滤波器的区别在于锁定放大器的输出是相应于输入正弦波幅度的直流信号，而不是正弦波。只要改变其参考输入的频率，它就相当于一个中心频率可变的带通滤波器，从而可对各种频率点处放大器的噪声系数进行测量。因为锁定放大器的频带很窄，所以测量结果可以看成是点频噪声系数。

测量电路示于图4-40，图中，e_s为正弦信号电压源，其频率为f_0，输出电阻近似为零；R_s为外加的信号源电阻，如第2章中所述，放大器的噪声系数是信号源电阻的函数。与图2-53测量电路相比，这里是用锁定放大器和记录仪实现噪声功率计的功能。

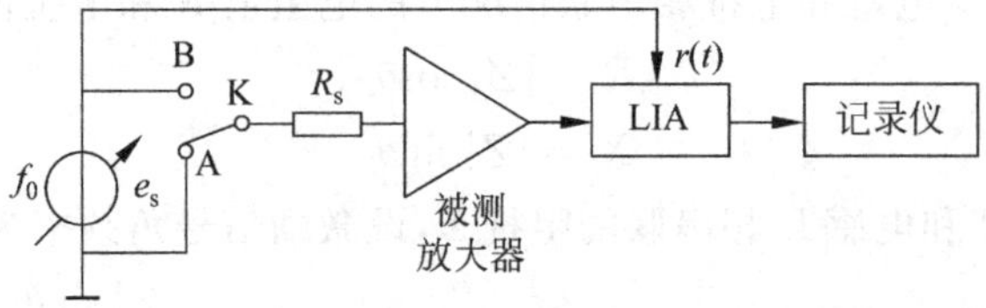

图 4-40 利用 LIA 测量放大器噪声系数

如第 2 章 2.7.3 节中所述，测量放大器的噪声系数需要做两个测量：一个是在放大器输入端对地短路情况下，测量放大器本身噪声在其输出端呈现的噪声功率；另一个是测量放大器对校准了的信号源的响应。对两者进行对比和计算就能求出噪声系数。信号源可以是正弦波发生器，也可以是宽带噪声发生器。当使用锁定放大器进行测量时，信号源只能用正弦波发生器。

f_0 为某一频率时的测量过程如下：首先将开关 K 打向 A，即把放大器的输入端接地，测出放大器在给定信号源电阻 R_s 情况下，在 LIA 等效噪声带宽 B_e 内的输出噪声功率 E_{no}^2，E_{no} 为输出噪声有效值。有

$$E_{no}^2 = K_p E_{ni}^2 \tag{4-127}$$

式中的 K_p 为放大器功率增益，注意，K_p 包括 R_s 和放大器输入电阻所形成的衰减器的效应，不同于放大器电压增益的平方。E_{ni}^2 是放大器总的等效输入噪声功率，根据第 2 章中的式(2-39)，它可以表示为

$$E_{ni}^2 = 4kTR_s B_e + E_n^2 + I_n^2 R_s^2 \tag{4-128}$$

式中右边的第一项为电阻 R_s 的热噪声功率，第二项为放大器等效输入噪声电压的功率，第三项为放大器等效输入噪声电流的功率。

然后将开关 K 打向 B，正弦信号 e_s 施加到放大器输入端，测出放大器的输出(正弦信号加噪声)功率 E_o^2，则单独由正弦信号产生的输出功率为

$$E_{so}^2 = E_o^2 - E_{no}^2 \tag{4-129}$$

而正弦信号 e_s 的归一化功率为

$$E_s^2 = E_{so}^2 / K_p \tag{4-130}$$

根据 2.7.3 节中的推导，可以计算出放大器的噪声系数 F 为

$$F = \frac{E_s^2}{4kTR_s B_e} \cdot \frac{1}{E_o^2/E_{no}^2 - 1} \tag{4-131}$$

式中的 E_o^2 和 E_{no}^2 都可以从图 4-40 所示电路中测出，E_s^2 可以由式(4-129)和式(4-130)计算得出。调整正弦信号源的频率 f_0，并重复上述测量和计算过程，就可得到不同工作频率处的噪声系数。连续调整 f_0 以及 R_s，还可以测量绘制出放大器的噪声因数等值图(*NF* 图)。

有两种方法可以使上述计算得以简化：一种方法是在开关 K 打到 B 点所做的第二步测量中，调整正弦信号的幅度使放大器输出功率 E_o^2 等于第一步测量(K 打到 A 点)时的两倍，这时信号源的输出功率 E_s^2 就等于放大器的等效输入噪声功率 E_{ni}^2，因此

$$F = \frac{E_s^2}{4kTR_s B_e} \tag{4-132}$$

但是，在窄带测量情况下，上述把输出功率调整到给定值的要求实现起来会有一些麻烦。

另一种方法是在第二步测量中使正弦信号的幅度增加到足够大，以使放大器输出功率 E_o^2 比第一步测出的 E_{no}^2 大很多，这样式(4-131)可以简化为

$$F=\frac{E_s^2}{4kTR_sB_e}\frac{E_{no}^2}{E_o^2} \tag{4-133}$$

在使用这种方法时，要注意正弦信号的幅度也不能太大，不能使被测放大器和锁定放大器进入非线性区。

4.6.3 其他应用

1. 半导体结电容测量

通过结电容测量可以了解半导体 PN 结的动态特性，例如 PN 结的开关速度，还可以了解半导体材料的掺杂情况。因为结电容很小，其变化量更是微小，所以只能使用微弱信号检测手段进行测量。利用前面介绍的交流电桥加 LIA 方式可以测量出结电容，但是实现 PN 结反向偏置的连续调节却不太容易。

肖特基 PN 结的阻抗等效电路示于图 4-41(a)，图中，R_j 和 C_j 是取决于 PN 结偏压的电阻和电容；R_b 是体电阻，当 PN 结处于反向偏置时，R_b 可以忽略不计。

图 4-41(b)示出另一种利用 LIA 测量 PN 结微小结电容的电路，图中的 R_1 连接到直流负电源 $-V$，以使 PN 结处于反偏状态，这种情况下只要交流信号源 E 的频率较高(例如 $f\geqslant$ 1MHz)，则 PN 结的结电阻 $R_j\gg 1/(\omega C_j)$。只要耦合电容 C_0 足够大，输入到 LIA 的信号 $x(t)$ 为信号源 E 经 C_j 和 R_2 的串联分压值，测出 $x(t)$，就可以计算出 C_j。如果偏压 $-V$ 作连续扫描，还可以实现 C_j-V 关系曲线的记录，测量精度可达 0.5fF。

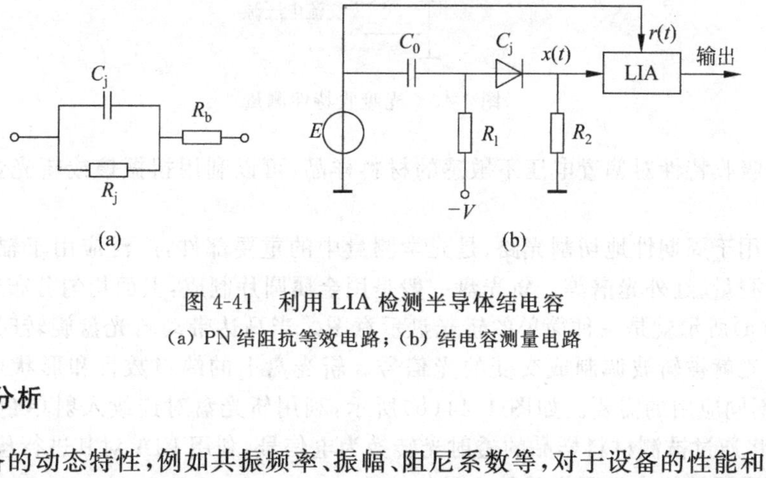

图 4-41 利用 LIA 检测半导体结电容

(a) PN 结阻抗等效电路；(b) 结电容测量电路

2. 振动分析

机械设备的动态特性，例如共振频率、振幅、阻尼系数等，对于设备的性能和可靠性具有很大的影响。例如，在车床切削金属工件时，车床部件的共振可能在工件表面留下波纹，这在精密加工中是不允许的。利用图 4-42 所示的基于双通道正交 LIA 的振动分析系统，可以检测分析机械设备的振动特性。慢扫描产生一个变化缓慢的扫描电压，该扫描电压经压控振荡器 VCO 变换成频率变化缓慢的等幅电压信号，经过功放驱动振子，振子给被测机械的合适部位施加频率缓慢变化的机械振动信号。位移传感器检测被测机械另一部位的位移

信号，该信号经放大后输出给双通道正交 LIA 进行窄带放大，利用计算机对两路正交信号进行计算和分析，就可以得到各频率点处振动的幅度和相位，从而判断出机械设备的振动特性。LIA 的参考输入来自振子的机械位移信号，这样可以保证 LIA 是针对振子的振动频率进行检测的，也可以直接把 VCO 输出用作 LIA 的参考输入。

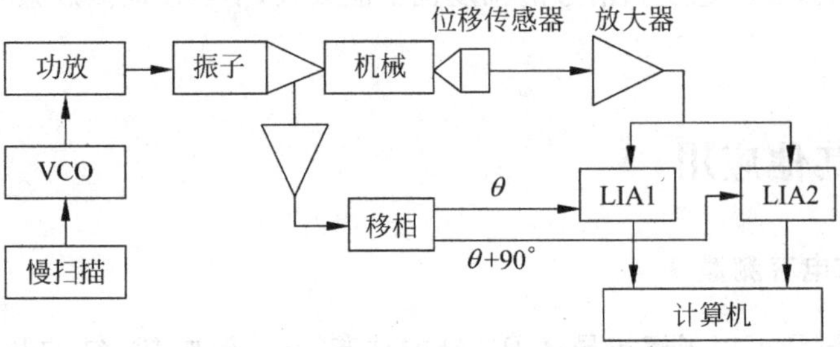

图 4-42 双通道正交 LIA 用于振动分析

3. 光吸收的测量

图 4-43 所示为材料样品光吸收特性的测量系统，当样品两端施加的电压交流变化时，样品的光吸收参数随之变化，从而实现了对光强的调制作用。经单色仪形成的单色光透射过样品到达光电倍增管 PMT，PMT 的输出是幅度取决于样品的光吸收特性的交变电压，利用 LIA 对其进行相敏检测就可以确定样品对单色光的吸收特性。

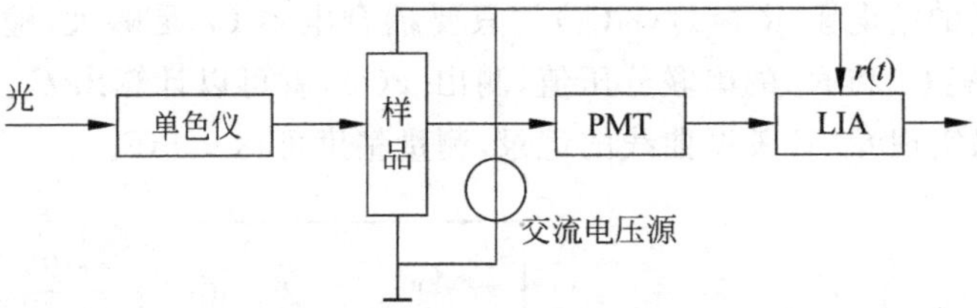

图 4-43 光吸收特性测量

对于光吸收特性对偏置电压不敏感的材料样品，可以利用扭振镜或斩光盘对透射光进行调制[15]。

斩光盘用于周期性地切割光路，是光学测量中的重要部件，广泛应用于辐射测量、材料的光学特性测量、红外光谱等。斩光盘一般是用金属圆片制成，上面均匀分布着若干扇形缺口，图 4-44(a)所示就是一种简单的斩光盘示意图。当马达带动斩光盘旋转时，垂直射向斩光盘的连续光就被斩波调制成交变的光信号。斩光盘上的缺口数目和形状可以有多种选择，以适应不同应用的需要。如图 4-44(b)所示，利用斩光盘对连续入射单色光进行调制，并用 PMT 将通过被测材料样品的透射光转换为电信号，利用 LIA 对其进行检测，就可以根据透射光的强弱计算出被测样品的光吸收特性。

LIA 的参考输入信号来自斩光盘的附加电路，例如可以在斩光盘的一侧装设遮光的小光源，在另一侧相对小光源的位置安装光电检测器件，其输出信号经放大和移相就得到所需的参考信号 $r(t)$。也可以利用其他检测原理获取参考信号 $r(t)$。由于是由同一个斩光盘调制，被测信号和参考信号的调制频率相同，相位差不变。商品的斩光盘自身提供同步的参考输出，相移可调，以方便用户使用。

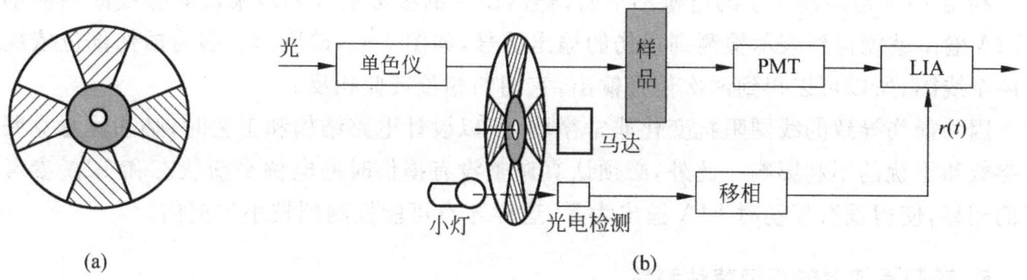

图 4-44 利用斩光盘和 LIA 测量材料的光学特性
(a) 一种斩光盘片形状；(b) 材料的光吸收特性测量

4. 在涡流探伤仪中的应用

涡流探伤方法(eddy current testing method)是以交流电磁线圈在金属构件表面感应产生涡流的无损探伤技术，它适用于导电材料(包括铁磁性和非铁磁性金属材料)构件的缺陷检测。交流电通入线圈时，如果在线圈中放入金属棒或金属管，通过线圈的电流所产生的磁场在金属表面感应产生周向电流，即涡流。涡流磁场的方向与外加磁场的方向相反，因此将抵消一部分外加磁场，从而使线圈的阻抗发生变化，这种变化的大小取决于金属构件的直径、厚度、电导率和磁导率，以及金属构件的缺陷。若保持其他因素不变，仅将缺陷引起的阻抗变化信号取出，经仪器放大和处理，就能达到探伤目的。由于金属表面下的涡流滞后于表面涡流一定相位，采用相位分析的方法，还能判断出缺陷的深度。

涡流探伤检测用线圈有多种，例如，用于检查管道或棒表面缺陷的贯通线圈，用于检查管道内壁缺陷的内插线圈，以及可用于其他种检测的探测器线圈等。

贯通线圈涡流探伤检测的基本电路结构示于图 4-45(a)，振荡器将正弦信号 e 施加到串接的两个结构和圈数相同的线圈两端，它们的电感分别为 L_1 和 L_2，与电阻 $R_1 \sim R_3$ 组成交流电桥。金属构件穿过两个线圈向下移动，移动速度为 V。如果金属构件均匀无损伤，则有 $L_1 = L_2$，调整电位器 R_3 使电桥输出的不平衡信号为零。当金属体的损伤通过线圈时，电桥的平衡状态被破坏，就会输出交流不平衡信号，如图 4-45(b)所示。

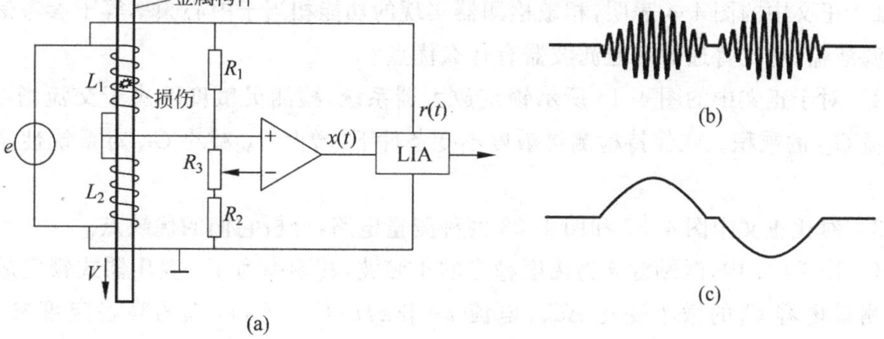

图 4-45 涡流探伤检测
(a) 电路结构；(b) 损伤通过时电桥不平衡信号；(c) LIA 输出

利用LIA检测放大了的电桥不平衡信号，LIA的参考信号$r(t)$来自电感线圈的激励源e，LIA输出就能得到表示检测到损伤的输出信号，如图4-45(c)所示。因为损伤部位依次通过两个线圈，所以可以得到两次信号输出，它们的相位彼此相反。

因为损伤导致的线圈阻抗变化非常微弱，所以设计电路结构和工艺时，必须注意克服分布参数和干扰的不利影响。此外，必须认真调整没有损伤时的电桥平衡状态和LIA参考通道的相移，使得没有损伤时LIA输出为零，这样才有可能检测到较小的损伤。

5. 带阻滤波器的阻带特性测量

带阻滤波器又叫做陷波器，在其中心频率处对信号有很大衰减，因此输出信号很微弱。利用LIA在固定频率处检测微弱信号的特点，可以对带阻滤波器的阻带特性进行检测与记录。

如图4-46所示，正弦信号源频率f_0可变，此信号施加到带阻滤波器的输入端，同时用作LIA的参考信号$r(t)$。利用LIA检测带阻滤波器的输出信号强度，这时的LIA相当于一个中心频率f_0可变的窄带带通滤波器，其输出为该中心频率处的信号强度。当信号源频率f_0从低到高扫过测量频率范围时，就可以逐点测量出带阻滤波器的阻带特性。因为LIA后端的LPF响应较慢，测量中的频率扫描过程不能太快。

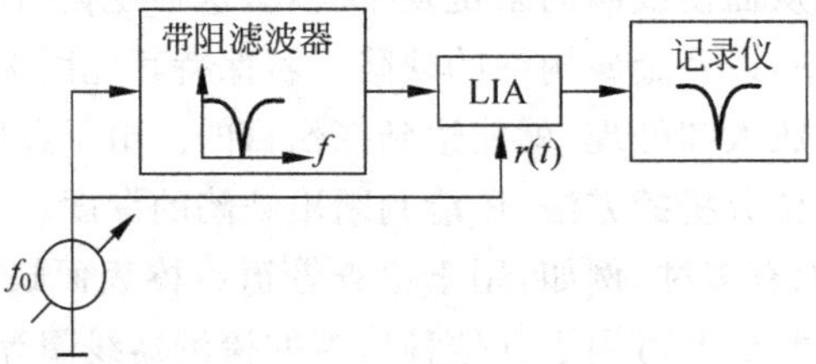

图4-46 带阻滤波器的阻带特性测量

习题

4-1 正文中的图4-4表明，相敏检测器实现的功能相当于中心频率等于参考信号频率的带通滤波器，它比普通的带通滤波器有什么优点？

4-2 对于正文中的图4-15所示锁定放大器系统，检测灵敏度取决于交流增益G_{AC}和直流增益G_{DC}的乘积。在保持检测灵敏度不变条件下，增大G_{AC}减小G_{DC}对系统性能有什么影响？

4-3 对比正文中图4-37和图4-38两种测量电路，分析它们的优缺点。

4-4 图P4-4中，激励源e为幅度稳定的正弦波，其频率为f。变压器式锁定放大器电路用于测量电容C_x的微小变化ΔC_x，电流$i=j2\pi fu(C_x-C_R)$，C_R为高稳定度参考电容，$C_R\approx C_x$。电流/电压转换电路I/V采用图3-73的右部电路，其输入电阻很小($R_i=0$)，LIA输出$u_o\propto\Delta C_x$。

(1) 设最小可测电容变化量$\Delta C_x(MDS)=0.01\text{pF}$，满量程输出时$\Delta C_x(FS)=1\text{pF}$，LIA

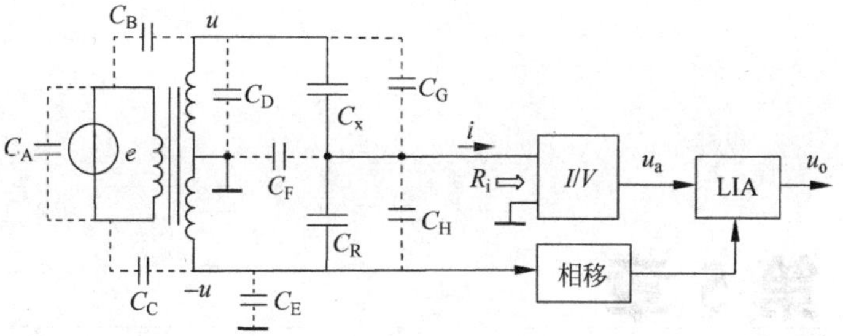

图　P4-4

过载时 $\Delta C_x(OVL)=10\text{pF}$。计算系统的输出动态范围、输入总动态范围及动态储备。

(2) 若 LIA 中 LPF 之外的系统其他部分带宽为 B，干扰噪声为白噪声，为使 LIA 实现功率信噪改善比 $SNIR=100$，对 LIA 中的 LPF 的带宽 B_L 有什么要求？

(3) 分析图中哪些杂散电容(用虚线表示)将明显影响测量结果。

(4) 图中的哪部分导线必须采用屏蔽线？屏蔽层如何接地？分别分析屏蔽线的芯线和屏蔽层之间的分布电容和漏电流对测量结果的影响。

4-5　正文中的式(2-201)表明，噪声有效值测量的相对误差与系数 k 有关。图 4-40 所示是利用 LIA 测量放大器噪声系数，这种情况下的系数 k 取决于 LIA 的哪些部件？

第5章 取样积分与数字式平均

对于淹没在噪声中的正弦信号的幅度和相位，可以利用第4章中介绍的锁定放大器进行检测。但是如果需要恢复淹没在噪声中的脉冲波形，则锁定放大器是无能为力的。脉冲波形的快速上升沿和快速下降沿包含丰富的高次谐波分量，锁定放大器输出级的低通滤波器会滤除这些高频分量，导致脉冲波形的畸变。对于这类信号的测量，必须使用其他的有效方法，取样积分与数字式平均就是这样的方法。

早在20世纪50年代，国外的科学家就提出了取样积分的概念和原理。1962年，加利福尼亚大学劳伦茨实验室的Klein用电子技术实现了取样积分，并命名为BOXCAR积分器。为了恢复淹没于噪声中的快速变化的微弱信号，必须把每个信号周期分成若干个时间间隔，间隔的大小取决于恢复信号所要求的精度。然后对这些时间间隔的信号进行取样，并将各周期中处于相同位置(对于信号周期起点具有相同的延时)的取样进行积分或平均。积分过程常用模拟电路实现，称之为取样积分；平均过程常通过计算机以数字处理的方式实现，称之为数字式平均。

多年来，取样积分在物理、化学、生物医学、核磁共振等领域得到了广泛的应用，对于恢复淹没在噪声中的周期或似周期脉冲波形卓有成效，例如，生物医学中的血流、脑电或心电信号的波形测量，发光物质受激后所发出的荧光波形测量，核磁共振信号测量等，并研制出多种测量仪器。对于非周期的慢变信号，常用调制或斩波的方式人为赋予其一定的周期性，之后再进行取样积分或数字式平均处理。随着集成电路技术和微型计算机技术的发展，以微型计算机为核心的数字式信号平均器的应用越来越广泛。

5.1 取样积分的基本原理

取样积分包括取样和积分两个连续的过程，其基本原理示于图5-1。周期为T的被测信号$s(t)$叠加了干扰噪声$n(t)$，可测信号$x(t)=s(t)+n(t)$经过放大输入到取样开关K。

$r(t)$是与被测信号同频的参考信号，也可以是被测信号本身。触发电路根据参考信号波形的情况（例如幅度或上升速率）形成触发信号，触发信号经过延时后，生成一定宽度 T_g 的取样脉冲，控制取样开关 K 的开闭，完成对输入信号 $x(t)$的取样。

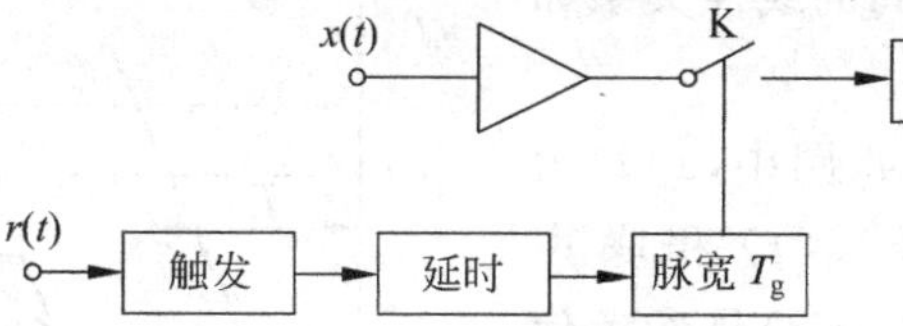

图 5-1　取样积分基本原理

取样积分的工作方式可分为单点式和多点式两大类。单点式取样在每个信号周期内只取样和积分一次，而多点式取样在每个信号周期内对信号取样多次，并利用多个积分器对各点取样分别进行积分。单点式电路相对简单一些，但是对被测信号的利用率低，需要经过很多信号周期才能得到测量结果；与此相反，多点式电路相对复杂一些，对被测信号的利用率高，经过不太多的信号周期就可以得到测量结果。

单点式取样又可以分为定点式和扫描式两种工作方式。定点式工作方式是反复取样被测信号波形上某个特定时刻点的幅度，例如被测波形的最大点或距离过零点某个固定延时点的幅度。扫描工作方式虽然也是每个周期取样一次，但是取样点沿着被测波形周期从前向后逐次移动，这可以用于恢复和记录被测信号的波形。

门积分器是取样积分器的核心，它的特性对于系统的整体特性具有决定性作用。门积分器不同于一般的积分器，由于取样门的作用，在开关 K 的控制下，积分仅在取样时间内进行，其余时间积分结果处于保持状态。根据实现电路的不同，图 5-1 中的积分器可以分为线性门积分器和指数式门积分器。

5.1.1　线性门积分

线性门积分器是由线性积分电路附加电子开关组合而成。为了理解线性门积分器的工作原理，首先分析图 5-2 所示普通线性积分电路的工作过程。

因为图 5-2 中左边放大器 A_1 的负输入端为虚地，而且放大器输入端的输入阻抗可近似为无穷大，当输入电压为 $u_i(t)$时，流过输入电阻 R 的电流 $i(t)$等于流过电容 C 的电流，即

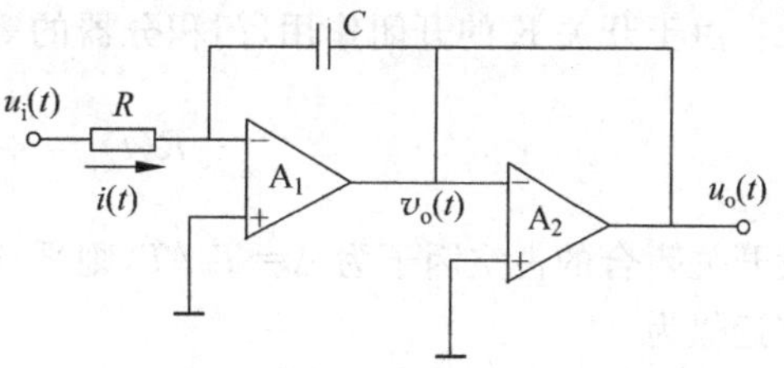

图 5-2　线性积分电路

$$i(t)=\frac{u_i(t)}{R}=-\frac{C\mathrm{d}v_o(t)}{\mathrm{d}t} \tag{5-1}$$

由式(5-1)解得

$$v_o(t)=-\frac{1}{RC}\int_0^t u_i(t')\mathrm{d}t'+v_{o0} \tag{5-2}$$

式中，v_{o0}为 A_1 输出 $v_o(t)$的初始电压，积分时间常数为 $T_c=RC$。

当输入电压 $u_i(t)$ 是幅度为 V_i 的阶跃电压，而且初始电压 $v_{o0}=0$ 时，由式(5-2)解得，积分器阶跃响应输出为

$$u_o(t) = -v_o(t) = V_i t/(RC) \tag{5-3}$$

式(5-3)所表示的 $u_o(t)$ 与 t 之间的线性关系如图5-3中的点画线所示。

线性门积分电路示于图5-4，图中，$x(t)$ 为被测信号，它包含有用信号 $s(t)$ 和噪声 $n(t)$，$s(t)$ 是周期或似周期信号。$r(t)$ 是参考信号，由它触发取样脉冲产生电路，在被测信号周期中的指定部位产生宽度为 T_g 的取样脉冲，在 T_g 期间使电子开关K闭合，以对被测信号取样。

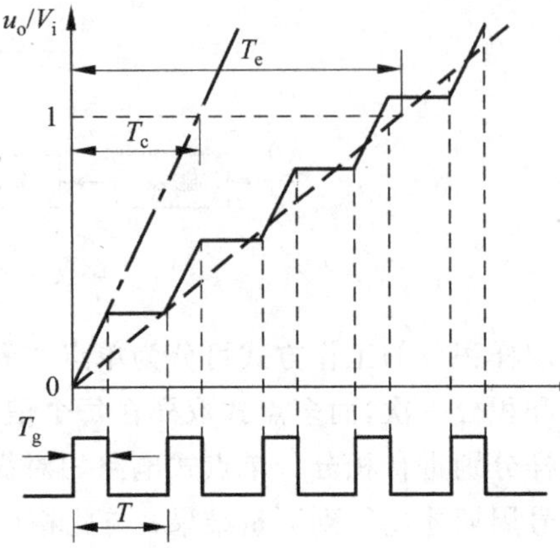

图5-3　线性门积分器的阶跃响应

设 $r(t)$ 的周期为 T，取样门闭合时间宽度为 T_g，在取样门K的控制下，在 $r(t)$ 的每个周期内开关K只在 T_g 时段内闭合，这时输入电压 $x(t)$ 经电阻 R 对 C 进行积分；其余时段开关断开，相当于输入电阻 $R=\infty$，电容 C 两端的电压保持不变。这时的阶跃响应如图5-3中的折线所示，该折线可以用一条斜率取决于 T_g/T 的直线来近似。可以看出，由于取样开关K的作用，积分的有效时间常数 $T_e > T_c$。

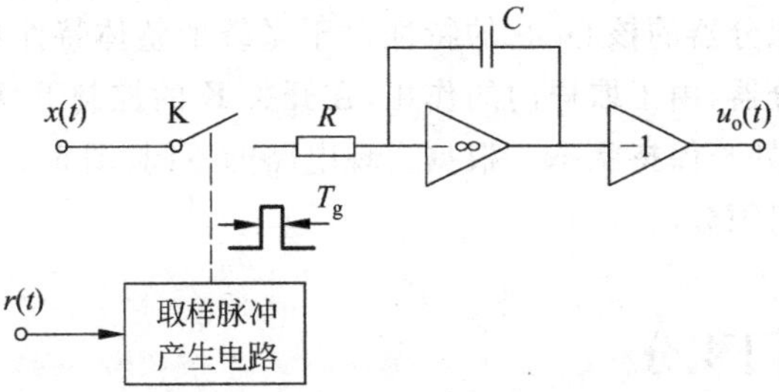

图5-4　线性门积分器电路

由于开关K的开闭作用，门积分器的等效积分电阻为

$$R(t) = \begin{cases} R, & \text{门接通时} \\ \infty, & \text{门断开时} \end{cases} \tag{5-4}$$

设开关闭合的占空因子为 $\Delta = T_g/T$，则平均积分电阻可以近似为 R/Δ，幅度为 V_i 的阶跃响应近似为

$$u_o(t) \approx V_i t\Delta/(RC) = V_i t T_g/(TRC) \tag{5-5}$$

门积分的等效时间常数为

$$T_e \approx T_c/\Delta = RC/\Delta = RCT/T_g \tag{5-6}$$

可见 T_g 越窄，等效时间常数 T_e 越大。

由于线性门积分电路的输出幅度受到运算放大器线性工作范围的限制，所以比较适用于信号幅度较小的场合。如果信号幅度较大，为数不多的若干次取样积分就有可能使运算放大器进入非线性区，导致测量误差，在这种情况下只能使用指数式门积分器。

5.1.2 指数式门积分

指数式门积分电路由普通的 RC 指数式积分器和采样电子开关 K 串联而成，如图 5-5(a)所示。

图 5-5(a)中的 $x(t)$为被测信号，$r(t)$为参考输入。由 $r(t)$触发取样脉冲产生电路，以在被测信号周期的指定部位产生宽度为 T_g 的取样脉冲，控制电子开关闭合，对被测信号进行取样。指数式门积分器电路的阶跃响应曲线示于图 5-5(b)，图中的点画线是开关 K 始终闭合情况下的阶跃响应曲线；当开关 K 以周期 T、闭合时间宽度 T_g 周期性地通断时，电路的阶跃响应曲线如图中的折线所示，这是一种台阶式的指数曲线，其平均值用虚线示出。

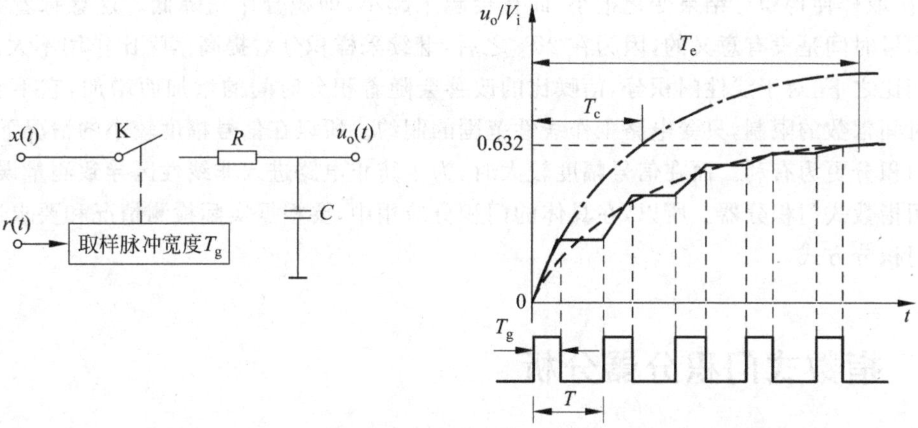

(a) (b)

图 5-5 指数式门积分器电路及其阶跃响应

(a) 电路构成；(b) 阶跃响应

(1) 在开关 K 始终闭合的情况下，图 5-5(a)就是一个普通的 RC 积分电路，其输入输出电压关系可以表示为

$$x(t) = RC\frac{\mathrm{d}u_o(t)}{\mathrm{d}t} + u_o(t) \tag{5-7}$$

如果 $x(t)$是幅度为 V_i 的阶跃电压，而且 $u_o(t)$的初始电压为 0，则由式(5-7)可解得阶跃响应输出电压为

$$u_o(t) = V_i(1 - \mathrm{e}^{-\frac{t}{RC}}) \tag{5-8}$$

$u_o(t)$与 t 之间的关系曲线如图 5-5(b)中的点画线所示，这是一种指数曲线。由式(5-8)可以计算出，$u_o(t)$由 0 上升到 $0.632V_i$ 所需要的时间为 $T_c=RC$，这就是 RC 积分电路的时间常数。当 $t=3RC$ 时，$u_o(t)=0.95V_i$；当 $t=5RC$ 时，$u_o(t)$可以达到 V_i 的 99%以上。

(2) 如果 $r(t)$的周期为 T，取样门闭合时间宽度为 T_g，在取样门 K 的控制下，只在 T_g 时段内输入电压 $x(t)$经电阻 R 对 C 进行积分；其余时段开关断开，输出电压 $u_o(t)$保持不变。当 $x(t)$是一个幅度为 V_i 的阶跃电压时，如果初始条件为零，则阶跃响应曲线变成图 5-5(b)中的折线。所以，由于取样门 K 的开关作用，当开关闭合时积分电阻为 R，开关断开时，积分电阻为∞，设开关闭合的占空因子为$\Delta=T_g/T$，则平均积分电阻为R/Δ。阶跃响应可近似表示为

$$u_o(t)=V_i(1-e^{-\frac{t\Delta}{RC}}) \tag{5-9}$$

式(5-9)表示的$u_o(t)$与t之间的关系如图5-5(b)中的虚线所示，该虚线可以看成是图中折线的平均值。在这种情况下，令$u_o(t)$由0上升到$0.632V_i$所需的等效时间常数为T_e，则

$$T_e=T_c/\Delta=T_cT/T_g=RCT/T_g \tag{5-10}$$

可见，取样门开关的作用使得积分的时间常数加长了很多。

与线性门积分相比，指数式门积分有利有弊。由图5-5(b)可以看出，随着取样次数的增加，每个取样使积分输出上升的值逐渐减少。经过5倍的T_e后接近稳定值，此后的取样对积分输出影响很小，因此不会因为积分时间太长而过载。另一方面，当积分时间大于$2T_e$后，每次取样使得积分结果变化很小，而且会越来越小，即积分作用降低。这意味着太长地增加测量时间是没有意义的，因为在$2T_e$之后，继续采样积分对提高信噪比作用不大。

相比之下，对于线性门积分，信噪比的改善会随着积分时间的增加而增加，它不受电路等效时间常数的限制，只受电路工作线性范围的制约。所以在信号幅度较小的情况下，采用线性门积分更为有利。而在信号幅度较大时，为了防止电路进入非线性区导致测量误差，必须采用指数式门积分器。所以，在具体的门积分应用中，要根据实际检测情况和要求选择合适的门积分方式。

5.2 指数式门积分器分析

取样积分的关键部件是门积分器，取样积分抑制噪声的能力及其他一些重要的性能指标也主要取决于门积分器的性能。在5.1节介绍的两种门积分器中，指数式门积分器不易因输入$x(t)$幅度过大而过载，抵御大幅度噪声的能力较好，所以得到了广泛的应用。

图5-5(a)所示的指数式门积分器可以分解为两级电路相串联而成：前一级是取样门电路，它以周期T、脉冲宽度T_g对输入信号进行取样；后一级是RC积分电路。下面分别分析它们的传输特性。

5.2.1 取样过程频域分析

取样过程就是利用取样脉冲序列$p(t)$从被测连续信号$x(t)$中“抽取”一系列的离散样值，如图5-6所示，取样电路输出$x_s(t)$可以看作是取样脉冲序列$p(t)$与连续信号$x(t)$的乘积，即

$$x_s(t)=p(t)x(t) \tag{5-11}$$

设取样脉冲序列$p(t)$的幅度为A，周期为T，脉冲宽度为T_g，这样的周期性脉冲序列可以展开为傅里叶级数的形式

$$p(t)=\sum_{n=-\infty}^{\infty}c_n\exp(jn\omega_s t) \tag{5-12}$$

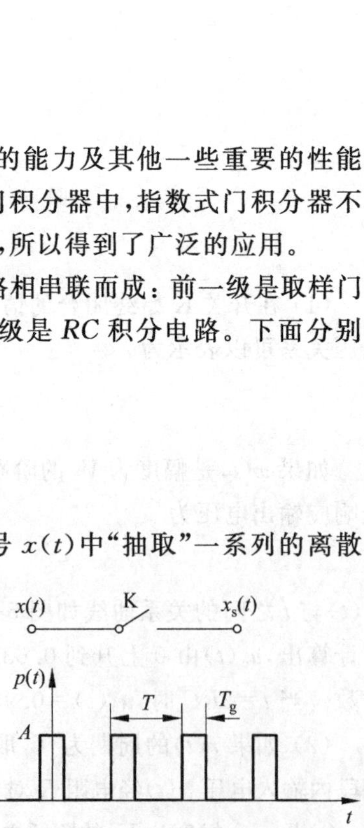

图5-6 取样门与取样脉冲序列

式中，$\omega_s=2\pi/T$ 为取样脉冲 $p(t)$ 的基波角频率，复数集 c_n 称为 $p(t)$ 的频谱

$$c_n=\frac{1}{T}\int_{-T/2}^{T/2}p(t)\exp(\mathrm{j}n\omega_s t)\mathrm{d}t=\frac{AT_g}{T}\frac{\sin(n\omega_s T_g/2)}{n\omega_s T_g/2} \tag{5-13}$$

令 $\Delta=T_g/T$，Δ 为 $p(t)$ 的占空系数，考虑到用 $p(t)$ 控制取样开关的情况相当于 $p(t)$ 的幅度 $A=1$，而且 $\omega_s=2\pi/T$，则由式(5-13)可得

$$c_n=\Delta\frac{\sin(n\pi\Delta)}{n\pi\Delta} \tag{5-14}$$

将式(5-14)代入式(5-12)得

$$p(t)=\sum_{n=-\infty}^{\infty}\Delta\frac{\sin(n\pi\Delta)}{n\pi\Delta}\exp(\mathrm{j}n\omega_s t) \tag{5-15}$$

对式(5-15)进行傅里叶变换得 $p(t)$ 的频谱为

$$P(\omega)=\sum_{n=-\infty}^{\infty}\Delta\frac{\sin(n\pi\Delta)}{n\pi\Delta}\delta(\omega-n\omega_s) \tag{5-16}$$

式中，$\omega_s=2\pi/T$ 为取样脉冲的角频率。可见，$P(\omega)$ 的图形是包络线为取样函数(sample function)$\sin(n\pi\Delta)/(n\pi\Delta)$ 的一系列的冲激函数，如图 5-7(a)所示。取样函数在某些文献中又称之为 sinc 函数。

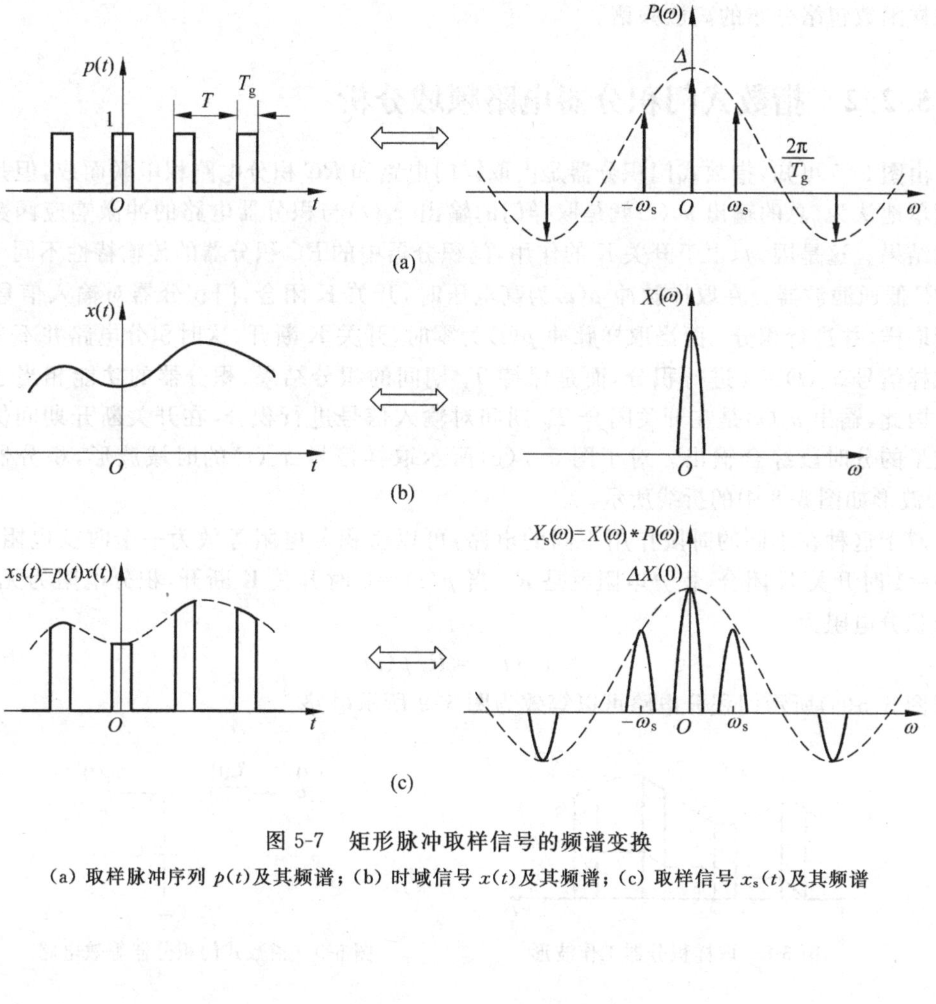

图 5-7 矩形脉冲取样信号的频谱变换

(a) 取样脉冲序列 $p(t)$ 及其频谱；(b) 时域信号 $x(t)$ 及其频谱；(c) 取样信号 $x_s(t)$ 及其频谱

设输入信号$x(t)$的频谱为$X(\omega)$，如图5-7(b)所示。根据傅里叶变换的性质，式(5-11)所表示的$p(t)$和$x(t)$的相乘过程在频域表现为两者频谱的卷积，即

$$X_s(\omega) = X(\omega) * P(\omega) \tag{5-17}$$

式中，$X_s(\omega)$表示取样信号$x_s(t)$的频谱。将式(5-16)代入式(5-17)，可得

$$\begin{aligned} X_s(\omega) &= X(\omega) * \sum_{n=-\infty}^{\infty} \Delta \frac{\sin(n\pi\Delta)}{n\pi\Delta}\delta(\omega - n\omega_s) \\ &= \sum_{n=-\infty}^{\infty} \Delta \frac{\sin(n\pi\Delta)}{n\pi\Delta} X(\omega - n\omega_s) \end{aligned} \tag{5-18}$$

或者将式(5-15)代入式(5-11)，可得

$$x_s(t) = \sum_{n=-\infty}^{\infty} x(t)\Delta \frac{\sin(n\pi\Delta)}{n\pi\Delta}\exp(jn\omega_s t) \tag{5-19}$$

取式(5-19)两侧的傅里叶变换，也可以得到式(5-18)的结果。

由式(5-18)可见，取样过程的作用是将输入信号$x(t)$的频谱$X(\omega)$平移到$n\omega_s$各点(n为$-\infty \sim +\infty$的整数)，再分别乘以相应的c_n值。

图5-7说明了上述变换过程。图5-7(a)表示的是取样脉冲序列$p(t)$及其频谱$P(\omega)$，图5-7(b)表示的是时域信号$x(t)$及其频谱$X(\omega)$，$p(t)$与$x(t)$相乘得到图5-7(c)中的取样信号$x_s(t)$，$X(\omega)$与$P(\omega)$卷积的结果得到图5-7(c)中取样信号的频谱$X_s(\omega)$，$X_s(\omega)$是幅度按取样函数包络分布的离散频谱。

5.2.2　指数式门积分器电路频域分析

由图5-5可知，指数式门积分器是由取样门电路和RC积分电路相串联而成，但是还不能简单地认为，总的输出$u_o(t)$就是取样门的输出$x_s(t)$与积分器电路的冲激响应函数相卷积的结果。这是因为，由于开关K的作用，门积分器中的RC积分器的传输特性不同于普通的RC低通滤波器。在取样脉冲$p(t)$为高电压时，开关K闭合，门积分器对输入信号$x(t)$进行取样，并进行积分；而当取样脉冲$p(t)$为零时，开关K断开，这时积分电路并不是仍然对取样信号$x_s(t)=0$进行积分，而是保持T_g期间的积分结果，积分器的功能相当于保持器。因此，输出$u_o(t)$是在开关闭合T_g期间对输入信号进行积分，在开关断开期间保持积分结果的分时段综合输出。对于图5-7(c)所示取样信号$x_s(t)$的时域波形，积分器输出$u_o(t)$波形如图5-8中的折线所示。

对于这种在不同的时段作用不同的电路，可以将积分电阻等效为一个时变电阻，即当$p(t)=1$时开关K闭合，积分电阻就是R；当$p(t)=0$时开关K断开，积分电阻为无穷大。等效积分电阻为

$$R_e(t) = R/p(t) \tag{5-20}$$

这样图5-5(a)所示门积分电路可以等效为图5-9所示电路。

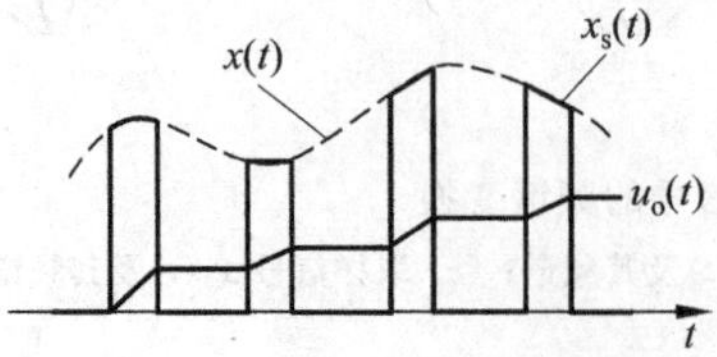

图5-8　取样积分器工作波形

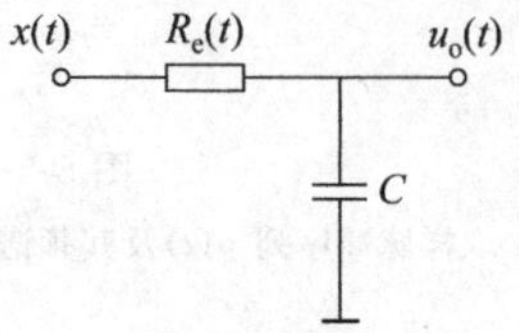

图5-9　指数式门积分器等效电路

图 5-9 中电路参数的相互关系可用下列微分方程描述

$$R_e(t)\cdot C\frac{du_o(t)}{dt}+u_o(t)=x(t) \tag{5-21}$$

或

$$\frac{du_o(t)}{dt}+\frac{u_o(t)}{R_e(t)\cdot C}=\frac{x(t)}{R_e(t)\cdot C} \tag{5-22}$$

将式(5-20)代入式(5-22)得

$$\frac{du_o(t)}{dt}+\frac{u_o(t)\cdot p(t)}{RC}=\frac{x(t)\cdot p(t)}{RC} \tag{5-23}$$

对式(5-23)进行傅里叶变换,得

$$j\omega RCU_o(\omega)+U_o(\omega)*P(\omega)=X(\omega)*P(\omega) \tag{5-24}$$

式中,$U_o(\omega)$表示输出信号 $u_o(t)$的频谱,$X(\omega)$表示输入信号 $x(t)$的频谱,$P(\omega)$表示取样脉冲序列 $p(t)$的频谱。将式(5-16)代入式(5-24)得

$$\begin{aligned} &j\omega RCU_o(\omega)+U_o(\omega)*\sum_{n=-\infty}^{\infty}\Delta\frac{\sin(n\pi\Delta)}{n\pi\Delta}\delta(\omega-n\omega_s)\\ &=X(\omega)*\sum_{n=-\infty}^{\infty}\Delta\frac{\sin(n\pi\Delta)}{n\pi\Delta}\delta(\omega-n\omega_s) \end{aligned} \tag{5-25}$$

或

$$U_o(\omega)+\frac{\Delta}{j\omega RC}\sum_{n=-\infty}^{\infty}\frac{\sin(n\pi\Delta)}{n\pi\Delta}U_o(\omega-n\omega_s)=\frac{\Delta}{j\omega RC}\sum_{n=-\infty}^{\infty}\frac{\sin(n\pi\Delta)}{n\pi\Delta}X(\omega-n\omega_s) \tag{5-26}$$

由式(5-26)可见,取样积分器的传输过程是在 $n\omega_s$(n 为整数)各频率点处的滤波过程,滤波的时间常数为 RC/Δ。

5.2.3 指数式门积分器的输出特性

任何波形的周期信号都可以表示为三角函数的组合,考虑输入被测信号中频率为 ω 的单一频率正弦信号分量

$$x(t)=x_m\cos[\omega(t-\tau)] \tag{5-27}$$

式中,x_m 是该频率分量的幅度。参考文献[12]中给出了下列几个有用的结论。

1. 当 $\omega=\omega_s=2\pi/T$ 时

这意味着 $x(t)$的频率 ω 等于取样脉冲频率,这时指数式门积分器的稳态输出为

$$u_o(t)=x_m\frac{\sin(\pi\Delta)}{\pi\Delta}\cos(\omega_s\tau)\left[1-\exp\left(-\frac{\Delta}{RC}t\right)\right] \tag{5-28}$$

式中,$\Delta=T_g/T$ 为取样脉冲 $p(t)$的占空系数。

由式(5-28)可以得出以下结果:

(1) 式中的指数项说明,取样积分器的输出是沿着指数曲线逐渐积累的过程,时间常数为 $T_e=RC/\Delta$,图 5-5(b)也说明了这一点。取样脉冲宽度 T_g 越窄,占空系数 Δ 越小,则所需积分时间越长。

(2) 当改变延迟时间 τ 时,输出按 $\cos(\omega_s\tau)$的规律变化;当 τ 从 0 逐渐变化到 T 时,输

出显示出一个完整周期的正弦波。在 $\omega=\omega_s$ 情况下，式(5-28)中的 τ 可以看成是取样脉冲相对于被测信号 $x(t)$起始点的延时。这说明，逐渐改变取样点相对于被测信号 $x(t)$起始点的时间，可以从噪声中恢复出被测信号的波形，这正是扫描式取样积分器的工作原理。

(3) 取样积分器稳态输出时的衰减系数取决于 $\sin(\pi\Delta)/(\pi\Delta)$，若要求衰减系数小于3dB，则要求

$$\frac{\sin(\pi\Delta)}{\pi\Delta}<\frac{1}{\sqrt{2}}$$

由上式解得 $\pi\Delta<1.392$，由 $\Delta=T_g/T$ 可得

$$T_g<0.4431T \tag{5-29}$$

式(5-29)说明，为了使取样积分的稳态值衰减不多，取样脉冲宽度 T_g 要足够窄，如果 $T_g>0.4431T$，则衰减系数有可能大于3dB。

2. 当 $\omega=n\omega_s$ 时

这意味着 $x(t)$的频率 ω 等于取样脉冲 $p(t)$的某次谐波频率，这时指数式门积分器的稳态输出为

$$u_o(t)=x_m\frac{\sin(n\pi\Delta)}{n\pi\Delta}\cos(n\omega_s\tau)\left[1-\exp\left(-\frac{\Delta}{RC}t\right)\right] \tag{5-30}$$

当 $n=1$ 时，式(5-30)就退化为基波情况下的式(5-28)。由式(5-30)可得如下结论：

(1) 当改变延迟时间 τ 时，输出按 $\cos(n\omega_s\tau)$的规律变化，这说明通过改变延迟时间 τ 可以恢复被测信号的任何高次谐波分量的波形。

(2) 式(5-30)右边中括弧中的项说明，输出信号中的高次谐波分量也是按指数规律逐渐积累的过程，积分的时间常数也是 $T_e=RC/\Delta$。

(3) 为了使恢复的被测信号的 n 次谐波分量衰减系数小于3dB，要求

$$\frac{\sin(n\pi\Delta)}{n\pi\Delta}<\frac{1}{\sqrt{2}}$$

由上式解得 $n\pi\Delta<1.392$，由 $\Delta=T_g/T$ 可得

$$T_g<0.4431T/n \tag{5-31}$$

式(5-31)说明，取样脉冲宽度越窄，输出信号的分辨率越高。要想使恢复信号的 n 次谐波分量衰减系数小于3dB，取样脉冲的宽度必须小于 n 次谐波周期的0.4431倍。

3. 当 $\omega=n\omega_s+\Delta\omega$ 时

这意味着 $x(t)=x_m\cos[\omega(t-\tau)]$的频率 ω 偏离取样脉冲的 n 次谐波 $n\omega_s$ 一个 $\Delta\omega$，这时指数式门积分器输出的稳态振幅为

$$u_{om}=x_m\cdot\frac{\sin(n\pi\Delta)}{n\pi\Delta}\cdot\frac{1}{\sqrt{1+(\Delta\omega RC/\Delta)^2}} \tag{5-32}$$

式(5-32)除以 $x(t)$的振幅 x_m，就可以得到在 $\omega=n\omega_s$ 附近的幅度响应

$$|H_n(\omega)|=\frac{\sin(n\pi\Delta)}{n\pi\Delta}\cdot\frac{1}{\sqrt{1+(\Delta\omega RC/\Delta)^2}} \tag{5-33}$$

式中，$\Delta\omega=\omega-n\omega_s$。

式(5-33)说明，经过取样积分，输入被测信号在各谐波处要经过一阶带通滤波，带宽取决于等效时间常数 $T_e = RC/\Delta$。而且，各次谐波处的幅度按取样函数 $\sin(n\pi\Delta)/(n\pi\Delta)$ 分布。

当取样脉冲的占空比 $\Delta \ll 1$ 时，有 $\Delta\omega RC/\Delta \gg 1$，$n\pi\Delta \ll 1$，那么式(5-33)可以简化为

$$|H_n(\omega)| = \frac{\Delta}{\Delta\omega RC} \tag{5-34}$$

将式(5-33)推广到各次谐波的情况，将各次谐波处的幅度响应求和就得到指数式取样积分器总的幅度响应 $|H(\omega)|$

$$|H(\omega)| = \sum_{n=-\infty}^{\infty} \frac{\sin(n\pi\Delta)}{n\pi\Delta} \cdot \frac{1}{\sqrt{1+[(\omega - n\omega_s)RC/\Delta]^2}} \tag{5-35}$$

根据式(5-35)，当 $\Delta = T_g/T = 0.2$ 时，取样门电路的幅频响应 $|H(f)|$ 示于图 5-10。可以看出，$|H(f)|$ 是一个幅度服从取样函数规律的离散频域窗。

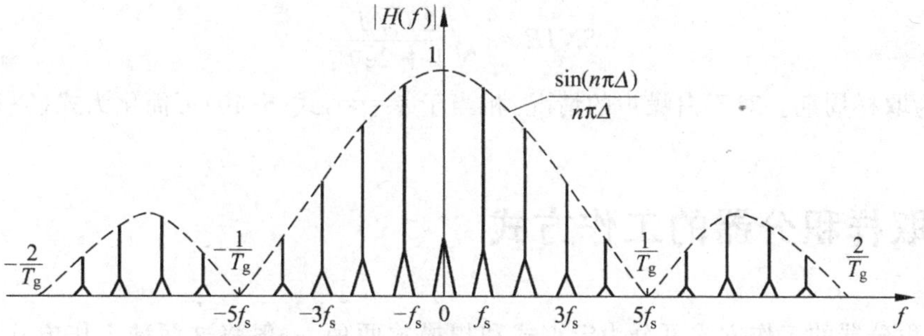

图 5-10 取样门电路的输出特性

由式(5-35)和图 5-10 可以得出以下几点结论：

(1) 在取样频率 f_s 的各次谐波处的带宽随积分时间常数 RC 的增加而减少，随占空比 $\Delta = T_g/T$ 的减少而减少。也就是说，其带宽取决于 $\Delta/(2\pi RC)$。

(2) 在 f_s 的各次谐波处的通带幅度服从取样函数 $\sin(n\pi\Delta)/(n\pi\Delta)$ 的规律。

5.2.4 指数式门积分的信噪改善比

1. 污染噪声为白噪声时的信噪改善比

由图 5-5(b)的响应曲线可知，对于时间常数为 T_c 的指数式积分器，当有效积分时间接近 $5T_c$ 时，积分效果变得不明显了。设积分次数为 N，每次取样积分时间为 T_g，则有效积分时间为 NT_g。为了使积分作用有效，应该保证

$$NT_g < 5T_c \tag{5-36}$$

在本章后面的数字累加部分将会看到，对于污染噪声是白噪声的情况，取样累积 N 次所能实现的信噪改善比(有效值)为

$$SNIR = \sqrt{N}$$

将式(5-36)代入上式得

$$SNIR < \sqrt{5T_c/T_g} \tag{5-37}$$

式(5-37)只是给出了信噪改善比的大致范围。用数学分析的方法确定准确的信噪改善比 $SNIR$ 比较繁琐,根据文献[15]中的分析,对于污染噪声是白噪声的情况,指数式门积分可以达到的信噪改善比(有效值)为

$$SNIR = \sqrt{2T_c/T_g} \tag{5-38}$$

2. 污染噪声为有色噪声时的信噪改善比

对于污染噪声为有色噪声的情况,例如白噪声通过 RC 低通滤波器后的输出 $x(t)$ 就是一种有色噪声,根据式(1-87a),其自相关函数可以表示为

$$R_x(\tau) = P_n \exp(-|\alpha\tau|) \tag{5-39}$$

式中,$P_n = R_x(0)$ 为噪声的功率,$\alpha = 1/(RC)$ 为有色噪声的相关函数指数因子,则指数式门积分可以达到的信噪改善比 $SNIR$(有效值)为

$$SNIR \approx \sqrt{\frac{2T_c/T_g}{1+2e^{-\alpha T}}} \tag{5-40}$$

式中,T 为取样周期。对于白噪声的情况,相当于 $\alpha=\infty$,式(5-40)可简化为式(5-38)。

5.3 取样积分器的工作方式

取样积分器的工作方式可分为定点式和扫描式两种,一般将这两种工作方式组合在同一仪器中,由用户选择使用哪种工作方式。定点工作方式用于检测信号波形上某一特定位置的幅度,而扫描工作方式用于恢复和记录被测信号的波形。

5.3.1 定点工作方式

在定点工作方式中,参考触发信号与输入被测信号保持同步,经过延时后产生固定宽度为 T_g 的门控信号,这样取样积分总是在被测信号周期的固定部位进行。定点工作方式比较简单,适用于检测处理周期信号或似周期信号固定部位的幅度,例如接收斩波光的光电倍增管(PMT)的输出电流,心电图一定部位(例如R波)的幅度等。

图5-11所示为定点取样积分电路原理方框图,它由信号通道、参考通道和门积分器组成。信号通道中的前置放大器为宽带低噪声放大器,用于将叠加了噪声的微弱被测信号 $x(t)$ 放大到合适的幅度。参考通道由触发电路、延时电路和取样脉冲宽度形成电路组成。参考信号可以是与被测信号相关的信号(例如交流电桥测量电路的交流电源),也可以是被测信号本身。当参考信号的一定特征(例如幅度或变化率)达到一定数值时,则产生触发信号,触发信号经过延时后触发门控电路,以形成宽度为 T_g 的取样脉冲,在被测信号周期中的固定部位进行取样和积分。延时电路的延时量可调,以便调整取样的部位。对取样积分输出信号 $u_o(t)$ 可以进一步放大,以便于观测或记录。

定点工作方式中的各点波形示于图5-12。图中,参考触发信号经过一定时间的延迟 T_d 之后,电路产生宽度为 T_g 的取样脉冲,对被测信号的固定部位进行取样积分。可以看

出，在每个信号周期内，取样积分只进行了一次，在 T_g 期间取样并积分，而在其他时间开关K断开，保持积分结果，输出信号呈现阶梯式累积的波形。经过多个周期的取样积分，输出信号趋向于被测信号取样点处的平均值。

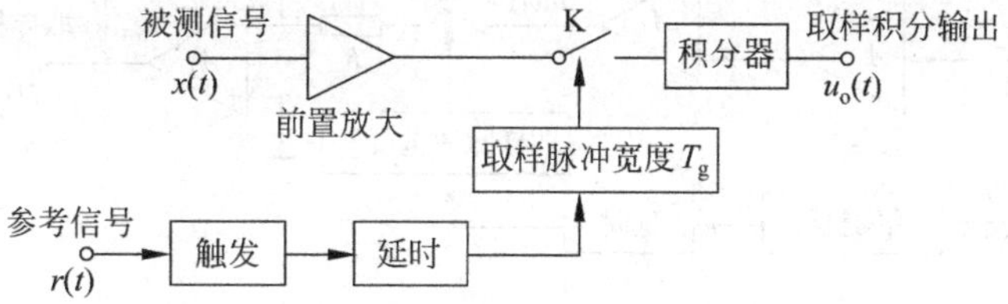

图 5-11 定点取样积分原理示意图

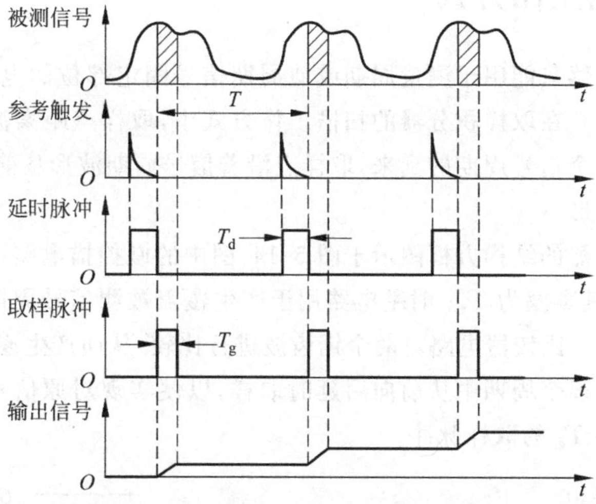

图 5-12 定点工作方式取样积分的各点波形

在定点工作方式中，因为取样点相对于信号起始时刻的延时是固定的，取样脉冲宽度 T_g 也保持不变，所以取样总是在被测信号距离原点为固定延时的某个小时段重复进行，积分得到的结果是该时段的多次累加积分值。利用信号的确定性和噪声的随机性，重复取样积分的结果将使信噪比得以改善。

图 5-13 所示是一种比较特殊的定点差值取样积分电路[12]，图中的触发整形电路和延时电路用于产生相对于参考信号原点固定延时 T_d 的取样脉冲，其宽度 T_g 由取样脉冲宽度控制电路设定。电阻 R、电容 C 和 A_2 组成积分器，放大器 A_1 和 A_3 组成差值积分电路。被测信号经前置放大与上次取样积分结果的分压值相比较，在 A_1 的输出端得到差值信号，该差值信号被送到取样门进行定点取样，再经积分器积分得到输出信号。在电子开关K接通期间，积分器对 A_1 输出进行积分；在电子开关K打开期间，由于运算放大器 A_2 的输入阻抗很高，积分器保持上次的积分结果。图中的 R_1、R_2 以及 A_3 组成反馈支路，A_1 将当前的前置放大输出与上次取样积分的输出进行比较，输出给取样门K的电压为

$$u_1(t)=A_1\left(A_0x(t)-\frac{R_2A_3}{R_1+R_2}\cdot u_o(t)\right) \tag{5-41}$$

所以这是一种差值取样积分，其工作原理类似于密勒积分器。

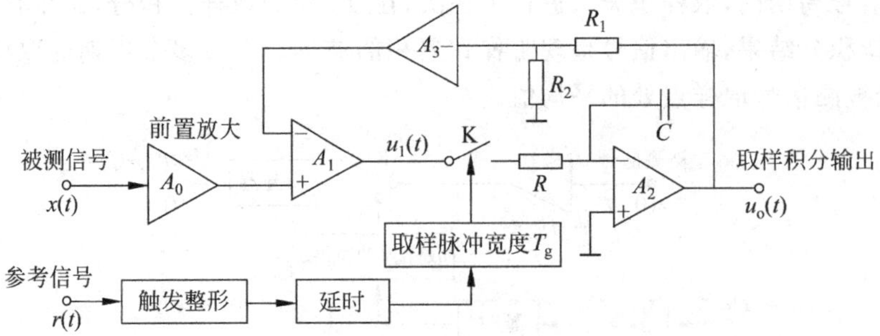

图 5-13　定点差值取样积分电路

5.3.2　扫描工作方式

定点式取样积分器只能用于测量周期或似周期信号固定部位的电压，却不能用于恢复被测信号的整个波形。在取样积分器的扫描工作方式中，取样点距离波形原点的延时量被逐渐延长。随着一个个信号周期的到来，取样点沿着信号周期波形从前向后进行扫描，从而恢复被噪声污染的波形。

扫描式取样积分器的结构方框图示于图 5-14，图中的慢扫描电路用于产生覆盖很多个信号周期的锯齿波，其宽度为 T_s；时基电路用于产生覆盖被测信号周期中需要测量部分的锯齿波，其宽度为 T_B。比较器电路对两个锯齿波进行比较，从而产生逐渐增加的延时，这样就可以在被测信号的逐个周期中从前向后延时取样，以便实现对原信号的逐点恢复。门控电路用于产生宽度为 T_g 的取样脉冲。

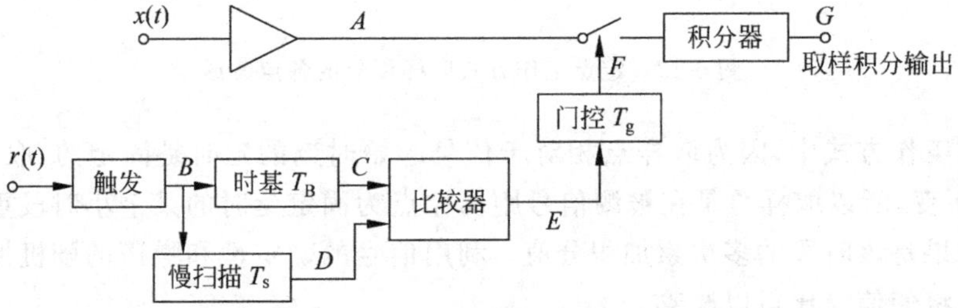

图 5-14　扫描式取样积分结构框图

图 5-15 示出扫描式取样积分器的各点波形，(a)为被测信号 $x(t)$波形；(b)为由参考信号 $r(t)$产生的触发信号波形；(c)为由慢扫描电路产生的长周期 T_s 锯齿波（虚线），以及覆盖被测信号需要测量部分的时基 T_B 锯齿波（实线）；比较器根据两个锯齿波的相交点产生延时脉冲，如图 5-15(d)所示，其上升沿相对于触发脉冲的延时逐渐增加；由延时脉冲触发门控电路产生逐次后移的取样脉冲，如图 5-15(e)所示。可以看出，随着被测信号周期的逐个到来，取样点在信号周期中的位置从前向后逐次移动，在经历了很多个信号周期后（为简单计，图 5-15 只画出 5 个周期），由取样值的包络线可以显现被测信号的波形，不过周期比原信号长了很多倍，如图 5-15(f)所示。因此，利用 X-Y 记录仪可以记录显示被测信号的波

形。把记录仪的 X 输入端连接到慢扫描锯齿波输出，Y 输入端连接到取样积分输出信号端就能实现这种记录。

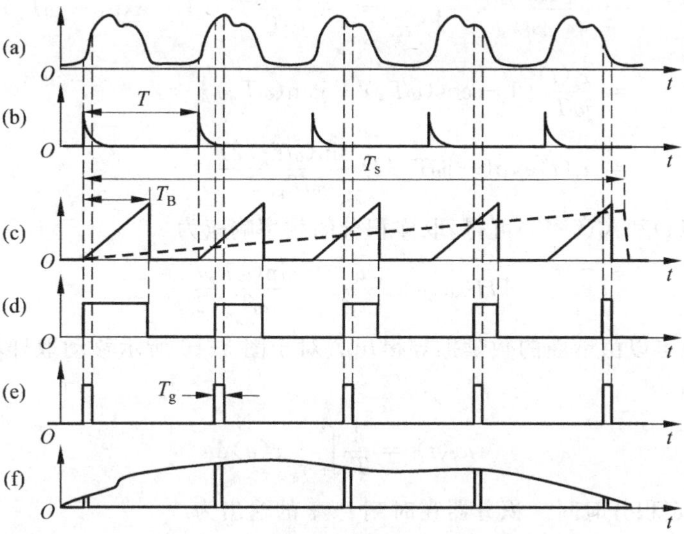

图 5-15 扫描式取样积分各点波形

(a) A 点被测信号波形；(b) B 点触发脉冲波形；(c) 时基与慢扫描电压比较；(d) 比较器输出；(e) 取样脉冲；(f) 取样值及复现波形

设取样脉冲相对于信号周期起始点的延迟量在每个信号周期中增加 Δt，如果时基锯齿波宽度为 T_B，慢扫描锯齿波宽度为 T_s，时基锯齿波与慢扫描锯齿波的幅度相同，则根据图 5-15(c)中的几何关系，可得

$$\Delta t = \frac{T_B T}{T_s - T_B} \tag{5-42}$$

式中，T 为信号周期。考虑到 $T_s \gg T_B$，式(5-42)可简化为

$$\Delta t \approx \frac{T_B T}{T_s} \tag{5-43}$$

扫描式取样积分的工作过程是一种移动平均式的积分，如图 5-16 所示。图中，$x(t)$是被测信号波形，取样积分器对 T_g 时段内(虚线框内)的 $x(t)$进行积分，得到一个 $u_o(t)$输出值，在信号的下一个周期虚线框向右移动一个小小的时段 Δt，再次进行积分。重复上述过程直到扫描完要测量的时段，就像积分框沿着信号周期向前移动一样，所以这种积分方式又叫做运转积分(running integration)，或称 Boxcar 积分。

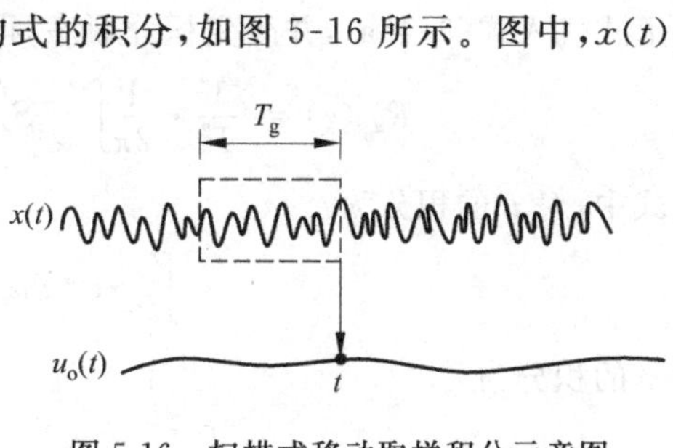

图 5-16 扫描式移动取样积分示意图

任何信号都可以分解成不同频率分量的组合，设 $x(t)$的频率为 ω 的分量为

$$x_i(t) = V_m \exp(j\omega t) \tag{5-44}$$

式中，V_m 为该频率分量的幅度，则在时刻 t 的积分平均结果为

$$u_o(t) = \frac{1}{T_g}\int_{t-T_g}^{t} V_m \exp(j\omega t')\,dt'$$

$$= \frac{V_m \exp(j\omega t')}{j\omega T_g}\Big|_{t-T_g}^{t} = \frac{V_m \exp(j\omega t)}{j\omega T_g}[1-\exp(-j\omega T_g)]$$

$$= \frac{x_i(t)}{j\omega T_g}[1-\cos(\omega T_g)+j\sin(\omega T_g)]$$

$$= x_i(t)\exp(-j\omega T_g/2)\,\frac{\sin(\omega T_g/2)}{\omega T_g/2} \tag{5-45}$$

对比式(5-44)和式(5-45)可得,取样积分的频率响应为

$$|H(\omega)| = \frac{|u_o|}{|x_i|} = \frac{\sin(\omega T_g/2)}{\omega T_g/2} \tag{5-46}$$

上述结论也可以由下面的数学推导得出。对于图 5-16 所示移动取样积分过程,时刻 t 积分器的输出为

$$u_o(t) = \frac{1}{T_g}\int_{t-T_g}^{t} x(u)\,du$$

式中的 T_g 为固定积分时间。积分器在时刻 $t-\tau$ 的输出为

$$u_o(t-\tau) = \frac{1}{T_g}\int_{t-\tau-T_g}^{t-\tau} x(v)\,dv$$

积分输出 $u_o(t)$的自相关函数为

$$R_{u_o}(\tau) = E[u_o(t)u_o(t-\tau)] = E\left[\frac{1}{T_g}\int_{t-T_g}^{t} x(u)\,du\cdot\frac{1}{T_g}\int_{t-\tau-T_g}^{t-\tau} x(v)\,dv\right]$$

$$= \frac{1}{T_g^2}\int_{t-T_g}^{t} du\cdot\int_{t-\tau-T_g}^{t-\tau} dv E[x(u)x(v)]$$

$$= \frac{1}{T_g^2}\int_{t-T_g}^{t} du\cdot\int_{t-\tau-T_g}^{t-\tau} dv R_x(u-v) \tag{5-46a}$$

根据式(1-37),有

$$R_x(u-v) = \frac{1}{2\pi}\int_{-\infty}^{\infty} S_x(\omega)e^{j\omega(u-v)}\,d\omega$$

将上式代入式(5-46a),并改变积分顺序,得

$$R_{u_o}(\tau) = \frac{1}{T_g^2}\cdot\frac{1}{2\pi}\int_{-\infty}^{\infty} S_x(\omega)\,d\omega\int_{t-T_g}^{t} e^{j\omega u}\,du\cdot\int_{t-\tau-T_g}^{t-\tau} e^{-j\omega v}\,dv \tag{5-46b}$$

上式中,对 u 的积分为

$$\int_{t-T_g}^{t} e^{j\omega u}\,du = \frac{e^{j\omega t}(1-e^{-j\omega T_g})}{j\omega}$$

对 v 的积分为

$$\int_{t-\tau-T_g}^{t-\tau} e^{-j\omega v}\,dv = \frac{e^{-j\omega(t-\tau)}(1-e^{j\omega T_g})}{-j\omega}$$

它们的乘积为

$$e^{j\omega\tau}\frac{\sin^2(\omega T_g/2)}{(\omega/2)^2}$$

代入式(5-46b),得

$$R_{u_o}(\tau)=\frac{1}{2\pi}\int_{-\infty}^{\infty}S_x(\omega)\frac{\sin^2(\omega T_g/2)}{(\omega T_g/2)^2}e^{j\omega\tau}d\omega$$

根据式(1-37)所表示的自相关函数与功率谱密度的关系，由上式的被积函数可以看出，$u_o(t)$的功率谱密度为

$$S_{u_o}(\omega)=S_x(\omega)\frac{\sin^2(\omega T_g/2)}{(\omega T_g/2)^2}$$

与式(1-82)对比，可知 Boxcar 积分的频率响应函数为

$$|H(\omega)|=\frac{\sin(\omega T_g/2)}{\omega T_g/2} \tag{5-46c}$$

上式与式(5-46)的结果相同。据此可画出取样积分器的幅频响应曲线，如图 5-17 所示。

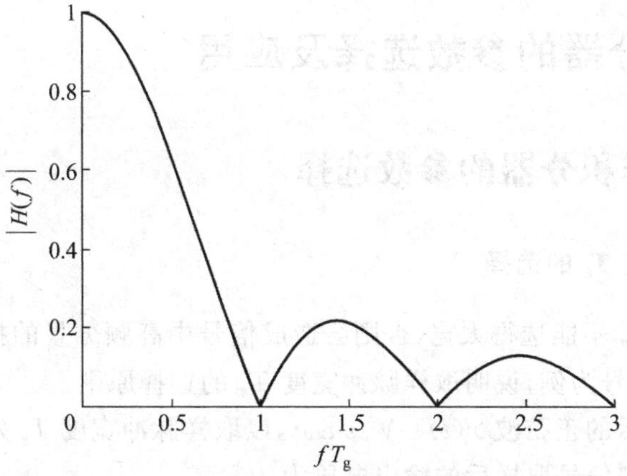

图 5-17 线性取样积分的幅频响应曲线

由时基电路产生的 T_B 锯齿波的起始点及斜率都可以根据需要进行调节，这有利于选择恢复波形的位置和宽度。例如，图 5-18(a)中的 T_B 覆盖了被测波形的大部分，而图 5-18(b)中 T_B 只覆盖了被测波形的中间部分。

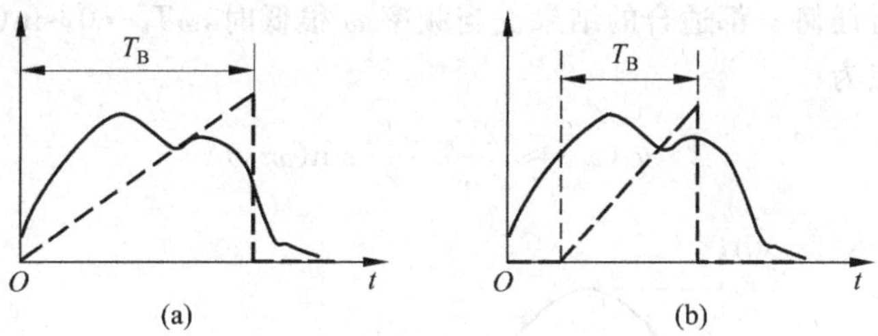

图 5-18 T_B 变化与波形恢复的关系

(a) 覆盖范围宽；(b) 覆盖范围窄

在实际仪器中，一般都把图 5-11 电路和图 5-14 电路组合在一起，由使用者选择定点或扫描工作方式，如图 5-19 所示。当开关 K_1 打到上部时为单点工作方式；当 K_1 打到下部时为扫描工作方式。

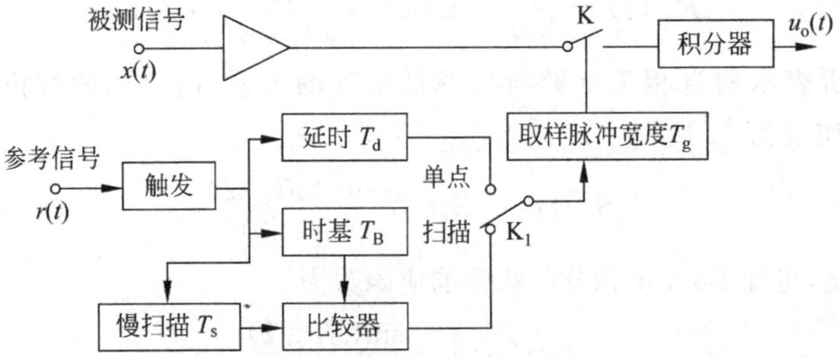

图 5-19 具有单点和扫描两种工作方式的取样积分器结构框图

5.4 取样积分器的参数选择及应用

5.4.1 取样积分器的参数选择

1. 取样脉冲宽度 T_g 的选择

取样脉冲宽度 T_g 不能选得太宽，否则会造成信号中高频分量的损失，使得恢复的信号失真。下面以正弦信号为例，说明取样脉冲宽度 T_g 的选择原则。

对于图 5-20 所示的正弦波 $x(t)=V_m\sin\omega t$，以取样脉冲宽度 T_g 对 $x(t)$ 取样，设取样脉冲的中心时刻为 t_0，则信号取样后的输出电压为

$$x(t)=V_m\sin\omega t,\quad t_0-\frac{T_g}{2}\leqslant t\leqslant t_0+\frac{T_g}{2}$$

经积分器积分后的输出为

$$u_o(t_0)=\int_{t_0-\frac{T_g}{2}}^{t_0+\frac{T_g}{2}}V_m\sin\omega t\,dt=\frac{2V_m}{\omega}\sin\left(\frac{\omega T_g}{2}\right)\sin(\omega t_0)\qquad(5\text{-}47)$$

式(5-47)是对任何 ω 都适合的结果。当频率 ω 很低时，$\omega T_g\to 0$，$\sin(\omega T_g/2)\approx\omega T_g/2$，式(5-47)可以近似为

$$u_o(t_0)\approx\frac{2V_m}{\omega}\frac{\omega T_g}{2}\sin(\omega t_0)\qquad(5\text{-}48)$$

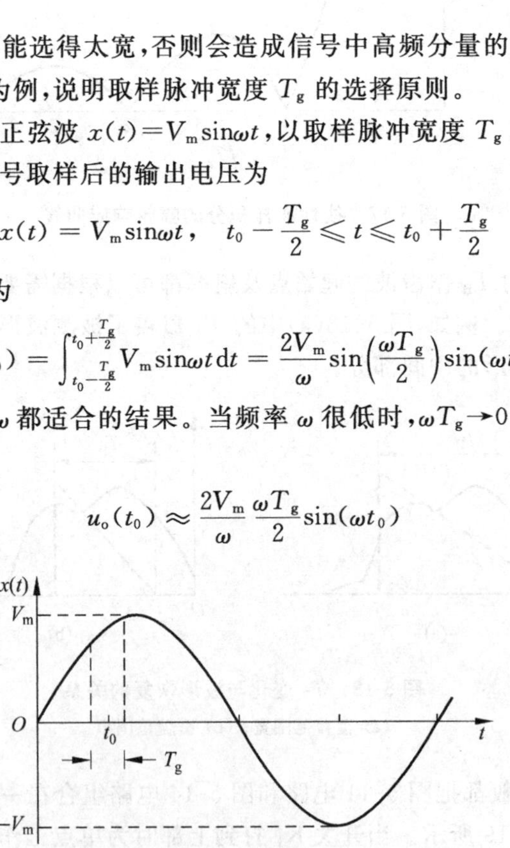

图 5-20 正弦波定点取样

对比式(5-47)与式(5-48)可知，当频率较高时，因为 $\sin(\omega T_g/2)<\omega T_g/2$，积分输出电压会下降，所以会引起信号中高频分量的损失，损失程度可表示为

$$A=\frac{u_o|_\omega}{u_o|_{\omega\to 0}}=\frac{\sin(\omega T_g/2)}{\omega T_g/2} \tag{5-49}$$

式(5-49)与式(5-46c)的结果相同。式(5-49)说明，取样积分对被测信号高频分量的衰减系数 A 与 fT_g 相关，根据式(5-49)可画出 A 与 fT_g 的关系，如图 5-21 所示。若要求取样积分对被恢复信号的最高频率 f_c 的衰减不大于 3dB，即要求 $A\geqslant 1/\sqrt{2}$，则由式(5-49)得

$$f_cT_g\leqslant 0.42$$

或

$$T_g\leqslant 0.42/f_c \tag{5-50}$$

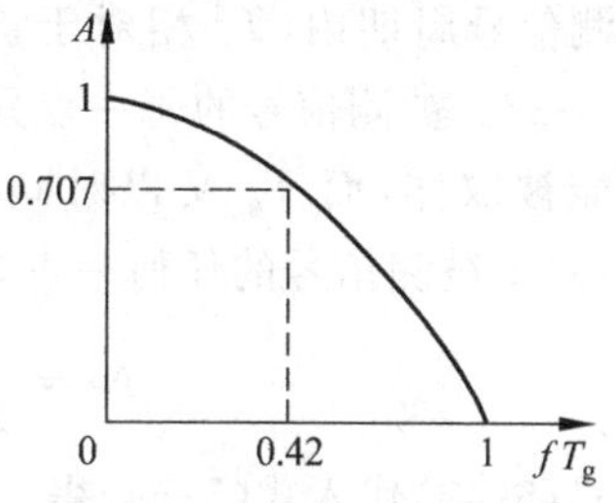

图 5-21 取样积分衰减系数 A 与 fT_g 的关系

可见，希望恢复的信号频率越高，要求取样脉冲宽度 T_g 越窄。式(5-50)与式(5-29)及式(5-31)对 T_g 的要求基本一致。

如果要恢复的信号波形包含很陡的上升沿或下降沿，则取样脉冲宽度 T_g 必须很窄。根据脉冲技术和宽带放大器的分析，脉冲上升时间 t_r 和频带宽度的关系为[12]

$$f_c\approx 0.35/t_r \tag{5-51}$$

由式(5-51)可见，信号波形的上升沿或下降沿越陡，则信号的最高频率 f_c 越高，T_g 应该越窄。但是 T_g 也不能选得太窄，从后面的分析可知，T_g 越窄，测量时间就越长。式(5-50)和式(5-51)可以用作取样脉冲宽度 T_g 的选择原则之一，实际应用中还要与测量时间综合权衡。

2. 时基锯齿波宽度 T_B 的选择

时基锯齿波的起始点及斜率都可以根据需要进行调节，T_B 的范围取决于被测信号周期中需要恢复的区段长度，考虑到各种不确定因素，选择 T_B 时，要在测量区段的两端都留有一定的余地。

3. 积分器时间常数 $T_c=RC$ 的选择

根据取样积分器的工作原理，对于指数式取样积分器，在每个取样脉冲作用期间，取样开关闭合对积分电容充电，充电时间为 T_g；而在两次取样脉冲间隔期间，电容电压保持不变，如图 5-5(b)及图 5-8 所示。对于指数式门积分器，当 N 次取样总的积分时间 NT_g 接近 5 倍的积分器时间常数时，信号累积速度减慢，信噪比改善很少。在两倍的时间常数内，信噪比改善得比较明显。根据式(5-38)可得

$$T_c=\frac{(SNIR)^2T_g}{2} \tag{5-52}$$

而对于线性门积分器，信噪比的改善不受积分器时间常数的限制，仅受电路的动态范围限制。取样积分次数 N 越大，信噪改善比 $SNIR$ 越大，两者之间的关系为

$$SNIR=\sqrt{N} \tag{5-53}$$

这时就要根据取样脉冲宽度、测量范围、慢扫描测量时间的要求，综合考虑来确定积分时间常数。

4. 慢扫描时间 T_s 的选择

设取样脉冲 T_g 相对于信号周期起始点的延迟量在每个信号周期中增加 Δt，在许多个被测信号周期内，T_g 相对于被测波形移动的情况示于图 5-22。被测信号的每一点只有在取样脉冲宽度 T_g 内才能被取样，而 T_g 又以时间间隔 Δt 在跳跃移动。所以，对于被测信号的任何一点，被取样次数为

$$N=\frac{T_g}{\Delta t} \tag{5-54}$$

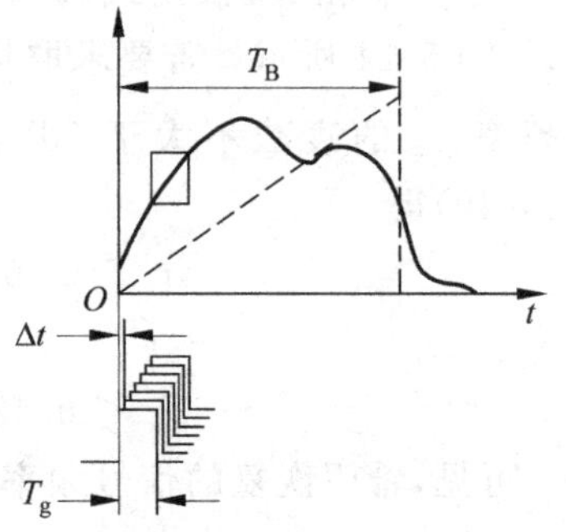

图 5-22 取样脉冲相对于被测信号周期起始点移动示意图

将式(5-43)代入式(5-54)得

$$N=\frac{T_g T_s}{T_B T} \tag{5-55}$$

将式(5-55)代入式(5-53)得

$$SNIR=\sqrt{\frac{T_g T_s}{T_B T}} \tag{5-56}$$

对于线性门积分器，给定所要求的 $SNIR$ 后，由式(5-56)可以估计出需要的测量时间 T_s

$$T_s \geqslant \frac{(SNIR)^2 T_B T}{T_g} \tag{5-57}$$

在指数式门积分器中，为了使电容充电充分，须使总的积分时间 NT_g 比积分器的时间常数 T_c 大很多。当 $NT_g=5T_c$ 时，积分器充电值与稳定值之间的误差为 0.67%。若要求总的积分时间

$$NT_g \geqslant 5T_c$$

则将式(5-55)代入上式得

$$\frac{T_g^2 T_s}{T_B T} \geqslant 5T_c$$

或

$$T_s \geqslant \frac{5T_B T_c T}{T_g^2} \tag{5-58}$$

若按式(5-52)选择积分器时间常数 T_c，则

$$T_s \geqslant \frac{2.5 T_B T (SNIR)^2}{T_g} \tag{5-59}$$

由式(5-58)和式(5-59)可见，波形恢复测量的总时间 T_s 正比于要恢复波形宽度 T_B 和信号周期 T，这是比较容易理解的。要达到的信噪改善比 $SNIR$ 对测量时间影响很大，二者为平方关系。

取样脉冲宽度 T_g 的选择要考虑两方面的因素，即既要满足被测信号频率分辨率的要求(见式(5-50))，又要考虑测量时间的问题。如果所选 T_g 太窄导致测量时间 T_s 太长，那么电容的漏电和放大器的漂移也会引起测量误差，所以需要综合权衡两方面的因素。

例 5-1 被测信号周期 $T=10\text{ms}$，测量范围 $T_B=2\text{ms}$，要求信噪改善比 $SNIR=10$，选 $T_B=3\text{ms}$ 以覆盖测量区，$T_g=100\mu\text{s}$，试求指数式取样积分器的参数 T_c 和 T_s。

解：根据式(5-52)及所要求的 $SNIR$ 求出积分器时间常数 T_c 如下

$$T_c=\frac{(SNIR)^2T_g}{2}=5\quad(\text{ms})$$

再根据式(5-58)计算总的测量时间

$$T_s\geqslant\frac{5T_BT_cT}{T_g^2}=75\quad(\text{s})$$

综上所述，线性取样积分器和指数式取样积分器的参数选择过程分别如图 5-23(a)和图 5-23(b)所示。

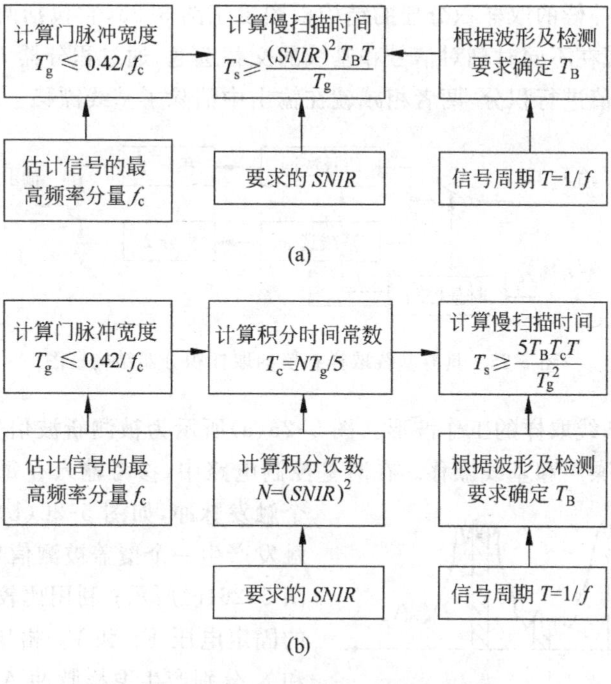

图 5-23 取样积分器参数选择过程框图

(a) 线性取样积分器；(b) 指数式取样积分器

5.4.2 基线取样与双通道取样积分器

1. 基线取样

利用取样积分的方法来改善被测信号的信噪比是以时间为代价的。因为在被测信号的每个周期只取样一次，为了改善信噪比，必须对很多个信号周期进行取样积分，这就对系统的稳定性提出了很高的要求。当被测信号周期较长或要求的 $SNIR$ 较大时，必须进行长时间的测量，才能达到要求。而在长时间的测量过程中，由于电容漏电、放大器的零点和增益变化、其他元器件的温度漂移和时间漂移、激励源的起伏等因素，被测信号的零点基线已经发生了变化，称之为基线漂移。

图 5-24 示出没有漂移的信号波形和漂移后的信号波形。可以看出，消除基线漂移对于信号的精确测量是十分重要的。采用低漂移器件，对器件进行老化筛选，改进电路设计等措施对改善漂移都有一定的作用，但实际实现起来往往具有一定的困难，改善效果也很有限。而基线取样方法对于改善取样积分测量的漂移是行之有效的。

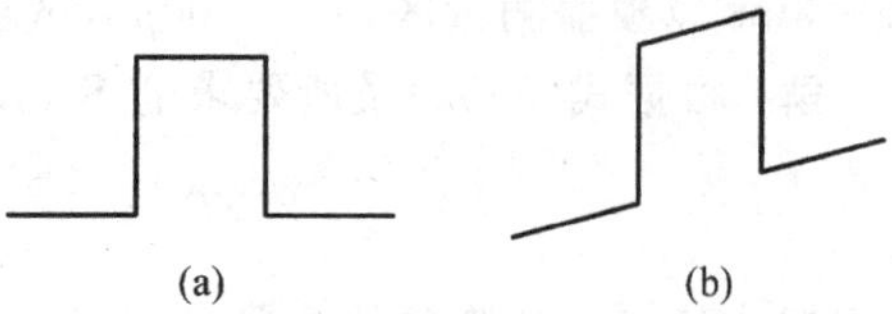

图 5-24 基线漂移示意
(a) 没有漂移的信号；(b) 漂移后的信号

基线取样的基本原理是：在每个信号周期内先取样一次信号的有效成分，再取样一次信号的基线，两者相减得到扣除漂移后信号成分的有效幅值。

具有基线取样补偿的取样积分器的结构框图示于图 5-25，它包括两个相同的取样积分器，由时基控制实现在不同时刻对信号和基线的交替选通，通过积分器 1 和积分器 2 分别对信号和基线的取样值进行积分，两者相减就在输出中消除了基线漂移。

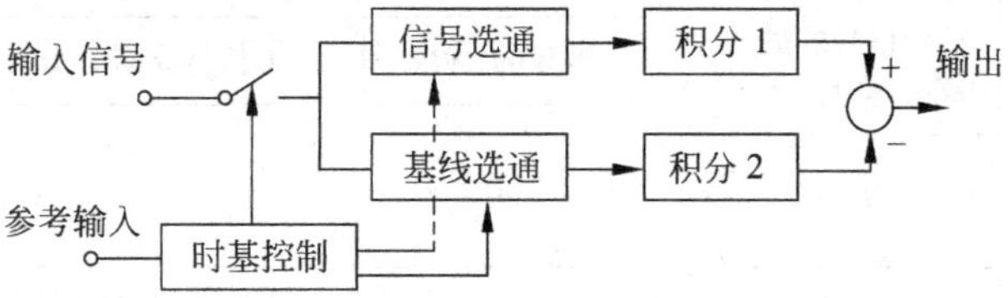

图 5-25 具有基线取样补偿的取样积分器结构框图

图 5-26 示出基线取样的工作波形。图 5-26(a)所示为被测斩波信号波形，其低电压处的起伏反映了背景噪声和基线漂移。在时基控制电路中，参考输入在每个信号周期产生一个触发脉冲，如图 5-26(b)所示；由触发脉冲触发产生一个覆盖被测信号周期的锯齿波，如图 5-26(c)所示；利用比较器将锯齿波与交替的固定电压 V_1 和 V_2 相比较，从而在时刻 t_1 和 t_2 分别产生取样脉冲 A 和 B，如图 5-26(d)所示；用取样脉冲 A 和 B 分别对基线和有用信号进行取样，并分别积分。长时间的 A 点和 B 点交替取样积分的结果为，积分器 1 输出为信号的累积平均值，积分器 2 输出为基线的累积平均值，两者相减就实现了对基线漂移的补偿。

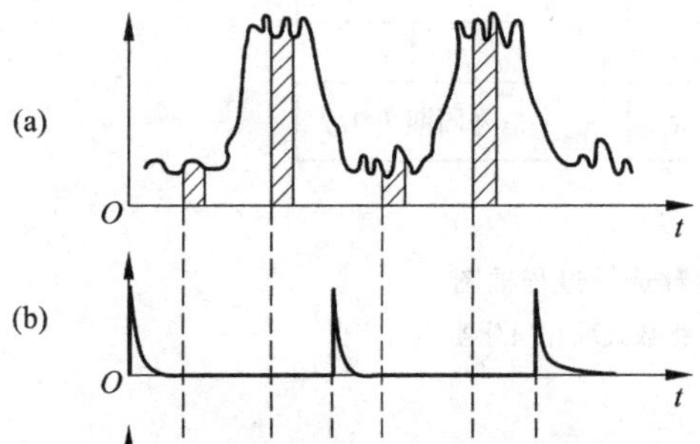

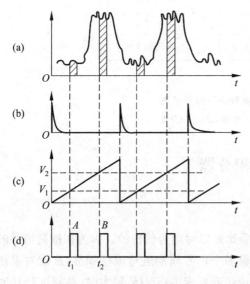

图 5-26 基线取样工作原理
(a) 被测信号；(b) 触发脉冲；
(c) 时基锯齿波及比较电压；(d) 取样脉冲

如果 V_1 为固定电压，V_2 用慢扫描锯齿波 T_s 来代替，则上述交替取样积分过程对于基线为定点取样积分，而对于信号为扫描式取样积分，这样的取样积分可以用来恢复被测信号所需部分的波形，又克服了基线漂移的不利影响。

2. 双通道取样积分器

双通道取样积分器系统由两路基线取样积分器组成，如图 5-27(a)所示。它利用两路取样积分器分别对被测信号和作为标准的另一路信号进行消除基线的取样积分，将被测量与标准量对比，以消除由信号基线以及激励源起伏造成的误差，使测量更为准确和可靠。

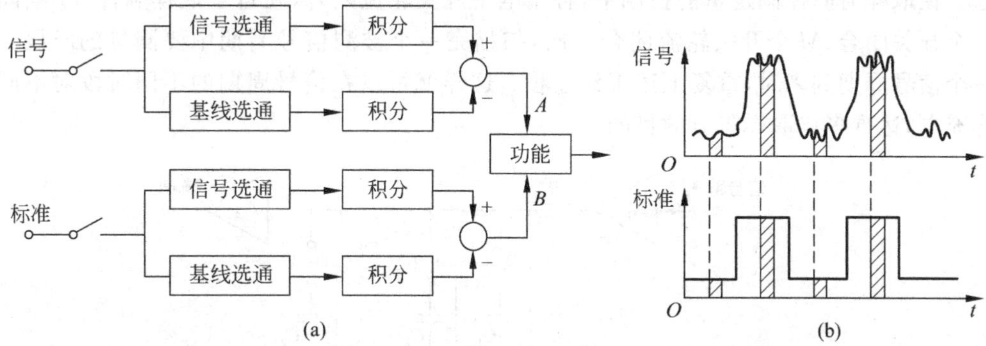

图 5-27 双通道取样积分器
(a) 结构框图；(b) 原理波形

信号通道对被测信号及其基线进行取样积分，以消除信号基线漂移的影响，输出为 A。标准通道对用作激励源的标准信号及其基线进行取样积分，消除标准通道基线漂移的影响，输出为 B。之后进行 A/B 的运算，对测试结果进行归一化处理，从而克服激励源起伏引起的测量误差。图 5-27(b)示出对信号和标准分别取样的波形。为了实现各取样点的准确定时，确定取样脉冲宽度等功能，系统还必须包括时基和延时控制部件，在图中未示出。

例如在激光测量中，当测量时间较长时，激光光源的强度可能发生变化，从而导致测量误差。在这种情况下可以利用 A 通道作基本测量，利用 B 通道检测光源的强度，从而补偿光源强度变化带来的影响。

除了常用的 A/B 运算外，功能插件还可以选择 A 输出、B 输出、$A-B$、$A\times B$、$\lg(A/B)$ 等功能，给测试带来很大方便。

如果功能插件选择 $A\times B$ 功能，并在 B 通道中附加可变延时附件，则可以实现相关运算的功能。

5.4.3 多点取样积分器系统

上面介绍的定点式和扫描式取样积分器都属于单点式取样，即每个信号周期内只取样积分一次，所以取样效率很低，需要经过很多信号周期才能得到测量结果。当被测信号重复频率较低时，必然导致检测时间太长，即使允许较长的处理时间，电容的漏电和放大器的漂移也会导致测量误差和波形失真。尤其是当被测信号包含快速跳变沿时，为了恢复被测信号的高频分量，根据式(5-50)，取样脉冲宽度 T_g 必须很窄。这样一来，在扫描式工作方式中，为了恢复被测信号波形，由式(5-58)计算出的测量时间 T_s 会很长，电容漏电和电路漂移都会造成测量结果的误差。

例如，对于10Hz的被测信号，若选 $T_g=0.1\text{ms}$，要求 $SNIR=100$，全周期恢复波形则要求 $T_B=T=0.1\text{s}$，那么按式(5-59)计算出的测量时间 $T_s\approx29$ 天，这当然是很不现实的。

多点式取样积分器是在每个被测信号周期内取样多点，其电路相对要复杂一些，但是对被测信号的利用率高，经过不太多的信号周期就可以得到测量结果。图5-28示出多点式取样积分器的电路结构，它包括多个电子开关和积分电容，相当于多个单点取样积分器组合在一起。在取样时间控制逻辑的控制下，各个电子开关轮流闭合，在每个取样脉冲 T_g 期间只有一个开关闭合，M 个开关轮流闭合一次，扫描完一个被测信号周期中要测量的时段。当下一个信号周期到来时，重复上述工作过程。这样就可以在信号周期的不同时段对不同的电容充电，达到多点取样积分的目的。

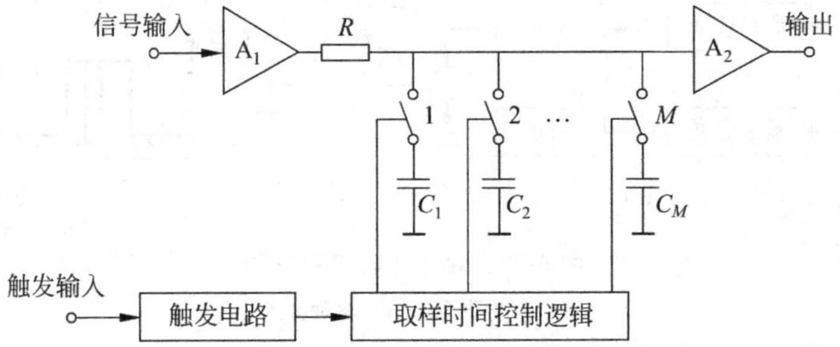

图5-28　多点取样积分器电路结构

多点取样积分器工作波形示于图5-29，图中，T 为信号周期，T_g 为取样脉冲宽度，每个信号周期只画出了3个取样间隔和3个相应的积分器。注意，图5-28中轮流闭合的电子开关具有两个作用：一个作用是在信号周期的不同取样时段开关切换到不同的电容进行积分；另一个作用是使输出放大器的输入端也轮流切换到不同电容的积分电压上，也就是实现图5-29中轮流输出选择的功能。因此，输出放大器 A_2 的输出波形就反映了扫描式取样积分的结果。经过多个信号周期的扫描式取样积分，输出波形的信噪比将得以改善，所实现的 $SNIR$ 正比于信号周期数 i 的平方根。

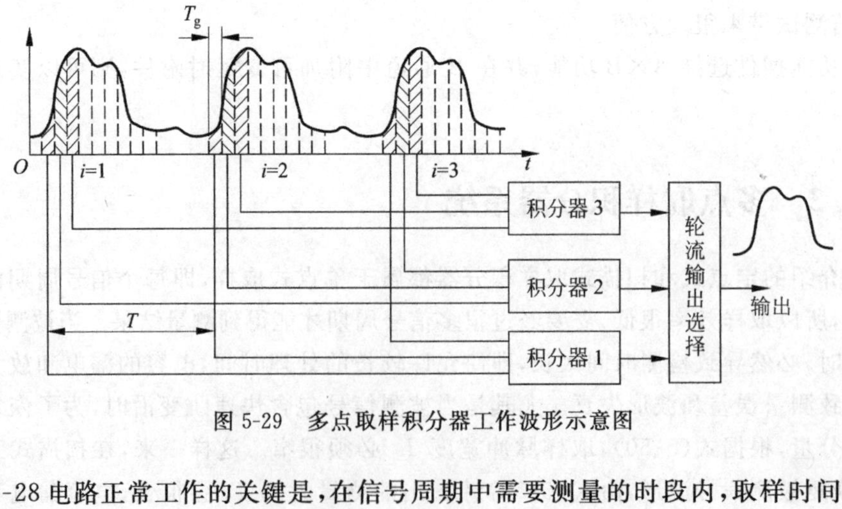

图5-29　多点取样积分器工作波形示意图

图5-28电路正常工作的关键是，在信号周期中需要测量的时段内，取样时间控制逻辑电路依次给各个电子开关输出取样脉冲，其余电路比较容易实现。这种多点取样积分器成

本低，取样效率高，工作速度快。但是，由于每个取样点都需要一套单独的电子开关和积分电容，所以每个信号周期中的取样点数不可能太多，一般为50～100点。此外因为电容存在漏电问题，所以信号电压保持时间有限，很难实现对低频信号的恢复。

5.4.4 取样积分器应用实例

取样积分器的基本功能是提取被噪声污染的信号参数，包括恢复信号波形。取样积分器已广泛应用于物理、化学、生物学以及工业检测技术等许多领域，国内外已经研制开发出若干种实用的取样积分检测仪器。这里只列举几种比较典型的应用实例。

1. 材料的光学特性检测

为了检测某种材料的光学特性，例如光学材料对某种特定波长的单色光的吸收特性，可以利用马达带动等距开槽的斩光盘，使经过斩波的单色光透射过被测材料样品，如图5-30所示。光电倍增管PMT将透射过被测材料的斩波光转换为电信号，其中包含杂散光、漏电流、暗电流等各种噪声。利用定点式取样积分提高输出信号的信噪比，并利用基线取样补偿基线的漂移，就可以根据输出信号判别被测材料的吸收特性。在斩波盘两侧装设小灯和光敏器件，光敏器件输出的脉动信号可以用作取样积分的参考信号。

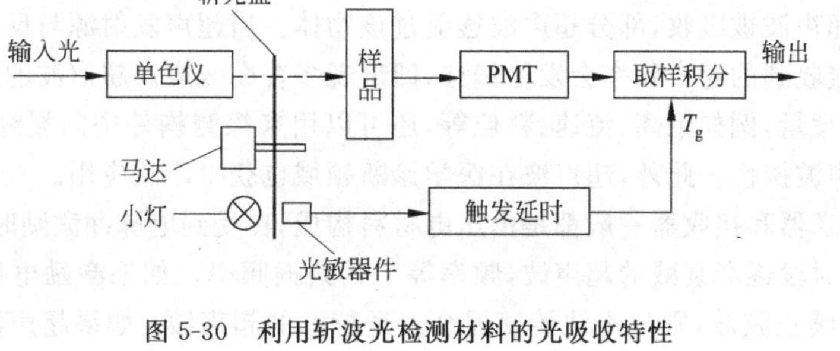

图5-30 利用斩波光检测材料的光吸收特性

2. 霍尔效应测量

对于如图5-31所示的半导体薄片，若在它的两端通以控制电流 I，并在薄片的垂直方向施加磁感应强度为 B 的磁场，则在磁场和电流的垂直方向上将产生电动势 V_H，这种现象称为霍尔效应(Hall effect)。

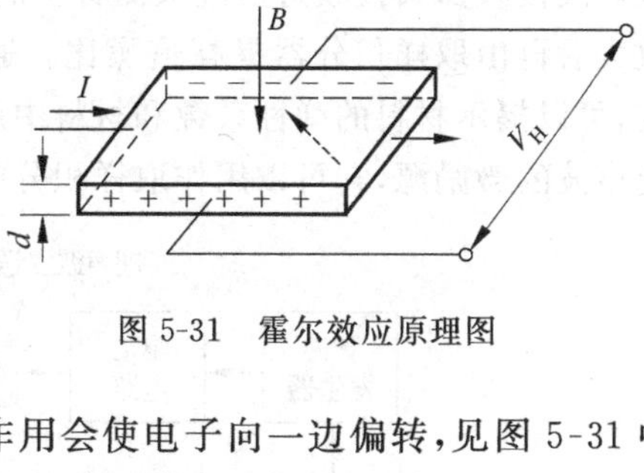

图5-31 霍尔效应原理图

霍尔效应的产生是由于半导体中的运动电荷受洛伦兹(Lorentz)力作用的结果。设在N型半导体薄片的控制电流端通以电流 I，则半导体中电子的运动方向与电流方向相反。如果在垂直于半导体薄片的方向上施加磁场 B，洛伦兹力的作用会使电子向一边偏转，见图5-31中的虚线箭头方向。这会导致该边的电子堆积，而另一边则积累正电荷，于是产生电场。该电场阻止运动电子的继续偏转，当电场作用力与洛伦兹力相等时，电子的积累就达到动态平衡。这时，在薄片积累了电荷的两个端面之间建立的电场称为霍尔电场，相应的电位差称为

霍尔电势 V_H，当 I 与 B 垂直时，V_H 的大小为

$$V_H = R_H IB/d \quad (\text{V})$$

式中，R_H 为霍尔常数，取决于材料的物理性质，m^3/C；I 为控制电流，A；B 为磁感应强度，T；d 为霍尔元件的厚度，m。由上式可知，对于给定的霍尔元件，如果给定 I 和 B 中的任一项，就可以由 V_H 测出另一项，而且检测的特性曲线是线性的。在实际应用中常使用霍尔元件检测位移或磁场。

图 5-32 所示是利用霍尔元件检测磁场强度，由于干扰磁场的存在，霍尔元件的输出电势常常夹杂着明显的噪声。利用取样积分器抑制噪声，可以使输出信噪比得以改善。霍尔元件输出电势中还包含了不等位电势、寄生直流电势、感应电势、温度误差等因素，这些因素都会影响测量结果的精确度。如果霍尔元件的激励电流 I 是频率为 f 的方波，这相当于对磁场强度进行斩波测量，那么前面介绍的基线取样方法可以用来补偿检测元件固有的偏差以及基线的漂移。

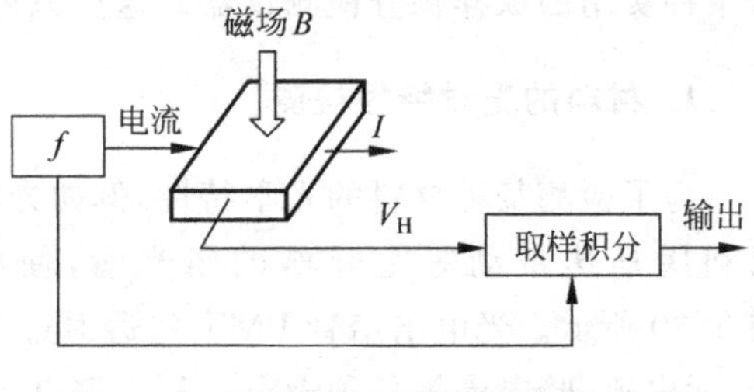

图 5-32 利用取样积分器检测霍尔电势

3. 利用超声波检测材料特性

超声波是频率高于 20kHz 的机械振动波。当超声波入射到某种物体中时，部分超声波被反射，部分超声波被吸收，部分超声波透射过该物体。当超声发射源与反射物体之间存在相对运动时，接收到的超声频率会发生偏移，即出现多普勒效应。超声波的这些性质可以用来检测多种物理量，例如距离、流速、料位等，还可以用来探测构件中的裂缝、气泡或其他缺陷，称之为超声波探伤。此外，超声波在医学诊断领域也获得广泛应用。

超声波发送器和接收器一般都是由压电材料构成，在受到电脉冲激励时，超声波传感器会发送一串短时段逐渐衰减的超声波，频率等于其共振频率。如果激励电压是频率等于其共振频率的持续正弦波，则超声波传感器会发送持续的超声波；如果超声波传感器接收到等于其共振频率的超声波，它又可以把超声波转换为电信号。

利用超声波检测材料特性的原理框图示于图 5-33。图中的脉冲发生器产生不断重复的短时脉冲，该短时脉冲经驱动电路激励超声波发送探头发送断续的但波形重复的超声波。超声波接收探头接收透射过被测材料的超声波，并将其转换为比较微弱的电信号，电信号经放大后再由取样积分器提高信噪比。通过对被测材料声波速度特性和声波衰减特性的研究，可以揭示材料的弹性系数和材料中压力、张力的关系。由脉冲发生器输出的重复脉冲是超声波的激励源，它可以用作取样积分的同步参考信号。

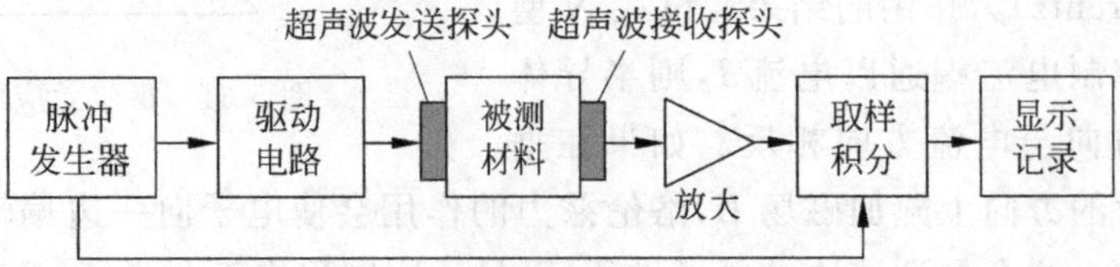

图 5-33 超声波检测材料特性

4. 荧光光谱测量

在荧光光谱测量中，通过测量荧光的衰减特性可以了解其发光机理。图 5-34 所示是利用双通道取样积分器测量纳秒荧光光谱的结构框图。可调染料激光器光源经分光镜分成两路光束 A 和 B，光束 A 照射样品激发荧光，经单色仪用光电倍增管检测；光束 B 用于对激光源强度进行检测。因为测量时间长，光源强度会发生变化，利用双通道取样积分器作 A/B 运算，可以补偿光源强度的变化，消除光源波动的影响。

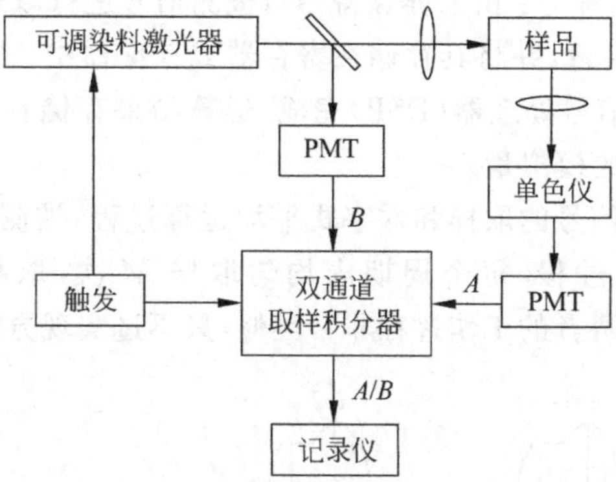

图 5-34 双通道取样积分器测量荧光光谱

5.5 数字式平均

随着集成电路技术和计算机技术的日益发展，数字处理方法得到越来越广泛的应用。与单点取样积分器系统相比，多点数字式平均方法在每个信号周期内取样多次，信号利用率高，利用数字式累加代替模拟电路积分，并利用数字式存储器存储处理结果，没有漏电和漂移问题。这些特点使得数字式多点平均方法得到广泛应用，计算机的普及也为这种推广应用提供了条件。

模拟式取样积分和数字式多点平均的特点对比示于表 5-1。

表 5-1 取样积分和数字式多点平均方法的特点比较

方法	SNIR	取样效率	频率	保持时间	取样脉冲宽度 T_g
取样积分	$\sqrt{2T_c/T_g}$	$T_g/T\times100\%$	适于高频	差(电容)	窄(分辨好)
数字式平均	$\sqrt{N}$(N 为累加次数)	100%	适于低频	好(存储器)	不太窄(分辨差)

从表 5-1 可见，取样积分和数字式平均各有特点，取样积分的取样门可以做得很窄，适用于恢复高频信号；数字式平均必须用 A/D 转换器将模拟信号转换为数字信号。因为模数转换需要时间，取样脉冲宽度不容易做得很窄，所以更适用于低频和中频信号。但是，随着微电子技术的发展，取样保持电路和 A/D 转换器芯片的工作速度越来越快，计算机的运行速度也在不断提高。这样一来，数字式平均的取样脉冲宽度也可以做得很窄，也能适应恢复高频信号的需要，所以数字式平均得到了越来越广泛的应用。

5.5.1　数字式平均的原理及实现

在微弱信号检测领域中，常常遇到有限时段的信号重复出现许多次，相邻出现的信号之间的时间间隔可能是固定值，也可能是变化量。这样的信号称之为重复信号。当各次重复信号之间的时间间隔为固定值时，该信号就是周期信号。如果这样的信号被噪声污染，通过对多次重复的信号进行数字式平均，就可以改善其信噪比。

数字式平均的工作过程为：由采样保持器对被测信号进行取样，再由 A/D 转换器将被测信号取样值变换为数字量，并将其存储在寄存器或存储器中；累加平均的运算过程由微处理单元(MPU)或数字信号处理器(DSP)完成，运算结果存储在寄存器或存储器中，并可由 D/A 转换器输出相应的模拟量。

图 5-35 所示为周期信号的取样和数字式平均运算过程，被测信号的周期为 T，在每个周期的起始处触发取样过程，每个周期内均匀取样 M 次，取样时间间隔为 Δt。对比图 5-35 与图 5-29 可见，两者的工作过程非常类似，只不过实现方法不同。

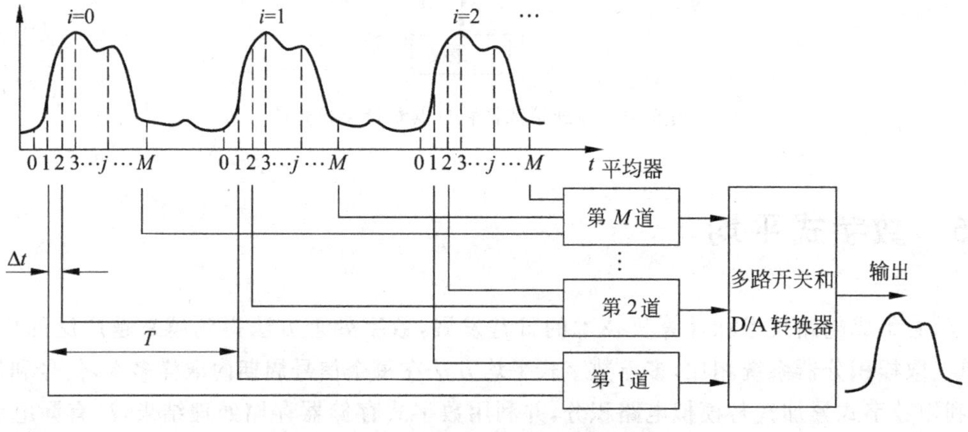

图 5-35　数字式平均的取样和运算过程

对于第 j 道取样信号，数字式平均的运算过程可以表示为

$$A(j)=\frac{1}{N}\sum_{i=0}^{N-1}x(t_j+iT),\quad j=1,2,3,\cdots,M \tag{5-60}$$

式中，T 为被测信号周期，t_j 是第一次对第 j 道信号取样的时刻。对于 $j=1,2,3,\cdots,M$，按式(5-60)分别计算出各种 j 所对应的数字平均值 $A(j)$，并经过 D/A 转换器依次输出 $A(j)$，就可得到平均后的被测信号波形。因为被测信号为确定性的信号，所以多次平均后仍然为信号本身；而干扰噪声为随机噪声，多次平均后其有效值会大为减少，从而提高信噪比。

对于周期不同的重复信号，运用数字式平均的关键是如何确定每段信号的起始点，换言之，取样过程要与信号的出现保持同步。如果重复信号是由某个其他信号源激励产生的，即使该激励信号是非周期或不规则的，那么也可以利用该激励信号作为每次重复开始取样的同步信号。如果无法从其他信号源或先验知识确定每段信号的起始点，则只能由测量信号本身来确定各次重复的起始点，例如利用被测信号的幅度或斜率来触发取样过程。对于噪声污染严重的信号，上述确定起始点的方法会遇到困难，必须采用比较复杂的检测和处理方法，这往往需要一定的时间。为了在确定信号起点的过程中不丢失信号的前段数据，需要在信号通道中设置延时环节或记录装置，这样才能在确定信号的起始点后(这需要一段时间的信号)，再从起始点处开始取样；也可以在确定信号起点的过程中就对信号进行取样和存储，确定起始点后，再确定这些取样数据的取舍及序号。

数字式平均器的功能结构框图示于图 5-36。被测信号经预处理和取样保持(S/H)，由模数转换器(ADC)将其数字化后送入计算机进行累加，累加结果存入存储器。如果开关 K 处于位置 B，则无反馈，当下一次取样值被数字化后，与同一序号 j 的存储值相累加，并将结果存入同一地址，这就完成了一步式(5-60)所表示的线性累加平均。如果开关 K 处于位置 A，上次的累加存储值还要经过 DAC，变换成模拟量反馈到 S/H，计算机分别对信号值和反馈值进行取样，经运算后进行累加，这样可以实现下面将要介绍的归一化平均或指数式平均。上述所有与时间相关的操作都由定时及控制电路来同步，以保证各步操作协调一致。平均后的数字式信号波形可以经 DAC 作模拟量显示，也可以直接进行数字量显示。如有必要，还可以打印输出波形及其他相关量。

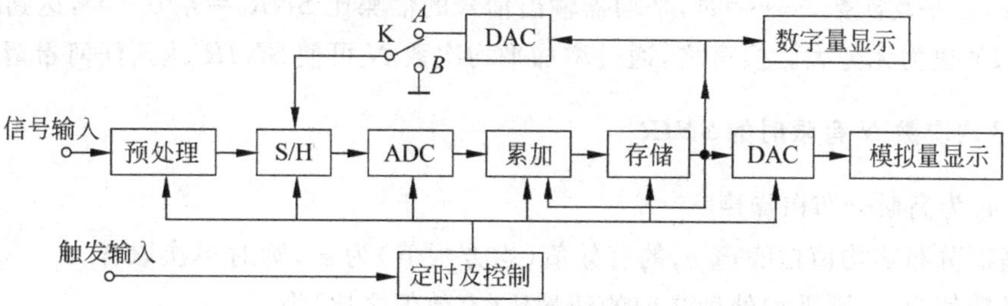

图 5-36 数字式平均器的功能结构框图

图 5-36 所表示的各种功能可以用普通计算机附加必要的接口插板来实现，也可以用单片机附加相应的接口电路开发成专用的检测仪器，还可以开发成嵌入式微机系统与其他设备联合使用。

5.5.2 数字式平均的信噪改善比

设被测信号为

$$x(t) = s(t) + n(t) \tag{5-61}$$

式中，$s(t)$为有用信号，$n(t)$为干扰噪声。设每个信号周期中的取样道数为 $j=1,2,\cdots,M$，取样间隔为 Δt，重复次数为 $i=0,1,2,\cdots,N-1$(见图 5-35)。第 j 道第 i 次的取样值可以表示为

$$x(t_i + j\Delta t) = s(t_i + j\Delta t) + n(t_i + j\Delta t) \tag{5-62}$$

式中，t_i 是第 i 个取样周期中开始取样的时刻。因为 $s(t)$是确定性信号，所以对于不同的采样周期 i，第 j 道的取样值基本相同，可以用 s_j 来表示；而噪声 $n(t)$是随机的，其数值既取决于 i，又取决于 j，所以式(5-62)可简记为

$$x_{ij} = s_j + n_{ij} \tag{5-63}$$

数字式累加平均的计算过程可以表示为

$$A_j = \frac{1}{N}\sum_{i=0}^{N-1} x_{ij} \tag{5-64}$$

下面根据不同的情况，分析用式(5-64)所表示的数字式平均可以达到的信噪改善比 $SNIR$。

1. 平均次数 $N\to\infty$ 时的 $SNIR$

当 $N\to\infty$ 时，x_{ij} 的平均结果为其数学期望值，由式(5-63)可得

$$E[x_{ij}] = E[s_j] + E[n_{ij}]$$

对于确定性信号 s_j，其数学期望值 $E[s_j]$ 为信号本身 s_j；对零均值噪声 n_{ij}，其数学期望值为零，即

$$E[n_{ij}] = 0$$

所以

$$E[x_{ij}] = s_j \tag{5-65}$$

也就是说，当平均次数 $N\to\infty$ 时，平均器输出信号的信噪比 $SNR_o = s_j/0 = \infty$，达到的信噪改善比 $SNIR$ 也为无穷大。换言之，通过增加平均次数 N 可使 $SNIR$ 达到任何希望的值。

2. 平均次数 N 有限时的 $SNIR$

(1) n_{ij} 为高斯分布白噪声

设高斯分布零均值白噪声 n_{ij} 的有效值(均方根值)为 σ_n，则对单次取样 $x_{ij} = s_j + n_{ij}$，其有用信号数值为 s_j，则平均处理之前的信噪比(有效值之比)为

$$SNR_i = s_j/\sigma_n \tag{5-66}$$

N 次累加后的结果为

$$\sum_{i=0}^{N-1} x_{ij} = \sum_{i=0}^{N-1} s_j + \sum_{i=0}^{N-1} n_{ij} \tag{5-67}$$

因为 s_j 为确定性信号，N 次累加后幅度会增加 N 倍。而噪声 n_{ij} 的幅度是随机的，累加的过程不会是简单的幅度相加，只能从其统计量的角度来考虑。取样累加后噪声的均方值为

$$\overline{n_{ij}^2} = E[n_{0j} + n_{1j} + \cdots + n_{(N-1)j}]^2 = E\left[\sum_{i=0}^{N-1} n_{ij}^2\right] + 2E\left[\sum_{i=0}^{N-2}\sum_{m=i+1}^{N-1} n_{ij}n_{mj}\right] \tag{5-68}$$

式中右边的第1项表示噪声的各次取样值平方和的数学期望值，第2项表示噪声在不同时刻的取样值两两相乘之和的数学期望值。

只要信号周期 T 足够大，则不同时刻的噪声取样值 n_{ij} 与 n_{mj} $(i\neq m)$ 互不相关，其乘积的数学期望值为零，式(5-68)右边第2项为零，则

$$\overline{n_{ij}^2} = E\left[\sum_{i=0}^{N-1} n_{ij}^2\right] = N\sigma_n^2 \tag{5-69}$$

累加后噪声的有效值为

$$\sigma_{no} = (\overline{n_{ij}^2})^{1/2} = \sqrt{N\sigma_n^2} = \sqrt{N}\sigma_n \tag{5-70}$$

累加后信号的电压值为

$$\sum_{i=0}^{N-1} s_j = N s_j \tag{5-71}$$

累加后输出信号的信噪比(有效值之比)为

$$SNR_o = \frac{N s_j}{\sqrt{N}\sigma_n} = \frac{\sqrt{N} s_j}{\sigma_n} \tag{5-72}$$

由式(5-66)和式(5-72)可得

$$SNIR = \frac{SNR_o}{SNR_i} = \sqrt{N} \tag{5-73}$$

式(5-73)说明,当污染噪声为白噪声时,N 次不同时刻取样值的累积平均可以使信噪比改善$\sqrt{N}$倍,这就是常说的$\sqrt{N}$法则。在取样积分的分析过程中,已经多次使用过这一结论。

(2) n_{ij} 为高斯分布有色噪声

对于零均值有色噪声,式(5-68)中右边第 2 项所表示的噪声的不同时刻取样值两两相乘之和的数学期望值不为零,设$|i-m|=k$,考虑到

$$E[n_{ij} n_{(i+k)j}] = R_n(k) \tag{5-74}$$

式中,$R_n(k)$表示噪声的自相关函数,$R_n(0)=\sigma_n^2$ 表示噪声的功率。取样累加后噪声的均方值为

$$\begin{aligned}\overline{n_{ij}^2} &= E[n_{0j} + n_{1j} + \cdots + n_{(N-1)j}]^2 = E\left(\sum_{i=0}^{N-1} n_{ij}^2\right) + 2E\left(\sum_{i=0}^{N-2}\sum_{m=i+1}^{N-1} n_{ij} n_{mj}\right) \\ &= NR_n(0) + 2\sum_{k=1}^{N-1}(N-k)R_n(k)\end{aligned} \tag{5-75}$$

平均后噪声的均方值为

$$\sigma_{no}^2 = \overline{n_{ij}^2}/N^2 = [R_n(0)/N]\left[1 + \frac{2}{N}\sum_{k=1}^{N-1}(N-k)\rho_n(k)\right] \tag{5-76}$$

式中

$$\rho_n(k) = R_n(k)/R_n(0) \tag{5-77}$$

为噪声 $n(t)$的归一化自相关函数。考虑到 $R_n(0)=\sigma_n^2$,平均后输出信号的信噪比(有效值之比)为

$$SNR_o = S_j/\sigma_{no} = s_j \Bigg/ \sqrt{\frac{\sigma_n^2}{N} \cdot \left[1 + \frac{2}{N}\sum_{k=1}^{N-1}(N-k)\rho_n(k)\right]} \tag{5-78}$$

由式(5-66)和式(5-78)可得

$$SNIR = \frac{SNR_o}{SNR_i} = \sqrt{N} \Bigg/ \sqrt{1 + \frac{2}{N}\sum_{k=1}^{N-1}(N-k)\rho_n(k)} \tag{5-79}$$

当污染噪声 $n(t)$为白噪声时,对于 $k\neq0$,其归一化自相关函数 $\rho_n(k)=0$,式(5-79)就简化为式(5-73)。对比式(5-79)与式(5-73)可知,在污染噪声为有色噪声的情况下,数字式平均所达到的信噪改善比要低于白噪声的情况。

5.5.3 数字式平均的频域分析

1. 用傅里叶变换方法分析

被测信号 $x(t)$的第 i 个取样 $x(t-iT)$可以看成是 $x(t)$与 $\delta(t-iT)$的卷积,即

$$x(t-iT)=x(t)*\delta(t-iT) \tag{5-80}$$

式中，T 为取样周期。数字式平均的结果为

$$A(t)=\frac{1}{N}\sum_{i=0}^{N-1}x(t-iT) \tag{5-81}$$

将式(5-80)代入式(5-81)得

$$A(t)=\frac{1}{N}\sum_{i=0}^{N-1}[x(t)*\delta(t-iT)]=x(t)*\frac{1}{N}\sum_{i=0}^{N-1}\delta(t-iT) \tag{5-82}$$

如果将平均器看作一个线性系统，其输入信号是 $x(t)$，输出信号是平均结果 $A(t)$，系统的冲激响应函数为 $h(t)$，频率响应函数为 $H(\mathrm{j}\omega)$，如图 5-37 所示，则

$$A(t)=x(t)*h(t) \tag{5-83}$$

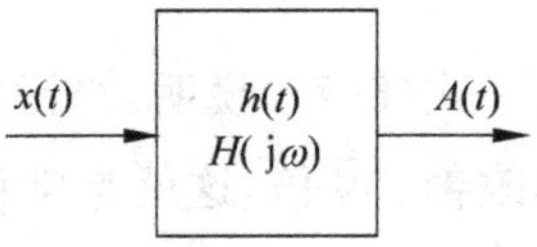

图 5-37 平均器系统表示

对比式(5-82)与式(5-83)可知，平均器的冲激响应函数为

$$h(t)=\frac{1}{N}\sum_{i=0}^{N-1}\delta(t-iT) \tag{5-84}$$

对式(5-84)作傅里叶变换，得平均器的频率响应函数 $H(\mathrm{j}\omega)$ 为

$$H(\mathrm{j}\omega)=\int_{-\infty}^{\infty}h(t)\mathrm{e}^{-\mathrm{j}\omega t}\mathrm{d}t=\int_{-\infty}^{\infty}\frac{1}{N}\sum_{i=0}^{N-1}\delta(t-iT)\mathrm{e}^{-\mathrm{j}\omega t}\mathrm{d}t=\frac{1}{N}\sum_{i=0}^{N-1}\mathrm{e}^{-\mathrm{j}\omega T} \tag{5-85}$$

式(5-85)右边的级数是长度有限的几何级数，求和结果可以表示为

$$H(\mathrm{j}\omega)=\frac{1}{N}\frac{1-\mathrm{e}^{-\mathrm{j}N\omega T}}{1-\mathrm{e}^{-\mathrm{j}\omega T}} \tag{5-86}$$

根据欧拉公式，得

$$H(\mathrm{j}\omega)=\frac{1}{N}\frac{\sin(N\omega T/2)}{\sin(\omega T/2)}\mathrm{e}^{-\mathrm{j}(N-1)\omega T/2} \tag{5-87}$$

相应的幅频响应特性为

$$|H(\mathrm{j}\omega)|=\frac{1}{N}\left|\frac{\sin(N\omega T/2)}{\sin(\omega T/2)}\right| \tag{5-88}$$

根据极限定理有

$$\lim_{x\to 0}\frac{\sin mx}{\sin nx}=\frac{m}{n}$$

将上式关系应用于式(5-88)可知，当 $\omega T=0$ 或 ωT 为 2π 的整数倍时，$|H(\mathrm{j}\omega)|=1$。

根据式(5-88)，图 5-38 示出对于几种不同 N 的 $|H(\mathrm{j}\omega)|$ 图形。

由式(5-88)和图 5-38 所示图形可见，当平均次数 $N=1$ 时，其传输特性为全通滤波器；当 $N>1$ 时，平均器的传输特性表现为梳状滤波器，每个齿是一个带通滤波器，各齿的中心频率位于 fT 为整数处，$|H(\mathrm{j}\omega)|$ 的最大值为 1。N 值越大，各齿所表示的带通滤波器的带宽越窄。

令 $|H(\mathrm{j}\omega)|=1/\sqrt{2}$，可得平均器的 $-3\mathrm{dB}$ 带宽 B 为

$$B\approx\frac{0.886}{NT} \tag{5-89}$$

可见，平均器的带宽反比于总测量时间 NT。例如，若被测信号周期为 $T=1\mathrm{ms}$，平均次数

$N=10^6$，则总测量时间为 $NT=16.7\text{min}$，带宽 $B=8.86\times10^{-4}\text{ Hz}$。所以，时域平均也是频域的窄带化技术。

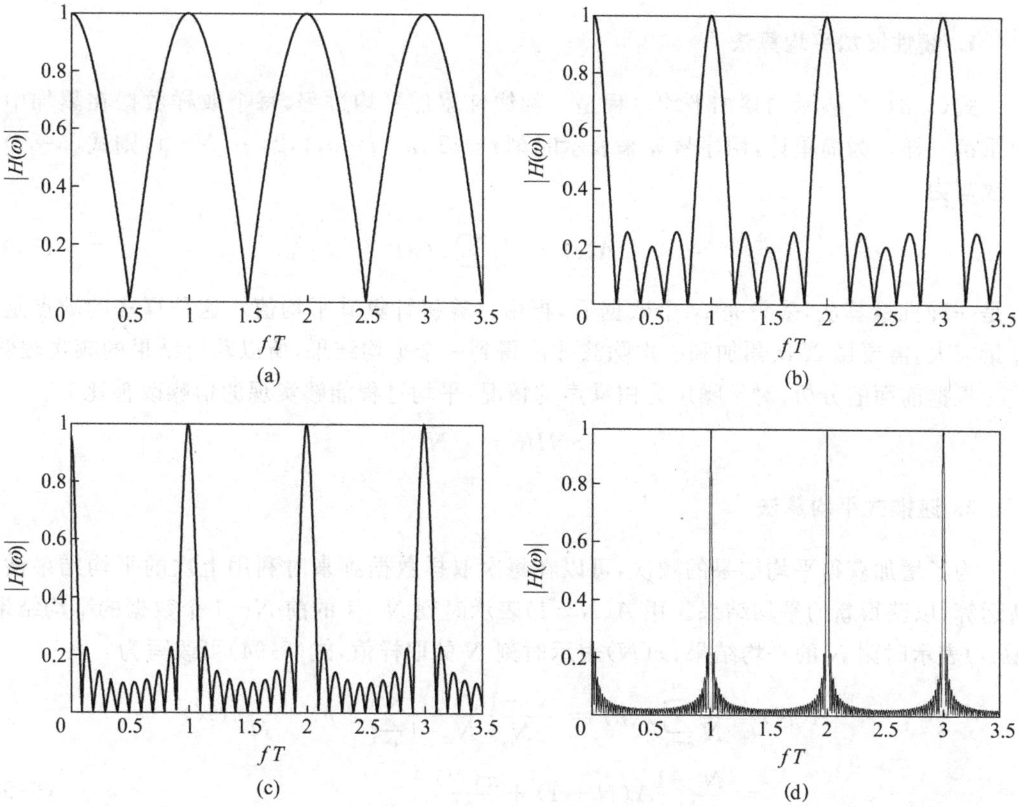

图 5-38 平均器幅频响应

(a) $N=2$；(b) $N=5$；(c) $N=10$；(d) $N=50$

2. 用 Z 变换方法分析

用序列号 $i(i=0,1,2,\cdots,N-1)$ 代替式(5-81)中的 $t-iT$，平均器计算过程为

$$A(t)=[x(i)+x(i-1)+x(i-2)+\cdots+x(i-N+1)]/N \tag{5-90}$$

利用 Z 变换方法，由式(5-90)可得平均器的离散传递函数为

$$H(z)=\frac{A(z)}{x(z)}=\frac{1}{N}(1+z^{-1}+z^{-2}+\cdots+z^{-N+1}) \tag{5-91}$$

令 $z=\mathrm{e}^{\mathrm{j}\omega T}$，$T$ 为取样间隔，得平均器的稳态频率响应为

$$H(\mathrm{e}^{\mathrm{j}\omega T})=\frac{1}{N}(1+\mathrm{e}^{-\mathrm{j}\omega T}+\mathrm{e}^{-\mathrm{j}2\omega T}+\cdots+\mathrm{e}^{-\mathrm{j}(N-1)\omega T}) \tag{5-92}$$

对式(5-92)中的等比级数求和，可得

$$H(\mathrm{e}^{\mathrm{j}\omega T})=\frac{1}{N}\,\frac{1-\mathrm{e}^{-\mathrm{j}\omega NT}}{1-\mathrm{e}^{-\mathrm{j}\omega T}} \tag{5-93}$$

这与式(5-86)的结果是一致的。

5.5.4　数字式平均算法

1. 线性累加平均算法

式(5-81)所表示的累加平均过程是一种线性累加平均过程,每个取样数据在累加中的权重都一样。为简单计,用序号 n 来表示时刻 $t-iT$,$n=i=0,1,2,\cdots,N-1$,则式(5-81)可以改写为

$$A(t)=\frac{1}{N}\sum_{n=0}^{N-1}x(n) \tag{5-94}$$

这是一种批量算法,采集完 N 个数据后,再由计算机计算其平均值。这种算法的缺点是计算量较大,需要做 N 次累加和一次除法才能得到一个平均结果,所以获得结果的频次较低。

根据前面的分析,对于噪声为白噪声的情况,平均过程能够实现的信噪改善比为

$$SNIR=\sqrt{N}$$

2. 递推式平均算法

为了增加获得平均结果的频次,可以在每次取样数据到来时利用上次的平均结果做更新运算,以获得新的平均结果。用 $A(N-1)$表示时刻 $N-1$ 的前 $N-1$ 个数据的平均结果,$A(N)$表示时刻 N 的平均结果,$x(N)$表示时刻 N 的取样值,式(5-94)可改写为

$$\begin{aligned}A(N)&=\frac{1}{N}\sum_{n=1}^{N}x(n)=\frac{N-1}{N}\,\frac{1}{N-1}\sum_{n=1}^{N-1}x(n)+\frac{1}{N}x(N)\\&=\frac{N-1}{N}A(N-1)+\frac{x(N)}{N}\end{aligned} \tag{5-95}$$

式(5-95)所表示的差分方程的运算过程示于图5-39。

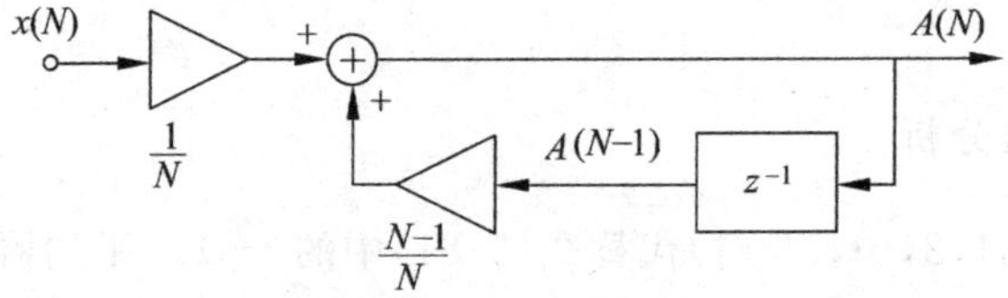

图5-39　递推式平均运算过程框图

利用这种递推式平均算法,当每个取样数据到来后,可以利用新数据对上次的平均结果进行更新,这样相对于每个取样数据都会得到一个平均结果。随着一个个取样数据的到来,平均结果的信噪比越来越高,被测信号的波形逐渐清晰。针对几种不同的平均次数 N,图5-40示出这种逐渐清晰的被测波形。

由式(5-95)可得

$$A(N)=A(N-1)+\frac{x(N)-A(N-1)}{N} \tag{5-96}$$

可见,每次递推的过程都是对上次的运算结果附加一个修正量,修正量的大小取决于新的取样数据与上次平均结果的差值以及平均次数 N。随着时间的推移,平均次数 N 越来越大,

式(5-96)中右边的第2项所表示的修正量会越来越小,也就是新数据的作用越来越小。数字电路和计算机中的数据都有一定的字长和范围,当 N 大到一定程度后,该修正量会趋向于零,此后继续取样和递推都不会对信噪比的改善起作用,平均结果稳定不变。如果被测信号波形发生了变化,平均结果也不能跟踪这种变化,所以该算法不适于对时变信号进行处理。

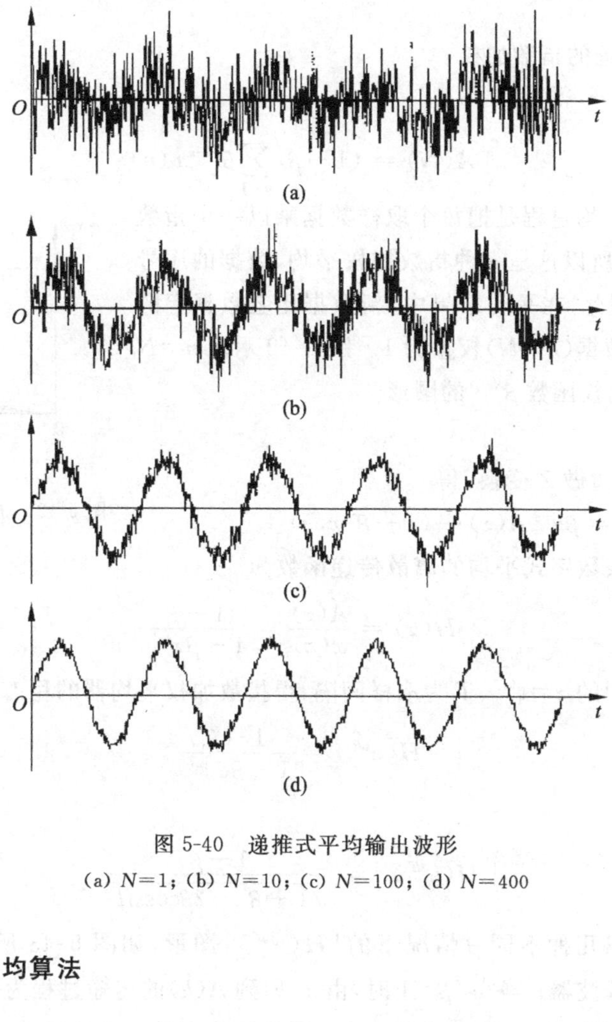

图 5-40 递推式平均输出波形

(a) $N=1$; (b) $N=10$; (c) $N=100$; (d) $N=400$

3. 指数加权平均算法

(1) 算法

如果把式(5-95)中的 N 用较大的固定正数 α 代替,可得

$$A(N)=\frac{\alpha-1}{\alpha}A(N-1)+\frac{1}{\alpha}x(N) \tag{5-97}$$

令 $\beta=(\alpha-1)/\alpha$,若 $\alpha\gg1$,则有 $0<\beta<1$ 且接近于1,则式(5-97)可改写为

$$A(N)=\beta A(N-1)+(1-\beta)x(N) \tag{5-98}$$

这就是指数加权数字式平均的算法,它也是在每次取样数据到来时,根据新数据对上次的平均结果进行修正,得到本次的平均结果。参数 β 决定了递推更新过程中新数据和原平均结果各起多大作用,算法的特性对 β 的依赖性很大。相应的运算过程方框图示于图5-41。

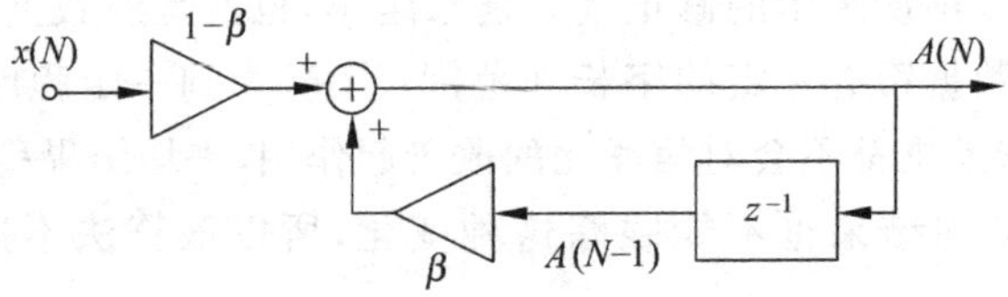

图 5-41　指数加权数字式平均流程框图

(2) 对取样数据的指数加权

将式(5-98)展开,得

$$A(N)=(1-\beta)\sum_{n=1}^{N}\beta^{N-n}x(n) \tag{5-99}$$

由式(5-99)可见,平均过程是把每个取样数据乘以一个指数函数,再进行累加,所以这是一种指数加权平均,数据的序号 n 越大,权越重。因此,在平均结果中,新数据比老数据起的作用要大,最新的数据($n=N$)权重为 1。图 5-42 示出 $n=N$ 和 $n=N+1$ 时的加权函数 β^{N-n} 的图形。

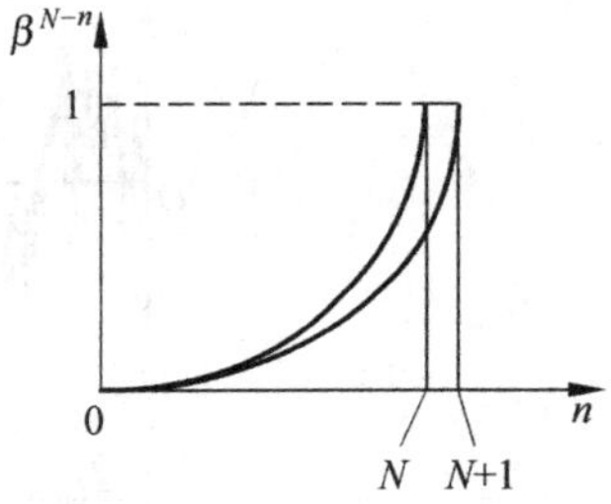

图 5-42　加权函数 β^{N-n} 的图形

(3) 传递函数

对式(5-98)两边做 Z 变换,得

$$A(z)=\beta z^{-1}A(z)+(1-\beta)x(z)$$

由此可得,指数加权数字式平均的离散传递函数为

$$H(z)=\frac{A(z)}{x(z)}=\frac{1-\beta}{1-\beta z^{-1}} \tag{5-100}$$

令式(5-100)中的 $z=e^{j\omega T}$,T 为取样间隔,得指数加权平均器的稳态频率响应为

$$H(e^{j\omega T})=\frac{1-\beta}{1-\beta e^{-j\omega T}} \tag{5-101}$$

其幅频响应为

$$|H(e^{j\omega T})|=\frac{1-\beta}{\sqrt{1+\beta^2-2\beta\cos\omega T}} \tag{5-102}$$

根据式(5-102)画出几种不同 β 情况下的 $|H(e^{j\omega T})|$ 图形,如图 5-43 所示。可见,当 $\beta=0$ 时,平均器为全通滤波器;当 $0<\beta<1$ 时,由 $x(k)$ 到 $A(k)$ 的传输过程为一阶低通滤波器,其带宽取决于 β,β 越接近于 1,带宽越窄。这种算法的特点是:可以用于对时变信号进行低通滤波处理,而且算法简单,易于实现。

4. 移动平均算法

数字式移动平均算法的工作原理类似于图 5-16 所示的扫描式移动取样积分,下面以常用的几种移动平均算法为例说明其原理。

(1) 三点移动平均

三点移动平均算法为

$$A(n)=0.25[x(n-1)+2\,x(n)+x(n+1)] \tag{5-103}$$

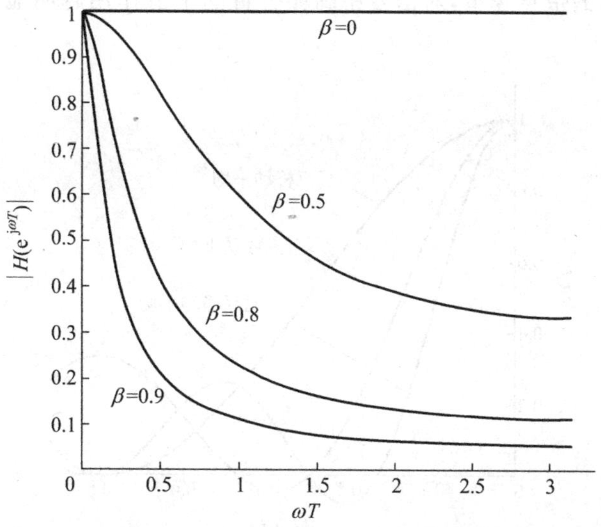

图 5-43 指数加权平均器的幅频响应

对式(5-103)两边做 Z 变换,得

$$A(z) = 0.25\ x(z)\ [z^{-1} + 2 + z] \tag{5-104}$$

由此可得,三点移动平均算法的传递函数为

$$H(z) = A(z)/\ x(z) = 0.25(z^{-1} + 2 + z) \tag{5-105}$$

令式(5-105)中的 $z=e^{j\omega T}$,得稳态频率响应为

$$H(e^{j\omega T}) = 0.25(2 + e^{-j\omega T} + e^{j\omega T}) = 0.25(2 + 2\cos\omega T) = \cos^2(\omega T/2) \tag{5-106}$$

该函数在 $\omega T=0\sim\pi$ 区间(相应于 $f/f_s=0\sim0.5$,f_s 为采样频率)是单调减函数,因此具有低通特性,对采样数据具有平滑功能。式(5-103)所表示的算法又叫做海宁滤波器。

(2) 五点移动平均

五点移动平均算法为

$$A(n) = [x(n-2) + x(n-1) + 2\ x(n) + x(n+1) + x(n+2)]/6$$

其传递函数为

$$H(z) = (\ z^{-2} + z^{-1} + 2 + z + z^2)/6$$

令 $z=e^{j\omega T}$,得稳态频率响应为

$$H(e^{j\omega T}) = [\cos(2\omega T) + \cos(\omega T) + 1]/3 \tag{5-107}$$

(3) 七点移动平均

七点移动平均算法为

$$A(n) =[\ x(n-3) + x(n-2) + x(n-1) + 2\ x(n) + x(n+1) + x(n+2) + x(n+3)]/8$$

其传递函数为

$$H(z) = (\ z^{-3} + z^{-2} + z^{-1} + 2 + z + z^2 + z^3)/8$$

令 $z=e^{j\omega T}$,得稳态频率响应为

$$H(e^{j\omega T}) = [\cos(3\omega T) + \cos(2\omega T) + \cos(\omega T) + 1]/4 \tag{5-108}$$

相应于式(5-106)、式(5-107)和式(5-108)的频率响应曲线示于图 5-44。可见,移动平

均的点数越多，通带的带宽越窄，对信号中高频分量的平滑作用越明显，但是计算工作量也越大。

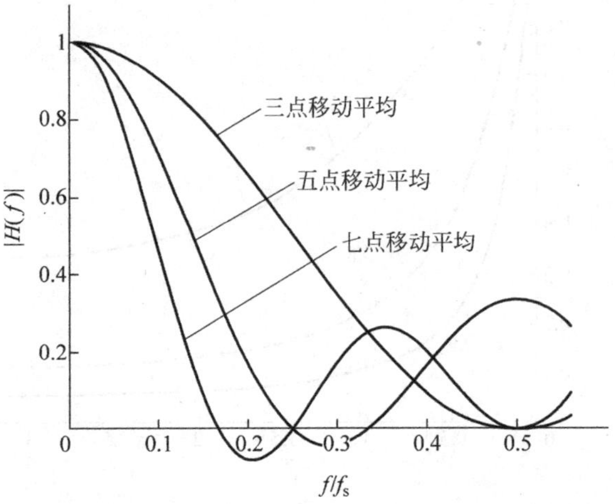

图 5-44　三点、五点和七点移动平均的幅频响应

上述平均算法都具有低通特性。利用数字信号处理的不同算法，还可以实现高通、带通和带阻等滤波功能。

数字式运算的计算装置都有一定的字长，计算过程中数值的量化必然会有舍入误差，关于这种误差导致的算法频响偏差，以及由此产生的“死带”问题，读者可查阅《数字信号处理》的有关章节。

在实际应用中，数字式平均算法一般都是以微型计算机为中心，可以实现多种平均模式及其他数字信号处理功能；而取样积分具有快速取样的优点，如果将其与微型计算机组合在一起，就可以兼有两种方式的优点。在这种新型的时域平均系统中，一般都是把高速取样部分做成几种不同指标的组件，可以根据需要进行选择。例如，在某种已经产品化的以微型机为核心的平均系统中，一种高速取样头的取样脉冲宽度为 25ps～1ns，而另一种高速取样头的取样脉冲宽度为 2ns～2ms，使用者还可以对取样单元的参数进行设定。

利用时域平均方法提高信噪比，可以把有用信号从噪声中提取出来，取样积分还可以实现很高的分辨率，这种方法已经在很多领域中得到广泛的应用，例如用于荧光衰减测量、激光探测实验、激光诊断、深能级瞬变光谱、脉冲超声波检测裂缝或缺陷、脉冲核磁共振、噪声分析、拉曼光谱测量、光纤特性测量、光吸收研究、电子自旋共振、脑电波测定、振动分析、电化学研究、光电检测、地震信号与生物物理学信号采集与处理等。

习题

5-1　指数式取样门积分器工作于定点模式，积分器时间常数 $T_C=RC$，取样门宽度为 T_g。如果污染噪声为白噪声，要求功率信噪改善比 $SNIR_P>100$，试求 T_g 选择范围。

5-2　污染信号 $s(t)$ 的噪声 $n(t)$ 为白噪声，经过带宽为 B 的滤波器后再累积平均。对

于给定的 $SNIR$,须使平均重复次数$\geqslant N$ 才能满足要求。试证明 $N\propto B$。

5-3 指数加权平均算法如下:

$$A(n) = 0.96\,A(n-1) + 0.04x(n)$$

由于计算装置字长有限,运算结果都四舍五入为整数。设 $x(n)$输入值都是 100,$A(n)$初始值为(a)85,(b)115。找出这两种情况下 $A(n)$输出的稳态值,以及这种输入数据条件下的"死带(dead band,数据进入此带不能再更新)"宽度。

5-4 加权系数相同的 12 点移动平均算法为

$$A(n) = \frac{1}{12}[\,x(n) + x(n-1) + \cdots + x(n-11)]$$

(1) 写出其递推公式。

(2) 画出其阶跃响应。

(3) 在 $0<f<1/(2T)$(T 为取样周期)频率范围内画出其幅频响应。

5-5 数字滤波器传递函数为

$$H(z) = \frac{z}{z+0.9}$$

在 z 平面画出其零点极点分布图,给出其输入和输出关系的递推公式,在 $-2\pi/T<\omega<2\pi/T$(T 为取样周期)范围内画出其幅频响应曲线,说明滤波器功能。

5-6 对于图 P5-6 所示变形的移动累加电路,$y(n)=x(n)-2Ax(n-1)+x(n-2)$。若 $A=1$,试求其幅频响应函数$|H(f)|$。若 $A<1$ 且可调,试求其幅频响应函数$|H(f)|$。讨论上述两种情况下电路实现的功能。

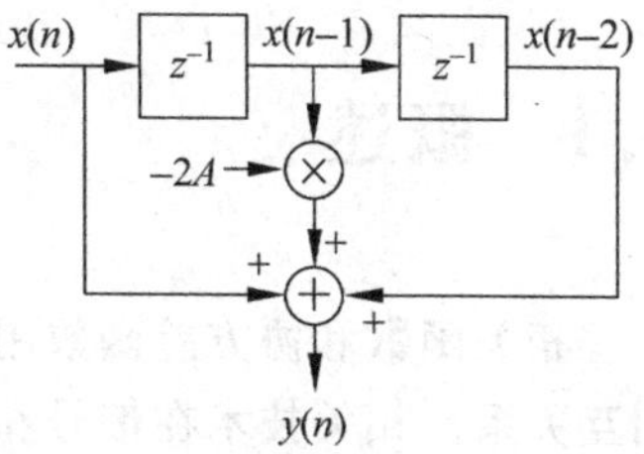

图 P5-6

第6章 相关检测

6.1 概述

相关函数和协方差函数用于描述不同随机过程之间或同一随机过程内不同时刻取值的相互关系。相关技术在信号和系统的分析和综合中占有重要位置,能够用相关技术解决的工业问题范围很广,基于相关技术的检测系统也有很多种。从本质上来说,相关检测技术是基于信号和噪声的统计特性进行检测的,相关函数是两个时域信号(或空间域信号)相似性的一种度量。人们认识到相关技术的重要性已经有很多年,近二十多年来,随着大规模集成电路技术和计算机技术的发展,硬件电路和软件程序的成本越来越低,在检测数据处理和微弱信号检测领域,利用相关技术可使一些难于解决的问题有可能得以解决,一些基于相关技术的实用系统也不断问世。

本章将介绍相关检测的基本原理,推演相关函数的实用算法,并介绍其实现方式,对检测结果进行分析。之后介绍相关技术的几种典型应用。

1. 相关检测技术与相敏检测器对比

图 6-1(a)和图 6-1(b)分别示出相敏检测器和互相关器的结构框图。相敏检测器把两路信号相乘,再进行低通滤波,从而检测出同一时刻两路信号的相关情况;而互相关器中的参考信号通道增加了一个可变延时器件,并用积分器实现低通滤波的功能,这样就可以检测不同时刻两路信号的相关情况。从某种意义上来说,相敏检测器只是相关检测的一种特例。所以相关检测具有更广泛的应用领域。

2. 相关检测技术应用

相关技术应用领域很广,大致可包括以下几个方面:

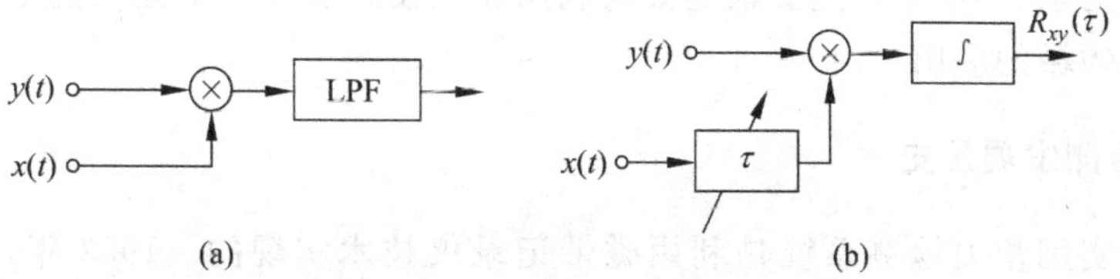

图 6-1 相敏检测器与互相关检测器对比
(a) 相敏检测器结构框图；(b) 互相关检测器结构框图

(1) 从噪声中提取信号

确定性信号的不同时刻取值一般都具有较强的相关性；而对于干扰噪声，因为其随机性较强，不同时刻取值的相关性一般较弱，利用这一差异可以把确定性信号和干扰噪声区分开来。对于叠加了噪声的信号 $x(t)$，当其自相关函数 $R_x(\tau)$的时延 τ 较大时，随机噪声对 $R_x(\tau)$的贡献很小，这时的 $R_x(\tau)$主要表现 $x(t)$中包含的确定性信号的特征，例如直流分量、周期性分量的幅度和频率等。而对于非周期性的随机噪声，当时延 τ 较大时，噪声项的自相关函数趋向于零，这就从噪声中把有用信号提取了出来。

(2) 渡越时间(transit time)检测

如果一路随机信号与另一路随机信号具有延时关系，利用互相关函数在该延时值处取得最大值的特性，则可以由互相关函数的峰值位置测量出该延时值的大小。很多工业过程和科学研究中的被测量与随机噪声的渡越时间相关联，这种渡越时间在两个不同的传感器输出的噪声信号之间表现为延时关系。利用相关技术测出该延时量，还可以计算出与其相关联的其他被测量，例如速度、距离等。

(3) 速度检测

如果两个测点之间的距离为确定值，检测出目标物体通过这段距离所需要的时间，也就测出了目标的运动速度。这种方法常用于常规检测仪器难于应用的检测对象，例如遥远的目标(利用光学手段定位两个测点)、高温或危险的检测对象、会导致常规仪器工作不正常的检测对象等。其中成功应用的例子有两相流或多相流的流速测量、热轧钢板和纸张的速度测量、机动车对地无打滑速度测量、云块移动速度测量等。

(4) 距离检测

如果某种对象的运动速度已知，那么测出它在两点之间的渡越时间，就可以计算出这两点之间的距离。例如，超声测距的接收波和发射波之间的延时量就表征了被测距离的长短。在气体或液体泄漏检测(leak detection)、雷达、导航等应用领域，由延时确定的距离是目标定位的主要依据。利用相关函数抑制噪声的特性，可以使测量结果的信噪比大为改善。

(5) 系统动态特性识别

系统动态特性识别又叫做系统辨识，这是近二十多年迅速发展的领域。随着数字信号处理理论的日益完善，以及计算机技术的普及应用，系统辨识已经形成了整套的理论体系。利用相关技术进行系统辨识，具有简便易行、成本低的特点，在工业中具有一定的应用价值。

(6) 其他应用

相关技术的应用领域还在继续扩展，某些比较特殊的应用包括气体色谱分析、光子相关分析、火焰燃烧情况检测、天文现象观测、生物医学应用等。

鉴于本书的宗旨，本章中主要描述如何利用相关技术从噪声中提取信号，同时也涉及相关技术在其他领域的应用。

3. 相关检测发展历史

最早期的实用相关检测系统是利用磁带记录仪技术实现的。1953年，贝尔实验室的Bennett等描述了这样的系统。在磁带上记录两路要进行相关处理的信号，一个回放头相对于另一个回放头移动位置，从而实现可变的时间延迟。这样的相关检测需要很长的检测时间，因为对各个不同时延点的相关函数需要单独进行积分检测。

1961年，Weinreb的文章描述了利用自相关法从随机噪声中提取周期信号。此后，人们进行了大量的工作，以便用电子电路实现相关函数的计算过程，微电子技术的迅速发展推动了这些研究工作的进展。1969年，惠普公司的HP3721A相关仪问世，它使用了数字电路技术，并利用玻璃延时线实现计算相关函数所需要的延时，这种相关仪在实验室研究工作中使用了很多年。

1966年，Van Fleck研究了用过零时刻相关法实现极性相关运算[20]，射电天文学家很早就用极性相关法进行天文观测。互相关流速仪是利用互相关函数的峰点位置来测量流动噪声在两个检测点之间的渡越时间，1969年，英国的Beck教授在Bradford大学确立了通过用相关法检测自然流动噪声渡越时间来测定流速的基本理论[21]，互相关流速仪的开发也极大地激励了相关仪电路的创新。此后，Beck教授在英国曼彻斯特大学对互相关流速仪的深入研究和推广应用进行了卓有成效的工作。基于相关技术的渡越时间检测方法还被成功地应用于测量热轧钢板的移动速度以及火车、汽车对地的运行速度。1984年，Egau将极性相关应用于天文研究。

在对相关检测理论和工业应用进行研究的同时，通用和专用相关仪的研究开发也取得了长足的进步。1972年，J. Jordan和M. Beck用PMOS技术实现溢出式极性相关峰点检测技术[22]。此后，若干工业仪表公司研究和生产出各自的通用相关仪，例如惠普(HP)公司、霍尼韦尔(Honeywell)公司、Solartron公司等。基于FFT的相关分析方法也广泛应用在虚拟仪器中。1987年，Beck教授开发出实用的相关流速仪。

集成电路的功能越来越完善，而成本越来越低。进入20世纪80年代后，IC技术和计算机技术的飞速发展，使得相关检测技术可以经济地被实现。许多相关仪是由标准的微处理器与一些专用支持芯片组合而成，后来的发展趋向是基于专用集成芯片(ASICs)的相关检测仪器。1984年，VLSI相关仪问世。

20世纪80年代，英国的Kent公司开发出相关检漏仪，该检漏仪用于确定供水管道泄漏点的位置。

爱丁堡大学的B. Kiani等人对相关函数峰点位置跟踪系统进行了研究，目的在于简化相关函数运算的过程，输出结果只有相关函数峰点位置相应的时延，而对于距离和速度测量，仅有时延结果已经足够了。这种系统利用负反馈延时控制环跟踪被测时延的变化，反馈信号来自相关函数的导数。不幸的是，为了不使系统锁定在相关函数的局部峰点(不是最大值)，跟踪之前需要作初始搜索以确定最大峰所在的时延范围，此外，在使用过程中，外界扰动的影响也有可能使系统失锁，使系统转而跟踪相关函数的局部峰点。对上述问题的一种解决办法是，把分辨率很低的相关仪与峰点位置跟踪系统结合在一起，先由相关仪粗扫描确定峰点所在范围，再设定跟踪环路的延时范围，这样就可以确保跟踪相关函数的最大峰。1983 年使用该方法已能够成功地跟踪 30∶1 的延时范围。

此外，在光学信号相关检测方面，多年来也有多项科研成果面世。例如，利用可编程空间光调制器和数字调制声表面波传感器研制开发的相关仪。此外，利用光学镜头固有的傅里叶变换功能可以做相关分析，一维光电器件在相关检测中也有应用价值。

6.2 相关函数的实际运算及误差分析

6.2.1 相关函数的实际运算

1. 模拟积分方式

根据第 1 章中的介绍，对于平稳的随机信号 $x(t)$和 $y(t)$，其自相关函数和互相关函数可以分别按照式(1-24)和式(1-29)来计算。在这两个公式中，积分时间为无穷大，这在实际应用中是不可能实现的。实际的运算常常是在有限的积分时间 T 内计算相关函数的估计值，即

$$\hat{R}_x(\tau) = \frac{1}{T}\int_0^T x(t)x(t-\tau)\mathrm{d}t \tag{6-1}$$

$$\hat{R}_{xy}(\tau) = \frac{1}{T}\int_0^T y(t)x(t-\tau)\mathrm{d}t \tag{6-2}$$

式中，$\hat{R}_x(\tau)$表示 $x(t)$的自相关函数 $R_x(\tau)$的估计值，$\hat{R}_{xy}(\tau)$表示 $x(t)$和 $y(t)$的互相关函数 $R_{xy}(\tau)$的估计值。因为积分时间有限，所以估计值结果会有偏差。但是只要积分时间足够长，这种偏差就可以控制在允许的范围内。

2. 数字累加方式

将被测信号 $x(t)$ 和 $y(t)$取样，并进行模数转换，可得到离散的数字信号 $x(n)$和 $y(n)$，这样就可以利用累加平均的方法实现式(6-1)和式(6-2)中的积分运算，相应的运算过程分别表示为

$$\hat{R}_x(k) = \frac{1}{N}\sum_{n=0}^{N-1} x(n)x(n-k) \tag{6-3}$$

$$\hat{R}_{xy}(k) = \frac{1}{N}\sum_{n=0}^{N-1} y(n)x(n-k) \tag{6-4}$$

式中，N 表示累加平均的次数，k 为延时序号。

3. 实际相关器分类

根据上述相关函数的实际计算公式，多年以来，为了满足科学研究和工业生产的需要，世界各国的科学技术人员研制开发出多种类型的相关检测设备，从构成原理和工作方式上可以大致分为以下几种类型：

(1) 模拟式相关器：两路信号都是模拟量。由于其乘法器和积分器的精度都较低，零点漂移较大，近年已很少使用。但是，模拟式的相关运算常用于原理的分析。

(2) 数字式相关器(1969)：首先将两路信号都量化为数字量，然后按式(6-3)或式(6-4)进行相乘和累加平均的运算，一般都是以微处理器和存储器实现上述运算。随着微电子技术和计算机技术的发展，数字式相关器得以迅速推广。数字式相关器的一种极限情况为极性相关器(1970)，这是把输入信号都量化为1bit的一种特殊相关器。

(3) 混合式相关器(1961)：其特点是，一路信号为模拟量，另一路信号量化为数字量。这种相关器常以其发明人的名字称之为Stieltjies相关器。混合式相关器的一种极限情况为继电器相关器(relay correlator)，这时的数字量信号被量化为1bit，它对模拟量信号进行继电器式的开关切换而实现两路信号的相乘过程。

(4) 修正的混合式相关器(1970)：为了克服混合式相关器输出的偏差，在数字通道人为叠加伪随机信号再进行相关运算，这种方式有一定的理论价值，但实用性较差。

这些相关器分别依据不同的相关函数算法，性能、成本及实现方法也有较大差异。

6.2.2 运算误差分析

1. 估计值的方差

自相关函数和互相关函数的运算过程基本相同，只不过前者是针对同一种信号，后者是针对两路信号。所以下面只以互相关函数为例进行分析。

对式(6-2)两边求数学期望，得

$$E[\hat{R}_{xy}(\tau)]=\frac{1}{T}\int_0^T E[y(t)x(t-\tau)]\mathrm{d}t=\frac{1}{T}\int_0^T R_{xy}(\tau)\mathrm{d}t=R_{xy}(\tau) \tag{6-5}$$

式(6-5)说明，尽管积分时间T有限，由式(6-2)计算出的$\hat{R}_{xy}(\tau)$是$R_{xy}(\tau)$的无偏估计。估计值的均方误差由方差给出

$$\mathrm{var}[\hat{R}_{xy}(\tau)]=E[(\hat{R}_{xy}(\tau)-R_{xy}(\tau))^2]$$

根据文献[23,24]，对于高斯分布零均值限带白噪声$x(t)$和$y(t)$，若其带宽为B，则互相关函数估计值$\hat{R}_{xy}(\tau)$的方差可以表示为

$$\mathrm{var}[\hat{R}_{xy}(\tau)]\approx\frac{1}{2BT}[R_x(0)R_y(0)+R_{xy}^2(\tau)] \tag{6-6}$$

式中，T为式(6-2)中的积分时间。同样，自相关函数估计值$\hat{R}_x(\tau)$的方差可以表示为

$$\mathrm{var}[\hat{R}_x(\tau)]\approx\frac{1}{2BT}[R_x^2(0)+R_x^2(\tau)] \tag{6-7}$$

当$R_{xy}(\tau)\neq 0$时，$R_{xy}(\tau)$估计值的归一化均方误差由下式给出

$$\varepsilon^2=\frac{\mathrm{var}[\hat{R}_{xy}(\tau)]}{R_{xy}^2(\tau)}=\frac{1}{2BT}\left[1+\frac{1}{\rho_{xy}^2(\tau)}\right] \tag{6-8}$$

式中，T为积分时间，B为信号带宽，$\rho_{xy}(\tau)$为$x(t)$和$y(t)$的归一化互相关函数，即

$$\rho_{xy}(\tau)=\frac{R_{xy}(\tau)}{[R_{xx}(0)R_{yy}(0)]^{1/2}}$$

式(6-8)说明,相关函数估计值的均方误差随着带宽与积分时间乘积的增加而减少,随着归一化相关函数 $\rho_{xy}(\tau)$的减少而增大。

式(6-8)常用于估计相关函数计算中积分所需要的时间。例如,若 $\rho(\tau)=0.5$, $B=100\text{Hz}$,要求 $\varepsilon<5\%$,则应使积分时间 $T>10\text{s}$。当信号带宽较窄时,需要较长的积分时间,这是相关测量系统的主要缺点。

2. $R_{xy}(\tau)$估计值的归一化均方根误差

$R_{xy}(\tau)$估计值的归一化均方误差的平方根称之为归一化均方根误差,由式(6-8)可得

$$\varepsilon=\frac{\sqrt{\operatorname{var}[\hat{R}_{xy}(\tau)]}}{R_{xy}(\tau)}=\frac{1}{\sqrt{2BT}}\frac{\sqrt{1+\rho_{xy}^2(\tau)}}{\rho_{xy}(\tau)} \tag{6-9}$$

一般情况下 $\rho_{xy}(\tau)<1/3$,式(6-9)可近似为

$$\varepsilon\approx\frac{1}{\rho_{xy}(\tau)\sqrt{2BT}} \tag{6-10}$$

3. $R_{xy}(\tau)$估计值的信噪比

相关函数 $R_{xy}(\tau)$估计值的信噪比定义为

$$SNR=\frac{E[\hat{R}_{xy}(\tau)]}{\sqrt{\operatorname{var}[\hat{R}_{xy}(\tau)]}} \tag{6-11}$$

根据式(6-5),有

$$E[\hat{R}_{xy}(\tau)]=R_{xy}(\tau)$$

所以

$$SNR=\frac{R_{xy}(\tau)}{\sqrt{\operatorname{var}[\hat{R}_{xy}(\tau)]}} \tag{6-12}$$

将式(6-9)代入式(6-12)得

$$SNR=\frac{1}{\varepsilon}=\frac{\sqrt{2BT}\rho_{xy}(\tau)}{\sqrt{1+\rho_{xy}^2(\tau)}} \tag{6-13}$$

在 $\rho_{xy}(\tau)<1/3$ 的情况下,式(6-13)可简化为

$$SNR\approx\rho_{xy}(\tau)\sqrt{2BT} \tag{6-14}$$

可见,相关函数 $R_{xy}(\tau)$估计值的信噪比受 BT 乘积的影响很大。

4. 数字相关量化噪声导致的 *SNR* 退化比

在数字式相关器中,输入信号 $x(t)$和 $y(t)$量化为有限的级别,这会产生量化噪声,导致相关函数估计值的信噪比退化,退化系数可以定义为[22]

$$D=\frac{\text{模拟相关的 }SNR}{\text{数字相关的 }SNR} \tag{6-15}$$

D 是量化级别数和取样频率的函数。

根据式(6-14),为了保持模拟相关的 SNR,数字式相关的积分时间 T 需要增加 D^2 倍。例如,对于极限情况的极性相关(量化为 1bit),以 Nyquist 频率采样时,退化系数 $D=1.57$。

因此，为了使极性相关函数的信噪比达到模拟相关信噪比的水平，积分时间要增加到大约2.5倍。提高采样频率，可使 D 减小到1.25，积分时间增加到1.6倍就可以了。

增加量化级别可以明显减少信噪比退化系数 D，例如，如果 $x(t)$ 和 $y(t)$ 分别量化为3bit和5bit，以两倍Nyquist频率采样时的 D 约为1.2。

6.3 相关函数算法及实现

因为数字式运算精度高，无漂移，计算机的发展也为数字式运算提供了方便，所以当今相关检测设备多采用数字式运算，其计算式为

$$\hat{R}_{xy}(k)=\frac{1}{N}\sum_{n=0}^{N-1}y(n)x(n-k),\quad k=0,1,2,\cdots,M-1 \tag{6-16}$$

式(6-16)用矩阵可表示为

$$\begin{bmatrix}\hat{R}_{xy}(0)\\ \hat{R}_{xy}(1)\\ \vdots\\ \hat{R}_{xy}(M-1)\end{bmatrix}=\frac{1}{N}\begin{bmatrix}x(0) & x(1) & \cdots & x(N-1)\\ x(-1) & x(0) & \cdots & x(N-2)\\ \vdots & \vdots & & \vdots\\ x(1-M) & x(2-M) & \cdots & x(N-M)\end{bmatrix}\begin{bmatrix}y(0)\\ y(1)\\ \vdots\\ y(N-1)\end{bmatrix} \tag{6-17}$$

式(6-17)可以采用两种不同的方法来计算：一种是把所有的数据都采集完毕后，按照 $\hat{R}_{xy}(k)$ 等于 $\boldsymbol{x}$ 矩阵的第 k 个行向量乘以 $\boldsymbol{y}$ 向量的方法来计算，$k=0,1,\cdots,M-1$；另一种方法是边采集边计算，式(6-17)可以改写为

$$\begin{bmatrix}\hat{R}_{xy}(0)\\ \hat{R}_{xy}(1)\\ \vdots\\ \hat{R}_{xy}(M-1)\end{bmatrix}=\frac{1}{N}y(0)\begin{bmatrix}x(0)\\ x(-1)\\ \vdots\\ x(1-M)\end{bmatrix}+\frac{1}{N}y(1)\begin{bmatrix}x(1)\\ x(0)\\ \vdots\\ x(2-M)\end{bmatrix}+\cdots+\frac{1}{N}y(N-1)\begin{bmatrix}x(N-1)\\ x(N-2)\\ \vdots\\ x(N-M)\end{bmatrix} \tag{6-18}$$

这样相当于把计算工作量分配到各个取样间隔内完成，随着新的取样数据的不断到来，$\hat{R}_{xy}(k)$ 逐渐增长，直到运算结束，如图6-2所示。

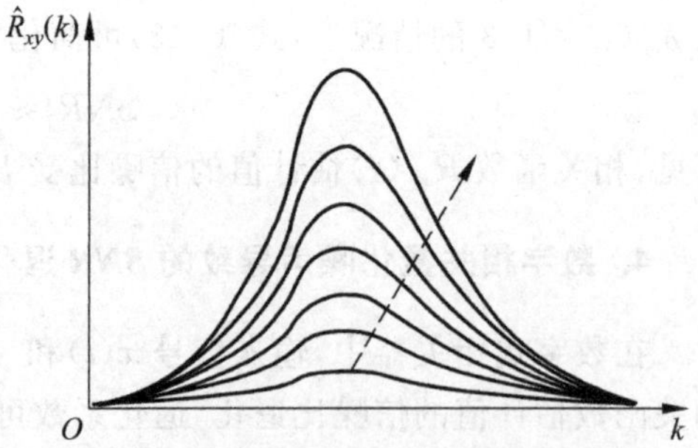

图6-2 相关函数估计值的增长过程

根据式(6-18)，在每个取样周期内须完成 M 次乘和 M 次加，NM 次乘和 NM 次加之后，可以得到一组 $R_{xy}(k)(k=0,1,\cdots,M-1)$ 值。这种计算方法并没有减少计算量，但其优点是在整体运算完成之前，每次取样后，都能得到一个粗略的相关函数大致形状，这会给某些应用带来一些方便。

类似于第5章中数字式平均的各种算法，相关函数的运算过程也可以采用下述不同算法来实现。

6.3.1 递推算法

根据上次相关函数的计算结果，当下一个取样数据(第 N 个)到来时，对原有相关函数的计算结果进行更新，从而得到新的相关函数值，这种递推计算方法如下式所示

$$\begin{aligned}\hat{R}_{xy}^{N}(k) &= \frac{1}{N+1}\sum_{n=0}^{N}x(n-k)y(n) \\ &= \frac{1}{N+1}\sum_{n=0}^{N-1}[x(n-k)y(n)] + \frac{1}{N+1}x(N-k)y(N) \\ &= \frac{N}{N+1}\hat{R}_{xy}^{N-1}(k) + \frac{1}{N+1}x(N-k)y(N)\end{aligned} \tag{6-19}$$

式中，$\hat{R}_{xy}^{N}(k)$的上标 N 表示在时刻 N 相关函数新的估计值，$\hat{R}_{xy}^{N-1}(k)$的上标 $N-1$ 则表示上次相关函数的估计值。

递推算法的特点为

(1) 每个取样周期内 4 次乘 1 次加可得一个相关函数估计值$\hat{R}_{xy}(k)$，$4M$ 次乘和 M 次加后可得一组$\hat{R}_{xy}(k)(k=0,1,\cdots,M-1)$的估计值。

(2) 随着取样数的增加，计算精度不断提高。

(3) N 值越大，新数据作用越小。当 N 大到一定程度后，因为计算机的字长有限，所以式(6-19)中右边的第二项将恒等于零，也就是新数据对相关函数的更新不再起作用。所以这种算法不适于相关函数时变的情况。

以固定数 β 代替式(6-19)中的 $N/(N+1)$，可得如下**指数加权递推算法**

$$\hat{R}_{xy}^{N}(k) = \beta\hat{R}_{xy}^{N-1}(k) + (1-\beta)x(N-k)y(N) \tag{6-20}$$

式中，β 的取值范围为 $0<\beta<1$，为了使计算出的$\hat{R}_{xy}(k)$变化比较平滑，一般取 β 接近于 1。

根据第 5 章中对指数加权平均算法的分析，其特点为

(1) 算法具有一阶低通滤波器特性，其带宽取决于 β，β 越接近于 1，带宽越窄。

(2) 可以跟踪时变的 $R_{xy}(k)$，β 越小，跟踪能力越强，但$\hat{R}_{xy}(k)$的方差越大。

(3) 算法简单，易于实现。

(4) 对 $x(n)$和 $y(n)$进行了指数加权，新数据比老数据起的作用要大。将式(6-20)展开可得

$$\hat{R}_{xy}^{N}(k) = (1-\beta)\sum_{n=1}^{N}\beta^{N-n}y(n)x(n-k) \tag{6-21}$$

当信号带宽较窄时，根据式(6-8)，为了满足均方误差的要求，往往需要较长的积分时间。如果按照式(6-16)或式(6-17)所示的批量算法来计算相关函数，则两次计算结果之间的差异可能很大，这在线测量情况下是很难让人接受的。利用指数加权递推式算法代替批量算法，可以得到平滑变化的相关函数输出，这也是这种算法的一个优点。

模拟式相关器需要进行模拟量的乘法运算，注意到对于各种不同的延时都要进行各自的乘法运算，这会导致相关器成本较高，运算速度较低，而且模拟式乘法器的精度较低，漂移较大，这些缺点在某些在线实时测量的场合可能是不可接受的。数字式相关器可以克服部

分上述缺点，利用微型计算机技术实现乘法运算的精度可以很高，运算结果无漂移，但是对于大量的不同延时的相关运算，计算工作量和运算速度仍然是一个问题。为了简化运算，提高工作速度和降低成本，一种行之有效的方法是减少数字量的量化位数，极限的情况是把一路或两路信号量化为1位，下面分别介绍这些算法。

6.3.2 继电式相关算法

在继电式(relay)相关算法中，一路输入信号为模拟量形式，而另一路输入信号被量化为1bit，即只取其正负符号，这样可以使相关计算中的乘法运算大为简化，利用电子开关就可以实现，运算速度大为加快。

1. 算法

模拟积分继电式相关算法如下式所示

$$\hat{R}'_{xy}(\tau) = \frac{1}{T}\int_0^T y(t)\,\mathrm{sgn}[x(t-\tau)]\,\mathrm{d}t \tag{6-22}$$

式中，$\hat{R}'_{xy}(\tau)$表示继电式相关函数估计值，$\mathrm{sgn}[x]$表示x的符号函数，其定义为

$$\mathrm{sgn}[x] = \begin{cases} +1, & x \geqslant 0 \\ -1, & x < 0 \end{cases} \tag{6-23}$$

符号函数可以用第1章中所描述的过零检测器获得，其输入输出关系示于图1-25，输入输出波形示于图1-26。图6-3示出利用比较器实现过零检测的电路连接和过零检测器的符号。在实际应用中，为了防止输入信号$x(t)$在零电位附近缓慢变化时，比较器产生虚假的跳变输出，一般都给比较器设置一个小的回差，或利用施密特触发器实现过零检测。

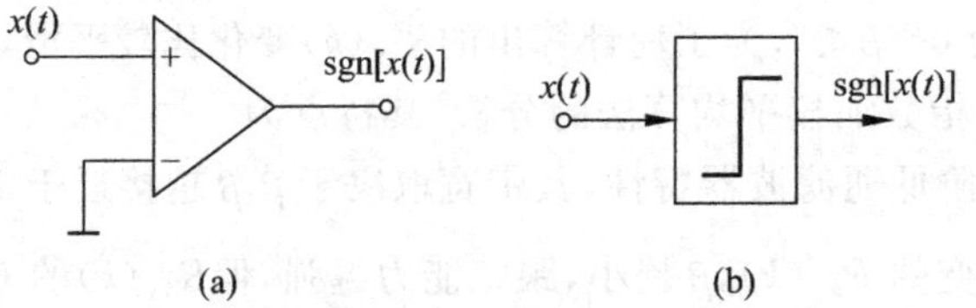

图6-3 过零检测器实现方法及符号

(a) 利用比较器实现过零检测；(b) 符号

继电式相关函数与原相关函数之间的关系为[22]

$$R'_{xy}(\tau) = \sqrt{\frac{2}{\pi}}\cdot\frac{R_{xy}(\tau)}{\sqrt{R_x(0)}} \tag{6-24}$$

因为在对$x(t)$进行过零检测的过程中，其幅度信息丢失了，只保留了它的符号函数，所以继电式相关函数要在原相关函数的基础上除以$x(t)$的有效值。

2. 模拟积分继电式相关的实现方法

在式(6-22)所表示的继电式相关算法中，因为符号函数$\mathrm{sgn}[x(t-\tau)]$只有两种取值：$+1$或-1，所以式中的乘法运算很容易实现，相乘结果只可能是$+y(t)$或$-y(t)$，利用电子

开关就可以实现这样的乘法运算。此外,因为 sgn[$x(t)$]是二值信号,它可以用数字电路中的逻辑“0”和逻辑“1”来表示,所以此信号的延时过程可以用移位寄存器或存储器来实现。这样一来,电路的结构大为简化,运算速度也可以提高很多。

对于某一个特定的延时 τ,继电式相关运算电路示于图 6-4。输入信号 $x(t)$通过过零检测器得到其符号函数 sgn[$x(t)$],再经过延时电路得到 sgn[$x(t-\tau)$],这个延时后的符号函数用来控制电子开关 K 的位置。当 sgn[$x(t-\tau)$]为高电压时,K 接到 $y(t)$; 当 sgn[$x(t-\tau)$]为低电压时,K 接到 $-y(t)$。对电子开关 K 的输出进行积分就可得到$\hat{R}'_{xy}(\tau)$。

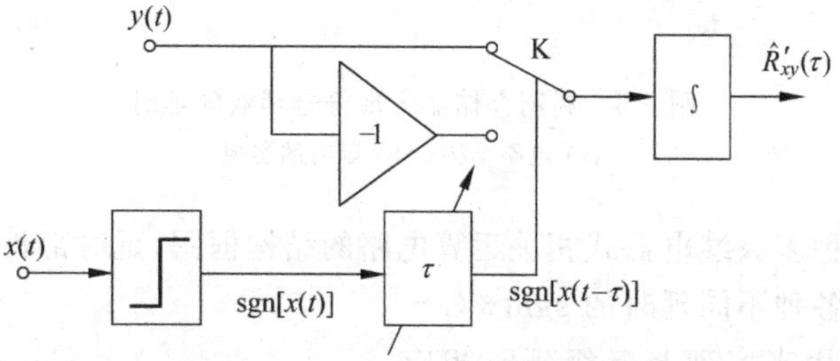

图 6-4 单级继电式相关运算电路

二值信号 sgn[$x(t)$]的延时可以用移位寄存器实现,图 6-5 所示为 M 级的移位寄存器,其时钟频率为 f,串行数据输入信号为 sgn[$x(t)$],并行输出端可以得到 M 个不同延时的 sgn[$x(t)$]。若令其各并行输出端序号分别为 $m=1,2,3,\cdots,M$,则第 m 级并行输出所实现的延时为 $\tau=m/f$。

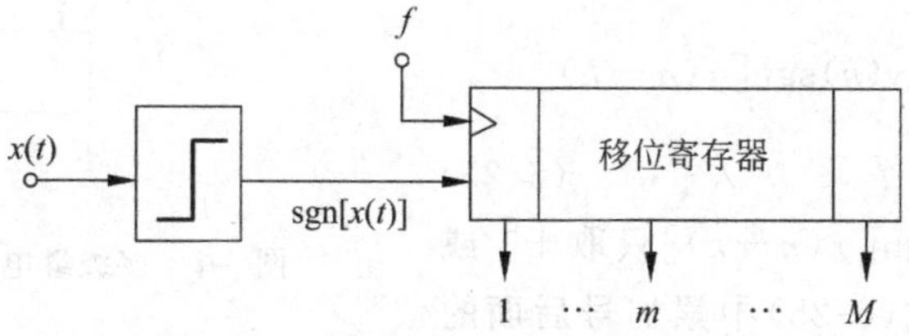

图 6-5 利用移位寄存器实现符号函数的延时

sgn[$x(t)$]的延时还可以用所谓“环形 RAM 存储器”来实现,其电路结构示于图 6-6(a)。对于 8 位地址的存储器,其地址范围为 0～255。如果其写入地址由 8 位二进制计数器提供,计数器的计数信号是频率为 f 的时钟,该时钟就是对 sgn[$x(t)$]取样的取样脉冲。每个取样脉冲把 sgn[$x(t)$]的取样值(0 或 1)写入存储器,脉冲后沿再使计数器加 1。当计数器计到 255(16 进制的 FF)时,再来的一个取样脉冲就又使计数器状态返回到了 0。所以这样的存储器可以理解为逻辑上首尾相接的环,如图 6-6(b)所示。在不断对 sgn[$x(t)$]取样的过程中,写入地址逐次增加,这就实现了对 sgn[$x(t)$]的取样和存储。

为了读出延时后的 sgn[$x(t-\tau)$]数据,计算出 τ 所对应的地址差 $m=f\tau$,由当前写入地址减去偏移量 m 就得到 sgn[$x(t-\tau)$]的读出地址,如图 6-6(b)所示。

上述“环形 RAM 存储器”实现延时的方法不但可以用来存储和读出 sgn[$x(t-\tau)$]数据(1 位二进制数),还可以用来存储和读出$\hat{R}'_{xy}(\tau)$(多位二进制数)。

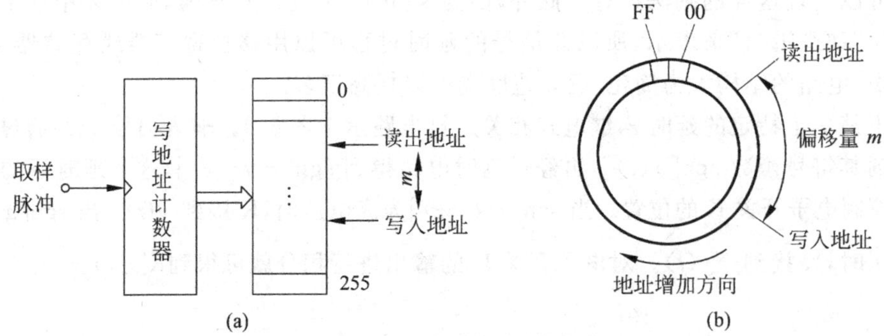

图 6-6 利用存储器实现符号函数的延时
(a) 电路结构；(b) 延时的实现

图 6-7 示出一种多级继电器式相关运算电路的结构框图，延时部件是移位寄存器，从其并行输出端可得到各种不同延时的 $\operatorname{sgn}[x(t-\tau)]$，电子开关阵列用来实现与各级延时相应的乘法运算。这种电路结构需要多个模拟式积分器，通过扫描多路开关依次接通各积分器输出，可以得到估计出的相关函数波形。

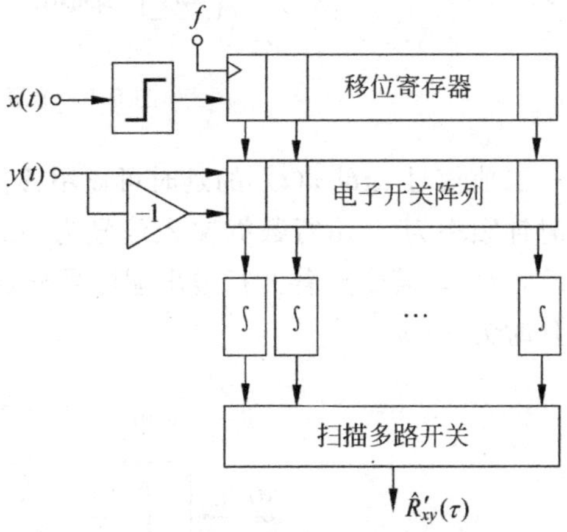

图 6-7 多级继电式相关运算电路

如果用数字累加的方式实现式(6-22)中的积分平均运算，则可以克服模拟积分器的漂移问题，计算公式如下

$$\hat{R}'_{xy}(k)=\frac{1}{N}\sum_{n=0}^{N-1}y(n)\operatorname{sgn}[x(n-k)] \tag{6-25}$$

因为符号函数 $\operatorname{sgn}[x(n-k)]$ 只取 $+1$ 或 -1 两种数值，所以式(6-25)中累加号后面的相乘运算可以用加减运算实现。如果取累加次数 N 为 2 的整数次方，那么除以 N 的运算可以用移位完成。对于 $k=0,1,\cdots,M-1$，经 NM 次累加后可得一组 $\hat{R}'_{xy}(k)$ 值。

6.3.3 极性相关算法

1. 算法

在极性相关(polarity correlation)算法中，两路输入信号都被量化为 1bit，即只取其正负符号，这是所有相关运算方法中最简单的一种。与继电式相关算法相比，极性相关算法可以使相关计算中的乘法运算得到进一步简化，运算速度更快。

模拟积分式极性相关算法如下：

$$\hat{R}''_{xy}(\tau)=\frac{1}{T}\int_0^T\operatorname{sgn}[y(t)]\operatorname{sgn}[x(t-\tau)]\mathrm{d}t \tag{6-26}$$

式中，sgn[$y(t)$]和 sgn[$x(t-\tau)$]分别表示 $y(t)$和 $x(t-\tau)$的符号函数，$\hat{R}''_{xy}(\tau)$表示极性相关函数估计值。

如果用数字累加平均的方式实现式(6-26)中的积分平均运算，则计算公式为

$$\hat{R}''_{xy}(k) = \frac{1}{N}\sum_{n=0}^{N-1}\text{sgn}[y(n)]\text{sgn}[x(n-k)] \tag{6-27}$$

2. 电路实现

因为 sgn[y]和 sgn[x]的取值只能是－1 或＋1，它们相乘的结果如表 6-1 所示。

表 6-1 两个符号函数的相乘结果

sgn[x]	sgn[y]	
	－1	＋1
－1	＋1	－1
＋1	－1	＋1

表 6-1 中只出现了－1 和＋1 两种数值，可以用二值逻辑来表示。如果用逻辑“0”表示－1，用逻辑“1”表示＋1，则表 6-1 就变为表 6-2，这是二输入端同或门的真值表。可见，用同或门可以实现式(6-26)和式(6-27)中两个符号函数的相乘运算。

表 6-2 同或门真值表

sgn[x]量化值	sgn[y]量化值	
	0	1
0	1	0
1	0	1

针对式(6-26)和式(6-27)，对于某个特定的延时，单级极性相关的实现电路分别示于图 6-8(a)和(b)。

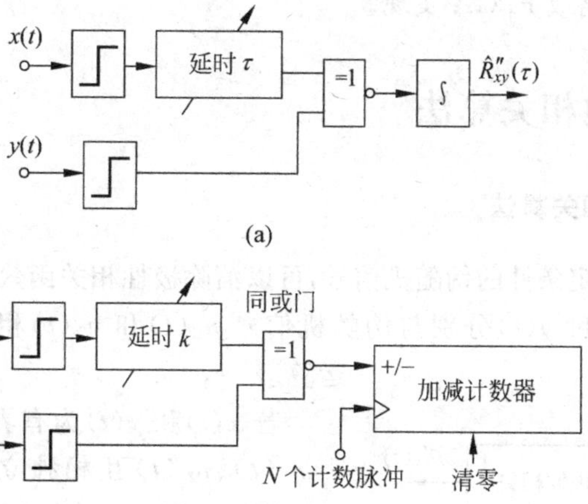

图 6-8 单级极性相关实现电路

(a) 模拟积分式；(b) 数字累加式

在图 6-8(b)所示数字累加式相关器中，因为两个符号函数相乘的结果只有+1 和−1，所以累加功能可以用计数器实现。同或门输出用来控制加减计数器的+/−输入端，当其为高电压“1”时，每个计数脉冲使计数器加 1；当其为低电压“0”时，每个计数脉冲使计数器减 1。计数脉冲的频率就是对输入信号的取样频率，N 个计数脉冲后，加减计数器给出极性相关结果。

类似于图 6-7，将多个图 6-8 电路组合在一起，并利用移位寄存器或 RAM 存储器给出各种不同延时的 $\mathrm{sgn}[x(t-\tau)]$，就能构成完整的极性相关器。

3. 估计值的偏差

当输入信号为高斯分布时，极性相关函数与原相关函数之间的关系为[20]

$$R''_{xy}(\tau)=\frac{2}{\pi}\cdot\arcsin\frac{R_{xy}(\tau)}{\sqrt{R_x(0)R_y(0)}}=\frac{2}{\pi}\arcsin[\rho_{xy}(\tau)] \tag{6-28}$$

式中的$\hat{R}''_{xy}(\tau)$表示极性相关函数，$\rho_{xy}(\tau)$是 $x(t)$和 $y(t)$的归一化相关函数。式(6-28)与第 1 章中的式(1-111)相符。

可见，极性相关函数$\hat{R}''_{xy}(\tau)$是有偏估计，其取值范围为$-1\leqslant R''_{xy}(\tau)\leqslant 1$，它与归一化相关函数之间呈现单调的反正弦关系，如图 6-9 所示。而且，输入信号 $x(t)$和 $y(t)$的幅度信息对 $R''_{xy}(\tau)$没有贡献，这是因为，当 $x(t)$和 $y(t)$通过过零检测器之后，只保留了其符号，而丢失了其幅度信息。所以，从理论上来说，过零检测器之前的其他电路的增益大小对过零检测器输出信号的波形以及极性相关函数没有影响。

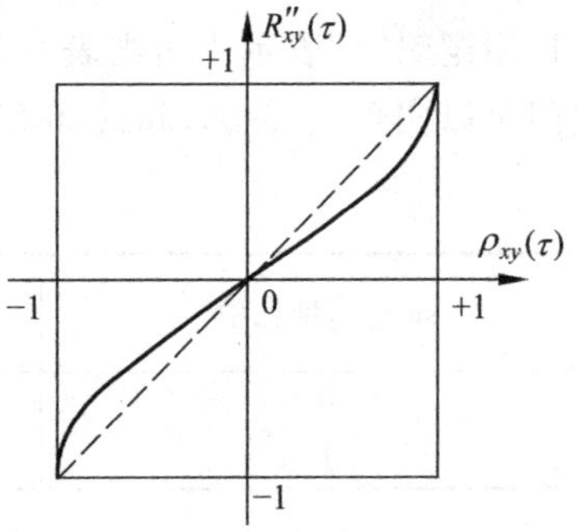

图 6-9 极性相关函数与规一化相关函数的关系

极性相关函数的上述特点对时延、速度测量无影响，但对于其他应用，需做必要的修正。极性相关算法简单，便于用硬件电路或 FPGA 实现。

6.3.4 其他相关算法

1. 修正的极性相关算法

通过叠加符合一定条件的伪随机信号，可以消除极性相关函数的非线性偏差。如图 6-10 所示，先将信号 $x(t)$和 $y(t)$分别与伪随机信号 $n_1(t)$和 $n_2(t)$相加，然后再进行极性相关运算。

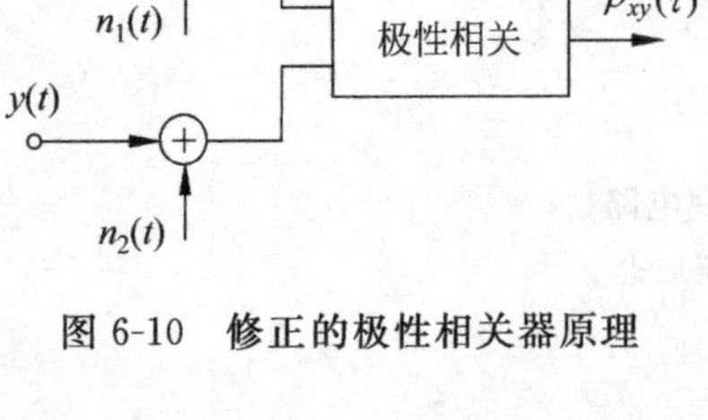

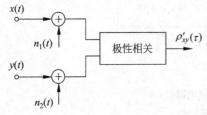

图 6-10 修正的极性相关器原理

若 $x(t)$和 $y(t)$为有界的随机实函数，叠加的噪声 $n_1(t)$、$n_2(t)$互相独立、均匀分布，而且分别对 $x(t)$和 $y(t)$独立。在 $x(t)$和 $y(t)$的幅值满足

$$|x(t)|\leqslant \max|n_1(t)|=A$$
$$|y(t)|\leqslant \max|n_2(t)|=A$$

的条件下，得到的修正极性相关函数为[23][25]

$$\rho'_{xy}(\tau)=\frac{1}{A^2}\cdot\frac{R_{xy}(\tau)}{\sqrt{R_x(0)R_y(0)}}=\frac{1}{A^2}\rho_{xy}(\tau) \tag{6-29}$$

式中，$\rho'_{xy}(\tau)$表示修正的极性相关函数，$\rho_{xy}(\tau)$表示归一化相关函数。

由式(6-29)可见，对于平稳的信号和叠加噪声，修正的极性相关函数与归一化相关函数之间为线性关系。因为人为地引入了随机噪声 $n_1(t)$和 $n_2(t)$，在有限积分时间内得到的相关函数估计值的随机误差会加大。为了达到所要求的精度，修正的极性相关算法需要更长的积分时间。

2. 基于快速傅里叶变换(FFT)的相关算法

FFT 是时域信号和频域信号相互转换的有力工具，在许多领域得到了广泛应用，也是计算相关函数的一种有效方法。在 FFT 中，所有的信号都是离散量。设离散的两路输入信号分别为 $x(n)$和 $y(n)$，它们的离散傅里叶变换式分别为 $X(m)$和 $Y(m)$，即

$$X(m)=\sum_{n=1}^{N-1}x(n)\exp(-\mathrm{j}2\pi nm/N) \tag{6-30}$$

$$Y(m)=\sum_{n=1}^{N-1}y(n)\exp(-\mathrm{j}2\pi nm/N) \tag{6-31}$$

根据离散傅里叶变换的运算关系，式(6-16)所表示的离散互相关函数的傅里叶变换为

$$\mathrm{DF}[\hat{R}_{xy}(k)]=\mathrm{DF}\left[\frac{1}{N}\sum_{n=0}^{N-1}y(n)x(n-k)\right]=\frac{\widetilde{X}(m)Y(m)}{N} \tag{6-32}$$

式中，DF[·]表示离散傅里叶变换，$\widetilde{X}(m)$表示 $X(m)$的共轭。对式(6-32)做傅里叶逆变换，得

$$\hat{R}_{xy}(n)=\mathrm{DF}^{-1}[\widetilde{X}(m)Y(m)]=\frac{1}{N}\sum_{n=1}^{N-1}\widetilde{X}(m)Y(m)\exp(\mathrm{j}2\pi nm/N) \tag{6-33}$$

式中，DF^{-1}[·]表示离散傅里叶逆变换。式(6-32)和式(6-33)中的变换过程可以用快速傅里叶变换(FFT)实现。根据式(6-30)、式(6-31)和式(6-33)，基于 FFT 的相关运算过程示于图 6-11，图中的 S/H 表示取样保持。

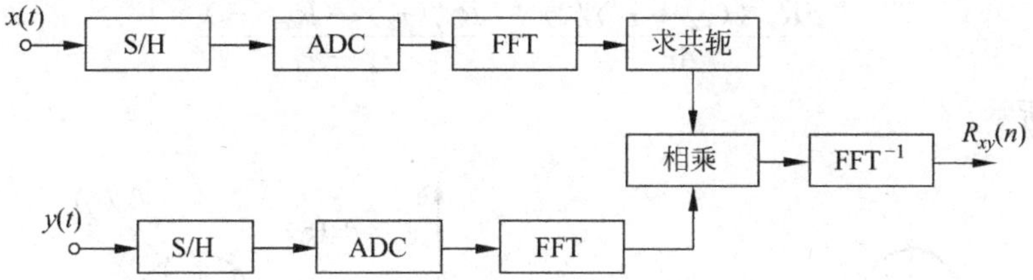

图 6-11 基于 FFT 的相关运算过程

根据离散傅里叶变换的性质，由离散的频谱$\widetilde{X}(m)Y(m)$进行逆变换得到的时域函数 $R_{xy}(n)$将是周期性的，$R_{xy}(n)$相当于周期性 $x(n)$和 $y(n)$的相关函数，而不是实际的非周期性 $x(n)$和 $y(n)$的相关函数。这会导致估计出的 $R_{xy}(n)$中有一些错误项。解决这个问题的一种方法是，在输入信号取样值序列 $x(n)$和 $y(n)$的末尾添加 N 个数值为“0”的项，然后再

进行 FFT。添加的 N 个“0”使得数据长度增加了一倍，这当然要加重数值计算的负担。详细的分析请读者参阅相关文献。

6.4　相关函数峰点位置跟踪

在相关检测的某些应用领域中，人们关心的并非是相关函数的数值大小，而只是关心与其峰值点位置相应的延时值，例如相关法测速、超声测距、雷达测距和泄漏点定位等都是这样。在测距应用中，向目标发射特定波形的信号，由目标反射回来的回波与发射波形相似，但却延迟了一段时间，测出这段延时的大小就能计算出发射点到目标的距离。在测速应用中，若距离固定但传输速度变化，则延迟时间的变化反比于速度的变化。

互相关函数的峰点位置常用来测量延时。但是从前面介绍的各种算法来看，相关函数的计算工作量较大，而且需要较长的积分时间，以消除噪声的不利影响，所以相关检测仪器的响应速度往往较慢。当被测延时或速度变化较快时，相关检测仪器很难及时响应。

解决上述问题的一种方法是利用相关函数峰点位置跟踪系统，这种系统并不是通过反复计算所有延时范围内的相关函数来寻找其峰点所在位置相应的延时，而是随着峰点位置的变化自动调整延时输出值，这是一种闭环跟踪系统。

对互相关函数进行微分，能获得延时跟踪环的调整信号，如图 6-12 所示。互相关函数的微分可能为正值或负值，但是在互相关函数的峰点处，它总是为零，而且在其两侧符号相反。这个微分信号就能用来调整跟踪环的延时。

问题在于，如果首先计算出互相关函数，再对其进行微分，得到对延时的调整信号，则计算工作量比只计算互相关函数还要大。理论分析证明，先对一路输入信号进行微分，再将其与另一路信号进行相关处理，得到的就是相关函数的微分。参考文献[21]和[22]中给出了基于这种原理的两种相关函数峰点位置跟踪的实现方案。

对于两个数值相近的延时值 τ_1 和 τ_2，相关函数在 $(\tau_1+\tau_2)/2$ 处的微分可以用两点差分来近似，即

$$\frac{\mathrm{d}R_{xy}((\tau_2+\tau_1)/2)}{\mathrm{d}\tau}\approx\frac{R_{xy}(\tau_2)-R_{xy}(\tau_1)}{\tau_2-\tau_1}\tag{6-34}$$

如图 6-13 所示。

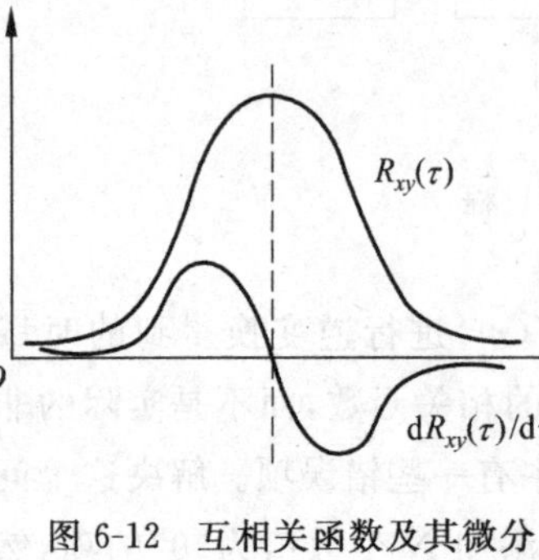

图 6-12　互相关函数及其微分

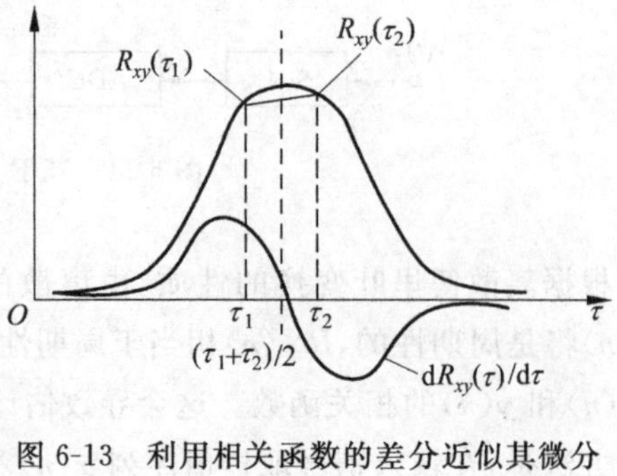

图 6-13　利用相关函数的差分近似其微分

式(6-34)右边的分子部分可以表示为

$$
\begin{aligned}
R_{xy}(\tau_2) - R_{xy}(\tau_1) &= E[x(t-\tau_2)y(t)] - E[x(t-\tau_1)y(t)] \\
&= E[x(t-\tau_2)y(t) - x(t-\tau_1)y(t)] \quad (6\text{-}35) \\
&= E\{[x(t-\tau_2) - x(t-\tau_1)]y(t)\} \quad (6\text{-}36)
\end{aligned}
$$

可见,可以先求两个差分点的 $x(t)$ 与 $y(t)$ 乘积之差,再用积分器求其平均值;或先对 $x(t)$ 进行两点差分运算,再将差分结果与 $y(t)$ 做相乘和积分,都能得到 $R_{xy}(\tau)$ 的两点差分值。

图 6-14 所示为按第一种方式(见式(6-35))实现的两点差分式相关函数峰点位置跟踪系统的框图,图中的 $x(t)$ 为极性信号,延时线用移位寄存器实现,调整其时钟频率 f 就调整了延时线所实现的延时量。$R_{xy}(\tau_2)-R_{xy}(\tau_1)$ 用来调整压控振荡器(VCO)的输出频率 f,即移位寄存器的移位频率。M 级移位寄存器实现的延时量为

$$\tau_1 = M/f$$

$M+L$ 级移位寄存器实现的延时量为

$$\tau_2 = (M+L)/f$$

误差信号为

$$e(t) = x(t-\tau_2)y(t) - x(t-\tau_1)y(t) \quad (6\text{-}37)$$

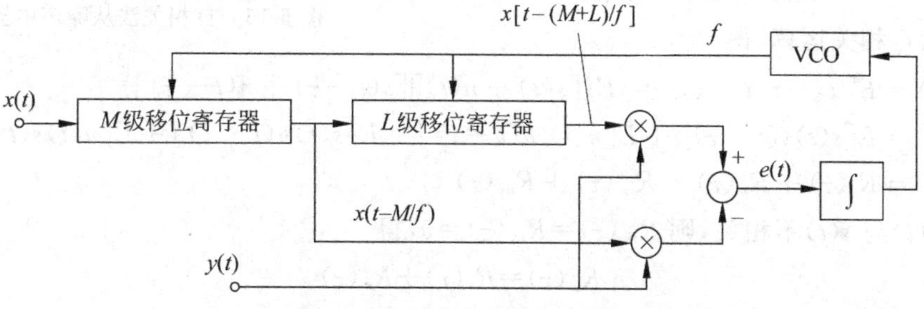

图 6-14　两点差分式相关函数峰点跟踪系统

如果 $e(t)\neq 0$,则对其积分的结果或正或负,此信号用来调整压控振荡器(VCO)的输出频率 f,即移位寄存器的移位时钟频率,这样也就调整了移位寄存器所实现的延时。在稳定状态下,$R_{xy}(\tau_2)-R_{xy}(\tau_1)=0$,近似为 $\mathrm{d}R_{xy}(\tau)/\mathrm{d}\tau=0$,相关函数峰点位置相应的延时为

$$D = (M+L/2)/f \quad (6\text{-}38)$$

上述相关函数峰点位置跟踪方案存在一个问题:如果相关函数具有多个极大峰,则当系统的初始条件设置得不适当时,跟踪系统有可能锁定在相关函数的一个局部峰点处,之后系统跟踪这个局部峰点的位置变化进行调整,从而给出错误的测量结果。一种解决这个问题的办法是:用一个粗略的整体相关器先估计相关函数的大致形状,确定相关函数峰点的大致位置,据此设定峰点跟踪系统的跟踪范围,如图 6-15 所示,再由跟踪系统给出比较精确的测量结果。整体相关仪的数据点数较少,所以计算工作量不是很大。

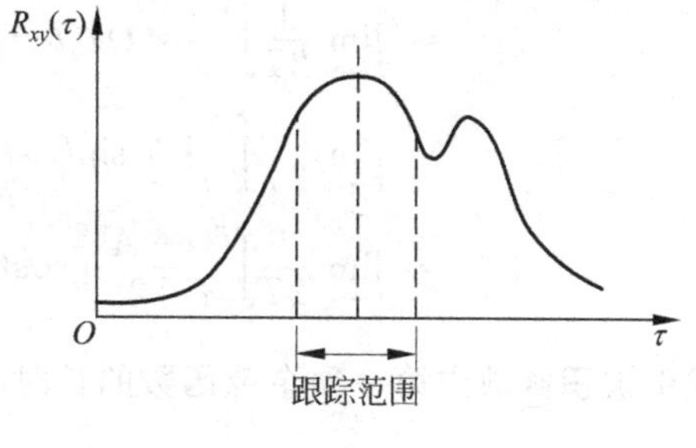

图 6-15　利用粗略相关器设定跟踪范围

6.5 相关检测应用

6.5.1 噪声中信号的恢复

恢复被噪声污染的信号要比检测噪声中已知信号的有无更为复杂。如果被噪声覆盖的信号只出现了一次，而不是重复出现，那么第5章中介绍的取样积分和数字式平均方法就不能用来恢复信号，在这种情况下相关方法就显得很有用。有时把基于自相关和互相关分析方法恢复信号称之为相关接收。

1. 自相关法

自相关法从噪声中恢复有用信号的模型示于图6-16，图中，$s(t)$为周期性的被测信号，$n(t)$为零均值宽带叠加噪声。可观测到的信号为

$$x(t) = s(t) + n(t)$$

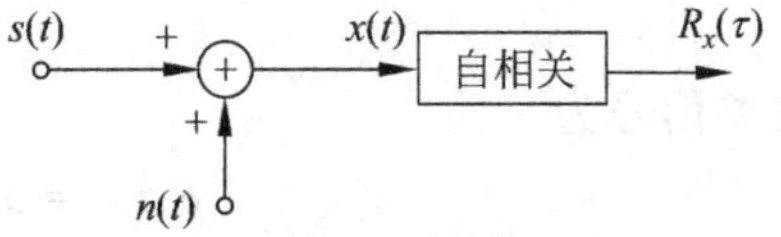

图6-16 自相关法从噪声中提取信号

对$x(t)$做自相关运算，得

$$\begin{aligned} R_x(\tau) &= E[x(t)x(t-\tau)] = E\{[s(t)+n(t)][s(t-\tau)+n(t-\tau)]\} \\ &= E[s(t)s(t-\tau)] + E[n(t)\ n(t-\tau)] + E[s(t)n(t-\tau)] + E[n(t)s(t-\tau)] \\ &= R_s(\tau) + R_n(\tau) + R_{sn}(\tau) + R_{ns}(\tau) \end{aligned}$$

若$n(t)$与$s(t)$不相关，则$R_{sn}(\tau)=R_{ns}(\tau)=0$，得

$$R_x(\tau)=R_s(\tau)+R_n(\tau)$$

对于带宽较宽的零均值噪声$n(t)$，其自相关函数$R_n(\tau)$主要反映在$\tau=0$附近，当τ较大时，$R_x(\tau)$只反映$R_s(\tau)$的情况。如果$s(t)$为周期性函数，则$R_s(\tau)$仍为周期性函数，这样就可以由τ较大时的$R_x(\tau)$测量出$s(t)$的幅度和频率。

例如，如果$x(t)$为正弦函数$s(t)$叠加了不相关的噪声$n(t)$，即

$$x(t)=s(t)+n(t)=A\sin(\omega_0 t+\varphi)+n(t)$$

式中，A为信号幅度，ω_0为信号角频率，φ为信号初相角，则其自相关函数为

$$\begin{aligned} R_x(\tau) &= R_s(\tau) + R_n(\tau) \\ &= \lim_{T\to\infty}\frac{1}{2T}\int_{-T}^{T}[s(t)s(t-\tau)]\mathrm{d}t + R_n(\tau) \\ &= \lim_{T\to\infty}\frac{1}{2T}\int_{-T}^{T}[A\sin(\omega_0 t+\varphi)A\sin(\omega_0(t-\tau)+\varphi)]\mathrm{d}t + R_n(\tau) \\ &= \lim_{T\to\infty}\frac{1}{2T}\int_{-T}^{T}\frac{-A^2}{2}[\cos(2\omega_0 t-\omega_0\tau+2\varphi)-\cos(\omega_0\tau)]\mathrm{d}t + R_n(\tau) \end{aligned}$$

式中被积函数中第一项余弦函数的长时间积分结果为零，第二项不是t的函数，得

$$R_x(\tau) = \frac{A^2}{2}\cos(\omega_0\tau) + R_n(\tau) \tag{6-38a}$$

如果$n(t)$为宽带噪声，则$R_n(\tau)$集中表现在$\tau=0$附近，当τ较大时，由$R_x(\tau)$就可以测

量信号 $s(t)$ 的幅度 A 和频率 f_0，如图 6-17 所示。这样，经过自相关处理，就从噪声中提取出了正弦波信号的幅度和频率。不足的是，自相关函数丢失了原信号的相位信息。

图 6-18(a)所示为叠加了限带噪声的周期信号 $x(t)$ 随时间变化的波形，很难从这样的波形中观测出有用信号的周期性，更不可能观测出周期信号的频率、幅度等特征。图 6-18(b)所示为该信号的自相关函数 $R_x(\tau)$ 波形，有用信号的周期性已经十分明显，而且还可以由 $R_x(\tau)$ 波形粗略观测出信号的周期和幅度。

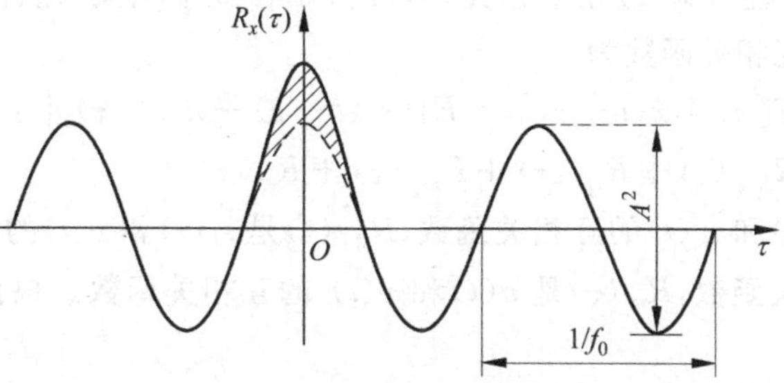

图 6-17 叠加了宽带噪声的正弦波的自相关函数

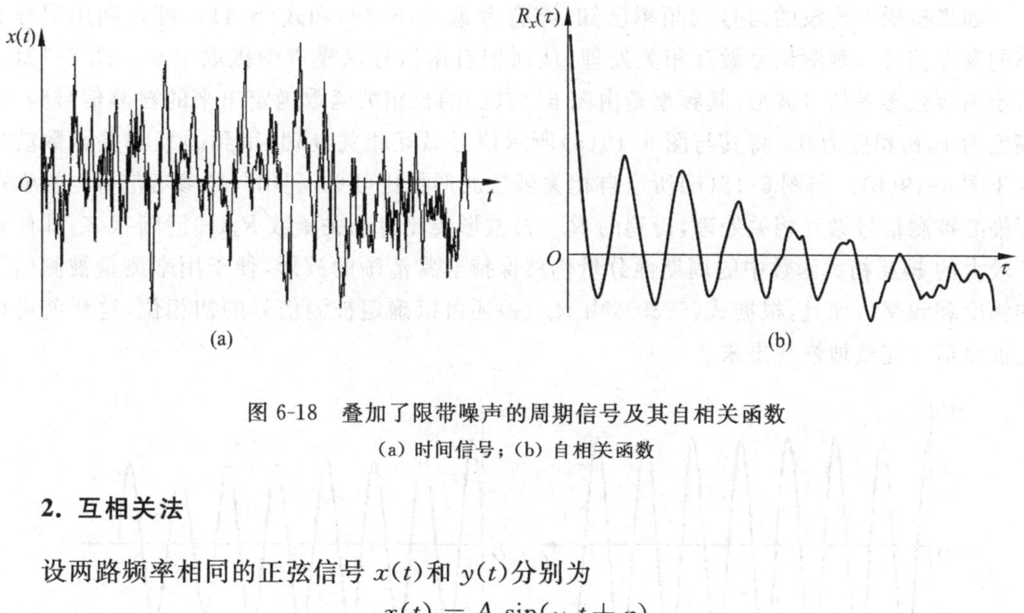

图 6-18 叠加了限带噪声的周期信号及其自相关函数

(a) 时间信号；(b) 自相关函数

2. 互相关法

设两路频率相同的正弦信号 $x(t)$ 和 $y(t)$ 分别为

$$x(t) = A\sin(\omega_0 t + \varphi)$$
$$y(t) = B\sin(\omega_0 t + \theta)$$

利用类似于式(6-38a)的推导方法，可得它们的互相关函数为

$$R_{xy}(\tau) = \frac{AB}{2}\cos(\omega_0 \tau + \varphi - \theta) \tag{6-39}$$

可见，对于频率相同的正弦信号 $x(t)$ 和 $y(t)$，如果已知其中一个的幅度，就可以由互相关函数来测定另一个信号的幅度，而且利用相关法处理和抑制噪声的能力，可以避免直接测量信号幅度时噪声带来的误差。由式(6-39)还可以看出，两个信号的相位差也反映在互相关函数中，如果其中的一个信号的初相位为已知，就能测定另一个信号的相位，这是互相关法优

于自相关法的地方。所以，如果其中的一个信号为已知，则基于互相关函数的参数完全可以重构另一个信号。

下面考虑两路信号叠加了噪声的情况。设

$$x(t) = s_1(t) + n(t)$$
$$y(t) = s_2(t) + v(t)$$

式中，$s_1(t)$和 $s_2(t)$是有用信号，$n(t)$是叠加在 $s_1(t)$上的噪声，且与 $s_1(t)$互不相关，$v(t)$是叠加在 $s_2(t)$上的噪声，且与 $s_2(t)$互不相关，$n(t)$和 $v(t)$互不相关，这种设定符合多数实际情况。$x(t)$和 $y(t)$的互相关函数为

$$\begin{aligned} R_{xy}(\tau) &= E[y(t)\ x(t-\tau)] = E\{[s_1(t-\tau)+n(t-\tau)][s_2(t)+v(t)]\} \\ &= R_{s_1s_2}(\tau) + R_{s_1v}(\tau) + R_{ns_2}(\tau) + R_{nv}(\tau) \end{aligned} \tag{6-40}$$

式中，$R_{s_1s_2}(\tau)$是 $s_1(t)$和 $s_2(t)$的互相关函数，$R_{s_1v}(\tau)$是 $s_1(t)$和 $v(t)$的互相关函数，$R_{ns_2}(\tau)$是 $n(t)$和 $s_2(t)$的互相关函数，$R_{nv}(\tau)$是 $n(t)$和 $v(t)$ 的互相关函数。根据设定，式(6-40)右边的后 3 项为零，得

$$R_{xy}(\tau) = R_{s_1s_2}(\tau) \tag{6-41}$$

这样就从噪声中提取出了 $s_1(t)$和 $s_2(t)$的互相关特性。类似的结论可以推广到包含多个分量的相关信号。

如果被噪声淹没的信号的频率已知，综合考虑式(6-39)和式(6-41)，可以利用同样频率的参考信号与观测信号做互相关处理，从而把有用信号从噪声中提取出来。图 6-19(a)所示为余弦参考信号波形，其频率是由图 6-18(b)的自相关函数确定出来的被测信号频率，幅度为 1，初相位为 0。将其与图 6-18(a)所示信号做互相关处理，得到的互相关函数波形示于图 6-19(b)。与图 6-18(b)所示自相关函数波形相比可见，利用同频参考信号与被噪声污染的被测信号做互相关处理，得到的 $R_{xy}(\tau)$波形要比自相关函数 $R_x(\tau)$清晰很多，即使对于较大的 τ，互相关函数中的周期性分量仍然保持非常清晰的波形，便于用来测量被测信号的幅度和频率。而且，根据式(6-39)，由 $R_{xy}(\tau)$还可以确定被测信号的初相位，这样就可以把被测信号完整地恢复出来。

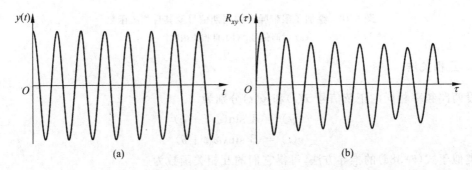

图 6-19 利用参考余弦信号做互相关来提取被噪声污染的信号

(a) 参考余弦信号；(b) 互相关函数

将上述原理推广到多种谐波分量，相关法可以用来测量被噪声淹没的各种不同波形的周期性信号。

需要注意的是，因为相关函数不是一种线性算子，所以用相关法恢复的信号不能确保其

完整性。例如，设被测信号为含有高次谐波的正弦信号

$$y(t)=A\sin(\omega_0 t+\theta)+B\sin(m\omega_0 t+\chi)$$

式中，m 为谐波次数。用于恢复 $y(t)$ 的参考信号为

$$x(t)=C\sin(\omega_0 t+\varphi)+D$$

式中，D 为直流分量。它们的互相关函数为

$$R_{xy}(\tau)=\frac{AC}{2}\cos(\omega_0\tau+\varphi-\theta)$$

可见，在互相关函数中只是示出了频率为 ω_0 的信号幅度和相位差，而谐波分量的幅度 B、谐波次数 m、初相位 χ 以及参考信号的直流分量 D 都丢失了。尽管该谐波分量与基波信号联系紧密，但在互相关函数中却没有出现。所以，要用互相关方法检测比较复杂的信号，需要做若干次不同的相关分析。

3. 用相关法恢复谐波分量

用相关法测量和恢复被噪声淹没的信号是基于这样的事实：任何长度有限的信号都可以分解成谐波分量，那么只要能确定这些谐波分量的频率、幅度和初相位，并把这些分量组合在一起就足可以恢复原信号。需要指出的是，实际上并不是所有的谐波分量都能够精确识别，因为对最微弱的分量即使做了相关处理，信噪比可能仍然不够大，以至于不能比较准确地确定其参数。那么这些分量应该被忽略，结果只能近似恢复原信号，其精度取决于被测信号的先验知识以及所使用的相关估计方法。

对于叠加了噪声的信号，用相关法恢复比较复杂的信号的迭代过程如下：

(1) 令谐波序号 $i=1$。

(2) 计算叠加了噪声的信号 $x(t)$ 的自相关函数 $R_x(\tau)$。

(3) 检查 $R_x(\tau)$ 是否有可观测到的周期性分量，如果有，继续进行步骤(4)；如果没有，跳转到步骤(8)。

(4) 找出 $R_x(\tau)$ 中最强的周期性分量，集中注意 τ 较大时的 $R_x(\tau)$，此时噪声的自相关函数会足够小，判别信号的相关参数不会太困难。确定该分量的周期或频率 f_i，这也是保留在噪声中的信号 $s(t)$ 的最强频率分量的频率。

(5) 计算 $x(t)$ 和 $y(t)=\cos(2\pi f_i)$ 的互相关函数 $R_{xy}(\tau)$，从 $R_{xy}(\tau)$ 中几乎是谐波的形式中，估计频率为 f_i 的分量的幅度 A_i 和相位 φ_i。

(6) 从 $x(t)$ 中减去该频率分量，即令 $x(t)=x(t)-A_i\cos(2\pi f_i+\varphi_i)$。

(7) $i=i+1$，转到步骤(2)。

(8) 结束分析过程，将各频率分量组合起来恢复被测信号

$$\hat{s}(t)=\sum_{i=1}^{i_{\max}}A_i\cos(2\pi f_i+\varphi_i) \tag{6-42}$$

利用上述相关方法恢复淹没在噪声中的信号的一个例子示于图 6-20。

图 6-20(a)为主要包含两种频率分量的信号 $s(t)$ 的波形，叠加噪声 $n(t)$ 后观测到的信号为 $x(t)=s(t)+n(t)$，其波形示于图 6-20(b)，该波形有些杂乱无章。对 $x(t)$ 做自相关处理，得到的自相关函数 $R_x(\tau)$ 的形状示于图 6-20(c)，$R_x(\tau)$ 呈现明显的周期性，由此可以测出包含在$x(t)$中的主要谐波分量的频率 f_1。构建频率为 f_1，幅度为 1 的余弦信号 $y_1(t)=$

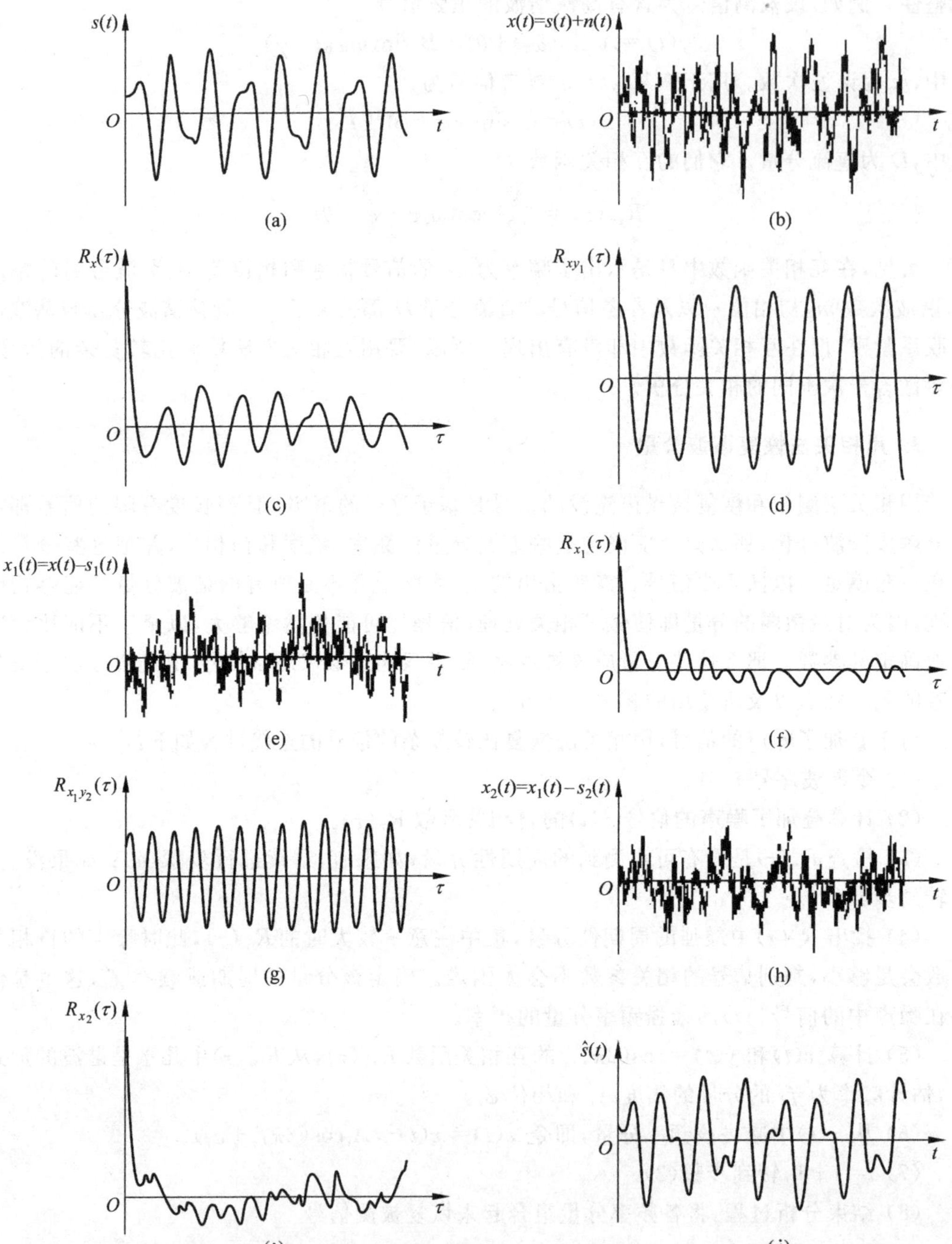

图 6-20 相关法恢复被噪声淹没的信号

(a) 原信号 $s(t)$；(b) 被噪声淹没的信号 $x(t)=s(t)+n(t)$；(c) $x(t)$的自相关函数；
(d) $x(t)$与 $s(t)$的基波$y_1(t)$的互相关函数；(e) $x_1(t)=x(t)-s_1(t)$的波形；
(f) $x_1(t)$的自相关函数；(g) $x_1(t)$与下一谐波 $y_2(t)$的互相关函数；
(h) $x_2(t)=x_1(t)-s_2(t)$的波形；(i) $x_2(t)$的自相关函数；(j) 由 $s_1(t)$和 $s_2(t)$组合成的波形$\hat{s}(t)$

$\cos(2\pi f_1)$，计算出 $x(t)$ 和 $y_1(t)$ 的互相关函数 $R_{xy_1}(\tau)$，如图 6-20(d)所示。由 $R_{xy_1}(\tau)$ 可以测出频率为 f_1 的谐波分量 $s_1(t)$ 的幅度和相位。之后从 $x(t)$ 中减去 $s_1(t)$ 得 $x_1(t)$ 波形(见图 6-20(e))，其自相关函数仍然可见比较明显的谐波分量(见图 6-20(f))。重复上述过程可以测出第 2 种谐波分量 $s_2(t)$ 的幅度和相位，再从 $x(t)$ 中减去 $s_2(t)$ 得 $x_2(t)$，其自相关函数已经看不出明显的周期性成分，见图 6-20(i)，迭代过程结束。将 $s_1(t)$ 和 $s_2(t)$ 相加作为被测信号的估计值 $\hat{s}(t)$，其波形示于图 6-20(j)，与信号 $s(t)$ 的波形十分相似。

利用这种方法恢复信号，如果被测信号包含明显的谐波分量，在自相关函数中可以被比较容易地识别出来，那么该方法会比较有效。对于非周期信号，往往需要识别太多的谐波分量，对于有限长度的信号，从其自相关函数估计值中判别这些谐波分量可能很困难，也可能是不可行的。

4. 用互相关法检测同一个信号源

利用两个不同的传感器检测同一个信号源 $s(t)$ 的相关检测系统示于图 6-21。两个传感器的输出信号分别为

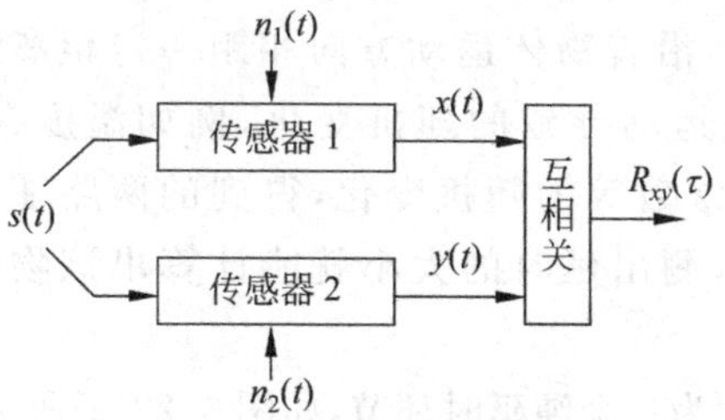

图 6-21 利用两个不同的传感器对同一信号的相关检测

$$x(t) = K_1 s(t) + n_1(t)$$
$$y(t) = K_2 s(t) + n_2(t)$$

式中，K_1 和 K_2 分别表示两个传感器的转换系数或增益，$n_1(t)$ 和 $n_2(t)$ 分别表示叠加到两个传感器信号中的干扰噪声。

对两个传感器的输出信号 $x(t)$ 和 $y(t)$ 做互相关处理，得

$$\begin{aligned} R_{xy}(\tau) &= E[y(t)\, x(t-\tau)] \\ &= E\{[K_2 s(t) + n_2(t)][K_1 s(t-\tau) + n_1(t-\tau)]\} \\ &= K_1 K_2 R_s(\tau) + K_1 R_{sn_2}(\tau) + K_2 R_{sn_1}(\tau) + R_{n_1 n_2}(\tau) \end{aligned}$$

若 $n_1(t)$、$n_2(t)$、$s(t)$ 互不相关，则上式右边的后 3 项为零，得

$$R_{xy}(\tau) = K_1 K_2 R_s(\tau) \tag{6-43}$$

这样就从噪声中把被测信号提取出来。这种方法的特点是：$R_{xy}(\tau)$ 不包含噪声的自相关项，所以可根据各种 τ 值的 $R_{xy}(\tau)$ 判断 $s(t)$ 的特征。例如，$R_{xy}(0)$ 反映信号 $s(t)$ 的功率，τ 很大时的 $R_{xy}(\tau)$ 反映 $s(t)$ 的周期性和直流分量。

上述原理已经成功地用于监视火焰的燃烧情况，例如在喷吹煤粉高炉或燃油大型锅炉中监视特定部位的火焰情况。如图 6-22 所示，两个望远镜头从不同角度对准同一个火焰的同一个部位，利用光电检测器检测火焰的波动起伏，并对两路信号进行互相关处理。如果被对准的火焰熄灭，则虽然炉中其他火焰在燃烧，背景噪声很强，但是两个检测器测得的噪声是互不相关的，测出的互相关函数 $R_{xy}(\tau)$ 数值较小。反之，如果被对准的火焰在燃烧，则 $R_{xy}(\tau)$ 数值较大。利用互相关函数抑制不相关噪声的能力，就从很强的背景噪声中把被监视的火焰的燃烧情况检测了出来。

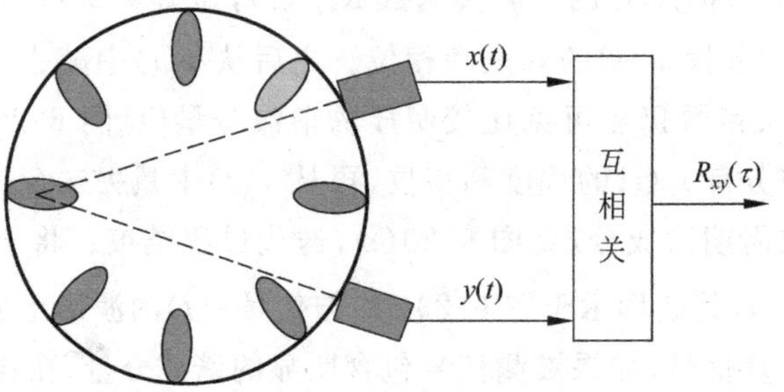

图 6-22 互相关法检测火焰燃烧情况

6.5.2 延时测量

在很多检测任务中,两路信号之间表现为纯延时的特性。例如,超声测距和雷达测距中的发射信号和接收信号的波形相似,但在时间轴上错开了一段延时,测出这段延时的大小就能计算出发射点到目标的距离。对于移动的物体,沿着物体运动方向相距一定距离装设两个固定的传感器,以检测该物体的某种物性由运动导致的随机变化,例如温度、密度、对光或超声的吸收系数、折射和反射系数、介电常数等的随机变化,得到的两路随机信号也是波形相似,但在时间轴上错开了一段延时,测出延时的大小就能计算出该物体的运动速度。

对于上述的这些检测过程,被测对象可以被模型化为一个纯延时环节,如图 6-23(a)所示。图中,$x(t)$为延时环节的输入信号,$y(t)$为观测到的输出信号,$n(t)$为干扰噪声。图 6-23(b)示出两路随机信号波形之间的延时情况。利用相关检测方法求 $x(t)$和 $y(t)$的相关函数 $R_{xy}(\tau)$,其峰点位置对应的延迟时间 τ 就是被测环节的延时 D,如图 6-24 所示。

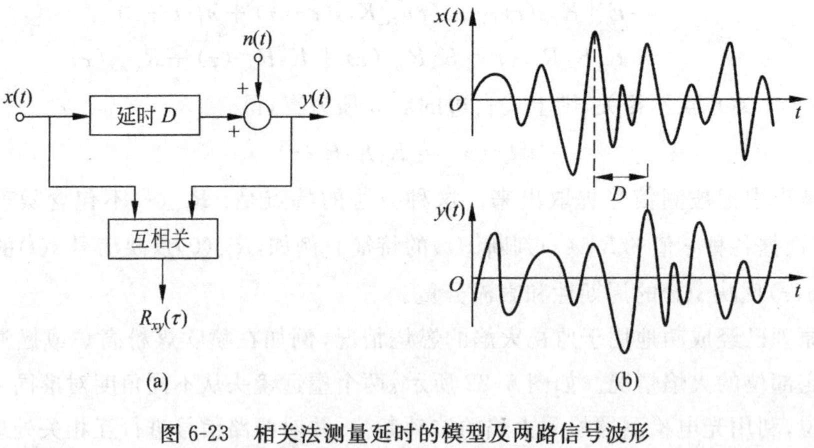

图 6-23 相关法测量延时的模型及两路信号波形

(a) 测量系统模型;(b) 两路相似波形之间的延时

用相关法测量延时的原理可以从相关函数的定义推导出来。对于图 6-23(a)所示的模型,延时环节的输出信号为 $x(t-D)$,观测到的输出信号为

$$y(t)=x(t-D)+n(t)$$

$x(t)$和 $y(t)$的互相关函数 $R_{xy}(\tau)$为

$$R_{xy}(\tau)=E[x(t-\tau)y(t)]=E\{x(t-\tau)[x(t-D)+n(t)]\}$$

令 $\alpha=t-D$,则有

$$R_{xy}(\tau)=E\{x[\alpha-(\tau-D)]x(\alpha)+x(t-\tau)n(t)\}=R_x(\tau-D)+R_{xn}(\tau)$$

若 $x(t)$与 $n(t)$不相关,则 $R_{xn}(\tau)=0$,得

$$R_{xy}(\tau)=R_x(\tau-D) \tag{6-44}$$

可见,$R_{xy}(\tau)$为 $R_x(\tau)$右移延时 D。根据第1章中所述的自相关函数的性质,对于任何$\tau\neq0$,都有

$$R_x(0)\geqslant R_x(\tau)$$

即 $\tau=0$ 时 $R_x(\tau)$为其最大值。由式(6-44)可知,$R_{xy}(\tau)$在 $\tau=D$ 时为最大值,这样就可以从$R_{xy}(\tau)$的峰点位置对应的 τ 测出延时 D,如图 6-24 所示。

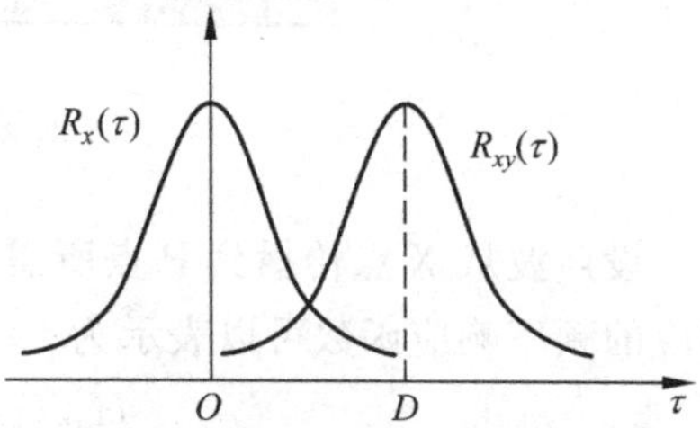

图 6-24 用互相关函数测量延时

也可以根据随机信号通过线性系统的响应推导出上述结论。对于纯时延环节,其冲激响应函数为

$$h(t)=\delta(t-D) \tag{6-45}$$

式中,D 为系统延时。根据式(1-84),线性系统输入信号和输出信号的互相关函数与输入信号的自相关函数之间的关系为

$$R_{xy}(\tau)=R_x(\tau)*h(\tau) \tag{6-45a}$$

式中,“$*$”表示卷积。将式(6-45)代入式(6-45a)得

$$R_{xy}(\tau)=R_x(\tau)*\delta(t-D)=R_x(\tau-D) \tag{6-45b}$$

式(6-45b)的结果与式(6-44)相同。

由上面的分析可知,用相关法测量延时的特点是抵御噪声的能力强。只要干扰噪声 $n(t)$与信号 $x(t)$不相关,测量结果就不受干扰噪声的影响,条件是计算相关函数的积分时间要足够长。

6.5.3 泄漏检测

液体或气体输送管道的泄漏导致资源浪费,据统计资料显示,由供水管网的泄漏造成的损失相当严重。漏水还侵蚀建筑地基下面的土层,有可能威胁建筑的安全。如果在发现泄漏后能够尽快找到泄漏点的位置,就可以及时采取补救措施减少浪费。泄漏检测(leak detection)定位的实施可以提高水资源的利用效率,减少相关的损失,为水资源的可持续发展提供基础。

泄漏洞口会产生管道振动现象,其频率范围为 500～1000Hz,对于压力为 100kPa 量级的主供水线,该振动信号可在数百米之内被检测到,并用于泄漏点定位。漏水对土壤的冲击及漏水在空腔中的回旋产生低频噪声,低频噪声传播距离较短,可用于泄漏点的最后定位。

利用若干个声波传感器检测由泄漏产生的声波振动信号,再利用相关技术确定不同传

感器输出信号之间的延时，根据传感器的几何布局和声波传输速度，就可以对泄漏点进行定位。该项技术已经成功地应用于供水管网的泄漏检测。

图 6-25 是泄漏检测系统的原理示意图。泄漏点 X 产生声波 $x(t)$，根据管线埋设记录，沿着管线方向在 P 点和 Q 点设置声波检测传感器，测得的声波信号分别为 $p(t)$ 和 $q(t)$。

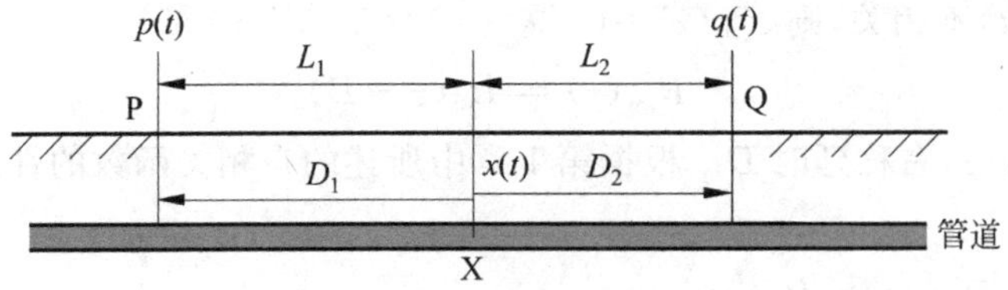

图 6-25 泄漏检测系统示意图

设声波从 X 点传播到 P 点所需的时间为 D_1，从 X 点传播到 Q 点所需的时间为 D_2，则相应的频率响应函数可以表示为

$$H_{xp}(\mathrm{j}\omega) = H_1(\mathrm{j}\omega)\exp(-\mathrm{j}\omega D_1) \tag{6-46}$$

和

$$H_{xq}(\mathrm{j}\omega) = H_2(\mathrm{j}\omega)\exp(-\mathrm{j}\omega D_2) \tag{6-47}$$

对应于声波传输的方块图示于图 6-26(a)，图中，$S_x(\mathrm{j}\omega)$、$S_p(\mathrm{j}\omega)$ 和 $S_q(\mathrm{j}\omega)$ 分别表示 $x(t)$、$p(t)$ 和 $q(t)$ 的功率谱密度函数。经方块图变换，可得图 6-26(b)所示的方块图。

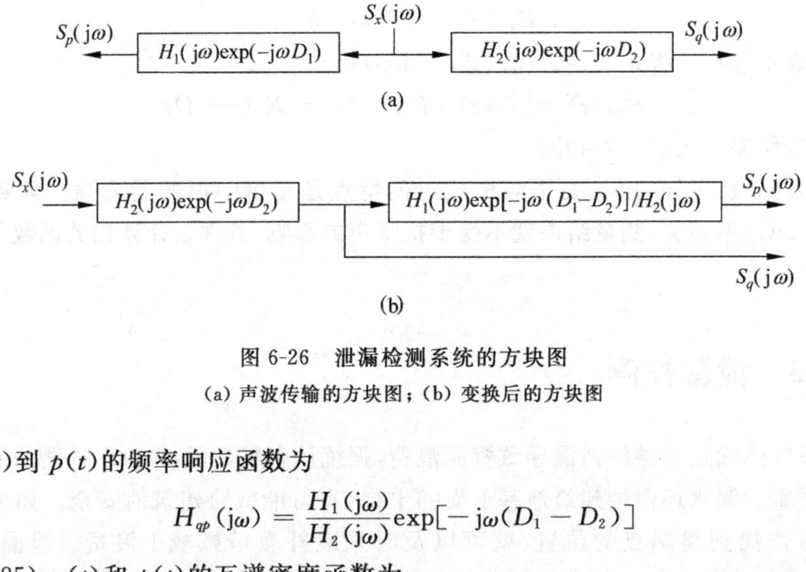

图 6-26 泄漏检测系统的方块图

(a) 声波传输的方块图；(b) 变换后的方块图

由 $q(t)$ 到 $p(t)$ 的频率响应函数为

$$H_{qp}(\mathrm{j}\omega) = \frac{H_1(\mathrm{j}\omega)}{H_2(\mathrm{j}\omega)}\exp[-\mathrm{j}\omega(D_1 - D_2)] \tag{6-48}$$

根据式(1-85)，$q(t)$ 和 $p(t)$ 的互谱密度函数为

$$S_{qp}(\mathrm{j}\omega) = S_q(\mathrm{j}\omega)H_{qp}(\mathrm{j}\omega) = \frac{H_1(\mathrm{j}\omega)}{H_2(\mathrm{j}\omega)}S_q(\mathrm{j}\omega)\exp[-\mathrm{j}\omega(D_1 - D_2)] \tag{6-49}$$

对式(6-49)两边取傅里叶逆变换得，$q(t)$ 和 $p(t)$ 的互相关函数为

$$\begin{aligned} R_{qp}(\tau) &= \mathcal{F}^{-1}[S_{qp}(\mathrm{j}\omega)] = \mathcal{F}^{-1}\left[\frac{H_1(\mathrm{j}\omega)}{H_2(\mathrm{j}\omega)}\right] * R_q(\tau) * \delta[\tau - (D_1 - D_2)] \\ &= \mathcal{F}^{-1}\left[\frac{H_1(\mathrm{j}\omega)}{H_2(\mathrm{j}\omega)}\right] * R_q[\tau - (D_1 - D_2)] \end{aligned} \tag{6-50}$$

式中，"*"表示卷积，$R_q[\tau-(D_1-D_2)]$为 $q(t)$的自相关函数，当 $\tau=D_1-D_2$ 时，它取最大值。所以，可以根据 $R_{qp}(\tau)$的最大值对应的 τ 来测定 D_1-D_2。

需要注意的是，因为 $R_q(\tau)$是由 $R_x(\tau)$经滤波得到的，而且通常 $H_1(j\omega)\neq H_2(j\omega)$，所以 $R_{qp}(\tau)$可能不是对称函数，如图 6-27 所示，所以必要时还应根据 $R_{qp}(\tau)$的重心位置来确定 D_1-D_2，以提高泄漏点定位的精度。

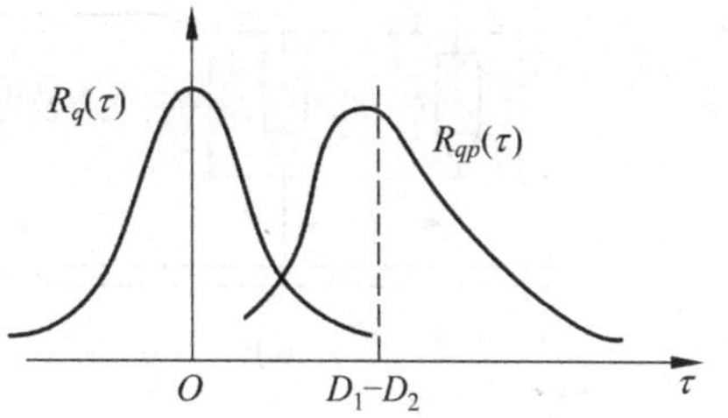

图 6-27 泄漏检测信号的相关函数

由 D_1-D_2 可计算出检测点到泄漏点的距离

$$L_1-L_2=v(D_1-D_2) \tag{6-51}$$

式中，v 为泄漏产生的声波振动信号的传播速度。再结合 L_1+L_2(可在地面上测量得出)，就可计算出 L_1 和 L_2，从而确定出泄漏点位置。

需要注意的是，当使用相关技术对泄漏点定位时，管线系统的档案记录比检测仪表的质量更为重要。如果管线记录与实际情况有出入，则到泄漏点声波延时的精确测量并不能保证泄漏点的精确定位。

对于压力管道，泄漏噪声的功率较大，可以在泄漏区域布设多个声波检测传感器，测出各对传感器到泄漏点的距离之差后，利用三角定位方法确定泄漏点的位置。

6.5.4 运动速度测量

测量运动物体的速度，最原始也是最可靠的方法是测量物体移动通过的距离和物体移动这段距离所经历的时间，距离除以时间就得到速度。沿着物体运动方向相距一定距离 L 装设两个固定的传感器，用于检测该物体的某种物性由运动导致的随机变化，例如温度、密度、对光或超声的吸收系数、折射和反射系数、介电常数等的随机变化，得到的两路随机信号的波形是相似的，但在时间轴上错开了一段延时，测出延时的大小就能计算出该物体的运动速度。

例如，刚出轧辊的热轧钢板温度很高，测量其移动速度比较困难。沿着钢板运动方向在相距 L 处装设两个光学传感器，检测钢板发射的红外光或其他光，并将其转换为两路随机电信号。对于冷轧钢板或其他移动物体，可以相距 L 装设两个光源，再利用光敏器件检测移动物体的反射光，也可以得到两路随机信号。计算出这两路随机信号的互相关函数 $R_{xy}(\tau)$，由其峰点位置相应的延时 τ 就可以确定这两路信号之间的延时 D，从而计算出物体的运动速度 $v=L/D$，如图 6-28 所示。

用相关法测量速度的特点是：

(1) 检测结果取决于相关函数峰点的位置，而不是相关函数数值的大小。所以传感器的灵敏度、线性度以及放大电路的增益大小对测量结果无影响，这可以降低对形成两路随机信号的电路要求。

(2) 如果计算相关函数的积分(或累加)时间太长，则测量系统的动态响应速度较慢。为了改善其响应速度，可以采用较短的积分时间，再利用指数加权平均方法改善测量结果的精度，见第 5 章。

(3) 可以利用极性相关方法简化相关函数的运算，因为极性相关函数的峰点位置与普通相关函数的峰点位置是一致的。

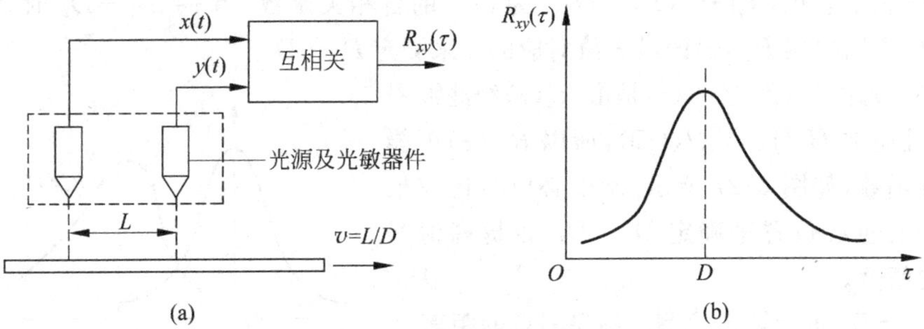

图 6-28 相关法检测物体移动速度

(a) 系统构成；(b) 由相关函数峰点位置确定的延时 D

(4) 速度的测量精度取决于相关函数峰点位置的测量分辨率和误差，因此相关函数峰点区的形状对测量结果的精度影响很大。根据图 1-13，随机信号的频带越宽，其相关函数的峰点区越窄，测量速度的精度越高。

在实际应用中，传感器输出信号的带宽在很大程度上取决于传感器敏感区域的几何尺寸。当敏感区域尺寸较大时，由于其空间滤波效应，输出信号的频带较窄。用于相关检测的传感器的频带宽度可以用其冲激响应函数来表征，冲激响应函数越窄，则传感器输出信号的频带越宽，相关函数峰区才可能较窄，当然信号带宽还取决于被测物理量的变化速度。

此外，对于数字式相关器，其相关函数的自变量 τ 为离散量，相邻 τ 值之间的时间间隔等于输入信号的采样周期，这也是数字式相关器能够达到的延时测量的最高分辨率。

同样的测量原理可用于测量车辆(汽车、火车、磁悬浮列车等)对地面的无打滑速度。

6.5.5 流速测量

1. 原理

对于常规检测仪表不能测量的困难流体(difficult flow)，例如多相流、污水、腐蚀性流体等，可以考虑用相关检测方法来测量其流速。

对于封闭管道内的流动，如果暂时不考虑流体内部存在的黏性阻力和管壁对流体的摩擦作用，则可简单认为管道截面上各处的流体流速相同，称该流体为凝固流动模型。当被测流体在管道内流动时，流体内的各种因素会导致管道中某个位置的流体的物理特性不断变化，例如密度的变化、浓度的变化、温度的变化、对超声波或光的平均吸收系数的变化、对能量场调制作用的变化等。对于分布不均匀的多相流体，这种变化更为明显。这些物理量随时间的变化呈现随机的性质，称之为流动噪声。

如图 6-29 所示，沿管道相距 L 处装设两个相同的传感器，把截面上流体的某种流动噪声转换为电信号，所得电信号也是随机信号，上游和下游传感器的输出信号分别为 $x(t)$ 和 $y(t)$。当流体在管道内稳定流动时，$x(t)$ 和 $y(t)$ 是各态遍历的平稳随机信号。这两路流动噪声信号波形相似，但在时间上错开了一段时间间隔 D，D 又称为流动噪声的渡越时间(transit time)，它反映了流体从上游传感器截面流动到下游传感器截面所需要的时间，也反映了平均流速的大小。

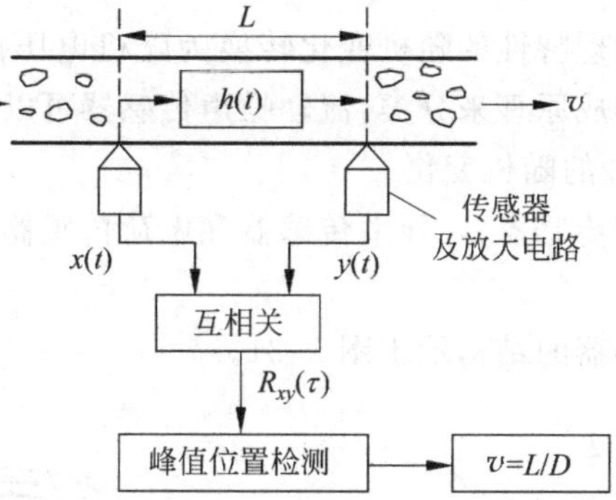

图 6-29 相关法测量流速原理

如果把上、下游传感器和两个检测截面之间的流体看作一个系统，上游传感器产生的随机信号 $x(t)$ 作为该系统的输入，下游传感器产生的随机信号 $y(t)$ 作为该系统的输出，系统的冲激响应函数为 $h(t)$，那么，确定流体从上游传感器截面运动到下游传感器截面所需时间长短的问题，就可归结为随机信号通过该系统的延时问题，也就是确定 $h(t)$ 的纯时延环节的延时大小。

利用前面介绍的相关法测量系统延时的基本原理，计算出上游流动噪声 $x(t)$ 和下游流动噪声 $y(t)$ 的互相关函数 $R_{xy}(\tau)$，由 $R_{xy}(\tau)$ 的峰点位置就可以确定流动噪声的渡越时间 D。对于理想流动状态，也就是管道截面上各处流速相等的情况，流体的平均流速为

$$v = L/D \tag{6-52}$$

被测流体的体积流量为

$$Q = v \cdot A \tag{6-53}$$

式中，A 为管道截面积。

数字式相关流速仪常用溢出法检测相关函数的峰点位置。所谓溢出法，就是按照式(6-19)或式(6-20)所示递推算法进行累加平均，随着 $x(t)$ 和 $y(t)$ 一个个取样数据的到来，相关函数 $R_{xy}(k)$ 累积增长，如图 6-30 所示。因为累加器字长有限，累加进行到一定程度就会发生溢出，最先发生溢出的点是相关函数增长最快的点，也就是相关函数的峰点。该点对应的延时值就可用作流动噪声渡越时间 D 的测量值。

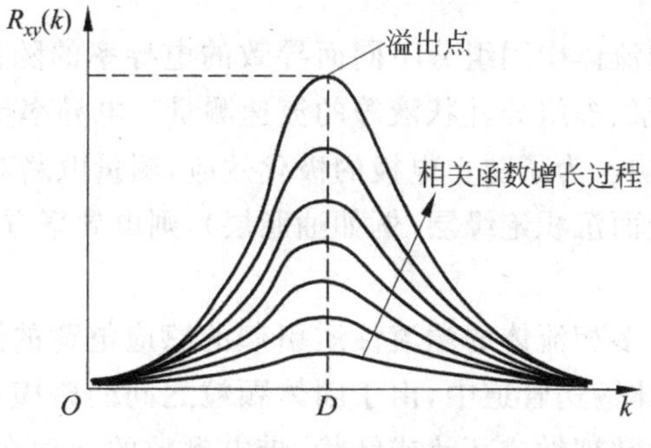

图 6-30 相关函数溢出法检测延时 D

2. 流动噪声获取方法

为了把流体的某种物理特性的随机变化转换为随机电压信号，需要用合适的传感器对流动噪声进行检测。按构成原理来分类，流动噪声传感器可以分成以下几种。

1）检测流体电学特性的随机变化

这类传感器包括电容传感器、电导率传感器和电荷传感器等。

（1）电容传感器

电容式流动噪声传感器的结构示于图 6-31。

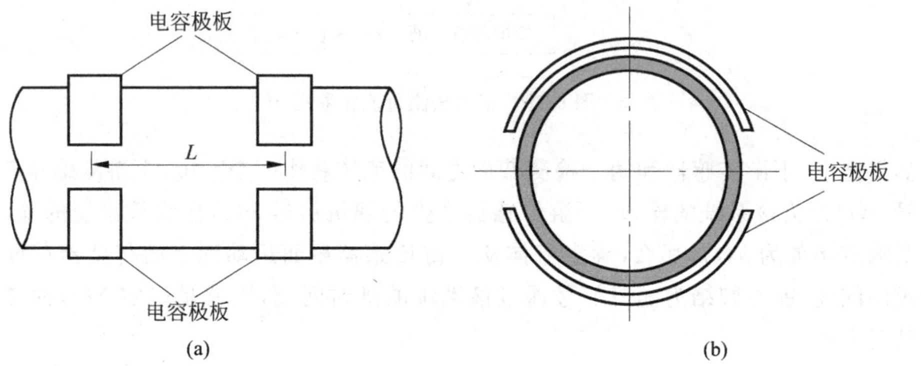

图 6-31 电容式流动噪声传感器结构

(a) 电极布局；(b) 剖面图

为了对被测流体的流动不产生任何阻碍作用，电容传感器的极板一般安装在流体管道的外壁面上，即所谓"夹钳"式结构，两对"夹钳"相距 L。电容式流动噪声传感器结构简单，安装容易，成本也较低，得到了普遍应用。但是，因为构成电容器的两个极板之间的距离较大，由流体分布的不均匀性导致的电容变化量很小，一般都在皮法数量级，所以这种传感器对分布电容很敏感，必须采取必要的屏蔽措施。电容/电压转换电路的设计也必须认真考虑信噪比的改善，这些都是微弱信号检测需要解决的问题。

增加电容极板的长度可以增加电容量及其变化量，但是这样会使敏感体积增大，传感器的空间滤波效应会导致输出信号的频带变窄，根据图 1-13，频带变窄的结果是相关函数的峰区变宽，从而使流速测量结果的分辨率下降。

（2）电导率传感器

电导率传感器是检测流体中因组分不同而导致的电导率的随机变化，可以应用于多相流，例如液/气两相流、泥浆、多组分乳状液等的流速测量。电导率传感器基本上是"浸入"式的，探头对流场会造成影响。为了防止电极的极化效应，测量电路对电极应施加交流激励电源。如果流体会在电极表面沉积绝缘层（例如油脂层），则电导率方法会遇到困难。

（3）电荷传感器

电荷传感器是检测由多相流体的湍流性质引起的感应电荷的随机变化。例如，在粉状颗粒（如煤粉、面粉）的气体输送管道中，由于固体颗粒之间的碰撞和摩擦，这些颗粒会带有电荷。电荷传感器的电极常被做成环状或针状，带电颗粒的运动在电极附近形成随机变化的电场，在电极上感应出极性相反的电荷，检测出该电荷的波动，就可以进行相关法测速。

电荷传感器输出信号幅度较大，但输出阻抗也较大。检测电路的输入级必须加保护措施，以防止大幅度的静电放电损坏输入级电路器件。

2）检测流体对外部入射能量束的随机调制作用

这类传感器包括超声传感器、光学传感器、伽马射线传感器、X射线传感器等。后两种传感器价格比较昂贵，很少用于工业流速测量。

（1）超声波传感器

在相关测量系统中，超声波传感器既可用来测量两相流体，也可用来测量单相流体，而且可以采用“夹钳”式结构，对流体的流动不会产生阻碍作用，对外界电磁场的干扰不敏感，所以得到了日益广泛的应用。超声波流动噪声传感器的安装结构示于图6-32，沿着管道相距L处装设两个超声波发送器，与其相对在管道的另一边装设两个超声波接收器。由于流体的不均匀性对超声波的调制作用，接收到的超声波的幅度和相位会发生随机变化。

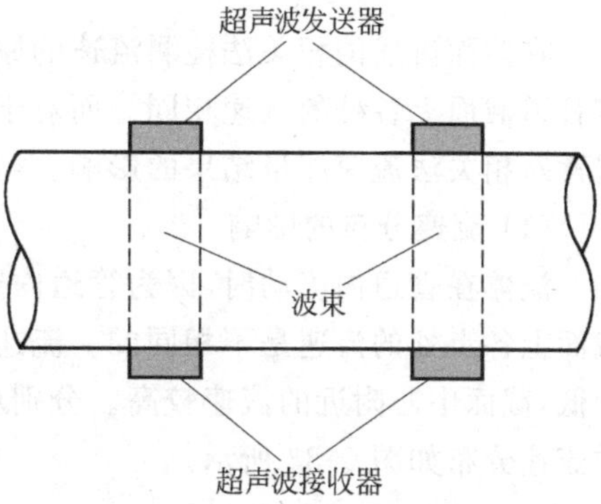

图6-32 超声波流动噪声传感器

超声波相关法流量测量系统可以分为两大类：第1类采用连续超声波，第2类采用脉冲超声波。

连续超声波流速测量系统发展较早，传感器的电子电路比较简单，如图6-32所示，超声波发送器发送连续的超声波。单相流体对超声波的调制作用表现在以下几个方面：

① 管道内流体的密度、压力、流速等的随机变化，使得超声波在流体中的传播方向和有效传播距离发生微小变化，接收到的超声波的幅度和相位也随之变化；

② 湍流流动的流体内部的涡旋运动，会使接收到的超声波发生多普勒频移；

③ 流体内部局部温度的不均匀性，会使超声波的传播速度发生微小变化，导致接收到的超声波的相位随机变化。

上述几种调制作用在单相流体中可能同时存在，虽然这些作用比较微弱，但它们却在接收到的波形中产生了对相关测速很有意义的信号，利用鉴幅或鉴相的方式可以把这种信号提取出来。

对于多相流体，由于离散相的流体对超声波的吸收和散射作用随机变化，而且离散相的运动会使接收到的超声波产生多普勒频移，所以流体运动对超声波具有幅度、频率和相位调制作用。

在连续超声波系统中，由于超声波在发射器和接收器之间多次反射，会在管道内壁形成的“腔室”中产生“驻波”。驻波同样会受到流体中随机噪声现象的调制，而且在上、下游测量截面上这种调制作用未必一致，这会造成测量结果的不稳定。

采用脉冲超声检测方法，可以有效地克服上述驻波效应的不利影响，而且在流体的各相流速有差异的情况下，由接收到的超声信号计算出的相关函数会出现两个峰，它们分别对应于两种不同的分相流速[25]。

（2）光学传感器

光学传感器的工作原理类似于超声传感器，利用流体对光的吸收、散射和反射作用，产生与流动有关的噪声信号。采用激光光源和光纤技术，可以使得光电装置结构紧凑，聚焦方法简单，使测量管道截面上的流速分布成为可能，为研究工作提供一种有用的工具。由于光源方面的一些问题，光学相关流量测量在工业管道流体测量中的应用还非常有限。但是，对于明渠流量测量来说，光学方法是有吸引力的。

3）检测流体发射能量的随机变化

这类传感器包括检测流体的热辐射或离子辐射，这里不再详述。

3. 测量结果分析

在前面讲述的相关法检测流速的原理中，为简单起见，假定流体为凝固流动状态，即假定管道截面上各处的流速相同。而对于实际的流体，流动状态要复杂得多。下面分析各种因素对相关法流速测量结果的影响。

(1) 流速分布的影响

流体在管道内流动时，因为管道内壁的摩擦力和流体内部黏滞力的影响，流体在管道横截面上各点处的流速是不相同的。流速的分布与雷诺数有关，总的来说，靠近管壁处的流速较低，截面中心附近的流速较高。分别对于层流和湍流的情况，三维流速沿管道直径切片上的流速分布如图6-33所示。

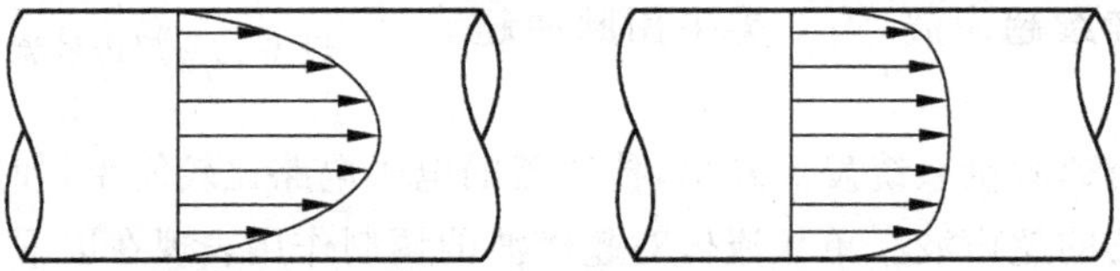

(a) (b)

图6-33 流速分布

(a) 层流；(b) 湍流

因为截面上各点的流速不同，所以如果传感器检测的是沿着管道直径一条线上的平均流速，则该平均流速与整个截面上的平均流速是有差异的，差异的大小取决于流体的雷诺数。矫正的方法是把由相关法测得的流速乘以一个略小于1的系数 K_1。流体的雷诺数越大，K_1 越接近于1。

(2) 传感器敏感体积的影响

根据流动噪声传感器敏感部件的几何形状和尺寸，在被测流体内形成的敏感体积会有所不同。例如，在图6-34所示的3种不同的流动噪声传感器中，电容传感器的敏感体积较大，超声传感器的敏感体积可近似为一个圆柱体，而热电偶传感器的敏感体积可近似为一个点。

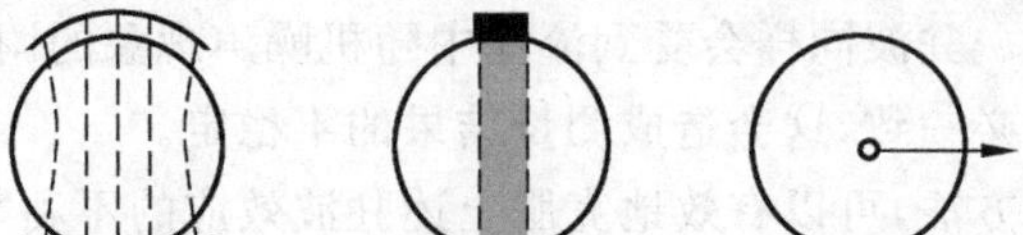

(a) (b) (c)

图6-34 流动噪声传感器的敏感体积

(a) 电容传感器；(b) 超声波传感器；(c) 热电偶传感器

在相关流量测量过程中，只有流过敏感体积内的那一部分流体才能对传感器输出的流动噪声信号作出贡献。因此，用相关法测出的流速不同于管道截面上的平均流速，矫正因子 K_2 定义为

$$K_2 = \frac{\text{截面平均流速}}{\text{敏感体积内的平均流速}} \tag{6-54}$$

在传感器敏感体积内，不同部位的流动噪声对传感器输出信号的贡献也有所不同。例如，在电容传感器中，为检测电容量施加给电容极板的电压在敏感体积内形成电场，由于该电场分布的不均匀性，敏感体积内不同位置的敏感程度是不同的，所以式(6-54)中的敏感体积内的平均流速应该是一种加权平均结果。

此外，如果敏感体积纵向尺寸较大，其空间滤波效应使得流动噪声 $x(t)$ 和 $y(t)$ 频带变窄，相关函数 $R_{xy}(\tau)$ 的峰区变得平坦，导致测量结果的分辨率降低。

(3) 湍流度影响

对于凝固流动模型，流动噪声 $x(t)$ 到 $y(t)$ 的冲激响应函数 $h(t)$ 可以看成是一个纯延时的 δ 函数，即 $h(t)=\delta(t-D)$。但是由于流速分布的不均匀性和湍流过程，实际的冲激响应函数要复杂得多，一些科研人员对此用不同的建模方法从理论上进行了阐述，其中的一种建模方法是，在凝固流动模型的运动过程中叠加一个扩散过程，这时的冲激响应函数 $h(t)$ 可以表示为[27]

$$h(t) = \frac{L}{2\sqrt{\pi d t^3}}\exp\left[-\frac{(t-D)^2}{4dD}v^2\right]$$

式中，L 为传感器间距；v 为平均流速；D 为流动噪声从上游传感器到下游传感器的平均渡越时间；d 为归一化扩散系数。这时的 $h(t)$ 不再是对称图形，其峰点位置对应的 t 小于流动噪声平均渡越时间 D，如图 6-35 所示。可见，当扩散系数 d 较大时，$h(t)$ 的形状与 δ 函数相去甚远。其结果是，流动噪声 $x(t)$ 与 $y(t)$ 的相关函数 $R_{xy}(\tau)$ 的峰区变宽，而且不再是对称图形，由相关函数峰点位置所确定的流速会偏高。校正的方法是将测得的流速乘以一个小于 1 的系数 K_3。

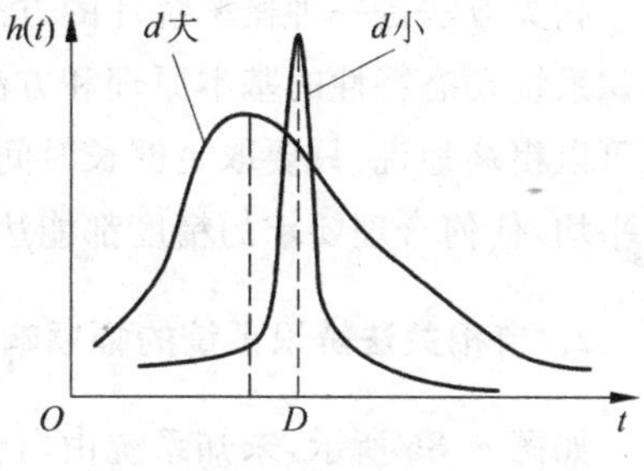

图 6-35 流体扩散系数对 $h(t)$ 的影响

综合考虑上述影响相关法流速测量结果的各种因素，解决的方法是将测量结果乘以一个综合矫正因子 K，$K=K_1K_2K_3$，即把式(6-52)修正为

$$v = KL/D \tag{6-55}$$

K 的大小可以用标定的方法来确定。

6.5.6 系统辨识

系统辨识超出了本书的宗旨，但这是相关函数应用的一个重要方面，在此只简要介绍一些基本原理。

1. 系统的动态特性及其辨识

对于线性时不变系统，其时域或频域的动态特性可以用下列几种不同方式来描述：

(1) 冲激响应函数 $h(t)$；

(2) 传递函数 $H(s)$，对 $h(t)$做拉普拉斯变换就可得到 $H(s)$；

(3) 频率响应函数 $H(j\omega)$，令传递函数 $H(s)$中的 $s=j\omega$ 就可得到 $H(j\omega)$，$h(t)$和 $H(j\omega)$构成一对傅里叶变换对。

$H(j\omega)$为复函数，它可以写成下列形式

$$H(j\omega) = G(\omega)\exp[j\varphi(\omega)] \tag{6-56}$$

式中，$G(\omega)$表示系统的幅频响应，$\varphi(\omega)$表示系统的相频响应。

上述动态特性的 3 种不同表示方式可以互相转换，已知其中的一种，就可以计算出另外两种。所以，对于线性定常系统，动态特性的辨识可以针对任何一种表示方式来进行。

对于电子放大器电路的动态特性，因为其体积一般不大，而且与其他系统隔离，其动态特性可以按照定义测量取得。例如，给电路输入端施加窄脉冲，其输出端的响应就是冲激响应函数 $h(t)$。给电路输入端施加不同频率的正弦波，测量输出信号和输入信号的幅度比和相位差，就可得到其频率响应函数。还可以通过傅里叶变换来对比时域特性和频域特性，以判别测量到的动态特性是否正确。

但是，工业系统往往包含非电部件(例如机械部件)、大功率部件以及复合集成部件，尺寸和规模一般较大，所以上述的直接测量方法很难用于辨识工业系统的动态特性。而且，工业现场的干扰噪声往往比较严重，这会使测量信号的信噪比较低，由直接测量得到的输入输出特性误差很大，甚至毫无价值。

相关方法是一种概率统计的方法，可以在某种程度上解决上述问题。下面介绍相关法辨识系统动态特性的基本原理和方法。对于辨识结果的精度和方差，这里不作详细论述，但是可以粗略地说，只要取足够长时间的信号做相关分析，或者做重复测量计算，并对结果进行平均，任何合理要求的精度都能达到。

2. 自相关法辨识系统的幅频响应

如图 6-36 所示，未知系统由白噪声或宽带噪声信号 $x(t)$激励，系统输出为 $y(t)$。相关器 1 对 $x(t)$做自相关运算而得到其自相关函数 $R_x(\tau)$，通过相关器 2，可得到 $y(t)$的自相关函数 $R_y(\tau)$。两个相关器输出都用计算机取样，并对 $R_x(\tau)$和 $R_y(\tau)$做傅里叶变换，从而得到输入和输出信号的功率谱密度函数 $S_x(\omega)$和 $S_y(\omega)$，实际上 DFT 只是提供 $S_x(\omega)$和$S_y(\omega)$的离散形式。根据式(1-82)可得

$$|H(\omega)|^2 = \frac{S_y(\omega)}{S_x(\omega)} \tag{6-57}$$

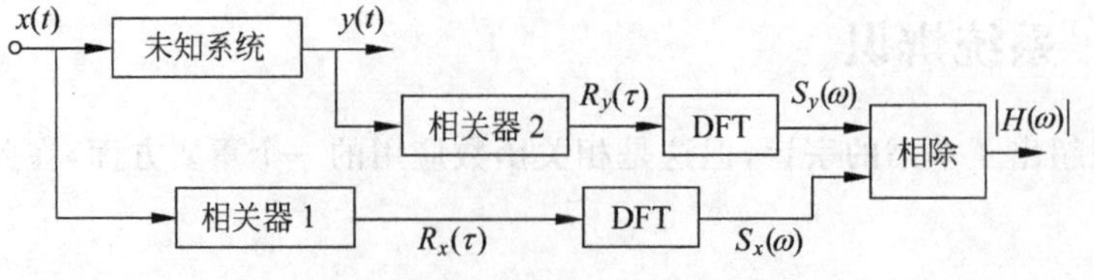

图 6-36　自相关法辨识系统幅频响应

由式(6-57)可得幅频响应函数$|H(\omega)|$。这种方法的优点是，系统输入和输出的相关函数可以在不同地方被独立测量，甚至可以利用同一台相关仪对两者依次测量。如果被测系统输入信号$x(t)$为功率已知、足够精确的近似白噪声，即在被辨识系统的工作频率范围内功率谱均匀分布，那么可以省掉相关器1。

这种方法的缺点是，不能得到系统的相位特性，而且对额外的信号很敏感。在工业环境中，被辨识的系统往往处于正常运行状态，其运行信号可能比附加的用于辨识的噪声强很多倍，这会使得评价辨识结果很困难。此外，如果系统的输入端和输出端所感应的干扰噪声不同，也会导致辨识结果的偏差。

3. 互相关法辨识系统的动态特性

利用互相关方法辨识系统动态特性的原理示于图6-37，被辨识系统模型化为无噪声的理想线性系统，其冲激响应函数为$h(t)$，所有内部产生的噪声都模型化为叠加到输出信号$y(t)$上的噪声$n(t)$，观测到的输出信号为

$$z(t)=y(t)+n(t)$$

测试信号$x(t)$为宽带噪声，它被叠加到正常运行(生产)信号$f(t)$上，输入到被辨识系统的信号为

$$u(t)=x(t)+f(t)$$

通常，$f(t)$与$x(t)$互不相关。

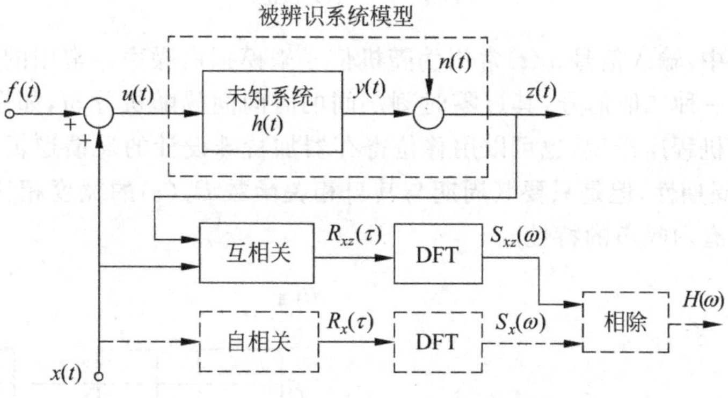

图6-37 基于互相关法的系统辨识原理

对于物理可实现的线性系统，其输入输出信号之间满足如下卷积关系

$$y(t)=h(t)*u(t)=\int_0^{\infty}h(\alpha)u(t-\alpha)\mathrm{d}\alpha \tag{6-58}$$

对测试信号$x(t)$和观测到的输出信号$z(t)$做互相关处理，得

$$R_{xz}(\tau)=E[x(t-\tau)z(t)]=E\{x(t-\tau)[y(t)+n(t)]\}$$

将式(6-58)代入上式得

$$\begin{aligned}R_{xz}(\tau)&=E\left\{x(t-\tau)\left[\int_0^{\infty}h(\alpha)u(t-\alpha)\mathrm{d}\alpha+n(t)\right]\right\}\\&=R_{xn}(\tau)+\int_0^{\infty}h(\alpha)E\{x(t-\tau)[x(t-\alpha)+f(t-\alpha)]\}\mathrm{d}\alpha\end{aligned}$$

$$= R_{xn}(\tau) + \int_0^\infty h(\alpha)\{E[x(t-\tau)x(t-\alpha)] + E[x(t-\tau)f(t-\alpha)]\}d\alpha$$

$$= R_{xn}(\tau) + \int_0^\infty h(\alpha)[R_x(\tau-\alpha) + R_{xf}(\tau-\alpha)]d\alpha \tag{6-59}$$

因为测试信号 $x(t)$与噪声 $n(t)$及生产信号 $f(t)$不相关,所以

$$R_{xn}(\tau) = R_{xf}(\tau) = R_{xf}(\tau-\alpha) = 0$$

代入式(6-59)得

$$R_{xz}(\tau) = \int_0^\infty h(\alpha)R_x(\tau-\alpha)d\alpha = h(\tau) * R_x(\tau) \tag{6-60}$$

式(6-60)表示的关系称之为**维纳-李定理**。注意系统中 $x(t)$之外的任何其他信号的存在并不影响式(6-60)的互相关结果,不管其他信号是外部施加的,还是系统内部产生的,只要它们与测试信号不相关,上述结论就成立。这就为在线辨识提供了方便,辨识可以在系统维持生产状态的情况下进行。

如果附加的测试信号 $x(t)$为白噪声,则其自相关函数 $R_x(\tau)$为 δ 函数,设其功率为 σ_x^2,由式(6-60)可得

$$h(\tau) = \frac{1}{\sigma_x^2}R_{xz}(\tau) \tag{6-61}$$

可见,从互相关函数可以直接得到系统的冲激响应函数,如图 6-38 所示。对式(6-61)做傅里叶变换,可得被辨识系统的频率响应函数

$$H(\omega) = \frac{1}{\sigma_x^2}S_{xz}(\omega) \tag{6-62}$$

在工程应用中,输入信号 $x(t)$常用伪随机信号来模拟白噪声。常用的一种伪随机信号是 M 序列,这是一种二值信号,其过零时刻之间的时间间隔随机分布,如图 6-39 所示。M 序列可以用计算机程序产生,也可以用移位寄存器加特殊设计的反馈逻辑产生。一般情况下,M 序列具有周期性,但是只要其周期与其自相关函数 $R_x(\tau)$的宽度相比要长得多,就可以近似认为它具有白噪声的特性。

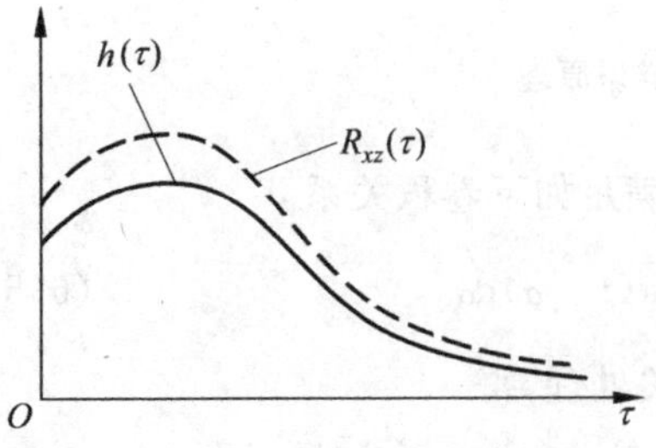

图 6-38 互相关函数与冲激响应函数

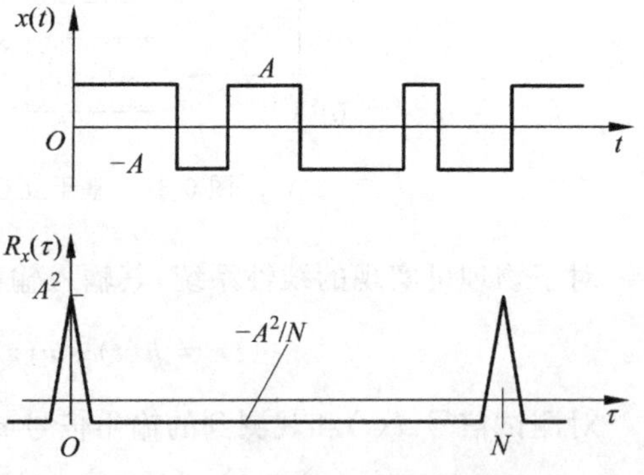

图 6-39 M 序列及其自相关函数

如果测试信号 $x(t)$的功率谱在系统的工作频率范围内不均匀,就必须测量 $x(t)$的自相关函数 $R_x(\tau)$(如图 6-37 中的虚线所示),利用傅里叶变换将式(6-60)变换到频域,可得

$$H(\omega) = \frac{S_{xz}(\omega)}{S_x(\omega)} \tag{6-63}$$

对 $R_{xz}(\tau)$ 和 $R_x(\tau)$ 分别进行傅里叶变换，就可得到式(6-63)中的互功率谱密度函数 $S_{xz}(\omega)$ 和自功率谱密度函数 $S_x(\omega)$。

注意，式(6-60)成立的条件是 $R_{xn}(\tau)=R_{xf}(\tau)=0$，而在实际应用中，这个条件未必能很好地得到满足。但是只要相关运算中的积分时间足够长，而且其他测试环节也设计得合理，$R_{xn}(\tau)$ 和 $R_{xf}(\tau)$ 的幅度相对于 $R_x(\tau)$ 的幅度会很小，一般都可以忽略。

利用相关法对系统进行辨识的精度将受积分时间和信号带宽的影响。信号带宽越宽，积分时间越长，则精度越高。任何相关分析的应用都是这样。

当利用式(6-63)辨识系统的频率响应函数时，因为 $S_{xz}(\omega)$ 和 $S_x(\omega)$ 都是由 DFT 计算出来的，所以 A/D 转换的精度也会影响辨识的精度。此外，取样频率还必须满足取样定理的要求。考虑到被辨识的系统一般都具有低通或带通特性，系统中的机械和惯性环节也使系统工作信号的频率不可能太高，而且计算机的工作速度越来越快，A/D 转换和数值计算的精度和速度也可以达到很高水平，这些条件是不难满足的。

习题

6-1　继电式相关器和极性相关器中，符号函数的延时可以用移位寄存器实现，也可以用环形存储器实现。对比这两种方法，讨论各有什么优缺点。

6-2　利用相关法恢复被噪声污染的信号，可以利用自相关法，也可以利用互相关法。对比这两种方法的适用条件和各自的优缺点。

6-3　周期信号被随机噪声污染，利用自相关法进行检测，得到的自相关函数为

$$R_x(\tau) = Ae^{-b|\tau|} + S\cos(\omega_0\tau)$$

式中的 A、b、ω_0 和 S 为常数。画出 $R_x(\tau)$ 的大致形状，估计下列数值：

(1) 信号叠加噪声后的均方值；

(2) 随机噪声分量的标准差；

(3) 随机噪声的半功率点频率(半功率点频率定义为功率谱密度降低到频率 $\omega=0$ 时功率谱密度一半时的频率)；

(4) 周期信号的频率与幅度；

(5) 功率信噪比。

6-4　传感器输出的直流信号经斩波与放大得到方波信号 $s(t)$，其占空比为 0.5，周期为 T，幅度为 A。干扰噪声 $n(t)$ 为限带白噪声，$n(t)$ 与 $s(t)$ 不相关，$x(t)=s(t)+n(t)$ 的波形如图 P6-4 中所示。

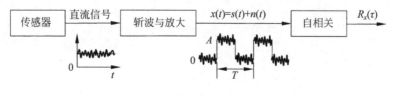

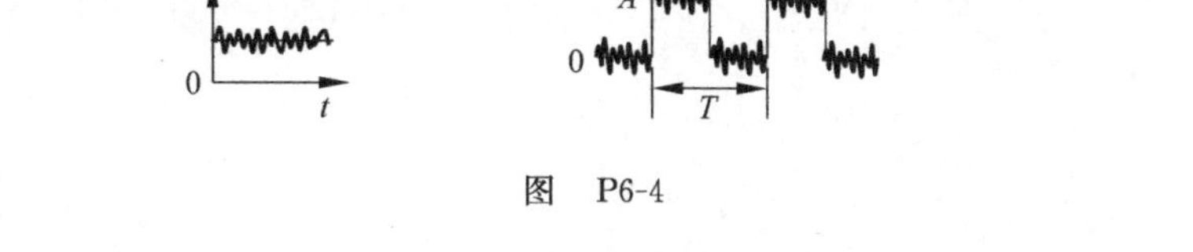

图　P6-4

(1) 试画出 $x(t)$ 的自相关函数 $R_x(\tau)$ 形状，并说明如何由 $R_x(\tau)$ 确定信号幅度 A 和噪声功率 P_n。

(2) 用斩波信号作为参考输入 $r(t)$，利用图 4-12 电路对 $x(t)$ 进行锁定放大测量信号幅度 A，这与相关法相比有什么优缺点？

(3) 用斩波信号作为触发产生取样脉冲 T_g，利用图 5-25 所示系统对 $x(t)$ 进行取样积分测量信号幅度 A，这与相关法相比有什么优缺点？

6-5　讨论相关法测量速度的分辨率取决于哪些因素。

6-6　相关法测量延时、运动速度或流速时，极性相关法比普通相关法的测量分辨率更高还是更低？说明理由。

6-7　相关法测量延时、运动速度或流速时，要用传感器得到两路零均值随机电信号。这两路信号的过零时刻具有相关性吗？可以用来测量这些过程量吗？如果可以，试设计一种测量方案。

6-8　相关法测量流速时，如果流动噪声传感器的纵向尺寸较大，其空间滤波效应会使输出信号频带变窄，导致互相关函数峰区变得平坦，流速测量分辨率降低。讨论解决这个问题的几种办法。

第 7 章 自适应噪声抵消

自适应噪声抵消属于自适应信号处理的领域，它是以干扰噪声为处理对象，利用噪声与被测信号不相关的特点，自适应地调整滤波器的传输特性，尽可能地抑制和衰减干扰噪声，以提高信号检测或信号传递的信噪比。

自适应噪声抵消不需要预先知道干扰噪声的统计特性，它能在逐次迭代的过程中将自身的工作状态自适应地调整到最佳状态，对抑制宽带噪声或窄带噪声都有效，在通信、雷达、声纳、生物医学工程等领域得到了广泛的应用。例如，在胎儿心音检测中，母体心音往往要比胎儿心音更为明显，形成掩盖或淹没胎儿心音的干扰噪声。只有有效地抵消母体心音，才能使胎儿心音的检测结果信噪比较高。再如水下侦查系统中的发射器和接收器靠得很近，为了探测水下远程目标，发射信号的功率必须很强，这必然会串扰到接收器中，所以接收到的远程目标的反射波就被淹没在串扰信号中，必须采取有效的串扰抵消措施，才可能利用反射波的到达时间测出发射点到目标的距离。在长途电话通话中，由于接收端的反射作用，传出的话音会反向传输回来，使说话者又听到自己的话音，这就是讨厌的回声干扰，解决这个问题的一种方法就是利用自适应回波干扰抵消装置来消除这种回声干扰。上述这些都是自适应噪声抵消应用的成功范例。

7.1 自适应噪声抵消原理

7.1.1 简述

1. 补偿法噪声抵消

自适应噪声抵消是一种补偿抵消的方法，是自适应滤波原理的一种扩展应用。所谓补偿抵消，就是在检测有用信号的同时，还专门装设一个传感器检测干扰噪声，之后再从检测信号中减去噪声传感器的输出，以抵消叠加在有用信号上的干扰噪声。图 7-1 所示是一种简单的补偿法噪声抵消的框图，对于信号源 s，传感器 1 用来检测其输出信号，但却叠加了难以避免的干扰噪声 $n(t)$，其输出信号为

$$y(t) = s(t) + n(t) \tag{7-1}$$

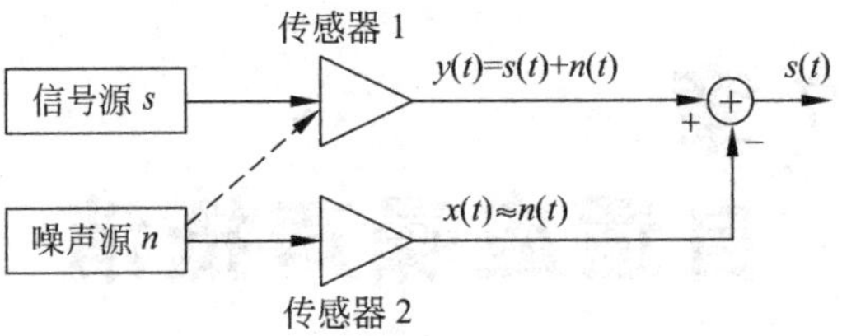

图 7-1　补偿法噪声抵消

离开信号源一定距离装设传感器 2，它专门用来检测噪声源，其输出信号为 $x(t)$，如果传感器 1 与传感器 2 特性相同，而且噪声源到两个传感器的传输特性也相同，则有 $x(t) \approx n(t)$，把两个传感器的输出信号相减就能得到被测信号 $s(t)$。

但是，由于两个传输通道的差异，以及传感器特性的不一致，一般情况下两个传感器输出的噪声不会完全相同，所以这种方法不能做到完全补偿，只能是部分补偿。而自适应噪声抵消可以自适应地调节传感器 2 的输出噪声（包括幅度、相位等参数），以使噪声抵消的效果达到最佳。

2. 自适应噪声抵消

自适应噪声抵消的原理框图示于图 7-2。与图 7-1 相比，噪声传感器 2 的输出经过参数可调的数字滤波器后，再送到抵消器，与信号传感器 1 的输出信号相减。插入滤波器的目的就是要补偿噪声源到两个传感器的传输特性的差异，并均衡两个传感器特性的不一致性，以使滤波器的输出尽量逼近传感器 1 感应的噪声。

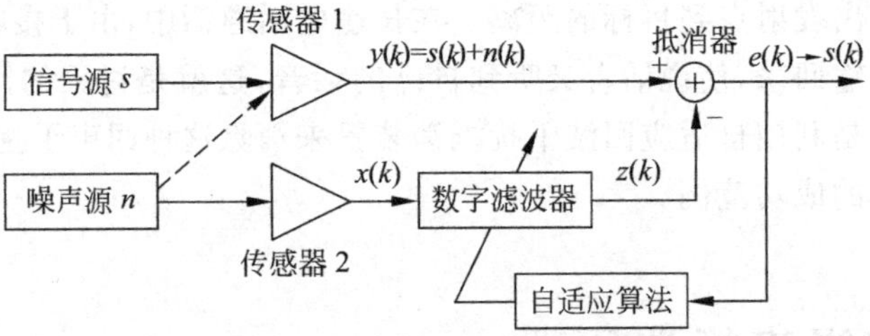

图 7-2　自适应噪声抵消原理框图

图 7-2 中的数字滤波器为参数可调的滤波器，自适应噪声抵消的其他环节也都以数字方式实现，所以图 7-2 中各变量的时间自变量都以取样序列号 k 来表示。

自适应噪声抵消的核心部分是自适应滤波器，自适应滤波过程是用自适应算法调整数字滤波器的参数，以使滤波器输出 $z(k)$ 逼近传感器 1 输出信号中叠加的噪声 $n(k)$，这样就可以使抵消器的输出 $e(k)$ 逼近被测信号 $s(k)$。

自适应滤波所采用的最优准则有最小均方误差（MSE）准则、最小二乘（LS）准则、最大

信噪比准则、统计检测准则以及其他一些最优准则。各种不同的自适应算法取决于不同的准则函数 $\varepsilon(k)$。其中应用最广泛的准则为最小均方误差准则，维纳于 20 世纪 40 年代首先根据这一准则导出了最优线性滤波器，奠定了最优滤波器的理论基础。所以，人们经常把根据最小均方误差准则建立的最优滤波器称为维纳滤波器。

1960 年，同样基于最小均方误差准则，卡尔曼采用信号与噪声的状态空间模型，研究出一种递推估计的算法，它适合于实时处理和计算机运算，而且被估计的状态变量可以是信号，也可以是系统的状态或特性，适用范围更广，其向量表示方式同时对多个变量进行递推估计，可用于多输入多输出情况。这种自适应递推算法被称为卡尔曼滤波。

自适应算法的计算过程如下：

(1) 在时刻 k，计算滤波器的输出 $z(k)$；

(2) 计算 $e(k)=y(k)-z(k)$；

(3) 根据使准则函数 $\varepsilon(k)$ 达到最小的原则，计算下一次的滤波器参数；

(4) $k=k+1$，跳转到(1)。

逐次迭代就可以使 $E[e^2(k)]$ 逼近 $E[s^2(k)]$，如图 7-3 所示。这也就是使 $e(k)$ 逐次逼近 $s(k)$，在算法收敛时，从抵消器的输出就得到消除了噪声的被测信号 $s(k)$。

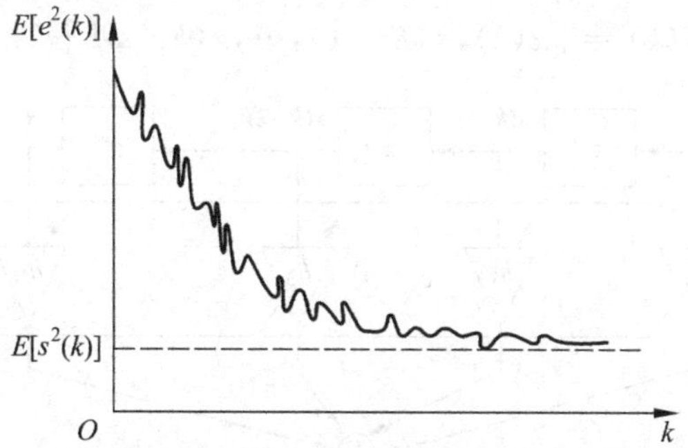

图 7-3 自适应算法使 $E[e^2(k)]$ 逐渐逼近 $E[s^2(k)]$

7.1.2 基于最小 MSE 准则的自适应噪声抵消原理

1. 基本原理

最小 MSE 准则是使抵消器的输出 $e(k)$ 的均方值达到最小，即

$$\varepsilon(k) = E[e^2(k)] = \min \tag{7-2}$$

$\varepsilon(k)$ 称为 MSE 准则函数。

下面解释为何按照式(7-2)调整图 7-2 中的数字滤波器，就能使 $E[e^2(k)]$ 逐次逼近 $E[s^2(k)]$。

抵消器的输出为

$$e(k) = y(k) - z(k) = s(k) + n(k) - z(k)$$

其均方值为

$$\begin{aligned} E[e^2(k)] &= E[(s(k)+n(k)-z(k))^2] \\ &= E[s^2(k)+n^2(k)+z^2(k)-2n(k)z(k)+2s(k)n(k)-2s(k)z(k)] \\ &= E[s^2(k)]+E[(n(k)-z(k))^2]+2E[s(k)n(k)]-2E[s(k)z(k)] \end{aligned} \tag{7-3}$$

设干扰噪声 $n(k)$ 与被测信号 $s(k)$ 互不相关，则传感器 2 的输出 $x(k)$ 与 $s(k)$ 也互不相关，由 $x(k)$ 经过滤波得到的输出 $z(k)$ 与 $s(k)$ 也是互不相关的，即

$$E[s(k)n(k)] = 0$$

$$E[s(k)z(k)] = 0$$

将以上两式代入式(7-3)，得

$$\begin{aligned} E[e^2(k)] &= E[s^2(k)] + E[(n(k) - z(k))^2] \\ &= R_s(0) + E[(n(k) - z(k))^2] \end{aligned} \tag{7-4}$$

式中，$R_s(0)$ 表征被测信号 $s(k)$ 的平均功率。对于平稳信号，其平均功率 $R_s(0)$ 为常数，所以使 $\varepsilon(k) = E[e^2(k)]$ 达到最小，也就是使 $E[(n(k) - z(k))^2]$ 达到最小，从而使 $z(k)$ 趋向于 $n(k)$。再由抵消器从 $y(k)$ 中减去 $z(k)$，这样就从噪声 $n(k)$ 中提取出了信号 $s(k)$。

2. 自适应滤波中的数字滤波器

自适应噪声抵消的核心是自适应数字滤波器。有限冲激响应(FIR)横向滤波器的结构示于图 7-4，其输入信号为 $x(k)$，输出信号为 $z(k)$。图中的 z^{-1} 表示单位延时，延时线抽头处的信号分别为 $x(k), x(k-1), \cdots, x(k-M+1)$，用向量可以表示为

$$\boldsymbol{X}(k) = [x(k), x(k-1), \cdots, x(k-M+1)]^{\mathrm{T}}$$

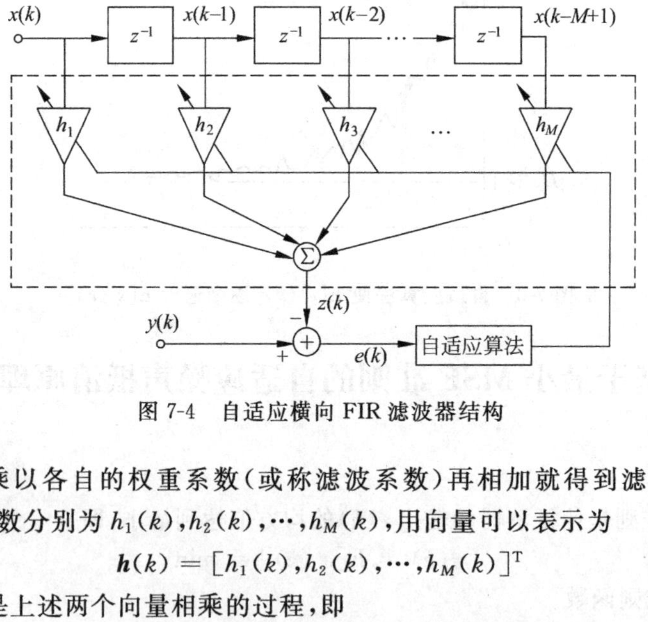

图 7-4 自适应横向 FIR 滤波器结构

各抽头信号乘以各自的权重系数(或称滤波系数)再相加就得到滤波器的输出信号 $z(k)$，这些权重系数分别为 $h_1(k), h_2(k), \cdots, h_M(k)$，用向量可以表示为

$$\boldsymbol{h}(k) = [h_1(k), h_2(k), \cdots, h_M(k)]^{\mathrm{T}}$$

滤波过程就是上述两个向量相乘的过程，即

$$z(k) = \boldsymbol{h}^{\mathrm{T}}(k)\boldsymbol{X}(k) = \sum_{m=1}^{M} h_m(k)x(k-m+1) \tag{7-5}$$

这是一种线性组合过程，因此图 7-4 中用虚线框住的部分又常被称为线性组合器。这是一种全零点滤波器，它始终是稳定的，且能实现线性的相移特性，因此在自适应滤波中得到了广泛的应用。其缺点是，为了实现边沿陡峭的通带特性，需要相当高的阶次。

除上述 FIR 横向滤波器外，数字滤波方式还有无限冲激响应(IIR)横向滤波器和格型滤波器。IIR 横向滤波器的结构框图示于图 7-5。这种滤波器可以既有零点，又有极点；或

者只有极点,它可以用不高的阶次实现边沿陡峭的通带特性。其缺点是稳定性不好,而且相位特性难于控制,这些缺点限制了它在自适应滤波和噪声抵消中的应用。

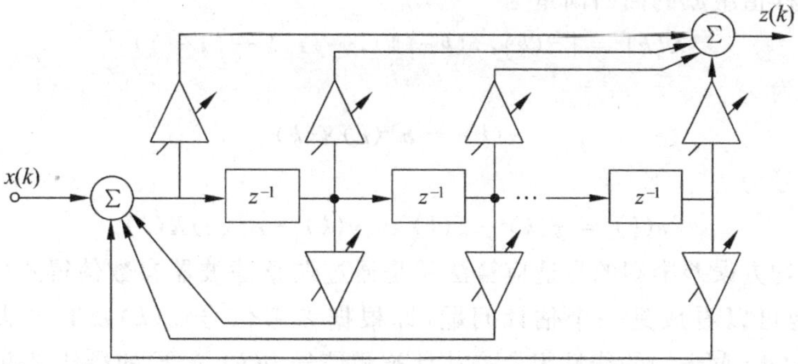

图 7-5 IIR 横向滤波器结构框图

格型滤波器可分为全零点式、全极点式和零极点式。图 7-6 所示为全零点式格型滤波器的结构框图。其主要优点是各级结构相对独立,每级的参数可独立调节,对舍入误差不敏感。因为这些特点,格型滤波器在自适应信号处理、预测和参数估计中得到了越来越广泛的应用。

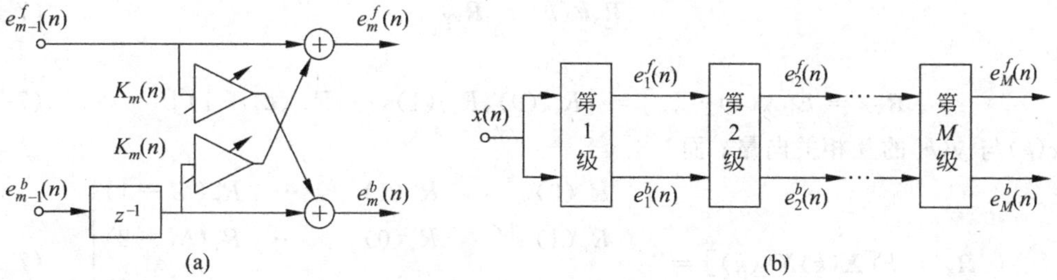

图 7-6 全零点格型滤波器结构框图

(a) 单级; (b) 多级串联

由于篇幅所限,本书只介绍利用 FIR 横向滤波器的自适应噪声抵消。

7.1.3 自适应 FIR 维纳滤波器

基于最小 MSE 准则,求加权系数向量 $\boldsymbol{h}(k)$ 的最优解的目的是使抵消器的输出 $e(k)$ 的均方值达到最小,也就是使准则函数

$$\varepsilon(k) = E[e^2(k)] \tag{7-6}$$

达到最小,这样就可以从观测到的信号 $y(k)$ 中除去任何与 $x(k)$ 相关的部分,剩余的 $e(k)$ 只保留与 $x(k)$ 不相关的部分,也就是希望

$$E[e(k)x(k-m)] = 0, \quad 0 \leqslant m \leqslant M-1$$

或

$$E[e(k)\boldsymbol{X}(k)] = 0 \tag{7-7}$$

式(7-7)称为**正交状态方程**。

对于 FIR 横向滤波器，其加权系数向量为

$$\boldsymbol{h}(k)=[h_1(k),h_2(k),\cdots,h_M(k)]^{\mathrm{T}}$$

由参考信号取样值组成的回归向量为

$$\boldsymbol{X}(k)=[x(k),x(k-1),\cdots,x(k-M+1)]^{\mathrm{T}}$$

滤波器的输出为

$$z(k)=\boldsymbol{h}^{\mathrm{T}}(k)\boldsymbol{X}(k) \tag{7-8}$$

抵消器输出信号为

$$e(k)=y(k)-z(k)=y(k)-\boldsymbol{h}^{\mathrm{T}}(k)\boldsymbol{X}(k) \tag{7-9}$$

遵照最小均方误差准则的自适应算法就是通过调整滤波器参数使得式(7-9)的均方值达到最小，这也可以看成是一个估计问题，即根据参考信号 $x(k)$ 及其过去值 $x(k-1)$，$x(k-2)$，…，$x(k-M+1)$ 的线性组合去估计被测信号 $y(k)$，$\boldsymbol{h}(k)$ 的最佳值应使估计误差的均方值达到最小。

将式(7-9)代入正交状态方程式(7-7)，得

$$E[(y(k)-z(k))\boldsymbol{X}(k)]=E[(y(k)-\boldsymbol{h}^{\mathrm{T}}(k)\boldsymbol{X}(k))\boldsymbol{X}(k)]=0$$

或

$$E[\boldsymbol{X}(k)\boldsymbol{X}^{\mathrm{T}}(k)]\boldsymbol{h}(k)=E[\boldsymbol{X}(k)y(k)] \tag{7-10}$$

式(7-10)用矩阵可以表示为

$$\boldsymbol{R_X}\boldsymbol{h}(k)=\boldsymbol{R_{XY}} \tag{7-11}$$

式中

$$\boldsymbol{R_{XY}}=E[\boldsymbol{X}(k)y(k)]=[R_{xy}(0),R_{xy}(1),\cdots,R_{xy}(M-1)]^{\mathrm{T}} \tag{7-12}$$

为 $x(k)$ 与 $y(k)$ 的互相关向量；而

$$\boldsymbol{R_X}=E[\boldsymbol{X}(k)\boldsymbol{X}^{\mathrm{T}}(k)]=\begin{bmatrix} R_x(0) & R_x(1) & \cdots & R_x(M-1) \\ R_x(1) & R_x(0) & \cdots & R_x(M-2) \\ \vdots & \vdots & & \vdots \\ R_x(M-1) & R_x(M-2) & \cdots & R_x(0) \end{bmatrix} \tag{7-13}$$

为 $x(k)$ 的自相关矩阵，它是具有 Toeplitz 结构的对称阵，即 $\boldsymbol{R}_{\boldsymbol{X}}^{\mathrm{T}}=\boldsymbol{R_X}$，而且是正定或半正定的。

式(7-11)称为**正则方程**(normal equation)，当 $\boldsymbol{R_X}$ 为满秩时，满足正则方程的唯一解为

$$\boldsymbol{h}^*=\boldsymbol{R}_{\boldsymbol{X}}^{-1}\boldsymbol{R_{XY}} \tag{7-14}$$

这个解称为**维纳最优解**，加权系数向量 $\boldsymbol{h}(k)=\boldsymbol{h}^*$ 的滤波器叫做维纳滤波器。

将式(7-9)代入式(7-6)得

$$\begin{aligned}\varepsilon(k)&=E[e^2(k)]=E\{[y(k)-\boldsymbol{h}^{\mathrm{T}}(k)\boldsymbol{X}(k)]^2\}\\&=E[y^2(k)-2\boldsymbol{h}^{\mathrm{T}}(k)\boldsymbol{X}(k)y(k)+\boldsymbol{h}^{\mathrm{T}}(k)\boldsymbol{X}(k)\boldsymbol{X}^{\mathrm{T}}(k)\boldsymbol{h}(k)]\\&=E[y^2(k)]-E[2\boldsymbol{h}^{\mathrm{T}}(k)\boldsymbol{X}(k)y(k)]+E[\boldsymbol{h}^{\mathrm{T}}(k)\boldsymbol{X}(k)\boldsymbol{X}^{\mathrm{T}}(k)\boldsymbol{h}(k)] \quad (7\text{-}15\text{a})\\&=E[y^2(k)]-2\boldsymbol{h}^{\mathrm{T}}(k)\boldsymbol{R_{XY}}+\boldsymbol{h}^{\mathrm{T}}(k)\boldsymbol{R_X}\boldsymbol{h}(k) \quad (7\text{-}15)\end{aligned}$$

将正则方程式(7-11)代入式(7-15)，得

$$\varepsilon(k)=E[y^2(k)]-\boldsymbol{h}^{\mathrm{T}}(k)\boldsymbol{R_{XY}} \tag{7-16}$$

当 $\boldsymbol{h}(k)=\boldsymbol{h}^*$ 时，准则函数(即均方误差)的最小值为

$$\varepsilon_{\min}=E[y^2(k)]-\boldsymbol{R}_{\boldsymbol{XY}}^{\mathrm{T}}\boldsymbol{h}^* \tag{7-17}$$

式中，ε_{min}称为维纳误差。

7.2 最陡下降法

如前面所述，当 $\boldsymbol{R}_X$ 为满秩时，满足正则方程的解为 $\boldsymbol{h}^* = \boldsymbol{R}_X^{-1}\boldsymbol{R}_{XY}$。这一结论具有重要的理论意义，但它的求解过程涉及矩阵的求逆，当滤波器的加权系数向量维数较高时，矩阵求逆所需要的计算量会很大。由于信号和干扰环境在不断变化，上述求解过程必须不断进行，这就限制了这种方法的应用范围。

正则方程的另两种重要解法是最陡下降法和 Levinson-Durbin 算法。最陡下降法的第一步首先给定加权系数向量一个初始值 $\boldsymbol{h}(0)$，然后沿着准则函数的负梯度逐次调整$\boldsymbol{h}(k)$，在一定条件下使加权系数向量 $\boldsymbol{h}(k)$ 收敛到最优解 $\boldsymbol{h}^*$。最陡下降法避免了矩阵求逆的运算，这是应用最广泛的最小均方(LMS)算法的基础。

Levinson-Durbin 算法利用 $x(k)$的自相关矩阵 $\boldsymbol{R}_X$ 的 Toeplitz 性质(即矩阵对角线元素相等)，以实现对加权系数向量的递推过程，从而使得计算量大为减少。这种算法是格型滤波器的基础。

7.2.1 最陡下降法的递推公式

最陡下降法是一种求解联立方程的数值计算方法，在求解物理问题中也有很多应用。这是一种递推算法，它不用矩阵求逆就可以求解正则方程(见式(7-11))。虽然在自适应滤波和信号处理中最陡下降法很少被直接采用，但它却是很多优化算法的基础。

根据式(7-15)，均方误差准则函数为

$$\varepsilon(k) = E[y^2(k)] - 2\boldsymbol{h}^{\mathrm{T}}(k)\boldsymbol{R}_{XY} + \boldsymbol{h}^{\mathrm{T}}(k)\boldsymbol{R}_X\boldsymbol{h}(k) \tag{7-18}$$

式(7-18)表明，均方误差 $\varepsilon(k)$为滤波器系数向量 $\boldsymbol{h}(k)$的二次方程，由此形成一个多维的超抛物曲面。对于 $\boldsymbol{h}(k)$为二维的情况，该曲面形状示于图 7-7，它好像一个碗状曲面，又具有唯一的碗底最小点，通常称之为自适应滤波器的误差性能曲面。在输入信号为平稳随机信号的条件下，误差性能曲面具有固定的形状。

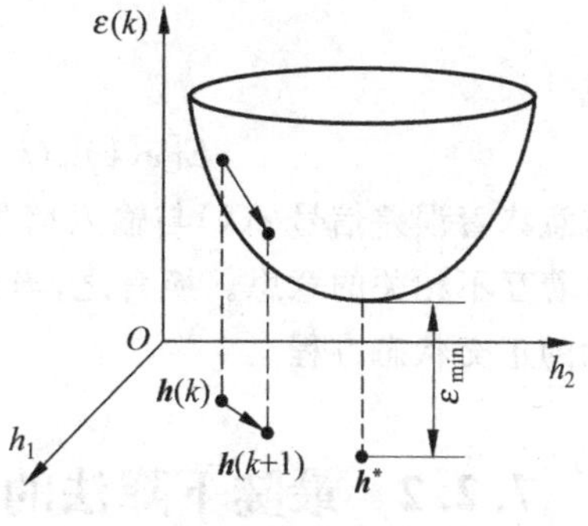

图 7-7 均方误差(MSE)曲面及最陡下降过程

自适应滤波系数的起始值 $\boldsymbol{h}(0)$可以是任意值，对应于误差性能曲面上的某一点。经过自适应调节过程，滤波系数朝着对应于碗底最小点的方向移动，最终到达碗底最小点，这时均方误差 $\varepsilon(k) = \varepsilon_{min}$，实现了最优维纳滤波。

最陡下降法是实现上述最优搜索的一种优化技术，它利用误差性能曲面的梯度信息来指导搜索的方向。在多维超抛物面上，任何一点的梯度向量$\boldsymbol{\nabla}(k)$就是均方误差函数$\varepsilon(k)$对滤波系数 $\boldsymbol{h}(k)$的一阶导数，即

$$\nabla(k)=\frac{\partial\varepsilon(k)}{\partial\boldsymbol{h}(k)} \tag{7-19}$$

将式(7-18)代入式(7-19)可得

$$\nabla(k)=2\boldsymbol{R}_X\boldsymbol{h}(k)-2\boldsymbol{R}_{XY} \tag{7-20}$$

梯度向量$\nabla(k)$的维数与滤波系数 $\boldsymbol{h}(k)$相同。

自适应调节的过程就是沿着梯度向量的负方向连续地校正滤波系数,每一步的校正量正比于梯度向量的负数,这相当于调节过程是沿着误差性能曲面的最陡下降方向移动,并校正滤波系数,一步步由现在点到下一点地调节下去,最终到达均方误差为最小的碗底最小点,获得最优滤波或准优工作状态。图 7-7 示出这种调整过程中的一步。

按照最陡下降法调节滤波参数,则在 $k+1$ 时刻的滤波系数或权向量可以用下列的简单递推关系来计算

$$\boldsymbol{h}(k+1)=\boldsymbol{h}(k)-\mu\nabla(k) \tag{7-21}$$

式中,μ 是一个正实数,通常称之为自适应收敛系数或步长。μ 的取值对算法的性能影响很大,从后面的分析可知,μ 太小,则收敛太慢; μ 太大,则可能不收敛。

将式(7-20)代入式(7-21)可得

$$\boldsymbol{h}(k+1)=\boldsymbol{h}(k)-\mu[2\boldsymbol{R}_X\boldsymbol{h}(k)-2\boldsymbol{R}_{XY}] \tag{7-22}$$

或

$$\boldsymbol{h}(k+1)=(\boldsymbol{I}-2\mu\boldsymbol{R}_X)\boldsymbol{h}(k)+2\mu\boldsymbol{R}_{XY} \tag{7-23}$$

其中,$\boldsymbol{I}$ 为 $M\times M$ 的单位矩阵。

根据准则函数的定义 $\varepsilon(k)=E[e^2(k)]$,梯度向量$\nabla(k)$还可以表示为

$$\nabla(k)=\frac{\partial E[e^2(k)]}{\partial\boldsymbol{h}(k)}=E\left[2e(k)\frac{\partial e(k)}{\partial\boldsymbol{h}(k)}\right]$$

由 $e(k)=y(k)-\boldsymbol{h}^{\mathrm{T}}(k)\boldsymbol{X}(k)$,可得$\partial e(k)/\partial\boldsymbol{h}(k)=-\boldsymbol{X}(k)$,代入上式得

$$\nabla(k)=-E[2e(k)\boldsymbol{X}(k)] \tag{7-24}$$

当最陡下降算法收敛到均方误差为最小的碗底最小点时,梯度向量$\nabla(k)$应等于零,由式(7-24)可得

$$E[e(k)\boldsymbol{X}(k)]=0 \tag{7-25}$$

或

$$E[e(k)x(k-m)]=0,\quad m=0,1,\cdots,M-1 \tag{7-26}$$

这意味着误差信号 $e(k)$与输入信号向量 $\boldsymbol{X}(k)$的每一分量都是正交的,它们的正交性质内含着互不相关的意思。换言之,当最陡下降算法收敛时,得到的权系数 $\boldsymbol{h}(k)$满足式(7-7)所示的正交状态方程。

7.2.2 最陡下降法的性能分析

1. 收敛条件

最陡下降算法是含有反馈的模型,存在稳定性问题,也就是算法是否收敛的问题。收敛性能取决于两个因素:自适应迭代的步长 μ 和输入信号向量 $\boldsymbol{X}(k)$的自相关矩阵 $\boldsymbol{R}_X$。将式(7-23)两边减去最优解 $\boldsymbol{h}^*$,得

$$\boldsymbol{h}(k+1)-\boldsymbol{h}^{*}=(\boldsymbol{I}-2\mu\boldsymbol{R}_{X})\boldsymbol{h}(k)+2\mu\boldsymbol{R}_{XY}-\boldsymbol{h}^{*}$$

将最优解 $\boldsymbol{h}^{*}=\boldsymbol{R}_X^{-1}\boldsymbol{R}_{XY}$代入上式得

$$\begin{aligned}\boldsymbol{h}(k+1)-\boldsymbol{h}^{*}&=(\boldsymbol{I}-2\mu\boldsymbol{R}_{X})\boldsymbol{h}(k)+2\mu\boldsymbol{R}_{XY}-\boldsymbol{R}_X^{-1}\boldsymbol{R}_{XY}\\&=(\boldsymbol{I}-2\mu\boldsymbol{R}_{X})[\boldsymbol{h}(k)-\boldsymbol{h}^{*}]\end{aligned} \tag{7-27}$$

为分析方便，引入加权系数误差向量

$$\Delta\boldsymbol{h}(k)=\boldsymbol{h}(k)-\boldsymbol{h}^{*} \tag{7-28}$$

则式(7-27)可以改写为

$$\Delta\boldsymbol{h}(k+1)=(\boldsymbol{I}-2\mu\boldsymbol{R}_{X})\Delta\boldsymbol{h}(k) \tag{7-29}$$

设 $\boldsymbol{h}(k)$的初始值为 $\boldsymbol{h}(0)$，则

$$\Delta\boldsymbol{h}(0)=\boldsymbol{h}(0)-\boldsymbol{h}^{*}$$

由式(7-29)可以推理出

$$\Delta\boldsymbol{h}(k)=(\boldsymbol{I}-2\mu\boldsymbol{R}_{X})^{k}\Delta\boldsymbol{h}(0) \tag{7-30}$$

由于 $\boldsymbol{R}_X$ 为对称矩阵，根据矩阵理论中的酉矩阵变换法，可以用酉矩阵 $\boldsymbol{Q}$ 将相关矩阵 $\boldsymbol{R}_X$ 对角线化，即

$$\boldsymbol{R}_X=\boldsymbol{Q}\boldsymbol{\Lambda}\boldsymbol{Q}^{\mathrm{T}} \tag{7-31}$$

式中，$\boldsymbol{\Lambda}$ 是以 $\boldsymbol{R}_X$ 的特征值 λ_i 为对角线元素的对角线阵，即

$$\boldsymbol{\Lambda}=\begin{bmatrix}\lambda_1 & 0 & \cdots & 0\\ 0 & \lambda_2 & \cdots & 0\\ \vdots & \vdots & \ddots & \vdots\\ 0 & 0 & \cdots & \lambda_M\end{bmatrix} \tag{7-32}$$

$\boldsymbol{Q}$ 是由 $\boldsymbol{R}_X$ 的特征向量 $\boldsymbol{q}_i$ 组成的 $M\times M$ 维矩阵，即

$$\boldsymbol{Q}=[\boldsymbol{q}_1,\boldsymbol{q}_2,\cdots,\boldsymbol{q}_M]=\begin{bmatrix}q_{11} & \cdots & q_{1M}\\ \vdots & \ddots & \vdots\\ q_{M1} & \cdots & q_{MM}\end{bmatrix} \tag{7-33}$$

$\boldsymbol{Q}$ 矩阵的性质为

$$\boldsymbol{Q}^{\mathrm{T}}=\boldsymbol{Q}^{-1} \tag{7-34}$$

将式(7-31)代入式(7-30)得

$$\begin{aligned}\Delta\boldsymbol{h}(k)&=(\boldsymbol{I}-2\mu\boldsymbol{Q}\boldsymbol{\Lambda}\boldsymbol{Q}^{-1})^{k}\Delta\boldsymbol{h}(0)\\&=[\boldsymbol{Q}(\boldsymbol{I}-2\mu\boldsymbol{\Lambda})\boldsymbol{Q}^{-1}]^{k}\Delta\boldsymbol{h}(0)\\&=\boldsymbol{Q}(\boldsymbol{I}-2\mu\boldsymbol{\Lambda})\boldsymbol{Q}^{-1}\cdots\boldsymbol{Q}(\boldsymbol{I}-2\mu\boldsymbol{\Lambda})\boldsymbol{Q}^{-1}\Delta\boldsymbol{h}(0)\\&=\boldsymbol{Q}(\boldsymbol{I}-2\mu\boldsymbol{\Lambda})^{k}\boldsymbol{Q}^{-1}\Delta\boldsymbol{h}(0)\end{aligned} \tag{7-35}$$

令旋转滤波系数向量误差

$$\boldsymbol{v}(k)=\boldsymbol{Q}^{-1}\Delta\boldsymbol{h}(k) \tag{7-36}$$

代入式(7-35)得

$$\boldsymbol{v}(k)=(\boldsymbol{I}-2\mu\boldsymbol{\Lambda})^{k}\boldsymbol{v}(0) \tag{7-37}$$

将式(7-37)中的对角线矩阵展开，得

$$\boldsymbol{v}(k)=\begin{bmatrix}(1-2\mu\lambda_1)^{k} & 0 & \cdots & 0\\ 0 & (1-2\mu\lambda_2)^{k} & \cdots & 0\\ \vdots & \vdots & \ddots & \vdots\\ 0 & 0 & \cdots & (1-2\mu\lambda_M)^{k}\end{bmatrix}\boldsymbol{v}(0) \tag{7-38}$$

所以，只要保证 $\boldsymbol{R}_X$ 的每个特征值 λ_i 都满足

$$|1-2\mu\lambda_i|<1,\quad i=1,2,\cdots,M \tag{7-39}$$

就有

$$\lim_{k\to\infty}(\boldsymbol{I}-2\mu\boldsymbol{\Lambda})^k=0 \tag{7-40}$$

从而使得

$$\begin{aligned}&\lim_{k\to\infty}\boldsymbol{v}(k)=0\\&\lim_{k\to\infty}\Delta\boldsymbol{h}(k)=0\\&\lim_{k\to\infty}\boldsymbol{h}(k)=\boldsymbol{h}^*\end{aligned} \tag{7-41}$$

即当迭代次数 k 趋向于无穷时，滤波系数 $\boldsymbol{h}(k)$ 收敛到维纳最优解 $\boldsymbol{h}^*$。

由式(7-39)可得，最陡下降算法收敛于维纳最优解的条件为

$$0<\mu<\frac{1}{\lambda_{\max}} \tag{7-42}$$

式中，$\lambda_{\max}$ 是 $\boldsymbol{R}_X$ 的最大特征值。

2. 收敛速度

1) 权向量的调整过程

自适应滤波器的滤波系数向量迭代更新的过程，实质上是一种自学习和自训练的过程。在满足式(7-42)所示的收敛条件下，将使滤波系数向量由任意起始值向维纳最优解一步步逼近。在这个过程中，均方误差 $\varepsilon(k)=E[e^2(k)]$ 和旋转滤波系数向量误差 $\boldsymbol{v}(k)$ 逐步衰减而趋向于某个最小值，衰减的速度可以用时间常数来描述。

因为 $\boldsymbol{\Lambda}$ 为对角线阵，所以式(7-37)可以表示为 M 个纯量方程

$$v_i(k)=(1-2\mu\lambda_i)^k v_i(0),\quad i=1,2,\cdots,M \tag{7-43}$$

式中，$v_i(k)$ 和 $v_i(0)$ 分别表示 $\boldsymbol{v}(k)$ 和 $\boldsymbol{v}(0)$ 的第 i 个分量。

对于各种不同的 k，式(7-43)的取值组成一个几何级数，相邻项之间的比值为 $1-2\mu\lambda_i$，这说明 $v_i(k)$ 的衰减过程接近指数规律。也就是说，在满足收敛条件式(7-42)的情况下，$|1-2\mu\lambda_i|<1$，当迭代次数 k 不断增加时，不管 $v_i(k)$ 的初始值 $v_i(0)$ 如何，$v_i(k)$ 将按指数规律逐步衰减，并趋向于零。由式(7-28)和式(7-36)可知

$$\boldsymbol{h}(k)=\boldsymbol{h}^*+\boldsymbol{Q}\boldsymbol{v}(k)$$

上式说明，不管权向量各分量 $h_i(k)$ 的初始值 $h_i(0)$ 取值如何，随着迭代次数 k 的不断增加，$h_i(k)$ 也会按照类似的指数规律逐步趋向于最优解 h_i^*。这是最陡下降法的一个重要特性。

对于指数规律的衰减过程，可以用时间常数 τ_i 来描述其衰减速度。令

$$1-2\mu\lambda_i=\exp(-1/\tau_i),\quad i=1,2,\cdots,M \tag{7-44}$$

则式(7-43)可表示为

$$v_i(k)=v_i(0)\exp(-k/\tau_i),\quad i=1,2,\cdots,M \tag{7-45}$$

由式(7-44)可知其时间常数为

$$\tau_i=\frac{-1}{\ln(1-2\mu\lambda_i)} \tag{7-46}$$

将式(7-46)的分母展开为幂级数

$$\ln(1-2\mu\lambda_i)=-2\mu\lambda_i-\frac{(2\mu\lambda_i)^2}{2}-\frac{(2\mu\lambda_i)^3}{3}-\cdots \tag{7-47}$$

通常 $\mu \ll 1$,略去级数的高次项,式(7-46)可以近似为

$$\tau_i \approx \frac{1}{2\mu\lambda_i} \tag{7-48}$$

这里的时间常数 τ_i 表示 $v_i(k)$幅值衰减到起始值 $v_i(0)$的 1/e 所需的时间,e 为自然对数的底。式(7-48)说明,在步长 μ 满足式(7-42)所规定的收敛条件下,μ 越大,收敛时间越短,自适应调整过程越快。

由式(7-36)和式(7-33)可得

$$\Delta\boldsymbol{h}(k)=\boldsymbol{Q}\boldsymbol{v}(k)=\begin{bmatrix} q_{11} & \cdots & q_{1M} \\ \vdots & \ddots & \vdots \\ q_{M1} & \cdots & q_{MM} \end{bmatrix}\begin{bmatrix} v_1(k) \\ \vdots \\ v_M(k) \end{bmatrix} \tag{7-49}$$

考虑到式(7-45),$\Delta\boldsymbol{h}(k)$的第 i 个分量为

$$\Delta h_i(k)=\sum_{m=1}^{M} q_{im}v_m(k)=\sum_{m=1}^{M} q_{im}v_m(0)\exp(-k/\tau_m) \tag{7-50}$$

再由式(7-28)可得

$$h_i(k)=h_i^*+\sum_{m=1}^{M} C_{im}\exp(-k/\tau_m) \tag{7-51}$$

式中

$$C_{im}=q_{im}v_m(0) \tag{7-52}$$

可见,加权向量的各个分量按照 M 个指数函数之和的规律由初始值收敛到最优值,而式(7-48)说明,指数函数的时间常数与特征值成反比。

2) 均方误差的过渡过程

根据式(7-18)和图 7-7,对于平稳的输入信号,每个加权向量设定值 $\boldsymbol{h}(k)$都对应于均方误差$\varepsilon(k)$曲面上的一个点。在各种最优算法的迭代过程中,检查均方误差 $\varepsilon(k)$的过渡过程是很有意义的,在很多文献中也常常利用 $\varepsilon(k)$的变化曲线来说明算法的性能。

对于最陡下降法,将式(7-14)、式(7-17)代入式(7-15),可得

$$\varepsilon(k)=\varepsilon_{\min}+[\boldsymbol{h}(k)-\boldsymbol{h}^*]^{\mathrm{T}}\boldsymbol{R}_{\boldsymbol{X}}[\boldsymbol{h}(k)-\boldsymbol{h}^*] \tag{7-53}$$

将式(7-28)代入式(7-53),得

$$\varepsilon(k)=\varepsilon_{\min}+\Delta\boldsymbol{h}(k)^{\mathrm{T}}\boldsymbol{R}_{\boldsymbol{X}}\Delta\boldsymbol{h}(k) \tag{7-54}$$

将式(7-31)、式(7-36) 代入式(7-54),得

$$\varepsilon(k)=\varepsilon_{\min}+\boldsymbol{v}^{\mathrm{T}}(k)\boldsymbol{\Lambda}\boldsymbol{v}(k) \tag{7-55a}$$

$$=\varepsilon_{\min}+\sum_{i=1}^{M}\lambda_i v_i^2(k) \tag{7-55}$$

将式(7-45)代入式(7-55),得

$$\varepsilon(k)=\varepsilon_{\min}+\sum_{i=1}^{M}\lambda_i v_i^2(0)\exp(-2k/\tau_i) \tag{7-56}$$

式(7-56)表明,均方误差 $\varepsilon(k)$也是按照 M 个指数函数之和的规律变化,从起始值一步步衰减到其最小值 $\varepsilon_{\min}$,不过其时间常数为

$$\tau_{i\text{MSE}} = \frac{-1}{2\ln(1-2\mu\lambda_i)} \approx \frac{1}{4\mu\lambda_i} \tag{7-57}$$

3) 特征值分散的影响

由上述分析可知，均方误差和加权向量均按 M 个具有不同时间常数的指数函数之和的规律变化，对于均方误差，各时间常数由式(7-57)给定；对于加权向量，各时间常数由式(7-48)给定。它们的最终收敛要取决于变化最慢的一个指数过程，相应的时间常数又取决于相关矩阵 $\boldsymbol{R}_X$ 的最小的特征值 $\lambda_{\min}$。

对于加权向量，收敛最慢的项的时间常数为

$$\tau_{\max} \approx \frac{1}{2\mu\lambda_{\min}} \tag{7-58}$$

同时，为了保证收敛，步长 μ 要受限于最大的特征值 $\lambda_{\max}$。将收敛条件式(7-42)代入式(7-58)可得

$$\tau_{\max} > \frac{\lambda_{\max}}{2\lambda_{\min}} \tag{7-59}$$

可见，当 $\boldsymbol{R}_X$ 的特征值分散，即 $\lambda_{\max}$ 和 $\lambda_{\min}$ 相差很大时，最陡下降法的收敛性能变差。

4) 步长因子 μ 的影响

步长因子 μ 的取值对收敛过程的影响很大，μ 必须足够小，以保证满足收敛条件式(7-42)。在保证收敛的情况下，μ 越大，收敛越快，但是当 μ 太大时，收敛过程将具有振荡性质，如图 7-8 所示。

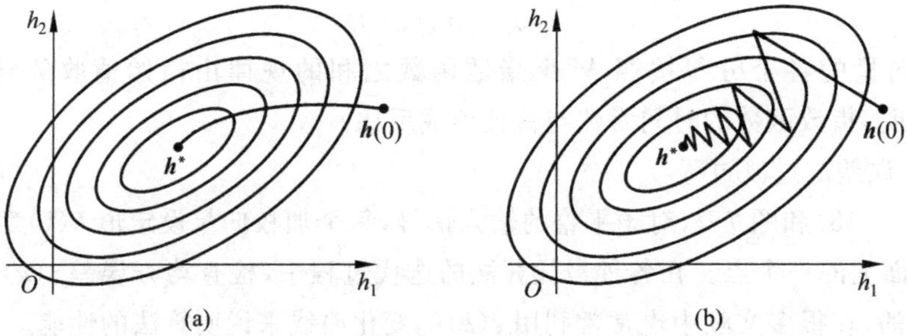

图 7-8 步长因子 μ 对收敛过程的影响

(a) μ 小；(b) μ 大

7.3 最小均方算法

7.2 节所述的最陡下降法是许多自适应算法的基础，其算法能收敛到维纳最优解，且与起始条件无关。但是最陡下降法的每次迭代都需要知道均方误差函数梯度的精确值

$$\boldsymbol{\nabla}(k) = 2\boldsymbol{R}_X\boldsymbol{h}(k) - 2\boldsymbol{R}_{XY}$$

这就要求输入信号 $x(k)$ 和 $y(k)$ 平稳，且其二阶统计特性为已知，这种限制妨碍了它的应用。为了减少计算的复杂程度和缩短收敛时间，很多学者进行了研究新算法的工作，寻求用梯度的估计值代替梯度进行递推运算。斯坦福大学的 B. Widrow 等人在 1960 年提出了最小均方(least mean square，LMS)算法，得到了最广泛的应用。

7.3.1 LMS 算法的原理

LMS 算法是一种用瞬时输出功率的梯度代替均方误差梯度的算法，即

$$\hat{\boldsymbol{\nabla}}(k)=\frac{\partial e^2(k)}{\partial \boldsymbol{h}(k)}=2e(k)\frac{\partial e(k)}{\partial \boldsymbol{h}(k)} \tag{7-60}$$

式中的$\hat{\boldsymbol{\nabla}}(k)$是均方误差函数梯度向量$\boldsymbol{\nabla}(k)$的瞬间估计。将式(7-9)代入式(7-60)，得

$$\hat{\boldsymbol{\nabla}}(k)=-2e(k)\boldsymbol{X}(k) \tag{7-61}$$

对式(7-61)求数学期望，得

$$E[\hat{\boldsymbol{\nabla}}(k)]=-E[2e(k)\boldsymbol{X}(k)] \tag{7-62}$$

对比式(7-62)与式(7-24)可知

$$E[\hat{\boldsymbol{\nabla}}(k)]=\boldsymbol{\nabla}(k) \tag{7-63}$$

因此，这种瞬时估计是一种无偏估计。

用式(7-61)所表示的梯度估计$\hat{\boldsymbol{\nabla}}(k)$代替最陡下降法的递推公式(7-21)中的梯度$\boldsymbol{\nabla}(k)$，即得 LMS 算法的递推计算公式

$$\boldsymbol{h}(k+1)=\boldsymbol{h}(k)+2\mu e(k)\boldsymbol{X}(k) \tag{7-64}$$

将式(7-9)所表示的 $e(k)$ 代入式(7-64)，得

$$\boldsymbol{h}(k+1)=\boldsymbol{h}(k)+2\mu[y(k)-\boldsymbol{h}^{\mathrm{T}}(k)\boldsymbol{X}(k)]\boldsymbol{X}(k) \tag{7-65}$$

LMS 算法的递推公式的最大优点是它没有交叉项，因而可以写成纯量方程组

$$h_i(k+1)=h_i(k)+2\mu e(k)x_i(k),\quad i=1,\cdots,M \tag{7-66}$$

以便于计算。

由式(7-65)可得自适应 LMS 算法的计算流程图，如图 7-9 所示。图中的“*”表示数字式卷积，以实现 $\boldsymbol{X}^{\mathrm{T}}(k)\boldsymbol{h}(k)$运算，$z^{-1}$为单位延时环节，$\mu$为步长因子，$e(k)$为误差信号。这是一种具有反馈形式的闭环模型。

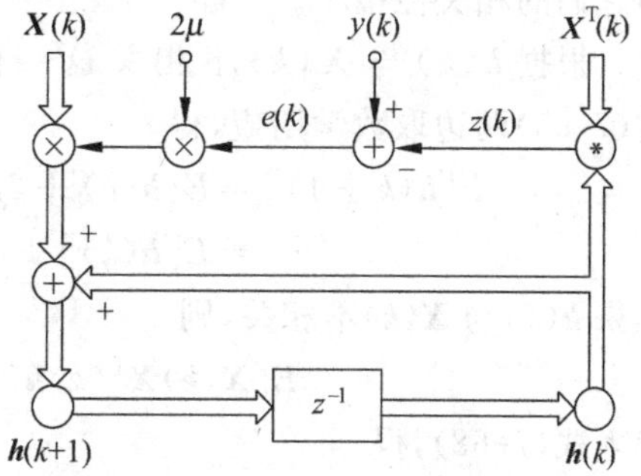

图 7-9 LMS 算法计算流程图

LMS 算法的计算步骤如下：

(1) 选定权系数初始值 $\boldsymbol{h}(0)$(一般选 $\boldsymbol{h}(0)=0$)，$k=0$；

(2) 计算当前时刻 k 的滤波器输出 $z(k)=\boldsymbol{X}^{\mathrm{T}}(k)\boldsymbol{h}(k)$；

(3) 计算误差信号 $e(k)=y(k)-z(k)$；

(4) 计算下一次的滤波器权函数 $\boldsymbol{h}(k+1)=\boldsymbol{h}(k)+2\mu e(k)\boldsymbol{X}(k)$；

(5) $k=k+1$，跳转到步骤(2)。

重复上述迭代过程，直到算法收敛为止。

由此可见，自适应 LMS 算法简单，它不需要计算输入信号的相关函数，也没有矩阵求逆的运算，所以得到了广泛的应用。但是，由于 LMS 算法采用了均方误差函数梯度向量的瞬时估计，其结果的方差较大，以至于不能获得最优滤波性能。

7.3.2 LMS 算法的性能分析

根据式(7-22)所示表示的最陡下降法递推公式

$$\boldsymbol{h}(k+1)=\boldsymbol{h}(k)+\mu[2\boldsymbol{R}_{XY}-2\boldsymbol{R}_X\boldsymbol{h}(k)]$$

可知,其加权向量的递推校正值为 $\mu[2\boldsymbol{R}_{XY}-2\boldsymbol{R}_X\boldsymbol{h}(k)]$,其中,均方误差梯度为确定值。而根据式(7-64)所表示的 LMS 算法的递推公式

$$\boldsymbol{h}(k+1)=\boldsymbol{h}(k)+2\mu e(k)\boldsymbol{X}(k)$$

可知,LMS 算法的递推校正值为 $2\mu e(k)\boldsymbol{X}(k)$,其中的瞬时均方误差梯度 $2e(k)\boldsymbol{X}(k)$为随机量。可见,LMS 算法的加权向量是以随机方式变化的,所以 LMS 算法又叫做随机梯度法,只能以统计的方式对其特性进行分析。下面分析加权向量平均值的变化规律以及由加权向量的随机起伏造成的影响。

1. 收敛条件

通常,为了简化 LMS 算法的统计分析,往往假设算法连续迭代之间存在下列条件:

(1) 参考信号 $x(k)$相邻采样间的变化足够快,每个参考信号样本向量 $\boldsymbol{X}(k)$与其过去的全部样本向量 $\boldsymbol{X}(k-m)$,$m=1,2,\cdots,k$ 是统计独立的,即对于所有的 k 都有

$$E[\boldsymbol{X}(k)\boldsymbol{X}(k-m)]=0,\quad m=1,2,\cdots,k \tag{7-67}$$

(2) 参考信号 $x(k)$向量 $\boldsymbol{X}(k)$与 LMS 算法的加权向量 $\boldsymbol{h}(k)$不相关,即

$$E[\boldsymbol{h}(k)\boldsymbol{X}(k)]=0$$

对于大多数实际情况,上述假设能够成立,因此这些假设并不构成严格的限制条件。当步长 μ 很小时,式(7-64)每次迭代所加的校正量很小,这就使得 $\boldsymbol{h}(k)$比 $\boldsymbol{X}(k)$变化慢得多,即它们的相关性很小。

根据 $\boldsymbol{h}(k)$与 $\boldsymbol{X}(k)$不相关这一假定,下面分析加权向量平均值的变化规律。对式(7-65)两边取数学期望,得

$$\begin{aligned}E[\boldsymbol{h}(k+1)]&=E\{\boldsymbol{h}(k)+2\mu[y(k)-\boldsymbol{h}^{\mathrm{T}}(k)\boldsymbol{X}(k)]\boldsymbol{X}(k)\}\\&=E[\boldsymbol{h}(k)]+2\mu E[y(k)\boldsymbol{X}(k)]-2\mu E[\boldsymbol{X}(k)\boldsymbol{X}^{\mathrm{T}}(k)\boldsymbol{h}(k)]\end{aligned} \tag{7-68}$$

如果 $\boldsymbol{h}(k)$与 $\boldsymbol{X}(k)$不相关,则

$$E[\boldsymbol{X}(k)\boldsymbol{X}^{\mathrm{T}}(k)\boldsymbol{h}(k)]=E[\boldsymbol{X}(k)\boldsymbol{X}^{\mathrm{T}}(k)]E[\boldsymbol{h}(k)] \tag{7-68a}$$

代入式(7-68),得

$$\begin{aligned}E[\boldsymbol{h}(k+1)]&=E[\boldsymbol{h}(k)]+2\mu E[y(k)\boldsymbol{X}(k)]-2\mu E[\boldsymbol{X}(k)\boldsymbol{X}^{\mathrm{T}}(k)]E[\boldsymbol{h}(k)]\\&=E[\boldsymbol{h}(k)]+2\mu\boldsymbol{R}_{XY}-2\mu\boldsymbol{R}_X E[\boldsymbol{h}(k)]\\&=[\boldsymbol{I}-2\mu\boldsymbol{R}_X]E[\boldsymbol{h}(k)]+2\mu\boldsymbol{R}_{XY}\end{aligned} \tag{7-69}$$

对比式(7-69)和最陡下降法中的式(7-23)可知,两式的形式完全一样。所以,LMS 算法中加权向量的平均值 $E[\boldsymbol{h}(k)]$的变化规律与最陡下降法中的加权向量 $\boldsymbol{h}(k)$完全一样,从而最陡下降法中的加权向量 $\boldsymbol{h}(k)$的性能分析结果完全适用于 LMS 算法中加权向量的平均值 $E[\boldsymbol{h}(k)]$。

将式(7-28)所定义的加权系数误差向量 $\Delta\boldsymbol{h}(k)=\boldsymbol{h}(k)-\boldsymbol{h}^*$ 及 $\boldsymbol{h}^*=\boldsymbol{R}_X^{-1}\boldsymbol{R}_{XY}$ 代入式(7-69),得

$$E[\Delta\boldsymbol{h}(k+1)] = [\boldsymbol{I} - 2\mu\boldsymbol{R_X}]E[\Delta\boldsymbol{h}(k)] \tag{7-70}$$

设 $\boldsymbol{h}(k)$的初始值为 $\boldsymbol{h}(0)$，则 $\Delta\boldsymbol{h}(0)=\boldsymbol{h}(0)-\boldsymbol{h}^*$，而且 $E[\Delta\boldsymbol{h}(0)]=\Delta\boldsymbol{h}(0)$。由式(7-70)递推 k 次可得

$$E[\Delta\boldsymbol{h}(k)] = [\boldsymbol{I} - 2\mu\boldsymbol{R_X}]^k\Delta\boldsymbol{h}(0) \tag{7-71}$$

类似于最陡下降法，将自相关矩阵分解为

$$\boldsymbol{R_X} = \boldsymbol{Q\Lambda Q}^{-1} \tag{7-72}$$

其中

$$\boldsymbol{\Lambda} = \mathrm{diag}[\lambda_1,\lambda_2,\cdots,\lambda_M]$$

是以 $\boldsymbol{R_X}$ 的特征值为对角线元素的对角线阵，可得

$$E[\Delta\boldsymbol{h}(k)] = \boldsymbol{Q}[\boldsymbol{I} - 2\mu\boldsymbol{\Lambda}]^k\boldsymbol{Q}^{-1}\Delta\boldsymbol{h}(0) \tag{7-73}$$

由式(7-73)可知，只要保证 $\boldsymbol{R_X}$ 的每个特征值 λ_i 都满足

$$|1-2\mu\lambda_i| < 1,\quad i=1,2,\cdots,M \tag{7-74}$$

则 $k\to\infty$时，式(7-73)的右边趋向于零，即

$$\lim_{k\to\infty}E[\Delta\boldsymbol{h}(k)] = 0$$

$$\lim_{k\to\infty}E[\boldsymbol{h}(k)] = \boldsymbol{h}^*$$

所以，LMS 算法加权向量平均值收敛到最优解的条件为

$$0 < \mu < \frac{1}{\lambda_{\max}} \tag{7-75}$$

在实际应用中，自相关阵 $\boldsymbol{R_X}$ 未知，所以其特征值 λ_i 未知，所以很难直接使用式(7-75)的收敛条件。但是注意到

$$\lambda_{\max} < \mathrm{tr}[\boldsymbol{R_X}] \tag{7-76}$$

式中，$\mathrm{tr}[\boldsymbol{R_X}]$是$[\boldsymbol{R_X}]$的迹，且

$$\mathrm{tr}[\boldsymbol{R_X}] = \sum_{i=1}^{M}\lambda_i = \sum_{i=1}^{M}R_x(i,i) = MR_x(0) = MP_x \tag{7-77}$$

式中，P_x 为输入信号 $x(k)$的功率，对于零均值信号，它等于其方差 σ_x^2。这样就可以按下面更为严格的收敛条件来选择步长 μ

$$0 < \mu < \frac{1}{M\sigma_x^2} \tag{7-78}$$

2. 收敛速度

类似于最陡下降法中的分析过程，令

$$\boldsymbol{v}(k) = \boldsymbol{Q}^{-1}\Delta\boldsymbol{h}(k) \tag{7-79}$$

将式(7-79)代入式(7-73)，得

$$E[\boldsymbol{v}(k)] = [\boldsymbol{I} - 2\mu\boldsymbol{\Lambda}]^k\boldsymbol{v}(0) \tag{7-80}$$

式(7-80)的 M 个分量分别为

$$E[v_i(k)] = (1-2\mu\lambda_i)^k v_i(0),\quad i=1,2,\cdots,M \tag{7-81}$$

式中，$E[v_i(k)]$、$v_i(0)$分别为 $E[\boldsymbol{v}(k)]$、$\boldsymbol{v}(0)$的第 i 个分量，λ_i 为 $\boldsymbol{R_X}$ 的第 i 个特征值。引入时间常数

$$\tau_i = \frac{-1}{\ln(1-2\mu\lambda_i)} \approx \frac{1}{2\mu\lambda_i} \tag{7-82}$$

式(7-82)后面的近似式对 μ 很小时成立。根据式(7-82),式(7-81)可写成

$$E[v_i(k)] = v_i(0)\exp(-k/\tau_i), \quad i = 1,2,\cdots,M \tag{7-83}$$

对于式(7-28)所表示的加权系数误差向量

$$\Delta\boldsymbol{h}(k) = \boldsymbol{h}(k) - \boldsymbol{h}^*$$

两边取数学期望,得

$$E[\Delta\boldsymbol{h}(k)] = E[\boldsymbol{h}(k)] - \boldsymbol{h}^* \tag{7-84}$$

将式(7-79)代入式(7-84),得

$$E[\boldsymbol{h}(k)] = \boldsymbol{h}^* + \boldsymbol{Q}E[\boldsymbol{v}(k)]$$

类似于最陡下降法中的推导过程,由上式可得

$$E[h_i(k)] = \boldsymbol{h}_i^* + \sum_{m=1}^{M} C_{im}\exp(-k/\tau_m) \tag{7-85}$$

式中,$E[h_i(k)]$为 $E[\boldsymbol{h}(k)]$的第 i 个分量,$C_{im}=q_{im}v_m(0)$,q_{im}为 $\boldsymbol{Q}$ 的元素,见式(7-49)。

式(7-85)说明,LMS算法的各个加权系数 $h_i(k)$的平均值按照 M 个指数函数之和的规律由初始值收敛到最优值,指数函数的时间常数与特征值成反比,见式(7-82)。由于 $E[h_i(k)]$的最终收敛情况取决于最慢的一个指数过程,该过程的时间常数 $\tau_{\max}$又取决于自相关矩阵 $\boldsymbol{R}_X$ 的最小特征值$\lambda_{\min}$和步长 μ,即

$$\tau_{\max} \approx \frac{1}{2\mu\lambda_{\min}} \tag{7-86}$$

若按收敛条件式(7-75)选择 $\mu<1/\lambda_{\max}$,则有

$$\tau_{\max} > \frac{\lambda_{\max}}{2\lambda_{\min}} \tag{7-87}$$

可见,与最陡下降法类似,LMS算法的加权系数平均值的收敛速度取决于 $\boldsymbol{R_X}$ 特征值的分散程度,当 $\lambda_{\max}$和 $\lambda_{\min}$相差很大时,收敛速度变慢。

3. LMS算法的特点

综上所述,LMS算法具有以下特点:

(1) 输出 $e(k)$用来控制滤波器权系数 $\boldsymbol{h}(k)$的优化。

(2) 算法试图除去$e(k)$中与$\boldsymbol{X}(k)$相关的部分。当滤波器权系数$\boldsymbol{h}(k)$接近其最优值时,则有 $\boldsymbol{h}(k+1)\approx\boldsymbol{h}(k)$,由式(7-64)可知,此时 $e(k)\boldsymbol{X}(k)\approx 0$,说明 $e(k)$与 $\boldsymbol{X}(k)$近似不相关。

(3) 算法中的梯度估计值$\hat{\boldsymbol{\nabla}}(k)$计算忽略了求数学期望,所以叫做**随机逼近**。这使得算法的数学背景复杂化。式(7-65)中的 $\boldsymbol{h}(k)$非线性地取决于随机变量 $\boldsymbol{X}(k)$,导致分析$\boldsymbol{h}(k)$的平均特性很困难。

(4) 式(7-69)的结论是基于式(7-68a)的假设,即按 $\boldsymbol{h}(k)$与 $\boldsymbol{X}(k)$不相关的假设而将 $E[\boldsymbol{h}(k)]$分解出来的。由于这一近似,使得收敛之后的 $\boldsymbol{h}(k)$不能真正达到理论最优解 $\boldsymbol{h}^*=\boldsymbol{R_X}^{-1}\boldsymbol{R}_{XY}$,而是稳定在 $\boldsymbol{h}^*$ 的附近,并在 $\boldsymbol{h}^*$ 的附近不断地波动,如图 7-10 所示。

(5) 收敛后 $\boldsymbol{h}(k)$波动的一个测度是 $E[(\boldsymbol{h}(k)-\boldsymbol{h}^*)^2]$,在某些限制条件下,该测度可表示为[30]

$$E[(\boldsymbol{h}(k)-\boldsymbol{h}^*)^2]=\mu\varepsilon_{\min}$$

因此，步长 μ 可以控制收敛后 $\boldsymbol{h}(k)$ 波动的幅度，μ 的取值需要在收敛精度和收敛速度之间做权衡。

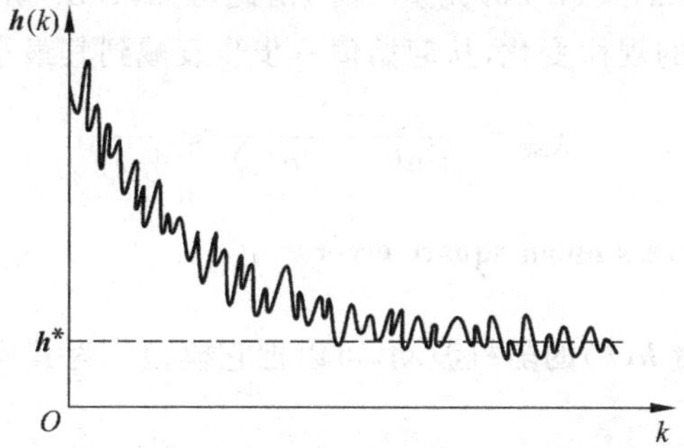

图 7-10 LMS 算法中加权系数向量 $\boldsymbol{h}(k)$ 的随机波动

4. 均方误差的过渡过程

自适应算法的均方误差的过渡过程又叫做学习曲线。在前面的分析中，LMS 算法的收敛过程都是针对加权系数向量的均值而言的。与最陡下降法相比，因为 LMS 算法是用均方误差的瞬时梯度来近似其真正的梯度，所以计算出的加权系数向量 $\boldsymbol{h}(k)$ 要在其均值 $E[\boldsymbol{h}(k)]$ 附近波动，这种波动必然会增加均方误差。然而，因为对信号的统计特性很少有先验知识，在实际情况中很难使用最陡下降法，因此分析计算 LMS 算法的均方误差(MSE)的传播特性就具有重要意义，因为均方误差特性常常用来评价自适应算法的性能。

LMS 算法的加权向量的平均值 $E[\boldsymbol{h}(k)]$ 的变化规律与最陡下降法的加权向量相同，可以想象 LMS 算法的均方误差 $\varepsilon=E[e^2(k)]$ 的变化规律也与最陡下降法相类似。但是，由于实际的加权系数向量在其均值附近波动，所以 LMS 算法的均方误差会不同于最陡下降法的均方误差。

LMS 自适应滤波器输出的误差信号为

$$e(k)=y(k)-\boldsymbol{X}^{\mathrm{T}}(k)\boldsymbol{h}(k)=[y(k)-\boldsymbol{X}^{\mathrm{T}}(k)\boldsymbol{h}^*]-\boldsymbol{X}^{\mathrm{T}}(k)[\boldsymbol{h}(k)-\boldsymbol{h}^*] \tag{7-88}$$

令最优误差信号为

$$e_{\mathrm{opt}}(k)=y(k)-\boldsymbol{X}^{\mathrm{T}}(k)\boldsymbol{h}^*$$

其均方值为

$$E[e_{\mathrm{opt}}^2(k)]=\varepsilon_{\min} \tag{7-89}$$

并令 $\Delta\boldsymbol{h}(k)=\boldsymbol{h}(k)-\boldsymbol{h}^*$，则由式(7-88)可得

$$e(k)=e_{\mathrm{opt}}(k)-\boldsymbol{X}^{\mathrm{T}}(k)\Delta\boldsymbol{h}(k) \tag{7-90}$$

由式(7-90)可得，时刻 k 的均方误差为

$$\varepsilon(k)=E[e^2(k)]=E[e_{\mathrm{opt}}^2(k)]+E[\Delta\boldsymbol{h}^{\mathrm{T}}(k)\boldsymbol{X}(k)\boldsymbol{X}^{\mathrm{T}}(k)\Delta\boldsymbol{h}(k)]-2E[e_{\mathrm{opt}}(k)\boldsymbol{X}^{\mathrm{T}}(k)\Delta\boldsymbol{h}(k)]$$

设 $\boldsymbol{X}(k)$ 与 $\Delta\boldsymbol{h}(k)$ 不相关，则上式的最后一项为零，将式(7-89)代入上式得

$$\begin{aligned}\varepsilon(k)&=\varepsilon_{\min}+E[\Delta\boldsymbol{h}^{\mathrm{T}}(k)\boldsymbol{X}(k)\boldsymbol{X}^{\mathrm{T}}(k)\Delta\boldsymbol{h}(k)]\\&=\varepsilon_{\min}+E[\Delta\boldsymbol{h}^{\mathrm{T}}(k)]\boldsymbol{R}_{\boldsymbol{X}}E[\Delta\boldsymbol{h}(k)]\\&=\varepsilon_{\min}+E[\boldsymbol{v}^{\mathrm{T}}(k)]\boldsymbol{\Lambda}E[\boldsymbol{v}(k)]\\&=\varepsilon_{\min}+\sum_{i=1}^{M}\lambda_i\{E[v_i(k)]\}^2\end{aligned} \tag{7-91}$$

式中，$\boldsymbol{v}(k)=\boldsymbol{Q}^{-1}\Delta\boldsymbol{h}(k)$，$v_i(k)$为$\boldsymbol{v}(k)$的第 i 个分量。将式(7-83)代入式(7-91)，得

$$\varepsilon(k)=\varepsilon_{\min}+\sum_{i=1}^{M}\lambda_i v_i^2(0)\exp(-2k/\tau_i) \tag{7-92}$$

式(7-92)与最陡下降法中的式(7-56)完全一样，由此可知，LMS 算法的均方误差 $\varepsilon(k)$也是按照 M 个指数函数之和的规律变化，从起始值一步步衰减到其最小值 $\varepsilon_{\min}$，其时间常数为

$$\tau_{i\mathrm{MSE}}=\frac{-1}{2\ln(1-2\mu\lambda_i)}\approx\frac{1}{4\mu\lambda_i} \tag{7-93}$$

5. 超量均方误差(excess mean square error)

考虑到加权系数向量 $\boldsymbol{h}(k)$的随机波动，可以把它模型化为其均值$\bar{\boldsymbol{h}}(k)$与一个随机噪声分量 $\boldsymbol{u}(k)$之和，即

$$\boldsymbol{h}(k)=\bar{\boldsymbol{h}}(k)+\boldsymbol{u}(k) \tag{7-94}$$

LMS 自适应滤波器的均方误差为

$$\begin{aligned}\varepsilon(k)&=E[e^2(k)]=E\{[y(k)-\boldsymbol{h}^{\mathrm{T}}(k)\boldsymbol{X}(k)]^2\}\\&=E[y^2(k)]-2E[\boldsymbol{h}^{\mathrm{T}}(k)\boldsymbol{X}(k)y(k)]+E[\boldsymbol{h}^{\mathrm{T}}(k)\boldsymbol{X}(k)\boldsymbol{X}^{\mathrm{T}}(k)\boldsymbol{h}(k)]\end{aligned} \tag{7-95}$$

将式(7-94)代入式(7-95)得

$$\begin{aligned}\varepsilon(k)=&E[y^2(k)]-2E[\bar{\boldsymbol{h}}^{\mathrm{T}}(k)\boldsymbol{X}^{\mathrm{T}}(k)y(k)]+E[\bar{\boldsymbol{h}}^{\mathrm{T}}(k)\boldsymbol{X}(k)\boldsymbol{X}^{\mathrm{T}}(k)\bar{\boldsymbol{h}}(k)]\\&-2E[\boldsymbol{u}^{\mathrm{T}}(k)\boldsymbol{X}(k)y(k)]+E[\boldsymbol{u}^{\mathrm{T}}(k)\boldsymbol{X}(k)\boldsymbol{X}^{\mathrm{T}}(k)\bar{\boldsymbol{h}}(k)]\\&+E[\bar{\boldsymbol{h}}^{\mathrm{T}}(k)\boldsymbol{X}(k)\boldsymbol{X}^{\mathrm{T}}(k)\boldsymbol{u}(k)]+E[\boldsymbol{u}^{\mathrm{T}}(k)\boldsymbol{X}(k)\boldsymbol{X}^{\mathrm{T}}(k)\boldsymbol{u}(k)]\end{aligned} \tag{7-96}$$

式(7-96)看起来很复杂，但是利用前面已经导出的结果以及加权系数噪声分量的性质，可以使该式大为简化。

首先考虑式(7-96)右边的前 3 项，它们完全是加权系数向量均值的函数。从前面的分析可知，LMS 算法加权系数向量的均值与最陡下降法中的加权系数向量变化规律相同，所以最陡下降法的所有结果都适用于这 3 项。将这 3 项与式(7-15a)进行对比可知，这 3 项就是第 k 次迭代时的最陡下降法的均方误差(MSE)。用式(7-55a)代替式(7-96)右边的前 3 项，得

$$\begin{aligned}\varepsilon(k)=&\varepsilon_{\min}+\boldsymbol{v}^{\mathrm{T}}(k)\boldsymbol{\Lambda}\boldsymbol{v}(k)\\&-2E[\boldsymbol{u}^{\mathrm{T}}(k)\boldsymbol{X}(k)y(k)]+E[\boldsymbol{u}^{\mathrm{T}}(k)\boldsymbol{X}(k)\boldsymbol{X}^{\mathrm{T}}(k)\bar{\boldsymbol{h}}(k)]\\&+E[\bar{\boldsymbol{h}}^{\mathrm{T}}(k)\boldsymbol{X}(k)\boldsymbol{X}^{\mathrm{T}}(k)\boldsymbol{u}(k)]+E[\boldsymbol{u}^{\mathrm{T}}(k)\boldsymbol{X}(k)\boldsymbol{X}^{\mathrm{T}}(k)\boldsymbol{u}(k)]\end{aligned} \tag{7-97}$$

式中，$\varepsilon_{\min}$为最优滤波系数向量 $\boldsymbol{h}^*$ 所达到的最小均方误差，即维纳误差，$\boldsymbol{v}(k)=\boldsymbol{Q}^{\mathrm{T}}\Delta\boldsymbol{h}(k)$为最陡下降法的旋转滤波系数向量误差，$\boldsymbol{\Lambda}$ 为 $\boldsymbol{R}_X$ 的特征值组成的对角阵。

下面考虑式(7-97)右边的后 4 项对均方误差的影响，这 4 项是由使用 LMS 算法造成的。首先分析式(7-94)所示的 LMS 加权向量的噪声模型的性质，这将使问题得以简化。应该强调指出，式(7-94)中的噪声分量 $u_i(k)(i=1,2,\cdots,M)$的概率密度函数通常是未知的，只能按照模型进行近似分析。为了便于分析，对该噪声模型做如下假设：

(1) 加权向量的噪声分量 $u_i(k)$的均值为零，即

$$E[u_i(k)]=0 \tag{7-98}$$

(2) 噪声分量 $u_i(k)$与 LMS 加权系数分量的均值互不相关，即

$$E[u_i(k)\bar{h}_j(k)] = E[u_i(k)]E[\bar{h}_j(k)] = 0 \tag{7-99}$$

(3) 噪声分量 $u_i(k)$与输入信号 $x(k)$互不相关，即

$$E[u_i(k)x(k)] = E[u_i(k)]E[x(k)] = 0 \tag{7-100}$$

在很宽范围的应用中，实验结果与上述假设相一致，说明这些假设是符合大部分应用情况的。将这些假设应用于式(7-97)中剩余的几项，得

$$E[\boldsymbol{u}^{\mathrm{T}}(k)\boldsymbol{X}(k)] = 0 \tag{7-101}$$

$$E[\boldsymbol{u}^{\mathrm{T}}(k)\boldsymbol{X}(k)\boldsymbol{X}^{\mathrm{T}}(k)\bar{\boldsymbol{h}}(k)] = E[\bar{\boldsymbol{h}}^{\mathrm{T}}(k)\boldsymbol{X}(k)\boldsymbol{X}^{\mathrm{T}}(k)\boldsymbol{u}(k)] = 0 \tag{7-102}$$

将式(7-101)应用于式(7-97)的第 3 项，得

$$-2E[\boldsymbol{u}^{\mathrm{T}}(k)\boldsymbol{X}(k)y(k)] = -2E[\boldsymbol{u}^{\mathrm{T}}(k)\boldsymbol{X}(k)]E[y(k)] = 0$$

这样一来，式(7-97)右边又有 3 项消失了，式(7-97)可以改写为

$$\varepsilon(k) = \varepsilon_{\min} + \boldsymbol{v}^{\mathrm{T}}(k)\boldsymbol{\Lambda v}(k) + E[\boldsymbol{u}^{\mathrm{T}}(k)\boldsymbol{X}(k)\boldsymbol{X}^{\mathrm{T}}(k)\boldsymbol{u}(k)] \tag{7-103}$$

式(7-103)右边的最后一项是由 LMS 加权向量在其均值附近的随机波动造成的额外均方误差，称之为超量均方误差(excess MSE)。因为超量均方误差是由加权向量偏离其均值所造成的，所以有时又称之为失调噪声。

超量均方误差的严格计算要涉及 LMS 加权向量的四阶联合概率密度函数，这将使得计算过程非常复杂。但是利用前面对于大多数应用都成立的假设，分析过程可以大为简化。利用矩阵理论中的等式 $E[\boldsymbol{a}^{\mathrm{T}}\boldsymbol{b}\boldsymbol{b}^{\mathrm{T}}\boldsymbol{a}] = \mathrm{tr}\{E[(\boldsymbol{b}\boldsymbol{b}^{\mathrm{T}})\cdot(\boldsymbol{a}\boldsymbol{a}^{\mathrm{T}})]\}$，并由 $u_i(k)$与 $x(k)$互不相关的假设，式(7-103)右边的最后一项为

$$\begin{aligned}E[\boldsymbol{u}^{\mathrm{T}}(k)\boldsymbol{X}(k)\boldsymbol{X}^{\mathrm{T}}(k)\boldsymbol{u}(k)] &= \mathrm{tr}\{E[\boldsymbol{X}(k)\boldsymbol{X}^{\mathrm{T}}(k)]\cdot E[\boldsymbol{u}(k)\boldsymbol{u}^{\mathrm{T}}(k)]\}\\ &= \mathrm{tr}\{\boldsymbol{R}_X E[\boldsymbol{u}(k)\boldsymbol{u}^{\mathrm{T}}(k)]\}\\ &= M\sigma_x^2\,\mathrm{tr}\{E[\boldsymbol{u}(k)\boldsymbol{u}^{\mathrm{T}}(k)]\}\end{aligned} \tag{7-104}$$

式中的 σ_x^2 为信号 $x(k)$的方差。将式(7-104)代入式(7-103)得

$$\varepsilon(k) = \varepsilon_{\min} + \boldsymbol{v}^{\mathrm{T}}(k)\boldsymbol{\Lambda v}(k) + M\sigma_x^2\,\mathrm{tr}\{E[\boldsymbol{u}(k)\boldsymbol{u}^{\mathrm{T}}(k)]\} \tag{7-105}$$

矩阵 $E[\boldsymbol{u}(k)\boldsymbol{u}^{\mathrm{T}}(k)]$叫做 LMS 加权向量的协方差矩阵，它确定了 LMS 加权向量在其均值附近随机波动的二阶统计特性。该协方差矩阵的严格计算也是很复杂的，很多人对其进行了深入的研究。为了简化分析过程，这里假设加权向量噪声 $\boldsymbol{u}(k)$是平稳的，这意味着 $u(k)$的功率是恒定的，在 LMS 的过渡过程中(k 较小时)和稳态收敛模式中($k\to\infty$)功率都一样，这当然不符合实际情况。但是步长 μ 越小，此假设越接近实际情况。在大多数应用中，μ 的取值很小，上述假设基本有效。

由上述假设可得[31]

$$\mathrm{tr}\{E[\boldsymbol{u}(k)\boldsymbol{u}^{\mathrm{T}}(k)]\} \approx \sum_{i=1}^{M}\frac{\mu\varepsilon_{\min}}{1-\mu\lambda_i} \tag{7-106}$$

将式(7-106)代入式(7-105)，得

$$\varepsilon(k) = \varepsilon_{\min} + \boldsymbol{v}^{\mathrm{T}}(k)\boldsymbol{\Lambda v}(k) + M\sigma_x^2\mu\varepsilon_{\min}\sum_{i=1}^{M}(1-\mu\lambda_i)^{-1} \tag{7-107}$$

注意，式(7-107)右边的前两项与最陡下降法中的式(7-55a)的右边相同，它们表征由 LMS 加权向量均值造成的均方误差；如果步长 μ 满足收敛条件，当 $k\to\infty$时，第 2 项 $\boldsymbol{v}^{\mathrm{T}}(k)\boldsymbol{\Lambda v}(k)$(注意这里的 $\boldsymbol{v}(k)$是最陡下降法中的旋转滤波系数向量误差)趋向于零。最后一项是由

LMS加权向量的波动造成的，它表征LMS算法的超量均方误差或失调噪声。所以，当$k\to\infty$时，有

$$\varepsilon(\infty)=\varepsilon_{\min}+M\sigma_x^2\mu\varepsilon_{\min}\sum_{i=1}^{M}(1-\mu\lambda_i)^{-1} \tag{7-108}$$

Widrow引入失调系数

$$\delta=\frac{\varepsilon(\infty)-\varepsilon_{\min}}{\varepsilon_{\min}} \tag{7-109}$$

来描述LMS算法的稳态均方误差对维纳误差的偏差，将式(7-108)代入式(7-109)，并利用式(7-77)的结果，可得

$$\delta=M\sigma_x^2\mu\sum_{i=1}^{M}(1-\mu\lambda_i)^{-1}=\mu\sum_{i=1}^{M}\frac{\lambda_i}{1-\mu\lambda_i} \tag{7-110}$$

通常μ值很小，失调系数δ可近似为

$$\delta=\mu\sum_{i=1}^{M}\lambda_i=\mu M\sigma_x^2 \tag{7-111}$$

式(7-111)说明，滤波器的阶数M越高，步长因子μ越大，则失调系数δ越大。同样，只要选择足够小的μ，就可以把失调系数控制在所要求的范围内，但是小的步长必然使收敛速度变慢，需要在失调系数和收敛速度之间进行权衡。

学习曲线定义为均方误差$\varepsilon(k)$随迭代次数k变化的曲线。超量均方误差的存在，使得LMS算法的单条学习曲线在平均学习曲线附近波动，如图7-11所示。

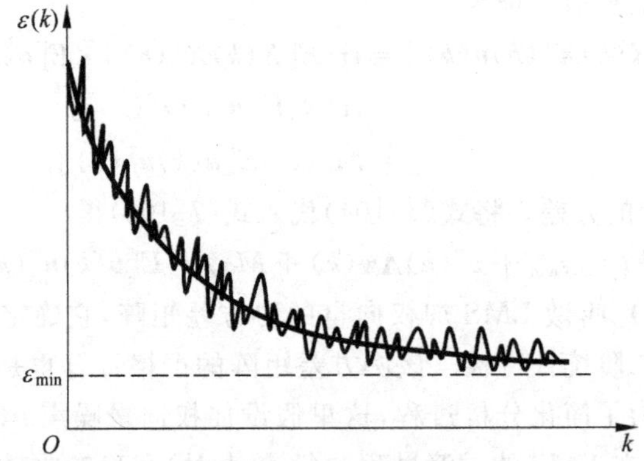

图7-11 LMS算法的学习曲线

7.4 其他自适应算法

7.4.1 归一化LMS算法

步长因子μ的大小决定着LMS算法的收敛速度和达到稳态后失调量的大小。对于常数的μ值，收敛速度和失调量是一对矛盾，选用较大的μ值可以使收敛速度加快，但也导致较大的失调量；如果为了满足失调量的要求选用较小的μ值，则收敛速度必然变慢。此外，若按照式(7-78)来选定μ值，则当$x(k)$的统计特性发生变化时，如果σ_x^2变小，收敛速度就

会变慢；如果 σ_x^2 变大，则算法可能不收敛或不稳定。

解决上述问题的一种方法是，采用变步长 $\mu(k)$ 代替式(7-64)中固定的 2μ，现在已有各种调整步长的准则，归一化 LMS(normalized LMS，NLMS)算法就是其中的一种主要算法，其更新公式为

$$\boldsymbol{h}(k+1)=\boldsymbol{h}(k)+\mu(k)e(k)\boldsymbol{X}(k) \tag{7-112}$$

式中，$\mu(k)$ 为变化的步长因子，它是根据输入信号 $x(k)$ 的功率 σ_x^2 对步长进行归一化处理而计算出来的，计算公式为

$$\mu(k)=\frac{a}{b+M\sigma_x^2(k)} \tag{7-113}$$

式中，M 是滤波器的阶次，$\sigma_x^2(k)$ 是时刻 k 对 $x(k)$ 功率的估计值，a 和 b 是适当选择的常数，分母中的 $b>0$，用于防止 $\sigma_x^2(k)$ 太小时步长变得太大，一般选择 $0<a<1$。

一种估计 $x(k)$ 功率的常用算法是指数加权平均算法，其递推计算公式为

$$\sigma_x^2(k)=\beta\sigma_x^2(k-1)+(1-\beta)x^2(k) \tag{7-114}$$

式中，$0<\beta<1$。对于这种平均算法的特性，在第 5 章中已经做了详细的分析和介绍。

将式(7-113)代入式(7-112)得

$$\boldsymbol{h}(k+1)=\boldsymbol{h}(k)+\frac{a}{b+M\sigma_x^2(k)}\boldsymbol{X}(k)e(k) \tag{7-115}$$

另一种对步长进行归一化处理的方法是，利用 $x(k)$ 及其过去值组成的回归向量 $\boldsymbol{X}(k)$，即时估计 $x(k)$ 的功率，变化的步长因子 $\mu(k)$ 的计算公式为

$$\mu(k)=\frac{a}{b+\boldsymbol{X}^{\mathrm{T}}(k)\boldsymbol{X}(k)} \tag{7-116}$$

式中，$b>0$，以防止 σ_x^2 太小时步长变得太大。将式(7-116)代入式(7-112)得

$$\begin{aligned}\boldsymbol{h}(k+1)&=\boldsymbol{h}(k)+\frac{a}{b+\boldsymbol{X}^{\mathrm{T}}(k)\boldsymbol{X}(k)}\boldsymbol{X}(k)e(k)\\&=\boldsymbol{h}(k)+\frac{a}{b+\boldsymbol{X}^{\mathrm{T}}(k)\boldsymbol{X}(k)}\boldsymbol{X}(k)[y(k)-\boldsymbol{X}^{\mathrm{T}}(k)\boldsymbol{h}(k)]\end{aligned} \tag{7-117}$$

在某些文献中，式(7-117)所表示的算法又叫做投影算法(projection algorithm)。投影算法能够根据信号功率自动调整步长，而且在 $0<a<2$ 和 $b>0$ 条件下能够保证收敛。

对于投影算法的收敛性，需要证明

$$\|\boldsymbol{h}(k+1)-\boldsymbol{h}^*\|<\|\boldsymbol{h}(k)-\boldsymbol{h}^*\|$$

则随着递推的进程，$\boldsymbol{h}(k)$ 距离最优解 $\boldsymbol{h}^*$ 越来越近，最终收敛到最优解[44]。

令 $\Delta\boldsymbol{h}(k)=\boldsymbol{h}(k)-\boldsymbol{h}^*$，则有

$$e(k)=y(k)-\boldsymbol{X}^{\mathrm{T}}(k)\boldsymbol{h}(k)=\boldsymbol{X}^{\mathrm{T}}(k)[\boldsymbol{h}^*-\boldsymbol{h}(k)]=-\boldsymbol{X}^{\mathrm{T}}(k)\Delta\boldsymbol{h}(k) \tag{7-117a}$$

将式(1-117)两边减 $\boldsymbol{h}^*$，并将式(7-117a)代入，得

$$\Delta\boldsymbol{h}(k+1)=\Delta\boldsymbol{h}(k)-\frac{a\boldsymbol{X}(k)\boldsymbol{X}^{\mathrm{T}}(k)}{b+\boldsymbol{X}^{\mathrm{T}}(k)\boldsymbol{X}(k)}\Delta\boldsymbol{h}(k)$$

上式两边取范数的平方，并将式(7-117a)代入，得

$$\|\Delta\boldsymbol{h}(k+1)\|^2-\|\Delta\boldsymbol{h}(k)\|^2=a\cdot\left[-2+\frac{a\boldsymbol{X}(k)\boldsymbol{X}^{\mathrm{T}}(k)}{b+\boldsymbol{X}^{\mathrm{T}}(k)\boldsymbol{X}(k)}\right]\cdot\frac{e^2(k)}{b+\boldsymbol{X}^{\mathrm{T}}(k)\boldsymbol{X}(k)}$$

式中右边乘积的第一项 $a>0$；因为 $a<2$，所以中括弧中的分式 <2，乘积的第二项 <0；因

为 $b>0$,可以保证乘积的第三项 >0。三项相乘,使得上式右边为负数,则有

$$\|\Delta \boldsymbol{h}(k+1)\|^2 < \|\Delta \boldsymbol{h}(k)\|^2$$

即

$$\|\boldsymbol{h}(k+1)-\boldsymbol{h}^*\| < \|\boldsymbol{h}(k)-\boldsymbol{h}^*\|$$

7.4.2 LMS 符号算法

对于式(7-64)所表示的 LMS 算法

$$\boldsymbol{h}(k+1)=\boldsymbol{h}(k)+2\mu e(k)\boldsymbol{X}(k)$$

每次迭代更新对加权系数向量的调整量为 $2\mu e(k)\boldsymbol{X}(k)$,算法的主要计算工作量就是计算该调整量。为了加快计算过程,可以减少其中的 $e(k)$ 或 $\boldsymbol{X}(k)$ 的量化级别数,一种极端的方法是将其量化为 1 bit,也就是只保留其符号,这样就形成 LMS 符号算法。

LMS 符号算法可以有 3 种不同的简化方式,概括在表 7-1 中。这些将信号进行极化处理的方法都会使算法的计算过程大为简化,对于只有一路信号极化的情况,原来的乘法运算可简化为加法运算;如果两路信号都极化,则用同或门可以实现乘法运算,如第 6 章中所述。

表 7-1 LMS 算法及其简化方式对比

算　法	加权系数向量的调整量	收敛速度取决因素
LMS	$e(k)\boldsymbol{X}(k)$	输入信号功率
导向式(pilot)	$\boldsymbol{X}(k)\mathrm{sgn}[e(k)]$	输入信号幅度
截断数据(clipped data)LMS	$\mathrm{sgn}[\boldsymbol{X}(k)]e(k)$	输入信号幅度
过零驱动(zero forcing)	$\mathrm{sgn}[\boldsymbol{X}(k)]\mathrm{sgn}[e(k)]$	输入信号过零

限于篇幅,下面只对导向式算法进行分析。这种符号算法是将误差信号 $e(k)$ 量化为 1 bit,即只取其符号参与运算,递推公式为

$$\boldsymbol{h}(k+1)=\boldsymbol{h}(k)+\alpha\boldsymbol{X}(k)\mathrm{sgn}[e(k)] \tag{7-118}$$

式中,α 为步长系数,$\mathrm{sgn}[\cdot]$表示符号函数

$$\mathrm{sgn}[e(k)]=\begin{cases}+1, & \text{当 } e(k)\geqslant 0\\ -1, & \text{当 } e(k)<0\end{cases} \tag{7-119}$$

$$e(k)=y(k)-\boldsymbol{X}^{\mathrm{T}}(k)\boldsymbol{h}(k) \tag{7-120}$$

这种符号算法的实质是,用符号函数 $\mathrm{sgn}[e(k)]=e(k)/|e(k)|$ 代替原来 LMS 算法中的 $e(k)$,$e(k)$ 的幅度不再对加权系数向量的调整量起作用,只用 $e(k)$ 的符号来确定调整的方向,因此这种符号算法叫做导向式算法。

在导向式算法中,每次迭代对 $\boldsymbol{h}(k)$ 的调整量大小只取决于 $\boldsymbol{X}(k)$ 各分量的幅度,调整的方向由 $e(k)$ 的符号和 $\boldsymbol{X}(k)$ 各分量的符号共同确定。如果步长系数 α 的取值为 2 的负整数次幂,那么把 $\boldsymbol{X}(k)$ 的各分量移位,再与 $\boldsymbol{h}(k)$ 的各分量相加(或相减),就完成了一次递推更新过程,从而使算法的计算过程大为简化,而且便于用硬件实现。

下面证明导向式算法的收敛性。

首先定义准则函数 ε 为平均绝对值误差(mean absolute error,MAE)

$$\varepsilon = E\,|e(k)| = E\,|y(k) - \boldsymbol{X}^{\mathrm{T}}(k)\boldsymbol{h}(k)| \tag{7-121}$$

在许多应用中，平均绝对值误差 $E|e(k)|$ 也是算法性能的一种合理测度。当 $x(k)$ 和 $y(k)$ 为平稳信号，而且具有有限的二阶矩时，该准则函数有限，且独立于时间序列号 k。

由式(7-121)可知，ε 是一个顶端向下的凸形曲面，因此至少存在一个最优加权系数向量 $\boldsymbol{h}^*$，该向量可以使准则函数 ε 达到其最小值，即

$$\varepsilon_{\min} = E\,|y(k) - \boldsymbol{X}^{\mathrm{T}}(k)\boldsymbol{h}^*| \tag{7-122}$$

令

$$\Delta\boldsymbol{h}(k) = \boldsymbol{h}(k) - \boldsymbol{h}^* \tag{7-123}$$

将式(7-118)两边减去 $\boldsymbol{h}^*$，并将式(7-123)代入，得

$$\Delta\boldsymbol{h}(k+1) = \Delta\boldsymbol{h}(k) + \alpha\boldsymbol{X}(k)\mathrm{sgn}[e(k)] \tag{7-124}$$

对式(7-124)的两边取范数的平方，得

$$\begin{aligned}\|\Delta\boldsymbol{h}(k+1)\|^2 &= \|\Delta\boldsymbol{h}(k)\|^2 + 2\alpha\boldsymbol{X}^{\mathrm{T}}(k)\Delta\boldsymbol{h}(k)\mathrm{sgn}[e(k)] + \alpha^2\|\boldsymbol{X}(k)\|^2 \\ &= \|\Delta\boldsymbol{h}(k)\|^2 + 2\alpha\{[\boldsymbol{X}^{\mathrm{T}}(k)\Delta\boldsymbol{h}(k) - \varepsilon(k)]\mathrm{sgn}[e(k)]\} + \\ &\quad 2\alpha\varepsilon(k)\mathrm{sgn}[e(k)] + \alpha^2\|\boldsymbol{X}(k)\|^2\end{aligned} \tag{7-125}$$

式中

$$\varepsilon(k) = y(k) - \boldsymbol{X}^{\mathrm{T}}(k)\boldsymbol{h}^* \tag{7-126}$$

对比式(7-122)与式(7-126)可知

$$E[\varepsilon(k)] = \varepsilon_{\min} \tag{7-127}$$

由式(7-123)和式(7-126)可得

$$\boldsymbol{X}^{\mathrm{T}}(k)\Delta\boldsymbol{h}(k) - \varepsilon(k) = \boldsymbol{X}^{\mathrm{T}}(k)\boldsymbol{h}(k) - y(k) = -e(k)$$

将上式代入式(7-125)，得

$$\begin{aligned}\|\Delta\boldsymbol{h}(k+1)\|^2 &= \|\Delta\boldsymbol{h}(k)\|^2 - 2\alpha\,|e(k)| + 2\alpha\varepsilon(k)\mathrm{sgn}[e(k)] + \alpha^2\|\boldsymbol{X}(k)\|^2 \\ &\leqslant \|\Delta\boldsymbol{h}(k)\|^2 - 2\alpha\,|e(k)| + 2\alpha\,|\varepsilon(k)| + \alpha^2\|\boldsymbol{X}(k)\|^2\end{aligned} \tag{7-128}$$

对式(7-128)两边取数学期望，并考虑式(7-127)的结果，得

$$E\|\Delta\boldsymbol{h}(k+1)\|^2 \leqslant E\|\Delta\boldsymbol{h}(k)\|^2 - 2\alpha E\,|e(k)| + 2\alpha\varepsilon_{\min} + 2\alpha^2 P_x \tag{7-129}$$

式中

$$P_x = E\|\boldsymbol{X}(k)\|^2/2 \tag{7-130}$$

表征输入信号 $x(k)$ 的功率。

将式(7-129)向后迭代 $k-1$ 步，并考虑到 $E\|\Delta\boldsymbol{h}(1)\|^2 = \|\Delta\boldsymbol{h}(1)\|^2$，得

$$E\|\Delta\boldsymbol{h}(k+1)\|^2 \leqslant E\|\Delta\boldsymbol{h}(1)\|^2 - 2\alpha\sum_{j=1}^{k}E\,|e(j)| + 2\alpha k(\varepsilon_{\min} + \alpha P_x) \tag{7-131}$$

考虑到式(7-131)的左边非负，即

$$E\|\Delta\boldsymbol{h}(k+1)\|^2 \geqslant 0$$

可得

$$\frac{1}{k}\sum_{j=1}^{k}E\,|e(j)| \leqslant \frac{\|\Delta h(1)\|^2}{2\alpha k} + \varepsilon_{\min} + \alpha P_x \tag{7-132}$$

当迭代次数 k 很大时，式(7-132)右边的第 1 项趋向于零，得

$$\lim_{k\to\infty}\left[\frac{1}{k}\sum_{j=1}^{k}E\,|e(j)|\right] \leqslant \varepsilon_{\min} + \alpha P_x \tag{7-133}$$

式(7-133)的左边就是平均绝对值误差 MAE，由式 (7-133)可得

$$\text{MAE} \leqslant \varepsilon_{\min} + \alpha P_x \tag{7-134}$$

式(7-134)说明，对于任何初始的加权系数向量 $\boldsymbol{h}(1)$ 和任何正的步长因子 α，当迭代次数 k 很大时，式(7-118)所表示的导向式算法，可以使平均绝对值误差收敛到准则函数最小值 $\varepsilon_{\min}$ 的一个小的邻域之内，该邻域的半径取决于步长因子 α 和输入信号功率 $P_x = E\|\boldsymbol{X}(k)\|^2/2$。

导向式算法具有以下特点：

(1) 算法简单，运行速度快。

(2) 与 LMS 算法一样，不需要预先知道信号的统计特性。

(3) 用于调整更新加权系数向量的准则函数已不再是均方误差 $E[e^2(k)]$，而是平均绝对值误差 $E|e(k)|$。因此导向式算法已不再属于 LMS 算法。

(4) 误差信号量化为 1 bit 不会导致算法不稳定。相反，当输入信号为平稳的高斯型信号时，对于任何步长因子 $\alpha>0$，导向式算法都能随机收敛。而对于 LMS 算法，当步长因子 μ 取值太大时，算法可能不稳定或不收敛。

(5) 收敛速度为线性收敛，而不是指数式收敛，因此，当误差信号 $e(k)$ 幅度较大时，导向式算法的收敛速度慢于 LMS 算法；而当 $e(k)$ 幅度较小时，导向式算法的收敛速度快于 LMS 算法。这是因为，在导向式算法中，误差信号的幅度 $|e(k)|$ 对调整更新 $\boldsymbol{h}(k)$ 的步长已不再起作用，而在 LMS 算法中，调整更新 $\boldsymbol{h}(k)$ 的步长正比于 $|e(k)|$。

(6) 当迭代次数 k 趋向于无穷大时，误差绝对值 $|e(k)|$ 的均值收敛到 $\varepsilon_{\min}+\alpha P_x$。所以 $\boldsymbol{h}(k)$ 不是准确收敛到最佳值 $\boldsymbol{h}^*$，而是收敛到 $\boldsymbol{h}^*$ 的一个小邻域之内，邻域半径取决于 α 及 $x(k)$ 的平均功率 P_x。只要 α 选择得足够小，就可以使 $\boldsymbol{h}(k)$ 的期望值与 $\boldsymbol{h}^*$ 接近到所希望的程度。上述结论可以用公式表示为[34]

$$\lim_{k\to\infty} P\{\|\boldsymbol{h}(k)-\boldsymbol{h}^*\| > \beta\} \leqslant \alpha P_x/Q \tag{7-135}$$

式中，$P\{\cdot\}$ 表示概率，Q 为取决于 β 的正数，P_x 的定义见式(7-130)。式(7-135)表明，通过选择足够小的步长系数 α，当迭代次数 k 足够大时，加权系数向量 $\boldsymbol{h}(k)$ 位于最优解 $\boldsymbol{h}^*$ 的任意小的邻域内的概率可以任意接近于 1。

除上述各类自适应算法外，递推最小二乘(RLS)算法在信号处理和系统辨识领域得到非常广泛的应用。RLS 算法的性能优于各类 LMS 算法，但运算量要比 LMS 算法大很多。当今时代计算机运算速度日益提高，在大部分应用中运算量不构成太大问题。涉及 RLS 算法的文献资料非常多，本书不再予以介绍。

7.5 卡尔曼滤波

维纳滤波方程式(7-14)是一种批量算法，适合于对有限数据离线运算。当每个新的采样数据到来时，为了得到维纳最优解，就需要再计算一次式(7-14)中的自相关函数和互相关函数矩阵，而且涉及矩阵的求逆，这对于处理实时数据是不适宜的。前面介绍的最陡下降法和 LMS 算法采用递推算法，是解决这一问题的良好方案，这些方法都是根据上次输出值递推计算出本次输出值。但是，这些方法很难推广到多输入多输出的情况。

1960 年，卡尔曼发表了他著名的用递推方法解决离散数据线性滤波问题的论文[40]。他把状态空间模型引入滤波理论，并导出了一套递推估计算法，后人称之为卡尔曼滤波

(Kalman Filtering)。得益于数字计算技术的进步，卡尔曼滤波得以迅速推广和应用。卡尔曼滤波由一系列递推数学公式描述，它们提供了一种高效可计算的方法来估计过程的状态，并使估计的均方误差最小。卡尔曼滤波应用广泛且功能强大，它可以估计信号的过去和当前状态，甚至能估计将来的状态，即使并不知道模型的确切性质。

卡尔曼滤波是以最小均方误差作为估计的最佳准则，来寻求一套递推估计的算法，其基本思想是：采用信号与噪声的状态空间模型，利用前一时刻的估计值和现时刻的测量值来更新对状态变量的估计，求出现时刻的估计值。它适合于实时处理和计算机运算。

卡尔曼滤波的实质是由测量值重构系统的状态向量。它以“预测-实测-修正”的顺序递推，根据系统的测量值来消除随机干扰，再现系统的状态，或根据系统的测量值从被污染的系统中恢复系统或信号的本来面目。卡尔曼滤波的应用领域很广泛，包括机器人导航、控制、传感器数据融合、雷达系统以及导弹跟踪等，近年来更被应用于计算机图像处理，例如人脸识别、图像分割、图像边缘检测等。在微弱信号检测领域，卡尔曼滤波也是从噪声中提取信号的一种有效方法。

7.5.1 标量信号的卡尔曼滤波

1. 信号产生模型与观测模型

卡尔曼滤波和预测是一种模型化的参数估计方法，其基础是信号产生过程的自回归(AR)模型。由白噪声激励的一阶 AR 信号产生模型如图 7-12(a)所示，可表示为

$$x(k) = ax(k-1) + w(k-1) \tag{7-136}$$

式中的 $w(k)$ 为零均值白噪声，其方差为 σ_w^2，即

$$E[w(k)] = 0$$
$$E[w(k)w(j)] = \begin{cases} 0, & k \neq j \\ \sigma_w^2, & k = j \end{cases} \tag{7-137}$$

数据测量模型如图 7-12(b)所示，可表示为

$$y(k) = cx(k) + v(k) \tag{7-138}$$

式中，$y(k)$ 为测量值，c 为测量增益，$v(k)$ 为测量噪声。$v(k)$ 也是白噪声，其方差为 σ_v^2，$v(k)$ 与 $w(k)$ 互不相关。

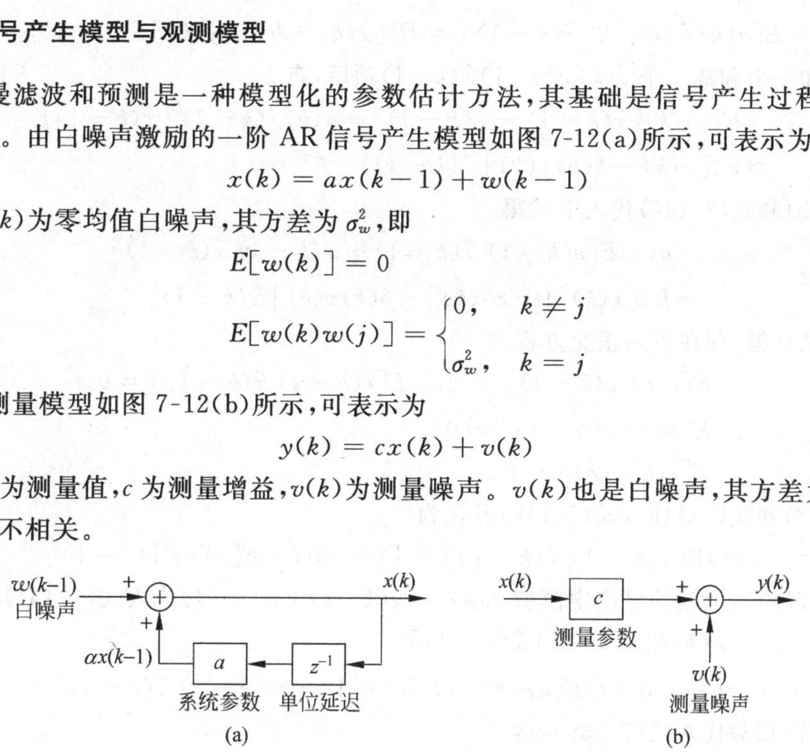

图 7-12 一阶 AR 信号模型与观测模型

(a) 信号产生模型；(b) 数据测量模型

2. 标量信号的卡尔曼滤波

基于式(7-136)和式(7-138)的模型，对 $x(k)$ 进行估计的递推算法如下

$$\hat{x}(k) = a(k)\hat{x}(k-1) + b(k)y(k) \tag{7-139}$$

上式右边的第一项表示对上一次估计结果的加权,加权系数为 $a(k)$;第二项表示对当前测量值的加权,加权系数为 $b(k)$。下面推演 $a(k)$和 $b(k)$之间的关系。

为了实现最优估计,就需要求出能够使估计值$\hat{x}(k)$达到最小均方误差的 $a(k)$和 $b(k)$。定义误差为

$$e(k) = \hat{x}(k) - x(k) \tag{7-140}$$

则均方误差定义为

$$\begin{aligned} p(k) &= E[e(k)]^2 = E[\hat{x}(k) - x(k)]^2 \\ &= E[a(k)\hat{x}(k-1) + b(k)y(k) - x(k)]^2 \end{aligned} \tag{7-141}$$

为了求出使均方误差达到最小的 $a(k)$和 $b(k)$关系,令

$$\frac{\partial p(k)}{\partial a(k)} = 0, \quad \frac{\partial p(k)}{\partial b(k)} = 0 \tag{7-142}$$

可得

$$E\{[a(k)\hat{x}(k-1) + b(k)y(k) - x(k)]\hat{x}(k-1)\} = 0 \tag{7-143}$$

$$E\{[a(k)\hat{x}(k-1) + b(k)y(k) - x(k)]y(k)\} = 0 \tag{7-144}$$

由式(7-143)可得

$$E[a(k)\hat{x}(k-1)\hat{x}(k-1)] = E\{[x(k) - b(k)y(k)]\hat{x}(k-1)\} \tag{7-145}$$

上式左边加一个和减一个 $a(k)x(k-1)\hat{x}(k-1)$项后,有

$$\begin{aligned} &E\{[a(k)[\hat{x}(k-1) - x(k-1)] + a(k)x(k-1)]\hat{x}(k-1)\} \\ &= E\{[x(k) - b(k)y(k)]\hat{x}(k-1)\} \end{aligned} \tag{7-146}$$

将式(7-138)和式(7-140)代入上式得

$$\begin{aligned} &a(k)E[e(k-1)\hat{x}(k-1) + x(k-1)\hat{x}(k-1)] \\ &= E\{[x(k)[1 - cb(k)] - b(k)v(k)]\hat{x}(k-1)\} \end{aligned} \tag{7-147}$$

对于最优估计器,存在下列正交方程

$$E[e(k)\hat{x}(k-1)] = 0, \quad E[e(k-1)\hat{x}(k-1)] = 0 \tag{7-148}$$

$$E[v(k)\hat{x}(k-1)] = 0 \tag{7-149}$$

$$E[e(k)y(k)] = 0 \tag{7-150}$$

由式(7-148)和式(7-149),式(7-147)可化为

$$a(k)E[x(k-1)\hat{x}(k-1)] = [1 - cb(k)]E[x(k)\hat{x}(k-1)] \tag{7-151}$$

将式(7-136)所表示的信号产生模型 $x(k) = ax(k-1) + w(k-1)$代入式(7-151),得

$$\begin{aligned} &a(k)E[x(k-1)\hat{x}(k-1)] \\ &= [1 - cb(k)]E[ax(k-1)\hat{x}(k-1) + w(k-1)\hat{x}(k-1)] \end{aligned} \tag{7-152}$$

将式(7-138)代入式(7-139),得

$$\hat{x}(k) = a(k)\hat{x}(k-1) + cb(k)x(k) + b(k)v(k) \tag{7-153}$$

将式(7-136) 代入式(7-153),得

$$\hat{x}(k) = a(k)\hat{x}(k-1) + acb(k)x(k-1) + cb(k)w(k-1) + b(k)v(k) \tag{7-154}$$

$$\begin{aligned} \hat{x}(k-1) = {} & a(k-1)\hat{x}(k-2) + acb(k-1)x(k-2) \\ & + cb(k-1)w(k-2) + b(k-1)v(k-1) \end{aligned} \tag{7-155}$$

式(7-155)右边的各项均与 $w(k-1)$ 不相关，故它们与 $w(k-1)$ 乘积的均值为零，可得

$$E[\hat{x}(k-1)w(k-1)] = 0 \tag{7-156}$$

将式(7-156)代入式(7-152)，得

$$a(k)E[x(k-1)\,\hat{x}(k-1)] = [1-cb(k)]E[ax(k-1)\,\hat{x}(k-1)] \tag{7-157}$$

由式(7-157)可得

$$a(k) = a[1-cb(k)] \tag{7-158}$$

这就是使均方误差达到最小的 $a(k)$ 和 $b(k)$ 的关系。将式(7-158)代入式(7-139)，得

$$\hat{x}(k) = a\,\hat{x}(k-1) + b(k)[y(k) - ac\,\hat{x}(k-1)] \tag{7-159}$$

式(7-159)表示标量信号的卡尔曼滤波递推算法，它不仅消除了 $a(k)$，而且具有明显的物理意义。式中右边的第一项是根据先前的测量数据对 $x(k)$ 的预测，第二项是修正项，它取决于新的测量值 $y(k)$ 与预测值之差。$b(k)$ 称为卡尔曼增益。

实现式(7-159)算法的方框图示于图 7-13。

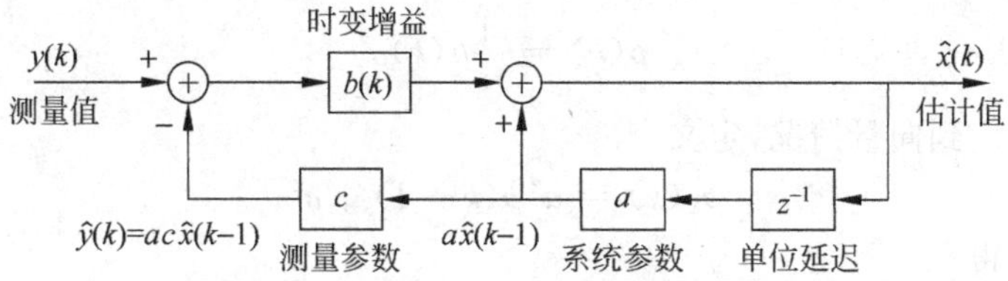

图 7-13　标量信号卡尔曼滤波方框图

3. 均方误差和卡尔曼增益的推演

式(7-159)所示卡尔曼滤波算法在每次递推中都需要计算时变的卡尔曼增益 $b(k)$。为了推演 $b(k)$ 的计算公式，由式(7-141)可得均方误差为

$$p(k) = E[e(k)]^2 = E[\hat{x}(k) - x(k)]^2 = E\{e(k)[\hat{x}(k) - x(k)]\} \tag{7-160}$$

将式(7-139)代入式(7-160)，得

$$p(k) = E\{e(k)[a(k)\,\hat{x}(k-1) + b(k)y(k) - x(k)]\} \tag{7-161}$$

将正交方程式(7-148)和式(7-150)代入式(7-161)，得

$$p(k) = -E[e(k)x(k)] \tag{7-162}$$

将测量模型式(7-138)代入式(7-162)，并考虑到正交方程 $E[e(k)y(k)]=0$，得

$$p(k) = \frac{1}{c}E[e(k)v(k)] \tag{7-163}$$

将 $e(k)=\hat{x}(k)-x(k)$ 代入式(7-163)，并用式(7-139)右边代替 $\hat{x}(k)$，得

$$p(k) = \frac{1}{c}E[a(k)\,\hat{x}(k-1)v(k) + b(k)y(k)v(k) - x(k)v(k)] \tag{7-164}$$

式(7-164)右边的三项中，考虑到 $E[\hat{x}(k-1)v(k)]$ 和 $E[x(k)v(k)]$ 均值为零，只剩一项，即

$$p(k) = \frac{1}{c}b(k)E[y(k)v(k)] = \frac{1}{c}b(k)\sigma_v^2 \tag{7-165}$$

故有

$$b(k) = cp(k)/\sigma_v^2 \tag{7-166}$$

式中的 $\sigma_v^2 = E[v(k)]^2$。

下面再来讨论均方误差。将式(7-159)代入均方误差公式，得

$$p(k)=E[\hat{x}(k)-x(k)]^2=E\{a\,\hat{x}(k-1)+b(k)[y(k)-ac\,\hat{x}(k-1)]-x(k)\}^2 \tag{7-167}$$

利用式(7-138)和式(7-136),由式(7-167)可推演出

$$p(k)=E\{a[1-cb(k)]e(k-1)-[1-cb(k)]w(k-1)+b(k)v(k)\}^2 \tag{7-168}$$

由于 $e(k-1)$、$w(k-1)$和 $v(k)$互不相关,所以式(7-168)中的交叉乘积项的均值为零,故有

$$p(k)=a^2[1-cb(k)]^2p(k-1)-[1-cb(k)]^2\sigma_w^2+b^2(k)\sigma_v^2 \tag{7-169}$$

式中,$p(k-1)=E\ [e(k-1)]^2$,$\sigma_w^2=E[w(k-1)]^2$,$\sigma_v^2=E\ [v(k)]^2$。将式(7-165)代入式(7-169),得

$$b(k)\{\sigma_v^2+c^2[a^2p(k-1)+\sigma_w^2]\}=c[a^2p(k-1)+\sigma_w^2] \tag{7-170}$$

由式(7-170)解得

$$b(k)=\frac{c[a^2p(k-1)+\sigma_w^2]}{\sigma_v^2+c^2\sigma_w^2+c^2a^2p(k-1)} \tag{7-171}$$

注意首先根据 $p(k-1)$由式(7-171)计算得出 $b(k)$,之后再由式(7-165)计算出均方误差 $p(k)$

$$p(k)=\frac{1}{c}b(k)\sigma_v^2 \tag{7-172}$$

为了便于推广到向量情况,定义

$$p_1(k)=a^2p(k-1)+\sigma_w^2 \tag{7-173}$$

代入式(7-171),得

$$b(k)=\frac{cp_1(k)}{c^2p_1(k)+\sigma_v^2} \tag{7-174}$$

将式(7-174)代入式(7-172),均方误差可改写为

$$p(k)=p_1(k)[1-cb(k)] \tag{7-175}$$

式(7-173)~式(7-175) 和式(7-159)组合成标量卡尔曼滤波的递推公式。

在卡尔曼滤波开始工作时,需要一个起始估计值$\hat{x}(0)$开始递推运算。这个起始值可以用第一个观测值 $y(0)$来代替,也可以根据经验确定。为了使收敛过程加速,还可以使用一个最佳起始值,它就是使得

$$p(0)=E[\hat{x}(0)-x(k)]^2$$

取得最小值时的$\hat{x}(0)$,于是有

$$\frac{\partial p(0)}{\partial\,\hat{x}(0)}=2E[\hat{x}(0)-x(k)]=0$$

即

$$\hat{x}(0)=E[x(k)]$$

这也就是 $x(k)$的均值。

例 7-1 对固定电压 $x=-0.377\,27\text{V}$ 进行检测,检测结果叠加了高斯分布的白噪声,噪声的有效值(RMS 值)为 0.1V。用卡尔曼滤波处理测量结果。

解:信号产生模型可表示为

$$x(k)=ax(k-1)+w(k-1)$$

因为被测量为固定电压,所以 $a=1$,$w(k-1)=0$,$\sigma_w^2=0$。

测量模型可表示为

$$y(k)=cx(k)+v(k)$$

设测量装置的增益为 1,即 $c=1$。由已知条件可得 $\sigma_v^2=0.01\text{V}^2$。

在上述情况下，标量卡尔曼滤波公式可简化为

$$b(k)=\frac{p(k-1)}{R+p(k-1)} \tag{7-176}$$

$$\hat{x}(k)=\hat{x}(k-1)+b(k)[y(k)-\hat{x}(k-1)] \tag{7-177}$$

$$p(k)=[1-b(k)]\,p(k-1) \tag{7-178}$$

式(7-176)中的 R 是对 σ_v^2 的估计值。

因为对 $E[x(k)]$ 无先验知识，选 $\hat{x}(0)=0\text{V}$。$p(0)$ 的选择并不关键，几乎任何 $p(0)\neq 0$ 都会使滤波器最终收敛。在这里我们选择 $p(0)=1\text{V}^2$。预先对 σ_v^2 无先验知识，只能根据经验选择 R。如果所选 R 正好为 0.01V^2，经过 50 次迭代，卡尔曼滤波结果如图 7-14(a)所示。如果选择 $R=1\text{V}^2$，卡尔曼滤波结果如图 7-14(b)所示。图中的“+”表示含噪声的测量值 $y(k)$，横直线表示变量的真值 $x=-0.377\,27\text{V}$，实曲线表示滤波输出结果 $\hat{x}(k)$。可见，当所选 R 较大时，收敛速度变慢，但估计结果的方差减小。而且，虽然所选 $\hat{x}(0)=0\text{V}$ 不同于最佳起始值 $E[x(k)]$，经过为数不多的若干次递推，估计值能够较快地趋近被测值 x。

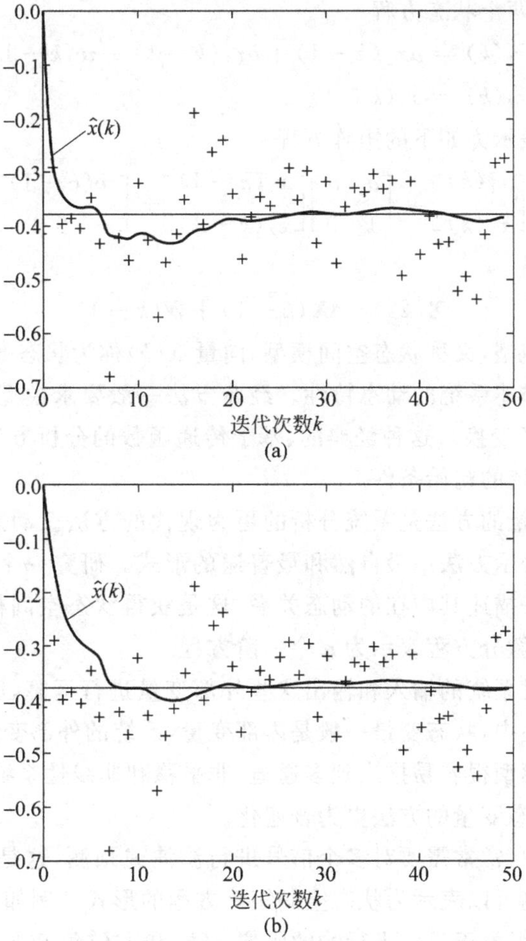

图 7-14 对叠加了白噪声的固定电压测量值的卡尔曼滤波结果

(a) $R=0.01\text{V}^2$；(b) $R=1\text{V}^2$

7.5.2 向量信号的卡尔曼滤波

1. 信号的状态空间表示方法

实际应用中，常常发现一阶自回归信号模型不能够适当地表征物理过程的特性，很可能需要高阶 AR 模型。

将 7.5.1 节中所描述的卡尔曼滤波中的标量用向量替换，就能适用于高阶情况。下面的例子可以说明这种替换。

最简单的例子是二阶自回归信号模型，其定义为

$$x(k) = ax(k-1) + bx(k-2) + w(k-1) \tag{7-179}$$

通过定义状态变量

$$x_1(k) = x(k), \quad x_2(k) = x(k-1)$$

式(7-179)可以改写为两个状态方程

$$x_1(k) = ax_1(k-1) + bx_2(k-1) + w(k-1) \tag{7-180}$$

$$x_2(k) = x_1(k-1) \tag{7-181}$$

上面的两个公式可以表示为如下的矩阵方程

$$\begin{bmatrix} x_1(k) \\ x_2(k) \end{bmatrix} = \begin{bmatrix} a & b \\ 1 & 0 \end{bmatrix} \begin{bmatrix} x_1(k-1) \\ x_2(k-1) \end{bmatrix} + \begin{bmatrix} w(k-1) \\ 0 \end{bmatrix} \tag{7-182}$$

或

$$\boldsymbol{X}(k) = \boldsymbol{AX}(k-1) + \boldsymbol{W}(k-1) \tag{7-183}$$

这是矩阵形式的信号模型，又称状态空间模型，向量 $\boldsymbol{X}(k)$ 称为状态变量。

通常用数学模型描述系统的动态特性。经典方法一般要求模型是线性时不变的，以便应用拉普拉斯变换和 Z 变换。这种经典的、基于传递函数的分析方法并不能体现系统的所有信息，例如忽略了系统的初始条件。

相比之下，状态变量的方法是系统分析的更为现代的方法。动态系统的状态空间模型大概是物理系统数学表示方法中最自然和最普遍的形式。研究一个物理过程的数学模型，并写出一组微分方程来描述其内在的动态关系，这是获得状态空间模型的第一步。利用状态变量，可以将 n 阶的微分方程表示为 n 个一阶方程。

传递函数方法是对系统的输入和输出这些外部变量进行运算，所以又叫做输入输出模型。而在状态空间模型中，状态变量一般是内部变量，系统的外部变量可以由这些内部变量重构出来。状态空间模型很容易推广到多通道、非平稳和非线性系统。可以说，传递函数的方法更容易使用，而状态变量的方法更为普遍化。

在大量实际问题中，常常需要对多个信号进行滤波或预测，这是多输入多输出的情况，这种情况的物理模型也可以表示为状态空间矩阵方程的形式。例如，在雷达跟踪问题中，每隔时间 T，雷达提供一组关于目标飞行物的距离 $r(k)$ 和方位角 $\theta(k)$ 的有噪声测量数据，测量方程可表示为

$$y_1(k) = r(k) + v_1(k) \tag{7-184}$$

$$y_2(k) = \theta(k) + v_2(k) \tag{7-185}$$

令时刻 k 目标飞行物的径向速度为$\dot{r}(k)$，方位角的变化率(即角速度)为 $\dot{\theta}(k)$，已知信号模型为

$$r(k)=r(k-1)+T\dot{r}(k-1) \tag{7-186}$$

$$\dot{r}(k)=\dot{r}(k-1)+w_1(k-1) \tag{7-187}$$

$$\theta(k)=\theta(k-1)+T\dot{\theta}(k-1) \tag{7-188}$$

$$\dot{\theta}(k)=\dot{\theta}(k-1)+w_2(k-1) \tag{7-189}$$

令 $x_1(k)=r(k)$，$x_2(k)=\dot{r}(k)$，$x_3(k)=\theta(k)$，$x_4(k)=\dot{\theta}(k)$，则式(7-186)～式(7-189)可以表示为如下向量形式的状态空间模型

$$\begin{bmatrix}x_1(k)\\x_2(k)\\x_3(k)\\x_4(k)\end{bmatrix}=\begin{bmatrix}1&T&0&0\\0&1&0&0\\0&0&1&T\\0&0&0&1\end{bmatrix}\begin{bmatrix}x_1(k-1)\\x_2(k-1)\\x_3(k-1)\\x_4(k-1)\end{bmatrix}+\begin{bmatrix}0\\w_1(k-1)\\0\\w_2(k-1)\end{bmatrix} \tag{7-190}$$

或

$$\boldsymbol{X}(k)=\boldsymbol{A}\boldsymbol{X}(k-1)+\boldsymbol{W}(k-1) \tag{7-191}$$

式中的 $\boldsymbol{X}(k)$称为状态向量，$\boldsymbol{A}$ 称为状态转移矩阵，$\boldsymbol{W}(k-1)$称为过程噪声向量。如果状态向量 $\boldsymbol{X}(k)$为 n 维，则 $\boldsymbol{A}$ 为 $n\times n$ 维矩阵。

测量方程式(7-184)～式(7-185)也可以表示为如下向量形式的测量方程模型

$$\begin{bmatrix}y_1(k)\\y_2(k)\end{bmatrix}=\begin{bmatrix}1&0&0&0\\0&0&1&0\end{bmatrix}\begin{bmatrix}x_1(k)\\x_2(k)\\x_3(k)\\x_4(k)\end{bmatrix}+\begin{bmatrix}v_1(k)\\v_2(k)\end{bmatrix} \tag{7-192}$$

或

$$\boldsymbol{Y}(k)=\boldsymbol{C}\boldsymbol{X}(k)+\boldsymbol{V}(k) \tag{7-193}$$

式中的$\boldsymbol{Y}(k)$称为测量向量，$\boldsymbol{C}$ 称为观测系数矩阵，$\boldsymbol{V}(k)$称为测量噪声向量。如果 $\boldsymbol{Y}(k)$为 m 维向量，则 $\boldsymbol{C}$ 为 $m\times n$ 维矩阵，它表示从状态变量 $\boldsymbol{X}(k)$到测量变量$\boldsymbol{Y}(k)$的增益。$\boldsymbol{V}(k)$的维数与$\boldsymbol{Y}(k)$相同。

2. 向量信号的卡尔曼滤波

基于式(7-191)所示状态空间模型和式(7-193)所示测量方程，注意到式(7-191)、式(7-193) 与式(7-136)、式(7-138)的相似性，类似于标量信号情况，以使得误差协方差矩阵 $\boldsymbol{P}(k)=E[\boldsymbol{e}(k)\boldsymbol{e}^{\mathrm{T}}(k)]$达到最小为目的，同样可以推导出向量信号的卡尔曼滤波公式如下：

滤波器增益

$$\boldsymbol{K}(k)=\boldsymbol{P}_1(k)\boldsymbol{C}^{\mathrm{T}}[\boldsymbol{C}\boldsymbol{P}_1(k)\boldsymbol{C}^{\mathrm{T}}+\boldsymbol{R}(k)]^{-1} \tag{7-194}$$

式中

$$\boldsymbol{P}_1(k)=\boldsymbol{A}\boldsymbol{P}(k-1)\boldsymbol{A}^{\mathrm{T}}+\boldsymbol{Q}(k-1) \tag{7-195}$$

估计器

$$\hat{\boldsymbol{X}}(k)=\boldsymbol{A}\hat{\boldsymbol{X}}(k-1)+\boldsymbol{K}(k)[\boldsymbol{Y}(k)-\boldsymbol{C}\boldsymbol{A}\hat{\boldsymbol{X}}(k-1)] \tag{7-196}$$

误差协方差矩阵

$$\boldsymbol{P}(k)=\boldsymbol{P}_1(k)-\boldsymbol{K}(k)\boldsymbol{C}\boldsymbol{P}_1(k)=[\boldsymbol{I}-\boldsymbol{K}(k)\boldsymbol{C}]\boldsymbol{P}_1(k) \tag{7-197}$$

式中，$\boldsymbol{R}(k)=E[\boldsymbol{V}(k)\boldsymbol{V}^{\mathrm{T}}(k)]$是观测噪声协方差矩阵，$\boldsymbol{Q}(k)=E[\boldsymbol{W}(k)\boldsymbol{W}^{\mathrm{T}}(k)]$表示系统噪声协方差矩阵，当噪声为白噪声时，它们的非对角线元素都为零。$\boldsymbol{P}(k)=E[\boldsymbol{e}(k)\boldsymbol{e}^{\mathrm{T}}(k)]$为误差协方差矩阵，其对角线上的各元素是各误差项的均方值。

相应于标量方程中的$b(k)$，这里的增益矩阵没有采用$\boldsymbol{B}(k)$而是采用$\boldsymbol{K}(k)$，因为这是卡尔曼滤波通常采用的符号，称为卡尔曼增益矩阵，$n\times m$维。由式(7-194)和式(7-195)可知，$\boldsymbol{Q}(k-1)$越大，则$\boldsymbol{K}(k)$越大；$\boldsymbol{R}(k)$越大，则$\boldsymbol{K}(k)$越小，这说明观测噪声增大时，增益应该减小，以削弱观测噪声的影响。

在许多文献中，人们还常用$\boldsymbol{P}(k|k-1)$代替这里的$\boldsymbol{P}_1(k)$，称为预测协方差矩阵。根据式(7-195)，有

$$\boldsymbol{P}(k\mid k-1)=\boldsymbol{A}\boldsymbol{P}(k-1)\boldsymbol{A}^{\mathrm{T}}+\boldsymbol{Q}(k-1) \tag{7-198}$$

此外，还常用$\hat{\boldsymbol{X}}(k|k-1)$表示对$\boldsymbol{X}(k)$的一步预测值。因为式(7-191)中的$\boldsymbol{W}(k-1)$与时刻$k$以前所有的状态都独立，在进行一步预测时可以设式(7-191)中的随机驱动力为零，在没有其他信息加入时，时刻k的预测估计可以表示为

$$\hat{\boldsymbol{X}}(k\mid k-1)=\boldsymbol{A}\hat{\boldsymbol{X}}(k-1) \tag{7-199}$$

根据式(7-196)和式(7-199)，实现向量信号卡尔曼滤波的方框图示于图7-15。

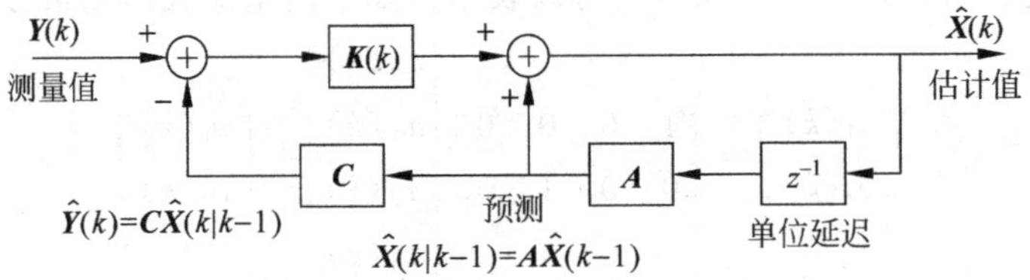

图7-15 向量信号卡尔曼滤波方框图

递推性是卡尔曼滤波的重要特点，在利用计算机处理数据以得到最优估计的过程中，这个特点尤其重要。通过递推，每得到一次新的测量数据，就可以利用原来的估计结果得到新的估计结果，适用于测量数据的实时处理。向量信号卡尔曼滤波算法的递推流程示于图7-16。

卡尔曼滤波可分为两个部分：时间更新方程和测量更新方程。时间更新方程包括式(7-198)和式(7-199)，负责向前推算当前状态变量和误差协方差的预测值，以便为下一个时间的状态构造先验估计。测量更新方程包括式(7-194)、式(7-196)和式(7-197)，负责将先验估计和新的测量变量结合，以构造状态变量和误差协方差的后验估计。时间更新方程也可视为预估方程，测量更新方程可视为校正方程。

初始值$\hat{\boldsymbol{X}}(0)$最好取$E[\boldsymbol{X}(k)]$，如果没有关于$E[\boldsymbol{X}(k)]$的先验知识，也可以设置$\hat{\boldsymbol{X}}(0)=\boldsymbol{0}$，则有$\hat{\boldsymbol{X}}(1)=\boldsymbol{K}(1)\boldsymbol{Y}(1)$，之后递推下去，也能一步步地趋向于最优结果。

计算增益矩阵$\boldsymbol{K}(k)$涉及矩阵的求逆运算，被求逆的矩阵的维数为$m\times m$，m是测量向量$\boldsymbol{Y}(k)$元素的个数。在多数情况中，m都取得较小，例如2到3，不会导致运算成本太高。

在图7-16所示的递推过程中，用到几个预先确定的矩阵，如图中左侧所示。其中的状态转移矩阵$\boldsymbol{A}$和观测系数矩阵$\boldsymbol{C}$分别取决于信号产生和观测的物理模型，它们必须是已经

给定的。此外，系统噪声协方差矩阵 $\boldsymbol{Q}(k)$ 和观测噪声协方差矩阵 $\boldsymbol{R}(k)$ 必须是已知的。但在很多实际系统中，这些矩阵事先不能确切知道，如果根据不确切的模型进行滤波，有可能引起滤波发散。即使滤波开始时所选模型比较符合实际，运行过程中模型参数也可能发生变化。对于这些模型参数未知或时变的情况，需要在滤波计算过程中，一方面利用观测值不断更新预测值，同时还用其他自适应算法对未知的或不确切的系统模型参数和噪声统计参数进行估计和修正，这种与系统特性实时辨识和估计相结合的滤波器称为自适应(或自学习)卡尔曼滤波器。

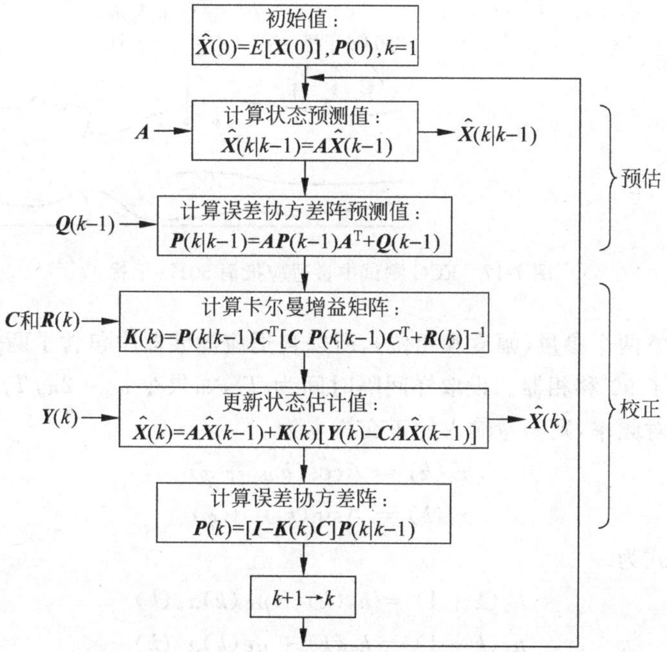

图 7-16 向量信号卡尔曼滤波算法的递推流程图

本节的讨论都是基于自回归(AR)信号产生模型，对于自回归移动平均(ARMA)信号产生模型或其他种类的状态空间模型，只要将上述公式做适当修正，就能得到相应的卡尔曼滤波算法公式。

7.6 自适应滤波器应用

7.6.1 消除心电图的工频干扰

50Hz 交流市电经常对心电图(ECG)波形形成干扰，电磁感应、接地不良及许多其他原因都可能造成这种干扰。利用自适应陷波滤波器可以有效地抑制这种干扰，其优点是能够自动跟踪干扰的频率和相角。如图 7-17 所示，观测信号为心电图前置放大器输出，50Hz 参考输入取自墙上的电源插座，经过适当衰减被输送到自适应噪声抵消器，因而有用信号分量基本不会出现在参考通道中。

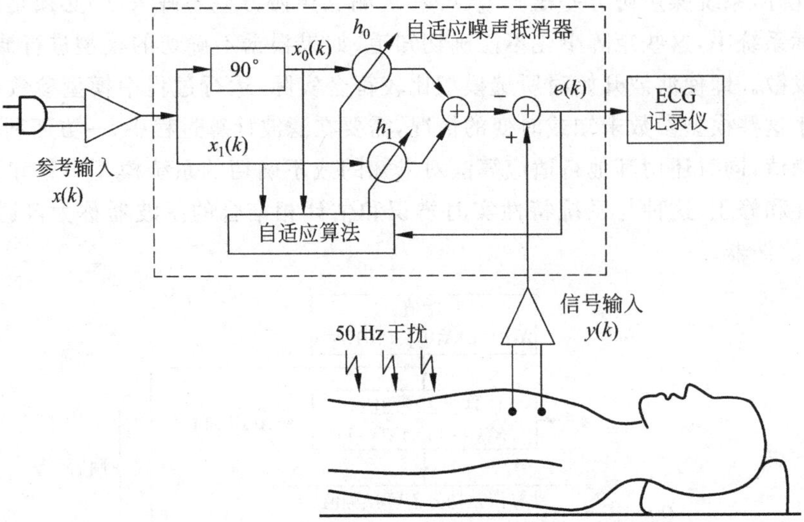

图 7-17　ECG 测试中自适应抵消 50Hz 干扰

因为需要调整两个参量(幅度和相位),所以自适应滤波器中包含了两个变化的权,并在其中的一路加入了 90°移相器。设取样间隔时间为 T_s,如果令 $\omega_0 = 2\pi f T_s$,注意,ω_0 是取决于取样频率的相对频率,则参考输入的正交样本为

$$x_0(k) = A\cos(k\omega_0 + \varphi) \tag{7-200}$$

$$x_1(k) = A\sin(k\omega_0 + \varphi) \tag{7-201}$$

权系数的更新公式为

$$h_0(k+1) = h_0(k) + \mu e(k) x_0(k) \tag{7-202}$$

$$h_1(k+1) = h_1(k) + \mu e(k) x_1(k) \tag{7-203}$$

那么可以从反馈式得到从信号输入到噪声抵消器输出的传递函数为[32]

$$H(z) = \frac{z^2 - 2z\cos\omega_0 + 1}{z^2 - 2(1-\mu A^2) z\cos\omega_0 + 1 - 2\mu A^2} \tag{7-204}$$

式(7-204)中有两个零点和两个极点,在参考频率 ω_0 上有陷波器的特性,其频率响应特性示于图 7-18,滤波器的半功率点带宽为

$$B = 2\mu A^2 (\text{rad/s}) = \frac{\mu A^2}{\pi T_s} \quad (\text{Hz}) \tag{7-205}$$

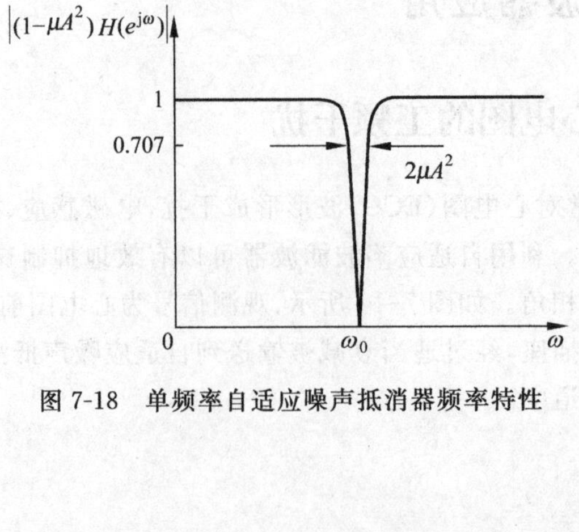

图 7-18　单频率自适应噪声抵消器频率特性

陷波器的品质因数为

$$Q=\frac{\omega_0}{2\mu A^2} \tag{7-206}$$

当参考输入为正弦波时，自适应噪声抵消器等价于稳定的陷波器；当参考输入的频率缓慢变化时，陷波器的阻带中心频率能自适应跟踪这种变化。这种方法可用于许多特别需要滤除交流电源干扰的场合，以及其他存在单频干扰的场合。

7.6.2 胎儿心电图检测

胎儿心电图检测对于评估胎儿发育状况具有重要意义。将心电图仪的电极置于孕妇腹部就可测得胎儿的心电图。但是孕妇自己的心电图往往对胎儿心电图形成很强的干扰，孕妇肌肉运动和胎儿运动也会产生较强的干扰噪声，导致胎儿心电图难于识别。

图 7-19(a)示出胎儿心电图测试的电极配置，孕妇腹部的电极用来检测胎儿的心电图，因为隔着母体，测出的胎儿心电图会很微弱，其中还叠加了母亲的心电图以及其他噪声。在孕妇胸部不同位置分别设置 4 个电极，以得到孕妇本人的心电图。图 7-19(b)为 Widrow 等人采用的自适应消除噪声电路，4 个参考通道连接到 4 个胸部电极，每个通道为具有 32 个非均匀间隔抽头的横向滤波器，总的延时为 129ms。

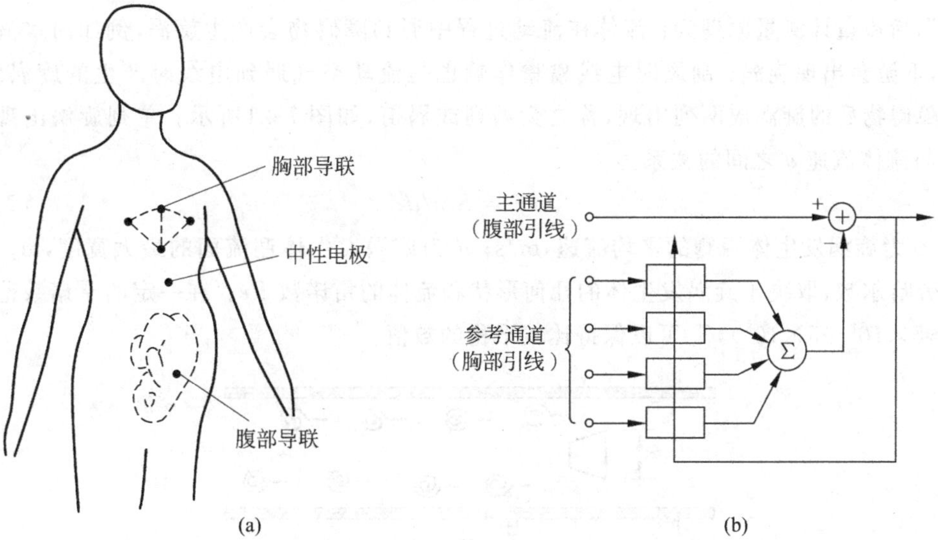

图 7-19 自适应方法消除母体心电图对胎儿心电图的干扰

(a) 电极配置；(b) 自适应噪声抵消电路

图 7-20 是自适应噪声抵消的实验结果，采样频率为 256Hz。图 7-20(a)为胸部电极信号波形，是清晰的母亲心电图波形；图 7-20(b)为腹部电极信号波形，可以看出，胎儿心电图要比母亲心电图微弱得多，这使得鉴别胎儿心电图很困难。经过自适应噪声抵消器抑制母亲心电图信号，在图 7-20(c)中的胎儿心电图变得清晰起来。

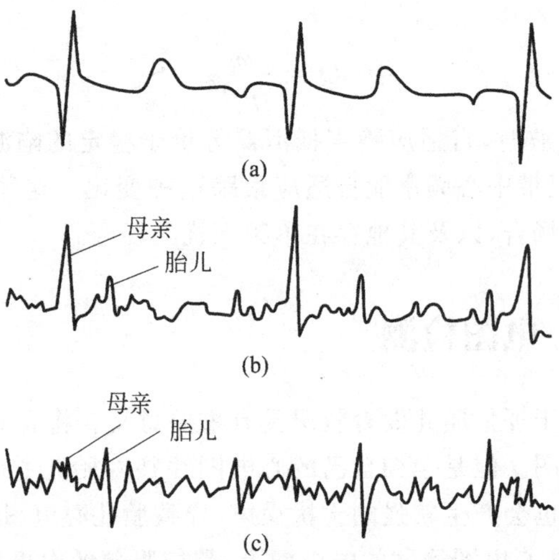

图 7-20　自适应消除母亲心电图对胎儿心电图的干扰

(a) 胸部电极信号波形；(b) 腹部电极信号波形；(c) 自适应消噪输出

7.6.3　涡街流量检测中机械振动噪声的抑制

涡街流量计测量原理为：流体在流动过程中遇到障碍物会产生旋涡，例如河水流过桥墩后，下游会出现旋涡；刮风时电线嗡嗡作响也是流动空气遇到电线时产生的旋涡所致。柱状障碍物后的旋涡成两列出现，称之为涡列或涡街，如图 7-21所示。单列旋涡出现的频率 f 与流体流速 v 之间的关系为

$$f = S_t v/d \tag{7-207}$$

式中，v 为旋涡发生体两侧的平均流速，m/s；d 为旋涡发生体迎流面的最大宽度，m；S_t 为斯特劳哈尔数，取决于旋涡发生体的几何形状和流体的雷诺数 Re。在一定的雷诺数范围内($Re \approx 5\times10^3 \sim 5\times10^5$)，$S_t$ 可以保持比较平稳的数值。

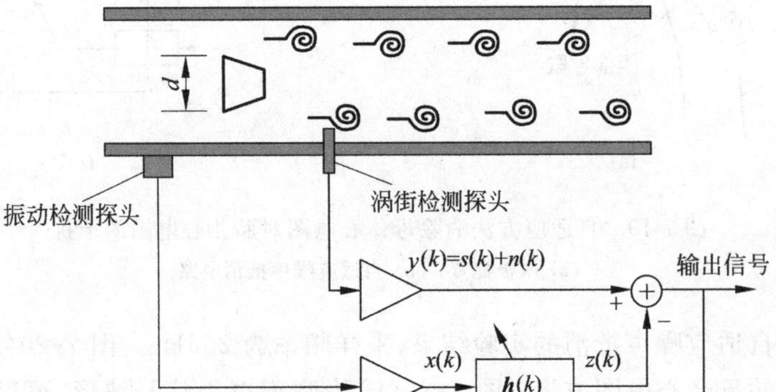

图 7-21　涡街流量检测中自适应抵消管道振动噪声

障碍体的宽度与管径之比 B 对旋涡的形成也有很大影响，各种形状的障碍体都有一个较佳的 B 值，在此 B 值下，流量变化时 S_t 变化较小。例如对于圆形障碍体 $B=0.302\sim0.357$，$S_t=0.21$；对于三角形障碍体 $B=0.245$，$S_t=0.16$。

根据式(7-207)，测出旋涡发生的频率 f 就能测出流体的流速 v。对旋涡频率有很多检测方法，大致可分为两类：一类是检测流体流动的变化，可以使用热丝、热敏电阻、超声、磁、光电等；另一类是检测旋涡引起的流体压力变化，可以使用应变片、硅压阻、压电晶体、差动电容、电磁等。

在使用涡街流量计检测管道的流量时，管道的振动(例如由泵引起的振动)可能对涡街流量信号形成干扰噪声，使其波形发生畸变，导致频率测量的误差。这种干扰噪声只与管道振动相关，而与涡街信号不相关，可以利用自适应噪声抵消方法将其滤除。如图 7-21所示，在相距涡街发生体一定距离的上游管道上装设管道振动探头，其输出信号用作自适应噪声抵消器的参考信号，经过短时间的迭代后自适应算法就会收敛，抵消器输出信号能更准确地反映涡街的频率，从而提高了检测精度。

7.6.4 窄带信号和宽带信号的分离

在从噪声中恢复有用信号时，如果有用信号和噪声具有不同的频带宽度，则可以利用这一特征把信号和噪声分离开来，分离过程可以用自适应线增强器来实现。

自适应线增强器是自适应消噪的一种特殊情况，这时只有一路被噪声污染的信号 $y(k)=s(k)+n(k)$，而无参考信号可供使用。在这种情况下，可以用 $y(k)$本身的延时形式作为参考信号 $x(k)$，即 $x(k)=y(k-\Delta)$，Δ 为延时量，如图 7-22 所示。

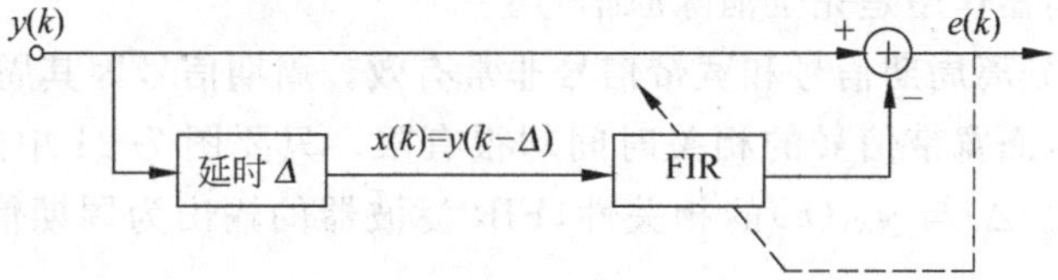

图 7-22 自适应线增强器

在自适应算法的迭代过程中，滤波器的响应是要把输入信号 $y(k)$中与参考信号$x(k)=y(k-\Delta)$相关的成分抵消掉。设信号 $y(k)$由两种分量组成：一种是窄带信号，其相关时间范围较宽，例如正弦信号；另一种是宽带信号，其相关时间范围较窄。两种成分中的一种是有用信号，另一种是干扰噪声。两种分量的自相关函数示于图 7-23，图中，T_{NB}和 T_{BB}分别表示窄带分量和宽带分量的相关时间范围。超出各自的相关时间范围后，它们的自相关函数迅速衰减。

选择图 7-22 中的延时 Δ 使其满足

$$T_{BB}<\Delta<T_{NB} \tag{7-208}$$

因为 Δ 比 $y(k)$中的宽带分量 $y_{BB}(k)$的相关时间范围 T_{BB}要长，经延时后的 $y_{BB}(k-\Delta)$与 $y_{BB}(k)$不相关，自适应滤波过程对这个分量不能响应。而 Δ 比窄带分量 $y_{NB}(k)$的相关时间范围 T_{NB}要短，所以延时后的 $y_{NB}(k-\Delta)$与原信号中的 $y_{NB}(k)$相关。利用自适应滤波的相

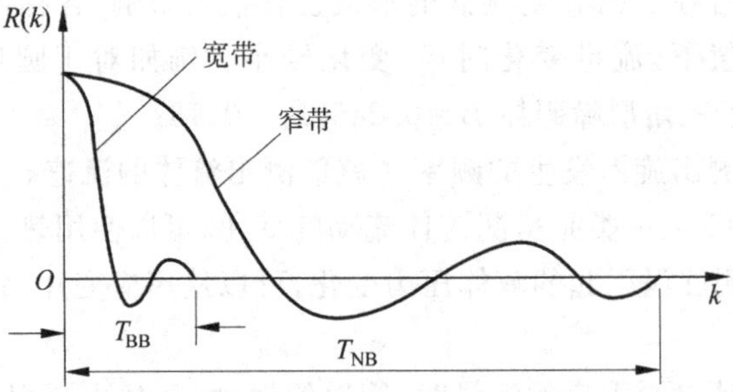

图 7-23 窄带信号和宽带信号的自相关函数

关抵消作用，$y_{NB}(k)$将被抵消掉。这样一来，FIR 滤波器的输出为相关的分量$y_{NB}(k)$的估计值，抵消器输出的误差信号为 $e(k)\approx y_{BB}(k)$，从而把两者分离开来，如图 7-24 所示。

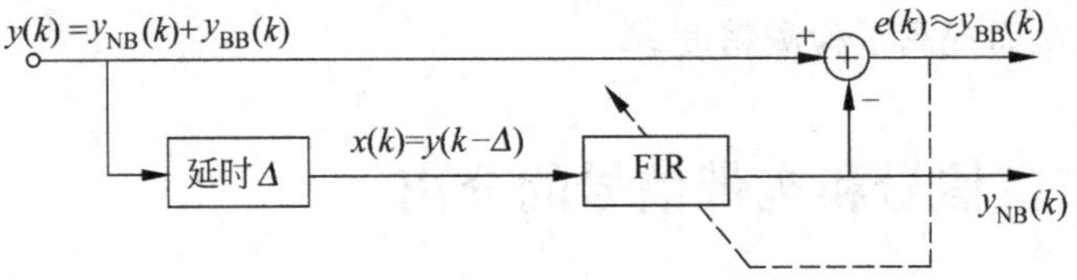

图 7-24 自适应线增强器分离窄带信号和宽带信号

如果延时 Δ 选得比两个信号分量的相关时间范围都长，则 $x(k)$与 $y(k)$的两个信号分量都不相关，则 $\boldsymbol{h}(k)\to 0$，自适应滤波作用自我关闭，输出 $e(k)=y(k)$，这相当于全通滤波器；相反，如果延时 Δ 选得比两个信号分量的相关时间范围都短，则 $x(k)$与 $y(k)$的两个信号分量都相关，抵消器作用是完全消除原信号。

上述方法对于分离周期信号和宽带信号非常有效。周期信号因其周期性在很长的时间范围内都是相关的，而宽带信号的相关时间却很有限。只要图 7-24 中的延时 Δ 选取得足够长，以消除 $y_{BB}(k-\Delta)$与 $y_{BB}(k)$的相关性，FIR 滤波器的输出为周期信号，而抵消器的输出为宽带信号。

这种电路具有多种应用。例如，如果宽带信号为有用信号，它受到周期信号的干扰（例如 50Hz 工频干扰），则可以从抵消器的输出得到有用信号。另一种情况是周期信号为有用信号，而受到宽带噪声的干扰，则可从 FIR 滤波器输出得到有用信号。在后一种情况中，如果有用信号的频率发生了变化，则自适应滤波器还可以在一定范围内自动跟踪信号频率的变化，从而实现自调谐滤波。

7.6.5 自适应回声抵消

在电话传输通道中，连接到用户的线路绝大多数都是两线线路，双向传输发送话音和接收话音。对于长途电话，为了补偿线路对话音的衰减，必须隔一定距离设置增音站。因为用于增音的放大器是单向传输的，所以双向传输需要两个放大器，这就需要四线传输。两线传输和四线传输之间的变换通常用混合变换器完成。长途电话的另一种实现方式是采用载波传输，它本身就是四线线路，也需要载波混合变换器。这种两线-四线变换电路示于图 7-25。

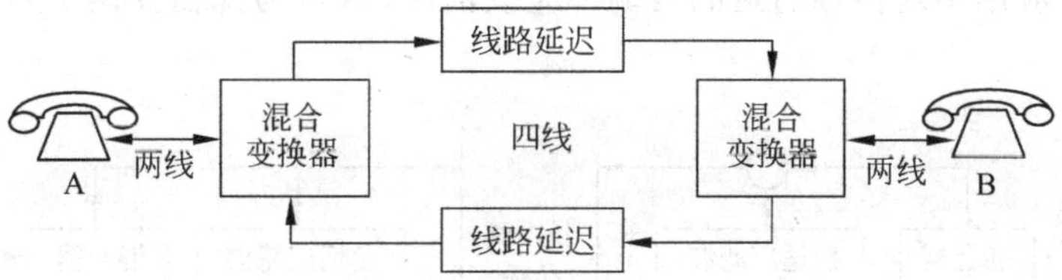

图 7-25 长途电话中两线-四线变换电路

理想的混合变换器在发送通道和接收通道之间应该有良好的隔离，但是在实际应用中，因为隔离程度有限和阻抗不匹配等原因，A 的说话声有可能经过 B 端的混合变换器传回来形成回声。对于高空卫星通信的长途信道，单向传播的延迟时间约为 270ms，来回传播一次的延迟时间约为 540ms。这样讲话者在滞后半秒后，又听到自己的话音，大大影响通话质量，如图 7-26(b)所示。此回声又可能通过 A 端的混合器再次传播出去，形成多次回声，如图 7-26(c)所示。

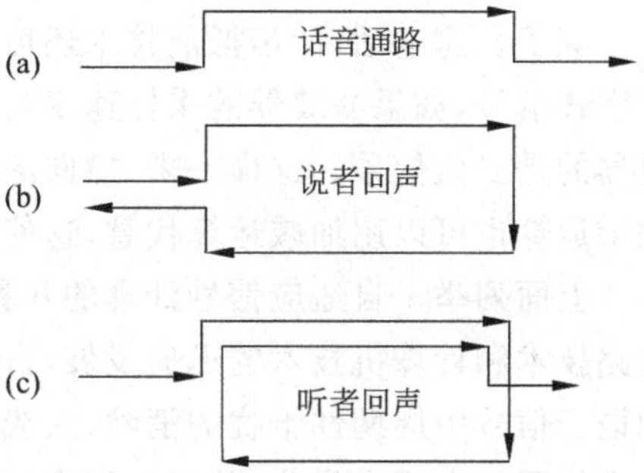

图 7-26 话音通路与回声

(a) 话音通路；(b) 说者回声；(c) 听者回声

解决回声问题的自适应抵消方法是基于这样的事实：A 端话音的回声必然与 A 端的说话声相关，而自适应噪声抵消方法能够有效地衰减相关噪声。图 7-27 所示为自适应电话回声抵消原理。来自 A 端的话音为 $x(k)$，$x(k)$经过 B 端混合变换器产生回声 $n(k)$。B 端话音为 $s(k)$，回声 $n(k)$对 $s(k)$形成干扰。自适应回声抵消器的目的就是要把 $n(k)$消去。自适应滤波器的输入为 $x(k)$，输出为回声 $n(k)$的估计值。因为 $n(k)$与 $x(k)$相关，所以自适应算法在最小均方误差意义下使得滤波器的输出尽可能接近回声 $n(k)$，抵消器的输出 $e(k)$也就尽可能接近 B 的说话声 $s(k)$，从而消除了回声。可见，这与噪声抵消电路的原理完全一样。

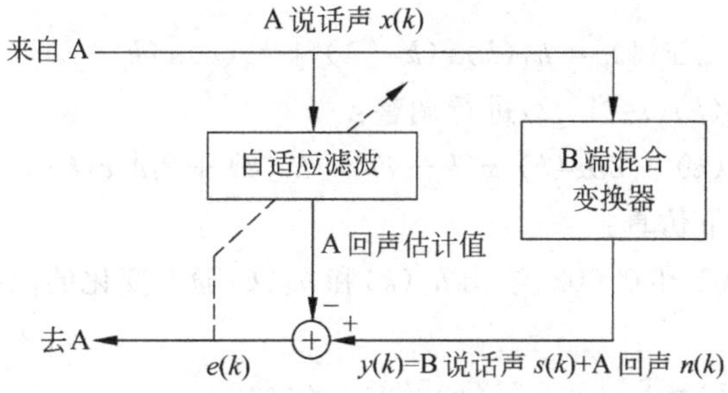

图 7-27 自适应电话回声抵消

自适应滤波器中加权系数的数量，取决于混合变换器的冲激响应函数的长度以及抵消器到混合变换器的传输延迟，后者取决于抵消器的位置，抵消器的位置应该距离混合变换器越近越好。

当然，实际应用中对传输通道的两端都应该消除回声，为此需要两个自适应滤波器，如图 7-28 所示。

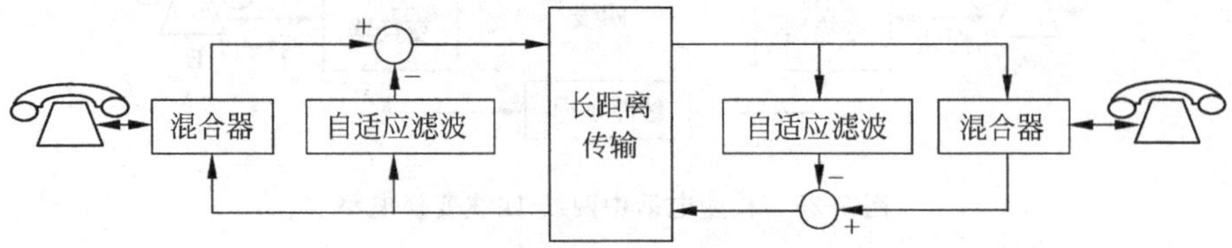

图 7-28 长途电话回声消除

除了长途电话，回声抵消技术还可以用于数据传输。不同的是，数据传输系统传输的是数字式信号，如果滤波器的采样速率与串行数字信号的采样速率同步，那么施加给自适应滤波器的是二值信号。这样一来，横向滤波器的延迟线可以用移位寄存器实现，与加权系数的相乘运算也可以用加减运算代替，这使得硬件的实现大为简化。

上面列举了自适应信号处理的几种应用。随着自适应滤波理论的日益完善，以及数字电路技术和计算机技术的迅速发展，自适应信号处理技术在很多领域得到了广泛的应用，例如语音信号中周期性干扰的消除、天线阵列的旁瓣中宽带干扰的消除、机载雷达杂波抑制、语音编码与自适应量化、数字通信中的自适应均衡器、信号或噪声的功率谱估计等。

习题

7-1 在自适应噪声抵消中，简述被消除噪声的特点。

7-2 自适应噪声抵消的参考端测量探头安装应注意哪些事项？

7-3 被测信号 $x(k)$为二阶 AR 过程：

$$x(k) = 1.558x(k-1) - 0.81x(k-2) + n(k)$$

其中的 $n(k)$为白噪声，其均值为 0，方差为 1。用 $x(k)$的两个过去值 $x(k-1)$和 $x(k-2)$对 $x(k)$进行预测：

$$\hat{x}(k) = h_1(k)x(k-1) + h_2(k)x(k-2)$$

用 LMS 算法对 $h_i(k)(i=1, 2)$进行调整：

$$h_i(k+1) = h_i(k) + 2\mu e(k)\ x(k-i) = h_i(k) + 2\mu[x(k) - \hat{x}(k)]x(k-i)$$

取 $h_i(0)=0$，做以下仿真：

(1) 分别取 $\mu=0.01$ 和 0.002，绘出 $h_1(k)$和 $h_2(k)$随 k 变化的曲线，指出 $h_1(k)$和 $h_2(k)$的稳态值。

(2) 绘出一条 $e^2(k)=[x(k)-\hat{x}(k)]^2$ 的变化曲线，以及 50 条 $e^2(k)$曲线的平均值曲线。

7-4 图 P7-4 所示自适应滤波器中，$G(k)$为放大器的可调增益，调整 $G(k)$的 LMS 算法为

$$G(k+1) = G(k) + \mu e(k)x(k)$$
$$e(k) = y(k) - x(k)G(k)$$

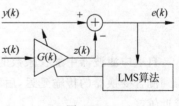

图 P7-4

滤波器的输入为 $y(k)$，输出为 $e(k)$。$x(k)$是确定性信号，用作滤波器的控制函数，μ 为步长。

(1) 当 $x(k)=1$ 为直流信号时，说明滤波器的功能。如果将输出改为 $z(k)$，实现的是什么功能？

(2) 若 $G(k)$为复数，当 $x(k)$为固定幅度 A 和固定频率 ω_0 的正弦信号 $A\sin(\omega_0 t)$的取样值时，说明滤波器的功能。

7-5　过零驱动的 LMS 算法递推公式为

$$\boldsymbol{h}(k+1) = \boldsymbol{h}(k) + \mu \mathrm{sgn}[\boldsymbol{X}(k)]\mathrm{sgn}[e(k)]$$

式中的 μ 为步长，sgn[·]表示符号函数。讨论这种算法的特点和适用范围，并推演其收敛条件。如果 μ 的取值等于 $\boldsymbol{h}(k)$字长的末位二进制数“1”，试设计实现上述算法的硬件电路(可用常规数字电路或 FPGA)。

第 8 章 混沌检测介绍

混沌(chaos)是非线性系统在一定条件下表现出的特有现象,其应用涉及数学、物理学、化学、生物学、地球科学、天文学、气象学、信息科学、经济学等领域,甚至在生理学、心理学、医学、音乐和艺术等领域也得到了广泛应用,在探索与研究客观世界的复杂性方法发挥了巨大作用。

随着混沌理论在现代科学各领域中的深入研究和广泛应用,将混沌理论用于微弱信号检测的研究也取得了长足的进步。

微弱信号检测的目的,是从背景噪声中提取微弱的有用信号。在众多微弱信号检测技术中,微弱周期信号的检测占有重要地位,混沌系统具有检测这种信号的能力。混沌检测不同于本书前面各章介绍的微弱信号检测方法,它不是抑制噪声,而是利用混沌系统对小信号的敏感性以及对噪声的免疫力进行检测,其检测灵敏度极高,在微弱信号检测中具有很大潜力。

由于混沌系统对初始条件和参数极度敏感,只要将被测信号加入到对其敏感的混沌系统中,就会导致该混沌系统的动力学行为发生本质变化。通过适当的信号处理方法,就可以由混沌系统的行为变化检测出信号的各种参数。

有关混沌检测的著述很多,相关的研究还在进行中,本章只是对混沌检测的基本原理和方法做一些简单的介绍。

8.1 混沌概述

1. 什么是混沌

混沌是一种确定性系统表现出的随机无规则运动的动力学行为。对混沌现象的研究,揭示出自然界和人类社会中存在的某种复杂性,反映出有序与无序之间、确定性与随机性之间、必然性与偶然性之间存在某种联系和统一关系。许多原来无法理解的现象,利用混沌理论都可以成功解释。长期以来无法解决的一些问题，利用混沌理论有可能得以解决。混沌是对自然界认识的一个突破，大大拓宽了人们的视野。

混沌是一种自然现象，它比有序更为普遍。在许多非线性系统中，包括差分方程、微分方程和积分方程描述的非线性系统中，都已经发现存在混沌，例如非线性振动系统、非线性电路系统以及大量的其他物理系统中都存在混沌。

混沌理论是非线性科学的一个分支。到20世纪80年代，混沌研究已经发展成为一个具有独特的概念体系和方法论框架的新学科，在探索、描述和研究客观世界的复杂性方面发挥了巨大作用。关于混沌理论的科学价值，一些学者认为，混沌理论是20世纪物理学的三大成就之一，是继相对论、量子力学之后物理科学领域中的第三次大革命[49,50]。

对于确定性系统，人们往往认为确定性激励只能引起确定性响应，随机性激励只能引起随机性响应。而混沌现象说明，如果系统中存在非线性环节，确定性激励也能引起随机性响应，这就在确定性和随机性之间建立起某种联系。这是对传统观念的一个冲击，加深了人们对客观世界的认识。

参考文献[47]对混沌含义做了如下描述：混沌是指确定的宏观的非线性系统在一定条件下所呈现的不确定的或不可预测的随机现象；是确定性与不确定性、规则性与非规则性或有序性与无序性融为一体的现象；其不可确定性或无序随机性不是来源于外部干扰，而是来源于内部的“非线性交叉耦合作用机制”，这种机制的数学表示是动力学方程中的非线性项，正是由于这种“交叉”作用，非线性系统在一定的临界条件下才表现出混沌现象，才导致其对初值的敏感性以及内在的不稳定性。

混沌是发生在动力系统中的一种行为状态或方式，是一种动力学系统的演化形式，可用相空间中的轨迹来表示。但是，仅从非线性动力学的角度定义混沌是远远不够的，混沌是自然界和人类社会中普遍存在的一种运动形态，很难纳入某个已有的学科范畴。随着对混沌研究的深入，人们对混沌的含义和运动特征的认识也在不断深化。

2. 混沌的特点

混沌具有以下主要特点[47,50]：

(1) 动力学特性极度敏感地依赖于初始条件

这里所说的“初始条件”并非系统被构造之初存在的条件，而是任意时段开始时的条件。这种初始条件的微小差异，对以后的系统演化都可能产生巨大影响，著名的“蝴蝶效应”表明初始条件的极细微变化有可能导致系统宏观行为的巨变。这一特点意味着混沌系统的长期行为是不可预测的，而其短期行为是有可能预测的。混沌过程对初始条件的敏感性，导致每预测一次就会丢失一些信息，预测若干次后，剩余的信息不足以支持后续的预测。

(2) 貌似随机，实际上其行为是由精确的法则决定的

混沌系统的动力学方程是确定的，随机性表现在系统自身演化的动力学过程中，完全是由其内在的非线性机制作用而自发产生出来的，可以看作是确定性系统的随机行为。其产生的原因是内在的，而不是由外来的噪声或干扰所产生。这与通常所说的随机系统中的随机性有着本质的区别。

(3) 普适性

系统运动状态在趋向混沌时具有一些共同特征，不依具体的系数以及系统的运动方程

而变化。在趋向混沌过程中，轨线的分岔情况和定量特征不依赖于该过程的具体内容，只与其数学结构有关。

(4) 分形性

混沌的运动轨迹在相空间中具有多层、多叶结构，表现为无限层次的自相似结构，把标尺放大或缩小，看到的仍然是相似的结构。有序运动和无序运动相互结合和相互转换，使得这种结构无穷多次重复，并具有层次分明的特点。

(5) 遍历性

混沌运动在其混沌吸引域内是各态历经的，在有限时间内混沌轨道不重复地经历吸引子内每一个状态点的邻域。

3. 混沌的研究与应用

混沌研究主要有三方面内容：一是研究系统从有序态到混沌态的过渡，即探讨系统进入混沌状态的机制和途径；二是研究混沌中的有序行为；三是研究如何有效地控制混沌或主动地利用混沌。混沌理论与许多工程领域相结合，产生出许多新的理论和技术，例如混沌生物工程学、混沌图像处理技术、混沌保密通信技术、混沌控制理论、混沌噪声理论、混沌经济学等，此外还有混沌艺术、混沌音乐、混沌医学等崭新的学科领域。

混沌研究具有广泛的发展前景，从20世纪80年代中后期开始，混沌学与其他学科相互渗透、相互促进，在互不相关的学科之间建立起密切联系，促进了混沌研究的进展，也为混沌在各领域的应用开辟了道路。

在许多非线性系统中，都已经发现存在混沌现象，但与实际应用还有较大距离，大部分研究还处在仿真和实验研究阶段，但是已经显现出一些应用价值。近年来，混沌理论的应用研究迅速发展，取得了一些有益的成果。例如：

(1) 混沌保密通信

现代保密通信涉及军事、外交以及商业等领域，世界各国都非常重视保密通信方法的研究，新的加密、解密方法层出不穷。20世纪90年代以来，混沌保密通信逐渐成为通信领域的研究热点，已经取得了丰富的成果。与其他加密方法相比，混沌加密具有很高的保密度。根据目前国内外的研究情况，混沌保密通信研究主要划分为四大类：混沌扩频、混沌键控、混沌参数调制和混沌掩盖。

(2) 混沌微弱信号检测

如本书前面的章节所述，利用微弱信号检测技术，可检测的最小信号电压已经下降到纳伏数量级。将混沌理论应用于检测微弱信号，进一步降低了输入信噪比检测门限。传统的微弱信号检测方法一般都是基于线性理论，通过抑制噪声来提高信噪比；而混沌检测方法是利用混沌系统的非线性、不稳定、非平衡和敏感性这些基本特征，基于混沌系统对噪声的免疫力和对小信号的敏感性，从强背景噪声中提取有用信号，从而有效地降低输入信噪比检测门限。而且，混沌检测设备结构简单，成本低。

(3) 图像信号的混沌加密

前些年提出的混沌安全级别可调技术的视频加密方法，使用一维的分段线性混沌学复合映射来生成加密序列，加密和压缩过程同步，具有较高的可操作性和实时性。近年来，一些学者尝试将混沌理论与H.264压缩编码标准以及小波变换结合起来应用于视频加密中，取得了很好的效果。

(4) 语音信号的混沌加密

现阶段的语音加密算法正在向量子密码算法和混沌密码算法方向发展。2012 年和 2013 年,我国学者将神经网络技术和混沌相结合,构造出高精度语音加密系统模型并得到应用[52]。混沌同步语音保密通信系统具有高解密精度、抗干扰能力强、实用性强、设计灵活性高和安全性高等优点。

(5) 混沌在地震勘探中的应用

提高地震资料的信噪比,是地震探测中需要解决的重要问题之一。基于混沌系统对非规则噪声的免疫特性,利用混沌振子处理地震勘探信号,取得了许多有益的成果[49]。

混沌理论在生物医学方面也得到应用,国内外在这方面的报道主要集中于脑电、心电方面的研究。混沌理论还在地质学、经济学等诸多领域得到广泛的应用。此外,混沌理论在网络电子身份信息安全认证、数字水印加密、网络信息加密等方面的应用也取得了许多进展。

8.2 典型混沌动力学模型

混沌系统是一种非线性动力系统,可用确定性的数学模型来表征。动力系统可由状态和动态特性两部分来刻画,状态是描述系统基本情况的物理参数,动态特性描述系统状态如何随时间变化的规则。

混沌模型是混沌理论研究的成果,也为混沌信号的分析和处理以及混沌的应用研究奠定了基础。在研究分岔、混沌机理、混沌控制与同步时,一些典型的混沌模型常用来检验有关的理论、算法和方法的有效性。下面介绍三种典型的混沌动力学模型。

1. Duffing 系统模型

Duffing 方程是 G. Duffing 在 19 世纪研究机电系统时提出的力学模型。Duffing 系统表现出丰富的非线性动力学特性,包括振荡、分岔、混沌等复杂形态,后来成为非线性动力学和混沌研究的一个范例。工程实际中的许多非线性振动问题都可以转化为该方程来研究,例如船舶的横摇运动、结构振动、化学键的破坏等。

Duffing 方程也是利用混沌检测微弱信号的基本模型。

Holmes 型 Duffing 方程的具体形式为

$$\frac{d^2x(t)}{dt}+k\frac{dx(t)}{dt}-x(t)+x^3(t)=a\cos(\omega t) \tag{8-1}$$

式中,k 为阻尼系数(阻尼比),$-x(t)+x^3(t)$ 为非线性恢复力,$a\cos(\omega t)$ 为周期策动力,a 为周期策动力幅值,ω 为周期策动力角频率。

式(8-1)可简写为

$$\ddot{x}+k\dot{x}-x+x^3=a\cos(\omega t) \tag{8-2}$$

在参考文献[48]和[49]中,检测周期信号的混沌系统还大量使用一种改进的 Duffing 方程,其表达式为

$$\ddot{x}+k\dot{x}-x^3+x^5=a\cos(\omega t) \tag{8-3}$$

式中的非线性恢复力($-x^3+x^5$)不同于式(8-2)中的非线性恢复力($-x+x^3$)。这两种Duffing方程的动力学行为非常类似,但参考文献[49]中的仿真实验说明,式(8-3)系统在检测灵敏度和工作稳定性方面优于式(8-2)系统。

下面分析Duffing系统的动力学行为。在阻尼比k固定的情况下(一般取$k=0.5$),随着策动力幅值a的变化,系统状态发生有规律的变化。

(1) 当策动力幅值$a=0$时,计算得到系统在相平面上有三个不动点:(0,0)为中点,(±1,0)为焦点。系统在充分小的策动力驱动下,周期性地围绕两个焦点之一运动,围绕哪个焦点取决于初始条件。如图8-1所示,针对($x,\dot{x}$)初始值分别设定在(1,1)和(−1,−1),($x,\dot{x}$)最终分别停在(1,0)和(−1,0)不同的焦点上[48]。

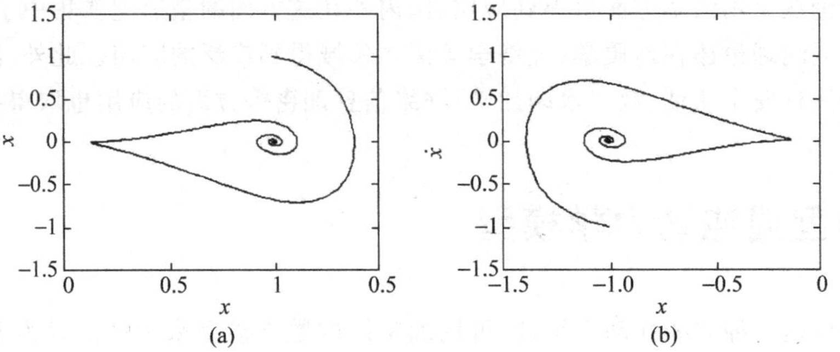

图8-1　策动力幅值$a=0$时Duffing方程的运动轨迹

(a) 初始条件为[$x(0),\dot{x}(0)$)]=(1,1);(b) 初始条件为[$x(0),\dot{x}(0)$)]=(−1,−1)

(2) 当策动力幅值$a>0$时,系统表现出复杂的动力学形态。随着a的增大,系统历经同宿轨道、分岔、混沌状态、大尺度周期状态等各种形态。

当策动力幅值a较小时,相轨迹表现为Poincaré映射意义下的吸引子,相点在两个焦点之一附近作小幅度周期振动。当a超过一定阈值a_1时,相轨迹将出现同宿轨道,如图8-2(a)所示。随着a的增大,出现倍周期分岔,如图8-2(b)所示。紧接着进入混沌状态,如图8-2(c)所示,这一过程随着a的变化非常迅速。之后在a的很大范围内,系统都处于混沌运动状态。a进一步增大,当a大于另一阈值a_r时,系统进入大尺度周期运动状态,相轨迹将中点和两个焦点统统围住,如图8-2(d)所示。

上述Duffing系统运动轨迹状态变化的过程说明,策动力幅值的大小对系统的动力学行为具有很大影响。策动力幅值不同,系统运动的相轨迹形态差异很大。在系统从混沌状态到大尺度周期状态的相变(phase transition)中,系统对不同频率信号的敏感度是不一样的,这种能力导致系统对干扰噪声具有天生的免疫力。如果将待测信号作为Duffing系统的周期策动力的摄动,尽管噪声强烈,它只能影响相平面图的局部轨迹,不会引起相变。而特定频率的信号即使幅度很小,也会导致系统相轨迹的明显变化,即系统对隐藏在噪声中的特定频率信号很敏感。所以,Duffing混沌系统适合于检测掩盖在噪声中的微弱信号。

2. Lorenz系统模型

1963年,美国著名气象学家Lorenz(洛伦兹)在研究天气预报问题时,对一个强化的气候模型进行计算机实验,发现确定性方程中出现混沌现象[47,50]。Lorenz通过对对流实验的

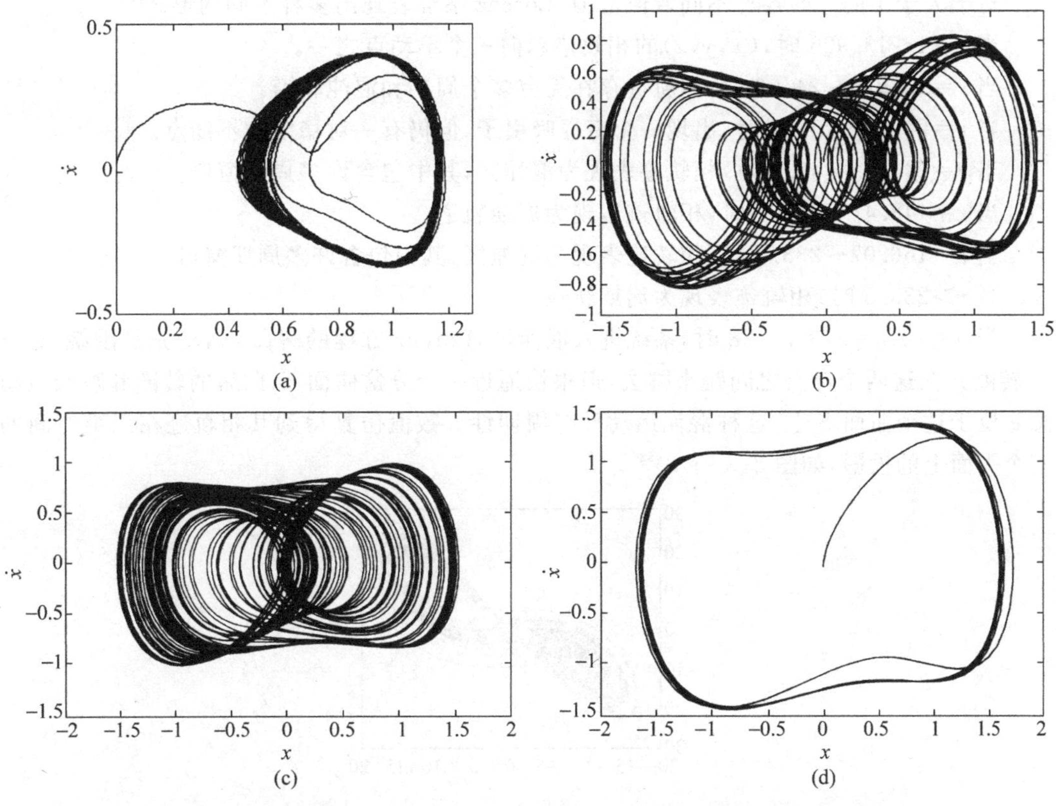

图 8-2 随着策动力幅值 a 的增大，Duffing 方程的相轨迹历经的各种状态

(a) 同宿轨道状态；(b) 分岔状态；(c) 混沌状态；(d) 大尺度周期状态

研究，得到了一个表现奇怪吸引子的连续动力系统，该系统描述水桶底部被加热时桶内液体的运动情况。底部的液体被加热并上升产生对流，当提供的热量足够时，对流就会出现湍流。描述这一现象的动力学模型为[50,52]

$$\begin{cases}\dot{x}=a(y-x)\\ \dot{y}=rx-y-xz\\ \dot{z}=xy-bz\end{cases} \tag{8-4}$$

式中，x 表示对流运动的振幅；y 表示上升流与下降流之间的温差；z 表示垂直方向温度分布的非线性度；a 表示流体的黏性系数 v 与热传导系数 k 之比，即 $a=v/k$；b 为几何因子；$r=R_a/R_c$，R_a为瑞利(Rayleigh)数，R_c为产生定态对流时的瑞利数，是 R_a的临界值。通常取 $a=10$，$b=8/3$，r 是系统的主要控制参数。

大量的研究成果表明，当 $r=0\sim1$ 时，系统趋向无对流的定态，即稳定的平衡点(0,0,0)。当 $r>1$ 时，系统有三个平衡点，分别为

$$O=(0,0,0)$$

$$A_1=(\sqrt{b(r-1)},\ \sqrt{b(r-1)},\ r-1)$$

$$A_2=(-\sqrt{b(r-1)},\ -\sqrt{b(r-1)},\ r-1)$$

若参数 a 和 b 固定而 r 变化，平衡点 A_1和 A_2对称地落在 z 轴的两边。

对于大于 1 的 r 的各种不同取值范围，Lorenz 系统表现出多种不同的形态[50]：

当 $r=1\sim13.926$ 时，(x,y,z)的相轨迹趋向三个不动点之一。

当 $r=13.926\sim24.06$ 时，相轨迹存在无穷多个周期和混沌轨道。

当 $r=24.06\sim24.74$ 时，出现一个奇怪吸引子，但仍有一对稳定的不动点。

当 $r=24.74\sim148.4$ 时，相轨迹表现为混沌区，其中包含许多周期窗口。

当 $r=148.4\sim166.07$ 时，相轨迹表现为周期轨道。

当 $r=166.07\sim233.5$ 时，相轨迹表现为混沌区，其中包含许多周期窗口。

当 $r>233.5$ 时，相轨迹表现为周期轨道。

当 $a=10$、$b=8/3$、$r=28$ 时，系统进入混沌区，Lorenz 方程的解(x,y,z)先是围绕 A_1 或 A_2 转圈并在这两个奇点之间跳来跳去，但很快逼近一个分岔曲面 S，此后的转圈和跳跃运动总是位于这个曲面 S 上，这种混沌运动没有周期性。数值仿真得到其相轨迹在三维空间的三个平面上的投影，如图 8-3 所示[52]。

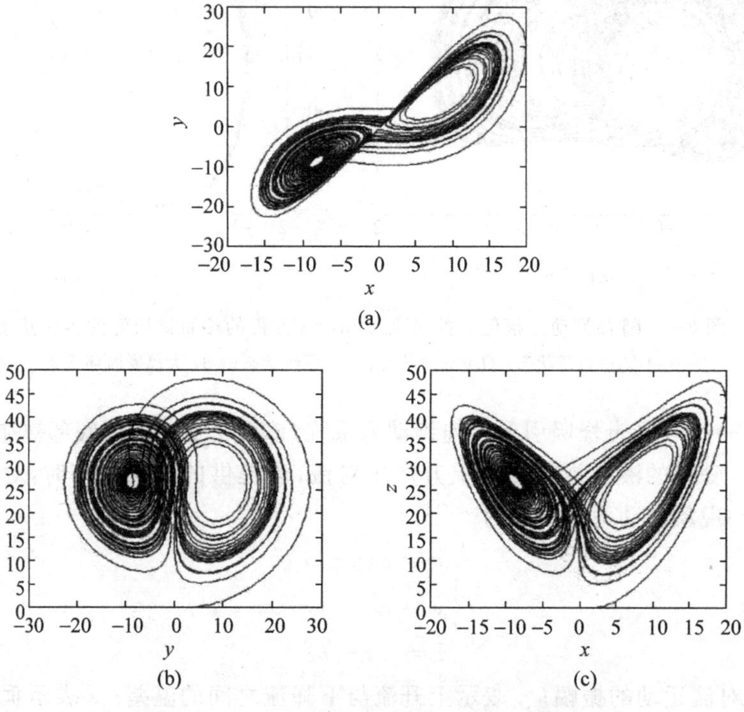

图 8-3 Lorenz 系统进入混沌区后的相轨迹投影

(a) x-y 平面投影；(b) y-z 平面投影；(c) x-z 平面投影

3. Logistic 系统模型

Logistic 模型是一个生态模型，又称为虫口模型，是研究昆虫数目变化的简单数学模型。设某种昆虫每年产卵 a 个，成虫产卵后死亡，来年春天每个虫卵孵化成一只虫子。令第 n 年虫口数量为 x_n，虫口模型为

$$x_{n+1}=ax_n-bx_n^2 \tag{8-5}$$

式中的 a 表示增长率，$-bx_n^2$ 项表示虫子争斗与食物短缺等因素导致的虫口减少。

为了数学处理方便，设 $a=b=\mu$，则有

$$x_{n+1}=\mu x_n(1-x_n),\quad \mu\in[0,4],\quad x_n\in[0,1] \tag{8-6}$$

上式中的 x_n 不再表示虫口数量，而是虫口数量与该地区能够供养的最大虫口数量之比，分岔参数 μ 用来表示虫口数量的增长或减少。在虫口数量较少时，资源和环境不是限制条件，虫口数量会爆炸式增长；当虫口数量巨大时，资源的限制又会使虫口数量减少。

随着 μ 的不同，Logistic 方程呈现出明显的周期性或混沌行为，表征虫口数量的往复变动。

当 $0<\mu<1$ 时，$x_n=0$ 为稳定不动点，即 x 值最终为 0，表示物种灭亡。

当 $1\leqslant\mu<3$ 时，$x_n=1-1/\mu$ 为稳定不动点，即经过迭代后，x 值会稳定在 $1-1/\mu$。

当 $3\leqslant\mu<\mu_0=3.5699456$ 时，出现周期分岔现象，分岔的倍周期序列为 $1\to2\to4\to8\to16\to\cdots2^m\cdots\infty$，序列 $\{x_n\}$ 在 2^m 个固定值之间振荡（m 为正整数），出现周期倍增级联现象，μ_0 为周期倍增级联现象消失的临界点，也是混沌产生的初值。

当 $\mu_0<\mu\leqslant4$ 时，Logistic 系统运行于混沌状态，x_n 在 (0,1) 区间的某一范围内随机取值，μ 值越接近 4，x_n 的取值范围越大。

Logistic 映射的分岔图示于图 8-4[52]。

Logistic 模型已经成功地应用于语音信号和视频信号的混沌加密，以及网上银行身份认证等[52]。

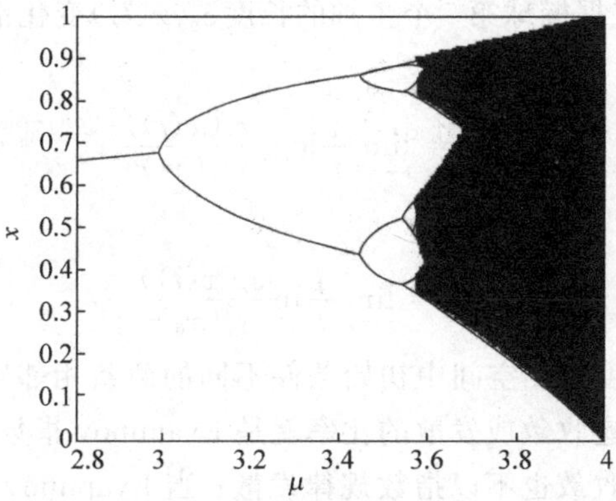

图 8-4 Logistic 映射的分岔图

本节介绍的三种典型的混沌动力学模型，在通信、雷达、信号处理等领域比较常见，其中的 Duffing 系统特别适合于微弱信号的检测。能够产生混沌现象的非线性动力学系统还有很多种，参考文献[47]第 7 章中介绍了一些常见的混沌模型。

8.3 混沌判别方法

微弱信号混沌检测的依据是系统状态的变化，主要问题是对系统处于混沌态和周期态的判别，这是微弱信号混沌检测中不可或缺的一项内容。首先需要确定系统从混沌态跃变到周期态的驱动力阈值，由于目前还没有求解此阈值的解析计算方法，实际检测过程中常常

采用实验方法来确定：多次改变系统参数，观察系统的相轨迹图，当其从混沌态跃变到周期态时，对应的系统参数就确定为该阈值。这种方法具有明显的缺陷：一是效率低，二是容易误判。

造成上述问题的根本原因是采用相轨迹图作为判别依据，根据对相轨迹图的观察结果做出判断。要解决这个问题，就需要寻求其他特征量进行混沌判别并求取系统阈值。这些特征量包括 Lyapunov(李雅普诺夫)指数、维数和熵等。此外，Melnikov 方法也是判别混沌状态的一种重要定量方法。

8.3.1 Lyapunov 指数

在混沌系统中，由于对初始值的敏感性，相空间中初始条件不同的两条相邻轨迹，随着时间变化会按指数规律吸引或分离，Lyapunov 指数用来度量这种轨迹收敛或发散的程度。

1. 定义

Lyapunov 指数的定义为[50]：

对 n 维相空间中的连续动力学系统，考虑一个以 x_0 为中心，$\varepsilon(x_0)$ 为半径($\varepsilon(x_0)\neq 0$)，n 维无穷小超球面的长时间演变行为。随着时间的变化，由于流体的局部变形，球面会逐渐演化成为一个超椭球面。根据椭球第 i 个主轴的长度 $\varepsilon_i(x(t))$ 变化情况，可定义系统的第 i 个 Lyapunov 指数为

$$\lambda_i = \lim_{t\to\infty}\frac{1}{t}\log_2\frac{\varepsilon_i(x(t))}{\varepsilon_i(x_0)} \tag{8-7}$$

或定义为

$$\lambda_i = \lim_{t\to\infty}\frac{1}{t}\ln\frac{\varepsilon_i(x(t))}{\varepsilon_i(x_0)} \tag{8-8}$$

Lyapunov 指数用于度量相空间中初始条件不同的两条相邻轨迹随时间按指数规律吸引或分离的程度，这种轨迹收敛或发散的比率就是 Lyapunov 指数。当 Lyapunov 指数为零时，相轨迹不以指数规律收敛也不以指数规律发散；当 Lyapunov 指数为负时，系统对初始条件不敏感，相空间中的轨迹收缩，以指数速率返回吸引子，系统最终趋于稳定；当 Lyapunov 指数为正时，相邻轨迹初始条件的差异将以指数规律放大使其迅速分离，如果轨迹有界，则在有界空间中演化，这意味着系统的局部不稳定，所以 Lyapunov 指数大于零可以看作是混沌发生的标志。

2. 利用最大 Lyapunov 指数作为判据

对于多维系统，存在多个 Lyapunov 指数，式(8-7)和式(8-8)的计算过程比较复杂。随着对 Lyapunov 指数研究的深入，人们发现，在诸多 Lyapunov 指数中，只要有一个 Lyapunov 指数为正，就可以判断系统的混沌行为。所以，利用最大 Lyapunov 指数是否大于零作为判据，就可以判断系统的运动性质，因为最大 Lyapunov 指数决定轨道发散的快慢，从而可以避免计算所有 Lyapunov 指数的烦琐工作。

设最大 Lyapunov 指数为 λ_1，由式(8-7)可得

$$\varepsilon_1(t) = \varepsilon_1(0) \cdot 2^{\lambda_1 t} \tag{8-9}$$

当 $\lambda_1 = 0$ 时,则有

$$\varepsilon_1(t) = \varepsilon_1(0) \cdot 2^{\lambda_1 t} = \varepsilon_1(0) \tag{8-10}$$

上式表示,相空间中相邻两点产生的两条轨迹之间的距离既不增加也不减少。

当 $\lambda_1 > 0$ 时,由式(8-9)可得

$$\varepsilon_1(t) = \varepsilon_1(0) \cdot 2^{\lambda_1 t} > \varepsilon_1(0) \tag{8-11}$$

则相空间中相邻两点产生的两条轨迹按指数规律发散。如果系统的变化有界,轨迹只在某个有界范围内演化,那么 $\lambda_1 > 0$ 标志着系统的局部不稳定,即为混沌运动。

当 $\lambda_1 < 0$ 时,由式(8-9)可得

$$\varepsilon_1(t) = \varepsilon_1(0) \cdot 2^{\lambda_1 t} < \varepsilon_1(0) \tag{8-12}$$

上式说明,随着时间的推移,相空间中相邻两点产生的两条轨迹之间的距离越来越近,最终收敛为一个极限环或一个点。

综上所述,最大 Lyapunov 指数 λ_1 大于 0 可以用作混沌行为的判据。换言之,对于多维系统,存在多个 Lyapunov 指数,只要其中存在正的 Lyapunov 指数,就说明系统的运动是混沌的。

3. Lyapunov 指数的计算方法

关于最大 Lyapunov 指数的计算方法,许多论著中都有提及。目前的求解方法可以分为两大类:一类是动力系统的运动方程已知,根据运动方程求解 Lyapunov 指数;另一类是动力系统的运动方程未知,只能根据观察数据(时间序列)求解 Lyapunov 指数。当前经常使用的方法有两种:一种是由 Wolf 等人提出的时间演化算法或称轨道跟踪法,另一种是由 Sano 等人提出的雅可比(Yocobi)算法。Wolf 方法适用于时间序列无噪声,空间中小向量的演变高度非线性的情况;雅可比方法适用于时间序列噪声大,空间中小向量的演变接近线性的情况。1993 年 Rosenstein 等人提出了计算时间序列最大 Lyapunov 指数算法的小数据量方法,该方法操作方便,计算量不大,对小数据量可靠。

参考文献[49]介绍了计算 Lyapunov 指数的经典 QR 分解算法和 RHR 算法,以及基于 Delaunay 三角剖分的算法,并对几种算法的计算效率、收敛性、精确性等进行了比较。该文献将 Lyapunov 指数法判断混沌状态应用于 Duffing 混沌系统检测微弱信号,取得了一些有益的成果。

实验研究结果表明,利用 Lyapunov 指数给出混沌判据,可以避免相轨迹法存在的误判情况,大大提高判别的精确性;而且,Lyapunov 指数法只需要设定一个简单的循环程序就可以确定系统的阈值,可以明显提高检测效率;此外,Lyapunov 指数法可以得到高度精确的检测门限值和可检测的最低信噪比。

8.3.2 Melnikov 方法

Melnikov 方法是一种检测混沌是否存在的解析方法,已经在许多系统中得到成功应用。Melnikov 方法的核心思想,是把所讨论的系统归结为一个二维映射系统,然后推导该二维映射存在横截同宿点的数学条件,从而证实映射具有 Smale 马蹄变换意义下的混沌性

质。这种方法的优点是可以直接进行解析计算，便于对系统做定性和定量分析。

在物理学许多科目特别是力学的研究中，很多问题可以归结为讨论带有弱周期扰动项的具有同宿轨道或异宿轨道的二阶常微分方程，利用一定的数学技巧，就可以建立二维 Poincaré 映射，具备使用 Melnikov 方法的条件。

按照动力学系统理论，如果一个平面映射存在 Smale 马蹄变换，这个映射就具有反映混沌性质的不变集。Melnikov 方法是一种判别动力系统的二维映射具有 Smale 马蹄变换的解析方法。它是通过建立和计算稳定流形与不稳定流形之间的距离函数，确定出稳定轨道与不稳定轨道横截相交的条件，判断映射是否有横截同宿点或横截异宿点。若映射有横截同宿点或异宿点，则该映射具有 Smale 马蹄变换性质，从而可能出现 Smale 马蹄形混沌现象。Melnikov 函数方法是判断出现横截交点的一个有效工具。

定理：设 Melnikov 函数

$$M(\tau) = \int_{-\infty}^{\infty} f(q^0(t)) \wedge g(q^0(t)),\ t+\tau)\mathrm{d}t \tag{8-13}$$

如果对于充分小的 ε，

(1) 存在与 ε 无关的 τ，使得 $M(\tau)=0$

(2) $\dfrac{\mathrm{d}M(\tau)}{\mathrm{d}\tau}\neq 0$

则此系统相应的映射中，鞍点型不动点的稳定流形与不稳定流形必横截相交，亦即此时必出现横截同宿点(如果相交两不变流形分别属于同一鞍点型不动点)或横截异宿点(如果相交两不变流形分别属于两个不同的鞍点型不动点)，从而系统有可能出现混沌解。

自 20 世纪 80 年代以来，在多种科学领域，人们对于利用 Melnikov 函数方法判断混沌状态进行了大量的研究，取得了丰硕的成果，使得这种方法得到了广泛的应用。其中最典型的例子之一是 Melnikov 方法用于 Duffing 方程的研究。

许多非线性系统的运动问题，可以归结为如下形式的非线性方程：

$$\ddot{x}(t) + k\dot{x}(t) + f(x) = \gamma g(t) \tag{8-14}$$

式中的 $f(x)$ 是非线性项，$g(t)$ 是弱周期扰动项。对于这类方程，可以建立一个平面上的 Poincaré 映射，如果此映射存在 Smale 马蹄变换性质，则此映射可能具有一个混沌属性的不变集，由此可以推算出系统出现混沌现象的临界参数。Duffing 方程就是式(8-14)这种形式的方程。

对于检测任意周期信号的 Duffing 系统，文献[47]中对利用 Melnikov 方法寻求出现混沌的阈值进行了研究。如果 Duffing 方程的策动力项为任意周期函数，则可表示为

$$\ddot{x}(t) + k\dot{x}(t) - x(t) + x^3(t) = as(t) \tag{8-15}$$

式中，$s(t)$ 表示任意周期信号，a 表示其幅值。

简谐激励下具有负载线性刚度的 Duffing 方程为

$$\ddot{x}(t) + \varepsilon k\dot{x}(t) - x(t) + x^3(t) = \varepsilon as(t) \tag{8-16}$$

式(8-15)与式(8-16)出现混沌的阈值是一样的，都是取决于 a/k。

式(8-16)的等价方程为

$$\begin{cases} \dot{x} = y \\ \dot{y} = x - x^3 - \varepsilon ky + \varepsilon as(t) \end{cases} \tag{8-17}$$

当 $\varepsilon=0$ 时，式(8-16)为哈密顿(Hamilton)系统，其哈密顿量为

$$H(x,y)=\frac{1}{2}y^2-\frac{1}{2}x^2+\frac{1}{4}x^4=h \tag{8-18}$$

在 $h=0$ 条件下，存在两条连接双曲鞍点的同宿轨道，其表达式为[47]

$$\begin{cases}x_0(t)=\pm\sqrt{2}\,\mathrm{sech}t\\ y_0(t)=\mp\sqrt{2}\,\mathrm{sech}t\cdot\mathrm{th}t\end{cases} \tag{8-19}$$

由式(8-17)可得 Melnikov 函数中的 $f(x)$ 和 $g(x)$：

$$f(x)=\begin{bmatrix}y\\x-x^3\end{bmatrix},\quad g(x)=\begin{bmatrix}0\\-ky+as(t)\end{bmatrix} \tag{8-20}$$

根据式(8-13)，可得 Melnikov 函数为[47]

$$\begin{aligned}M(\tau)&=\int_{-\infty}^{\infty}f(x)\,g(x,\,t+\tau)\mathrm{d}t\\&=-\frac{4}{3}k\pm\int_{-\infty}^{\infty}(\pm\sqrt{2}\,\mathrm{sech}t\cdot\mathrm{th}t)\cdot a\cdot s(t+\tau)\mathrm{d}t\end{aligned} \tag{8-21}$$

因为 $s(t)$ 是任意周期信号，可展开成傅里叶级数的指数形式

$$s(t)=\sum_{n=-\infty}^{\infty}F_n\mathrm{e}^{\mathrm{j}n\omega t} \tag{8-22}$$

式中的 F_n 是 $s(t)$ 的各频率分量的复数幅度值。

将式(8-22)代入式(8-21)，得

$$M(\tau)=-\frac{4}{3}k+\int_{-\infty}^{\infty}\mp\sqrt{2}\,\mathrm{sech}\,t\cdot\mathrm{th}\,t\cdot a\cdot\sum_{n=-\infty}^{\infty}F_n\mathrm{e}^{\mathrm{j}n\omega(t+\tau)}\mathrm{d}t \tag{8-23}$$

令 $M(\tau)=0$，$\dfrac{\mathrm{d}M(\tau)}{\mathrm{d}\tau}\neq0$，解得

$$a/k=\frac{2\sqrt{2}}{3}\Bigg/\int_{-\infty}^{\infty}\mp\,\mathrm{sech}\,t\cdot\mathrm{th}\,t\sum_{n=-\infty}^{\infty}F_n\mathrm{e}^{\mathrm{j}n\omega(t+\tau)}\mathrm{d}t=R(\omega) \tag{8-24}$$

$R(\omega)$ 就是系统出现混沌的阈值。当 $a/k\geqslant R(\omega)$ 时，系统出现 Smale 马蹄意义下的混沌。

如果 $s(t)$ 是幅度为 1 的周期方波信号，则可展开成傅里叶级数

$$s(t)=\frac{2}{\pi}\sum_{n=1}^{\infty}\frac{1}{n}\sin\frac{n\pi}{2}\cos(n\omega t)$$

解得混沌阈值为

$$a/k=\pm\frac{\sqrt{2}}{3}\Bigg/\left\{\omega\sum_{n=1}^{\infty}\left[\sin\frac{n\pi}{2}\Big/\mathrm{ch}\left(\frac{n\omega\pi}{2}\right)\right]\cdot\sin(n\omega\tau)\right\}=R(\omega) \tag{8-25}$$

取 $n=1$，可得出现混沌解的阈值为 $R(\omega)=\pm\sqrt{2}\ \mathrm{ch}\left(\dfrac{\omega}{\pi}\right)/(3\omega)$。

当 $R(\omega)=-\sqrt{2}\ \mathrm{ch}\left(\dfrac{\omega}{\pi}\right)/(3\omega)$ 时，判别出现混沌的条件为

$$a/k>-\sqrt{2}\ \mathrm{ch}\left(\frac{\omega}{\pi}\right)/(3\omega) \tag{8-26}$$

当 $R(\omega)=\sqrt{2}\ \mathrm{ch}\left(\dfrac{\omega}{\pi}\right)/(3\omega)$ 时，判别出现混沌的条件为

$$a/k>\sqrt{2}\ \mathrm{ch}\left(\frac{\omega}{\pi}\right)/(3\omega) \tag{8-27}$$

Melnikov 函数法是一种传统的求解系统阈值的解析方法，利用此法可以精确地计算出系统出现混沌状态的阈值。但大量的仿真结果显示，实际测得的混沌区域比 Melnikov 方法计算得出的区域要小，或者说 Melnikov 方法过大地估计了混沌存在的区域，如图 8-5 所示，图中的阴影区是数值仿真得到的混沌区域。这说明，如果 a 和 k 均为正值，对于同一组 k、ω 值，实际出现混沌现象的周期策动力幅值 a 要比 Melnikov 方法计算得出的阈值 a 大一些。

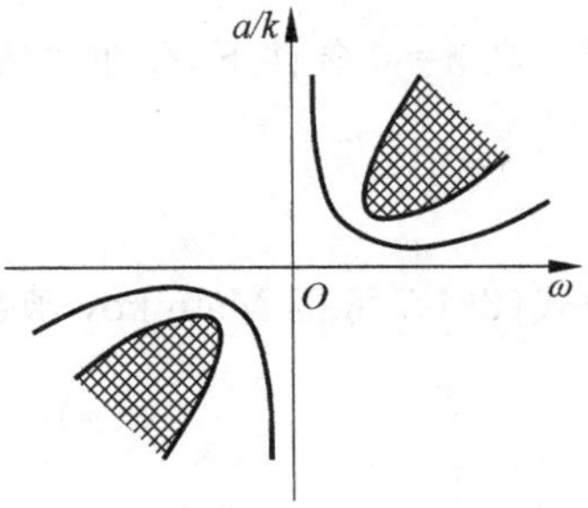

图 8-5 Melnikov 函数阈值与仿真得到的混沌区域

造成上述混沌区域差异的原因，主要是 Melnikov 方法自身的缺陷[51]。因为所讨论的系统中，耗散项和策动力项为同一量级，所以用 Melnikov 函数判定的次谐分岔轨道，在 Poincaré 映射中只能表现出第一层次周期解存在，而真实的混沌运动还需要更高层次的周期解，所有这些周期解在构成奇怪吸引子时都有不可忽略的作用。这说明，Smale 马蹄意义下的混沌并非真正物理意义下的混沌，所以造成上述混沌区域的差异。

虽然存在上述缺陷，Melnikov 方法定性解释了周期轨道和混沌状态之间的转换机理，所以还是一种理论上研究混沌现象是否存在的有效方法。

8.3.3 其他混沌判别方法

1. 分维数

按照传统的欧氏空间的概念，维数应该是整数。但在混沌系统中，奇怪吸引子的形状极为复杂，既像线又像面，是轨道在相空间中无数次靠拢和分离，来回拉伸和折叠形成的几何图形，具有无穷层次的自相似结构，用传统的维数定义很难对其进行描述。因此有必要对维数给出新的定义，使其一方面对线、面、体等简单的几何图形所得的维数与传统定义所得相一致，另一方面又可用于描述像奇怪吸引子形状这样的复杂几何图形的维数。

奇怪吸引子的维数的组成部分与整体有某种相似，称为分形，分形的特点是分维，所以奇怪吸引子的维数是分数，称为分数维数或分维数。

由于耗散系统运动在相空间的收缩，使得奇怪吸引子的维数小于相空间的维数，通过研究其空间维数，可以推断其几何性质，所以，分维数可以用作判断混沌是否存在的判据。

分维数有多种具体形式，例如容量维、信息维、关联维等。容量维数 k 的计算公式可表示为

$$\text{维数}\ k = \lim_{\varepsilon \to \infty} \frac{\lg N(\varepsilon)}{\lg\left(\dfrac{1}{\varepsilon}\right)} \tag{8-28}$$

式中，N 为测量维数 k 的物体大小所得数值，ε 为测量所用长度单位。通常把吸引子的容量维数是非整数看作是出现混沌解的一个特征。

参考文献[50]对 Hausdorff 维数、盒维数、关联维数进行了描述，对于关联维数的流行算法 G-P 算法，在已发表的文献中有关算法基础上，充分利用相空间相点距离的特点来确定 G-P 算法中的尺度 ε，克服了随意选择尺度带来的多余信息，减少了数据量，提高了计算

速度和仿真精度，并给出了仿真结果。

2. 频谱法

频谱分析是识别混沌的一种重要手段。根据信号处理理论，周期运动的频谱是离散的谱线，而非周期运动不能表示为傅里叶级数，只能展开成傅里叶积分，所以非周期运动的频谱是连续的。混沌运动不是周期运动，其频谱必然连续。所以，根据系统运动的频谱情况，可以区分周期运动和混沌运动。

3. Poincaré 截面法

在相空间中选取一个截面，在此截面上某一对共轭变量取固定值，则称此截面为 Poincaré 截面。相空间的连续轨迹与 Poincaré 截面的交点称为截点。通过观察 Poincaré 截面上截点的情况，可以判断是否发生混沌。当 Poincaré 截面上的截点只有一个不动点或少数离散点时，系统运动是周期的；当 Poincaré 截面上的截点连接成一条封闭曲线时，系统运动是准周期的；当 Poincaré 截面上是一些成片的具有分形结构的密集点时，系统运动是混沌的。

Poincaré 截面法的关键问题是如何恰当地设置一个截面，以及如何判断截点的形态。此外，Poincaré 截面法的分辨力不如频谱分析法。

4. Kolmogorov 熵

Kolmogorov 熵是混沌运动的一种重要度量，它正比于动力系统状态信息随时间丧失的平均速率。因此，可以根据 Kolmogorov 熵的数值来判断系统运动无序的程度。Kolmogorov 熵等于零意味着系统运动是完全规则的；Kolmogorov 熵趋于无穷大，表示系统运动是完全无规则的随机运动；Kolmogorov 熵为有限正值，表示系统做混沌运动，Kolmogorov 熵越大混沌程度越严重[47]。

5. 时域相轨迹的直接观察方法

非线性系统中的各个状态变量随时间变化的过程，可以投影到相空间中形成相轨迹。直接观察相轨迹的特征，可以判断系统的运动形式，如图 8-1 和图 8-2 所示。周期运动形成的相轨迹是一条封闭曲线，混沌运动形成的相轨迹是在一定区域内随机分布的永不封闭的曲线。如果测绘的时间足够长，混沌相轨迹会把整个区域逐步填满，但在任何时候都在更小的尺度留有空隙，此后继续填充，这是奇怪吸引子的特征。

相轨迹的直接观察法形象直观，但效率低，且容易误判。

6. 基于过零次数的混沌-周期状态阈值判据

对于用于检测微弱周期信号的 Duffing 方程

$$\ddot{x} + k\dot{x} - x^3 + x^5 = a\cos(\omega t)$$

检测微弱信号过程的关键一步是判别系统的混沌状态和大尺度周期状态。参考文献[52]中设计了一种根据相轨迹定向穿越零点的频次寻求这种判据的方法。

大量的仿真结果表明，在大尺度周期状态，固定时段内系统相轨迹定向过零次数是一个定值，系统的运动频率等于周期策动力频率。而在混沌状态，同样时段内的过零次数要少于大尺度周期状态。找出过零次数的变化点，就能确定系统状态变换的阈值。

在使用这种方法过程中，当策动力幅值接近阈值附近时，系统的状态变化存在一个混沌和大尺度周期这两种状态交替出现的过渡带，固定时段内的过零次数出现大幅度上下振荡，这给判断系统状态带来了一些麻烦。参考文献[52]提出的解决办法是：当过零次数达到峰值并且连续出现或区域稳定时，选取此范围作为进入大尺度周期状态阈值的锁定范围，之后细化步长寻求更加精确的阈值。

8.4 利用 Duffing 混沌系统检测微弱信号

微弱信号的混沌检测原理不同于常规的微弱信号检测方法，它不是使用噪声抑制技术，而是利用混沌系统对于噪声的免疫力和对特定频率正弦信号的极度敏感性，从强背景噪声中提取微弱信号。因此，混沌检测方法特别适合于复杂噪声背景下和信噪比很低条件下的微弱信号检测。

使用一个动力学行为对正弦信号敏感的混沌系统作为检测系统，当系统处于临界的混沌状态时，微弱正弦信号的注入会导致系统的动力学行为发生重大变化。通过适当的信号处理方法，就可以检测出被测信号的参数。Duffing 模型就是这样的混沌系统。如果被测信号是直流或慢变信号，则可用调制或斩波方法首先将其转变为周期信号，然后再进行检测。

混沌系统具有极高的检测灵敏度，对零均值噪声具有极强的免疫力。我国学者在这方面已经进行了大量的研究，取得了许多成果，在白噪声背景下，信噪比门限已达到−66dB。

8.4.1 信号幅度检测

1. 检测原理

利用混沌系统从强背景噪声中检测微弱信号，Duffing 方程是研究得最为广泛的系统模型。其一般形式为

$$\ddot{x}(t)+k\dot{x}(t)-x(t)+x^3(t)=a\cos(\omega t) \tag{8-29}$$

式中，k 为阻尼比，$-x(t)+x^3(t)$为非线性恢复力，a 为周期策动力幅值，ω 为周期策动力角频率。

当 k 固定时，随着策动力幅度的变化，Duffing 系统状态发生有规律的变化。若 $a=0$，相点最终停在两个焦点$(\pm1,0)$之一，如图 8-1 所示。当 a 较小时，相点围绕两个焦点之一周期振动，如图 8-2(a)所示。a 少许增加，周期振动出现分频（或周期加倍），相轨迹呈现分叉状态，如图 8-2(b)所示。a 继续增加，相点在这些奇点之间来回跃迁振荡，系统进入混沌状态，如图 8-2(c)所示。进一步增加 a，当 a 大于混沌临界值后，系统进入大尺度周期运动状态，如图 8-2(d)所示。

当系统处于从混沌状态向大尺度周期运动状态过渡的临界状态时，如果将待测周期信号用作摄动信号，即使信号幅度很小，它的加入也会导致系统状态发生较大改变。通过识别

系统状态,可以清楚地鉴别出待测信号是否存在。混沌相轨迹的变化常用作识别系统状态变化的判定依据。

首先将系统设置为从混沌状态向大尺度周期状态过渡的临界状态,设这时的驱动力幅度为 a_d。然后将同频率的待测微弱正弦信号 $s(t)$加入系统,设其幅度为 a_x,即

$$s(t) = a_x\cos(\omega t + \varphi)$$

式中的 φ 是待测信号的相位。加入待测信号 $s(t)$后的系统方程变为

$$\ddot{x}(t) + k\dot{x}(t) - x(t) + x^3(t) = a_d\cos(\omega t) + a_x\cos(\omega t + \varphi) \tag{8-30}$$

与式(8-30)对应的电路系统模型示于图 8-6。

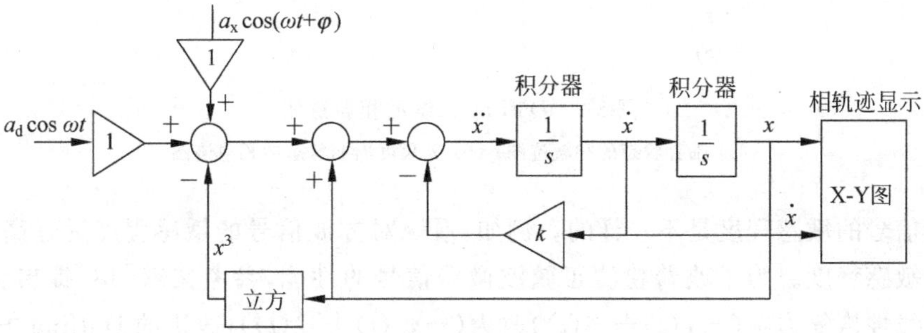

图 8-6 混沌检测正弦信号幅度系统模型

式(8-30)中总的策动力为

$$A(t) = a_d\cos(\omega t) + a_x\cos(\omega t + \varphi) = A'\cos(\omega t + \theta) \tag{8-31}$$

式中

$$A' = \sqrt{a_d^2 + a_d a_x\cos\varphi + a_x^2}$$

$$\theta = \arctan\left(\frac{a_x\sin\varphi}{a_d + a_x\cos\varphi}\right)$$

若 $a_x \ll a_d$,则 θ 的影响可以忽略。

在没有加入待测信号 $s(t)$之前,调整驱动力幅度使得系统处于从混沌状态向大尺度周期状态过渡的临界状态,这时的驱动力幅度为 a_d,系统相轨迹示于图 8-7(a)。加入待测信号后,若待测信号只有噪声,不含频率与驱动力一致的周期信号,则系统仍处于混沌状态。因此,可以根据系统相轨迹是否变化来判断待测信号是否含有周期信号。

如果待测信号加入后,系统由临界混沌状态进入稳定的大尺度周期状态,系统的相轨迹如图 8-7(b)所示,则说明待测信号中含有与驱动力频率一致的周期信号。要检测该周期信号幅值,则需要调节(减小)驱动力幅值 a,直到系统重新进入混沌状态,记下此时的驱动力幅值 a',则待测周期信号幅值为

$$a_x = a_d - a' \tag{8-32}$$

实验结果证明[47],当系统的阻尼比 k 的取值范围为 0.1～0.9 时,出现混沌的 a/k 阈值近似为常数 1.5。这说明 k 选得小些有利于检测更小幅度的信号；但 k 选得太小会使系统输出轨迹变化剧烈,不利于临界混沌状态的判别。在实际应用中常取 k=0.5。

理论分析和仿真实验证明,在从临界状态向稳定的大尺度周期状态的转变中,系统对不

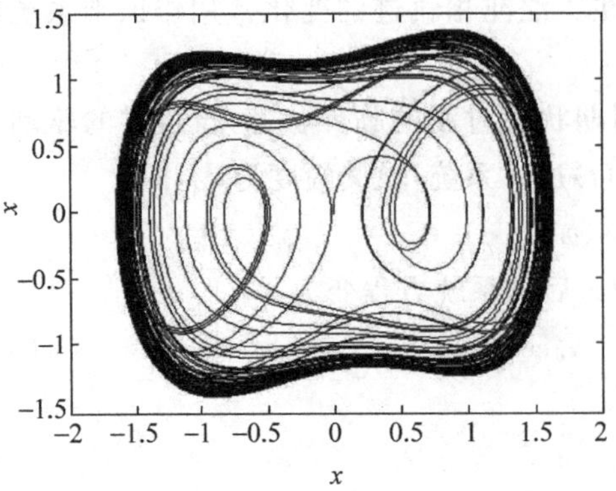

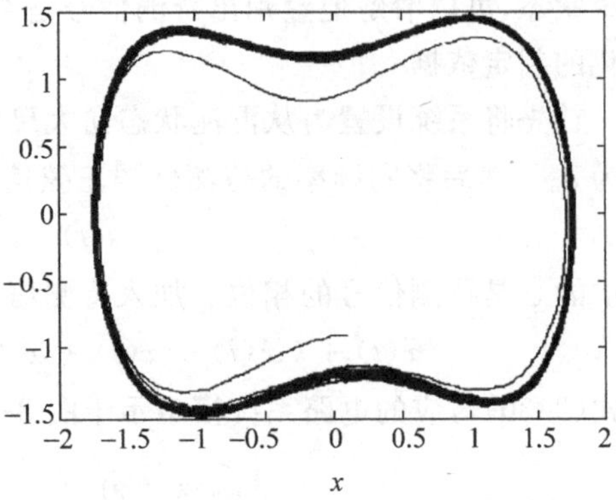

图 8-7　Duffing 系统的相轨迹图

(a) 临界状态的相轨迹图；(b) 大尺度周期状态的相轨迹图

同的周期信号的敏感程度是不一样的。例如，系统对方波信号的敏感程度远远高于对正弦波信号的敏感程度。为了改善检测正弦波微弱信号的性能，参考文献[48]提出将 Duffing 方程的非线性恢复力项$(-x(t)+x^3(t))$改为$(-x^3(t)+x^5(t))$，改进的 Duffing 方程为

$$\ddot{x}(t)+k\dot{x}(t)-x^3(t)+x^5(t)=a\cos(\omega t) \tag{8-33}$$

参考文献[47]利用式(8-29)系统，参考文献[48]利用式(8-33)给出的系统，分别在高斯白噪声和有色噪声背景下对混沌系统的微弱信号幅度检测性能进行了仿真实验，得出的结果说明，式(8-33)系统的输入信噪比门限比式(8-29)系统低很多。

参考文献[49]中分别用不同的波形进行仿真实验，证明式(8-33)系统在检测灵敏度和可靠性方面优于式(8-29)系统。

2. Duffing 方程的混沌判据

对于常用于检测正弦信号的 Duffing 方程

$$\ddot{x}(t)+k\dot{x}(t)-x(t)+x^3(t)=a\cos(\omega t) \tag{8-34}$$

其等价形式为

$$\begin{cases}\dot{x}=y\\ \dot{y}=x-x^3-ky+a\cos(\omega t)\end{cases} \tag{8-35}$$

由此可得 Melnikov 函数中的 $\boldsymbol{f}(x)$和 $\boldsymbol{g}(x)$：

$$\boldsymbol{f}(x)=\begin{bmatrix}y\\ x-x^3\end{bmatrix},\quad \boldsymbol{g}(x)=\begin{bmatrix}0\\ -ky+a\cos(\omega t)\end{bmatrix} \tag{8-36}$$

根据式(8-13)，可得 Melnikov 函数为[47]

$$\begin{aligned}M(\tau)&=\int_{-\infty}^{\infty}\boldsymbol{f}(x)\,\boldsymbol{g}(x,\,t+\tau)\mathrm{d}t\\ &=\int_{-\infty}^{\infty}[y(t)(-k\,y(t)+a\cos\omega(t+\tau))]\mathrm{d}t\\ &=\int_{-\infty}^{\infty}-k\,y^2(t)\mathrm{d}t+\int_{-\infty}^{\infty}y(t)\cdot a\cos\omega(t+\tau)\mathrm{d}t\end{aligned}$$

$$=\int_{-\infty}^{\infty}-k\ (\mp\sqrt{2}\,\mathrm{sech}\ t\cdot \mathrm{th}\ t)^2\mathrm{d}t+\int_{-\infty}^{\infty}\left[(\pm\sqrt{2}\,\mathrm{sech}\ t\cdot\mathrm{th}\ t)\cdot a\cos\omega(t+\tau)\right]\mathrm{d}t$$

$$=-\frac{4}{3}k\pm\sqrt{2}a\cdot\frac{\pi\omega\sin\omega\tau}{\cosh\frac{\pi\omega}{2}}$$

令 $M(\tau)=0$,得

$$\frac{4}{3}k=\pm\sqrt{2}a\cdot\frac{\pi\omega\sin\omega\tau}{\cosh\frac{\pi\omega}{2}}$$

解得

$$\sin\omega\tau=\pm\frac{4k\cosh\frac{\pi\omega}{2}}{3\sqrt{2}a\pi\omega} \tag{8-37}$$

因为 $|\sin\omega\tau|\leqslant 1$,由上式可得

$$\left|\pm\frac{4k\cosh\frac{\pi\omega}{2}}{3\sqrt{2}a\pi\omega}\right|\leqslant 1 \tag{8-38}$$

又因为

$$\frac{\mathrm{d}M(\tau)}{\mathrm{d}\tau}=\sqrt{2}a\cdot\frac{\cos(\omega\tau)}{\cosh\left(\frac{\pi\omega}{2}\right)}$$

若使 $\mathrm{d}M(\tau)/\mathrm{d}\tau\neq 0$,必须 $\cos(\omega\tau)\neq 0$,即 $\sin(\omega\tau)\neq 1$,结合式(8-37)和式(8-38),可得出现Smale马蹄变换意义下的混沌的条件为

$$\left|\pm\frac{4k\cosh\frac{\pi\omega}{2}}{3\sqrt{2}a\pi\omega}\right|<1 \tag{8-39}$$

或

$$-1<\frac{4k\cosh\frac{\pi\omega}{2}}{3\sqrt{2}a\pi\omega}<1 \tag{8-40}$$

由上式可得Melnikov方法的混沌判据为:

当 $a/k>0$ 时,如果

$$\frac{a}{k}>\frac{4\cosh\frac{\pi\omega}{2}}{3\sqrt{2}\pi\omega} \tag{8-41}$$

则出现混沌现象。

当 $a/k<0$ 时,如果

$$\frac{a}{k}>-\frac{4\cosh\frac{\pi\omega}{2}}{3\sqrt{2}\pi\omega} \tag{8-42}$$

则出现混沌现象。

参考文献[47]还研究了含有初相位策动力的混沌判据,含有初相位策动力的Duffing方程一般形式为

$$\ddot{x}(t)+k\dot{x}(t)-x(t)+x^3(t)=a\cos(\omega t+\varphi) \tag{8-43}$$

式中的 φ 是小于 2π 的初相位。通过 Melnikov 方法的数学推导，得到的混沌判据与式(8-40)相同。这说明混沌判据的阈值与初相位无关。

参考文献[50]也分析了 Duffing 系统的混沌判据。首先考虑到动力系统产生混沌状态时，必然是系统状态的稳定流形与不稳定流形横截相交。为了得到横截相交的同宿点，对相应的哈密顿系统施加扰动，得到哈密顿方程的同宿轨道方程式，类似于式(8-19)。然后根据 Melnikov 方法中系统出现混沌解对 Melnikov 函数 $M(\tau)$ 设置的条件 $M(\tau)=0$ 和 $\frac{\mathrm{d}M(\tau)}{\mathrm{d}\tau}\neq 0$，得出与式(8-41)和式(8-42)相同的混沌判据。

对于参考文献[48]和[49]中大量使用的改进的 Duffing 方程

$$\ddot{x}(t)+k\dot{x}(t)-x^3(t)+x^5(t)=a\cos(\omega t) \tag{8-44}$$

文献[48]对利用 Melnikov 方法寻求式(8-44)的混沌判据进行了研究，得到出现混沌的条件为

$$\left|\frac{\sqrt{2}k(3\pi^2+16\omega^2)^{\frac{3}{2}}}{256\omega\pi a}\right|<1 \tag{8-45}$$

当 $a/k>0$ 时，由上式可得

$$\frac{a}{k}>\left|\frac{\sqrt{2}(3\pi^2+16\omega^2)^{\frac{3}{2}}}{256\omega\pi}\right| \tag{8-46}$$

即阈值为

$$R(\omega)=\left|\frac{\sqrt{2}(3\pi^2+16\omega^2)^{\frac{3}{2}}}{256\omega\pi}\right| \tag{8-47}$$

当 $a/k<0$ 时，由式(8-45)可得

$$\frac{a}{k}>-\left|\frac{\sqrt{2}(3\pi^2+16\omega^2)^{\frac{3}{2}}}{256\omega\pi}\right| \tag{8-48}$$

即阈值为

$$R(\omega)=-\left|\frac{\sqrt{2}(3\pi^2+16\omega^2)^{\frac{3}{2}}}{256\omega\pi}\right| \tag{8-49}$$

8.4.2 信号频率检测

在微弱正弦信号检测中，无论是第 4 章中介绍的锁定放大方法，还是本章前面介绍的混沌检测方法，都假定被测信号的频率已知。但在现实中，大量存在被测信号频率未知的情况，这就需要首先检测被测信号的频率，然后再检测其幅度。

参考文献[47]提出了 3 种基于特定 Duffing 混沌系统检测信号未知频率的方法，分别是搜索方差法、滑模变结构控制混沌法和随机共振法，并给出了仿真实验的结果。

1. 搜索方差的信号频率检测方法

加了被测信号 $s(t)=a_x\cos(\omega_x t)$ 的 Duffing 方程可以表示为

$$\ddot{x}(t)+k\dot{x}(t)-x(t)+x^3(t)=a_c\cos(\omega_c t)+a_x\cos(\omega_x t) \tag{8-50}$$

式中，k 为阻尼比，a_c 为内置策动力幅值，ω_c 为内置策动力角频率，a_x 为被测信号幅值，ω_x 为被

测信号角频率。

研究发现，Duffing 混沌系统输出信号 x 的方差 σ_x^2 具有一定的规律性，当内置策动力的频率 ω_c 与被测信号频率 ω_x 相等时，σ_x^2 达到最大值，而当 $\omega_c>\omega_x$ 或 $\omega_c<\omega_x$ 时，σ_x^2 都会小于 $\omega_c=\omega_x$ 时的方差值，如图 8-8 所示。

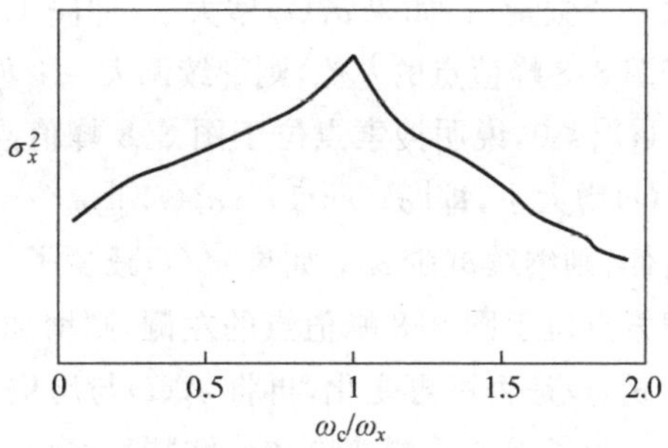

图 8-8 x 的方差 σ_x^2 与 ω_c/ω_x 关系曲线示意图

由图 8-8 可见，x 的方差 σ_x^2 与 ω_c/ω_x 关系曲线为单峰曲线，而且，在峰值两侧，σ_x^2 都是单调变化，所以可以用方差搜索的办法寻找峰值点所对应的 ω_x。参考文献[47]提出了基于优化理论的方差搜索方法，并给出了最优方法搜索方差的程序流程图。

方差的计算可以用批量算法，将式(1-16a)代入式(1-18a)，可得方差的估计值为

$$\sigma_x^2=\frac{1}{N}\sum_{i=1}^{N}\left[x(i)-\frac{1}{N}\sum_{k=1}^{N}[x(k)]\right]^2 \tag{8-51}$$

搜索方差峰值的过程可以采用逐次逼近的递推算法，实际上就是根据计算出的方差的大小逐次向其峰值的位置逼近。搜索方差峰值位置的程序流程图示于图 8-9。

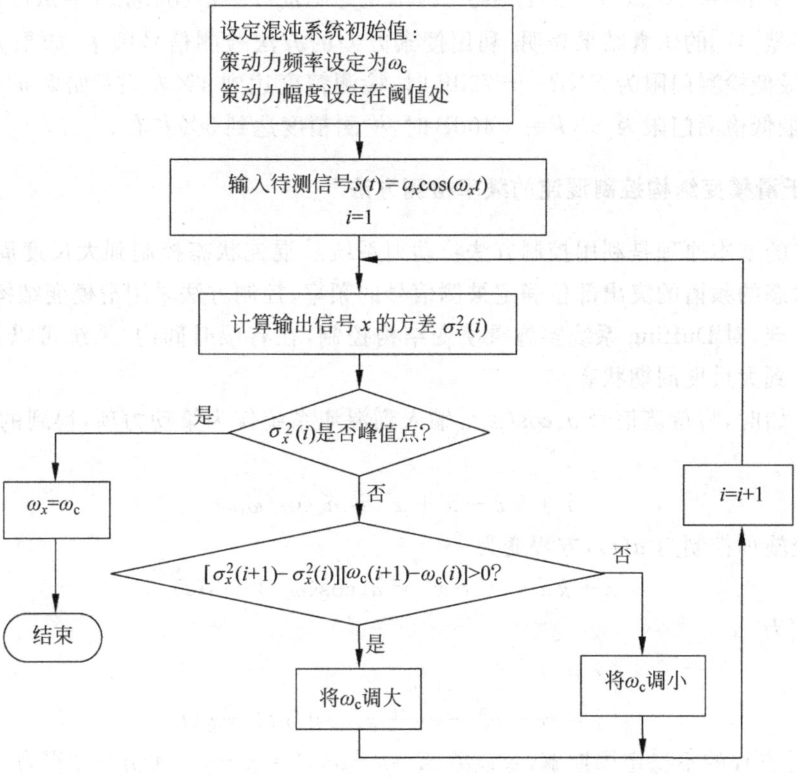

图 8-9 搜索 x 方差峰值位置程序流程图

图 8-9 所示是一种根据差值 $\sigma_x^2(i+1)-\sigma_x^2(i)$ 的符号来确定搜索方向的算法。在 ω_c 增大一个微量后，如果 $\sigma_x^2(i)$ 增大了，即 $[\sigma_x^2(i+1)-\sigma_x^2(i)][\omega_c(i+1)-\omega_c(i)]>0$，说明搜索点位于图 8-8 峰值点的左侧，则继续调大 ω_c；如果 $\sigma_x^2(i)$ 减少了，即 $[\sigma_x^2(i+1)-\sigma_x^2(i)][\omega_c(i+1)-\omega_c(i)]<0$，说明搜索点位于图 8-8 峰值点的右侧，则调小 ω_c。在 ω_c 减少一个微量后，如果 $\sigma_x^2(i)$ 增大了，即 $[\sigma_x^2(i+1)-\sigma_x^2(i)][\omega_c(i+1)-\omega_c(i)]<0$，说明搜索点位于图 8-8 峰值点的右侧，则继续减少 ω_c；如果 $\sigma_x^2(i)$ 减少了，即 $[\sigma_x^2(i+1)-\sigma_x^2(i)][\omega_c(i+1)-\omega_c(i)]>0$，说明搜索点位于图 8-8 峰值点的左侧，则增加 ω_c。要判断搜索是否到达 σ_x^2 峰值点位置，首先判断 $\sigma_x^2(i)$ 是否不再变化，再将 $\sigma_x^2(i)$ 与历史数据对比，就可以得出结论。

为了提高检测速度和检测精度，事先估计出待测频率的大致范围，然后在此频率的 1～2 倍范围内设置策动力频率 ω_c 值。在图 8-9 流程图起始处设定 ω_c，相当于为优化过程设置约束条件

$$C\omega_x \leqslant \omega_c \leqslant D\omega_x$$

式中，C 取 0.3～0.8，D 取 1.5～2。

参考文献[47]的仿真实验中，检测未知信号频率的 Duffing 方程如式(8-50)，阻尼比 k 定为 0.5。根据图 8-9 所示流程搜索到方差峰值点位置，对应的策动力频率 ω_c 就等于待测信号频率 ω_x。仿真结果表明，在无背景噪声情况下，这种方法的检测精度达到 2%左右。

有噪声背景情况下，检测信号频率的混沌系统方程为

$$\ddot{x}(t)+0.5\,\dot{x}(t)-x(t)+x^3(t)=a_c\cos(\omega_c t)+a_x\cos(\omega_x t)+n(t) \tag{8-52}$$

参考文献[47]的仿真结果表明，利用搜索方差的方法检测信号频率，如果 $n(t)$ 为高斯白噪声，在最低检测门限为 $SNR=-79\text{dB}$ 时，检测精度达到 4%左右；如果 $n(t)$ 为高斯有色噪声，在最低检测门限为 $SNR=-40\text{dB}$ 时，检测精度达到 5%左右。

2. 基于滑模变结构控制混沌的频率检测方法[47]

该方法的基本原理是利用控制方法将动力系统从混沌状态控制到大尺度周期状态，再利用周期状态的频谱的突出部位确定被测信号的频率，控制方法采用滑模变结构控制。

研究发现，对 Duffing 系统实施滑模变结构控制，在有限时间内，系统可以从任意的初始状态转移到大尺度周期状态。

检测开始时，将待测信号 $a_x\cos(\omega_x t)$ 输入到混沌系统作为策动力项，得到的 Duffing 方程为

$$\ddot{x}+k\dot{x}-x+x^3=a_x\cos(\omega_x t) \tag{8-53}$$

对系统施加控制力 $u(t)$，方程变为

$$\ddot{x}+k\dot{x}-x+x^3=a_x\cos(\omega_x t)+u(t) \tag{8-54}$$

其等价形式为

$$\begin{cases}\dot{x}=y\\ \dot{y}=x-x^3-ky+a_x\cos(\omega_x t)+u(t)\end{cases} \tag{8-55}$$

设 x_0 是方程的不稳定周期解，令误差 $X=x-x_0$，$Y=y-y_0$，则误差方程为

$$\begin{cases}\dot{X}=Y\\ \dot{Y}=X-(x^3-x_0{}^3)-kY+u(t)\end{cases} \tag{8-56}$$

取滑模函数形式为

$$s(X,Y) = \alpha X + Y$$

式中的 α 为设计参数，则系统被控制在滑模平面上时的动态方程为

$$\alpha X + Y = 0$$

若控制策略为

$$u(t) = (k-\alpha)Y - X - (M+N)\mathrm{sgn}(s) \tag{8-57}$$

则系统将在有限时间内达到滑模平面。式(8-57)中的 M 为上确界，N 为由 $s(0)$ 确定的常量，$\mathrm{sgn}(s)$ 为滑模函数 $s(X,Y)$ 的符号函数。

通过 $u(t)$ 的控制，可将系统由混沌状态控制到稳定的周期状态，再测量 x 的频谱，就可由频谱峰值点对应的频率确定被测信号的频率 ω_x。

参考文献[47]的仿真实验中，阻尼比取为 $k=0.5$，滑模控制参数取 $M=1, N=0.01, \alpha=1$。将这些参数代入式(8-57)，得控制策略为

$$u(t) = -X - 0.5Y - 1.01\mathrm{sgn}(s) \tag{8-58}$$

将式(8-58)代入式(8-54)，形成对 Duffing 方程的滑模控制。控制后系统达到大尺度周期状态，输出的功率谱密度示于图 8-10。

在参考文献[47]的仿真实验中，被测信号叠加了强噪声 $n(t)$，如果 $n(t)$ 为高斯白噪声，输入信噪比设为 -70dB；如果 $n(t)$ 为高斯有色噪声，输入信噪比设为 -40dB。仿真结果表明，检测精度可达 6%左右。

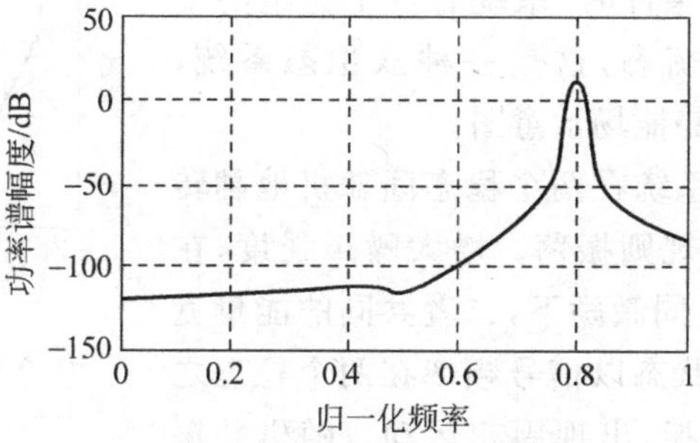

图 8-10 控制后系统输出的频谱图

3. 利用 Duffing 方程的随机共振检测信号频率[47]

随机共振是非线性系统中普遍存在的一种动力学现象。在噪声和周期信号的共同作用下，非线性双稳系统有可能发生随机共振，随着输入噪声强度的增加，输出的信噪比不降反升，并且存在某一最佳输入噪声强度，使得系统输出信噪比最高。"随机共振"是周期信号、噪声和系统非线性三者匹配协同作用的结果。当输入噪声强度偏离最佳值时，输出信噪比就会下降。

在噪声和周期信号共同激励下，双稳势阱中布朗质点的过阻尼运动可以表示为

$$\dot{x}(t) = -\dot{V}(x) + A\cos(\omega t) + n(t) \tag{8-59}$$

式中，$V(x)$ 表示非线性对称平方势函数

$$V(x) = -\frac{a}{2}x^2 + \frac{b}{4}x^4 \tag{8-60}$$

将式(8-60)代入式(8-59),得

$$\dot{x}(t)=ax(t)-bx^3(t)+A\cos(\omega t)+n(t) \tag{8-61}$$

在不存在输入周期信号和噪声作用时,势垒高 $\Delta V=a^2/4b$,势低点在 $x_m=\pm\sqrt{a/b}$ 处。当 $A>0$ 时,势低点相对于垒高交替地上升和下降。当 A 大于某一阈值时,系统将丧失双稳性。当不存在输入激励,即 $A=0$ 且 $n(t)=0$ 时,系统状态局限在两势阱中的一个。

通过标度变换消除势参数 a 和 b,式(8-60)变为无维数形式双稳势函数[47]

$$V(x)=-\frac{1}{2}x^2+\frac{1}{4}x^4 \tag{8-62}$$

其最小点在 $x_m=\pm\sqrt{a/b}=\pm1$ 处,两个最小点之间的势垒高为 $\Delta V=a^2/4b=1/4$。

当垒高较小时,阱间转换变为可能。正弦信号的加入,使得势低点位置按信号频率周期性变化,有效地锁住了噪声导致的转换。特别是当噪声本身在每个信号周期内产生两次转换时,系统输出 $x(t)$ 中频率为 ω 的分量得到加强,表现出随机共振的特征。

基于 Duffing 方程的随机共振检测信号频率的数学模型为[47]

$$\ddot{x}(t)+k\dot{x}(t)-x(t)+x^3(t)=a\cdot\cos(\omega t)+n(t) \tag{8-63}$$

式中的 k 取 0.5,$a\cdot\cos(\omega t)$是待测周期信号,$n(t)$为叠加噪声,非线性恢复力 $-x(t)+x^3(t)$ 是势函数 $V(x)=-\frac{1}{2}x^2+\frac{1}{4}x^4$ 的一阶导数。

式(8-63)所表示的 Duffing 系统具有随机共振特性,当 k、a 与 ω 满足一定条件时,系统有两个稳定的平衡态和一个不稳定的平衡态,这是一种双稳态系统,图 8-11 是该系统的双阱势能场示意图。

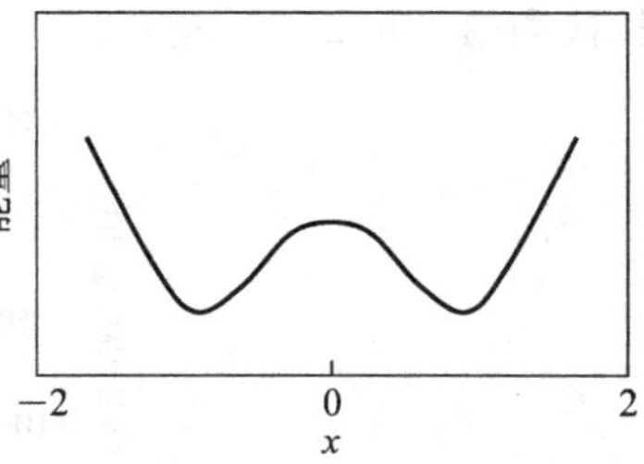

图 8-11 Duffing 方程的双阱势能场示意图

当噪声强度较小时,系统在两个稳态间随机地翻转切换,表现为大幅度的无规则振荡。增大噪声强度,在外来周期信号和噪声的共同激励下,二者共同的能量克服系统势垒,表现为系统状态以信号频率在两个稳态之间跃迁,系统发生随机共振,出现周期运动。随机共振时部分噪声能量转换为信号的能量,使得输出信号的信噪比得以提高,增强了系统对微弱信号的检测能力。

随机共振发生时,系统输出 x 的频谱会出现明显的峰值,如图 8-12 所示[47]。频谱峰值点所对应的频率就是被测信号的频率。

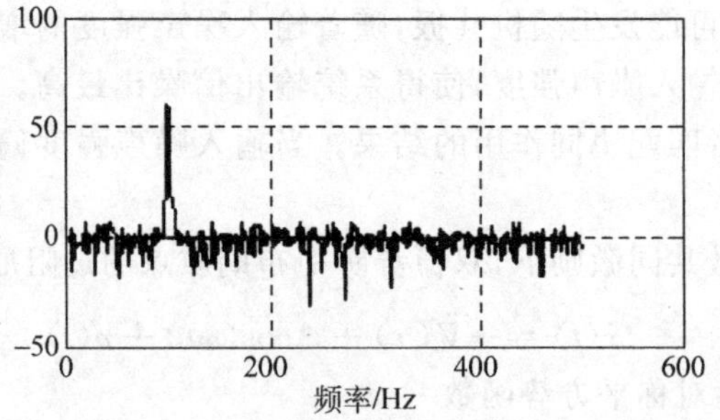

图 8-12 随机共振时系统输出的频谱图

随机共振的产生需要3个条件：一是系统的非线性，二是要有小幅度周期信号，三是需要有噪声。随机共振的发生对噪声有很强的依赖性，必须有噪声的参与，当噪声达到一定强度时，才有可能将噪声的能量转化为信号的能量，使系统进入随机共振状态，实现信号的频率检测。

在参考文献[47]的仿真实验中，被测信号叠加了强噪声 $n(t)$，如果 $n(t)$ 为高斯白噪声，输入信噪比设为−25dB；如果 $n(t)$ 为高斯有色噪声，输入信噪比设为−10dB。仿真结果表明，被测信号的频率检测精度可达8%左右。

经大量的实验发现，当被测信号包含多个频率分量时，随机共振能够在多个频率点处产生幅度不同的谱峰值，从而有可能同时检测出多个频率分量各自的频率。

4. 间歇混沌频率检测法[52]

对于Duffing系统

$$\ddot{x}(t)+k\dot{x}(t)-x(t)+x^3(t)=a\cdot\cos(\omega_0 t) \tag{8-64}$$

如果周期策动力幅度 a 足够大，则系统运行于大尺度周期状态，系统相轨迹的运行频率与策动力的频率是一致的。参考文献[49]采用所谓"定向循环相态"方法测出系统运行周期 T_0，就可得到策动力角频率 $\omega_0=2\pi/T_0$。具体方法是统计一定时段内相轨道定向穿过零点(从 $x<0$ 变为 $x>0$)的次数，就可计算出 T_0 值。

这种测量方法具有明显的缺点：一是要求策动力幅度足够大，不适合测量微弱信号；二是测量误差较大。误差较大的根本原因在于，混沌系统的"大尺度周期状态"并非真正的周期状态，相空间中的轨道组并非一条闭合的轨道线，而是形成具有一定宽度的闭环带，如图8-7(b)所示，所以测出的 T_0 方差较大。

设式(8-64)中的 $a\cdot\cos(\omega_0 t)$ 为内置策动力，再将频率未知的待测信号 $s(t)$ 施加给系统，研究表明，如果 $s(t)$ 的频率与内置周期策动力的频率差异足够小，将发生有规律的间歇混沌(或称阵发混沌)，即混沌和周期运动交替发生。这种间歇混沌是稳定的，具有自己的周期性。这就为检测待测信号的未知频率提供了一条路径。如果两者之间的频率差异不够小，从混沌到有序的过渡是很困难的。

间歇混沌频率检测法的基本过程是，对于式(8-64)所示Duffing系统，首先调整内置策动力幅度 a，将系统设置为从混沌状态向大尺度周期状态过渡的临界状态，设这时的周期策动力幅度为 F_c。然后将角频率未知但接近 ω_0 的待测微弱正弦信号 $s(t)$ 加入系统，设其幅度为 A，其角频率为 $\omega_0+\Delta\omega$，即

$$s(t)=A\cos[(\omega_0+\Delta\omega)t+\varphi]$$

式中的 φ 是待测信号的相位，$\Delta\omega$ 为 $s(t)$ 与内置策动力的频差(可正可负)。加入待测信号 $s(t)$ 后的系统方程变为

$$\ddot{x}(t)+k\dot{x}(t)-x(t)+x^3(t)=F_c\cos(\omega_0 t)+A\cos[(\omega_0+\Delta\omega)t+\varphi] \tag{8-65}$$

则总的周期策动力变为

$$\begin{aligned}A(t)&=F_c\cos(\omega_0 t)+A\cos[(\omega_0+\Delta\omega)t+\varphi]\\&=F_c\cos(\omega_0 t)+A\cos(\omega_0 t)\cos(\Delta\omega t+\varphi)-A\sin(\omega_0 t)\sin(\Delta\omega t+\varphi)\\&=[F_c+A\cos(\Delta\omega t+\varphi)]\cos(\omega_0 t)-A\sin(\omega_0 t)\sin(\Delta\omega t+\varphi)\\&=F(t)\cos[\omega_0 t+\theta(t)]\end{aligned} \tag{8-66}$$

式中

$$F(t) = \sqrt{F_c^2 + 2F_c A\cos(\Delta\omega t + \varphi) + A^2} \tag{8-67}$$

$$\theta(t) = \operatorname{arctg} \frac{A\sin(\Delta\omega t + \varphi)}{F_c + A\cos(\Delta\omega t + \varphi)} \tag{8-68}$$

由式(8-67)可知，若待测信号与策动力存在频差 $\Delta\omega$，$F(t)$将周期性地大于或小于临界值 F_c。当 $F(t)$逼近 $F_c - A$ 时，振子处于混沌运动状态；当 $F(t)$逼近 $F_c + A$ 时，系统变换为大尺度周期状态。由式(8-67)可知这种变换的角频率为 $\Delta\omega$，这是一种间歇混沌状态，其时序图示于图 8-13[52]。

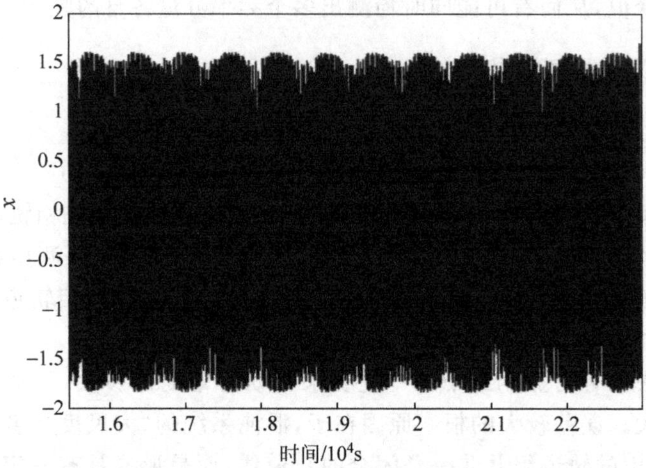

图 8-13 间歇混沌时序图

间歇混沌的周期时间为

$$T_\Delta = 2\pi/\Delta\omega \tag{8-69}$$

通过测量出间歇周期 T_Δ，就可以根据式(8-69)计算出待测信号与策动力的频差 $\Delta\omega$，进而确定待测信号频率为 $\omega_0 + \Delta\omega$。

系统进入间歇混沌状态后，周期运动和混沌的出现是泾渭分明的。系统处于周期运动状态时，x 定向经过零点的时间间隔基本相同；而系统处于混沌状态时，x 定向经过零点的时间间隔不定。根据这一特点，通过比较 x 定向过零点的时间间隔有无规律，可以判断系统是处于大尺度周期运动状态还是处于混沌状态。

若从某一时刻 t_x开始，x 定向过零点的时间间隔在某一容差 δ 范围内基本相同，则可以认为系统从 t_x开始进入大尺度周期运动状态。利用这种方法得到每个间歇周期内系统进入大尺度周期运动状态的起始时刻，相减取平均得到间歇混沌运动的周期 T_Δ，即可求得待测信号的频率值。

可以看出，上述求取 T_Δ 的精度取决于所选容差 δ 的大小以及平均次数的多少，需要在检测精度与检测耗时之间做出权衡。

8.4.3 混沌与线性电路混合检测系统

本书第 4 章～第 7 章所介绍的微弱信号检测方法，采用的都是噪声抑制技术，大都只涉及线性电路(检波器和过零检测器除外)。而混沌检测方法属于信号提取技术,采用的是非线性电路。将二者结合起来,在被测信号进入混沌系统之前,采用其他检测方法对其进行预处理,对噪声实现一定程度的抑制,然后再用混沌系统提取信号,这样可以构成性能更好的微弱信号检测系统。

1. 相关法-混沌联合检测系统

如第 5 章所述,利用相关法恢复被噪声淹没的信号,其基本原理是噪声与被测信号不相关,两者的相关函数为零或数值很小,而被测信号的自相关函数或与同频率参考信号的互相关函数却能明确反映被测信号的特征,例如频率、幅度、直流分量等。

(1) 自相关-混沌联合检测系统

设自相关器的输入为

$$z(t)=s(t)+n(t)=A\sin(\omega t)+n(t)$$

式中,$s(t)$为待测正弦信号,$n(t)$为噪声,A 为待测信号的幅度。若 $s(t)$和 $n(t)$不相关,根据式(6-38a),自相关器的输出为

$$R_z(\tau)=\frac{A^2}{2}\cos(\omega_0\tau)+R_n(\tau) \tag{8-70}$$

式中,$R_n(\tau)$为噪声 $n(t)$的自相关函数。$n(t)$一般为宽带噪声,所以 $R_n(\tau)$集中表现在 $\tau=0$ 附近,当 τ 较大时,由 $R_x(\tau)$就可以测量信号 $s(t)$的幅度 A 和频率 f。

待测信号通过相关器后,叠加的噪声受到一定程度的抑制。相关运算中积分的时间越长,对噪声的抑制作用越强。但因积分时间不可能太长,$s(t)$和 $n(t)$的互相关函数 $R_{sn}(\tau)$以及噪声 $n(t)$的自相关函数 $R_n(\tau)$都会降低自相关器输出 $R_z(\tau)$的信噪比。

将相关法与混沌系统相结合,首先对噪声中的微弱信号进行自相关处理,然后将处理后的输出信号引入混沌系统,如图 8-14 所示。这样的检测系统兼有两种方法的优点,可以达到更高的检测性能。

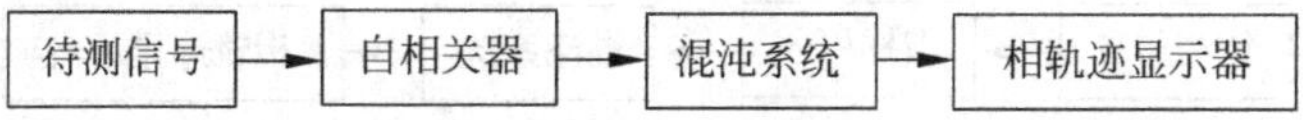

图 8-14 自相关-混沌联合检测系统方框图

(2) 互相关-混沌联合检测系统

互相关器适用于检测频率已知的微弱正弦信号,它需要输入一路该频率的参考信号。如果待测信号频率未知,可以先用自相关法测出其频率,再用该频率的参考信号与待测信号做互相关运算。

设互相关器的待测信号输入为

$$z(t)=s(t)+n(t)=A\sin(\omega t)+n(t)$$

式中的 $n(t)$为噪声。若参考信号为

$$y(t)=\boldsymbol{B}\sin(\omega t+\varphi)$$

设 $s(t)$和 $n(t)$不相关,$y(t)$和 $n(t)$也不相关,互相关器的输出为

$$R_{yz}(\tau)=\frac{AB}{2}\cos(\omega\tau+\varphi) \tag{8-71}$$

因为相关运算的积分时间有限,还会有残余噪声反映在互相关器的输出中。

将互相关输出引入到混沌系统,如图 8-15 所示,利用混沌系统对噪声的免疫力,可以比较准确地检测出待测信号的参数。

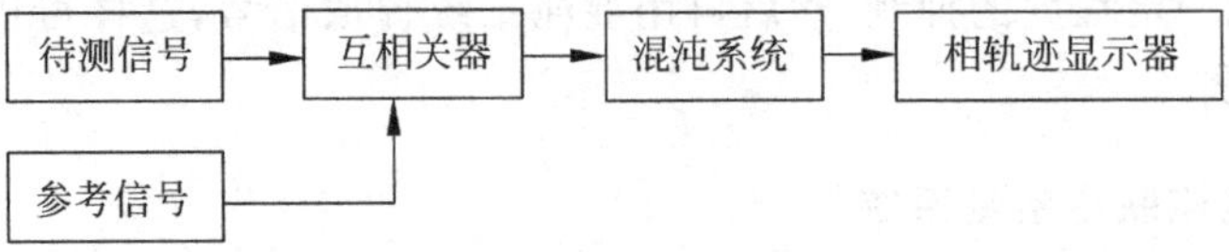

图 8-15　互相关-混沌联合检测系统方框图

参考文献[47]对各种噪声背景下上述相关-混沌混合检测方法的检测性能进行了分析,并进行了仿真实验,取得一些有益的成果。

2. 取样积分-混沌联合检测系统

定点取样积分适合于测量周期性脉冲信号的幅值。如第 5 章中所述,对于指数式取样积分器,如果污染噪声为白噪声,信噪改善比为

$$SNIR = \sqrt{2T_c/T_g} \tag{8-72}$$

式中,T_c为积分器时间常数,T_g为取样门脉冲宽度。如果污染噪声为有色噪声,信噪改善比为

$$SNIR \approx \sqrt{\frac{2T_c/T_g}{1+2e^{-\alpha T}}} \tag{8-73}$$

式中,α 为有色噪声的相关函数指数因子。

混有噪声的微弱周期性脉冲信号经过取样积分处理后,信噪比会有很大改善。但是由于积分时间常数有限,其输出仍然残留部分噪声。将取样积分的输出引入混沌检测系统,如图 8-16 所示,利用混沌检测系统对周期信号的敏感性和对噪声的免疫力,可以把很微弱的信号检测出来,达到很低的信噪比门限。

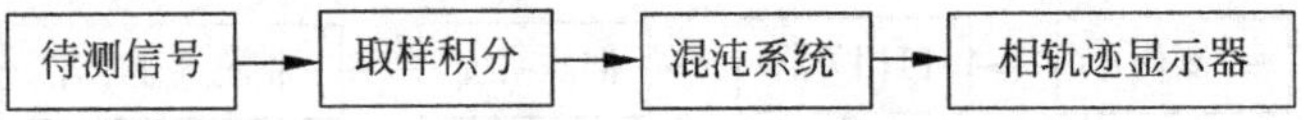

图 8-16　取样积分-混沌联合检测系统方框图

附录A 常用常数

表 A-1 物理常数

物 理 量	符 号	数 值
电子电荷	q	1.602×10^{-19}C
电磁波辐射速度	c	2.998×10^{8}m/s
自由空间的介电常数	ε_0	8.854×10^{-12}F/m
自由空间的磁导率	μ_0	$4\pi\times10^{-7}$H/m
铜的电导	σ_c	5.82×10^{7}S/m
玻耳兹曼(Boltzman)常数	k	1.38×10^{-23}J/K
普朗克(Planck)常数	h	6.62×10^{-34}J·s

表 A-2 不同物质的相对介电常数 ε_r

材 料	相对介电常数 ε_r	材 料	相对介电常数 ε_r
空气	1.0006	聚酯	3.2
酚醛塑料(胶木)	4.74	聚氯乙烯(PVC)	3.5
有机玻璃	3.45	环氧树脂	3.6
聚四氟乙烯	2.1	环氧玻璃	4.5
聚乙烯	2.3	聚氨酯	7.0
聚苯乙烯	2.5	玻璃	7.5
尼龙	3.0	陶瓷	9.0

表 A-3 不同金属的相对电导 σ_r 和相对磁导率 μ_r

材料	相对电导 σ_r	相对磁导率 μ_r
铝	0.61	1
铜(退火)	1.00	1
银	1.05	1
金	0.70	1
锌	0.32	1
铍	0.28	1
黄铜	0.26	1
镉	0.23	1
青铜	0.18	1
铂	0.18	1
镁	0.17	1
锡	0.15	1
铅	0.08	1
蒙乃尔合金	0.04	1
镍	0.20	100
钢	0.10	1000
镍铁高磁导率合金	0.03	25 000
不锈钢	0.02	500

附录 B

线性二端口网络的噪声模型

对于图 B-1 所示的无噪声二端口线性网络，设图中的电流和电压 u_1、i_1、u_2、i_2 的傅里叶变换分别为 U_1、I_1、U_2、I_2，如果给定这四个量中间的任何两个，另外两个量就一定被确定了。这意味着这四个量中的任何两个量可以表示为其他两个量的函数。这样的二端口网络的 Z 参数方程为

图 B-1　无噪声二端口网络

$$\begin{aligned} U_1 &= Z_{11}I_1 + Z_{12}I_2 \\ U_2 &= Z_{21}I_1 + Z_{22}I_2 \end{aligned} \tag{B-1}$$

式(B-1)可以表示为矩阵的形式，即

$$\begin{bmatrix} U_1 \\ U_2 \end{bmatrix} = \begin{bmatrix} Z_{11} & Z_{12} \\ Z_{21} & Z_{22} \end{bmatrix} \begin{bmatrix} I_1 \\ I_2 \end{bmatrix} \tag{B-2}$$

式中，Z_{11}、Z_{22}、Z_{12} 和 Z_{21} 分别表示该网络的输入阻抗、输出阻抗和端口之间的转移阻抗。

实际的二端口网络会产生噪声，利用戴维南定理可得图 B-2 所示的等效电路，图中，e_{n1} 和 e_{n2} 分别表示呈现在两个端口的噪声电压源，其功率谱密度可以在另一个端口开路的情况下由实际网络测量得到。

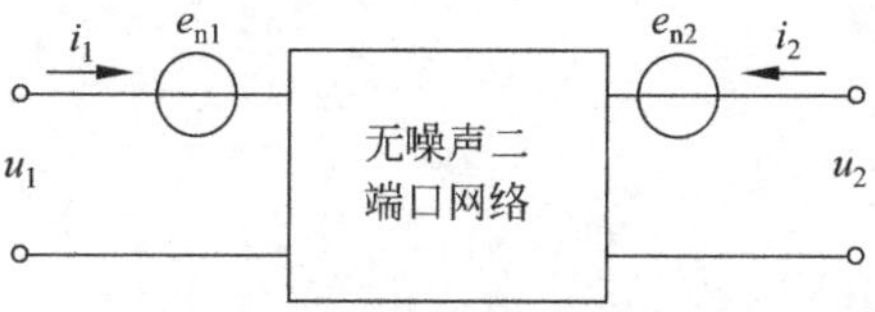

图 B-2　实际二端口网络的等效电路

因为 e_{n1} 和 e_{n2} 往往是由同样的内部噪声源的不同方面导出的，通常它们部分相关。

由图 B-2 可得网络方程为

$$\begin{cases} U_1 + E_{n1} = Z_{11}I_1 + Z_{12}I_2 \\ U_2 + E_{n2} = Z_{21}I_1 + Z_{22}I_2 \end{cases} \tag{B-3}$$

将网络内部噪声源等效为网络输入端的一个串联电压源 e_n 和一个并联电流源 i_n，可得图 B-3 所示的等效电路，设图中的 u、i 的傅里叶变换分别为 U、I，则有

$$\begin{cases} U = Z_{11} I + Z_{12} I_2 \\ U_2 = Z_{21} I + Z_{22} I_2 \end{cases} \tag{B-4}$$

而且

$$\begin{cases} I = I_1 + I_n \\ U = U_1 + E_n \end{cases} \tag{B-5}$$

由式(B-4)和式(B-5)可得

$$\begin{cases} U_1 + (E_n - Z_{11} I_n) = Z_{11} I_1 + Z_{12} I_2 \\ U_2 - Z_{21} I_n = Z_{21} I_1 + Z_{22} I_2 \end{cases} \tag{B-6}$$

对比式(B-6)和式(B-3)可知，当

$$\begin{cases} E_{n1} = E_n - Z_{11} I_n \\ E_{n2} = - Z_{21} I_n \end{cases} \tag{B-7}$$

时，图 B-2 所示电路与图 B-3 所示电路相互等效。

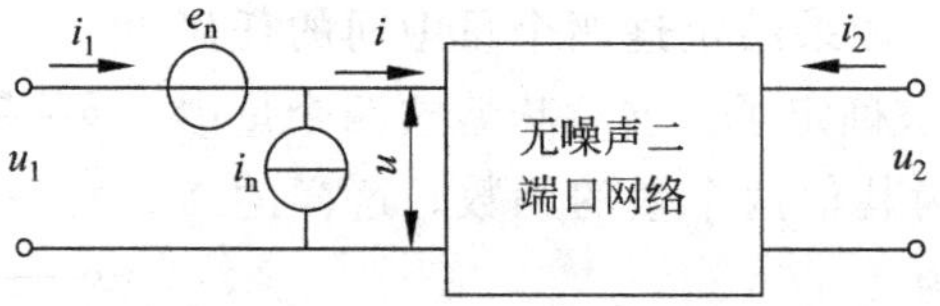

图 B-3 实际二端口网络的另一种等效电路

因为 e_{n1} 和 e_{n2} 部分相关，所以图 B-3 中的 e_n 和 i_n 也部分相关。

如果把网络内部参数表示为导纳矩阵而不是阻抗矩阵，利用诺顿等效原理可以推导出类似的结果。

附录C

磁场在薄屏蔽层中的多次反射

磁场在薄屏蔽层中的多次反射情况示于图C-1，每次反射时，部分磁场透射过界面，部分磁场被反射。因为磁场传播速度非常快，而且屏蔽层很薄，所以磁场穿过屏蔽层时的相移可以被忽略。透射过屏蔽层的总的磁场强度为

$$H_{t总} = H_{t2} + H_{t4} + H_{t6} + \cdots \tag{C-1}$$

设空气的波阻抗为 Z_1，屏蔽层的波阻抗为 Z_2，屏蔽层厚度为 x，集肤深度为 δ，根据式(3-40)和式(3-44)，可得

$$H_{t2} = \frac{2Z_1}{Z_1 + Z_2} H_0 \mathrm{e}^{-x/\delta} K \tag{C-2}$$

式中的 K 是磁场穿越第二个界面（从屏蔽层到空气）时的传播系数，根据式(3-46b)，有

$$K = \frac{2Z_2}{Z_1 + Z_2} \tag{C-3}$$

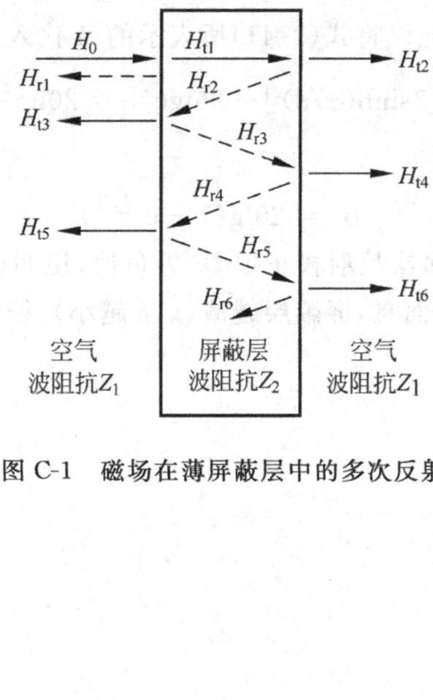

图C-1　磁场在薄屏蔽层中的多次反射

同样可得

$$H_{t4}=\frac{2Z_1H_0}{Z_1+Z_2}e^{-x/\delta}(1-K)e^{-x/\delta}(1-K)e^{-x/\delta}K \tag{C-4}$$

$$=\frac{2Z_1H_0}{Z_1+Z_2}e^{-3x/\delta}(K-2K^2+K^3) \tag{C-5}$$

对于空气中的金属屏蔽层，$Z_2 \ll Z_1$，$K \ll 1$，$K^2 \ll K$，$K^3 \ll K$，可得

$$H_{t2}=2H_0e^{-x/\delta}K,\quad H_{t4}=2H_0e^{-3x/\delta}K,\quad H_{t6}=2H_0e^{-5x/\delta}K,\cdots \tag{C-6}$$

透射过屏蔽层总的磁场波强度为

$$H_{t总}=H_{t2}+H_{t4}+H_{t6}+\cdots=2H_0K(e^{-x/\delta}+e^{-3x/\delta}+e^{-5x/\delta}+\cdots) \tag{C-7}$$

式中右边的无穷级数之和的极限为

$$e^{-x/\delta}+e^{-3x/\delta}+e^{-5x/\delta}+\cdots=\frac{1}{2\sinh(x/\delta)} \tag{C-8}$$

式中的 sinh(·)表示双曲正弦函数，其定义为

$$\sinh(x/\delta)=\frac{e^{x/\delta}-e^{-x/\delta}}{2} \tag{C-9}$$

将式(C-3)和式(C-8)代入式(C-7)，考虑到 $Z_2 \ll Z_1$，得

$$H_{t总}=\frac{4H_0Z_2}{Z_1}\cdot\frac{1}{2\sinh(x/\delta)} \tag{C-10}$$

或

$$\frac{H_0}{H_{t总}}=\frac{Z_1}{4Z_2}\cdot 2\sinh(x/\delta) \tag{C-11}$$

用 Z_s 表示屏蔽材料的波阻抗 Z_2，用 Z_W 表示空间介质的波阻抗 Z_1，对式(C-11)取对数，可得屏蔽效果的分贝数为

$$S=20\lg\frac{H_0}{H_{t总}}=20\lg\frac{Z_W}{4Z_S}+20\lg[2\sinh(x/\delta)] \tag{C-12}$$

参照式(3-50)，可知上式右边的第一项就是反射损耗 R，由式(3-60)可知 $S=A+R+B_s$，与式(C-12)对比可得多次反射校正项 B_s 为

$$B_s=20\lg[2\sinh(x/\delta)]-A \tag{C-13}$$

式中的 A 为屏蔽层的吸收损耗。将式(3-41)所表示的 A 代入上式，得

$$B_s=20\lg[2\sinh(x/\delta)]-20\lg e^{x/\delta}=20\lg\frac{2\sinh(x/\delta)}{e^{x/\delta}} \tag{C-14}$$

将式(C-9)代入式(C-14)，得

$$B_s=20\lg(1-e^{-2x/\delta}) \tag{C-15}$$

由式(C-15)计算得出的多次反射校正项 B_s 为负值，说明由于多次反射，屏蔽层实际的磁场屏蔽效果要小于 $A+R$。而且，屏蔽层越薄(x/δ 越小)，校正项 B_s 的绝对值越大。

附录 D 部分习题答案

第 1 章

1-1　2,2,0.736,0.33。

1-2　0.5,17/48,5/48。

1-4　1.732,1.342。

1-5　(b),(c),(d)。

1-6　$P/(\omega^4+48\omega^2+676)$。

1-7　$S_y(\omega)=\dfrac{2\sigma^2\beta}{\omega^2+\beta^2}\times\dfrac{1}{\omega^2+K^2},\overline{y^2}=\dfrac{\sigma^2}{K(K+\beta)}$。

1-8　频带变宽。

1-9　$\sqrt{\pi}\sigma$。

第 2 章

2-1　(1)63.2μV；(2)160kHz。

2-3　u_o(rms)=10.2μV,u_o(p−p)=67.3μV。

2-4　u_o(rms)=38μV,u_o(p−p)=251μV。

2-5　(1)2.70(4.3dB)；(2)R_{so}=333kΩ,F_{min}=1.94(2.9dB)。

2-6　(1)NF=18.07dB；(2)$n=\sqrt{10}$,NF_{min}=11.3dB。

2-7　(1)BJT,因为低频段的 i_N增大；(2)10kΩ,2.25；(3)26.4dB。

2-8　(1)7.43mV；(2)22.6dB；(3)加 1kHz 窄带滤波器,使用低噪声放大器,减小信号源偏置电流,使用低过剩噪声的源电阻。

2-9　(1)0.5pA/$\sqrt{\text{Hz}}$,5nV/$\sqrt{\text{Hz}}$；(2)10kΩ,1.31；(3)2.58,1.31,2.58。

2-10　(1)7.25；(2)125μF；(3)$\sqrt{10}$%。

第 3 章

3-1　(1)SNR_P=100；(2) 使用 1kHz 带通滤波器,改变电路布局以使地电流不流经与 u_s相串联的阻抗。

3-3 (1)功率谱为三条直线：50Hz 处 $3.95\times10^{-5}V^2$，100Hz 处 $3.95\times10^{-5}V^2$，150Hz 处 $2.22\times10^{-5}V^2$；

(2) 3.95(5.97dB)；

(3) 增大信号线与电源线之间的距离；在信号线与电源线之间布设地线；信号线采用屏蔽线；信号源不接地，利用双绞线将信号源连接到差动输入放大器；利用高通滤波器滤除频率为 200 Hz 以下的噪声。

3-4 (1)62.8μV；(2) 50.7×10^3(47.05dB)；(3)移动变压器，减少输入回路面积，改变变压器或输入回路方向使得磁感应向量与电路平面平行，使用磁屏蔽，输出加 50Hz 陷波器滤波。

3-5 47.7m，47.7cm。

3-6 $A=87$dB，$R=111.6$dB。

3-7 435kHz。

3-8 1.73，−0.278dB。

3-9 $x\approx3$mm。

3-10 2cm，DC～5.8GHz($f_c/3$)。

3-11 $\dfrac{i_S}{i_1}=\dfrac{R_G+j\omega L_S}{R_G+R_S+j\omega L_S}$。

3-12 (1)②；(2)13.8mV。

第 4 章

4-1 滤波器的带宽可以做得很窄(Q 值很高)，性能稳定，中心频率可调。

4-2 增大 G_{AC} 使得 OVL 下降，减小 G_{DC} 使得 MDS 下降，结果是测量范围加大，但抵御大幅度噪声的能力减弱。

4-4 (1)40dB，60dB，20dB；(2)$B_L=0.01B$；(3)C_G 和 C_H。

第 5 章

5-1 $T_g<0.02RC$。

5-3 88，112；24。

5-4 $A(n)=A(n-1)+\dfrac{1}{12}x(n)-\dfrac{1}{12}x(n-12)$。

5-5 $y(n)=-0.9y(n-1)+x(n)$。

5-6 $|H(f)|_{A=1}=4\sin^2(\pi f/f_s)$，$|H(f)|_{A\neq1}=2|\cos(2\pi f/f_s)-A|$，$f_s$ 为取样频率。

第 6 章

6-3 (1)$A+S$；(2)$\sqrt{A}$；(3)b 弧度/s；(4)ω_0，$\sqrt{2S}$；(5)S/A。

6-6 分辨率更高，因为极性信号比原信号频带更宽，互相关函数峰区更窄。

6-7 具有相关性，可以用来测量延时、运动速度或流速。

第 7 章

7-4 (1)消除 $y(k)$ 的直流分量。如果输出改为 $z(k)$，$z(k)$ 为 $y(k)$ 的指数加权平均，收敛到 $y(k)$ 的直流分量；(2)中心频率为 ω_0 的陷波器。

参考文献

[1] McDonough R N & Whalen A D. Detection of Signals in Noise. Second Edition. New York: AT&T Bell Laboratories and Academic Press, 1995

[2] Mohanty N. Random Signals Estimation and Identification. New York: Van Nostrand Reinhold Company Inc., 1986

[3] Brown R G. Introduction to Random Signal Analysis and Kalman Filtering. New York: Jonh Willy & Sons Inc., 1983

[4] Connor F R. Noise. London: Edward Arnold Ltd, 1982

[5] Fish P J. Electronic Noise and Low Noise Design. London: Macmillan Press Ltd, 1993

[6] Howard R M. Principles of Random Signal Analysis and Low Noise Design: The Power Spectral Density and its Application. New York: John Wiley & Sons Inc., 2002

[7] Van der Ziel. Noise in Solid State Devices. Advances in Electronics and Electron Physics, 1978, 46: 313～383

[8] 戴逸松. 微弱信号检测方法及仪器. 北京：国防工业出版社，1994

[9] Ott H W. Noise Reduction Techniques in Electronic Systems. Wiley, 1988

[10] Friis H T. Noise Figure of Radio Receiver. Proceedings of the IRE. 1944, 32: 419～422

[11] Rothe H, Dahlke W. Theory of Noisy Fourpoles. Proceeding of the IRE. 1956, 44: 811～818

[12] 曾庆勇. 微弱信号检测. 杭州：浙江大学出版社，1994

[13] Van der Ziel. Thermal Noise in Field Effect Transistors. Proceedings of the IRE. 1962, 50(8): 1808～1812

[14] Van der Ziel. Gate Noise in Field Effect Transistors at Moderately High Frequencies. Proceedings of the IEEE. 1963, 51(3): 461～467

[15] 陈佳圭. 微弱信号检测. 北京：广播电视大学出版社，1987

[16] Wilmshurst T H. Signal Recovery from Noise in Electronic Instrumentation. Adam Hilger Ltd, 1985

[17] 戴逸松. 电子系统噪声及低噪声设计方法. 长春：吉林人民出版社，1984

[18] Schulz R B, et al. Shielding Theory and Practice. IEEE Transaction on Electromagnetic Compatibility. 1988, 30(3): 187～201

[19] Bridges J E. An Update on the Circuit Approach to Calculate Shielding Effectiveness. IEEE Transaction on Electromagnetic Compatibility. 1988, 30(3): 211～221

[20] Van Vleck J H, Middleton D. The Spectrum of Clipped Noise. Proc. IEEE, 1966, 54(1): 2～19

[21] Beck M S, Plaskowski A. Correlation Flowmeters: Their Design and Application. Adam Hilger, 1987

[22] Jordan J, Bishop P, Kiani B. Correlation-Based Measurement System. Ellis Horwood Limited. 1989

[23] Bendat J S, Piersol A G. Random Data Analysis and Measurement Procedures. John Wiley & Sons, Inc., 2000

[24] Bendat J S, Piersol A G. Engineering Application of Correlation and Spectrum Analysis. John Wiley & Sons, Inc., 1980

[25] 徐苓安. 相关流量测量技术. 天津：天津大学出版社，1988

[26] Berndt H. Correlation Function Estimation by Polarity Method Using Stochastic Reference Signals. IEEE Transactions, 1968, IT-14(6): 796～801

[27] Koppermann C. A Signal Model for Cross Correlation Flowmeters to Analyse Systematic Measurement Errors. Measurement, 1984, 12(3): 129～134

[28] 徐秉铮,欧阳景正. 信号分析与相关技术. 北京:科学出版社,1981

[29] Jiri Jan. Digital Signal Filtering, Analysis and Restoration. London: IEEE, 2000

[30] Widrow B et al. Adaptive Noise Cancelling: Principles and Applications. Proc. IEEE, 1975, 63(12): 1962～1976

[31] Alexander S T. Adaptive Signal Processing: Theory and Applications. New York: Sprenger-Verlag Inc., 1986

[32] 何振亚. 自适应信号处理. 北京:科学出版社,2002

[33] 龚耀寰. 自适应滤波. 北京:电子工业出版社,1989

[34] Gersho A. Adaptive Filtering with Binary Reinforcement. IEEE Transactions on Information Theory, 1984, IT-30(2): 191～198

[35] Horowitz P. and Hill W. The Art of Electronics,Cambridge University Press,1989

[36] Ott H W. Electromagnetic Compatibility Engineering. Wiley, 2009

[37] Davies E R. Electronics,Noise and Signal Recovery. London: Academic Press Limited, 1993

[38] Witteman W J. Detection and Signal Processing: Technical Realization. Berlin: Springer, 2006

[39] Vasilescu G. Electronic Noise and Interfering Signals: Principles and Applications. Berlin, Heidelberg: Springer-Verlag,2005

[40] Kalman R. E. A New Approach to Linear Filtering and Prediction Problems. Transaction of the ASME—Journal of Basic Engineering, March 1960, 35～45

[41] Bozic S M. Digital and Kalman Filtering: An Introduction to Discrete-Time Filtering and Optimum Linear Estimation. London: E. Arnold, 1979

[42] Cowam C F N and Grant P M(ed). Adaptive Filters. Prentice-Hall Inc., Englewood Cliffs, New Jersey, 1985

[43] Brown R G and P Y C Hwang. Introduction to Random Signals and Applied Kalman Filtering: with MATLAB Exercises and Solutions. 3rd ed, Wiley, 1997

[44] Goodwin G C and Kwai Sang Sin. Adaptive Filtering Prediction and Control. Prentice -Hall Inc., 1984

[45] Trofimenkoff F N, Onwuachi O A. Noise Performance of Operational Amplifier Circuits. IEEE Trans. Education, 1989, E32(1): 12～16

[46] 高晋占. 电子噪声与低噪声设计. 北京:清华大学出版社,2016

[47] 聂春燕. 混沌系统与弱信号检测. 北京:清华大学出版社,2009

[48] 李月,杨宝俊. 混沌振子检测引论. 北京:电子工业出版社,2004

[49] 李月,杨宝俊. 混沌振子系统(L-Y)与检测. 北京:科学出版社,2007

[50] 韩建群. 混沌保密通信及其弱信号检测特性应用研究. 大连:大连海事大学出版社,2013

[51] 刘曾荣. 混沌的微扰判据. 上海:上海科技教育出版社,1994

[52] 柏逢明. 混沌电子学. 北京:科学出版社,2014

图书资源支持

感谢您一直以来对清华版图书的支持和爱护。为了配合本书的使用，本书提供配套的资源，有需求的读者请扫描下方的“清华电子”微信公众号二维码，在图书专区下载，也可以拨打电话或发送电子邮件咨询。

如果您在使用本书的过程中遇到了什么问题，或者有相关图书出版计划，也请您发邮件告诉我们，以便我们更好地为您服务。

我们的联系方式：

地　　址：北京市海淀区双清路学研大厦 A 座 701

邮　　编：100084

电　　话：010－62770175－4608

资源下载：http://www.tup.com.cn

客服邮箱：tupjsj@vip.163.com

QQ：2301891038（请写明您的单位和姓名）

教学交流、课程交流

清华电子

扫一扫，获取最新目录

用微信扫一扫右边的二维码，即可关注清华大学出版社公众号“清华电子”。